Début d'une série de documents
en couleur

Fin d'une série de documents
en couleur

MATÉRIAUX

POUR LA

COLORATION DES ÉTOFFES

MATÉRIAUX

POUR LA

COLORATION DES ÉTOFFES

PAR

DOLLFUS-AUSSET

TOME PREMIER

AUTEURS

PARIS

F. SAVY, LIBRAIRE-ÉDITEUR

24, RUE HAUTEFEUILLE, 24

—

1865

MATÉRIAUX

POUR LA

COLORATION DES ÉTOFFES

Liste par ordre alphabétique des auteurs qui ont traité de la coloration des étoffes et de quelques questions qui s'y rattachent, avec indication des recueils où se trouvent ces travaux[1].

A

ACADÉMIE DES SCIENCES. Comptes rendus hebdomadaires des séances de l'Académie des sciences, publiés conformément à une décision de l'Académie par MM. les secrétaires perpétuels.

ALBUM PRATIQUE de l'art industriel, paraissant tous les deux mois, par livraison de 4 à 6 pl. avec texte.
Quatre années sont parues, 1857 à 1860.

ALCAN (Michel), ingénieur civil, professeur au Conservatoire des arts et métiers.
Essai sur l'industrie des Matières textiles, comprenant le travail complet du coton, du lin, du chanvre, des laines, du cachemire, de la soie, du caoutchouc, etc. Deuxième tirage, augmenté de la classification de la relation caractéristique des tissus. In-8. 801 p., 80 bois dans le texte. Atlas de 36 pl. in-4 double. Paris, 1859.

ALCAN (M.)
Études des progrès techniques de la filature du coton, depuis son origine, et des principales causes du succès de l'industrie cotonnière.
Annales du Conservatoire, 1er vol., n° 1.

ALCAN ET PERSOZ.
Des causes qui peuvent influencer la ténacité et les qualités des tissus.
Annales du Conservatoire, 1er vol., n° 3.

---

[1] Cette Liste sera suivie d'une seconde Liste.

ALLERLEI FLEKEN aus Kleidern zu bringen, so wie Garn und Leinwand, Holtz, und Bein und mancherlei Farben zu färben. Mainz, 1543.

Recettes pour enlever des étoffes toutes sortes de taches, et pour teindre en diverses couleurs des fils et toiles de lin, le bois, les os, etc.

C'est l'ouvrage le plus ancien que l'on connaisse en Allemagne qui parle de teinture.

ANNALEN DER CHEMIE UND PHARMACIE. Herausgegeben von **Friederich Wöhler, Justus Freiherr von Liebig, Hermann Kopp.** Leipzig und Heidelberg.

ANNALES DE CHIMIE. Recueil des mémoires concernant la chimie et les arts qui en dépendent. 1re série. Paris, 1789 à 1815, inclusivement. 90 vol. in-8, fig. et 3 vol. de tables.

Les collections complètes de cette première série sont excessivement rares.

ANNALES DE CHIMIE, IIe série; par MM. **Gay-Lussac** et **Arago.** Paris, 1816 à 1840, vingt-cinq années, formant avec les tables 78 vol. in-8, accompagnés d'un grand nombre de planches gravées.

Table générale raisonnée des matières, comprises dans les tomes I à LXXV (1816 à 1840). 3 vol. in-8 pris séparément.

ANNALES DE CHIMIE ET DE PHYSIQUE. IIIe série, commencée en 1841, rédigée par MM. **Chevreul, Dumas, Pelouze, Boussingault, Regnault, et de Senarmont,** avec une revue des travaux de chimie et de physique publiés à l'étranger par MM. **Wurtz** et **Verdet.** Il paraît chaque année 12 cahiers qui forment 3 vol., et sont accompagnés de planches en taille douce et de figures intercalées dans le texte. L'année 1861 correspond aux tomes LXI à LXIII de la IIIe série. Table générale raisonnée des matières contenues dans les tomes I à XXX, de la IIIe série. Paris, 1851. 1 vol. in-8.

En préparation la table des vol. XXXI à LX.

ANNALES DES SCIENCES NATURELLES; Ire série, 1824, à 1833 inclusivement publiées par MM. **Audouin, Ad. Brongniart** et **Dumas.** 30 vol. in-8, 600 pl. environ. Toutes les années séparément (moins 1830). Table générale des matières des 30 vol. qui composent cette série. Paris, 1841. 1 vol. in-8.

ANNALES DES SCIENCES NATURELLES, comprenant la zoologie, la botanique, l'anatomie, et la physiologie comparée des deux règnes et l'histoire des corps organisés fossiles. — IIe série (1834 à 1843), rédigée pour la zoologie, par MM. **Audouin** et **Milne-Edwards;** pour la botanique, par MM. **Ad. Brongniart, Guillemin** et **Decaisne.** — IIIe série (1844 à 1853), rédigée pour la zoologie, par M. **Milne-Edwards,** et pour la botanique, par MM. **Ad. Brongniart** et **Decaisne.** La IIe et la IIIe série forment deux parties avec une pagination distincte, et comprennent chacune, avec les tables générales des matières et celle des auteurs, 40 vol. format in-8 sur raisin, accompagné d'environ 700 planches gravées en taille douce et souvent coloriées. — On peut avoir séparément pour chaque série : la zoologie, 20 vol. avec la table, chaque année à part; la botanique, 20 vol. avec la table, chaque année à part.

ANNALES DES SCIENCES NATURELLES, IVe série, commençant le 1er janvier 1854, comprenant la zoologie, la botanique, l'anatomie et la physiologie comparée des deux règnes et l'histoire des corps organisés fossiles, rédigées pour la zoologie par M. **Milne-Edwards** ; pour la botanique par MM. **Ad. Brongniart** et **Decaisne.** L'abonnement annuel aux annales comprend 4 vol. in-8 de 24 feuilles accompagnés de 70 planches environ. Le recueil est divisé en deux parties consacrées l'une aux sciences zoologiques, l'autre aux sciences botaniques, chacune de ces

parties, dont l'étendue pourra varier chaque année suivant l'abondance respective de
matière a une pagination distincte.

ANNALES DU CONSERVATOIRE impérial des arts et métiers, publiées par MM.
les professeurs du Conservatoire sous la direction de **Ch. Laboulaye**. Publication
paraissant tous les trois mois, depuis le 1er juillet 1860, par fascicule de 10 à 15 feuilles
avec bois dans le texte, et des pl. grav. sur cuivre.

ANTONI (Jos. Farmacien).
   Ueber die Benutzung, einiger Samuearten des Kienpostes, der Tamariske
   und der Bedfordwalde als Gerbe-und Farbematerial. 4. München 1820.

ANNUAIRE DES TRAVAUX DE CHIMIE publiés par **Gerhardt** chaque
   année depuis 1845.

ARMENGAUD FRÈRES.
   Publication industrielle des machines, outils et appareils employés dans les différentes branches de l'industrie française et étrangère. 14 vol. ont paru. Planches
   gravées nombreuses.

ARMENGAUD AÎNÉ.
   Génie industriel. Revue des inventions françaises et étrangères. Publication
   mensuelle.

ARNOULT (Ercins).
   * **L'Institut.** Journal universel des sciences et des sociétés savantes en France et à
   l'étranger. Ce journal se compose de deux sections, auxquelles on peut s'abonner séparément.
   La première section paraît tous les mercredis; elle publie, outre un compte rendu
   des séances de l'Académie des sciences de Paris, un compte rendu semblable pour les
   principales académies des Sociétés savantes des pays étrangers.
   La deuxième section paraît le 15 de chaque mois; elle traite des sciences historiques,
   archéologiques, philosophiques, etc. — Chaque section forme par an un volume suivi
   de tables. — Bureaux à Paris, Cité Trévise, 5.
   Première section, 1833 à 1861, 29 vol. Deuxième section, 1836 à 1861, 26 vol.

ARS TINCTORIA, Gründliche Anleitung zur Farbekunst. Frankfurt. 1721.

ARTS TINCTORIA FUNDAMENTALIS.
   Francfort, 1685, Iena, 1685-1750.

ASSOCIATION BRITANNIQUE pour l'avancement des sciences. Fondée en 1833,
   ses rapports imprimés se composent en 1862 de 30 volumes, sans compter les travaux qui ont parus dans les recueils dépendant d'autres sociétés. M. **Willis**, président
   de la session de 1862 à Cambridge.

B

BANCROFT (E.).
   **Experimental researches concerning the Philosophy of permanent
   colours,** etc. In-8°, London, 1791. Plusieurs éditions revues et augmentées furen
   publiées plus tard.
   Bancroft cite l'ouvrage le plus ancien qu'il a trouvé en Angleterre qui traite de
   la coloration des étoffes et qui porte le titre : *A profitable Booke declaring divers*

approved remedies to take out spots and stains, in Silkes, velvets, linen and wollen clothes; with divers colours how to die velvets and silkes, linen and wollen fustia and thread; also to dress leather and to colour felles. Taken out of Dutch and Englished by L. M. In-4°, London, 1595 and 1605.

L'auteur ne mentionne pas la cochenille, mais il cite l'indigo (qu'il appelle *Flora*), — le wald (pastel), — la garance, — le bois de Brésil, le saflor, la noix de Galles, le kermès, la laque (*lak*).

BANCROFT (E.)
Englisches Färbebuch, annoté par D. Jäger. 2 vol. in-8°, Leipzig, 1797.

BANCROFT (E.).
Englisches Farbebuch, traduit de l'anglais par J. A. Buchner, publié par Dingler et Kurrer. In-8°, 2 vol., Nürnberg, 1817. Ouvrage fondamental pour cette époque.

BARRESWIL.
Répertoire de chimie pure. Publication mensuelle.

BARRESWIL et **SOBRERO.**
Appendice à tous les traités d'analyses chimiques. Recueil des observations publiées depuis dix ans sur l'analyse qualitative et quantitative. 1 vol. in-8° Planches et figures dans le texte.

BARRAL (J. A.).
Presse scientifique des deux mondes. Publication paraissant deux fois par mois. — Voyez auteurs P.

BASSET (N.).
Traité théorique et pratique de la fermentation, considérée dans ses rapports généraux avec les sciences naturelles et l'industrie. 1 vol. gr. in-18. Paris, 1858.

BASTET.
Essai sur la culture et le commerce de la garance de Vaucluse. 1 vol., 1838.

BEAUVAIS-ROSEAU.
Kunst des Indigo-Bereiters. In-4°, Königsberg, 1771.

BERTHOLET (Claude Louis).
Éléments de l'art de la teinture. 2 vol., Paris, 1791, 2me édition.
Traduction allemande par Göttling.
Handbuch der Färbekunst. 2 vol. in-8°, Iéna, 1792.
Anfangsgründe der Färbekunst, traduit du françois par Gehlen, annoté par Hermstädt. 2 vol. in-8°. Planches. Berlin, 1806.

BERTHOLET (C. L.).
Essai de statistique chimique.

BERTHOLET (C. L.).
Mémoires de physique et de chimie de la société d'Arcueil fondée en 1807. 3 volumes furent publiés.

BERTHOLET (C. L.).
Application du chlore au blanchiment.

BERZELIUS.
Rapport annuel sur les progrès de la chimie. 1810 à 1850.

BERZELIUS.
Traité de chimie.

BEZON.
Dictionnaire général des tissus anciens et modernes. 8 vol. in-8°, et atlas de planches in-4°. Paris.

BISCHOFF (J. N.).
Versuch einer Geschichte der Färbekunst von ihrer Entstehung an bis auf unsere Zeiten. In-8°, 1790.
Historique de la teinture jusqu'en 1790.

BOHATSCH (J. T.).
Beschreibung einiger in der Haushaltung und Färbekunst nützbaren Kräuter, die er in seinen durch drey Jahren unternommenen Reisen im Königreich Böhmen entdeckt hat. In-8°, Prag, 1755.

BOUTRON et BOUDET (F.).
Hydrométrie. Nouvelle méthode pour déterminer les proportions des matières en dissolution dans les eaux de source et de rivière. 2° édition, gr. in-8°, Paris, 1862.

BOUILLON et MULLER (Ing. civils).
Appareils spéciaux pour l'industrie et l'économie domestique, comprenant lavoirs, séchoirs, bains, etc. All. in-fol., 16 pl. et explications. Paris, 1800.

BOWLE.
Kunst mit Wasser-, Oehl- und Pastellfarben zu malen. 2° édit., in-8°, Kobourg, 1800.

BRONGNIART.
Ueber die Farben, welche man von Metallkalken erhält. In-4°, Leipzig, 1800.

BULLETIN DE LA SOCIÉTÉ D'ENCOURAGEMENT POUR L'INDUSTRIE NATIONALE. — Cette société a été fondée en 1801 pour l'amélioration de toutes les branches de l'industrie française. Depuis 1824, elle publie un bulletin mensuel.

BULLETIN DE LA SOCIÉTÉ INDUSTRIELLE DE MULHOUSE (Haut-Rhin). — Cette société, fondée en 1826, publie un bulletin mensuel avec planches. Elle se compose, en 1862, de 300 membres, et réunit en un faisceau toutes les forces vives de l'industrie alsacienne. Toutes les questions chimiques, mécaniques et philanthropiques, qui peuvent toucher les manufactures du département, y sont débattues tour à tour. La société distribue chaque année des prix nombreux et souvent d'une valeur considérable (en 1862, ces prix, au nombre de 100, s'élèvent à une somme de 80,000 fr).

BUNSEN (Robert).
Méthodes gazométriques. Traduit de l'allemand sous les yeux de l'auteur et avec son concours, par M. Th. Schneider. 1 vol. in-8°. 60 gravures. 1858, Paris.

C

CARNET DES INGÉNIEURS. Recueil de tables, de formules et de renseignements pratiques. 11° édit. in-12, 214 p., 1 calendrier, 48 p., de papier quadrillé. Paris, 1861.

CHAPTAL.
Voyez deuxième liste d'auteurs.

CHEMICAL NEWS, and Journal of physical science W Crookes P. C. S.

CHEVREUL.
Voyez deuxième liste d'auteurs.

COLOGNE (J.).
Science pour tous. Publication hebdomadaire.

COLORISTE INDUSTRIEL. Ancienne **Coloration.** Journal spécial de la teinture et de l'apprêt des étoffes, de la production et de la préparation des matières
tinctoriales, de l'impression et de la fabrication des tissus, et des papiers
peints, et en général de toutes les substances colorantes appliquées à l'industrie et
aux arts. Publiée par **J. Baart.** Paraissant le 1er et le 15 de chaque mois. 3e année
en 1863.

CORDIER (Alph.).
Études sur les industries du coton, du lin, de la soie, de leurs dérivés
dans la région du nord, précédé de quelques considérations économiques. In-8°,
212 p. Paris, 1860.

COMPTES RENDUS hebdomadaires des séances de l'Académie des sciences par
MM. les secrétaires perpétuels.

COSMOS. Publication hebdomadaire. 21 vol. publiés.

CUYPER (Cl. de), prof. à Liége.
Revue universelle. 0 publications par mois.

D

DALLINGER.
Nachrichten über Saflor- und Waukultur, nebst einem Verzeichniss der
gelbfärbenden Pflanzen in Baiern. In-8°, Ingolstadt, 1800.

DAMBOURNEY.
Recueil de procédés et d'expériences sur les teintures solides que
nos végétaux indigènes communiquent aux laines et aux lainages. In-8°, Paris, 1780.
Traduction en allemand, in-8°, Leipzig, 1793.

DECAISNE (S.).
Recherches sur la garance. In-4°, 77 p., 10 pl. 1837.

DELAVAL (E. H.).
Versuch über die dauerhaften Farben und durchsichtigen Körper. In-8°,
Berlin, 1781.

DELORMOIS.
L'art de faire les indiennes à l'instar de l'Angleterre.

DICTIONNAIRE DES ARTS ET MANUFACTURES. Description des procédés
de l'industrie française et étrangère, par une réunion d'ingénieurs, de professeurs et

do chimistes, publié sous la direction de M. **Ch. Laboulaye**. 2° édit., 2 forts
volumes in-4°, 2,500 p., illustr. de 3,000 grav. sur bois dans le texte, représentant
les machines et appareils employés dans l'industrie. 1854-1855.

Ce magnifique ouvrage, qui réalise enfin une Encyclopédie technologique vraiment
digne du développement de l'industrie moderne, est unanimement reconnu comme
le livre indispensable pour quiconque s'occupe du travail industriel.

DICTIONNAIRE ENCYCLOPÉDIQUE USUEL, ou résumé de tous les diction-
naires historiques, biographiques, géographiques, technologiques, etc., publié par **Ch.
Saint-Laurent**. 4° édit., 2 vol. gr. in-8°, 1488 p. Paris, 1858.

DICTIONNARY of calicos printing and dyeing. In-8°, Londres.

DINGLER (JOHANN GOTTFRIED).

Journal für die Zitz-Kattun- oder Indiennes-Druckerey. Die Wollen-,
Seiden-, Baumwollen- und Leinen-Färberey und Bleicheray. 2 vol. in-8°, pl. Leipzig, 1800.

DINGLER (J. G.).

Neues Journal für die Indiennen oder Baumwolledruckerei. 4 vol.
in-8°, planches. Augsbourg, 1815-1818.

DINGLER (J. G.).

Magazin für die Druck-, Färbe- und Bleichkunst. 3 vol. in-8°, pl,
1819-1820.

DINGLER (J. G.).

Fragmente für die Zitz-, Kattun-, Seide- und Zeugdruckerei. Basel,
1811.

DINGLER (EMILE-MAXIMILIEN, Dr.).

Polytechnisches Journal. Publication avec planches nombreuses, paraissant deux
fois par mois, à Augsbourg. — Ce journal polytechnique de **E. M. Dingler** a été
créé par son père, **Johann-Gottfried Dingler**. — Cette publication est un
résumé de toutes les découvertes en chimie et en mécanique appliquées à l'industrie.
— **Johann-Gottfried Dingler**, en 1811, avait monté un laboratoire de
chimie, à Mulhouse, dans l'établissement de teinture de **Laurent-Weber**, pour
chercher, par ses connaissances en chimie, à perfectionner les procédés de la coloration des étoffes. — L'article en vogue à cette époque était le genre Lapis. — Il
me souvient parfaitement que l'on soumit à l'essai dans la fabrique de MM. **Dollfus-
Mieg et C°**, à Dornach, une préparation sortant du laboratoire de **J. G. Dingler**,
sous le nom pompeux : **Dinglers Universal-cotz-reservage-composition**.

F

FARBEN[1]-COMPOSITION. Unterricht zum Färben auf Zitz und Kattun. Leipzig, 1800.

FARBEN-KOCH OHNE MASKE. Brünn, 1795.

---

[1] *Farben*, couleurs. *Faerben*, teindre. *Faerbebuch*, traité de teinture.

FAERBEBUCH, oder der vollkommene Kunstfärber. In-8°. Nürnberg.

FAERBEBUCH welches drei der nützlichsten Hauptstücke für Fabrikanten und Färber enthält. In-8°. Ulm, 1781.

FAERBEBUCH zum allgemeinen Nutzen, oder Unterricht Wolle zu färben. Koppenhagen, 1793.

FAERBEBUCH, HAMBURGISCHES, oder gründlicher Unterricht, etc. Lüneburg, 1805.
  Plus tard parurent plusieurs éditions de ce même ouvrage.

FAERBEBUCH, compendioses, oder Anleitung zum Färben der Wolle. Quedlinburg, 1801.

FAERBEBUCH, vollständiges, für Tuch- und Wollenfärber, in 138 Recepten. In-8°, Berlin, 1790-1803.

FAERBEKUNST. Gründlicher Unterricht. Leipzig, 1703.

FAERBER, DER VOLLKOMMENE. Soran, 1759.

FAERBERIN, die kleine, oder Anweisung Leinen etc. zu färben. Halle, 1801. — Basel, 1810.

FIGUIER (L.).
  Découvertes scientifiques modernes (exposition et histoire des). 6° édit., 4 vol., gr. in-8°, fig. Paris, 1862.

FONTERET (A. L.).
  L'ouvrier dans les grandes villes en général et dans la ville de Lyon en particulier. Gr. in-18. Paris, 1858.

FRESENIUS (D. C. Remigius) et SACC.
  Précis d'analyse chimique qualitative, ou Traité des opérations chimiques, des réactifs et de leur action sur les corps les plus répandus, suivi d'un procédé systématique d'analyse appliquée aux corps les plus fréquemment employés en pharmacie et dans les arts. Édition française, publiée sur la 3° édit. allem., par le Dr. **SACC** fils. Gr. in-18. Paris, 1845.

FRESENIUS (D. C. R.) et SACC.
  Précis d'analyse quantitative. Traité du dosage et de la séparation des corps simples et composés les plus usités en pharmacie, dans les arts et en agriculture. Édition française, publiée par le Dr. **Sacc**. Gr. in-18. 77 figures dans le texte. Paris, 1846.

G

GAY-LUSSAC.
  Traité d'alcoométrie. 1 vol., fig. dans le texte. Paris, 1816.

GAY-LUSSAC et THENARD.
  Recherches physico-chimiques sur la pile ; sur la préparation chimique et les préparations du potassium et du sodium ; sur la décomposition de l'acide boracique.

etc.; — sur l'action chimique de la lumière, sur l'analyse végétale et animale, etc., etc. 2 vol. in-8°, 0 pl. Paris, 1851.

GAVARRET.
Traité d'électricité. 2 vol. in-18, 118 fig. Paris, 1857-1858.

GEHEIMNISSE DER SCHOENFAERBEREI. (Mystères dévoilés de la teinture.) Berlin, 1801.

GEISL. (E. F.).
Praktischer Unterricht das ächte rothe Baumwollen-Garn zu färben. Leipzig, 1787.

GÉNIE INDUSTRIEL. Revue des inventions françaises et étrangères, par **Armengaud** ainé.
Publication mensuelle.

GERHARDT (Cu.).
Annuaire des travaux de chimie, publié chaque année depuis 1845.

GERHARDT (Cu.).
Chimie organique. 4 vol. in-8°. Paris, 1851-1850.

GERHARDT (Cu.) et **CHANCEL** (C.).
Précis d'analyse chimique quantitative. In-8°, Paris, 1855.

GIRARDIN (J.), professeur de chimie industrielle.
Leçons de chimie industrielle, faites le dimanche à l'école municipale de Rouen. 2e édit., 1850. Rouen.

GIRARDIN (J.).
Leçons de chimie appliquées aux arts industriels et faites le dimanche à l'école municipale de Rouen. 3e édit., 1 vol. in-8°, 1100 p., 200 figures et échantillons d'indiennes intercalés dans le texte. Paris, 1844.

GIRARDIN (J.), doyen et professeur de chimie de la Faculté des sciences à Lille.
Leçons de chimie élémentaire appliquée aux arts industriels. Quatrième édition, entièrement refondue ; avec figures et échantillons de teintures et d'indiennes intercalés dans le texte. — 2 volumes. Paris, Victor Masson.
Ier volume. 1860. **Chimie inorganique.**
Notions générales. — Air. — Eau. — Soufre. — Acides du soufre. — Phosphore. — Chlore. — Théorie du blanchiment. — Azoture d'hydrogène ou ammoniaque. — Acide sulfurique. — Carbone. — Phénomènes de la combustion et de la flamme. — Arsenic. — Application du sulfure d'arsenic à la teinture et à la peinture. — Arséniate acide de potasse des indienneurs. — Alchimistes et pierre philosophale. — Métaux. — Équivalents chimiques ou nombres proportionnels. — Potasse. — Soude. — Iode. — Brôme. — Potassium. — Sodium. — Acide borique. — Sel marin ou de cuisine. — Azotate de potasse et de soude. — Poudre à canon. — Chlorate de potasse. — Chaux. — Procédés pour remédier à l'inconvénient des eaux calcaires pour l'alimentation des chaudières à vapeur. — Emploi du noir animal pour enlever les sels calcaires à l'eau et pour assainir les citernes. — Manganèse. — Zinc. — Blanc de zinc. — Peinture et mastic de M. *Sorel.* — Vert de *Rinmann.* — Fer. — Sulfate de fer ou couperose. — Chrome. — Aluminium et alumine. — Corindon ou émeri. — Alun. — Silice. — Étain. — Théorie des rongeants par le sel d'étain sur les tissus. — Sel d'étain et de l'oxymuriate des fabriques. — Poudre d'*Algaroth.* — Cuivre. — Plomb. — Sels de plomb. — Bismuth. — Mercure. — Cinabre ou sulfure de mercure. — Argent. — Or. — Pourpre de *Cassius.* — Platine.

IIe vol. 1861. Chimie organique.

Notions générales. — Produits et principes immédiats. — Acide oxalique. — Acide citrique —Acides tannique et gallique. — Acide pyrogallique. — Encres. — Alcaloïdes. — Sucre. — Alcool. — Gommes et mucilages. — Fécules. — Dextrine. — Glucose. — Cellulose et lignine. — Collodion. — Corps gras. — Oléine, margarine, stéarine. — Huiles. — Acroléine. — Acide sébosique. — Alcool caprylique. — Gaz pour l'éclairage. — Huiles siccatives. — Savons. — Bougies stéariques. — Cire. — Huiles volatiles. — Résines. — Savon de résine. — Acide benzoïque. — Benzine et nitro-benzine. — Caoutchouc. — Glu marine. — Gutta-percha.

Matières colorantes. — Principes immédiats colorants. — Comment les matières colorantes existent dans les substances organiques.

Liste de celles qui ont été isolées.

Propriétés générales, physiques et chimiques. — Ozone et son action sur les couleurs. — Action des agents oxydants. — Théorie du blanchiment. — Action du charbon sur les couleurs. — Dissolvants. — Action des acides et des alcalis sur les couleurs. — Explication du rôle du tournesol. — Action décolorante de l'acide sulfureux. — Couleurs substantives et adjectives. — Couleurs solides et couleurs faux teints[1].

Composition et propriétés chimiques des organes. . . . .

Farine. — Gluten. — Amidon de blé. — Alcool. — Œufs et albumine. — Sérum. — Acide lactique. — Organes non alimentaires. — . . . . Acide pyroligneux. — Acide acétique. — Acétate de cuivre. — Acétate de plomb. — Pyrolignite de plomb. — Pyrolignite de fer. — Acétate d'alumine. — Préparation du mordant de rouge des Indienneurs. — Esprit de bois ou alcool méthylique. — Goudron de bois. — Paraffine et créosote.

Matières textiles et filamenteuses.

Lin. — Chanvre. — Coton. — Rouissage du lin. — Caractères physiques et compositions des fibres textiles végétales. — Coton mercerisé. — Étude de la laine : espèces, nature, propriété. — Moyens de distinguer les fils de coton dans les étoffes de laine. — Soie. — Sa distinction d'avec la laine et les fibres végétales.

Blanchiment des fibres textiles.

Coton. — Lin. — Chanvre en fils et en tissus. — Laine et soie. — Appareils du blanchiment. — Papier.

MATIÈRES TINCTORIALES.

MATIÈRES ROUGES.

Garance. (*Rubia tinctorum.*)

Alizarine (colorine, azale).

En étudiant la racine à l'état vivant, M. **Decaisne** est arrivé aux conclusions suivantes :

1° La racine à l'état vivant ne renferme d'autres principes colorants qu'un *liquide jaune* d'autant plus foncé et plus abondant que l'âge de la plante est plus avancé.

2° Ce liquide jaune, en absorbant l'oxygène de l'air, se convertit en *principe rouge*.

3° Les manipulations qu'on fait subir à la garance ont pour résultat de mettre en contact avec l'air les parties remplies du principe jaune.— Il n'y a donc, pour M. **Decaisne**, qu'une seule matière colorante dans la garance :

jaune, tant qu'elle est emprisonnée dans le tissu végétal ;

rouge, aussitôt qu'elle est en contact avec l'air.

Cette opinion sur l'unité du principe colorant dans cette racine est appuyée par les expériences chimiques faites, en 1857, par M. **Gustave Schwartz**, par celle que j'ai exécutée (M. **Girardin**) depuis 1840, avec M. **Grelley**, et par les recherches de MM. **Gerber-Keller** et **Edmond Dollfus**, faites en 1852. — C'est ce principe jaune non encore modifié par l'air qui constitue la *xanthine* de M. **Kuhlmann**, ou le principe jaune de **Runge**. Tous ces principes, rouge, rose, pourpre, orange, brun, etc.,

---

[1] Couleurs persistantes (fixes), couleurs temporaires (fugitives).

admis par différents chimistes, ne sont, d'après toutes mes recherches, et celles de **Gerber** et **Dollfus**, que des mélanges plus ou moins altérés et complexes d'*alizarine* et du principe jaune primitif plus ou moins oxydé.

Garancine. Produit tinctorial que **Robiquet** et **Colin** firent connaître, en 1827, sous le nom de *charbon sulfurique de garance*.

Garanceux. M. **Léonard Schwartz**, de Mulhouse, a pris, le 17 avril 1845, un brevet d'invention pour la fabrication de la garancine avec les résidus de la garance qui a déjà servi à la teinture. M. **Stolner** a importé, en août 1845, le même mode de fabrication en Angleterre.

Fleur de garance. Ce produit, mis dans le commerce à partir de 1841, par MM. **Julien** et **Roquer**, de Sorgues (Vaucluse), consiste en garance qui a subi la fermentation alcoolique et qui a été ainsi débarrassée de toutes les parties solubles, mucilagineuses, sucrées, acides, etc., qui accompagnent l'alizarine, et dont la combinaison avec les mordants de fer a une influence fâcheuse sur les violets, quand elles sont encore présentes à la teinture.

Alizarine commerciale. Ce produit nouveau, dû à MM. **Pincoff** et **Schunk**, de Manchester, qui l'ont livré au commerce vers 1854, n'est autre chose que de la garance soumise en vases clos à l'action de la vapeur d'eau surchauffée. Dans ces conditions, le principe fauve jaunâtre, que MM. **Pincoff** et **Schunk** appellent *vérantrine*, disparaît, se modifie ou se détruit. Certains fabricants remplacent la garance par de belles garancines qu'ils surchauffent au bain d'huile, ou d'alliages fusibles, ou de sable, ou de vapeur. Quoi qu'il en soit, la matière ainsi traitée possède des qualités spéciales; ainsi, elle fournit avec les eaux calcaires de belles nuances violettes [1].

Extraits de garance. On a fait des tentatives pour obtenir industriellement l'*alizarine* pure, afin de la substituer à la garance même pour rendre les opérations de la teinture et de l'impression plus rapides et réaliser en même temps de plus beaux effets de coloration. Mais jusqu'ici les produits livrés au commerce sous les noms d'*extrait alcoolique de charbon sulfurique* (**Robiquet** et **Colin**), de *colorine* (**Girardin** et **Grelley**), de *rubérine* (**Castellan** d'Avignon), de *carmin de garance* (**Schwartz**), d'*extrait de garance* (**Köchlin, Verdeil, Schwartz, Vilmorin**), sont revenus à des prix trop élevés pour être adoptés par la pratique.

Alizarine pure en cristaux. M. **Schwartz** a indiqué, en 1850, un fort joli moyen pour se procurer l'alizarine pure : On emploie, comme matière première, un extrait alcoolique de garancine, aussi riche que possible, et réduit en poudre. On en couvre d'une légère couche une feuille de papier à filtrer, qu'on place sur une plaque en tôle munie d'un manche, afin de pouvoir l'approcher ou l'éloigner à volonté du feu; on chauffe de manière à ne pas altérer le papier. Bientôt l'extrait entre en fusion, le papier s'imbibe d'une matière résineuse brune, tandis que l'*alizarine* très-pure vient former à la surface une belle végétation cristalline, de couleur orangée. Elle a, dans cet état, un pouvoir tinctorial 95 fois supérieur à celui de la garance.

Lorsqu'on ne tient pas à avoir l'alizarine chimiquement pure, mais telle qu'elle peut être employée en teinture et en impression, on a recours au procédé plus industriel que M. **Kopp**, de Saverne, a fait connaître en 1859, et qui n'est toutefois qu'un perfectionnement de celui proposé, en 1841, par M. **Camille Köchlin**. Il consiste à faire passer de la vapeur surchauffée dans et autour de garancine en morceaux de la grosseur d'une noix.

Adultération des garances et leur essai.

1° De nombreux essais ont démontré que la garance bien pure donne par l'incinération 5 % de cendres. Toute garance qui laissera un poids de cendres plus élevé renfermera

---

[1] **M. Girardin** dit : nuances violettes magnifiques. — Conservons magnifique pour l'appliquer à l'aniline, et nommons belles les violets de l'alizarine commerciale de MM. **Pincoff** et **Schunk**.

des matières terreuses étrangères, soit d'une addition frauduleuse, soit d'un vice de fabrication. Lorsque cet excédant dépassera 4 à 5 centièmes, c'est qu'à coup sûr il sera le résultat d'une fraude.

2° M. **Pernod**, d'Avignon, a indiqué, en 1858, un moyen assez prompt de reconnaître la nature des poudres tinctoriales introduites frauduleusement dans les garances et garancines. — On plonge, pendant une minute, une feuille de papier blanc dans un bain faible de bichlorure d'étain. On pose ensuite cette feuille sur une lame de verre ou sur une assiette, et on la saupoudre, à l'aide d'un tamis, de la garance à essayer.

Au bout d'une demi-heure on remarque sur tous les points du papier occupés par les parcelles de bois étrangers les colorations suivantes :

Des points rouge cramoisi avec le bois de Brésil.

Des taches de couleur violette avec le bois de Campêche.

Une coloration jaune avec le bois de Cuba, etc.

Les parties du papier correspondantes à la poudre de garance ne contractent qu'une légère couleur jaune.

On opère de la même manière pour reconnaître les substances astringentes, sauf qu'on humecte le papier, non plus avec du bichlorure d'étain, mais avec une dissolution ancienne de couperose ; puis, après dessiccation, avec de l'alcool rectifié. Après un quart d'heure, on aperçoit très-bien, sur tous les points du papier occupés par les parcelles de la poudre astringente, des taches d'un noir bleu d'autant plus intense que la matière ajoutée est plus riche en tannin. La garance pure ne communique au papier qu'une coloration rouille ou brun clair.

Ce procédé n'est qu'une modification de celui qu'on suit depuis une dizaine d'années dans les laboratoires de la Normandie. Là on pèse 5 grammes de garance ou de garancine, on verse dessus 50 grammes d'eau distillée chaude, et on laisse infuser jusqu'à refroidissement, en remuant souvent. On filtre, et dans le liquide clair on cherche la présence des bois colorants (Campêche, Lima, bois jaune, etc.) au moyen du bichlorure d'étain — celle des matières astringentes (sciures de chêne, extrait de châtaignier surtout) par le sulfate de peroxyde de fer.

3° **Essai par teinture** [1]. On prend comme type de comparaison une bonne garance de même marque que celle dont il s'agit d'estimer la valeur ou la pureté. On pèse 6 grammes de l'une et de l'autre, au même état de dessiccation, et on teint comparativement deux morceaux de calicot, d'un décimètre carré de surface, imprimés en mordant rouge et de noir et bien dégorgés dans un bain de bouse. — La teinture se fait dans des vases en terre placés dans un bain-marie, que l'on chauffe avec assez de lenteur pour que l'eau ne parvienne à 75° que dans l'espace d'une heure et demie, en évitant surtout les alternatives de température. Au bout de ce temps, on met un excès de sel marin dans l'eau du bain-marie, et on pousse à l'ébullition, qu'on entretient pendant un quart d'heure. On retire les échantillons, on les rince à l'eau froide et on les sèche.

On partage chaque coupon teint par moitié. L'une est conservée telle quelle, l'autre est soumise aux avivages suivants :

Passage en hypochlorite de chaux à 1/1 de degré à la température de 35° pendant 5 minutes. Laver avec soin.

---

[1] Les essais par teinture parfaitement décrits par **M. Girardin** donnent des résultats très satisfaisants de la richesse tinctoriale des garances et de ses dérivés qui se trouvent dans le commerce. Ils sont généralement confirmés par la teinture des pièces, qui est en définitif l'essai en grand.

Pour la teinture en garance d'Alsace, de Hollande et autres, il faut ajouter au bain du carbonate de chaux (craie), afin de neutraliser l'acide qu'elles contiennent, sous cela les couleurs obtenues ne supportent pas les avivages et n'ont aucune persistance. — A Rouen, les eaux des fabriques sont calcaires ; dans le Haut-Rhin elles sont pures, et on ajoute du carbonate de chaux (craie), à tous les bains de teinture en garance.

Deux eaux de savon pendant 5 minutes, l'une à 40°, l'autre à 60°, en employant 2 1/2 grammes de savon blanc par litre d'eau. Rinçage parfait.

Aviver dans une eau de savon légère, à laquelle on a ajouté quelques centigrammes de bichlorure d'étain.

Terminer par un nouveau savonnage qu'on commence à 60° et qu'on pousse jusqu'à l'ébullition. — La garance qu'on essaye est d'autant meilleure qu'elle fournit une nuance plus rapprochée de celle qui est propre à la garance type. — Les avivages sont nécessaires surtout pour faire connaître la solidité et la vivacité des nuances obtenues.

Essai des garancines par teinture.

On pèse 2 grammes de l'une garancine connue qui doit servir de type, et, quant aux garancines à essayer, on en prend 1, 2, 3, 4, 5, 6, 7, 8, 10 pour 100 de plus ou de moins de 2 grammes, selon qu'elles coûtent 1, 2, 3, 4, etc., pour 100 de moins ou de plus que la garancine type. On met chaque échantillon dans un bocal à large ouverture d'un demi-litre, avec 2 à 2 1/2 décilitres d'eau additionnée d'*acide oxalique*, dans la proportion de 15 centigrammes par litre[1]. On les place au bain-marie, et on teint en réglant le feu de manière à monter de 6° par quart d'heure jusqu'à l'ébullition qu'on maintient pendant 15 minutes. Après la teinture on les rince à l'eau et on les bat, ou bien on les passe dans un bain de son à 75°.

En opérant avec des calicots qui présentent à la fin des bandes mordancées pour rouge, violet, puce et grenat, on voit immédiatement et d'un seul coup si les garancines peuvent servir avec le même avantage pour toutes les couleurs, ou quelles sont les nuances pour lesquelles elles peuvent préférablement convenir.

Essai de la fleur de garance par teinture.

On détermine la valeur de la fleur de garance par le procédé indiqué pour la garance, avec cette seule différence qu'on prend moitié moins de fleur.

MATIÈRES TINCTORIALES ROUGES.

Bois rouge ou du Brésil..

Brésiline. Matière tinctoriale isolée, à l'état de petites aiguilles orangées ou presque incolores.

Brésiléine. Au contact de l'air, la Brésiléine se colore en jaune, puis en rouge.

Bois de Fernambouc ou Fernambourg (*Cæsalpinia crista*).

Bois de Brésil proprement dit (*Cæsalpina brasiliensis*).

Bois de Sainte-Marthe (*Cæsalpina echinata*).

Bois de Nicaragua ou Nicaragua.

Bois de Sapan ou Sappan (*Cæsalpina Sappan*).

Bois de Brésillet (*Cæsalpina vesicaria*).

Bois rouge de la Jamaïque. — Bois de Bahama. — Bois de Californie. — Bois de Terre-Ferme.

Santal rouge (*Protocarpus santalinus*).

Santaline.

Bois de Caliatour ou de Cariatour. — Bois de Madagascar. — Bar-Wood ; — Cam-Wood.

Carthame ou Safranum (*Carthamus tinctorius*).

Carthamine — Acide carthamique.

Matière rouge du carthame $C^{14}H^9O^7$.

Matière jaune . . . . $C^{16}H^{10}O^{10}$.

Rouge végétal. C'est la matière rouge en paillettes.

Orseille (Lichens tinctoriaux).

Orcine. — Orcéine. — Aréoruthrine. — Acide érythroléique.

---

[1] Cette addition d'acide oxalique est nécessaire à cause des eaux calcaires de Rouen. — C'est par la même raison que l'on n'ajoute pas de craie aux bains de teinture.

Orseille de mer (*Rocella tinctoria et R. fuciformis*).

Orseille de Terre (*Variolaria*).

L'espèce principale des lichens est nommée Parelle d'Auvergne (*Variolaria orcina*).

Il n'y a dans ces différents lichens aucune matière colorante, mais on y trouve certains acides incolores nommés : érythrique, — lecanorique, — évernique, — qui, sous l'influence de la chaleur ou des alcalis, se métamorphosent rapidement, et, en présence de l'air et de l'ammoniaque, donnent lieu à une superbe matière colorante violette.

Cud bear des Anglais. — Persio des Allemands. — Orseilles épurées qu'on livre à l'état de poudre sèche.

Extrait d'orseille. Carmin d'orseille. Orseille en pâte. Pourpre française.

Cochenille.

Carmine C^{18} H^{10} Az^2O^{10}.

Acide carminique C^{18} H^{10} O^{10}.

Cochenille Honduras, — Cochenille des Canaris, — Cochenille de Java.

Dans le commerce on distingue trois qualités de cochenille : Cochenille noire ou Zacatille, c'est la meilleure. — Cochenille grise jaspée ou argentée. — Cochenille rougeâtre.

Kermès animal ou végétal. Ce produit est aussi nommé *graine d'écarlate*. — L'insecte du kermès vit et se développe comme la cochenille, mais sur un végétal différent ; c'est sur le chêne vert (*Quercus coccifera*).

Kermès de Provence, — d'Espagne, — de Pologne. — Gomme ou résine laque. — Lac-lake ou lack-lake. — Lac-dye.

Chayaver. Même famille que la garance, dont la racine est la substance tinctoriale des Indiens.

Paganum harmala. Graines du paganum harmala, plante des steppes de la Crimée, qui renferme un alcaloïde que toutes les réactions oxygénantes transforment en une matière colorante d'un beau rouge, qu'on appelle *rouge de harmala*.

Orcanette (*Anchusa tinctoria*).

Anchusine. — Acide anchusique.

Alloxane et Murexide.

Acide urique. — Acide érythrique.

Alloxane C^4 H^4 Az^2 O^{10}.

Acide purpurique. — Murexide C^{12} H^n Az^3 O^6.

Prout fit connaître, en 1818, les belles couleurs que présentent les *sels d'acide purpurique*, et qui est aujourd'hui connu sous le nom de *murexide*, et indique l'emploi en peinture de *purpurate de chaux*, et il recommandait d'appliquer ce sel à la teinture des fibres animales. — MM. **Sace** et **Schlumberger**, de Mulhouse, en 1855, ont eu la pensée de faire servir le murexide en teinture. Ils opérèrent non avec le murexide tout formé, mais avec l'*alloxane*[1].

Aniline et ses dérivés colorants. Signalé pour la première fois par le chimiste suédois **Unverdorben**, dans la distillation sèche des matières animales et de l'indigo, et puis successivement reconnue dans les produits de la distillation de la houille (du goudron) et procréée par la désoxygénation de certains composés nitrés, elle a reçu une foule de noms différents : *Cristalline*. — *Aniline*, — *Kyanol*, — *Benzidam*, — *Amide phénique*, — *Phénylamine*, — *Phéniliaque*, — *Phéni-ammoniaque*. — Tous ces noms, dans l'opinion de leurs auteurs, s'appliquent à autant de principes différents ; mais un examen plus approfondi a prouvé qu'après une purification convenable, tous ne constituent réellement qu'une seule et même substance alcaline, C^{12} H^7 AZ, à laquelle on a conservé le nom d'*aniline*, qui rappelle le nom portugais de l'indigo, l'*Anil*.

· .... Tous les agents d'oxydation (Acide azotique, hypochlorite alcalins, bichromate

---

[1] En décembre 1856 parurent à Mulhouse les premières impressions sur étoffes de coton sous la dénomination de pourpre.

de potasse, acide sulfurique, etc.) développent, avec cette base, une belle coloration d'un bleu violacé intense, tandis que les chlorures et les sels d'étain, de mercure, de fer, et certains agents réducteurs, tels que le sesquichlorure de carbone, l'iodoforme, etc., produisent avec elle une belle *couleur rouge*.

Avant 1850, l'aniline n'était qu'un produit de laboratoire, dont les procédés de préparation, assez nombreux, étaient tous fort dispendieux. Un jeune chimiste anglais, M. **Perkins**, en tirant parti des faits signalés par M. **Béchamp**, parvint à rendre industrielle la fabrication de cette substance.

L'*aniline* est devenue, depuis qu'on sait la fabriquer en grand, la matière première d'une ou plusieurs matières colorantes violettes (*Aniléine*). — *Indisine*. — *Harmaline*. — *Pourpre d'aniline* ou *purpurine*. — *Violet d'aniline* (ou *violine*[1], d'une ou plusieurs matières colorantes rouges, présentant des nuances diverses, depuis le carmin le plus riche jusqu'au rose le plus tendre: *Fuchsine*, — *Azaléine*, — *Roséine*, — *Mauve d'aniline*, — *Rubine*, — *Fuchsiarine*, — *Rouge d'aniline*, — *Cristalléine*, etc.[2], et enfin de matières colorantes : *bruns*, *bleues*, *vertes* et *jaunes* (Acide picrique).

Violet d'aniline ou **Indisine**. C'est **Perkins** qui le premier isola cette matière, résultant de l'action des agents oxydants sur l'aniline, et qui fit l'examen de ses propriétés tinctoriales. Ses expériences datent du commencement de 1856, et le brevet qu'il prit en Angleterre est du 2 février 1857.

Rouge d'aniline. Un autre dérivé coloré de l'aniline a été entrevu[3] par **Hoffmann**, de Londres, mais nettement indiqué (*D.I.* réindiqué) et préparé par M. **Verguin**, de Lyon. Ce dernier céda son procédé à MM. **Renard frères**, de la même ville, qui le firent breveter en France le 8 avril 1859. Ce sont ces industriels qui donnèrent à ce produit le nom de *fuchsine*, pour rappeler la similitude de sa couleur avec celle de la *fleur de fuchsia*[4].

Acide rosolique. Substance résinoïde de couleur orange que **Runge** a obtenu en faisant réagir l'huile de houille sur les alcalis.

Nitrosonaphthaline. L'alcaloïde incolore et cristallin connu sous le nom de *naphthylamine* et qui dérive de la *naphthaline*, peut, d'après M. **Perkins**, donner naissance, en présence de l'azotite de potasse, à un principe rouge. — **Gerhardt** a désigné ce principe colorant par *nitrosonaphthaline*.

Binitronaphthaline. D'après M. **Roussin**, la *naphthaline*, traitée par l'acide azotique, est changée en ce que l'on appelle la *binitronaphthaline*, et peut engendrer des produits colorés en *violet*, *rouge* et *bleu* de la plus grande richesse lorsqu'on la soumet à l'action des agents réducteurs, et entre autres des sulfures alcalins, du protosulfure d'étain dissout dans les alcalis caustiques.

MATIÈRES TINCTORIALES JAUNES.

Curcuma. Terra merita. — Souchet ou safran des Indes (*Curcuma tinctoria*).
Curcumine.

Fustet. — Fustel. — Fustic. (*Rhus cotinus*.)
Fustine.

Bois jaune. — Mûrier des teinturiers. — Bois de Brésil jaune. — Vieux Fustic des Anglais (*Morus tinctoria*).
Acide morique (morin blanc) $C^{36} H^{23} O^{17}, 3HO$.

----

[1] A Mulhouse sous le nom de violette des Alpes, en décembre 1858.

[2] Dès son apparition dans le commerce on l'a appelé à Mulhouse **Hoffmannine** en mémoire du chimiste **Hoffmann** qui l'a découvert et qui a décrit le procédé pour l'obtenir commercialement.

[3] M. **Girardin** dit entrevu — je dirai parfaitement décrit, et j'ajouterai tellement bien décrit qu'en suivant le procédé qu'il indique on produit la **Fuchsine** brevetée en France le 8 avril 1859.

[4] Peut être aussi pour rappeler leur nom de famille, que l'on a traduit en allemand par **Fuchs**, et auquel on a ajouté **ine**. — (*Renard* en français, *fuchs* en allemand.)

Acide morintannique (morin jaune).

Bois de Cuba. — Bois de Tuspan. — Bois de Tempico. — Bois de Côte-Ferme. — Bois jaune de Fernambouc. — Bois des Indes orientales.

Quercitron (chêne jaune). Écorce du chêne quercitron.

Quercitrine. — Acide quercitrique $C^{36} H^{80} O^{31}$.

Quercitréine (quercetrin), action des agents oxydants sur le quercitron $C^{24} H^{10} O^{11}$. Produit qui vient d'Amérique sous la forme d'une poudre légère, d'une grande finesse, d'un brun foncé. Elle a toute la propriété du quercitron, avec un pouvoir tinctorial seize fois plus considérable.

Gaude. — Vaude (*Reseda luteola*).

Lutéoline $C^{24} H^{10} O^{12} HO$.

Graines jaunes.

Chrysorhamnine $C^{60} H^{44} O^{41}$. Graines vertes de Perse et d'Avignon.

Xanthorhamnine $C^{65} H^{44} O^{41}$.

Graines d'Avignon (*Rhamnus infectorius*). Graines d'Espagne (*Rhamnus saxatilis*). — Graines de Morée. — Graines de Turquie, Valachie, Bessarabie, du Levant ou d'Andrianople.

Graines de Perse. La plus estimée de toutes les graines jaunes. — Grosses, moyennes, petites.

Suc d'Aloès. Famille des Asphodèles. *Aloe socotorina — elongata — vulgaris*, etc.

Aloïne $C^{34} H^{18} O^{14}$.

Acide chrysammique $C^{14} H^{4} Az^{2} O^{12} HO$.

Robiquet fils a nommé *aloïne* le suc pur de l'aloès. MM. **Smith** et **Steahouse**, qui l'ont isolé, *aloïne*. **Boutin**, en 1810, a songé le premier à utiliser pour la teinture la grande puissance colorante de l'aloès; **Edmond Robiquet**, en 1847, MM. **Saco** et **Schlumberger**, en 1851, ont montré que ce suc, en colorant très-bien la soie, la laine et le coton, donne, suivant les opérations qu'on lui fait subir, une foule de nuances différentes, telles que rose, hortensia, raisin de Corinthe, violet, gris, puce, marron, cannelle, bois, olive, myrte, orange, jaune, etc. — C'est surtout l'acide jaune de M. **Schunk**, *acide chrysammique*, qui peut prendre rang parmi les matières colorantes usuelles.

Acide picrique, $C^{24} H^{10} Az^{6} O^{14}$.

Découvert en 1788 par **Jean Michel Haussmann**, il est désigné successivement sous les noms de : *amer de Welter, acide carbazotique, acide nitro-picrique, acide nitro-phénisique*, **Thenard** lui a donné le nom d'*acide picrique*. **Laurent** et **Dumas** ont déterminé sa formule. **Guinon**, de Lyon, en 1847, eut l'idée de l'appliquer comme corps colorant sur la soie. — Le picrate de soude mélangé au carmin d'indigo sert à colorer la soie, la laine, les fleurs artificielles en vert d'une exquise fraîcheur. On fait ainsi des *verts-printemps* bien plus jolis que par toute autre méthode.

Comme l'acide picrique ne colore aucunement les filaments végétaux, on peut l'appliquer avec un grand succès à découvrir le mélange de ceux-ci dans les tissus de laine ou de soie.

Safran (*Crocus sativus*).

Safranine polychroïte (qui veut dire : plusieurs couleurs).

MATIÈRES TINCTORIALES BLEUES.

Indigo (Indigofera).

Indigotine blanche, $C^{16} H^{6} AzO^{2}$.

Indigotine bleue, $C^{16} H^{5} AzO^{2}$.

On admet jusqu'à 45 variétés d'indigo. — Dans le commerce on les désigne sous les dénominations suivantes, dans l'ordre de leur plus grande valeur :

Indigo bleu surfin léger ou flottant, — Fin bleu, — Bleu violet, — Surfin violet, — Surfin pourpré, — Fin violet, — Bon violet, — Violet rouge, — Violet ordinaire, — Bon rouge tendre, — Fin cuivré, — Moyen cuivré, — Cuivré ordinaire, — Bas cuivré.

Dans le choix des indigos, on fait aussi attention aux défauts ou imperfections qu'ils offrent : grand cassé ou grand carré, — demi-pierré, — grabeaux, — éventés, — piqués ou piquetés, — rubanés, — brûlés, — sablés, — écorcés, — robés, — froids.

Les indigotiers ne sont pas les seules plantes qui renferment de l'*indigotine* dans leurs feuilles, le laurier-rose des teinturiers (*Wrightia tinctoria*), la renouée des teinturiers (*Polygonum tinctorium*), le pastel (*Isatis tinctoria*), l'oupatoire des teinturiers (*eupatorium tinctorium*), etc., peuvent aussi fournir de l'indigo.

Indigos d'Asie, — Bengale, — Oude, — Nanille, — Madras, — Java.

Indigos d'Afrique, — Égypte, — Ile de France, — Sénégal.

Indigos d'Amérique, — Guatémala, — Caraque, — Mexique, — Brésil, — Caroline.

Sulfate d'indigo.

Acide sulfo-indigotique, $C^{16}H^5Az^2$, $2SO^3$.

Sulfo-indigotate de potasse, $C^{16}H^5AzO^2$, KO, $2SO^3$.

Carmin d indigo (indigt. soluble, bleu soluble, indigo précipité, indigo-carmin, cérulélne, céruléo-sulfate.

Carmin simple, — carmin double, — carmin triple.

Tournesol.

Tournesol en pains, préparé avec les mêmes lichens qui fournissent l'orseille. Cette couleur bleue n'est pas un produit unique, comme on l'avait pensé jusqu'en 1841, puisqu'elle renferme quatre principes colorés distincts, que M. **Kane** a désignés sous les noms d'*érythroléine*, — *érythrolitmine*, — *azolitmine*, — *spaniolitmine*.

MATIÈRES COLORANTES BLEUES ARTIFICIELLES [1].

Plusieurs matières colorantes bleues ont été découvertes dans ces derniers temps; la teinture et l'impression des tissus en tirent déjà un brillant parti.

Bleu d'aniline par le chlorate de potasse.

Lorsqu'on fait réagir une petite quantité de chlorate de potasse dissous dans l'acide chlorhydrique sur le chlorhydrate d'aniline en dissolution dans l'eau alcoolisée, il se forme, au bout de quelque temps, un précipité floconneux abondant d'une belle couleur bleue; si les liquides sont concentrés, le tout se prend presque en masse. — Le même composé bleu s'obtient plus facilement en ajoutant au même sel d'aniline de l'acide chloreux liquide; la liqueur se convertit immédiatement en une bouillie bleue. — Le chlore dissous, l'acide chromique donne également naissance à une matière colorante bleue par leur réaction pour l'aniline. Ces curieuses réactions ont été indiquées par MM. **Fritzche, Hoffmann, Willm,** etc.

Mais le *bleu d'aniline* est insoluble dans l'eau, dans l'alcool et l'esprit de bois, ce qui a rendu impossible son application directe en teinture. Ainsi, on imprime sur un tissu de coton un mélange de chlorhydrate d'aniline, d'acide acétique et de chlorate de potasse, le tout épaissi à la gomme, puis on expose à l'air jusqu'à ce qu'il y ait formation d'une couleur verte, ce qui exige au plus 2 ou 3 heures; après quoi on passe le tissu à chaud dans un bain d'alcali ou de bichromate de potasse; aussitôt la couleur passe du vert à un bleu intense, qui paraît complétement noir si l'on a employé une trop forte proportion de sel d'aniline. — Le bleu ainsi obtenu est extrêmement solide. On en fait quelques impressions de ce genre en Angleterre et en Allemagne.

Azuline. Ce bleu, dont l'intensité rappelle l'outremer, a paru dans l'industrie vers la

---

[1] Ces matières bleues artificielles sont tellement bien décrites par M. **Girardin**, que certes l'auteur ne sera pas étonné que je transcrive les pages 624 à 627 de ses Leçons de chimie, et qui seront lues et méditées par nos jeunes coloristes, qui prendront en grande considération que la végétation fossile (la houille) renferme des trésors, comme la végétation vivante.

Il ne s'agit que de les mettre au jour.

fin de 1860. MM. **Guinon, Marnas** et **Bonnet,** qui le fabriquent à Lyon par un procédé tenu secret, l'emploient en quantité considérable pour la teinture de la soie et de la laine.

Cette nouvelle matière colorante est soluble dans l'alcool, l'esprit de bois, l'éther, l'acide acétique et l'acide sulfurique concentré, mais non dans l'eau et les acides étendus. Elle ne vire point par les acides, elle devient d'un bleu violet par les alcalis. On la vend dans le commerce en solution dans l'esprit de bois; cette solution contient un peu d'une matière rouge, puisque, en l'étendant sur du papier, elle produit une tache bleue bordée de rouge.

Pour teindre la soie en *azuline*, on ajoute une quantité convenable de la solution commerciale à un bain d'eau tiède, en ayant soin d'agiter vivement pendant qu'on fait le mélange; de cette manière, la couleur se maintient en suspension dans l'eau. La soie plongée dans ce bain prend rapidement une nuance bleue gris de fer, mais peu uniforme; si alors on la passe dans l'eau bouillante aiguisée d'acide sulfurique, elle devient d'un bleu vif et brillant. Dans cette opération, la matière colorante éprouve une véritable fusion qui la fixe régulièrement sur la fibre; elle résiste parfaitement à l'action du savon, quand la teinture a été bien réussie. — Deux échantillons de soie, n° 50. — Bleu azuline sur soie de M. **Guinon,** n° 51. Violet d'azuline et d'harmaline de M. **Guinon.**

En Angleterre, on emploie également l'azuline pour l'impression sur tissus de coton; on a obtenu ainsi de très-beaux résultats.

Bleuine. Cette matière a été découverte par MM. **Delaire** et **Girard,** qui l'ont fait breveter vers la fin de 1860. On l'obtient, d'après les indications du brevet, en chauffant 4 parties de fuchsine avec 1 à 1 1/2 parties d'aniline. La couleur, primitivement rouge, devient de plus en plus violacée et finit, au bout de plusieurs heures, par passer au bleu violet, de telle sorte qu'en poussant l'opération plus ou moins loin, on peut obtenir toutes les nuances composées entre le rouge et la fuchsine et le bleu violacé.

Pour éviter la volatilisation de l'aniline lorsqu'on opère en vases ouverts, et aussi pour favoriser la formation du bleu, MM. **Renard frères,** de Lyon, qui exploitent actuellement ce procédé, opèrent à haute pression dans des chaudières closes, et maintiennent le mélange entre 150° et 155° pendant 30 heures. Au sortir de la chaudière, la matière est broyée avec de l'acide chlorhydrique concentré, qui dissout complétement l'aniline et le rouge restant, sans altérer le bleu. Après quelques heures de repos, on étend d'eau, puis on lave à plusieurs reprises avec le même véhicule. Enfin le produit restant est traité par l'alcool, qui sépare la matière colorante bleue des substances minérales qui avaient servi à préparer la fuchsine. MM. **Renard** donnent la préférence à la fuchsine obtenue au moyen de l'acide arsénique. — La *bleuine* est peu soluble dans l'eau, très-soluble dans l'alcool et l'esprit de bois. Elle résiste parfaitement aux acides, passe au violet par les alcalis. Ces propriétés paraissent la rapprocher de l'*azuline*, mais elle ne donne pas des bleus aussi purs ni aussi francs.

Bleu de quinoléine ou cyanine. Cette nouvelle matière, signalée par M. **G. Williams** en octobre 1860, s'obtient au moyen d'une base volatile artificielle, la *quinoléine* ou *leukol*, qui se produit pendant la distillation de la bouillie et prend aussi naissance quand on chauffe la quinine ou la cinchonine avec la potasse caustique. Cette base odorante, très-analogue à l'aniline, a pour formule C^{18} H^{7} Az; elle bout à + 250 et résiste à la température la plus élevée sans subir la moindre altération.

Si à 1 partie de quinoléine rectifiée on ajoute 1 1/2 p. d'iodure d'amyle, et qu'on fasse bouillir pendant 10 minutes, le mélange, qui était jaune paille, se colore en brun rouge foncé et se solidifie par le refroidissement en une masse cristalline. On traite celle-ci par 6 fois son poids d'eau bouillante; la solution, après filtration, est additionnée d'ammoniaque et entretenue pendant une heure à une faible ébullition. On a soin de faire des additions successives d'ammoniaque pour remplacer celle qui s'évapore. Lorsqu'on laisse refroidir le mélange, la matière colorante bleue se précipite presque en totalité. On décante la liqueur incolore, et on recueille sur un filtre une masse d'apparence résineuse qui se dissout avec facilité dans l'alcool, formant ainsi une solution d'un pourpre bleu très-riche, qui peut être employée pour la teinture et l'impression. — La soie et la laine se teignent directement par immersion à froid ou à chaud. Elles prennent très-rapidement des nuances bleues magnifiques qui résistent assez bien au savonnage, mais non aux acides et au soleil. Il est douteux, à cause de cela, que ce nouveau bleu ait de l'avenir. Cela est fâcheux, car c'eût été un débouché pour ces masses de cinchonine qui s'accumulent dans les fabriques de sulfate de quinine.

Bleu à la naphthaline. L'année dernière, M. **Troost** a fait breveter un bleu qu'il prépare au moyen de la *binitronaphthaline* parfaitement pure. En chauffant cette substance avec du sulfhydrate de sulfure de sodium, il obtient un produit violet, virant au vert par les acides et teignant sans mordant la soie, la laine et le coton ; malheureusement il faut teindre sous l'influence d'un sulfure alcalin. En traitant la solution alcaline violette par l'acide chlorhydrique, on précipite une matière bleue qui donne, dit-on, de très-jolis résultats en teinture.

Ce bleu n'a pas encore été employé dans l'industrie.

Bleu de Paris. MM. **Persoz, de Luynes** et **Salvétat** ont découvert, au commencement de 1861, qu'en faisant réagir 6 grammes de bichlorure d'étain anhydre sur 10 grammes d'aniline dans un tube scellé à la température de + 170° à 180°, on obtient, au bout de 30 heures, une substance bleue nouvelle, qui vient s'ajouter à la série très-remarquable des riches couleurs dérivées de l'aniline. Ils lui ont donné le nom de *bleu de Paris*.

Si l'on traite par l'eau bouillante la masse noirâtre et visqueuse qui se trouve dans le tube après la réaction, si, à la solution filtrée, qui est d'un bleu foncé, on ajoute du sel marin, la matière colorante se précipite, tandis que la liqueur reste verte. En répétant plusieurs fois la dissolution dans l'eau et la précipitation par le sel marin, lavant finalement les flocons bleus avec de l'eau acidulée par l'acide chlorhydrique, puis avec de l'eau pure, traitant enfin ces flocons par de l'alcool bouillant, on finit par obtenir le *bleu de Paris*, sous forme d'aiguilles d'une grande netteté et très-brillantes qui rappellent par leur aspect le sulfate de cuivre ammoniacal.

Ce bleu est soluble dans l'eau, l'alcool, l'esprit de bois, l'acide acétique, l'acide sulfurique. Il résiste à l'action de l'acide sulfureux, mais il est détruit par le chlore et l'acide azotique. Il est précipité de sa dissolution aqueuse par les acides, les alcalis et les sels. Il se fonce par les alcalis faibles et passe au groseille violacé par les alcalis concentrés. Comme il conserve sa nuance et sa pureté à la lumière artificielle, l'industrie ne peut manquer de tirer parti de ce nouveau bleu, qui n'exige qu'un traitement par l'eau pour teindre les fibres animales en nuances dont l'éclat ne laisse rien à désirer.

Bleu de Prusse.

Cyanure ferrosoferrique, $3\,Fe\,Cy + 2\,Fe^2Cy^3 + 9\,HO$.

Sa découverte, résultat du hasard, est due à **Diesbach,** fabricant de couleurs à Berlin, et annoncée la même année par **Dippel** dans les Mémoires de l'Académie de Berlin.

En 1724, **Woodward,** de la Société royale de Londres, fut le premier qui décrivit le procédé pour obtenir ce nouveau bleu. En 1752, **Macquer** prétendit que c'était un composé de fer et d'une matière colorante particulière. **Scheele** obtint, en 1780, un acide liquide que **Guyton de Morveau** nomma plus tard *acide prussique*, et le bleu de Prusse, prussiate de potasse. En 1815, **Gay-Lussac**[1] mit hors de doute que

[1] **Gay-Lussac** (Louis-Joseph) naquit en 1778 à Saint-Lesnard, dans la Haute-Vienne ; il est mort dans son pays natal en 1850, après avoir rendu d'immenses services aux sciences physiques et chimiques dans ce qu'elles ont de plus élevé, et aux arts industriels, en leur fournissant des méthodes d'essai et d'analyses d'une grande précision (alcalimétrie, chlorométrie, essai des vins, alcoolomètre, essai des matières d'or et d'argent, etc.). Sorti de l'École polytechnique pour entrer dans les ponts et

les deux premiers éléments sont combinés et constituent un radical qu'il nomma *cyanogène* (c.-à-d. générateur du bleu). Le nom de cet acide fut changé en celui d'*acide hydrocyanique*, qu'on a remplacé depuis par celui plus rationnel d'*acide cyanhydrique*, et le bleu de Prusse désigné sous le nom chimique de *cyanure ferrosoferrique*. Ce bleu se trouve dans le commerce, suivant ses qualités, sous les dénominations : Bleu de Berlin, — Bleu de Prusse de Paris, — Bleu foncé, — Bleu foncé ordinaire, — Bleu minéral.

Quand on veut se procurer du bleu de Prusse très-pur, on précipite la dissolution de prussiate de potasse par de l'azotate de peroxyde de fer. Il en résulte un bleu d'une telle beauté, que les frais qu'entraîne ce procédé sont compensés et au delà par la qualité du produit obtenu.

C'est à **Raymond père**, alors professeur de chimie à Lyon, qu'on doit l'introduction du bleu de Prusse en teinture. Il remporta, en 1811, le prix proposé par **Napoléon Ier**. Les bleus qu'il obtint sur soie furent désignés sous les noms : *bleu Raymond, bleu Marie-Louise.*

Dans l'impression, on produit les bleus-prussiates sur laine et sur coton au moyen d'une réduction. Tous les acides, même les acides organiques (oxalique, tartrique, citrique) et les sulfates acides, ont la propriété, à la température de 100°, d'opérer la destruction du prussiate de potasse ; le cyanure de potassium est transformé, par suite de la décomposition de l'eau en acide cyanhydrique qui se dégage et en potasse qui s'unit à l'acide étranger ; le protocyanure de fer devient libre et apparaît avec sa couleur d'un blanc bleuâtre ; mais sous l'influence de l'oxydation opéré par l'air, ou par le bichromate de potasse, ou par le chlorure de chaux, il donne du bleu de Prusse.

En fabrique, on obtient ce résultat en imprimant sur les pièces un mélange épaissi d'acide oxalique et tartrique et de prussiate de potasse, laissant sécher et soumettant à l'action de la vapeur pendant trois quarts d'heure. Toutes les parties imprimées prennent alors une belle couleur bleue, par suite du bleu de Prusse qui s'est produit, sous l'influence de la chaleur et de l'humidité, dans le mélange précédent [1]. En ajoutant à ces mélanges du bichlorure d'étain ou du sel d'étain, on favorise l'oxydation du protocyanure de fer mis en liberté, et on obtient un bleu tournant au pourpre d'indigo le plus foncé, nuance riche connue sous le nom de **bleu de France.**

On peut obtenir des bleus plus foncés et plus riches en substituant au prussiate jaune [2] ce qu'on appelle *prussiate rouge.*

chaussées, il préféra bientôt le laboratoire de l'illustre **Berthollet,** dont il devint l'élève et l'ami, et quelques années après, il rentra à l'École polytechnique, d'abord comme répétiteur de chimie et un peu plus tard comme successeur de l'éloquent **Fourcroy**. Il devint ensuite professeur de physique générale au Collège de France, professeur de chimie à la Faculté des sciences et au Jardin des Plantes. Ses recherches physico-chimiques, en collaboration avec **Thenard,** auraient suffi à immortaliser son nom, mais ses nombreux mémoires, parus successivement dans les *Mémoires d'Arcueil,* les *Annales de chimie,* les *Annales de chimie et de physique,* dont il fut, pendant trente ans, l'un des principaux rédacteurs, l'ont mis avec raison à la tête des physiciens et des chimistes les plus célèbres du dix-neuvième siècle. Ses Leçons de chimie ont été publiées, en 1827 et en 1828, par deux de ses élèves. **Gay-Lussac** était remarquable par la précision et l'habileté manuelle dans les expériences autant que par la hauteur de ses vues et l'originalité de ses conceptions théoriques. Une appréciation remarquable de ses travaux et de son influence sur les progrès des sciences physiques a été faite en 1853 par **Arago,** dont il fut le collaborateur et l'ami.

DA [1] En février 1820, dans la fabrique de MM. **Dollfus-Mieg et Ce,** à Dornach, j'ai introduit l'impression de ce bleu au prussiate, par suite d'un voyage fait en Angleterre, d'où j'ai rapporté le procédé.

G [2] Les prussiates de potasses et les cyanures, dont on consomme une si grande quantité pour les applications si variées, peuvent être produits d'une manière plus économique que par l'emploi des matières animales. En 1828, **Desfosses,** chimiste habile de Besançon, en répétant d'anciennes expériences de **Scheele** et de **Du Carandau,** constata que l'azote libre s'unit directement au carbone pour produire du cyanogène, lorsqu'on fait passer, à la température rouge, ce gaz pur ou même de l'air sur un mélange de charbon et de carbonate de potasse. Ce fait intéressant, confirmé bientôt après par MM. **Thomson** et **Fownes,** est devenu, dans les mains de MM. **Possoz** et **Boissière,** la

Cyanoferside de potassium ou *cyanure ferrico-potassique*, $3KCy + Fe^2Cy^3$.

M. Girardin l'a signalé le premier à l'attention des chimistes français, et a indiqué plusieurs de ses propriétés dès 1827. — Ce prussiate rouge est ramené à l'état de prussiate jaune par l'action d'une chaleur modérée, par l'hydrogène sulfuré, par certains métaux (fer, cuivre, plomb, mercure, argent). Il joue en présence de la potasse, le rôle d'un oxydant énergique, parce que dans cette circonstance à 100° il repasse à l'état de prussiate jaune avec dégagement d'oxygène. Cette dernière réaction est mise à profit dans les fabriques d'étoffes colorées pour décolorer l'indigo, la cochenille, les laques, et par conséquent pour ronger blanc sur les fonds teints avec ces matières. C'est **M. Mercer** qui a fait adopter, il y a une vingtaine d'années, ce nouveau mode d'enlevage dans les établissements de l'Angleterre.

Bleu de Turnbull. L'espèce de bleu de Prusse qu'on distingue dans le commerce sous le nom de *bleu de Turnbull* est préparé en versant dans une dissolution de couperose (proto-sulfate de fer) du prussiate rouge, ou bien un mélange de prussiate jaune et d'hypochloride de soude avec addition d'acide chlorhydrique. Ce bleu a une nuance un peu différente de celle du bleu de Prusse ordinaire. Il n'a pas non plus la même composition, puisqu'on le représente par la formule suivante :

$$3KCy + Fe^2Cy^3 + 4(3FeCy + Fe^2Cy^3).$$

Outremer.

Lazzulite outremer, silicate double d'alumine et de soude. — Depuis 1828, grâce à **MM. Guimet**, de Berlin, et **Gmelin**, de Tubingue, on sait préparer de l'outremer aussi riche de ton et aussi solide que le *lazzulite naturel*, qui était autrefois si recherché par les peintres, et qu'on payait 6,400 francs le kilogramme[1]. En 1814, le prix de l'outremer factice était à 11 fr. le kilog.; en 1861, 2 fr. 75 c. le kilog.

MATIÈRES TINCTORIALES VERTES.

Chlorophille ou **chromule** (résine ou fécule verte des anciens chimistes) est la substance qui colore en vert les feuilles des arbres et les plantes herbacées. — On peut l'obtenir en épuisant l'herbe par de l'alcool bouillant, précipitant par un lait de chaux, et reprenant la laque calcaire par un mélange d'acide chlorhydrique et d'éther. La solution verte éthérée laisse, par évaporation, une poudre d'un vert foncé, inaltérable à l'air...

Les recherches toutes récentes de **M. Fremy** semblent démontrer que la *chlorophylle* est un mélange ou une combinaison d'une matière bleue avec une matière jaune...

Phylloxanthine, matière jaune.

Phyllocyanie, matière bleue.

En 1854, **MM. Hartmann** et **Cordillot**, de Mulhouse, ont réussi à obtenir de belles nuances vertes, assez solides sur soie, laine et coton au moyen de la chlorophylle.

Vert de Chine.

base d'une grande fabrication industrielle : une grande fabrique montée en 1843 à Grenoble, qui fu ransportée, en 1844, à New-Castle.

[1] En parcourant, en 1844, les magasins de nouveautés à Paris, des impressions pour cravates d'une splendide couleur bleue attirèrent mon attention d'une manière toute particulière, et je dis au vendeur : « Cette couleur bleue magnifique craint le lavage. » Il me répondit : « Monsieur, c'est la couleur la plus solide que je connaisse; elle est tout ce qu'il y a de mieux teint, et la preuve, c'est la cravate de même couleur que je porte, et qui a été lavée souvent. C'est garancé, je vous le garantis. » — Garancé était, dans ce temps, synonyme de bon teint, solide, et le fabricant même de ce temps ne reconnaissait comme couleurs persistantes que celles qui sortaient des cuves de garance et d'indigo. Je fis l'achat de plusieurs de ces cravates bleues; je les soumis à un lavage froid et chaud, au frottement violent, et la couleur restait permanente. — Il m'était facile de déchiffrer que l'outremer était la matière colorante, et que c'est l'albumine coagulée sur l'étoffe qui la fixait. Quelques jours plus tard, on imprimait au rouleau de l'outremer épaissi au blanc d'œuf dans l'établissement de **MM. Dollfus-Mieg et C⁹** à Dornach. — Plus tard, on a remplacé le blanc d'œuf frais par l'albumine sèche. On sait tout le parti qu'on a tiré et qu'on tire de cette application.

Les teinturiers chinois emploient depuis longtemps, pour donner des nuances vertes à la soie et au coton, l'écorce des branches de deux nerpruns (*Rhamnus utilis* et *chlorophorus*) qu'ils désignent sous le nom de *lo-chou*[1].....

Lo-kao est une laque du *lo-chou* qui sert pour la teinture des tissus de prix. — Cette laque sous le nom de *vert* ou *indigo vert*, a été emportée en France depuis 1852, par M. **Guinon**, teinturier à Lyon, et puis par la Chambre de commerce de cette dernière ville.

M. **Guinon**, de Lyon, est le premier qui ait employé en grand le *lo-kao* pour la teinture de soie. Dès le printemps de 1855, il teignit les velours épinglés et coupés en une belle couleur verte qui reçut le nom de *vert-Vénus*, et les soieries en cette nuance qui a pris le nom de *vert-azof*.

Tout récemment, M. **Charvin** a pu extraire d'un nerprun indigène (*Rhamnus catharticus*) une matière colorante de même nature que le *lo-kao* des Chinois, et pouvant teindre la soie en un vert aussi solide et aussi beau à la lumière artificielle. — Préparation de cette matière tinctoriale : On plonge les écorces de nerprun dans de l'eau en pleine ébullition, que l'on maintient dans cet état pendant quelques minutes, et on abandonne au refroidissement : le lendemain, le liquide a acquis une coloration jaune fauve. On y verse alors de l'eau de chaux limpide qui y détermine immédiatement une coloration brun rougeâtre, et on répartit ensuite le liquide en couches minces sur des assiettes que l'on expose en plein air, pour y subir l'action de la lumière et des agents atmosphériques. Le liquide ne tarde pas à se métamorphoser : au bout de quelques heures, il est devenu vert et laisse déposer en même temps une matière verte. — On recueille alors le liquide des assiettes, on les traite par le carbonate de potasse, qui précipite toute la matière colorante verte, que l'on rassemble sur des filtres.

M. **Verdeil** a extrait des fleurs non encore développées du chardon et de l'artichaut une matière colorante nouvelle qui a beaucoup d'analogie avec le *lo-kao*.

MATIÈRES TINCTORIALES BRUNES OU NOIRES.

Noix de galle. Galle (*Quercus infectoria*).

Acide tannique (Tannin), $C^{18}H^{10}O^{9}$, 5HO.

Acide gallique, $C^{7}HO^{5}2H^{+}$.

Noix de galle noire, verte, vraie ; celle qui, ayant été récoltée avant le développement de l'insecte (femelle du cynips), est pesante et compacte à l'intérieur.

Noix de galle blanche, fausse ; celle qui a été cueillie après la sortie de l'insecte.

Galles d'Alep, — Morée, — Smyrne, — Marmorines, — Istrie, — France légères.

Gallons du Piémont, — Levant ou Avelanèdes.

Cachous. — Gambirs, — Kinos.

Cachou.

Catéchine, — Acide catéchucique, $C^{40}H^{18}O^{16}$.

Le cachou proprement dit, nommé catechu, Cathy, Cutt, terre du Japon. — On l'obtient tantôt avec la partie interne du bois de l'*acacia catechu*, tantôt avec les *noix d'arec*, fruit du palmier aréquier (l'*Areca catechu*).

La catéchine, en présence de l'air et des alcalis caustiques, se change en *acide japonique*. $C^{19}H^{4}O^{4}HO$.

Gambir. Il est tellement semblable au cachou par sa composition et ses propriétés, qu'on lui en donne le nom dans le commerce. Il est extrait des feuilles de l'*Uncaria gambir*.

Kino. Est fourni, par plusieurs plantes, par le *butea frondosa*, de la famille des légumineuses, par le *pterocarpus marsupium* de l'Inde, etc. Ce suc noir n'est employé qu'en médecine.

[1] En 1851, à l'Exposition universelle de Londres, l'exhibition chinoise était remarquable par la quantité d'étoffes de toutes les nuances. J'ai surtout remarqué des toiles de coton teintes en vert, et j'en ai rapporté de grands échantillons. M. **Daniel Kœchlin** a de suite reconnu que ces étoffes étaient teintes par une drogue unique (par une seule opération).

Il y a un grand nombre d'espèces de cachou, mais, au point de vue de la teinture, on en distingue surtout deux sortes principales : le brun qui vient de Calcutta, et le jaune, de Batavia. Le premier est distingué en brun luisant coulé sur feuilles, et brun coulé sur terre ou sur sable.

Depuis vingt-cinq ans, ce suc astringent joue un très-grand rôle dans les fabriques d'étoffes colorées. Il donne des couleurs très-solides (permanentes) sans l'emploi des mordants; mais en y ajoutant différents sels ou mordants, on obtient une grande variété de teintures.

Sumac. (*Rhus coriaria.*)

Sumac de Sicile. — C'est le plus estimé.

Sumac d'Espagne. — Malaga ou Priego. — Molina. — Valladolid.

Sumac de Portugal ou de Porto.

Sumac d'Italie.

Sumac de France. — Fauvis. — Donzère. — Redoul ou Redon. — Pudis.

Autres matières astringentes : Racine du nénuphar blanc. — Racine du noyer. — Écorces d'aune et de châtaignier. — Myrobolans d'Asie. — Gousses de libidibi ou dividivi de l'Amérique intertropicale et des Antilles provenant de l'arbuste qui fournit le bois connu dans les teintureries sous le nom de brésillet. — Gousses du bablach de l'Inde et de l'Égypte. — Brou de noix. — Feuilles d'un arbrisseau, le *lawsonia inermis*, qui paraît être l'*acopher* de l'écriture. C'est le *henné* des Égyptiens.

Art de la teinture.

Mordants. — Mordançage. — Bains de teinture. — Chauffage à la vapeur[1]. — Nettoyage des tissus teints. — Différentes classes de couleurs pour la teinture.

Mélange du rouge et du bleu.

Pourpre, — Violet, — Lilas, — Pensée, — Amaranthe, — Prune Monsieur, — Poliacat, — Gorge-de-Pigeon, — Mauve, — Fleur-de-Pêcher, — Giroflé, etc.

Rouge et jaune.

Aurore, — Orangé, — Souci, — Carmélite, — Brique, — Capucine, — Coquelicot, — Couleur de biche, — Couleur de feu, — Grenade, — Cassis, etc.

Jaune et bleu.

Vert, — Vert naissant, — Vert gai, — Vert d'herbe, — Vert printemps, — Vert de laurier, — Vert molequin, — Vert de mer, — Vert céladon, — Vert de perroquet, — Vert de chou, — Vert pomme, — Vert pistache, — Vert bouteille, — Vert canard, etc.

Jaune et gris. Olives de tout genre.

Couleurs franches.

Bleu, — Rouge, — Jaune.

Couleurs franches binaires.

Violet, — Vert, — Orange.

Couleurs rabattues ou rompues (grises ou ternes. Brunitures). Ce sont des couleurs franches dont on a diminué l'éclat par le mélange du noir, depuis le ton le plus clair jusqu'au ton le plus foncé. — Café, — Pruneau, — Marron, — Couleur de roi, — Cannelle, — Mordoré, — Puce, — Bronze-Savoyard, — Tête de Nègre, etc., etc.

Teinture en bleu.

Gros bleu, — Bleu moyen, — Bleu clair.

Bleu de cuve d'indigo.

Bleu de Saxe par la dissolution de l'indigo dans l'acide sulfurique. Carmin d'indigo.

DA [1] La première chaudière à vapeur, pour le chauffage des cuves de débouillissage, de teinture et de passages en son ou savon, a été établie à Dornach (près Mulhouse), en 1811, dans la fabrique d'étoffes colorées de **Vetter, Thierry** et **Grosmann**. — En 1820, de retour d'une exploration des fabriques en Angleterre, j'ai monté dans l'établissement de MM. **Dollfus-Mieg et C°**, à Dornach, le chauffage à vapeur, système anglais, pour les opérations de teinture.

Bleus prussiates.

Bleu au campêche.

Teinture en rouge.

Rouge de garance, — Rouge des Indes (rouge Turc, rouge d'Andrinople).

Couleur au Santal.

Rouge à la cochenille.

Couleurs à la murexide.

Couleur à la pourpre française à l'orseille, — Rose groseille, — Violet à la pourpre.

Rouge et violet d'aniline, — Rouge dit Magenta, — Rose sur coton albuminé.

Teinture en jaune.

Jaune de curcuma, — Aurore au rocou, — Orangé au rocou, — Jaune à l'acide picrique, — Jaune au quercitron, — Jaune de gaude, — Jaune de chromate, — Orangé de chrome.

Teinture en noir.

Teinture en vert.

Vert de cuve, — Vert de Saxe, — Vert dragon foncé, — Vert dragon clair, — Vert douane, — Vert au bois jaune, — Vert printemps à l'acide picrique, — Vert à l'acide picrique.

TEINTURE PAR IMPRESSION.

L'impression des couleurs ou des mordants, des réserves ou des rongeants se fait : au bloc ou à la planche, — à la planche plate, — au rouleau, — à la Perrotine, — au métier à surface.

Jusque vers 1801, on n'imprimait en France qu'à la planche et à la planche plate. Mais, à cette époque, le célèbre **Oberkampf** [1] essaya dans sa belle fabrique à Jouy (près Paris), longtemps sans rivale, d'imprimer avec des cylindres de cuivre gravés. — Depuis 1834, M. **Perrot**, de Rouen, a doté les ateliers d'impression d'une nouvelle machine que la reconnaissance publique a nommée **Perrotine**...

Foularder ou plaquer des mordants. — Fixation des mordants. — Boussage. — Garançage. — Dégorgeage. — Blanchiment et avivage. — Genres réserves. — Genres rongeants. — Enlevage par le chlore. — Enlevages au chromate. — Genre couleurs vapeurs. — Genre couleurs de conversion. — Fixage à l'albumine. — Couleurs à application.

Matières servant à la fabrication de la gélatine et des cuirs.

Peau. — Gélatine. — Diverses espèces de gélatine commerciale. — Tannage et de sa théorie. — Os et dents. — Huile animale. — Noir animal. — Fabrication des sels ammoniacaux. — Suif d'os. — Ivoire animal et végétal. — Phosphore. — Bleu de Prusse

G [1] La vie d'**Oberkampf** peut offrir d'utiles enseignements, en montrant comment, avec de l'instruction, de la persévérance et une bonne conduite (et surtout lorsqu'on possède le feu sacré industriel), il est possible à tout homme de s'élever de la situation la plus humble à la position la plus brillante. Né à Wissenbach, dans le marquisat d'Anspach, le 11 juin 1738, **Oberkampf** apprit sous son père, habile teinturier fixé à Aarau, en Suisse, la pratique d'un art qui était alors nouveau pour l'Europe : la fabrication des toiles peintes. Poussé par les inspirations de son génie, et surtout par le sentiment de sa force, il quitta la maison paternelle à dix-neuf ans, pour venir tenter la fortune en France, où l'impression des toiles commençait à s'introduire. Pauvre et inconnu, il débute comme dessinateur, coloriste et imprimeur, chez un nommé **Cabannes**, qui venait de créer une fabrique d'indiennes au Clos de l'Arsenal, à Paris. Deux ans après, avec vingt-cinq louis pour toute fortune, il s'établit dans la vallée de Jouy, et là, dans une chaumière, avec quelques acres de prairie pour étendage, il jette les fondements d'une fabrique qui devait, plus tard, occuper mille ouvriers. Malgré les obstacles de toute nature contre lesquels il faut qu'il lutte dès son début, **Oberkampf** ne tarde pas à voir son activité et son savoir couronnés du plus heureux succès.

Une dame de la cour déchire une magnifique robe de Perse. **Oberkampf** lui en fournit une aussi belle, et bientôt il n'est bruit que de ce prodige. L'indienne de Jouy devient à la mode. La reine, les enfants de France, toute la cour de Versailles, veulent connaître l'habile ouvrier. Ses toiles meublent les demeures royales ; sa réputation et son crédit s'étendent à l'étranger ; et en peu d'années il voit la

et prussiates. — Découvertes, préparations, caractères essentiels. — Cyanogène et acide prussique ou cyanhydrique. — Propriétés délétères de cet acide. — Cyanures simples et doubles. — Prussiates jaune et rouge de potasse. — Fabrication du cyanure de potassium. — Poudres fulminantes ou des fulminates de mercure et d'argent. — Amorces à capsules.

Histoire chimique des fonctions des organes pendant la vie. Végétaux. — Germination. — Amidon des graines. — Nutrition. — Action des plantes sur l'atmosphère. — Rôle des éléments de l'air, de l'eau et du sol dans l'acte de la végétation. — Sève et ses fonctions. — Manne et mannite. — Maturation des fruits. — Fonction chez les animaux. — Digestion. — Nature des aliments. — Aliments plastiques et respiratoires. — Canal digestif et actes mécaniques et chimiques qui s'y accomplissent. — Salive, suc gastrique, suc pancréatique, bile. — Formation du sang. — Assimilation et sécrétions. — Étude du sang. — Ses propriétés physiques et chimiques. Analyse. — Sérum, caillot, matière colorante, globules. — Sang veineux et sang artériel. — Urine. — Acide urique et urée. — Sucre dans les urines des diabétiques. — Production d'une matière glycogène dans l'économie. — Acide hippurique. — Calculs de la vessie et des concrétions intestinales. — Phénomènes chimiques qui apparaissent dans les organes après la cessation de la vie. — Putréfaction dans l'air, sous terre et sous l'eau. — Résidus de la décomposition spontanée des végétaux et des animaux : terreau, gaz inflammable, bitumes, succin, gras des cadavres, torubes.

Moyens de retarder et d'empêcher la putréfaction. Froid, dessiccation, cuisson. — Soustraction du contact de l'air. — Procédé d'Appert. — Soufrage ou mûtage. — Conservation des œufs. — Procédé Chevet. — Emploi de l'alcool, du sucre, des acides. — De la créosote. — Sel marin et certains autres sels, notamment du sublimé corrosif. — Embaumements chez les anciens.

J. Girardin, 1861.

Normandie, Lyon et le Beaujolais adopter une la lustrie qu'il a mise en honneur. Le roi Louis XVI reconnaît l'établissement de Jouy comme manufacture royale, et, par acte de 1787, il donne des lettres de noblesse à l'artisan luthérien d'Aarau. La Révolution arrêta momentanément la prospérité croissante de la fabrique de Jouy, mais, après le 9 thermidor, une ère nouvelle se leva pour elle. Un des neveux d'**Oberkampf, Samuel Widmer**, rendit d'immenses services à son bienfaiteur par les connaissances chimiques qu'il avait acquises sous **Chaptal** et **Berthollet**. Oberkampf fonda, plusieurs années après, une filature de coton, à Essonne, de manière qu'il recevait le coton en balles, le filait, le tissait dans ses propres ateliers et ne le rendait qu'en toiles peintes. **Napoléon** avait une haute estime pour cet homme, qui, ainsi que lui, avait fondé sa fortune de ses propres mains, et qui, dans la crainte de perdre sa liberté, avait repoussé les honneurs dont il voulait le combler. L'empereur attacha un jour à son habit la croix d'or de la Légion d'honneur qu'il portait, en lui disant que personne n'en était plus digne. « Vous et moi, ajouta le grand homme, nous faisons une grande guerre « aux Anglais : vous par votre industrie, et moi par les armes ; mais c'est encore vous qui faites la « meilleure. »

L'invasion de 1815, en portant l'inaction et la terreur dans les ateliers d'**Oberkampf**, abrégea les jours du noble vieillard, qui répétait souvent : « Ce spectacle me tue. » Il mourut dans les bras de ses enfants, le 4 octobre 1815, âgé de soixante-dix-sept ans laissant à sa patrie adoptive un nom glorieux, dont elle est fière.

Table alphabétique des matières des Leçons de chimie élémentaire appliquée aux arts industriels, par M. GIRARDIN [1].

DA [1] Ces leçons de chimie doivent se trouver dans toutes les bibliothèques des coloristes. — La table des matières prend place dans les matériaux pour la coloration des étoffes.

Appareil permanent de désinfection.
— de sauvetage pour les savonniers.
— de **Thilorier** pour la liquéfaction du gaz carbonique.
— de **Woulf**.
— pour la distillation des bois.
— pour l'essai des vins.
— pour l'extraction de la fécule.
— — de la gélatine.
— pour la fabrication de l'acide pyroligneux.
— — du papier.
— pour fumigations sulfureuses.
— pour le soufrage des vins.
— pour la production accélérée du vinaigre.
— pour la fabrication du vinaigre par la mousse de platine.
— pour la teinture mécanique des écheveaux.
— pour la vinification.
— de MM. **Legé** et **Fleury-Pironnet** pour l'injection des bois.
Appareils de lessivage.
— distillatoires.
Apple-oil.
Applications des couleurs.
Apprêt des toiles.
Aqua toffana.
— vitæ.
Aquila alba ou mitigata.
Arabine.
Arach, arak, araka.
Araka.
Araki.
Arbre à thé.
— au café.
— au cacao.
— au caoutchouc.
— de Diane.

Arbre de la vache.
— de Saturne.
— philosophique.
Arcanson.
Aréomètres.
Argent.
— anglais.
— antimonial.
— ardent.
— corné.
— chinois.
— de coupelle.
— doré.
— en coquilles.
— fulminant.
— natif.
— pur.
— rouge.
— vitreux.
Argentan.
Argenture.
— au pouce.
— **Christofle**.
— des étoffes.
— des glaces.
— des métaux.
— du cuivre.
— du verre.
— galvanique.
Argiles.
— infusibles.
— plastiques.
— à détacher.
— smectique.
Argue.
Argyrose.
Ariki.
Arki.
Aroérythrine.
Aromates.
— (agents de conservation).
Aromes des plantes.
— des viandes.
Arrack.
Arrastres.
Arrow-root.
Arséniate acide de potasse.
Arsenic.
— blanc.
— jaune.
— rouge.

Arsenic sublimé.
Arsenicon.
Arsénite de cuivre.
Arsénio-sulfure de cobalt.
Arséniure de cobalt ferrugineux.
Arséniures d'hydrogène.
Art de l'émailleur.
— de la teinture.
— du mégissier.
— hermétique.
— sacré ou divin.
Arza.
Asbeste.
Asparagine.
Asphalte.
Asphaltène.
Asphyxie par le gaz carbonique, par le gaz chlorhydrique.
— par le gaz hydrogène.
— — sulfuré.
— par les essences.
— par la braise et le charbon.
— par le chlore.
— par le gaz de la houille et du coke.
— par le gaz des fosses d'aisances.
— par les fruits.
Assamare.
Assainissement des cavités souterraines.
— des citernes.
— des égouts et fosses d'aisances.
— des habitations.
— des mines.
— par le chlore.
— par les hypochlorites.
Assimilation.
Astragales.
Atmosphères.
Aubier.
Aune (écorce d').
Aurichalque.
Aurore au rocou.
Autographies.
Avelanèdes.
Aventurine.

Avivage.
— du rouge des Indes.
Axonge.
Azalo.
Azaléine.
Azolitmine.
Azotate acide de mercure pour l'essai des huiles.
— — d'argent.
— de bismuth.
— de cuivre.
— de mercure (réactif de la laine).
— de plomb.
— de potasse.
— de soude.
— de strontiane.
— d'urée.
— mercureux.
Azotates naturels.
— de mercure.
Azote.
Azoture de carbone.
— d'hydrogène.
Azuline.
Azur.
— de cuivre.
Azurage du papier.

B

Babeurre.
Bablah.
Bactérioles.
Badigeon avec le sérum du sang.
Bagasse.
Bains blancs ou huileux.
— de bouse.
— de dégrais.
— de sable.
— -marie.
— de teinture.
Baleine végétale.
Ballage.
Balles de fusil.
Ballons en caoutchouc.
Bandanas.
Bandoline.
Baptême des cloches.
Baquoi odorant.

Baratte.
Barbe espagnole.
Barbes de plumes.
Barille d'Espagne.
Baromètre.
Barque.
Barral.
Bar-wood.
Baryum.
Base de Mayence.
— salifiable.
Bases salifiables organiques.
Bassorine.
Bastain.
Bâtiments de graduation.
Bâtardes (cassonades).
Bateaux de sauvetage.
Batiste.
Battage du lin.
Battitures.
Baumes.
— de la Mecque.
— de Saint-Yves.
— de Tolu.
— du Pérou.
Baumé (note historique).
Becs à gaz.
— d'**Argand.**
Bélier.
Benjoin.
Benzène.
Benzidam.
Benzine.
Benzol.
Berberine.
Bernard-Palissy (note historique).
Berthollet (note historique).
— (le).
Berthollimètre.
Berzélius (note historique).
Bêtes à laine.
Bétons.
Betterave blanche de Silésie.
Beurre.
— d'antimoine.
— de cacao.
— de coco.
— de galam.
— de muscade.

Beurre fondu.
— salé.
Bézoards.
Biantimoniate de potasse.
Bicarbonate de chaux dans les eaux.
— de potasse.
— de soude.
— — contre la coagulation du lait.
Bicarbure d'hydrogène de **Faraday.**
Bichlorure d'étain.
— — (réactif des fibres ligneuses).
— de mercure.
— de platine.
— de soufre.
Bichromate de potasse.
— — (son action sur les couleurs végétales.)
Bières.
Bijoux d'argent.
— d'or.
— faux.
Dihydrate de méthylène.
— d'hydrogène bicarboné.
Bile.
Bilifulvine.
Biliphéine.
Biliverdine.
Billets de banque.
— de commerce.
Billon de la garance.
Binitronaphtaline.
Bioxalate de potasse.
Bioxyde d'azote.
— de cuivre.
— de mercure.
Biscuit.
— de chaux.
— de viande.
Bismuth.
Bisulfure d'étain.
— de fer.
Bitartrates.
— de potasse.
Bixine.
— du commerce.
Bitumes.

Bitume de Judée.
— liquides.
— mous.
— solides.
Black-vernis.
Blanc à fleur.
— azuré.
— d'argent.
— de baleine.
— de Bougival.
— de Champagne.
— de Chine.
— de Dieppedalle.
— d'Espagne.
— de fard.
— de Hambourg.
— de Hollande.
— d'impression sur coton.
— de Krems.
— de Meudon.
— de neige.
— d'œuf.
— de perle.
— de pâte.
— de plomb.
— — du Tyrol.
— de Troyes.
— de Venise.
— de zinc.
— des Indes.
— fixe.
— métallique.
Blanchiment américain.
— de la cire.
— de la laine.
— de la soie.
— — en Chine.
— de l'huile de palme.
— de l'ivoire.
— des calicots et des croisés.
— des chiffons.
— des épingles.
— des estampes.
— des fibres végétales.
— des fils.
— des objets d'argent.
— des soies écrues blanches.
— des toiles de chanvre et de lin.

Blanchiment de coton.
— par le chlore et les chlorures.
— par l'acide sufureux.
Bland.
Blanquette de Limoux.
Blé.
Blés durs et tendres.
— (procédés de conservation).
Blende.
Bleu à la naphthaline.
— au campêche sur laine.
— chimique.
— d'aniline.
— d'azur.
— de Berlin.
— de composition.
— de cuve.
— d'émail.
— d'empois.
— d'enfer.
— de France.
— — sur coton.
— — sur laine.
— de montagne.
— — artificiel.
— de Paris.
— d'outremer.
— de Prusse.
— — (sa préparation).
— — (variétés commerciales).
— — (sur laine).
— — de Paris.
— de quinoléine.
— de roi.
— de Saxe.
— de safre.
— de smalt.
— de Turnbull.
— distillé.
— en liqueur.
— foncé au campêche.
— **Guimet.**
— lapis.
— **Marie-Louise.**
— minéral.
— **Napoléon.**
— national pour uniforme.

Bleu **Nemours.**
— **Raymond.**
— remonté.
— soluble.
— solide.
— turc.
— turquin.
Bleuine.
Bleus de campêche (moyen de les distinguer.)
— de Prusse du commerce.
— en réserve.
— prussiates.
— de France ou de Saint-Denis
— vapeur.
Bloc ou planche des imprimeurs.
Bocard.
Bocardage des minerais.
Bœuf fumé de Hambourg.
Boghead d'Écosse.
Bois.
— aromatiques.
— au cachou.
— bitumeux.
— blancs.
— bleus.
— bruns.
— conservés sous l'eau.
— colorants.
— de Bahama.
— de Bar-wood.
— de Brésil.
— — (variétés commerciales).
— — jaune.
— de Brésillet.
— de Caliatour ou Cariatour.
— de Californie.
— de Campêche.
— (variétés commerciales).
— de Cam-wood.
— de Carthagène.
— de chauffage.
— de Côte-Ferme.
— de Cuba.
— de Fernambouc ou Fernambourg.

Bois de fustet.
— d'Inde.
— de Lima.
— de Madagascar.
— de Maracaïbo.
— de Nicaragua ou Ni-
caraque.
— de Sainte-Marthe.
— de santal.
— de Santo-Domingo.
— de Sapan ou Sappan.
— de Siam.
— de Tampico.
— de teinture.
— de Terre-Ferme.
— de travail.
— de Tuspan.
— de Zapote.
— des Indes orientales.
— du Japon.
— durs.
— fossiles.
— gris.
— jaune.
— — de Fernambourg.
— — de Hongrie.
— légers.
— lourds.
— mous.
— noirs.
— pourri.
— résineux.
— rouges.
— — de la Jamaïque.
— tendres.
Boissons alcooliques (ta-
bleau).
— fermentées.
— — (richesse en al-
cool).
Boîte à savonnette.
Boîtes fumigatoires.
Bol d'Arménie.
Bombice du mûrier.
Bonde hydraulique.
Bonbons chinois.
Bonne aventure (discours de).
Borate de soude.
Borates.
Borax brut et raffiné.
Borgerase ou borgeraste.
Boucanage des viandes.

Boudin.
Boues d'encre.
Bougies de cire.
— — végétale.
— de l'Étoile.
— de gras des cadavres.
— de paraffine.
— composites.
— diaphanes.
— margariques.
— palmitiques.
— stéariques.
Fouilli ou viande cuite.
Bouillitoires.
Bouillon.
— aromatique et forti-
fiant.
— d'or.
Boulangers.
Boulée.
Boules de Mars de Nancy.
Bouquet du vin.
Bourre de dattier.
Bousage.
Boutargues ou boutarques.
Bouse de vache.
Bouzin.
Boyle (note historique).
Braconnot (note histori-
que).
Brai minéral.
— sec.
Braise de boulanger.
Brance.
Branloire.
Brasage de la tôle.
Braseros.
Brassage des fruits.
Brèches.
Brésiléine.
Brésiline.
Brevet.
Brillant.
— doux.
Briques.
— de tourbe.
— hydrofuges.
Briquet.
— à gaz hydrogène.
— oxygéné.
— desûreté.
Brisou.

Brocatelles.
Broie.
Brôme.
Bronzage des métaux.
Bronze.
— blanc.
— cramoisi.
— d'aluminium.
— des peintres.
— doré pâle.
— — rouge.
— florentin.
— vert.
— vert sur laine au
chromate.
Bronzes de couleur.
Brouillards.
Brou de noix.
Brucine.
Brun d'indigo.
— rouge.
— **Van Dyk.**
Brunissage à fond.
Brunitures.
Bûches économiques.
Bulithes.
Burgos (lustre).
Butyrine.

C

Cacao.
Cacaotier (arbre).
Cachalots.
Cachou du commerce.
— dpuré de Paris.
— jaune.
Cactiers.
Cacodyle.
Cadavres (moyen de conser-
vation).
Cadmie des fourneaux.
— naturelle.
Cadmium.
Café.
— du commerce.
— au lait.
— chicorée.
Caféier (arbre).
Caféine.
Caféone.

Cyanure double de fer.
— double de fer et de potassium.
— ferrico-potassique.
— ferroso-ferrique.
— ferroso-potassique.
Cyanures doubles.
— métalliques.
Cylindres pour l'impression.
Cymbales.

D

D'Arcet (note historique).
Dahlia à la pourpre française.
Dalles de bitume.
Damas.
Barnhourney (note historique).
Danger des appartements nouvellem' peints.
— des émanations de plomb.
— des vapeurs mercurielles.
— des vases de cuivre.
— des vases métalliques pour le lait.
— des vases de zinc.
Dash-wheel.
Datiscine.
Débourrage des peaux.
Décapage des métaux.
— de la fonte.
Décoction de châtaignier.
— de noix de galle.
— de matières tinctoriales.
Décoloration de la pâte à papier par l'acide azoto-sulfurique.
— — chromique.
— par le charbon.
— par le chlore.
— par le gaz sulfureux.
— par le sel d'étain.
— par l'ozone.
— par les hypochlorites.
Décomposition chimique.
— des alcalis par la pile.

Décomposition de l'eau par le charbon.
— — par le chlore.
— — par l'électricité.
— — par le fer.
— — par la potassium.
— de l'acide carbonique par les plantes.
— des matières organiques.
— des os.
— (double) des sels.
— des sels par les acides.
— — par les bases.
— du bichromate d'ammoniaque.
— spontanée des matières organiques.
— du savon par les acides.
— — par les eaux calcaires.
Découverte de la poudre à canon.
— de l'eau-de-vie.
— des armes à feu.
— des boissons fermentées.
— du savon.
— du verre.
Décrépitation.
Décreusage des fils et tissus.
— de la soie.
Défauts des indigos.
Défilage des chiffons.
Défileuse à papier.
Définitions générales.
Dégommage de la soie.
— des toiles.
Dégorgeuse à excentrique.
Dégorgeage.
Dégraissage avec la benzine.
— de la laine.
— des tissus.
Dégras.
Degrés hydrotimétriques des eaux.
De la Follie (note historique).
Déliquescence.

Delessert (note historique).
Delphine.
Densité des corps.
— des huiles.
— des métaux.
Dent de loup.
Dents.
— d'éléphant.
Départ de l'or.
Dépurateurs d'usines à gaz.
Dépuration des eaux.
— — par l'alun.
— — par le charbon.
Derme.
Descroizilles (note historique).
Désinfection des égouts.
— des fosses d'aisances.
— par l'acide sulfureux.
— par le charbon.
— par le chlore et les chlorures.
Désoxygénation de l'indigo.
Dessiccation des cadavres.
— des fruits.
— des plantes.
— — (moyen de conservation).
Destruction de l'encre.
— des animaux qui terrent.
— des bois par les champignons.
— — par les insectes.
Destruction des bois par le fer.
— des couleurs par l'acide azoto-sulfurique.
— — par l'acide sulfureux.
— — par l'air.
— — par la lumière.
— — par l'ozone.
— des émanations putrides.
— des insectes.
— des matières organiques.
— des punaises.
— des rats et souris.

Eau contenue dans les bois,
— d'alun,
— dans le pain,
— de chaux,
— de Chine,
— de Cologne,
— de cristallisation,
— de cuivre,
— d'Égypte,
— forte,
— — des chapeliers,
— — seconde,
— de goudron,
— de Javelle,
— de Jouvence,
— d'interposition,
— de laurier-cerise,
— de Perse,
— de potasse,
— de soude,
— des Anglais,
— distillée,
— dissolvante,
— liquide,
— philosophique,
— prime,
— régale,
— saturée,
— seconde,
— — des peintres,
— solide,
— sure des amidonniers,
Eau-de-vie,
— camphrée,
— de betteraves,
— de fécule,
— de grains,
— de lait de jument,
— de pommes de terre,
— de riz,
— de vin,
— factice,
— forte,
— ordinaire,
— preuve de Hollande,
Eaux (degrés hydrotimétriques),
— acides,
— acidules,
— alcalines,

Eaux amères,
— ammoniacales du gaz,
— aromatiques,
— calcaires,
— — (leur action sur le savon),
— cémentatoires,
— continentales,
— crues,
— d'étangs,
— de la mer,
— de mares,
— de pluie,
— de puits,
— — jaillissants ou artésiens,
— de rivières,
— de roche,
— de savon,
— de sources,
— dormantes,
— dures,
— ferrugineuses,
— froides,
— gazeuses,
— grasses des amidonniers,
— hépatiques,
— incrustantes,
— jaillissantes,
— médicinales ou minérales,
— mères,
— non potables,
— potables,
— salines,
— séléniteuses,
— siliceuses,
— spiritueuses,
— sulfureuses,
— thermales,
Ébelmen (note historique),
Éblanine,
Ébullition de l'eau,
Écaille factice,
— des reptiles,
Écarlate à la cochenille,
— à la laque,
— de graine et demi-graine,

Écarlate de Hollande,
— de Venise,
— des Gobelins,
— jaune au fustet,
Écangage du lin,
Écangue,
Échantillons d'indiennes,
Échoppe,
Éclair,
Éclairage au gaz,
— aux gaz de bois,
— — de l'huile,
— électrique,
Éclat adamantin,
— métallique,
Écorce d'aune,
— de châtaignier,
— de chêne,
— de quercitron,
— des saules,
Écrouir le fer,
Écruage des fils,
Écume de mer artificielle,
— du bouillon,
Écurage des ustensiles de cuisine,
Éducation des vers à soie,
Effervescence,
Effets de contact,
Effilochage,
Efflorescence,
— saline des murs,
Égrisée,
Égrisoir,
Eisenschwarz,
Éjou,
Élaérine,
Élaïdine,
Élaïomètre de Berjot,
Élaveuse pour la pâte à papier,
Electrum,
— des anciens,
Éléments,
— organiques,
Éléphants de l'Ohio,
Émanations putrides,
Émail bleu,
— noir,
Émaux,
Embaumements anciens,
— nouveaux,

Fuchsine.
Fulmi-coton.
Fulminates.
— d'argent.
— de mercure.
Fumaison des viandes.
Fumée de Russie.
— de tabac.
Fumerolles.
Fumigations d'acide chlorhydrique.
— d'acide sulfureux.
— de chlore.
— de vinaigre.
— sulfureuses.
Fusées à la Congrève.
— de mines.
Fusion aqueuse.
— ignée.
— du beurre.
— des corps gras.
— des métaux.
— des minerais.
— des suifs.
Fustel ou fustet.
Fustic.
Fustine.

G

Gâchage du plâtre.
Gale (son traitement).
Galène.
Galipot.
Gallate de peroxyde de fer.
Galle (noix de).
— (espèces commerciales).
Gallons de Hongrie.
— du Levant.
— du Piémont.
Galvanisation du fer.
— des cadavres.
Galvanoplastie.
Gambirs.
Gangues.
Gantéine.
Gants.
Garançage.
Garance.

Garance (espèces commerciales).
— (essai des garances).
— (fleur de).
Garanceur.
Garancine.
Gastérase.
Gaude.
Gâteaux d'abeilles.
Gaz.
— à l'eau.
— acide carbonique.
— — chlorhydrique.
— — nitreux.
— — sulfhydrique.
— — sulfureux.
— ammoniac.
— aqueux.
— coercibles.
— de l'éclairage par la houille.
— — par les huiles.
— — par la tourbe.
— des marais.
— des cimetières.
— des mines de houille.
— — de lignite.
Gaz des terrains ardents.
— des rivières inflammables.
— du bois.
— du Paradis.
— hilarant.
— hydrogène.
— — arséniqué.
— — carboné.
— — bicarboné.
— — phosphoré.
— — sulfuré.
— inflammable.
— intestinaux.
— light.
— méphitique.
— nitreux.
— oléfiant.
— oxyde de carbone.
— permanents.
— phosphorique.
— platine.
— plomb.
— portatif comprimé.
— — non comprimé.

Gaz rutilant.
— spontanément inflammable.
— sylvestre.
— tonnant.
Gay-Lussac (note historique).
Gazomètre.
Gélatine.
— (espèces commerciales).
— des os.
— (agent de conservation).
Gelée blanche.
— végétale.
— de viandes.
— de fruits.
Gelées alimentaires.
Gehlen, chimiste (mort de).
Gommes.
Genièvre.
Gendre de Saturne.
Genêt d'Espagne.
Gentianine.
Géognosie.
Gerhardt (note historique).
Germination.
— de l'orge.
Germoir.
Geyser.
Gin.
Gîtes aurifères.
Givre.
Glace (eau solide).
Glaces et sorbets.
Glaces.
— argentées.
Glacière des familles.
Glaires de l'œuf.
Glaser (note historique).
Globes métalliques.
Globules de l'amidon.
— du lait.
Globules du sang.
Glu marine.
Glucose.
— lactique.
Glucosurie.
Glucynium.

Lamineries.
laminoirs.
Lampe de **Davy**.
— de **M. Combes**.
— d'émailleur.
— hydroplatinique.
— hydrostatique.
— philosophique.
— sans flamme.
Lampes de sûreté.
— perpétuelles.
Langage chimique des anciens.
— des modernes.
Languedoc (marbre).
Lanternes de sûreté.
Lanthane.
Lapis (genre d'indiennes)
Lapis-lazuli.
Laque (vernis chinois).
Laques.
— carminées.
— — de Florence.
— cramoisies.
— de Brésil.
— de Florence.
— de gaude.
— de Vienne.
— en boules de Venise.
Larmes bataviques.
Larrons (dans les toiles).
Lassaigne (note historique).
Laurier-rose des teinturiers.
Lavage à dos de la laine.
— de la laine après la tonte.
— des minerais.
— du papier timbré.
— des sables aurifères
— des toiles.
Laveuse de **Rickly**.
Lavoisier (note historique).
Lau.
Laurent (note historique).
Laurier-camphrier.
Lazulite outre-mer.
Leblanc (note historique).
Lebon (note historique).

Lecheguana (guêpe).
Lefèvre (note historique).
Légumes alimentaires conservés.
— herbacés.
Légumine.
Lelogome ou lelocome.
Lemery (note historique).
Leplleur d'Apligny (note historique).
Lessivage à haute pression de **Wright** et **Freeman**.
— — de **Gaudry**.
— des fils.
— des soudes.
Lessive de sang.
Lessives.
— caustiques.
— des savonniers.
Leucine.
Levain.
Levûre de bière.
— lactique.
Levûriers.
Libidibi.
Lichens tinctoriaux.
Lie de vin.
Lifa.
Ligneux.
Lignine.
Lignites.
Liguline.
Lilas d'orcanette.
— d'orseille.
Limon.
Limonade sèche.
Lin commun.
— vu au microscope.
— espèces commerciales.
— vif.
— de la Nouvelle-Zélande.
Lingotière.
Liquéfaction du gaz.
— acide carbonique.
— des savons.
Liqueur alcalimétrique.
— à argenter les glaces.

Liqueur-ammoniaco-cuivreuse.
— anodine d'**Hoffmann**.
— cupro-ammoniacale
— d'amorce.
— de **Barreswill**.
— de ferraille.
— de **Labarraque**.
— de **Van Swieten**.
— des cailloux.
— des Hollandais.
— d'or.
— fumante de **Cadet**.
— — de **Libavius**.
Liqueurs de table.
Liquide pour bronzer.
Lisage des fils.
Lisoirs.
Litharge.
— variétés commerciales.
Lithium.
Lithographie.
Lo-chou (nerprins de Chine).
Lo-kao (vert de Chine).
— (indigène).
Lo-mô.
Lois de **Berthollet**.
— de composition des sels.
— des combinaisons.
— des acides pyrogénés.
— des équivalents.
— des oxydes métalliques.
Lophine.
Lumaca, lumacella, lumachelle.
Lumière électrique.
— philosophique.
— solaire (son action sur les couleurs).
Lumps (sucres).
Lune.
— cornée.
Lupulin ou lupuline.
Lustre Burgos.
— de platine.
— métallique.
Lutéoline.
Luts.

Luts de sapience ou des philosophes.
Lymphe des plantes.

M

Ma.
Mâchefer.
Machine à acide carbonique de **Brunel.**
— à dégorger de **Prévinaire.**
— à fabriquer le papier
— à lanières.
— à laver.
— à passer de **Prévinaire.**
— à rouleaux ou à cylindres.
— — pour impression.
— à tordre.
— à tubes.
— pneumatique.
Machines à vapeur.
— à vapeurs combinées.
Macquage du lin.
Macquer (note historiq.).
Madrague ou Madrure des savons.
Magister de bismuth.
Magistral.
Magnaneries ou magnauderies.
Magnès.
Magnésie noire.
Magnésite.
Maillechort.
— en couleur.
Mahuari.
Malaria.
Maladie de la pierre.
— des cidres.
Malachite.
Malate de chaux.
Malléabilité des métaux.
Malouin (note historique).
Malt sec ou touraillé.
Maltage de l'orge.
— des pois.
Malte ou Malthe.
Mammouths.

Manganate de potasse.
Manganèse.
Manganèses hydratés.
— métalloïdes.
— ternes.
Manioc.
Manne.
— du sérum du lait.
Mannite.
Manuscrits d'Herculanum.
Marais.
— salants.
Maraschino de Zara.
Marbres.
— blancs.
— de Bardiglio.
— de Bergame.
— statuaires.
Marbrure du savon.
Marcassite.
Margarates alcalins.
Margarine.
Margaryle.
Margraff (note historique).
Marnes.
Marnières.
Maroquin.
Marquage du linge.
Marron foncé à l'acide chrysammique.
Marrons de coco.
— d'Inde.
Marteaux à vapeur ou marteaux-pilons.
Massicot.
Mastic (résine).
— de Beli.
— de Dilh.
— de Serbal.
Mastics bitumineux.
— hydrofuges.
— pour chaudières et machines à vapeur.
— Matamores.
Matériaux salpêtrés.
Matière amylacée.
— brune de l'indigo.
— caséeuse.
— colorante du campêche.
— — de l'artichaut.

Matière colorante des chardons.
— — de la garance.
— — de la peau.
— — de la soie.
— — du sang.
— de la soie.
— excrémentitielle.
— fibreuse de la soie.
— glycogène.
— grasse de la laine.
— incrustante.
— ligneuse.
— — des animaux.
— verte des feuilles.
Matières albuminoïdes.
— alimentaires.
— astringentes diverses.
— colorables.
— colorantes.
— — bleues.
— — — artificielles.
— — brunes.
— — de bon teint.
— — de mauvais teint.
— — jaunes.
— — rouges.
— — vertes.
— — violettes.
— colorées.
— de la bile.
— étrangères sur les toiles.
— filamenteuses.
— grasse des animaux.
— — des végétaux.
— — de l'huile de ricin.
— organiques.
— — de l'air.
— osseuses employées à l'extraction de la gélatine.
— rouges artificielles.
— salines dans les animaux.
— — dans les plantes.
— servant à la fabrication de la gélatine.
— textiles.
— — animales.
— — végétales.

Moellons.
Mofette, mophette ou mou-
    phette asphyxiante.
Moire.
Moiré métallique.
Moisissure des viandes.
Molécules des corps.
Molybdène
Momies.
    — blanches.
Momification.
Monnaies d'argent.
    — d'or.
    — fausses.
    — fourrées.
Monnayage.
Montage des cuves d'indigo.
Mordançage.
    — de la laine en toison.
    — des fils.
    — des tissus.
Mordants.
    — d'alumine des fabri-
        ques.
    — d'étain.
    — de noir.
    — de rouge des indien-
        neurs.
    — pour impressions.
Mordéine.
Morfil.
Morin blanc.
    — jaune.
Morindine.
Morindone
Morphine.
Mort aux rats.
Mortiers.
Mosaïques.
Moscouade.
Moufle.
Moulage des bougies stéari-
    ques.
    — du phosphore.
Moulin à broyer l'indigo.
    — — les pommes.
    — à cylindres des Hol-
        landais
    — — pour le papier.
    — à égrener le coton.
Moum des Perses.
Moussache

Mousse de platine.
    — (son emploi pour
        faire le vinaigre).
Moût de bière.
    — de pommes.
    — de raisin.
Moutarde.
Mouton (figure d'un).
Moture du blé.
Moyens de distinguer la po-
    tasse de la soude.
    — de rendre les eaux
        dures potables.
    — d'empêcher les in-
        crustations des
        chaudières.
    — — l'humidité dans
        les apparte-
        ments.
    — — le lait de tour-
        ner.
    — d'enlever l'encre.
    — d'arrêter les incen-
        dies.
    — de détruire les ani-
        maux unisibles.
    — pour combattre les
        effets du chlore.
    — pratiques de produire
        les couleurs.
    — pour enlever la chaux
        des citernes.
    — de reconnaître la na-
        ture des composés
        organiques.
    — de retarder la putré-
        faction.
Mucilage.
Muet.
Muqueux sucré.
Murexide.
Muriate de soude.
    — suroxygéné de po-
        tasse.
Mûrier à papier.
    — blanc.
    — des teinturiers.
Murs noircis par le temps
    (nettoyage des).
Muscles.
Musculine.
Mutage ou mutisme.

Mycose.
Myrica.
Myricine.
Myrobolans d'Asie.
Myronate de potasse.
Myrosine.
Mysy.

N

Naphthe.
Naphthène.
Naphthaline.
    — (agent de conserva-
        tion).
Naphthole.
Naphthylamine.
Narcéine.
Narcotine.
Natromètre.
Natron.
Nature des corps.
Nectar.
Neige.
    — d'antimoine.
Neiges rouges.
Nénuphar blanc.
Néroli.
Nerprun des teinturiers.
    — purgatif.
Nerpruns tinctoriaux de
    Chine.
Nettoyage de l'argenterie.
    — des bouteilles avec le
        plomb.
    — des murs noircis par
        le temps.
    — des théières anglaises.
    — des tissus avec les
        marrons d'Inde.
    — — teints.
Neusilber.
Nickel.
Nicotiane.
Nicotianine.
Nicotine.
Niellage ou niellure.
Nielles.
Nihil album.
Niobium.
Nitrate d'argent.

Oxychlorure d'antimoine.
Oxycrat.
Oxydation du campêche.
— des matières colorantes.
— des tissus imprimés.
Oxyde azoteux.
— azotique.
— blanc d'arsenic.
— d'aluminium.
— d'antimoine.
— d'argent.
— de cacodyle.
— de carbone.
— carbonique.
— calcique.
— cuivreux.
— cuivrique.
— d'étain.
— de fer magnétique.
— ferreux.
— ferrique.
— ferroso-ferrique.
— hydrique.
— mercureux.
— mercurique.
— noir de cuivre.
— plombique.
— pyrophosphorique.
— rouge.
— — de fer.
— — de mercure.
— — de plomb.
— stanniques.
Oxydes.
— alcalins.
— d'azote.
— de chrome.
— d'or.
— irréductibles.
— métalliques.
— solubles dans les alcalis.
— ferreux.
Oxygénation.
Oxygène.
Oxymel.
Oxymuriate d'étain.
Oxysulfure d'antimoine.
Ozone.

P

Paût.
Packfond.
Pakfund.
Paillon.
Pailloteurs.
Pain.
— azyme.
— de cassave.
— de gluten.
— de munition.
— rassis.
— tendre.
Pains-assiettes.
— de luxe.
— de pommes de terre.
— en gélatine pour cacheter.
Palladium.
Palliement.
Palmine.
Palo campechio.
Palus.
Panacée antimoniale.
— mercurielle.
— universelle.
Pancréas et pancréatine.
Panier à salade.
Panification.
— d'après les procédés de **Mège-Mouriès.**
Pansement des fractures avec la dextrine.
Pantes.
Papier.
— à calquer.
— à la main.
— à la mécanique
— à papillottes.
— brouillard.
— d'amiante.
— de **Berzelius.**
— de chanvre et de lin.
— de coton.
— de Chine.
— de cordes.
— de curcuma.
— de paille.
— de riz.

Papier de soie.
— de Suède.
— de tournesol.
— de verre.
— demoiselle.
— diamé.
— fulminant.
— gélatine.
— glacé.
— goudronné.
— hydrographique.
— Joseph.
— pelure d'oignon.
— pour billets de banque, etc.
— serpente.
— végétal.
— vélin.
— vergelé.
— à filtre.
— argenté.
— coloré.
— commun.
— de laine.
— de sûreté.
— d'emballage.
— doré.
— gris.
— lithographique.
— maroquiné.
— peint.
— pour l'impression.
— tontisse.
— velouté.
Papyrier.
Papyrine.
Papyrus.
Paracelse (note historique).
Paraffine.
Paraxylose.
Parchemin.
— végétal.
Parelle d'Auvergne.
Parement ou parou.
Parfums.
— des fleurs.
— des vins.
Parmentier (note historique).
Particules des corps.
Passage des peaux à l'huile.

Passage en chlorure de chaux.
Passes.
Passivité du fer.
Pastel.
Pastilles contre la soif.
— digestives de d'**Arcet**.
— de Vichy.
— odorantes.
Pâte d'argent de **Tavenu**.
— de guimauve.
— de jujubes.
— du pain.
— orange.
— pour affiler les rasoirs.
Pâtés de jambon altérés.
Patine antique.
Pear-oil.
Peau.
Pectine.
Pectose.
Peigne pour le lin.
Peignage du lin.
Peinture (distinction d'avec la teinture).
— à l'encaustique.
— à l'huile.
— au caoutchouc.
— au gluten.
— au sulfate de baryte.
— noire des anciens.
— sur porcelaine avec le platine.
— sur toiles.
— sur verre.
Pélanage.
Pellicule de l'œuf.
— du lait.
Pelopium.
Pénétration des Lois par les agents conservateurs.
Pépites d'or.
— de platine.
Pepsine.
Peptones.
Péras artificiels.
Perchlorure d'étain.
— de mercure.
— d'or.
— de platine.
Percollane.

Perlasse.
— factice.
Perles fausses.
Permanence de la composition de l'air.
Peroxyde de cuivre.
— de fer.
— de manganèse.
— de mercure.
Perrotine.
— lithographique.
Perse (toiles).
Persio.
Persulfure de fer.
Pérusilber.
Pèse-vinaigre.
Pétards fulminants.
Petit granite (marbre).
Petit lait.
Pétrin mécanique.
Pétrifications calcaires.
Pétrissage.
Pétrole.
Pétrolène.
Pewter des Anglais.
Phalène du mûrier.
Phénaméine.
Phène.
Phéniliaque.
Phénomènes chimiques après la vie.
— de contact.
Phény-ammoniaque.
Phénylamine.
Philosophie hermétique.
Phocénine.
Phlogistique.
Phloridzaïne.
Phloridzine.
Phlobaphène.
Phormium.
Phosphate de chaux des os.
— acide de chaux.
— ammoniaco-magnésien.
Phosphore.
— (son extraction).
— (sa purification).
— amorphe.
— d'Angleterre.
— de Kunckal.
— rouge.

Phosphorescence des poissons.
Phosphure de calcium.
Phosphures d'hydrogène.
Phycite.
Phyllocianine.
Phylloxanthine.
Piassaba.
Picamare.
Picoline.
Pièces fausses d'argent et d'or.
Pied de couleur.
— de cuve.
Pierre à bâtir des Parisiens.
— à brunir.
— à cautère.
— à chaux.
— à détacher.
— à feu ou à fusil.
— à Jésus.
— à plâtre des Parisiens.
— d'aigle.
— d'argent.
— de caroline.
— de foudre.
— de soude.
— de taille.
— — artificielle.
— de touche.
— infernale.
— philosophale.
Pierres d'Arménie.
— calcaires.
— gélisses ou gélives.
— gemmes.
— lithographiques.
— meulières.
— précieuses.
— spéculaires.
— tombées du ciel.
— urinaires.
Pieux et pilotis charbonnés.
Pigmentum.
Pigna.
Pilage des pommes à cidre.
Pilatre des Rosiers (note historique).
Pile à papier.
Pile voltaïque.
Pilules perpétuelles.
Pina.

Suc d'aloès.
— de chou rouge.
— de citron.
— gastrique.
— intestinal.
— pancréatique.
Sucs astringents.
— de fruits.
— fermentescibles.
— laiteux.
— propres des végé-
taux.
— résineux des plantes.
— végétaux (leur con-
servation).
Succédanés du café.
Succin.
— noir.
Succinates alcalins.
Sucette.
Sucrage des vins.
Sucrates.
— de chaux.
Sucre.
— (agent de conserva-
tion).
— brut.
— candi.
— commercial.
— d'amidon.
— de betterave.
— de bois.
— de canne.
— de chiffons.
— de citrouille.
— de diabète.
— d'érable.
— de fécule.
— de gélatine.
— de lait.
— de miel.
— d'orge.
— de plomb.
— de pommes.
— de raisin.
— de Saturne.
— d'urine.
— dans les fruits.
— en pains.
— incristallisable ou li-
quide.
— interverti.

Sucre ordinaire ou prisma-
tique.
— royal.
— sécrété par le foie.
— véritable.
Sucres.
— tapés.
Suifs.
— d'os.
Suint de laines.
Sulfates.
— acide d'éther.
— d'alumine.
— de baryte artificiel.
— de chaux.
— de cuivre.
— — (agent de con-
servation des bois).
— de fer (agent de con-
servation des bois).
— d'indigo.
— de peroxyde de mer-
cure.
— de protoxyde de fer
— — de mercure.
— de quinine.
— de soude.
— de zinc.
— ferreux.
Sulfhydrate de sulfure de
calcium.
Sulfhydromètre.
Sulfhydrométrie.
Sulfites.
— de chaux.
— de soude.
Sulfo-indigotate de potasse.
— de soude.
Sulfuration du caoutchouc.
Sulfures.
— d'antimoine.
— d'argent.
— d'arsenic.
— de carbone.
— d'étain.
— de mercure.
— double de fer et de
cuivre.
— de plomb.
— de sodium.
— mercurique.
Sumac des corroyeurs.

Sumac des teinturiers.
— (variétés commer-
ciales).
Surelle.
Sanchez-paät.
Suroxyde de manganèse.
— de plomb.
— suun.
— Symboles chimiques.
Synaptase.
Synovie.
Synthèse des corps.
— de l'air.
— de l'eau.
— des corps gras.
Système d'appel.

T

Tabac.
— (fumée de).
Tabatières de platine.
Tablettes digestives de **Darcet**.
Taches d'azotate d'argent.
— de blanc de baleine.
— de cambouis.
— de cire.
— de graisse.
— d'huile.
— de rouille.
— sur les marbres par
les acides.
Taffetas d'Angleterre.
Tafia.
Taille du diamant.
Tain des glaces.
Talc.
Tam-tam.
Tan.
Tannage.
Tannates.
— d'amidon.
— de fer.
Tannée.
Tannin.
— artificiel.
— du cachou.
— (réactif de la géla-
tine).
Tantale.

<table>
<tr><td>

Volatilité.
Volatilisation des métaux.
Volcanisation du caout-
    chouc.
Volcans d'air.
  — de boue.
  — vaseux.
Volume des corps.
Vouède.
Vue des lagonis de Toscane
  — des marais salants.

W

Wash-Stocke.
Watky.

</td><td>

Whisky.
Wootz.

X

Xanthéine.
Xanthine.
Xanthinocarpine.
Xantholcine.
Xanthopicrite.
Xanthorrhammine.
Xyloïdine.
Xylose.

</td><td>

Y

Yttrium.
Yucca.

Z

Zacatille.
Zeste.
Zinc.
  — pur.
Zincage du fer.
Zincographie.
Zwetschkenwasser.

</td></tr>
</table>

GERHARDT (C.) et **CHANCEL**.

Précis d'analyse chimique qualitative. Ouvrage contenant : les opérations et les manipulations générales de l'analyse, la préparation et l'usage des réactifs, les caractères des acides et des bases. — Les essais au chalumeau. — La marche de l'analyse qualitative, la détermination des sels, l'analyse des mélanges gazeux, l'analyse immédiate des matières végétales et animales, la recherche des poisons, l'exposition de l'analyse spectrométrique. 2ᵉ édit. 1 vol. grand in-18, avec figures dans le texte. Paris, 1862.

GERHARDT (C.) et **CHANCEL**.

Précis d'analyse chimique quantitative. Ouvrage contenant : la description des appareils et des opérations générales de l'analyse quantitative, les méthodes de dosage et de séparation des acides et des bases, l'analyse par les liqueurs titrées, l'analyse organique, l'analyse des gaz, des eaux minérales, des cendres, des terres arables, l'exposition du calcul des analyses, à l'usage des médecins, des pharmaciens, des aspirants aux grades universitaires et des élèves de laboratoire de chimie. 1 vol. grand in-18, avec des figures. Paris, 1859.

GMELIN (J. F.).

Tingendo per nitri — aeidum — serico. In-4ᵒ. Erfurt, 1785.

GMELIN (Léopold), Dʳ, professeur à Heidelberg.

Handbuch der chemie. 4 vol. Planches nombreuses. In-8ᵒ, 4ᵉ édit. Heidelberg, 1843-1848.

GONFREVILLE (H. D.).

Art de la teinture de la laine en toison, en fil et en tissu. 1 vol. in-8ᵒ. 700 p. Atlas. 128 échantillons. Paris, 1840.

GROUVELLE et **JAUNEZ**.

Guide du chauffeur et du propriétaire de machines à vapeur. 4ᵉ édit. 2 vol. in-8ᵒ., 2 atlas. Paris, 1859.

GUELICH (J. P.).

Vollständiges Färb- und Bleichbuch. Zu mehrerem Nutzen und Gebrauch für Fabrikanten und Färber. 7 vol. Ulm, 1779-1789.

GUETTLE (Joh.-Conrad).

   Neueste Erfahrungen in der Farbe-, Druck- und Bleichkunst. In-8°, pl. Ulm, 1819.

GUIDE PRATIQUE DU TEINTURIER. gr. in-8, 200 p. Paris, 1861.

H

HAENLE (G. F.), Dr.

   Verbesserungen der Berlinerblaufabrikation. In-8°. Frankfurt, 1820.

HAHNEMANN (S.).

   Bereitung des Casseler-Gelbs und Fuchs Uranium metallic. In-4°. Erfurt, 1793.

HARSTOCK (J. P.).

   Neue Erfindung Oelfarben mit Wasser zu vermengen. In-8°. Cöln, 1803.

HAUSSMANN (Johann-Michel).

   Neu erfundene und mit Ersparniss verbundene Verfahrungsart Baumwolle und Leinen schön und ächt türkisch roth zu färben, approbiert von **Chaptal.** In-8°. Leipzig, 1802.

   Procédé nouveau et économique pour teindre le lin et le coton en rouge turc. Approuvé par **Chaptal.**

   Ce mémoire est publié en 1802, par **Jean-Michel Haussmann,** fabricant d'étoffes colorées au Logelbach (près Colmar).

HAUSSMANN (J. M.).

   Die künstliche Bleicherei der Leinen und Baumwolle, nebst verein-fachten Verfahren bei der Zubereitung des türkisch roth, etc. In-8°. Elberfelden. (Sans date.)

HELLAT.

   Art de la teinture des laines et des étoffes de laine en grand et petit teint. In-12. Paris, 1750 et 1786. Traduit en allemand par **Kästner** (A. G.), 1re édition, 1751; 2e, 1765; 3e, 1790. C'était, dans le temps, l'ouvrage sur la teinture le plus complet.

HENNICKE.

   Druck- und Tafelfarben. Leipzig, 1802.

HERMSTAEDT (Sigismund-Friederich).

   Grundrisse der Färbekunst, oder theoretische und praktische Anleitung zur rationellen Ausübung der Wollen-, Baumwollen-, Seiden- und Leinenfärberei. Der Druckerei, des Bleichens, etc. In-8°. Berlin, 1re édit., 1802; 2e, 1807; 3e, 1824.

HERMSTAEDT (S. F.).

   Magazin für Färber, Zeugdrucker und Bleicher, oder Sammlung der neuesten und nützlichsten Entdeckungen, Erfindungen zur Beförderung und Ver-vollkommung der Zeugdruckereien und der Kunst zu bleichen. 8 vol. in-8°. Berlin. 1802 à 1820.

   Animalisation du coton. L'auteur cherche à animaliser le coton avec du sang, du lait, de la colle ou de l'albumine d'œuf. Cette dernière matière lui a donné les

meilleurs résultats. Il trempait les fils du tissu de lin ou coton dans 1 livre d'eau qui
contenait le blanc de 8 œufs. Vol. VIII, page 123.

HOCHHEIMER (E. F. A.).
   Chemisches Farbenlexikon. 2 vol. in-8°. Leipzig, 1792-1794.

HOEFFER.
   Histoire de la chimie depuis les temps les plus reculés jusqu'à notre époque
   2 vol. in-8°. Paris, 1842.

HOELTERHOFF (Georg-Wilhelm).
   Vollständiges praktisches Handbuch der Kunstfärberei, nebst Unterricht zu verschiedenen Bleichen. 5 vol. Planches. Erfurt, 1808-1824.

HOELTERHOFF (G. W.).
   Geheimnisse für Fabrik und Färber die Haupt- und Modenfarben auf Kasi-
   mir, Biber und Nanquin darzustellen. Erfurt, 1812.

HOELTERHOFF (G. W.).
   Die Werkstätten des Färbens, Drucken und Bleichens, oder Fär-
   bereien etc. zweckmässig anzulegen. Erfurt, 1818.

HOELTERHOFF (G. W.).
   Neueste Recepte zur Prüfung, zur Färberei der Leinen-, Baumwollen- und
   Wollen-Garne, etc. Erfurt, 1821.

HOELTERHOFF (G. W.).
   Färbebuch zum häuslichen Gebrauch für Frauenzimmer, oder: Anweisun
   alle Mode- und andere Farben auf Baumwolle, Leine, Wolle, Seide und dergleichen
   Garne zum Stricken zu färben. Mit einer Farben-Musterkarte. Erfurt, 1812.

HOELTERHOFF (G. W.).
   Die Kunst das ächte Türkisch- oder sogenannte Elberfelder Roth,
   den ächten Nanquin und die vorzüglichsten Modefarben zu äusserst billigen Preisen
   zu färben. Erfurt, 1812.

HOELTERHOFF (G. W.).
   Neueste Fortschritte und Erfahrungen in der Färbe- und Bleichkunst,
   Kattun- und Kasimirdruckerei. Erfurt, 1815.

HOELTERHOFF (G. W.).
   Die neuesten Erfindungen in der Baumwollenfärberei auf Garn und
   Kattun. Erfurt, 1820.

HOELTERHOFF (G. W.).
   Die wald- und warme Küpe, etc., nebst Anweisung zur Wollenfärberei, zur
   Druckerei, auf Baumwolle und Leinen. Erfurt, 1818.

HOFFMANN (J. L.).
   Geschichte der malerischen Harmonie und Farbenharmonie. In-8°.
   Halle, 1786.

HOFFMANN (J. L.).
   Farbekunde für Maler und Liebhaber der Kunst. In-8°. Erlangen, 1798.

HOMASSEL (M.).
   Cours théorique et pratique sur l'art de la teinture.

I

INSTITUT (l').

Journal universel des sciences et des sociétés savantes en France et à l'étranger. Ce journal se compose de deux sections, auxquelles on peut s'abonner séparément.

La 1re section paraît tous les mercredis; elle publie, outre un compte rendu des séances de l'Académie des sciences de Paris, un compte rendu semblable pour les principales Académies des sociétés savantes des pays étrangers.

La 2e section paraît le 15 de chaque mois; elle traite des sciences historiques, archéologiques, philosophiques, etc.

Chaque section forme par an un volume suivi de tables. 1re section, 1833 à 1861. 29 vol. 2e section, 1836 à 1861, 26 vol. Rédacteur en chef, **Eugène Arnoult.** Bureaux, à Paris, cité Tréviso, 5.

INSTRUCTIONS GÉNÉRALES pour la teinture des laines (et manufactures de laine) de toutes nuances, et pour la culture des drogues et ingrédients qu'on emploie. Paris, 1669. Revues et augmentées en 1737.

Ces instructions par ordre du ministre **Colbert,** renferment des prescriptions et ordonnances pour la teinture.

J

JOURNAL DE PHARMACIE ET DE CHIMIE, par MM. **Bouillay, Bussy, Henri, F. Boudet, Cap, Boutron, Fremy, Guibourt, Buignet, Gobley, Léon Soubeiran, Poggiale.**

Publication mensuelle.

JOURNAL OF THE FRANKLIN INSTITUTE. Devoted to mechanical and physical science par professeur **John F. Frazen.** In-8°. Philadelphia. — Mensuel.

JUCH (E. W.).

Kurze aber gründliche Anleitung zur Färbekunst. In-8°, München, 1801.

JUGEL. (E.).

Kunststücke, die schönsten Farben zu verfertigen. In-8°. Zittau, 1768.

K

KAEPPELIN (D.).

Fabrications des tissus imprimés. 1re partie. Impressions des étoffes de soie, In-8°. 148 p.; échant. 1 pl. Paris, 1860.

KONINCK (de).

De l'Influence de la Chimie sur les progrès de l'Industrie. Extrait d'un discours prononcé dans la séance annuelle de la classe des sciences de l'Académie royale de Belgique, le 16 décembre 1862, par M. de **Koninck.**

. . . . Vers la fin du siècle dernier, la chimie se trouvait encore enveloppée des langes dans lesquels l'ignorance et la barbarie des siècles précédents l'avaient enlacée, lorsque les recherches de quelques hommes de génie vinrent tout à coup la dégager de la place inférieure qu'elle occupait, pour lui assigner le premier rang parmi les sciences positives et d'application.

Avant **Lavoisier** aucune analyse exacte n'était possible; l'industrie marchait au hasard; la fabrication des principaux produits se faisait le plus souvent d'après des recettes empiriques, soigneusement transmises de génération en génération, sous la direction d'un maître ignare et incapable d'y apporter la moindre amélioration.

Mais, à partir du moment où l'illustre victime des passions révolutionnaires put prouver et proclamer ce grand principe, que *rien dans la nature ne se perd*, que les corps qui, aux yeux du vulgaire, se détruisent, ne font que changer de forme et de composition ; que, par suite, ces modifications n'altèrent en rien les poids des corps réagissants, et qu'au moyen d'une balance exacte, tout se pèse et tout se retrouve, on put entrevoir l'heureuse influence que ce principe serait appelé à exercer sur les procédés industriels. Ce n'est pas à dire qu'avant l'époque de **Lavoisier,** rien d'utile n'ait été fait. Quel est en effet celui qui ignore qu'un grand nombre de produits légués par les générations qui nous ont précédés et dont l'origine remonte parfois à la plus haute antiquité, n'ont pu être obtenus qu'à l'aide de procédés chimiques plus ou moins parfaits !

En revanche, quelle est encore la personne qui, en jetant un coup d'œil rétrospectif sur cet immense laps de temps parcouru par la société humaine depuis son origine jusqu'au siècle auquel nous appartenons, ne s'aperçoive facilement combien cette longue période est pauvre en innovations et en applications vraiment scientifiques et industrielles?

Il est vrai que la fausse voie dans laquelle la chimie et les sciences en général étaient entrées, pendant le moyen âge, dans laquelle l'entretenaient les utopies des alchimistes et les rêves des astrologues, pouvaient difficilement conduire à la vérité et au progrès.

Si aux découvertes de **Lavoisier** l'on ajoute celles non moins remarquables de **Richter,** de **Wenzel,** de **Proust,** de **Cavendish,** de **Bertholet** et de quelques autres de ses contemporains, qui eurent pour effet d'établir d'une manière définitive les lois de combinaison auxquelles les éléments sont invariablement soumis, l'on aura la clef des modifications heureuses introduites dans la plupart des industries qui ont trouvé dans la science pure une base solide et rationnelle.

Désormais, on n'est plus contraint de marcher en aveugle, on dispose de moyens capables de fournir l'indication de la quantité relative des produits réellement utiles contenus dans les matières premières, et l'on peut ainsi donner à coup sûr la préférence à celles de ces matières qui offrent les plus grands avantages industriels.

C'est à la réunion des diverses circonstances que je viens de retracer, c'est surtout à l'étude plus approfondie des propriétés des corps et de leurs actions réciproques qui en fut le corollaire, que l'on doit attribuer plusieurs des plus importantes découvertes industrielles faites vers la fin du siècle dernier et au commencement du siècle actuel.

Au nombre de celles-ci on peut citer l'action décolorante et désinfectante du *chlore* et du *charbon*, la fabrication de l'*acide sulfurique*, celle du *sel de soude* et surtout celle du *sucre de betterave.*

Cependant la fabrication de ces produits si généralement connue, si universellement répandue de nos jours, qu'elle met en circulation des centaines de millions par an, n'a pas atteint du premier coup la perfection qu'elle possède en ce moment. Comme la plupart des plus merveilleuses conquêtes de l'esprit humain, elle a été le fruit de longues recherches et la conséquence de travaux purement scientifiques. — Car, telle est la variété des esprits, que tandis que l'un s'adonne à l'étude des phénomènes naturels pour satisfaire son imagination et se rendre compte des lois immuables auxquelles ces phénomènes sont soumis, l'autre cherche à se servir des découvertes réalisées, pour les appliquer aux besoins de ses semblables, et concourir ainsi de son mieux à l'amélioration de leur bien-être matériel.

Mais cette application n'est pas toujours immédiatement saisie, et c'est généralement le temps qui se charge de développer l'idée née dans le cabinet du penseur, d'appliquer l'expérience exécutée dans le laboratoire du chimiste. — Les exemples ne manquent pas pour prouver ce que je viens d'avancer. Appliquons-les à quelques-unes des industries que je viens de citer, et à quelques autres qui viendront se grouper autour d'elles.

En 1747, **Margraf** découvre dans la betterave l'existence du sucre cristallisable; ce fait, malgré son importance, passa inaperçu et fut voué à un oubli complet. Ce n'est qu'un demi-siècle après cette découverte qu'un industriel, du nom d'**Achard,** chercha à en tirer parti et jeta les premiers fondements d'une industrie dont on ne commença à entrevoir la réussite et l'utilité réelle que vers 1811 à 1812. A cette époque et malgré les encouragements d'un savant chimiste, **Chaptal,** alors ministre de l'Empire, la fabrication du sucre ne comptait encore qu'un petit nombre d'établissements, dont le produit se montait à peine à six ou sept millions de kilogrammes. — Comparez cet état à celui de nos jours, dans lequel il est constaté que l'Europe possède en ce moment plus de huit cents fabriques, fournissant à la consommation générale environ deux cent cinquante millions de kilogrammes de sucre par année, et vous ne pourrez plus douter de la marche progressive accomplie par cette importante industrie.

Au neuvième siècle, l'*acide sulfurique* était connu de **Rhazis** et de **Geber,** qui l'obtenaient par la distillation du vitriol vert ou sulfate de fer. C'est ainsi encore que le préparaient **Basile Valentin** et tous les chimistes qui l'ont suivi, jusqu'à ce que, vers la fin du dix-septième siècle, **Lefèvre** et **Lemery** imaginèrent de le fabriquer en faisant brûler un mélange de soufre et de nitre dans de grands flacons de verre, remplis d'air humide et dont le fond était couvert d'une faible couche d'eau, destinée à condenser l'acide produit. Pendant longtemps, on suivit cette méthode, lorsque **Roebuck** eut l'idée de construire de vastes chambres de plomb, destinées à remplacer les ballons de verre. A partir de ce moment, la valeur de cet acide fut considérablement diminuée, et, comme le dit fort bien M. **Dumas,** tous les arts chimiques se sont améliorés comme à l'envi. L'acide sulfurique, ajoute l'illustre chimiste français, est un agent indispensable à tous ces arts, et la plupart d'entre eux n'ont véritablement pu prendre naissance que lorsque cet acide a été livré à bas prix dans le commerce.

Qui eût pu soupçonner, il y a trente ans, que le phosphore, ce corps mystérieux, dont la naissance est due à cette aberration des idées qui, pendant plusieurs siècles, poussa les alchimistes à chercher la réalisation de l'absurde jusque dans les matières les plus abjectes, serait devenu l'une des substances les plus usuelles et les plus utiles de la société moderne?

Quel est celui qui eût osé avancer alors que cet élément découvert par **Brandt,** en 1699, resté pour ainsi dire une curiosité de laboratoire et vendu au prix de l'or, aurait un jour détrôné notre vulgaire briquet et serait vendu à vil prix?

Qui eût pu prévoir que les propriétés de cet agent si combustible seraient modifiées par les moyens dont le chimiste dispose, au point de lui enlever l'action énergique et pernicieuse qu'il exerçait sur nos organes, tout en lui conservant sa nature élémentaire et inflammable?

Et cependant, tout ce qui, à cette époque, eût paru le rêve d'une imagination malade, été réalisé et au delà, grâce aux patientes recherches de quelques chimistes allemands, parmi lesquels le docteur **Schröder,** de Vienne, peut être cité en première ligne.

En 1820, **Gay-Lussac**, dont les travaux possèdent un cachet d'exactitude qui n'a pas encore été dépassé, fait l'observation que toutes les matières organiques neutres d'origine végétale, telles que l'amidon, le sucre, le ligneux, la gomme, etc., au contact des alcalis chauffés jusqu'à une température d'environ deux cent cinquante degrés, se transforment en *acide oxalique*.

Ce fait, dont l'application avait été négligée jusque dans ces derniers temps, a donné lieu à l'érection d'un établissement considérable, dans lequel M. **Deale**, de Manchester, fabrique actuellement plus de trois cents tonnes d'acide oxalique par année.

Lorsque, vers 1811, M. **Chevreul**, après de longues et consciencieuses recherches, démontra que la plupart des corps gras n'étaient que des mélanges de divers composés neutres, en tout point comparables aux éthers salins ordinaires, mais dont les uns étaient liquides et les autres solides à la température ordinaire, personne ne songea à en tirer parti. — Ce n'est qu'en 1825 que **Gay-Lussac** essaya d'appliquer à l'industrie la découverte de M. **Chevreul**. Ces premières tentatives échouèrent ; mais, en 1831, toutes les difficultés de la fabrication des bougies stéariques furent vaincues par **Cambacérès**, et l'on put espérer alors que non-seulement elles se substitueraient aux bougies de cire des salons aristocratiques, mais encore aux ignobles chandelles des plus modestes demeures.

Cet espoir n'est pas loin d'être réalisé de la manière la plus complète.

Un exemple analogue nous est fourni par les recherches de **Reichenbach**. Ce chimiste, en examinant, en 1830, et en isolant la plupart des produits de la distillation du bois, du lignite et de la tourbe, y découvrit, entre autres, une substance solide, légèrement transparente et parfaitement combustible, à laquelle il donna le nom de *paraffine*. — Il fallut vingt ans avant que cette matière, qui possède toutes les qualités industrielles du blanc de baleine, pût être obtenue dans des conditions assez avantageuses pour devenir d'un usage général.

Le problème fut résolu en 1850, par un industriel écossais, M. **James Young**, qui, en 1851, monta, à Bathgate, une fabrique dont le succès fut rapide et le développement graduel si considérable, qu'elle forme en ce moment l'une des plus importantes fabriques de produits chimiques du monde entier.

On ne peut pas citer la *paraffine*, sans que le nom de plusieurs autres substances produites dans des circonstances semblables à celles qui lui donnent naissance ne se présente à la mémoire.

Parmi celles-ci, j'appellerai spécialement votre attention sur ce composé de carbone et d'hydrogène qui, à l'état de pureté, porte le nom de *benzine* ou de *benzol*, et qui constitue en partie ce liquide si limpide et si inflammable vendu dans le commerce sous le nom de *naphte*.

La découverte de ce corps date de 1825, époque à laquelle M. **Faraday** parvint à l'extraire du gaz éclairant. En 1834, M. **Mitscherlich** l'obtint à l'état de pureté par la distillation d'un mélange d'acide benzoïque et de chaux en excès ; mais ni l'un ni l'autre de ces procédés n'étaient industriels et ne pouvaient servir à fabriquer avantageusement ce composé.

Aujourd'hui la distillation des produits accessoires obtenus dans la fabrication du gaz d'éclairage à la houille en fournit des quantités considérables à un prix très-réduit.

Parmi les modifications que la *benzine* éprouve au contact d'autres agents chimiques, M. **Mitscherlich** remarqua et étudia spécialement celle que produit sur elle l'action de l'acide nitrique concentré et qui la transforme en *nitro-benzine*. C'est la substance actuellement connue sous le nom d'*essence de mirbane*, qui, à cause de l'analogie de son odeur avec celle de l'essence d'amandes amères, sert à aromatiser le savon et quelques autres objets de toilette.

Vous allez me demander peut-être si c'est là tout l'avantage que l'industrie a pu retirer de ces modifications et me faire observer que, dans ce cas, ils seraient bien faibles.

Attendez ! La science ne marche plus en aveugle ; partout où elle passe, elle pose ses jalons.

Après M. **Mitscherlich** vient M. **Zinin** d'abord et M. **Béchamp** ensuite, dont les travaux nous apprennent à convertir cette même essence de mirbane en *aniline*, sorte d'ammoniaque composée déjà extraite de l'indigo, en 1826, par M. **Unverdorben**. Quelque curieuse et quelque importante pour la science que fût cette découverte, elle n'eût certes pas eu le retentissement qu'elle produit en ce moment, si, par les récents et remarquables travaux de MM. **Perkins** et **Wurtz**, et surtout par ceux de M. **Hofmann**, elle n'eût donné lieu à la fabrication de plusieurs nouvelles matières colorantes dont la teinture a su tirer le meilleur parti.

C'est à quelques-unes de ces matières que les dames doivent aujourd'hui la plupart de ces belles nuances *roses* ou *violacées*, d'un éclat si brillant, mais si éphémère, connues sous le nom de *magenta* ou de *mauve*, qui font leur admiration et qui donnent à leur toilette cette fraîcheur et ce bon goût que les couleurs franches et pures sont seules capables de produire.

Parmi les substances dont le pouvoir colorant est le plus prononcé se trouve la *fuchsine*, les *sels de rosaniline* et l'*indisine*, dont la fabrication a pris une importance telle, qu'elle met déjà en circulation plus de vingt-cinq millions annuellement. Une collection remarquable de ces divers produits, parmi lesquels on distinguait surtout deux couronnes formées de gros cristaux d'acétate de rosaniline, d'une valeur considérable, se trouvaient à l'Exposition universelle de Londres.

Depuis un temps immémorial l'on connaissait sous le nom de *bleu d'outremer* une matière d'une nuance si belle et d'une solidité si grande, qu'elle était recherchée par tous les peintres, à cause de ses excellentes qualités ; mais son prix, qui était supérieur à celui de l'or, forçait souvent les artistes à en abandonner l'emploi et à la remplacer par des produits inférieurs.

Depuis longtemps on avait exprimé le désir de fabriquer artificiellement une matière qui s'extrayait difficilement et à grands frais du minéral dont il avait usurpé le nom et pour lequel on était en partie tributaire de la Chine.

Aussi longtemps que sa composition exacte n'était pas connue, on n'avait aucune direction pour arriver à la solution du problème posé, puisque aucun des composés qui concourent à sa formation ne possède la nuance qu'il s'agissait d'obtenir ; mais dès que l'analyse chimique eut prouvé qu'elle n'était constituée que des éléments les plus vulgaires, on eut l'espoir fondé de pouvoir bientôt la fabriquer de toutes pièces.

Quel est celui, en effet, qui, sans le secours de la chimie, eût pu deviner qu'il suffisait de faire un mélange de *sulfate de soude*, de *charbon* et d'*argile*, et d'exposer ce mélange à une température élevée, pour obtenir un *outremer* qui surpasse en beauté l'outremer naturel, et dont le prix est aujourd'hui tellement réduit, que la valeur de trois kilogrammes n'atteint pas encore celle à laquelle se payait anciennement un seul gramme de cette substance!

N'avons-nous pas vu, dans ces derniers temps, cette même argile qui forme la base de l'outremer fournir à l'industrie l'*aluminium*, métal dont M. **Henri Sainte-Claire-Deville** a fait connaître les propriétés essentielles, et qui, par son éclat brillant et sa blancheur, rivalise avec l'argent ; dans un grand nombre de cas même, on lui donnera la préférence sur ce dernier, à cause de sa légèreté et de la propriété qu'il possède de ne pas se ternir là où l'argent devient presque complétement noir. Et cet argent, dont la rareté semble augmenter en même temps que celle de l'or diminue, serait bien moins abondant encore, si un chimiste anglais, du nom de **Paterson**, n'avait inventé une méthode ingénieuse par laquelle on extrait avantageusement les petites quantités de ce métal allié au plomb de nos usines.

Il y a trente ans environ, M. **Liebig**, en se livrant à l'étude de l'*aldéhyde*, découverte par **Döbereiner**, constata qu'elle possède la propriété de réduire les sels d'argent et de faire déposer le métal en couche miroitante sur le verre. Cette propriété, qui est commune à quelques autres composés organiques, a été récemment utilisée dans l'industrie. C'est à elle que l'on doit *l'argenture des miroirs sphériques*. Si cette argenture parvenait à se généraliser et à se substituer à l'étamage ordinaire des glaces, la chimie aurait rendu un grand service à l'hygiène, en soustrayant un nombre considérable d'ouvriers aux influences dangereuses et souvent fatales des émanations mercurielles.

Je ne crois pas devoir insister sur les services de même nature rendus par la *galvanoplastie*. Je me bornerai à faire remarquer que celle-ci, en réduisant à des proportions souvent minimes les métaux qui entrent dans la composition des objets dont les formes, bien plus que la valeur intrinsèque, sont destinées à nous plaire et à agir sur notre imagination, permet aux plus modestes rentiers de se livrer à leurs penchants artistiques. Grâce aux procédés de MM. **Jacobi** et **Elkington**, ils peuvent s'entourer, à peu de frais, des chefs-d'œuvre qui jadis ornaient exclusivement les palais les plus somptueux et se procurer des jouissances auxquelles leurs ancêtres n'auraient pas osé penser.

Je ne crois pas avoir besoin de vous exposer les merveilleux effets obtenus par la *photographie ;* les objets que vous rencontrez à chaque pas sur votre chemin suffisent pour vous en convaincre. Je ne vous décrirai pas non plus toutes les phases par lesquelles cette application de la chimie a dû passer avant d'être arrivée au degré de perfection qu'elle a acquis en ce moment. Qu'il me suffise de dire qu'elle n'eût jamais atteint cette perfection sans les découvertes de **Courtois** et de M. **Balard**, dont le premier dota la science de l'*iode* et dont le second lui fit faire la connaissance du *brôme*, deux corps parfaitement dissimulés dans les eaux de la mer. C'est à l'intervention de ces éléments remarquables que sont dus les effets instantanés qui permettent de fixer, sur la plaque photographique d'abord et de transporter sur le papier ensuite, l'image exacte de la vague en mouvement et celle du navire dans sa course.

C'est encore par des procédés analogues que M. **Warren de la Rue** a obtenu les portraits réels, si je puis m'exprimer ainsi, des diverses phases de la lune, que j'ai eu occasion d'admirer chez lui, et qu'il a pu déterminer d'une manière définitive, assure-t-il, la nature des protubérances roses observées dans les éclipses totales de soleil.

C'est ainsi que les sciences se lient entre elles et que les découvertes de l'une servent à l'avancement de l'autre. N'est-ce pas à une alliance semblable que l'on doit l'une des plus magnifiques découvertes de notre époque? N'est-ce pas en unissant leurs efforts au profit d'une même idée que MM. **Bunsen** et **Kirchhoff** ont réalisé leur analyse spectrale, et sont parvenus non-seulement à prouver l'existence de deux éléments nouveaux, qui jusqu'ici avaient complétement échappé aux recherches des chimistes, mais encore à démontrer, d'une manière qui ne laisse aucun doute, la présence ou l'absence de certains éléments dans la partie lumineuse de soleil? Un troisième métal, le *thallium*, découvert par M. **Crookes**, doit son existence à l'application de la même méthode.

Qui ignore les services qui ont été rendus à la pharmacie et à la médecine par la découverte de la *morphine*, faite, en 1816, par **Sertuerner**, et celle de la *quinine*, suivies de tant d'autres semblables ?

Sans les travaux de MM. **Liebig**, **Dumas** et **Boussingault**, l'agriculture serait restée stationnaire. C'est en étudiant les rapports qui existent entre les végétaux et les animaux et les diverses modifications qu'ils éprouvent pendant leur vie et après leur mort, que ces savants lui ont rendu les plus grands services et qu'ils sont parvenus à démontrer d'une manière irrécusable que l'existence des uns est intimement liée à celle des autres. — En effet, sans les végétaux, qui, sous l'influence bienfaisante de la lumière solaire, fournissent une quantité considérable d'oxygène à l'air atmosphérique, cet élément vivifiant aurait bientôt disparu, pour faire place à un gaz délétère, sous l'action duquel la vie animale s'éteindrait promptement sur notre globe.

« N'avons-nous pas constaté, dit M. **Dumas,** par une foule de résultats, que les animaux constituent, au point de vue chimique, de véritables appareils de combustion, au moyen desquels du carbone brûlé sans cesse retourne à l'atmosphère sous forme d'acide carbonique ; dans lesquels de l'hydrogène brûlé sans cesse, de son côté, engendre continuellement de l'eau ; d'où enfin s'exhalent sans cesse, par la respiration de l'azote libre, de l'azote à l'état de l'oxyde d'ammonium par les urines ?

« N'avons-nous pas constaté, d'autre part, que les plantes, dans leur vie normale, décomposent l'acide carbonique pour en fixer le carbone et en dégager l'oxygène, qu'elles décomposent pour s'emparer aussi de son hydrogène et pour en dégager aussi l'oxygène : qu'enfin elles empruntent tantôt directement de l'azote à l'air, tantôt indirectement de l'azote à l'oxyde d'ammonium, ou à l'acide nitrique, fonctionnant de tout point ainsi d'une manière inverse de celle qui appartient aux animaux ?

« Si le règne animal constitue un immense appareil de combustion, le règne végétal, à son tour, constitue donc un immense appareil de réduction, où l'acide carbonique réduit laisse son charbon ; où l'eau réduite laisse son hydrogène ; où l'oxyde d'ammonium et l'acide azotique réduits laissent leur ammonium et leur azote [1]. »

D'après cela, n'avons-nous pas le droit de dire que la vie des êtres organisés, considérée dans ses fonctions purement matérielles, dépend uniquement des diverses opérations chimiques qui se passent dans leurs organes et de la régularité plus ou moins grande avec laquelle celles-ci s'y produisent?

Mais si nous abandonnons le règne organique pour porter nos regards sur le règne minéral, nous nous convaincrons bientôt que la chimie y règne en maîtresse absolue. Examinons attentivement ces volcans en activité qui sont à la fois l'admiration du savant et la terreur des populations voisines, et nous serons bientôt persuadés que les phénomènes qui s'y passent ne diffèrent en rien de ceux qui se manifestent dans nos laboratoires. — Si le spectacle est plus grandiose, l'effet produit est le même, et les composés obtenus et le nombre des éléments réagissants ne diffèrent en rien de ceux de nos creusets et de nos fourneaux. — Si donc l'intervention de la chimie est manifeste dans presque tous les phénomènes naturels; si le géologue et le minéralogiste ne peuvent se passer de son secours pour expliquer la formation des roches et des trésors minéralogiques qu'elles renferment; si le physiologiste a besoin d'elle pour se rendre compte du jeu des organes dans les êtres vivants; si le médecin doit y avoir recours pour l'emploi des moyens destinés à rétablir l'équilibre rompu dans ces frêles machines dans lesquelles notre âme est emprisonnée; si l'astronome et le météorologiste en sont tributaires pour se faire une idée exacte de la composition des astres et de la manifestation des principaux météores ; si, enfin, le philosophe lui-même ne peut en faire abstraction dans ses considérations sur l'unité de la matière et sur les lois qui la régissent, on ne doit pas s'étonner que le plus simple industriel ne puisse se dispenser de son concours, et que l'homme s'en soit emparé pour améliorer les conditions morales de son existence, pour faciliter ses rapports et augmenter son bien-être général.

Si je n'avais pas craint d'abuser de votre attention, j'aurais pu étendre le cadre dans lequel je me suis renfermé, et vous exposer les principales phases par lesquelles ont passé un grand nombre des plus importantes industries, avant d'avoir atteint leur développement actuel et avant d'être arrivées à la perfection de leurs produits.

Vous auriez pu vous convaincre une fois de plus que ce *ne sont pas toujours ceux dont les inventions deviennent un bienfait pour la société qui en profitent et qui en sont le mieux récompensés.* J'aurais pu vous montrer la liaison qui existe entre la plupart des industries et l'influence que le progrès de l'une a ordinairement sur celui des autres.

Si parfois une découverte semble mettre en péril certains établissements, une autre aussi parvient à les relever.

[1] *Statistique des êtres organisés.*

C'est ainsi que l'invention du procédé **Leblanc**, qui sert encore aujourd'hui à la fabrication de la *soude artificielle*, fit péricliter les établissements d'Alicante, de Narbonne et de l'Écosse, dans lesquels la soude était obtenue par l'incinération des plantes maritimes, lorsque la découverte de l'iode vint tout d'un coup leur donner une nouvelle impulsion et les rendre plus prospères et plus importants que jamais.

Si, pour terminer, nous comparons l'état actuel de certaines industries à celui dans lequel elles se trouvaient au commencement de ce siècle, on s'apercevra facilement des immenses progrès réalisés au moyen de la chimie. — C'est à cette science que sont dus les perfectionnements remarquables qui permettent de fabriquer, à des prix relativement bas, ces énormes glaces qui font l'ornement de nos salons et de nos magasins, et qui laissent loin derrière elles, pour la pureté et le fini, ces glaces vraiment lilliputiennes et cependant si réputées de Venise. — C'est à elle encore que revient tout l'honneur de l'invention de ces magnifiques couleurs dont d'habiles artistes se servent pour retracer sur la porcelaine et sur le verre les compositions gracieuses que l'on admire dans un boudoir, les scènes grandioses et les figures imposantes qui font l'ornement de nos églises.

Jetez vos regards autour de vous et dites-nous si parmi les objets que vous distinguez, il s'en trouve un seul dans la fabrication duquel la chimie ne soit pas intervenue plus ou moins directement.

Le pain qui vous nourrit, le vin ou la bière que vous buvez, l'huile et le gaz qui vous éclairent, le papier sur lequel vous déposez vos pensées, l'encre que vous employez, la couleur des vêtements qui vous couvrent, le cuir de vos chaussures, la monnaie de votre bourse, doivent tous leur origine à des procédés chimiques.

Eh bien, la plupart des procédés qui servent à produire ces objets ont subi d'heureuses modifications depuis le commencement du siècle. Bien plus, la chimie nous enseigne les moyens d'en apprécier la qualité ou la valeur; elle fait reconnaître les falsifications que la cupidité leur fait subir; elle apprend à neutraliser les défauts inhérents à leur nature.

C'est ainsi qu'en mélangeant une petite quantité de tungstate ammonique à l'apprêt de ces étoffes légères dont les dames aiment à se parer, elle enlève aux étoffes la propriété de s'enflammer au contact de la moindre étincelle et tend à prévenir les graves accidents dont un nombre considérable de personnes ont été les victimes.

Veut-on se chauffer ou s'éclairer? C'est encore à la chimie qu'il faudra s'adresser, surtout si l'on désire obtenir des températures exceptionnelles. C'est elle qui a indiqué à MM. **Deville** et **Debray** le moyen de fondre en une masse homogène des lingots de platine, dont un échantillon de plus cent kilogrammes figurait avec honneur à l'Exposition de Londres, parmi les produits de l'industrie française. C'est à elle que l'on doit l'éclairage au gaz et ces perfections innombrables apportées dans la construction de nos lampes, et dont, au commencement du siècle, on n'avait aucune idée.

La chaleur vous importune-t-elle, la chimie vous procurera les moyens de vous rafraîchir en vous fabricant de la glace, même au milieu des chaleurs de l'été. Si vous pouviez douter de ce que j'avance, je n'aurais qu'à invoquer l'autorité de MM. **Carré** et **Lawrence**, dont les appareils n'ont pas cessé un instant de fonctionner pendant les journées les plus chaudes de l'été dernier et au milieu de la foule la plus compacte qui envahissait le palais de l'Exposition.

Voulez-vous entreprendre un voyage de long cours et craignez-vous de manquer de vivres frais et de bonne qualité, la chimie vous indiquera les moyens de les transporter avec vous, et vous permettra de vous servir, à Calcutta ou à Java, les mêmes mets qui auraient formé le fond de votre dîner, soit à Londres, soit à Paris.

Telles sont, messieurs, quelques-unes des merveilles réalisées par la science moderne. Mais avant d'y arriver que de labeurs, que de recherches souvent infructueuses, souvent stériles, trop souvent ruineuses pour ceux qui les entreprennent! Néanmoins ne nous décourageons pas: rappelons-nous qu'avant de récolter, il faut semer. Unissons nos efforts pour inspirer à la jeunesse le goût d'une science indispensable aux progrès de l'industrie et qui porte en elle les éléments de la richesse et de la prospérité...

MAPP (F.).
Beiträge zur Geschichte des Kobalts, Kobaltbergbaues und der Blaufarben-werke. In-8°, Breslau, 1702.

KRAMER (G.).
Der belehrende Kunst- und Schönfärber. Leipzig, 1798.

KRAYSIG (L. F.).
Die Andrianopelroth-Färberei, Baumwollene, Merino-Rothfabrikation. Andrinopelroth. In-8°, Planches, Chemnitz, 1820.

MUHLMANN (Frfo.).
Expériences chimiques et organiques. 1 vol. in-8°, Paris, 1811.

MUHLMANN (F.).
Instruction pratique sur l'application des silicates alcalins solubles au durcissement des pierres, etc. Brochure in-8°, Lille, 1859.

MUHLMANN (F.).
Silication ou application des silicates alcalins solubles au durcissement des pierres poreuses, des ciments et des plâtrages, à la peinture, à l'*impression*, aux *apprêts*, etc. 3° édition, suivie des rapports du jury de l'Exposition universelle de 1855 et d'une commission spéciale. In-8°, Paris, 1859.

MURRER (W. H.).
Praktische Erfahrungen in der Färberei und Kattundruckerei. In-8°, Nürnberg, 1815.

L

LABAUT (Gustave).
Guide théorique et pratique des teinturiers, In-8., 100 p. Paris.

LAMBERT, (J. H.).
Beschreibung einer Farbenpyramide. 1765.

LAURENT.
Précis de cristallographie suivi d'une méthode simple d'analyse au chalumeau. 1 vol. gr., 175 figures dans le texte. Paris, 1847.

LEBLANC.
Le mécanicien constructeur, ou Atlas et description des organes des machines; œuvres posthumes de Leblanc, professeur et conservateur des collections au Conservatoire des arts et métiers. In-4°, 153 p. Atlas de 59 pl. in-fol. Paris.

LEFORT (J.).
Chimie des couleurs pour la peinture à l'eau et à l'huile, comprenant l'historique, les propriétés physiques et chimiques, la préparation, la falsification et l'essai des réactifs, précédé d'un essai historique et de considérations sur l'analyse des eaux. 1 vol. grand in-8°, figures dans le texte.

LEHMANN (J. G.).
Kadmialogie oder Geschichte des Farbenkobalds. 2 vol. in-4°. Königsberg, 1770.

LENORMAND (L. Séb.).
Manuel d'étoffes imprimées et du fabricant de papiers peints. In-18, pl. Paris, Roret, 1830.

LE PILEUR D'ALPIGNY.
Art de la teinture des laines et des étoffes de laine. In-12. Paris, 1770. — Traduit en allemand, 1770.

LE PILEUR D'ALPIGNY.
Abhandlung von den Farben und ihrem Gebrauch in Absicht auf die Künste und Handwerke. Traduit du français. In-8°. Leipzig, 1778.

LE PILEUR D'ALPIGNY.
Richtige und vollständige Beschreibung aller Farbenmaterialien, nebst einer vollständigen Anweisung wie solche zubereitet und angewandt werden sollen, etc. Augsburg, 1781.

LE PILEUR D'ALPIGNY.
Baumwollen- und Leinenfärberei, etc. Trad. du français par Jäger. In-8°. Leipzig, 1799.

LEUCHS (Johann-Carl).
Vollständige Farben- und Färbekunst, oder Beschreibung und Anleitung zur Bereitung und zum Gebrauch aller färbenden und farbigen Körper. 2 vol. in-8°. Planches. Nürnberg, 1825.

Appareil pour extraire à haute pression, par la vapeur, les matières colorantes des bois de teinture. Suivant le même principe, on peut blanchir ou teindre les étoffes. (*Dampf-Auszieh-Presse.*) Vol. I, page 21 [1].

M. Leuchs cite, page 33, des essais de teintures qu'il a faites avec cet appareil et dit qu'il a obtenu des résultats satisfaisants...

L'acide chromique et les sels de plomb donnent lieu à un précipité jaune connu sous le nom de jaune de chrome (*Chrom-gelb*). On le prépare ordinairement en précipitant un sel de plomb par du chromate de potasse. Les nuances obtenues sont d'un beau jaune doré (gold-gelb). Le chrome a été décrit par **Vauquelin,** en 1797. Vol. Ier, page 115...

Le professeur **Raymond**, à Lyon, a, le premier, fixé le bleu de Prusse (Berliner-Blau) sur soie, et a reçu pour cette découverte 8,000 fr. Ce bleu reçut le nom de *bleu Raymond* ou *bleu Marie-Louise.* Vol. Ier, p. 135...

Bancroft est le premier qui a introduit en Angleterre, en 1775, le *quercitron...*
Diesbach, chimiste de Berlin, découvre une belle couleur bleue, en 1707, à laquelle on a donné le nom de bleu de Berlin (Berliner-Blau). Vol. Ier...

LEUCHS (J. C.).
Traité complet des propriétés, de la préparation et de l'emploi des matières tinctoriales et des couleurs. Traduit de l'allemand. Revu pour la partie chimique par **E. Péclet.** 2 vol. in-8°. 1829.
C'est la traduction de l'ouvrage ci-dessus.

LEUCHS (J. C.).
Handbuch für Fabrikanten, oder die neuesten Erfindungen, Entdeckungen

D. A. [1] Décrit en 1815, cet appareil a été *réinventé* depuis cette époque, et a servi de base pour le lessivage des toiles à haute pression.

und Beobachtungen in der Fabrikenwissenschaft. 9 vol. in-8°. Planches. Nürnberg, 1823-1824.

LEUCHS (J. C.).

Neueste und nützlichste der Erfindungen, Entdeckungen und Beobachtungen in der Chimie, Fabrikwissenschaft, etc. 21 vol. 25 grav. Nürnberg, 1800-1824.

Les 9 derniers volumes ont paru sous le titre : **Leuchs (J. C.),** Handbuch für Fabrikanten, Künstler und Handwerker *.

LEUCHS (Johann-Michael).

Adressbuch der Kaufleute und Fabrikanten in Europa. Zweite Ausgabe, mit einem Orts-, Länder-, Waaren- und Fabriken-Register.

LIEBIG (J.).

La Chimie appliquée à la physiologie animale et à la pathologie. 1 vol. in-8°. Paris, 1842.

LIEBIG (J.).

Lettres sur la chimie. Traduit de l'allemand par le docteur G. W. Biehon. 1 vol. in-8°. Paris, 1845.

Les lettres sur la chimie ont eu deux éditions en anglais (sous le titre de Familiar Letters on Chemistry, 1846). Cette traduction anglaise, qui a été répandue en Amérique, au prix de 4 centimes la feuille, sous forme de journal, a été tirée à plus de 60,000 exemplaires...

Les questions qui se rapportent aux causes des phénomènes de la nature et aux changements qui surviennent, chaque jour, dans tout ce qui nous environne, sont si conformes aux besoins de l'esprit de l'homme en éveil, que les sciences qui donnent des réponses satisfaisantes à ces questions exercent sur la culture de l'intelligence une influence plus grande que ne le font toutes les autres sciences ...

La chimie, comme faisant partie de la science qui a pour objet l'étude de la nature, est *étroitement liée à la physique*... A mesure que l'esprit humain avance dans l'intelligence des choses, quelle que soit la source où il puise, ses facultés se fortifient et s'élèvent dans toutes les directions. La connaissance exacte des rapports qui lient certains phénomènes, *l'acquisition d'une nouvelle vérité*, créent pour l'homme un nouveau sens dont il s'enrichit, et par lequel il devient alors capable d'apercevoir et de reconnaître un nombre indéfini d'autres phénomènes qui, pour lui et pour les autres, demeuraient auparavant invisibles et cachés... Nous étudions les propriétés des corps, les changements qu'ils éprouvent lorsqu'ils sont en contact les uns avec les autres. Toutes les observations, prises ensemble, constituent une langue ; chaque propriété, chaque changement que nous apercevons dans un corps, est un mot de cette langue. Nous connaissons la signification de leurs propriétés, c'est-à-dire des mots avec lesquels *la nature nous parle ;* et pour arriver à lire, nous mettons à profit l'alphabet que nous avons appris.... Le chimiste, par ses questions, fait parler un minéral ; celui-ci lui répond qu'il est soufre, fer, chrome, silicium, aluminium, ou que, combiné d'une certaine manière, il contient un mot quelconque de la langue des phénomènes de la chimie : c'est là de l'**analyse chimique.**

Cette langue des phénomènes conduit le chimiste aux combinaisons d'où dérive un nombre infini d'applications utiles; ces combinaisons l'amènent à des améliorations dans les fabriques, dans les arts, dans la préparation des médicaments. Pour la peinture et la coloration des étoffes, il a déchiffré l'*outremer ;* il s'agit alors pour lui de traduire le mot par un phénomène et de produire l'outremer avec toutes ses pro-

---

b.1.   Voyez lettre N, Neucole, etc., qui donne l'analyse de la publication.

priétés : c'est de la **chimie appliquée**. Jusqu'à présent, il n'est presque aucune question d'art, d'industrie, de physiologie, qui n'ait pu être résolue par la chimie scientifique. Toute question qui a été posée jusqu'ici d'une manière rigoureuse et définie a eu sa solution : seulement, lorsqu'il est arrivé que le questionneur n'a pas vu clair dans le sujet sur lequel il a demandé une explication, sa question est restée sans réponse. — Le dernier problème de la chimie, et aussi le plus élevé, est celui qui a pour but les causes des phénomènes de la nature, celle de ses changements, comme aussi les facteurs communs que les différents phénomènes peuvent avoir entre eux. Le chimiste cherche les lois suivant lesquelles les phénomènes se produisent, et groupant ensemble tous les faits perceptibles qu'il a reconnus par ses sens, il arrive enfin à une expression abstraite de ces phénomènes, c'est-à-dire à une **théorie**... Cependant, pour savoir lire dans un livre écrit avec des caractères inconnus, pour arriver à le comprendre, pour approfondir les vérités d'une théorie, et pour rendre sujets de notre volonté les phénomènes sur lesquels ces vérités reposent, ainsi que les forces d'où elles résultent, il est indispensable de commencer par apprendre l'alphabet : il faut se familiariser avec l'usage de ces signes; il faut acquérir de l'exercice et de l'habileté dans leur maniement ; il faut, en un mot, apprendre à connaître les règles sur lesquelles leurs combinaisons sont fondées.

De même que, dans la mécanique transcendante, la physique suppose une grande habileté dans l'exercice de l'analyse mathématique, de même le **chimiste**, comme *naturaliste*, doit s'être familiarisé de la manière la plus intime avec l'**analyse chimique**. Il exprime toutes ses déductions, tous ses résultats, par des expériences et par des phénomènes. — Chaque expérience est une pensée qui est rendue perceptible aux sens par un phénomène. Pour nos idées et pour nos inductions, les preuves, de même que leurs réfutations, sont des expériences, et celles-ci sont des interprétations de phénomènes que nous avons appelés arbitrairement. — Dans les cours, nous apprenons l'alphabet; dans le laboratoire, l'usage des signes; l'élève y acquiert l'habitude de la lecture dans la langue des phénomènes, il y apprend les règles des combinaisons, et y trouve l'habitude et les occasions de les appliquer... Du moment que nous laissons à l'imagination le soin de nous conduire, et que nous lui réservons de prononcer sur les questions à résoudre, l'esprit de recherche perd son droit et la vérité reste inconnue. Toutefois c'est là le moindre inconvénient ; le pire, c'est lorsque l'imagination met à la place de la vérité un monstre opiniâtre, plein de malice et d'envie, c'est-à-dire l'**erreur**, qui déclare la guerre à la vérité, qui la combat, qui s'efforce de l'anéantir quand elle essaye enfin de se frayer un chemin. Il en fut ainsi du temps de **Galilée**, et aujourd'hui même il en est encore ainsi partout, dans toutes les sciences où on laisse prévaloir des opinions sur des démonstrations. Au lieu que, si, reconnaissant notre imperfection, nous avouons qu'avec nos ressources actuelles nous n'avons pu résoudre telle question, ou expliquer tel phénomène, le sujet reste alors à l'état de problème, et mille personnes viennent après nous y essayer leurs forces avec zèle et courage. Il en résulte que, plus tôt ou plus tard, le problème est résolu.

LIEBIG (J.).

    Traité de chimie organique. Édition française, publiée par **Charles Gerhardt.** 3 vol. in-8°. Paris, 1841.

LIEBIG (J.).

    Chimie appliquée à la physiologie végétale et à l'agriculture. Traduction faite sur les manuscrits de l'auteur, par **Charles Gerhardt**, professeur à la Faculté des sciences de Montpellier. 2° édition, considérablement augmentée. Paris, Fortin, Masson et C°.

LINDEN (Max-Josera, Freiherr von der).

Beiträge für Kattunfabrikanten und Baumwollen-Färbereien, worin nicht nur das feste Pflanzen-Gelb, das Englisch-Dunkelblau, das Färben des Türkisch-Roth-Garn mit mehreren andern neuen Entdeckungen bekannt gemacht, sondern auch der ganze Umfang der Wissenschaft eines Coloristen abgehandelt wird. Neue verbesserte Ausgabe mit vielen Zusätzen versehen. Ausgabe nach dem Tode des Verfassers. Wien, 1797.

M

MACQUER.

Die Kunst der Seidenfärberei. Aus dem Französischen (aus dem Schauplatz der Künste abgedruckt). In-4°. Königsberg, 1781.

MACQUER.

Neue chemische Verfahren wie man der Seide vermittelst der Cochenille eine lebhafte Farbe geben kann. In-8°. Leipzig, 1770.

MARIÉ-DAVY.

Recherches théoriques et expérimentales sur l'électricité considérée au point de vue mécanique. Broch. In-8°, 40 pages.

MARIEGOLA.

Dell'arte dei Tentori, etc. Venezia, 1429.

De l'art des Teinturiers. C'est un des ouvrages les plus anciens qui traitent de la teinture. La deuxième édition parut en 1710.

MAYER (Max. Corn.), Bergmeister.

Die Smaltefabrikation und das Saflormachen. In-8°. Planches. Frankfurt, 1830.

MEUERLE (J. G.), von Mühlfeld.

Oestreichs Färbepflanzen, oder Darstellung aller im östreichischen Staate wild-wachsenden und im Freien gebauten, Färbestoff enthaltenden Pflanzen, mit Prof. **Widtmann's** selbst gesammelten Pflanzen. In-4°. Wien, 1813.

MÉMOIRES DE L'ACADÉMIE DES SCIENCES de l'Institut impérial de France. T. XXXIII en 1801.

MODE (LA) ILLUSTRÉE. Journal de la famille contenant les dessins de modes les plus élégants et des modèles de travaux d'aiguilles, beaux-arts, etc. Un numéro par semaine paraissant le lundi. Rédaction et abonnements, rue Jacob, 56. Paris.

Les illustrations nombreuses de cette publication sont de précieux matériaux pour le dessinateur. — De tous les journaux de modes c'est le plus complet.

MOHR (Fridéric).

Traité d'analyse chimique à l'aide de liqueurs titrées, Traduit de l'allemand par **F. Forthomme.** In-8°, 104 grav. sur bois. Paris.

MOIGNO (l'abbé).

Cosmos, publication hebdomadaire (1852-63).

Les Mondes, publ. hebd. (1863).

MOLARD jeune, directeur adjoint au Conservatoire des arts et métiers.

Traduction des descriptions des machines inventées en Angleterre et employées dans la fabrication des toiles peintes.

MOLLENHAUER (J.).
Der praktische Weiss- und Schönfärber, oder Geheimnisse der Färbekunst auf Wolle und Leinen. In-8°. Nürnberg, 1800.

MOLLENHAUER (J.).
Praktischer Unterricht zur Seidenfärberei. In-8°. Nürnberg, 1805.

MONITEUR SCIENTIFIQUE, par le D᷍ Quesneville. Deux publications par mois.

MORITZ.
Englische Farben- und Musterstücke, oder systematisch-chemische Darstellung der vorzüglichsten einfachen und gemischten Farben und Muster. Freiberg, 1781.

MUELLER (C. Fa. W.).
Vortheile bei Vorbereitung der Schafwolle zu besserer Annahme der Farben. In-8°. Leipzig, 1810.

MUELLER (E.).
Habitations ouvrières agricoles, cités, bains et lavoirs, sociétés alimentaires, détails de construction, etc. Gr. in-8°. Atlas de 40 pl. Paris 1856.

N

NEUESTE UND NUETZLICHSTE DER ERFINDUNGEN, ENTDECKUNGEN UND BEOBACHTUNGEN IN DER CHEMIE, FABRIKWISSENSCHAFT, etc.
21 volumes, 25 gravures. Nürnberg, 1800-1821.
Les neufs derniers volumes ont paru sous le titre :

LEUCHS (J. C.), Handbuch für Fabrikanten, Künstler und Handwerker. Vol. I à IX [1].
T. I. Écarlate des Gobelins (Scharlach).
T. II. Décomposition du savon par les extraits de matières colorantes (*Farbenextract*).
Violet pourpre extrait des feuilles de l'*aloe succotrina angustifolia*, qui résiste aux influences de l'air, des acides et des sels.
Mordants pour rouge dans la teinture du coton.
Oxydes de fer dans la teinture.
Teinture du lin et du coton par la cochenille.
Machines qui servent dans la teinture et dans l'impression.
Quercitron.
T. III. Mordançage et teinture des étoffes et des fils de coton.
Réduction des métaux par rapport à la teinture.
Moyen de reconnaître la richesse colorante des bois de teinture.
Nouveau mordant.
Nouvelle couleur extraite des choux (*Kopfkohl*).

Dt. [1] Je transcris en français les citations les plus importantes des neuf derniers volumes qui ont paru, de 1815 à 1824, sous le titre : **Memorando pour les fabricants, les artistes et artisans.**

T. IV. Nouvel épaississant qui remplace la gomme.
Teinture avec dissolutions et oxydes d'étain, et par rapport au rouge d'Andrinople.
Recettes pour la teinture en rouge d'Andrinople (*Türkisch-Roth*), et description de la manière que cette couleur se teint en Grèce.
Mordant nouveau.

T. V. Couleur jaune d'une espèce de champignon (*Schwamm*).

T. VI. Procédé pour teindre la laine en bleu.
Emploi de l'acide pyroligneux (*Holzsäure*).

T. VII. Recette anglaise pour impressions d'étoffes.
Matière qui remplace la gomme (*Gummisurogat*).
Matière qui remplace le savon (*Seifesurogat*).
Matières colorantes nouvelles.
Recette pour teindre en bleu faïencé.
Préparation de l'orléans.
Nouveau remplaçant de la gomme.
Essais des cochenilles.
Teinture en garance et en rouge d'Andrinople.

T. VIII. Plantes indigènes qui teignent en jaune.
Teinture en rouge turc, procédé des Indiens.

T. IX. Principes chimiques de la fabrication des indiennes.
Blanchiment des étoffes.
Procédé pour rendre les étoffes imperméables à l'eau.
Emploi de l'écorce de quercitron.
Remplaçant de la gomme par **Willis**.
Teinture en bleu avec du bleu de Prusse.
Emploi des muriates et acétates de manganèse.
Salep comme épaississant des couleurs.
Teinture en jaune avec la rhubarbe.
Remarques sur la teinture des laines.

NIEPCE DE SAINT-VICTOR.

Traité pratique de gravure héliographique (photographique) sur acier sur verre, avec un portrait de l'auteur gravé par ses procédés. Petit in-4°. Paris, 1856.

O

O'BRIEN (K.).
Allgemeines Handbuch für Callico-, Cambrik-, Zitz-, Kattun- und Leinwanddrucker.
Traduit de l'anglais par **G. L. Seehaus**, annoté par **S. F. Hermstädt**. In-8°. Planches. 458 pages. Leipzig, 1805.

O'NELL (Charles).
Dictionary of calico printing and deying. In-8°. London, 1862. Simpkin, Masholl et C. Stationers Hall.

O'RELLY.
Färbergeheimnisse und neue Erfindungen für Färber, Drucker, etc. In-8°. Leipzig, 1805.

P

PERSOZ (J.), professeur à la Faculté des sciences de Strasbourg en 1846.
Traité théorique et pratique de l'impression des tissus.
Bibliothèque des arts industriels publiée sous les auspices de la Société d'encouragement pour l'industrie nationale. Ouvrage auquel la Société d'encouragement a accordé une médaille de 3,000 francs. — 4 vol. in-8°, 163 figures et 420 échantillons intercalés dans le texte, et accompagnés d'un Atlas in-4° de 20 planches. Paris, 1846. Victor Masson.
Atlas.
1. Tableau du contraste des couleurs appliquées en couches concentriques sur fond rouge, vert et noir.
2. Tableau du contraste des couleurs appliquées en couches concentriques sur fond blanc.
3. Tableau du contraste des couleurs appliquées sur des fonds diversement colorés.
I. Planche. Plateau-battoir (machine à dégorger les étoffes).
I bis. Ustensiles divers, servant à la confection des moules en plâtre d'après les dessins fournis par l'établissement de M. **Schlumberger Jeune,** de Thann (Haut-Rhin).
II. Châssis à compartiments.
III. Châssis mobiles de M. **Paul Godefroy.**
IV. Machine à imprimer en relief de M. **Depouilly.**
V. Machine à imprimer en relief. Perrotine.
VI. Machine à imprimer en relief. Perrotine.
VII. Machine à imprimer à la planche-plate.
VIII. Machine à imprimer au rouleau. Machine **Lefèvre.**
IX. Machine anglaise à imprimer à une couleur. Perfectionnée par M. **Risler.**
X. Machine à imprimer à une couleur, de M. **Huguenin.**
XI. Machine à imprimer à trois couleurs.
XII. Machine à imprimer à quatre couleurs, de MM. **Huguenin** et **Ducommun.**
XIII. Presse écossaise pour les impressions blanc en levage, de M. **Monteith.**
XIV. Hot-flue ou fourneau à dessécher les toiles plaquées de mordants avec son foulard placé en avant.
XV. Calendre ou machine à lustrer les étoffes.
XVI. Machine à frictionner ou à lustrer les étoffes.

TOME PREMIER.

1P. 1. — MATIÈRES INORGANIQUES.

Oxygène. Air. — Effets physiques. — Effets chimiques.
Soufre. Acide sulfureux (*blanchiment*). — Acide sulfurique. — Tables de **Parkes,** à l'aide desquelles la densité d'un acide sulfurique étendu étant donnée, on a immédiatement la quantité d'acide sulfurique concentré qui s'y trouve. — Application.
Chlore. Acide hypochloreux puissant agent décolorant. — Chlorure de potasse et de soude. — Chlorure de chaux. — Blanchiment. — Essai du chlorure de chaux par l'acide arsénieux ou par le cyanure ferroso-potassique (prussiate jaune de potasse). — Chloride hydrique. — Chlorate potassique. — Iode et iodures. — Brôme et fluor.

Phosphore. Biphosphate calcique.

Arsenic. Sulfite hypo-arsénieux. — Sulfite arsénieux. — Acide arsénieux.

Nitrogène (*azote*). Acide azotique (*nitrique*). — Tableau du docteur Ure, des quantités d'acide nitrique anhydre et hydraté que renferment les acides nitriques étendus d'eau. — Nitrate potassique.

Carbone et hydrogène. Combustibles. — Tableaux des valeurs relatives de différents combustibles. — Hydrogène et hydrogène carboné. — Acide carbonique. — Tableau de la pesanteur spécifique des corps employés dans les laboratoires des établissements d'étoffes colorées. — Eau à l'état de vapeur. — Tableau de la température et de la force élastique de la vapeur sous différentes pressions. — Eau oxygénée.

Cyanogène. Cyanure ferroso-potassique (*prussiate de potasse*). — Bleu de Prusse.

Ammoniaque. Hydrate ammonique. — Chlorure ammonique. — Sulfate ammonique. — Carbonate ammonique. — Azotate ammonique.

Potassium. Carbonate potassique. — Hydrate potassique (*potasse caustique*).

Sodium. Carbonate sodique. — Bicarbonate sodique. — Hydrate sodique (*soude caustique*). — Borate sodique. — Alcalimétrie et tableaux.

Baryum et strontium.

Calcium. Oxyde calcique (*chaux*). — Bisulfure calcique. — Sulfate calcique. — Azotate calcique. — Chlorure calcique. — Acétate calcique.

Magnésium, Yttrium, Cérium, Glucinium, Urane, Titane.

Aluminium. Sulfate aluminico-potassique hydraté (*alun*). — Hydrate aluminique. — Sulfate aluminique. — Sulfate trialuminique. — Nitrate aluminique. — Chlorure aluminique. — Acétate aluminique. — Aluminate potassique et sodique. — Terre de pipe.

Fer. Oxyde ferrique. — Chlorure ferreux. — Sulfate ferreux. — Sulfate ferrique. — Nitrate ferreux. — Nitrate ferrique. — Acétate ferreux. — Pyrolignite ferreux. — Nitro-muriate de fer ou perhydrochlorate de fer. — Nitro-acétate ou acéto-nitrate de fer. — Nitro-sulfate de fer.

Manganèse. Suroxyde manganique. — Chlorure manganeux. — Sulfate manganeux.

Chrome. Bichromate potassique. — Sulfate chromico-potassique. — Hydrate chromique. — Chlorure chromique.

Zinc. Sulfate zincique. — Nitrate zincique. — Chlorure zincique.

Étain. Oxyde stanneux. — Chlorure stanneux cristallisé ou protohydrochlorate ou protochlorure d'étain (sel d'étain). — Chlorure stannique ou deutochlorure d'étain. — Chlorure stannico-ammonique (sel d'étain pour rose, **Kestner**).

Antimoine. Sulfure antimonique.

Bismuth. Il constitue avec l'étain et le plomb un alliage fusible dont on se sert pour clicher des gravures.

Cuivre. Sulfate cuivrique cristallisé. — Nitrate cuivrique. — Chlorure cuivrique. — Acétate cuivrique (verdet, vert de gris cristallisé, cristaux de Vénus). — Acétate bicuivrique (vert de gris).

Plomb. Oxyde plombique (litharge). — Suroxyde plombeux (minium). — Suroxyde plombique. — Carbonate plombique (céruse, blanc de plomb). — Nitrate plombique. — Acétate plombique. — Acétate triplombique. — Sulfate plombique.

Mercure, Argent et Or.

§. 2. — MATIÈRES ORGANIQUES.

Acides organiques. Acide acétique. — Acide tartrique. — Acide citrique. — Acide oxalique. — Acide tannique. — Acide gallique. — Acide pyrogallique.

Matières neutres. Amidon des céréales. — Amidon torréfié. — Fécule de pomme de terre. — Leïogomme, fécule torréfiée, gomme de fécule, dextrine, gommeline. Ce sont le résultat tantôt de l'altération directe des granules féculacés par l'action de la chaleur seule ou secondée d'un acide, tantôt de l'altération de ces granules par l'eau, avec le concours d'un acide ou de la diastase. — Farines. — Sucre. — Gomme. — Gomme adragante. — Gomme bassora. — Gomme du pays. — Ligneux. — Albumine. — Gélatine ou colle forte.

Matières textiles. Soie. — Laine.

Corps gras. Graisses animales. — Graisses végétales. — **M. Chevreul**, qui le premier a extrait des corps gras les principes immédiats qui les constituent, leur a donné les noms de :

A Stéarine.	G Oléine (des huiles siccatives).	L Cocinie.	de l'huile de croton.
B Margarine.		M Laurine.	R Cleïdine.
C Oléine.	H Cérine.	O Palmitine.	S Palmine.
D Hircine.	I Myricine.	P Principes immédiats de l'huile de ricin.	X Matière grasse liquide non étudiée.
E Butyrine.	K Phocénine.		
F Cétine.	K' Acide phocénique.	Q Principes immédiats	Y Huile volatile non étudiée.

Graisses animales. Suif. — Graisse. — Beurre. — Moelle. — Blanc de baleine. — Cire d'abeille jaune. — Huile de morue, de baleine, etc., d'œufs.

Graisses végétales. Huiles concrètes. — Huiles siccatives. — Huiles non siccatives. — Tableaux nombreux, produits dérivés, acides et leurs noms.

Savons. Savons durs à base de soude. — Savons mous à base de potasse.

Alcool. — Éther. — Huiles essentielles.

Résines.

§. 3. — MATIÈRES COLORANTES ORGANIQUES.

Composition. — Action de la lumière. — Action de la chaleur. — Action de l'oxygène et des composés oxydés des différents ordres. — Action du chlore, du brôme et de l'iode. — Action de l'hydrogène et des corps simples ou composés avides d'oxygène. — Action du carbone. — Action des oxydes. — Action des acides. — Action des sels. — Action de l'alcool, de l'éther sulfurique et de quelques autres liquides sur les matières colorantes [1].

État naturel. Les matières colorantes existent à la fois dans un même organe ou dans un même être :

A. A l'état coloré et plus ou moins propre à la teinture.
B. A l'état coloré, mais en voie de destruction.
C. A l'état de principe colorable.
D. A l'état de principe colorable, mais altéré par une déshydrogénation.
E. A l'état de principe immédiat générateur du principe colorable.

D.1 [1] Ces actions sur les matières colorantes organiques seront lues avec grand intérêt par les coloristes praticiens dans l'ouvrage de M. **Persoz**, 1er vol., page 362 à 403.

Matières colorantes organiques.

NOMS des substances tinctoriales du commerce.	NOMS BOTANIQUES.	NOMS des principes colorants qu'on en a retirés.
Matières rouges.		
Racines de garance.	Rubia tinctorum.	Alizarine [1].
—	— cordifolia.	Purpurine (?).
—	— peregrina.	Xanthine (?).
— de chajarort.	Autres rubiacées.	Alizarin.
— de naples.	—	Alizarine.
— de mogador.	—	Alizarine.
— d'onongboudon.	—	Alizarine.
— d'harhrout.	—	Alizarine.
Cochenille (insecte).	Sur le cactus cochenillifère.	Carmine.
Kermès (insecte).	Vit sur le quercus coccifera.	Carmine.
Laque dye.	Coccus lacca.	Carmine.
Peganum (sem.).	Peganum kermala.	Kermaline.
Fleurs de carthame (safflor).	Carthamus tinctorius.	Carthamine.
Mûrier d'Inde.	Morinda citrifolia.	•
Chica (fécule du).	Bignonia chica.	•
Paraguatan (écorce).	—	•
Caille-lait.	Galium verum.	•
	Un grand nombre d'espèces.	•
Comsoof.	Baptis uilila (F.).	•
Aunée.	Inula helenium.	(Rouge et bleu.)
Vulnéraire.	Anthylis vulneraria.	(Rouge et jaune.)
Bois de Brésil.	Cæsalpin cehinata.	Brésiline colorable.
— Sappan.	— brasiliensis.	Brésiline colorée.
— de Sainte-Marthe.	— crista.	•
— de Lima.	— sappan.	•
	— pulcherrima.	•
— de Santal.	Pterocarpus santalinus.	Santaline.
Mille-pertuis.	Hypericum perforatum.	•
Matières jaunes.		
Gaudes (tiges).	Reseda luteola.	Lutéoline.
Quercitron (écorce).	Quercus tinctoria.	Quercitrin.
Fustet.	Quercus nigra.	Quercitrin.
Bois jaune.	Morus tinctoria.	Morin colorable.
		Morin coloré.
Safran (stigmates).	Crocus sativus.	Polichroïte.
Rhubarbe (racine).	Rheum palmatum.	•
Graines de Perse.	Rhamnus tinctorius et Rhamnus catharticus.	Rhamnine.
— d'Avignon.	—	•
— de nerprun.	—	•
Acacia (fleurs d').	Robinia pseudo-acacia.	•
Feuilles d'ajonc.	Ilex europæus.	•
Aloès (suc d').	Aloes succotrina.	•

[1] Les racines de toutes les espèces de garance employées en teinture ne contiennent qu'un principe immédiat, l'Alizarine.

NOMS DES SUBSTANCES TINCTORIALES DU COMMERCE.	NOMS BOTANIQUES.	NOMS DES PRINCIPES IMMÉDIATS QU'ON EN A RETIRÉS.
Vulnéraire.	Anthylis vulneraria.	(Jaune et rouge.)
Gomme-gutte.	Cambogia gutta.	•
Bois de Sainte-Lucie.	Prunus mahaleb.	•
Argousier.	Hippophæ rhamnoïdes.	•
Aubépine.	Mespilus oxiacantha.	•
Épine-vinette (racine).	Berberis vulgaris.	Berbérine.
Aune.	Betula alnus.	•
Fleurs de bouillon blanc.	Verbascum thapsus.	•
Tiges de bruyères.	Erica vulgaris.	•
Camomille.	Anthemis tinctoria.	(Jaune solide.)
Centaurée.	Centaurea jac. a.	(Jaune solide.)
Chélidoine.	Chelidonium majus.	•
Curcuma.	Curcuma longa.	•
Érable.	Acer campestris.	(Jaune brunâtre.)
Genêt (fl. et fr. du).	Genista tinctoria.	•
Mille-pertuis.	Hypericum perforatum.	(Jaune et rouge.)
Nénuphar.	Nymphæa lutea et alba.	(Jaune et noir.)
Peuplier.	Populus nigra alba.	•
Pommier sauvage.	Pyrus cratus.	•
Semence de trèfles.	Trifolium pratense.	•
Verge d'or.	Solidago verga aurea.	(Remplace la gaude.)
Racines d'armoise.	Artemisia judaica.	(Jaune brunâtre.)
Écorce de marronnier d'Ind.	Æsculus hypecastanum.	(Jaune brun solide.)
Sarrette.	Serratula tinctoria.	(Jaune brunâtre.)
Rocou (pâte).	Bixa orellana.	Bixine.
Matières bleues.		
Indigo.	Indigo fera (genre).	Indigotine colorable. Indigotine colorée.
Bois de campêche.	Hæmatoxylon campechianum.	Hématine colorable. Hématine colorée.
Tournesol, fécule.	Lichens (divers).	Erythrolit.
Fruit de belladone.	Atropa belladona.	•
Aunée.	Inula helenium.	(Bleu et rouge.)
Myrtille (baie du).	Vaccinium myr. illus.	(Bleu et noir.)
Matières violettes.		
Orcanette.	Anchusa tinctoria.	Anchusine.
Orseille de terre.	Variola dealbata.	Orcéine.
Orseille des îles.	Lichen rocella.	Orcine.
Lichen des murailles.	Lichen tartareus, etc.	Erythrine.
Morelle.	Solanum nigrum.	•
Frésillon.	Ligustrum vulgare.	•
Matières brunes.		
Vesse-de-loup.	Licoperdon bovista.	•
Platane (écorce).	Plataneus occidentalis.	(Brun et noir.)

Extraction des matières colorantes. — Essais des matières colorantes. — Dosage — Colorimètre. — Procédés chimiques.

Indigo. Essais des indigos. — Indigos du *polygonum tinctorium*.
Indigotine. — *Colorable.* — *Colorée.*
Formule.. . . . . $C^{16}H^{11}N^2O^2$. $C^{14}H^{10}N^2O^2$.
Equivalent . . . 1474,88.   1462,40.
Garance. Historique. — Essais. — Étude chimique de la garance.
. . . . **Jean-Michel Haussmann**, par une lettre adressée à **Bertholet**[1], en 1791, nous apprend qu'à la porte de Rouen il avait déjà, en 1774, imprimé
des indiennes d'après les recettes de **Jean-Henri de Schüle**[2], fabricant d'étoffes
imprimées, à Augsbourg, et obtenu des couleurs comparables, pour la vivacité, à
celles que ce dernier fabricant, un des plus renommés de l'époque, produisait de son
côté à Augsbourg, qu'il attribua d'abord ce succès à la pureté des mordants qu'il employait, mais qu'en arrivant au Logelbach, près Colmar (Haut-Rhin), n'ayant rien pu
produire de beau avec les mêmes mordants, il eut recours à l'analyse, et que des observations rigoureuses sur le rôle que chacun des ingrédients qui constituent un bain
de teinture en garance lui firent découvrir que *l'addition d'une certaine quantité de
craie à l'eau pure du Logelbach était indispensable.*
Garanceux. — Cochenille. — Laque lac et lac dye. — Carthame. — Bois de Brésil. —
Barwood ou camwood. — Bois jaune. — Quercitron. — Gaude. — Fustet. — Graines
de Perse et d'Avignon. — Curcuma — Rocou. — Santal. — Chica. — Orcanette —
Cachou. — Harmaline. — Paille de mil.

TOME DEUXIÈME.

§P. 4. — FABRICATION EN GÉNÉRAL.

Étoffes employées pour l'impression. — Rasage. — Grillage. — Flambage. — Blanchiment. — Séchage.
Mordants. — Mordants aluminiques. — Mordants de fer. — Mordants à base d'étain.

PP. 5. — IMPRESSION.

Dessins. Spectre solaire : rayons rouges. — orange. — jaunes. — verts. — bleus. —
indigo. — violets.
La réunion des rayons rouges, jaunes et bleus produit *du blanc*.
Celle des rayons jaunes et rouges, *de l'orange.*
Celle des rayons jaunes et bleus, *du vert.*
Celle des rayons rouges et bleus, *du violet.*
1. La lumière réfléchie par un corps blanc et opaque n'éprouve pas de modification
dans la proportion des divers rayons colorés qui la constituent lumière blanche.
2. Si la lumière qui tombe sur un corps est absorbée en totalité par ce corps comme
elle le serait en pénétrant dans un trou parfaitement obscur, le corps paraît *noir*, et
n'est visible qu'autant qu'il est contigu à des surfaces réfléchissantes qui l'éclairent par
la lumière qu'elles lui transmettent.
3. Quand la lumière tombe sur un corps coloré qui ne l'absorbe pas entièrement, il y
a toujours réflexion de la lumière blanche et d'une lumière colorée dont la nuance
est en rapport avec celle du corps absorbant.
4. Les rayons absorbés par les corps colorés étant réunis aux rayons réfléchis, recon-
stituent de la *lumière blanche.* — Ces rayons réfléchis sont dits **complémen-**

P [1] *Annales de Chimie*, t. X, p. 326.
D [2] M. **Persoz** cite **Schœule** : C'est **Jean-Henri de Schüle**, le plus renommé fabricant
de l'époque. Voyez, dans nos *Matériaux*, la biographie de cet industriel. Les recettes de la fabrique
d'Augsbourg ont été transmises à **Jean-Michel Haussmann**, par son frère **Jean**, qui était
collaborateur et gendre de **J. H. de Schüle**.

taires des rayons absorbés, et diffèrent suivant qu'un faisceau de lumière vient à tomber sur des corps diversement colorés.

Les rayons bleu et jaune sont-ils absorbés . . . . c'est le *rayon rouge* réfléchi qui est la couleur complémentaire.

Sont-ce les rayons bleu et rouge. . . . . c'est le *rayon jaune*.

Sont-ce les rayons jaune et rouge . . . . c'est le *rayon bleu*.

Est-ce le rayon rouge. . . . . c'est le *rayon vert*.

Est-ce le rayon jaune. . . . . c'est le *rayon violet*.

Couleurs complémentaires : Du vert, le *rouge*, — du violet, le *jaune*, — de l'orangé, le *bleu*.

Chercher la couleur qui manque à un ou plusieurs rayons colorés pour former de la lumière blanche, c'est en chercher la couleur complémentaire. — Quand deux bandes de même couleur, mais d'intensité différente, larges de 1 centimètre environ, sont placées parallèlement l'une à l'autre et d'une manière contiguë, elles sont toujours modifiées dans leur nuance et n'ont plus les mêmes teintes qu'elles présentaient vues isolément, ni même simultanément, mais à une certaine distance. Le phénomène général qu'on observe est celui-ci :

La couleur des deux bandes est totalement changée au point de contact; celle dont la nuance est du ton le moins élevé paraît beaucoup plus faible, mais non pas uniforme dans toutes ses parties; car tandis que les points qui sont dans un contact immédiat avec la branche la plus foncée sont toujours les plus clairs, la couleur des autres augmente graduellement de ton jusqu'à une certaine distance, où la bande reprend sa couleur réelle. La bande dont la couleur est du ton le plus élevé se modifie d'une autre manière; car tandis que les points contigus à bande claire sont plus foncés, la nuance des autres va diminuant graduellement d'intensité jusqu'à une certaine distance, où elle reprend son ton naturel.

M. Chevreul appelle **contraste de ton** les modifications que deux couleurs de même nature, mais de tons différents, éprouvent lorsqu'elles sont à côté l'une de l'autre. — Quand deux bandes de couleurs, de couleurs différentes, mais de tons sensiblement correspondants, sont placées parallèlement et d'une manière contiguë, comme les précédentes, leurs couleurs produisent sur nos organes visuels d'autres impressions que si elles étaient vues isolément ou simultanément, mais distantes l'une de l'autre. Dans ce cas, la modification ne porte pas seulement sur l'intensité du ton, mais encore sur la composition optique des couleurs. Chacune d'elles, en effet, absorbe un certain nombre de rayons et en réfléchit d'autres, les

Complémentaires; or, ces derniers, en réagissant, modifient la couleur qui se trouve en leur présence. C'est à cet ordre de phénomènes, qu'on ne doit pas confondre avec les précédents, que **M. Chevreul** donne le nom de :

Contraste des couleurs, par opposition à celui de *contraste de ton*, et il a constaté par expérience que deux bandes de couleur différente, mais autant que possible d'intensité égale, se modifient comme suit :

Orangé et vert, dont la complémentaire est le *bleu*, est juxtaposé au vert, dont la complémentaire est le rouge; l'orangé, modifié par la complémentaire du vert, devient plus rouge et plus brillant, et le vert, modifié par la complémentaire de l'orangé, vire au *bleu*.

Orangé et indigo. Orangé complémentaire *bleu*, juxtaposé à l'indigo complémentaire *jaune orange*, l'orangé, modifié par la complémentaire de l'indigo, vire au jaune, modifié par la complémentaire de l'orangé, vire au *bleu*.

Orangé et violet. Orangé complémentaire *bleu*, juxtaposé au violet complémentaire *jaune tirant sur le vert*, orangé modifié par la complémentaire du violet, vire au jaune, et violet, modifié par la complémentaire de l'orangé, vire à l'*indigo*.

Vert et indigo. Vert complémentaire *rouge*, juxtaposé à l'indigo, complémentaire jaune tirant sur l'orangé, le vert, modifié par la complémentaire de l'indigo, vire au jaune, et l'indigo, modifié par la complémentaire du vert, vire au *rouge*.

Vert et violet. Vert complémentaire *rouge*, juxtaposé au violet, complémentaire *jaune tirant sur le vert*, vert, modifié par la complémentaire du violet, vire au jaune, et le violet, modifié par la complémentaire du vert, vire au *rouge*.

Orangé et rouge. Orangé complémentaire *bleu*, juxtaposé au rouge complémentaire *vert*, orangé, modifié par la complémentaire du rouge, vire au violet ou à l'amaranthe, rouge, modifié par la complémentaire de l'orangé, vire au *jaune*.

Violet et rouge. Violet complémentaire *jaune tirant sur le vert*, juxtaposé au rouge complémentaire *vert*, violet, modifié par la complémentaire du rouge, vire à l'indigo, modifié par la complémentaire du violet, vire à l'*orangé*.

Indigo et rouge. Indigo complémentaire *jaune tirant à l'orangé*, juxtaposé au rouge complémentaire *vert*, l'indigo, modifié par la complémentaire du rouge, vire au bleu; rouge, modifié par la complémentaire de l'indigo, vire à l'*orangé*.

Orangé et jaune. Orangé complémentaire *bleu*, juxtaposé au jaune, complémentaire *indigo tirant sur le violet*, orangé, modifié par la complémentaire du jaune, vire au rouge; jaune, modifié par la complémentaire de l'orangé, vire au *vert*.

Vert et jaune. Vert complémentaire *rouge*, juxtaposé au jaune, complémentaire *indigo tirant sur le violet*, vert, modifié par la complémentaire du jaune, paraît plus bleu; jaune, modifié par la complémentaire du vert, paraît plus *orangé*.

Vert et bleu. Vert complémentaire *rouge*, juxtaposé au bleu complémentaire *orangé*, vert, modifié par la complémentaire du bleu, paraît plus jaune; bleu, modifié par la complémentaire du vert, tire vers l'*indigo*.

Violet et bleu. Violet complémentaire *jaune tirant sur le vert*, juxtaposé au bleu, complémentaire *orangé*, violet, modifié par la complémentaire du bleu, paraît plus rouge; bleu, modifié par la complémentaire du violet, paraît *vert*.

Indigo et bleu. Indigo complémentaire *jaune tirant à l'orangé*, juxtaposé au bleu, complémentaire *orangé*, indigo, modifié par la complémentaire du bleu, vire au violet; bleu, modifié par la complémentaire de l'indigo, vire au *vert*.

Rouge et jaune. Rouge complémentaire *vert*, juxtaposé au jaune complémentaire *indigo tirant sur le violet*, rouge, modifié par la complémentaire du jaune, vire au violet; jaune, modifié par la complémentaire du rouge, vire au *vert*.

Rouge et bleu. Rouge complémentaire *vert*, juxtaposé au bleu, complémentaire *orangé*, rouge modifié par la complémentaire du bleu, vire à l'orangé; bleu, modifié par la complémentaire du rouge, vire au *vert*.

Jaune et bleu. Jaune complémentaire *indigo tirant sur le violet*, juxtaposé au bleu, complémentaire *orangé*, jaune, modifié par la complémentaire du bleu, paraît plus orangé; bleu, modifié par la complémentaire du jaune, vire à l'*indigo*.

Indigo et violet. Indigo complémentaire *jaune tirant sur l'orangé*, juxtaposé au violet complémentaire *jaune tirant sur le vert*, indigo, modifié par la complémentaire du violet, vire au bleu; violet, modifié par la complémentaire de l'indigo, vire au *rouge*.

M. Chevreul a constaté, par le même procédé, les modifications qu'éprouve une couleur selon qu'elle est contiguë au blanc, au noir, au gris, qui est la dégradation du noir; mais comme le blanc ne produit que des modifications difficiles à saisir, nous les passerons sous silence, et nous ne ferons mention que de celles qui résultent de la juxtaposition des couleurs fixées sur fonds noirs et gris.

Rouge, sur fond noir, paraît toujours *plus brillant;* sa complémentaire, le *vert*, s'ajoute au noir du fond; celui-ci paraît *moins rougeâtre*.

Orangé, sur fond noir, paraît *plus jaune* et plus brillant; complémentaire *bleu* s'ajoute au noir, celui-ci devient *bleueté*.

Jaune, sur fond noir, paraît plus clair et *tire sur le vert;* complémentaire *violet* s'ajoute au noir, celui-ci devient *violacé*.

Vert, sur fond noir, vire faiblement au *jaune*; complémentaire *rouge* s'ajoute au noir, celui-ci devient rougeâtre.

Bleu, sur fond noir, devient *moins sombre*; complémentaire *orangé* s'ajoute au noir, celui-ci s'éclaircit aussi. — La même chose a lieu pour l'indigo et le noir.

Violet, sur fond noir, paraît *plus brillant*, plus clair, plus rouge; complémentaire jaune, s'ajoutant au noir, l'éclaircit.

Rouge, sur fond gris, paraît plus pur, *moins orangé*; complémentaire *vert*, s'ajoutant au gris, le rend *verdâtre*.

Orangé, sur fond gris, est plus clair, *plus jaune*, plus brillant; complémentaire *bleu*, s'ajoutant au gris, le fait virer au bleu ou au *gris d'argent*.

Jaune, sur fond gris, paraît *plus brillant*; complémentaire *violet*, s'ajoutant au gris, le rend *violâtre*.

Vert, sur fond gris, est beaucoup plus brillant, *plus jaune*; complémentaire *rouge*, s'ajoutant au gris, le rend *rougeâtre*.

Bleu, sur fond gris, devient beaucoup plus brillant, quoique en prenant une *légère teinte verdâtre*; complémentaire orangé, s'ajoutant au gris, le fait virer à *l'orangé*.

Violet, sur fond gris, paraît plus franc, *plus pur*, plus vif; complémentaire jaune, s'ajoutant au gris, le fait virer au *jaune*.

M. Chevreul a, en outre, mis en rapport deux couleurs composées, ayant une couleur simple pour élément commun, et a constaté :

Orangé et **vert**, élément commun jaune, placés d'une manière contiguë, perdent l'un et l'autre une partie de cet élément : l'*orangé* paraît *plus rouge*, le *vert*, *plus bleu*.

Orangé et **indigo**, élément commun rouge, placés d'une manière contiguë, perdent l'un et l'autre une partie de cet élément : l'*orangé* paraît *plus jaune*, l'indigo, *plus bleu*.

Contraste simultané a lieu entre une même couleur de deux tons différents ou entre deux couleurs de nature différente, mais de ton égal; dans le premier cas :

Contraste de ton, et dans le second : **contraste de couleur**.

Dans le cas où l'œil voit en même temps deux couleurs contiguës, il les voit le plus dissemblables possible quant à leur composition optique et quant à la hauteur de leur ton. L'énoncé de cette loi est accompagné d'une formule qui s'applique à tous les cas. (Voyez page 15 de l'ouvrage cité.)

Contraste successif. Sous ce nom, cet illustre chimiste range tous les phénomènes qui ont lieu lorsque les yeux, ayant fixé pendant un certain temps un ou plusieurs objets colorés, aperçoivent encore, après avoir cessé de les regarder, les images de ces objets offrant la couleur complémentaire de celle qui est propre à chacun d'eux. C'est sans doute à cet ordre de phénomènes qu'il faut rattacher des observations si intéressantes adressées au grand **Euler** dans une lettre de M. **Wilson**, de la Société royale de Londres. Le P. **Beccaria** ayant annoncé que les phosphores n'émanent pas la même lumière que celle qu'ils reçoivent par les verres différemment colorés, le fait parut si étrange à **Wilson**, qu'il examina l'effet des rayons primitifs sur des phosphores de différentes couleurs, et vit, à sa grande surprise, qu'un phosphore, préparé pour donner une lumière rouge, n'en donne qu'une très-faible lorsqu'il a été éclairé par un rayon rouge, tandis que le même phosphore brille de la lumière rouge la plus vive lorsqu'il a été exposé à un rayon violet; qu'un phosphore bleu, éclairé par un rayon bleu, ne donne qu'une faible lumière bleue, tandis qu'éclairé par un rayon rouge il brille d'une couleur bleue très-lumineuse. (*Journal de physique.*)

Contraste mixte. Sous ce nom M. **Chevreul** comprend tous les phénomènes physiques qui résultent de ce fait, que la rétine, quelque temps impressionnée par une certaine couleur, voit ensuite, avec la complémentaire de cette couleur, la couleur nouvelle qu'un objet nouveau vient lui offrir; la sensation perçue est alors le résultat de cette nouvelle couleur et de la complémentaire de la première. — A l'appui de la loi du *contraste mixte* les deux faits ci-après :

Lorsqu'on a regardé longtemps une étoffe jaune et qu'on fixe ensuite une étoffe orange, nacarat ou écarlate, on trouve cette dernière sans feu, on la juge amarante, lie de vin ou cramoisi, parce que la rétine, frappée par le jaune, voit le violet, qui est la complémentaire du jaune, et que dès lors tout le jaune de l'étoffe orange, nacarat ou écarlate disparaissant, le nacarat ou l'écarlate paraît rouge ou tout au moins d'un rouge tirant sur le violet.

Si l'on soumet à l'œil, l'un après l'autre, quatorze pièces d'étoffe rouge de même nuance, les six ou sept dernières lui semblent toujours d'une couleur moins belle, par la raison qu'après avoir vu successivement sept ou huit pièces rouges, il éprouve la même impression que s'il eût vu, durant le même temps, une seule pièce de cette couleur, et il a, par conséquent, *une tendance à voir la complémentaire du rouge, c'est-à-dire le vert*, qui affaiblit nécessairement l'éclat du rouge des dernières pièces : aussi, pour n'être pas victime des yeux de l'acheteur, le marchand doit-il, après leur avoir soumis quelques pièces rouges, leur en présenter des vertes pour les ramener à l'état normal. Si, au contraire, la vue du vert avait été assez prolongée pour leur faire passer cet état, les yeux auraient tendance à voir le rouge, et les pièces rouges qui leur seraient présentées alors leur apparaîtraient plus belles que les autres.

M. **Chevreul** ne s'est pas borné à exposer des lois, à faire connaître les faits sur lesquels elles s'appuient, il a encore discuté les différentes applications dont elles sont susceptibles. Ainsi, il expose les moyens de combattre les effets du contraste, de faire qu'une couleur apparaisse toujours la même, quelle que soit la nuance du fond sur lequel elle est imprimée, afin de rendre le blanc plus brillant et plus pur sur des fonds différemment colorés. A cet égard nous renvoyons le lecteur à l'œuvre de l'auteur, particulièrement aux pages 108, 282, 287, qui se rapportent spécialement à l'impression; nous l'invitons aussi à lire les pages 89 à 99, qui traitent d'une construction d'une gamme hémisphérique, à l'aide de laquelle on peut représenter toutes les modifications des couleurs et connaître immédiatement la complémentaire de chacune d'elles.

M. **Persoz** ajoute : « Les trois tableaux (de mon Atlas), contraste des couleurs, extraits d'un ouvrage inédit de **Dollfus-Ausset**, complèteront ce que nous venons de dire... — Il y aurait encore à examiner l'influence qu'exerce sur les couleurs qui sont placées les unes à côté des autres la forme qu'on leur donne; car il est démontré que les mêmes couleurs groupées de la même manière produisent des effets différents selon qu'elles affectent des formes rondes, ovales, etc. [1]. »

§P. 6. — PARTIE CHIMIQUE. EXPOSÉ THÉORIQUE DE L'IMPRIMERIE.

Gravure en relief. — Gravure en creux (taille-douce). — Réserves ou enlevages. — Couleurs première impression. — Couleurs rentrures. — Enlevages colorés. — Genre conversion.

Dénominations anciennes d'étoffes peintes ou imprimées.

Calanca. Toiles sur lesquelles sont imprimés des dessins perses composés de noir, violet, 3 rouges, teint en garance, et bleu, jaune et vert rentré après teinture. — Primitivement, aux Indes, toutes les couleurs étaient appliquées au pinceau. — Plus tard, en Europe, les couleurs (mordants) pour la teinture s'imprimaient à la planche, les autres étaient encore mises au pinceau, et plus tard on les imprimait à la planche.

DA [1] M. **Silbermann** a imprimé pour mon atlas, *Matériaux pour les dessinateurs*, un grand nombre de planches qui prouvent combien est grande l'influence de la forme du dessin et la place que les couleurs occupent les unes à côté des autres.

Indienne ordinaire. Peinture ou impression à deux couleurs.

Surate. Étoffes à deux couleurs.

Patenas. Rouge accompagné de bleu ou de jaune.

Camaïeux. Étoffes à trois couleurs : rouge, violet, bleu.

Frangipane. Rayées de diverses couleurs.

Péruvienne. Impressions spécialement destinées à l'usage des hommes ; dessins à deux ou trois couleurs où le noir domine.

Meubles et mouchoirs, et beaucoup d'autres.

Classification des dessins et du coloris par **Dollfus-Ausset.**

Gravure. Gravure en relief. — Clichés dans le plâtre. — Clichés dans le bois.

Clichage dans l'argile. On compose une espèce de carton en formant des lits de pâte argileuse que l'on sépare avec des feuilles de papier de soie, dont celle qui doit être en contact avec la gravure est graissée, afin que l'argile ne salisse pas le bois. — D'une communication qui nous a été faite par M. **Huguenin-Cornetz,** il résulte qu'on clichait déjà vers le milieu du dix-huitième siècle, à la *fabrique du Bied* (Neufchâtel en Suisse). Les renseignements que nous nous sommes procurés ne nous permettent plus d'en douter aujourd'hui, et se trouvent d'ailleurs confirmés par le passage suivant d'un traité pour les toiles peintes, publié à Amsterdam 1760 : « On se sert pour les faire (les toiles bleu blanc réservé) de planches d'étain, ou plutôt de planches d'un métal composé d'une partie d'étain et deux parties de plomb, afin qu'il soit plus dur et que les planches soient plus longtemps en état de servir. On commence par graver en bois le modèle de la planche, qui doit être en plomb, on imprime dans du sable cette planche de bois, et on jette sur ce sable le métal fondu. Les planches étant fondues, on les sépare avec un ciseau, parce qu'il est rare qu'il ne se passe pas quelques fautes dans la fonte. (Ouvrage de M. **Persoz,** vol. II, p. 53.)

Gravure en creux, au poinçon, à la molette, au guilloché, fouillis gravées à l'acide, etc.

Impression. Impression à la main. — Châssis suspendu pour imprimer le bleu du pinceau.

Impression des fondus ou ombrés. En 1820, M. **Spörlin,** de Vienne (Autriche), qui était parvenu à produire sur papier, au pinceau d'abord, puis à la brosse, qu'il imprégnait de diverses couleurs dans une caisse à compartiments, plusieurs nuances qui se fondaient l'une dans l'autre comme celles de l'arc-en-ciel, essaya, de concert avec M. **Dollfus-Ausset,** de réaliser sur étoffe les effets de fondus que produisait déjà sur le papier la maison **Zuber** à Rixheim (près Mulhouse). Au début de leurs expériences, ces deux fabricants s'efforcèrent de reproduire directement sur calicots, avec la brosse, des bandes de couleurs fondues : mais ils désespéraient d'atteindre le but qu'ils s'étaient proposé, lorsque, après une longue et laborieuse journée d'essais, un contre-maître imprimeur, nommé **Züslin,** qui les aidait dans leurs travaux, leur adressa l'invitation, à laquelle ils se rendirent aussitôt, de déposer les couleurs sur le châssis pour les reprendre avec la planche, et telle est l'origine des fondus dans l'impression des tissus [1].

D.A. [1] Durant quinze jours, tous les matins, au moins pendant deux heures, l'ami **Spoerlin** et moi nous brossions des étoffes humides, sèches, apprêtées, cylindrées, lustrées, gommées, avec des couleurs et des mordants épaissis avec tous les épaississants connus, et toujours des résultats négatifs pour obtenir des fondus. — Rendez-vous définitif fut fixé au lendemain, à un dimanche matin, dans une des salles d'impression. Le contre-maître imprimeur et le mécanicien de la filature convoqués. — Du calicot apprêté à la colle et fortement calendré et des mordants et couleurs épaissis à la terre de pipe et gomme, furent mis à l'essai ; mauvais résultat.

« Messieurs, dit le contre-maître **Zaeslin,** il me vient une idée. Nous sommes dans la salle d'impression, et voici la table où j'ai imprimé les premiers échantillons sur étoffe de laine, en 1815, et c'est vous, M. **Daniel,** qui avez fait la couleur d'après les procédés de M. **Georges Dollfus,** il

Tireur mécanique. — Appareils de suspension des toiles imprimées. — Machine à imprimer en relief d'une manière intermittente. — Machine à imprimer en relief l'écarlate. 1834.

Machine à imprimer en relief d'une manière continue. Ces machines, appelées *plombines*, paraissant avoir été inventées en France. Un nommé **Ebinger**, de Saint-Denis, près Paris, se fit délivrer un brevet d'invention, sous la date du 16 juillet 1800, pour imprimer d'une manière continue avec des cylindres gravés en relief. En 1803, **James Burton**, ingénieur dans la maison **Peel** (à Church), appliqua également le rouleau en relief à l'impression des tissus. — M. **Silbermann**, de Strasbourg, a trouvé un nouveau genre d'impression pour lequel il a pris un brevet d'invention. Dans ce procédé on ne se sert plus d'une planche gravée en relief pour prendre de la couleur sur le châssis et l'imprimer sur le tissu, mais seulement du relief de la figure que l'on veut obtenir pour presser l'étoffe, par derrière, contre une planche plate et garnie uniformément de couleur, où les portions ainsi pressées par derrière sont les seules qui prennent cette couleur, tandis que les autres sont réservées par la frisquette, qui refoule l'étoffe dans les creux. — Impression en creux dite ou taille-douce (planche plate). — Impression en creux continu... Quelle que soit l'indécision qui règne sur la date où la première machine à imprimer en creux a fonctionné, il est parfaitement établi qu'en 1785 la maison **Livesay, Hargrove, Hall et C°**, de Manchester, imprimaient avec succès au rouleau gravé en creux, et il ne paraît pas moins certain que c'est à l'Écossais **Bell** qu'il faut en attribuer la découverte. Ce n'est donc que 15 ans plus tard qu'elle a été importée en France, dans l'établissement de M. **Oberkampf** à Jouy. C'est à **Adam Parkinson**, de Manchester, qu'on doit la première machine à deux couleurs. — Séchoirs affectés aux machines à imprimer. — Impressions de plusieurs couleurs avec le même rouleau. — Fondus au rouleau. — Fondus par teinture. — **G. Jeffray**, teinturier à Londres, prit, en 1791, un brevet pour une nouvelle manière d'imprimer les étoffes de laine, dont le principe se rapproche assez de celui de M. **Chapuis**. (*Annales des arts et manufactures*, t. II, p. 303, **O'Relly**.) — Notice sur la teinture ombrée et sur les moyens de l'obtenir sur des étoffes de laine de toutes dimensions sans envers, d'après le système breveté de MM. **Jourdain et C°**, teinturiers à Cambrai.

Placage. — dessication.

§. 7. — PRÉPARATION DES COULEURS DESTINÉES A L'IMPRESSION.

M. **Daniel Köchlin** dit dans son mémoire sur les mordants que l'art d'épaissir les mordants ou de leur donner la consistance nécessaire pour les rendre propres aux différentes impressions demande une longue pratique (de savoir-voir et de savoir-faire), et que, nul doute, dans bien des cas, la réussite de l'impression et de la combinaison des bases avec l'étoffe en dépend.

Épaississants. Amidon. — Fécule. — Farine. — Gomme Sénégal. — Amidon torréfié. — Fécule torréfiée. — Leiocome. — Dextrine. — Gommeline; en un mot les dérivés des substances amylacées. — Gomme adragante. — Salep. — Terre de pipe. — Albumine d'œuf. — Albumine de sang. — Gluten.

doit vous en souvenir. — Oui certainement, continuez. — Avec toutes vos brosses vous ne ferez rien de bon; il *faut imprimer*, c'est votre métier et le mien. » Aussitôt je saisis la brosse, je la trempe dans les compartiments de couleurs et je les étends dans le châssis d'imprimeur (en disant en allemand local : *S'isch Igalriche*). **Kaeslin** prend une planche, la met sur le châssis, la relève, il la pose sur l'étoffe, donne un grand coup de maillet et dit : « Voilà comme on fait les fondus sur calicot (en allemand local : *E so wacht me d'Regeboge*). L'ami **Köchlin**, étonné du succès, a ajouté en allemand local : *Der Schumacker muss bim Leist blibe.* » — Le lendemain on imprimait des fondus à la planche.

Éviter l'emploi de l'eau gommée aigrie ou fermentée.

Ajouter 10 grammes de cristaux de soude par litre d'eau gommée. — Épaissir les mordants et les couleurs directement avec de la gomme en fragments ou en poudre.

Essai de la viscosité des couleurs épaisses à la gomme et ses remplaçants par écoulement à travers une ouverture (petit trou) d'un vase à niveau constant.

Généralité sur l'impression. Fixage des mordants dans un bain de son, dans un bain de bouse de vache, par les sels à bouser (phosphates calciques, sodiques, ou arséniate calcico-potassique), par le gaz ammoniac.

§ 8. — PROCÉDÉS DE TEINTURE.

Garançage. La garance, quelle que soit celle qu'on emploie, ne donne de teintes vives et solides (permanentes) qu'autant qu'elle renferme de la craie, et que l'eau dont on se sert en contient, ou enfin qu'on en introduit une certaine quantité dans le bain de teinture. Cette proposition, formulée d'une manière précise par **Jean-Michel Haussmann**, à la fin du siècle passé, a été confirmée par tous les travaux qui ont été faits depuis.

Effets produits par les alcalis sur les bains de teinture. — Effets des oxydes terreux et métalliques. — Effets par les acides, — par les composés salins. — Tableau de l'influence dans le garançage des substances végétales et animales, en ajoutant 1/30 du poids de la garance. — Rendement minimum: amidon de froment, — 27 pour 100, etc., maximum. Écorce de grenade + 53 pour 100. Sang de bœuf + 39 pour 100. Quassia + 42 pour 100. Trèfle de marais + 52 pour 100. — Par les sulfures, minimum. Sulfure potassique. — 20 pour 100. — Maximum. Sulfite arsénieux + 36 pour 100.

Avivage des couleurs garancées. A la fin du dernier siècle, les pièces, au sortir du garançage et après avoir été dégorgées, étaient exposées durant des semaines sur le pré, à l'action de l'air et des rayons solaires, et arrosées de temps en temps. Dès qu'elles commençaient à blanchir et leurs couleurs à s'affaiblir, on les reprenait pour les faire bouillir dans une eau qui tenait en suspension une certaine quantité de bouse ou de son. Cette opération avait pour but d'activer la décoloration du tissu, et, en réduisant le nombre des jours d'exposition au pré, de diminuer les chances défavorables et inhérentes à ce genre de blanchiment. Q***, qui a publié à Amsterdam, en 1760, un traité sur les toiles peintes; **Delormois**, qui avait visité plusieurs fabriques de la Holla... et de la Suisse, et qui a écrit un excellent petit volume intitulé: *L'art de faire de l'indienne*, Paris, 1786; enfin, **Scheffer**, en 1787, et **Berthollet**, en 1804, n'indiquent d'autres procédés. On se doutait si peu alors des effets que peut produire le savon en pareilles circonstances, que dans la 2ᵉ édition de **Scheffer**, publiée en 1803, il dit : « L'eau de savon affaiblit et détruit la couleur de garance la plus solide, celle même du rouge d'Andrinople; de là vient qu'il faut épargner le savon autant qu'il est possible lorsqu'on lave les cotons qui ont cette couleur. Cependant, dès l'an VIII, **Hommassel** préconise déjà l'intervention du savon dans l'opération qui nous occupe, en disant que, pour blanchir proprement, on doit, après avoir fait passer les tissus dans un bain d'acide marin (le chlore probablement), les tremper dans un autre bain formé de savon noir, puis les mettre sur le pré sans les laver.

Les notes inédites de M. **Daniel Kœchlin**, qui datent de 1804, prouvent qu'à cette époque on employait le savon à cet usage. Dans son établissement, voici le procédé qu'on suivait : Les toiles, rincées et parfaitement dégorgées au sortir du garançage, subissaient, avant d'être exposées sur le pré, deux passages successifs dans un *bain de savon et de son*, qu'on composait pour 12 pièces, représentant à peu près 200 mètres d'étoffe :

Pour le premier passage, 2 kilog. savon et 10 litres son.

Pour le deuxième passage, 1 kilog. savon et 10 litres son.

Quand les bains étaient en pleine ébullition, on y plongeait les pièces, et au moyen d'un tourniquet on les y faisait circuler en les maintenant à cette température pendant 30 à 40 minutes. Rincées et parfaitement dégorgées après chaque passage, elles étaient portées sur le pré, où elles restaient exposées de cinq à huit jours, selon la saison et l'état de l'atmosphère. On les enlevait alors pour leur faire subir un nouveau passage dans un bain de savon bouillant et formé cette fois de 1k,50 de savon et de 5 litres de son. Après les avoir lavées et dégorgées comme précédemment, on les exposait de nouveau sur le pré pendant sept jours, on leur faisait subir un quatrième passage en savon identique au dernier, puis, selon leur état, on les remettait sur le pré trois à six jours. Le quart au plus des pièces se trouvait ainsi complètement blanchi; celles qui restaient subissaient un cinquième passage et une nouvelle exposition sur le pré. — A la même époque, après avoir rapporté une note dans laquelle **Widmer**, de Jouy (dans l'établissement de **N. Oberkampf**), expose qu'il est parvenu à abréger de beaucoup les opérations du blanchiment des toiles garancées en les faisant bouillir dans la bouse pour les faire passer ensuite dans un bain de chlore, **Berthollet** ajoute : **Widmer** a été obligé d'abandonner ce procédé, parce qu'il exigeait qu'il fût dirigé par lui-même, et que les accidents dus à l'inattention des ouvriers rendaient cette méthode trop incertaine et trop dispendieuse. — Au commencement de ce siècle, on faisait donc concourir le savon, l'air, le chlore ou ses préparations au blanchiment des couleurs garancées; il a suffi de savoir faire intervenir les acides et de préciser exactement le rôle du savon pour provoquer dans l'industrie de l'indienne une véritable révolution, car non-seulement on est parvenu à donner aux couleurs déposées sur la toile tout l'éclat et toute la solidité (persistance) dont elles sont susceptibles, mais on a encore abrégé de beaucoup les opérations et provoqué ainsi une grande économie de temps et de main-d'œuvre.

Résumé.

1° Les différents genres réclament un premier passage en savon à une température déterminée pour chacun d'eux ; cette première opération a pour but *de fixer la matière colorante de la garance.*

2° L'exposition à l'air ou un passage en acide *détruit la matière fausse* de la garance qui s'était fixée sur les mordants.

3° Les couleurs acquièrent d'autant plus de fixité que le corps gras s'accumule sur le tissu.

4° L'air n'exerce pas la même action que les acides; les couleurs qui ont été exposées à son influence sont toujours plus solides (plus persistantes) et moins fatiguées que les autres.

5° Les bains acides doivent être réglés d'après les genres; — la nature et les proportions de cet acide doivent être réglées d'après les genres et suivant que le bain acide succède ou non au premier, au second, au troisième passage en savon.

6° Les passages dans la chaudière close (chaudière d'avivage) ont pour but de déterminer le plus fort degré de solidité des laques colorées fixées sur les étoffes.

Passage en son et de l'avivage des couleurs par cette substance. — Disposition générale d'une fabrique. — Ateliers d'impression. — Cuisine à couleur.

TOME TROISIÈME.

Nº 9. — GENRES QUE FORMENT LES COULEURS QUI SE FIXENT PAR VOIE HUMIDE ET SANS LE CONCOURS DES MORDANTS.

Indigo.

Fonds bleus cuvés. — Gros bleu. — Bleu moyen. — Bleu clair (petit bleu).

Fond bleu uni avec impression blanc réserve. — Petit bleu réserve. — Petit bleu et blanc réserve. — Blanc et mi-blanc enlevage (donnant blanc et petit bleu). — Blanc enlevage sur fond bleu cuvé [1].

Échantillons. Fond bleu clair. — Fond gros bleu. — Bleu cuvé foncé, impression blanc réserve. — Bleu clair blanc réserve. — Bleu foncé blanc réserve double face. — Gros bleu réserve petit bleu. — Bleu impression petit bleu et blanc réserve. — Fond bleu, impression blanc enlevage. — Fond bleu avec réserve sans blanc enlevage. — Fond bleu, impression blanc et demi-enlevage ou petit bleu enlevage.

Impression directe de l'indigo sur fond bleu. — Bleu soluble (bleu de pinceau). — Bleu insoluble (bleu faïencé). — Bleu d'application solide. — Bleu réduit par l'oxyde stannique.

Échantillons. Bleu faïencé, broyé et imprimé prêt à être fixé. — Bleu faïencé fixé. — Fond blanc, bleu d'application solide (double rouleau).

Carthame. En 1817, MM. **Hartmann**, de Münster (Haut-Rhin), firent de très-belles impressions blanc enlevage au rouleau sur des fonds unis teints en carthame.

Échantillons. Fond uni teint en carthame. — Fond rose carthame impression blanc enlevage.

Curcuma.

Rocou. Fond blanc impression rocou.

Cachou. A la fin du siècle dernier, d'après des livres d'ancienne fabrication, et au commencement de celui-ci, d'après **J. G. Dingler**, *Journal* n° 1, t. II, 1815, qui a publié le procédé employé par MM. **Schöpfler** et **Hartmann**, d'Augsbourg (successeurs de **Jean-Henri de Schüle**), pour la fabrication des genres fond bronze, où des couleurs mixtes accompagnent toujours les couleurs garancées, on se servait déjà du cachou ; mais, soit qu'à cette époque on ne sût pas le rendre parfaitement solide (permanent) sur le tissu, soit qu'éprouvant trop de difficulté à l'appliquer, on lui préférât les couleurs mixtes, l'usage de cette matière colorante fut abandonné pendant près de trente ans. — En 1820, M. **Barbet fils**, de Jouy, la fit rentrer dans la fabrication d'indienne, mais en la dissimulant si bien, que pendant près de trois ans il exploita seul des articles cachou qui avaient un immense succès. Après l'avoir introduit dans les genres garancés, il l'associa à des bleus, à des roses et violets cochenille, etc. En 1833, les fabricants d'Alsace abordèrent à leur tour cette fabrication.

Fond uni au cachou. — Fond cachou blanc réserve. — Fond cachou impression blanc réserve. — Fond blanc impression cachou.

Oxyde ferrique. Fonds unis à base d'oxyde ferrique. — Fond rouille, impression blanc réserve. — Blanc enlevage. — Fond blanc impression rouille.

Échantillons. Fond rouille uni. — Chamois, impression blanc réserve. — Chamois blanc enlevage. — Fond blanc impression rouille.

Oxyde chromique. L'application de l'oxyde chromique à l'impression est due à M. **Camille Koechlin**, qui l'employa pour la première fois en 1832, à la manière de l'oxyde ferrique, comme couleur d'enluminage et comme fond ou mi-fond rentré après la teinture des garancés. — Fond uni à l'oxyde chromique. — Fond gris de chrome avec impression blanc réserve. — Fond gris de chrome avec impression blanc enlevage. — Fond blanc, impression gris de chrome. — Fond blanc, impression gris de chrome arséniaté.

Échantillons. Fond uni teint en acide chromique et passé en sulfate cuivrique. — Fond gris à l'oxyde chromique avec impression blanc réserve. — Fond blanc, impression gris de chrome arséniaté.

Suroxyde manganique. Cette couleur, généralement connue sous les noms de *bistre, solitaire, tête-de-maure*, a été appliquée la première fois par MM. **Hart-**

---

[1] Ce n'est qu'en 1846 que M. **Thompson**, à Primerose (Angleterre), est arrivé à la solution de ce beau problème.

mann, à Münster. — Fond bistre uni. — Fond bistre blanc réserve. — Blanc enlevage. — Fond blanc impression bistre. — Couleurs enlevages de toutes sortes sur fond bistre.

Échantillons. Fond bistre uni. — Fond bistre blanc enlevage. — Fond blanc bistre.

Suroxyde plombique. Fond blanc, impression suroxyde plombique.

Sulfide antimonique. Fond blanc, impression sulfide antimonique; — le même, teint en sulfate cuivrique; — le même, passé en sel plombique. — (3 échantillons.)

§. 10. — GENRES QUE FORMENT LES COULEURS QUI N'ADHÈRENT AUX TISSUS QUE PAR
L'INTERMÉDIAIRE D'AUXILIAIRES OU DE MORDANTS.

Arsénite cuivrique. Vert de cuivre, vert de Scheele, vert de Schweinfurth. — Fond vert à l'arsénite cuivrique.

Acide chromique. Lassaigne, en 1810, fit, pour la première fois, l'application aux tissus de la matière colorante si riche de l'acide chromique. — **Walter-Crum** (Glascow) l'introduisit comme réserve dans la fabrication des bleus, et dès lors attache son nom à ce genre de fabrication, qui a eu un succès si bien mérité. — Fond uni au chromate plombique. — Fond jaune et orange de chrome. — Le même, impression blanc. — Enlevage jaune. — Fond blanc impression jaune de chrome. — Fond blanc impression orange de chrome. — Enlevage sur rouge turc, sur bleu solide, sur bleu de Prusse, sur une foule de couleurs, et de jaune réserve particulièrement sous bleu de cuve.

Échantillons. Fond orange de chrome avec dessin blanc réservé par la gravure. — Fond blanc impression jaune de chrome; — *idem,* impression orange de chrome.

Sulfo-arsénites et sulfo-arséniates. Le lecteur peut consulter sur ce genre de fabrication le mémoire intéressant de M. **Houton-Labillardière.** (*Annales de l'industrie,* **Dumas** et **Payen.**)

Iodures. Sont fortement impressionnés par la lumière.

Cyanures et spécialement le bleu de Prusse. C'est vers la fin du siècle dernier qu'on l'a formé et fixé de toutes pièces sur le tissu, et c'est à **Jean-Michel Haussmann,** fabricant d'étoffes colorées au Logelbach (près Colmar), qu'il faut en rapporter le mérite. (T. LIX, p. 252, *Journal de Physique.*) Après avoir imprimé plusieurs dissolutions salines sur du calicot, il a fini par trouver les conditions dans lesquelles la teinture pouvait s'opérer le mieux. Au reste, nous ne sommes pas les premiers à restituer à **Haussmann** la priorité d'une découverte qu'une récompense donnée plus tard à **Raymond** semblait devoir lui enlever; car dans la statistique du Haut-Rhin, publiée sous les auspices de M. **Daniel Koechlin,** il est dit, page 361, à l'occasion des découvertes faites par **Jean-Michel Haussmann,** qu'on lui doit « l'application du beau bleu de Prusse par le procédé attribué plus tard à **Raymond,** c'est-à-dire en le formant sur la toile de toutes pièces, au moyen de l'oxyde de fer et du prussiate de potasse (cyanure ferroso-potassique, **Berzelius**). »

Fond bleu de Prusse uni. — Blanc réserve. — Blanc enlevage. — Fond blanc impression bleu de Prusse.

Échantillons. Fond bleu de Prusse uni. — Blanc enlevage. — Fond blanc impression bleu de Prusse.

Bleu de Saxe. Sulfate et acétate d'indigo. — Il entre comme partie constituante dans certains verts pistache dont la découverte est due à **Haussmann.**

Garance et ses dérivés. Fonds unis sur toiles huilées ou imprégnées de mordant organique, rouge turc ou mérinos. — Tout semble prouver que ce mode de teinture a pris naissance dans l'Inde, où, au dire des voyageurs, on est dans l'habitude d'imprégner, depuis des siècles, les étoffes sur lesquelles on veut déposer et fixer des couleurs de liquides qui renferment de la graisse, tels que le lait, par exemple. **Le Goux de**

Flata, *Annales d'Oreilly*, t. XVII, qui a publié plusieurs mémoires sur l'industrie des Indiens, rapporte que dans ce pays les toiles blanches qu'on se propose de teindre sont trempées dans du lait de buffle ou de brebis, mélangé d'une certaine quantité de poudre de mirobolan, puis exposées à l'action des rayons solaires. — Toutefois, ce n'est qu'après s'être répandue dans le Levant et avoir subi de grandes modifications, que cette industrie a été importée en France, par des Grecs, vers le milieu du dix-huitième siècle. En 1747, MM. **Fesquet, Goudard** et **d'Harlatoy** attirèrent chez eux des teinturiers de cette nation et formèrent deux établissements, l'un à *Darnetal*, près Rouen, et l'autre à *Aubenas*, en Languedoc. Neuf mois plus tard, un nommé **Flachat**, qui avait séjourné longtemps dans l'empire ottoman, ramena des ouvriers avec lesquels il forma à *Saint-Chamont*, près Lyon, une troisième manufacture de coton en rouge d'Andrinople, ville dont les produits jouissaient alors de la plus grande réputation (**Vitalis**); mais ces étrangers ne purent tenir leurs procédés longtemps secrets, ils eurent bientôt de nombreux imitateurs.

D'abord on teignit le coton en écheveau, puis, au commencement de ce siècle, la maison **Nikolas Kœchlin frères**, d'une part, et **Laurent Weber**, d'une autre, teignirent directement des toiles en cette couleur.

Huilage. — Mordançage. — Teinture en garançage. — Avivages.

Procédé employé chez MM. **Kœchlin frères** (1811).— Procédé employé de nos jours (1846). — Fonds roses huilés. — Fonds violets huilés. — Procédé de M. **Hirn**, au Logelbach (1846).

Il y a quelques semaines que M. **Hirn** nous a remis une note que nous reproduisons textuellement, concernant la fabrication du rouge turc, et un procédé d'impression sur toile huilée qui lui a permis d'obtenir d'admirables produits dont nous avons sous les yeux un échantillon, c'est une impression camaïeux, fin rouge de toute beauté, que nous regrettons vivement de ne pouvoir présenter au lecteur.

.....L'important, c'est d'arriver à rendre l'huile complétement soluble dans la lessive :

Quatre parties de bonne huile et une partie d'acide nitrique à 40°, aussi pur qu'on peut l'avoir dans le commerce, sont chauffées au bain-marie dans un pot de grès suffisamment grand. On remue le mélange jusqu'à ce que la réaction commence à s'opérer; quand l'action est terminée, on continue de tenir le bain-marie en ébullition *pendant huit heures au moins*. La masse refroidie doit être très-épaisse et d'un rouge brun ; cette condition est essentielle.

Pour dissoudre l'huile, on se sert d'une lessive de soude faible et parfaitement caustique, obtenue en projetant 0,25 de chaux vive dans une dissolution bouillante de 1 cristaux de soude dans 20 eau. La lessive étant bien reposée, on en mêle 15 parties avec 1 d'huile, et on chauffe seulement jusqu'à ce que la liqueur, de trouble qu'elle est d'abord, devienne limpide et transparente, caractère qu'elle doit ensuite conserver *indéfiniment*, à la température de 20° c.

Les pièces sont plaquées dans cette solution d'huile tiède et exposées pendant 24 heures dans une étuve à 50° C., ou, ce qui vaut beaucoup mieux, au soleil pendant 5 ou 6 heures, en ayant soin de les retourner une fois. Deux huilages ainsi opérés sont tout à fait suffisants. On pend les pièces à l'eau pour les dégorger, et on les bat bien.

On plaque en acétate d'alumine à 5° (ar. Baumé), on suspend comme de coutume, puis on imprime un rongeant acide assez puissant pour enlever l'alumine, qui est beaucoup plus retenue que par une étoffe non huilée. Après l'impression du rongeant, on passe dans un bain à 75° C., contenant, comme on le conçoit, beaucoup de craie et de la bouse, ou du sel de bouse, ou, ce qui vaut mieux encore, de l'arséniate potassique *bien neutre*.

Au lieu de plaquer en mordant, on rentre celui-ci à la planche ou au rouleau, comme dans les impressions ordinaires; il faut avoir soin que l'impression soit bien fournie et traverse un peu l'étoffe. On arséniate à 60° C. après une suspension suffisante.

La teinture en garance se fait à la manière ordinaire; la garancine donne aussi d'excellents résultats. Quoique les parties de l'étoffe qui n'ont pas reçu de mordant, se teignent ou plutôt se crassent fortement, comme on sait, il faut néanmoins d'autant moins de garance que ces parties dominent plus : cela est évident.

Après la teinture, on savonne une ou deux fois à l'ébullition, puis on passe les pièces par un *avivage acide*, composé de 1 de dissolution d'étain (nitro-muriate) et de 2 savon; on pousse peu à peu la chaleur jusqu'à 40° ou 50° C. La durée de l'avivage et sa température ne peuvent, du reste, bien être déterminées que par une certaine pratique; cet avivage est absolument nécessaire pour obtenir du blanc, quoique, en apparence, il agisse peu sur le crassé du fond.

Après l'avivage on nettoie les pièces et on les met au pré : un ou deux jours suffisent en été ; par le mauvais temps il en faut davantage. *Il est remarquable que le soleil, pas plus que l'avivage acide, ne change pas d'une manière très-sensible la teinte des parties crassées par la teinture, mais dispose simplement la matière colorante à se laisser enlever plus facilement par l'opération suivante.*

Après avoir enlevé les pièces du pré, on les avive en chaudière close dans un bain formé de 4 de savon, 2 carbonate sodique et 1 chlorure stanneux (sel d'étain ordinaire). Quand toutes les opérations ont été bien conduites, un seul avivage peut suffire. (Ilmx.)

Échantillons. Toile qui a reçu quatre bains blancs. — Toile huilée dégraissée. — Engallée et mordancée une première fois. — Teinte une première fois. — Mordancée une seconde fois. — Teinte une seconde fois. — Premier avivage. — Douxième avivage. — Troisième avivage. — Passé en son. — Rouge turc, fabrication de M. **Steiner**, de Manchester.

Fonds unis garancés ordinaires. — Fond uni impression blanc réservé. — Blanc enlevage sur mordants. Les genres enlevage ou rongeant sur mordant ont été exécutés pour la première fois par **J. M. Haussmann**. — Blanc enlevage sur fonds teints.

Blanc enlevage au chlore. Ce procédé a pris naissance en Angleterre, où il servait d'abord particulièrement à des impressions rouge turc. Il paraît remonter à une date déjà assez ancienne, car nous trouvons dans les notes inédites de M. **Daniel Koechlin** (1811), qu'un Écossais avait déjà, avant cette époque, imprimé sur une espèce de rouge turc des mouchoirs en dessins mouchés et autres formes simples. Au dire de M. **Widmer**, de Jouy, qui avait vu ce fabricant opérer, chaque pièce placée au mouchoir était resserrée au moyen de vis entre deux plaques métalliques sur la surface desquelles le dessin se trouvait représenté à jour, et disposé de telle sorte que les ouvertures de l'une correspondissent exactement à celles de l'autre. La plaque supérieure était garnie d'un rebord servant de réservoir à une solution de chlorure qui arrivait peu à peu par les ouvertures de la plaque sur le tissu, en transperçant toutes les parties qui n'étaient pas comprimées, et, en y détruisant la couleur, produisait des impressions blanches. Ce premier pas dans cette direction a naturellement conduit à l'invention de la presse, appliquée avec tant de succès, depuis 1818, par M. **Monteith**, et à l'aide de laquelle on imprime maintenant des quantités considérables de tissus.

Enlevage à la cuve décolorante ou à la cuve au chlorure de chaux. Cette importante découverte, qui s'appliqua d'abord à l'impression des dessins les plus délicats sur fond rouge turc, et ensuite à l'enlevage d'une foule de fonds, est due à M. **Daniel Koechlin**. C'est en 1818 qu'à la suite de nombreuses et pénibles recherches, ce fabricant trouva ce procédé si simple et si expéditif. En cherchant à imiter les *impressions Bandanos*, qu'on produisait en Angleterre, il constata que l'action de la chaleur détruit l'adhérence du rouge turc pour l'étoffe, il eut alors l'idée de chercher s'il ne pouvait être fait application de cette particularité. A cet effet, il fit des impressions sur rouge turc avec de petits cylindres chauds; mais comme il y a un certain degré de température au delà comme en deçà duquel la couleur ne peut être enlevée, attendu que, dans le premier cas, elle est charbonnée, et, dans le second, imparfaitement atta-

quée, il ne parvint pas à son but, et essaya de se servir du chlore, en imprimant une
préparation de *chlorure de chaux* sur les points mêmes où il voulut produire du blanc.
Il était loin, au début de ses expériences, de penser qu'une marche inverse aurait plus
tard les plus grands succès, et qu'il en viendrait à immerger le tissu en entier dans
l'agent destructeur. De graves inconvénients se présentèrent tout d'abord : le chlorure
de chaux ne pouvait être épaissi par aucune substance organique; il devait être
étendu, par une brosse ou racine vernissée, sur un châssis spécial, recouvert ainsi que
la table de toile cirée, et imprimée avec des planches de métal ou de bois imprégné de
corps gras.

La terre de pipe dont il se servait comme épaississant donnait lieu à des coulages tels
que l'impression laissait beaucoup à désirer. Enfin le décolorant n'agissait qu'en raison
de la dessiccation et à la longue par l'action déplaçante de l'acide carbonique de l'air,
il y avait un dégagement de chlore qui incommodait beaucoup les ouvriers, et, en outre,
endommageait fortement la toile sur tous les points imprimés en chlorure de chaux.
M. **Daniel Koechlin** chargea les pièces destinées à l'impression d'un apprêt acidulé,
formé de gomme dissoute dans le vinaigre. L'emploi de cet apprêt améliora beaucoup l'impression enlevage sur rouge turc; l'exécution en devint plus régulière, les coulages n'eurent plus lieu, et la toile, aussitôt décolorée, n'avait plus besoin d'être desséchée pour que l'impression blanche apparût; mais si une partie des inconvénients
signalés plus haut avait disparu, il en subsistait encore un fort grave : le chlore gazeux
mis en liberté par l'acide, se dégageait en si grande abondance, qu'on cherchait inutile-
ment à garantir les ouvriers de ces émanations nuisibles : en établissant au-dessus
de chaque table des cheminées en papier, il fallait établir des courants d'air intolé-
rables, surtout en hiver.

Dans le but de perfectionner cette branche d'impression, M. **D. Koechlin** déposa une
réserve sur les toiles, qu'il apprêta et plaqua au foulard au moyen d'une dissolution
de chlorure de chaux. Quoique la décoloration eût toujours lieu avec dégagement de
chlore, la machine à foularder étant placée sous une cheminée à fort courant d'air, le
petit nombre d'ouvriers qui la faisaient marcher n'éprouvaient plus la même incom-
modité; mais l'impression, circonscrite à un certain nombre de dessins, n'atteignait
point le fini et la délicatesse qu'on obtient de nos jours. Ce célèbre fabricant en était
là de ses recherches, lorsqu'en réfléchissant que le tissu coloré en rouge peut être en
contact avec une dissolution de *chlorure de chaux* même assez concentrée sans en être
attaqué, tandis que la décoloration a lieu sur-le-champ, alors même que cette dissolution est fortement étendue, quand la réaction est acide, il songea à imprimer un acide
sur toutes les parties destinées à devenir blanches, et à plonger ensuite immédiatement
l'étoffe dans une dissolution de chlorure concentrée et fortement alcaline. Dans ces conditions, le chlore n'était mis en liberté que sur le point même où son action devait
s'accomplir : aussi cet essai eut-il un succès complet, et à partir de ce moment, l'enlevage à la cuve fut une de ces réactions auxquelles, pendant une quinzaine d'années,
le fabricant eut recours pour produire les plus merveilleux effets...

Échantillons. Fond rouge turc, enlevage blanc à la presse écossaise. — Enlevage blanc
à la cuve décolorante. — On fait des enlevages non-seulement sur les fonds unis
rouge turc, mais sur les fonds roses, où sont produites des impressions fin rouge.

Violets. Mordants violets ayant pour base la lessive arsénicale. — Mordants violets à
l'acide arsénieux. — Pyrolignite ferreux. — Noirs et violets au pyrolignite ferreux
fixés à l'arséniate.

Échantillons. Mordant violet imprimé au rouleau. — Fixé à la bouse. — Teint en garance. — Passé au chlorure de chaux. — Passé au savon. — Deuxième passage en
savon. — Avivage dans la chaudière close. — Violet avec un mordant plus fort. —
Double violet impression blanc réserve. — Fond violet moyen, impression noire (Zé-
brine).

Rouges et roses. Garancés... Avant l'introduction de la gravure en taille-douce dans l'impression des tissus, le rouge se voyait rarement seul sur une étoffe ; mais, du moment où la planche plate fut employée, la rentrure des couleurs auxquelles on l'associait devint si difficile qu'on y renonça presque entièrement pour s'attacher à réaliser de grands dessins rouges sur fond blanc (*en camaïeux*). Qui n'a admiré les charmants groupes de fruits et de fleurs, et même les scènes de la vie domestique, imprimés en fin rouge sur tissu, à la planche plate, avec tant de délicatesse et de perfection, en Angleterre, en Suisse, en France ? Toutefois ce genre d'impression, vu la spécialité de sa destination (meubles), ne pouvait prendre et ne prit, en effet, une grande extension, même lorsque l'introduction du rouleau vint le modifier, attendu qu'on ne connaissait d'autre procédé pour aviver le rouge que d'exposer sur le pré, après les avoir passées en savon, les pièces qui en étaient chargées, procédé beaucoup trop lent et peu en harmonie avec le puissant levier de production qu'offraient les machines à imprimer continues. — Si les fonds blancs impression violet eurent un meilleur sort c'est que l'avivage était plus facile et plus prompt. Mais quand on eut découvert un moyen aussi expéditif que parfait de donner aux rouges, et surtout aux roses, une vivacité et un éclat qu'on ne leur connaissait point auparavant, cette fabrication prit un essor inouï. Qu'avait-il donc fallu pour produire une semblable révolution dans l'art de teindre et d'aviver les roses sur toile ? *Tout simplement faire intervenir à propos dans l'avivage un acide, ou plutôt la composition d'étain employée pour tant d'autres couleurs, et dont* **Jean-Michel Haussmann** *s'était lui-même servi pour imiter le rouge turc huilé.* Mais qui eut le premier cette heureuse idée et la mit en pratique ? D'après des renseignements, dont nous pouvons garantir l'authenticité, ce serait un nommé **M. Baumgartner,** de Mulhouse, alors contre-maître chez MM. **Robert Roulet,** à Thann, qui avait découvert[1], de 1822 à 1825, et vendu ce procédé à tous les fabricants d'Alsace. Cependant, dès 1809, l'établissement de Wesserling produisait des roses qui jouissaient, tant en France qu'à l'étranger, d'une réputation méritée ; et plus tard, la maison **Hartmann,** de Munster, imprima un autre rose non moins estimé, ce qui nous semble démontrer jusqu'à l'évidence qu'avant la découverte de **Baumgartner,** ces fabricants avaient su mettre à profit deux observations de **J. M. Haussmann,** savoir : que les nuances teintes à une basse température sont toujours plus pures, et qu'avivé à l'ébullition, sous l'influence d'une forte pression, le rouge ordinaire devient à la fois plus stable et plus vif.

Les mordants rouges ou roses sont des préparations aluminiques, dont la base est tantôt à

A [1] M. **Persoz** dit : qui aurait découvert. — Je sais positivement, et il m'en souvient parfaitement, que M. **Baumgartner** vendait, de 1822 à 1825, à tous les fabricants le procédé de faire le *rouge et le rose de Wesserling* (Wefferlinger-Roth).

Ce coloriste n'a *rien inventé, ni rélaxenté,* c'est un contre-maître teinturier de l'établissement de Wesserling qui lui a transmis le procédé, tel qu'il l'avait donné, une année auparavant, au coloriste routinier **Kramer,** de la maison **Dollfus-Mieg et Cⁱᵉ.**

Qu'il me soit permis, à l'occasion de cette importante découverte (progrès capital), de transcrire de mon journal *Coloration des Étoffes* (qui date de 1815 à 1862) le paragraphe suivant : « Le fabuleux *rose de Wesserling* est dû au hasard. — Le coloriste de cette fabrique a cherché à donner au rouge et rose garancé le plus d'éclat possible. Aux mordants connus il a incorporé des sels de toute espèce, et a teint dans des bains de garance en ajoutant des auxiliaires. Les échantillons sortis de la teinture, lavés et dégorgés, ont été suspendus, pour être soumis le lendemain aux opérations ultérieures. Le marmiton, simple ouvrier de la cuisine aux couleurs, en arrivant le lendemain matin au laboratoire, voit qu'un des échantillons manque à l'appel. Ce chiffon coloré, en séchant, était tombé dans un vase qui contenait du nitro-muriate d'étain en dissolution ; le profane le sort du bain, le lave à grandes eaux et le suspend à côté de ses camarades. Le coloriste arrive et remarque de suite la teinte singulière jaunâtre de cet échantillon. « Mon Dieu, monsieur, ce n'est pas de ma faute, cet échantillon, « en séchant, est tombé dans une dissolution d'étain.» Tous les échantillons ont été savonnés, et grand fut l'étonnement de voir l'accidenté d'une couleur rose splendide. Le coloriste a mis des pièces teintes dans les mêmes circonstances, et les roses étaient une vérité acquise. »

l'état d'acétate ou pyrolignite, tantôt à celui d'aluminate potassique; d'où la dénomination de rose à l'aluminate.

Impression. — Exposition à l'air pour le fixage des mordants sur l'étoffe. — Bousage. — Teinture. — Passage en savon. — Passage en acide. — Passages en savon. — Avivages à la chaudière close.

Échantillons. Mordant rose imprimé et bousé. — Teint en garance. — Teint et deux passages en savon.—Savonné et passé à l'avivage.—Passé de nouveau en savon.—Avivé et passé à la chaudière close. — Rose de MM. **Hartmann**, de Munster. — Rose tendre au rouleau de MM. **Dollfus-Mieg et C°**. — Rose à l'aluminate. — Rose vif, ou double rose. — Rose double au rouleau. — Double rose et blanc sans rapport. — Double rose et blanc rapporté.

Puce. Puce à la planche. — Au rouleau. — Plaqué (fond).

Noir Rouge. Violet.

Échantillons. Violet et puce garancés et avivés. — Fond blanc, violet et rouge garancés. — Violet et rouge, impression blanc enlevage sur rouge. — Violet et puce, impression blanc enlevage ou réserve sous violet. — Noir et trois rouges garancés et avivés. — Brillanté rouge et puce garancés. — Fond rouge cerise avec impression blanc enlevage.

Fonds blancs imprimés sur toile huilée... En imprimant des mordants d'alumine ou de fer sur des toiles huilées, au sortir du garançage, le fond qui a retenu une certaine quantité de mordant organique se teint en rose... Les premiers produits de cette fabrication, qui est due à M. **Daniel Koechlin**, furent des dessins genre *madras* ou *écossais*, carreaux rouge et rose, qu'on exécutait aussi en violet et lilas, rouge et lilas.

Échantillons. Fond rose, impression rouge sur toile huilée avec impression blanc, enlevage par la cuve de chlorure de chaux [1]. — Fond lilas, impression violet sur toile huilée avec impression blanc enlevage par la cuve de chlorure de chaux.

Genre garancine. L'introduction de la garancine date de 1839.

Échantillons. Mordants de fer et d'alumine teints en garancine. — Puce et violet avec impression blanc réserve. — Mordants teints en garancine, impression blanc réserve.

Garanceux. Même emploi que la garancine.

Cochenille.

Échantillons. Mordants de fer et d'alumine teints en cochenille. — Fond cochenille, impression blanc réserve. — Fond cochenille avec blanc réserve par la gravure. — Fond cochenille (mordant de fer et d'alumine), impression blanc enlevage sur mordant. — Fond blanc impression rouge, noir et lilas.

Brésiline ou bois rouge.

Échantillons. Mordants de fer et d'alumine teints en fernambouc. — Mordant de chrome teint en fernambouc.

Orcanette. L'application de cette matière colorante à la toile peinte date de la fin du siècle dernier; elle est due à J. M. **Haussmann**, qui fit connaître son procédé après l'avoir exploité (*Annales de chimie*, t. LX, page 228) sous le titre : pourpre violet, et des différentes nuances que l'on peut en faire dériver.

Campêche.

Échantillons. Mordants d'alumine et de fer teints en campêche.— Oxyde chromique teint en campêche. — Fond noir impression blanc enlevage de M. **Fries**, de Guebwiller. —

---

[1] À la même époque (1812), MM. **Dollfus-Mieg et C°** imprimaient sur toile huilée des dessins cravates rouges et noirs. Le fond rose qui sortait de teinture était blanchi par exposition sur pré et passage en chlorure de potasse. — Les mêmes fabricants, au lieu de teindre les pièces en fond uni rouge d'Andrinople pour faire l'enlevage blanc dans la cuve décolorante, mordançaient les étoffes huilées à l'acétate d'alumine, imprimaient un blanc rongeant, et après teinture passages en son, en chlorure de potasse et exposition sur pré.

Fond noir avec blanc enlevage de M. **Steckler,** de Rouen. — Fond noir avec blanc réserve de M. **R.** et **Th. Peel,** de Manchester. — Fond blanc impression noir campêche fixé au chromate. — Fixé à la chaux. — Fond gris, impression noir. — Fond gris, blanc enlevage sous gris et noir. — Fond gris impression noir et blanc enlevage sur gris.

Quercitron. Fonds unis teints en jaune. — Fonds unis olive, réséda, feuille d'acanthe. — Fonds unis jaunes, olive, réséda, acanthe, avec impression blanc enlevage. — Fonds réséda. — Mordant du fer et d'alumine teint en quercitron.

Échantillons. Oxyde chromique teint en quercitron. — Réséda clair. — Réséda foncé.

Graines de Perse.

Échantillons. Fond réséda à la graine de Perse. — Olive. — Acanthe. — Jaune. — Fond blanc réséda.

Matières astringentes ou brunes. Noix de galle. — Sumac. — Fustet. — Écorce de grenade. — Mirobolan.

Échantillons. Mordants de fer et d'alumine teints en sumac. — Teints avec la noix de galle. — Mordant d'alumine teint en fustet. — Mordant de fer teint en fustet. — Mélange de mordant de fer et d'alumine teint en fustet. — Mordants de fer et d'alumine teints avec la racine de grenadier.

Couleurs mixtes.

Verts. *Bleu d'indigo et jaune de chrôme.* — Fond vert au plombate avec impression blanc réserve. — Fond vert de chrome avec impression blanc enlevage. Invention due à M. **Mercer,** de Manchester. — Fond blanc avec impression vert solide au chromate. Invention anglaise, qui a été suivie de près du bleu d'application solide.

Bleu d'indigo et jaune végétal à base d'alumine ou d'étain. — Fond vert avec blanc réserve. — Blanc enlevage au chromate. — Fond blanc avec impression vert solide. — Le premier vert solide fut imprimé au rouleau, en 1808, et c'est à M. **Widmer** qu'on en doit la découverte. Il fut désigné sous le nom de *vert faïencé,* parce que son inventeur l'obtenait en introduisant dans le bleu faïencé une certaine quantité d'oxyde stanneux, qui restait en combinaison intime avec l'étoffe durant toutes les opérations de la fixation de ce bleu, et qu'on teignait ensuite dans une matière colorante jaune pour produire du vert. Un autre vert solide a été imprimé, en 1810, par la maison **Dollfus-Mieg et C°,** généralement connu sous le nom de vert à l'alumine. (Bleu de pinceau et aluminate potassique teint dans un bain de matière colorante jaune pour être transformé en vert [1].) — Vert à l'étain appelé vert faïencé. — Vert formé de la combinaison du bleu de cuve et de l'oxyde ferrique. — Bleu de Prusse et matières colorantes jaunes. — Sulfate d'indigo et jaune végétal. C'est à **Haussmann** que l'on doit ce vert, désigné sous les noms *vert pistache* et *vert pomme.* — Fond vert au solanum de Guinée. — Hématine et matières colorantes jaunes. — Fond vert américain avec impression blanc enlevage au réserve. — Fond vert myrte avec impression blanc enlevage. — Fond blanc, impression vert américain, myrte, etc.

Échantillons. Fond vert au chromate plombique avec impression blanc enlevage. — Fond blanc impression vert solide. — Fond blanc vert faïencé au rouleau (vol. III, p. 455). — Fond vert avec impression blanc enlevage au chromate. — Fond vert avec impression blanc enlevage au chromate. — Fond vert-pistache avec impression blanc enlevage sur mordant. — Fond vert ou gris américain au baquet. — Fond blanc vert myrte.

Nuances complexes qui résultent de l'association des matières colorantes jaunes

---

DA [1] M. **Persoz** dit : inventé, en 1810, par la maison **Dollfus-Mieg et C°.** — J'ai mis à la place du mot *inven[té],* celui de *imprimé.*

Dans cette fabrique, en 1810, le coloriste **Grossmann** n'était pas de force pour cette invention. — La recette a été achetée et tenue secrète quelque temps.

avec les matières colorantes rouges, de la garance, de la cochenille, des bois rouges, etc.
Échantillons. Mordant d'alumine teint en quercitron. — Teint en quercitron, puis passé
dans un bain de garance. — Le même, passé dans une solution de sulfate ferreux. —
Mordant d'alumine et de fer teints en quercitron et garance. — Le même en excès de
matières colorantes. — * Fond cannelle résultant de l'emploi immédiat d'un mordant. —
* Fond cannelle résultant de l'emploi successif des mordants. — * Fond cannelle avec
impression bleu enlevage en réserve. — Fond cannelle avec impression blanc enlevage
garance en excès. — Fond cannelle avec impression blanc enlevage quercitron en excès.
— Le même moyenne des deux couleurs. — Fond blanc avec impression brun
(Munster). — Mordants d'alumine et de fer teints dans un mélange de garance et de
racine de grenadier. — Fond puce au bois; blanc réserve. — Oxyde chromique teint
en garance et en quercitron *.

Association de rouge et bleu.

Échantillons. Fond violet évêque. — Fond violet au bois avec impression blanc enlevage
sur mordant. — Fond blanc avec impression violet garancé, transformé par le cyanure. — Fond brun avec impression blanc enlevage au chromate, sur bleu de cuve et
mordant d'alumine teint en garance et quercitron.

La maison **Barbet**, de Jouy, a fabriqué, en **1831-1832**, un fort joli genre dans lequel
le cachou, associé à l'alumine et à l'étain, jouait le rôle de mordant. Plus tard,
MM. **Haussmann** ont exécuté, à la machine à deux couleurs, un article grenat et
noir, facile à obtenir et d'un très-bel effet.

Noirs et association harmonique des couleurs primitives. — Combinaison du bleu de
cuve avec le fin rouge. — Bleu de cuve et cachou. — Bleu et bistre. — Acétate d'indigo
et matières colorantes rouges. — Bleu de Prusse et rouge turc. — Réaction de l'oxyde
ferrique sur les matières colorantes rouges (garance, cochenille, etc.). — Réaction
du même oxyde sur les matières jaunes et astringentes. — Combinaison de l'oxyde
aluminique très-légèrement ferruré, avec l'hémantine convenablement oxydée. —
Réaction de l'oxyde chromique sur l'hémantine, en présence d'une faible proportion
d'alumine qui sert de base à la couleur. — Action combinée de l'oxyde ferrique et de
la chaux sur l'hémantine. — Action combinée des oxydes ferrique et aluminique
pour les matières colorantes réunies.

Gris à la cochenille, — de grenade ou gris argentin, — au fustet et au sumac, — au
campêche et à la noix de galle, — à l'orcanette. — Gaude et sumac. — Gaude et quercitron. — Gris au quercitron, — par transformation. — Tourterelle. — Tourterelle à
la cochenille et au quercitron. — Tourterelle à la garance et au sumac. — Nuance thé.
— Nuance olive clair. — Nuance saumon.

Mordant cachou. — Mordant d'étain. — Mordant cuivrique. — Mordant noir. — Mordant
de chrome. — Mordant bleu.

Échantillons. Gris au quercitron obtenu par transformation. — Tourterelle à la cochenille
et au quercitron. — Tourterelle à la garance et au sumac.

TOME QUATRIÈME.

§. 11. — COULEURS FIXÉES PAR LA VAPEUR.

L'art de fixer et de rendre les couleurs adhérentes aux tissus par l'intermédiaire de la
vapeur d'eau est une invention moderne. Les premiers essais qui furent tentés à ce
sujet datent de la fin du siècle dernier; ils eurent lieu en Angleterre. — Dans son
ouvrage sur la teinture, publié en 1797, Bancroft parle déjà d'un imprimeur qui
fixait à la vapeur des couleurs appliquées directement sur casimir, et dans son mémoire

D.A * Les fonds cités, précédés d'un astérique (*), manquent dans l'ouvrage.

sur le quercitron, il rapporte comment il est parvenu lui-même à fixer directement le principe de cette matière colorante. Voulant produire sur drap une impression jaune, il imprima une décoction concentrée de quercitron, à laquelle il avait ajouté une certaine quantité de composition d'étain (nitro-sulfate), et après avoir recouvert de papier la surface imprimée, afin d'éviter les rapplicages, il enroula le drap lui-même et l'introduisit dans un sac en coutil, d'un tissu très-serré et dont les fils, préalablement cirés, avaient été rendus imperméables à l'eau, puis, en exposant ce sac, hermétiquement fermé, à l'action de ce liquide en ébullition durant 15 à 20 minutes, il parvint à appliquer à l'étoffe un jaune aussi solide que si l'on l'eût fixé par la teinture. Des impressions ainsi conduites, de la même préparation sur un fond bleu, lui donnèrent des dessins verts, qu'il réalisa encore en déposant du sulfate d'indigo sur un fond jaune.

Les premières impressions de cette espèce sur laine paraissent avoir été faites, en 1810, sur tissus mérinos, en dessins riches, imitation des châles cachemires, dans la maison **Dollfus-Mieg et C⁰**, sous la direction de **M. Georges Dollfus**. Après avoir imprimé les couleurs sur l'étoffe, on se servait d'un fer chaud (fer à repasser) pour en déterminer la fixation; mais ce procédé ne conduisait pas au but désiré; les couleurs, tout en prenant assez de vivacité, n'adhéraient point assez fortement au tissu pour résister au lavage. Plus tard, **M. Georges Dollfus**, se trouvant à Paris, fit, de concert avec un nommé **Loffet**, de Colmar, des essais en vue de remplacer la chaleur du fer à repasser par celle de la vapeur d'eau. A la suite de l'impression, ils pliaient les châles chargés de couleurs, en les doublant entièrement de flanelle et les exposaient dans cet état à l'action de la vapeur d'eau dans une caisse en bois de sapin, ajustée au-dessus d'une chaudière contenant de l'eau en ébullition.

Ce nouveau procédé de fixage des couleurs prit en quelques années le plus grand essor; dès 1810 on s'en servait pour imprimer une grande quantité d'étoffes de soie et de laine, dans les environs de Paris, à Beauvais et au Logelbach : des récompenses étaient décernées par le jury d'Exposition à MM. **Haussmann** pour leurs impressions sur soie, et à **Loffet** pour ses dessins cachemires exécutés sur mérinos. C'est ce dernier qui transmit cette industrie en Angleterre et y réalisa, en l'y faisant connaître, des sommes considérables [1].

DA [1] Les premières impressions sur laine ont été faites, en France, en 1814 (et non en 1810), sur tissus mérinos en dessins riches, imitant des châles cachemires, dans la maison **Dollfus-Mieg et C⁰** (à Dornach), sous la direction et d'après les procédés de M. **Georges Dollfus**.

À cette époque, je faisais mes premières armes en chimie appliquée à la coloration des étoffes, dans la fabrique de **Dollfus-Mieg et C⁰**. Je préparais les couleurs d'impression sur laine : suivant les recettes transmises par **Georges Dollfus**.

1ʳᵉ Opération. Immersion des tissus mérinos croisés dans une solution très-étendue de sel d'étain (chlorure stanneux), suivie directement, sans lavage, d'un passage en acide sulfurique très-faible. Lavé et séché.

2ᵉ Étoffe coupée, grandeur de châles carrés ou longs, et fixée sur des cadres en bois. Châssis en toile cirée. Drap de table couvert de toile cirée.

3ᵉ Couleurs. *Rouges.* Décoction de cochenille plus ou moins concentrée; après l'épaississant, ajouter de l'acide oxalique. — *Bleus.* Acétate d'indigo. — *Jaunes.* Décoction de graine de Perse, ajoutez de l'alun. — *Orange.* Cochenille et graines de Perse. — *Violet.* Cochenille et acétate d'indigo. — *Vert.* Graines de Perse et acétate d'indigo. — *Noir.* Graines de Perse, cochenille, acétate d'indigo : ce dernier ajouté après l'épaississement avec amidon des deux premiers. — Ces couleurs étaient épaissies à l'amidon ou à la gomme, et appliquées deux fois à l'impression.

4ᵉ Vaporisage. Plier les châles en les doublant de flanelle, et les placer dans une caisse carrée en bois de sapin, ajustée au-dessus d'une chaudière en ébullition. Soumettre à la vapeur pendant une heure.

5ᵉ Laver à l'eau courante.

Les couleurs étaient très-altérées. Le fond blanc de l'étoffe, mal blanchi (simplement passé à l'acide sulfureux), laissait beaucoup à désirer : par suite du passage à la vapeur, il prenait une teinte jaunâtre de laine écrue très-prononcée.

En 1819, j'ai rencontré, à Manchester, M. **Nicolas Dollfus** et son fils, qui se trouvaient en Angle-

Fixage au tonneau ou à la cuve. — Fixage à la colonne. — Fixage à la chambre. — Fixage à la guérite.

Couleurs vapeur sur calicot.

Parmi les couleurs qu'on fixa à la vapeur, il en est qui n'ont besoin que d'être directement appliquées sur l'étoffe, tandis que d'autres réclament une préparation préalable du tissu, qui se fait tantôt avec des composés aluminiques, tantôt avec des composés stanniques.

Rouges vapeur. Rouge au fernambouc. — Rose au fernambouc. — Rouge au sappan. — Rose à la cochenille. — Rouges d'application solides (rouges vapeur garance'. — En 1831, **Gastard**, de Colmar (chimiste dans la fabrique de M. **Staehler**, de Rouen), prit un brevet, sous date du 24 novembre même année, pour imprimer en grand des rouges de garance solides (permanents).

Échantillons. Rouge vapeur au fernambouc. — Rose vapeur au fernambouc. — Rose vapeur à la cochenille, imprimé sur toile préparée. — Rose d'application solide de M. **Gastard**, de Colmar, imprimé dans la maison **Staehler**, de Rouen. — Rouge d'application solide sur fond noir campêche, de MM. **Girardin** et **Grelley**.

Jaunes vapeur. Jaune au quercitron. — Graine de Perse. — Chamois.

Violets vapeur. Au campêche et au fernambouc. — Campêche. — A la cochenille.

Bleus vapeur. — **Hargreaver** et **Dugdale**, 1815-1820, ont imprimé les premiers du bleu vapeur cyanure jaune (prussiate de potasse jaune), épaissi et additionné d'acide tartrique [1].

Échantillons. Bleu vapeur sur toile non préparée. — Bleu vapeur sur toile préparée (bleu de France).

Nankins et oranges vapeur. Nankin. — Orange à la graine de Perse et au bois. — Orange au rocou.

Échantillons. Orange vapeur au bois et à la graine de Perse.

Verts vapeur. Vert ordinaire. — Verts qui dérivent de la préparation bleue (acide ferro-cyanique impur). — Vert à l'étain dit vert anglais.

Échantillons. Vert vapeur à l'étain.

Olives vapeur. Olive. — Pistache. — Réséda.

Puces vapeur. Fixé au chromate. — Puce au nitrate cuivrique.

Échantillons. Puce vapeur.

Bois vapeur. Cachou vapeur. — Au sumac. — A la graine de Perse. — Thé vapeur.

Échantillons. Cachou vapeur. — Thé vapeur.

Noirs et gris. Noir. — Noir anglais. — Gris. — Gris au cachou. — Gris au campêche.

Échantillons. Noir vapeur. — Gris vapeur.

Couleurs vapeur sur laine, pages 69 à 123.

Couleurs vapeur sur chaîne coton, pages 123 à 149.

Couleurs vapeur sur soie, pages 149 à 162.

. . . . . Après avoir fait connaître les couleurs *vapeur* qui s'appliquent sur les diverses espèces de fibres et indiqué les moyens de les fixer, nous devons examiner à un point de vue général les procédés à employer pour *prévenir l'adhérence* de ces couleurs sur les points de l'étoffe où l'on veut réaliser des impressions *réserve* ou des impressions *enlevage*.

. . . . . . Les réserves dont on se sert sont toujours appelées à jouer un rôle mécanique ou

terre depuis quelque temps, pour vendre aux fabricants les procédés sur laine; il me dit : « Les Anglais fixent à la vapeur les couleurs imprimées sur laine et sur coton depuis un très-grand nombre d'années, et ni moi ni **Loffet**, nous n'avons fait la moindre affaire : « Vieux, connu » est la réponse qu'on nous fait. Heureusement que j'ai une seconde corde à mon arc : je vends la recette du rouge et rose de *Wesserling*, que je ne connais que de nom, et dont j'ignore les procédés. »

D.\ [1] En 1820, j'ai rapporté de Manchester la recette de ce bleu vapeur au cyanure jaune, que les Anglais imprimaient depuis quelque temps.

physique. En voici une qu'a employée avec succès M. F. Sace, pour opérer sur divers tissus la réserve des sujets les plus délicats ; malheureusement elle exige un rappliçage.

On imprime d'abord une solution de gomme à 750 gr. par litre eau, et l'on rapplique immédiatement une réserve ainsi préparée :

Dans 10 litres d'eau en fait fondre :

2º, 500 colle blanche.

3º, 840 gomme arabique, et l'on y délaye

4º, 020 craie.

4º, 020 terre de pipe.

Les corps que l'on emploie avec le plus de succès sont : La craie, — le phosphate et l'arséniate cuivrique. — le phosphate magnésique et zincique, — l'hydrate zincique, — le zincate potassique, — l'acétate zincique et calcique.

§ 11. — COULEURS D'APPLICATION FIXÉES PAR DES DISSOLUTIONS GOMMEUSES ET TOUJOURS PLUS OU MOINS PERMÉABLES A L'EAU.

Jean-Michel Haussmann a publié, dans le *Journal de physique*, t. XLVIII, p. 112, un travail extrêmement intéressant sur les *couleurs d'application*. Désirant affranchir de l'obligation où se trouve tout fabricant d'indiennes de blanchir ses tissus pour y imprimer des mordants dont la teinture exige un nouveau blanchiment des parties blanches, opération qui se faisait alors plus difficilement que de nos jours, il chercha le moyen d'imprimer et de fixer directement les couleurs sur les étoffes. Il trouva bientôt que, de tous les composés colorés, ceux qui se prêtent le mieux à ce genre d'impression sont les composés stannifères, et il démontra que les laques formées par les bois et la cochenille sont infiniment plus stables quand elles sont à base d'étain que lorsqu'elles ne renferment que de l'alumine ; qu'elles sont d'autant plus vives qu'on y introduit une certaine quantité d'acide ; enfin, qu'elles ne tardent pas à se ternir lorsqu'elles sont alcalines, que les laques, par exemple, auxquelles le fernambouc donne naissance, pâlissent, et que celles qui sont dues au campêche passent au gris.

J. M. Haussmann imprimait ses laques dissoutes, tantôt dans les alcalis, tantôt dans l'acide acétique ou dans le chloride hydrique ; mais ce qui est digne de remarque, c'est qu'il préparait ses toiles avant de les imprimer, en les foulardant dans un bain de savon ; après l'impression, il les exposait à l'air durant quelques jours ; les couleurs prenaient alors une grande stabilité. Il parle de l'application d'un *second rouge de garance*, obtenu par cette voie, qui ne laissait rien à désirer.

Rouges et roses d'application. Au bois de Sainte-Marthe. — Au fernambouc. — Au bois rouge. — Au sappan. — A la cochenille. — A la garance.

Échantillons. Rose d'application au fernambouc. — Rose d'application à la laque de garance, procédé **Henri Schlumberger.**

Jaunes d'application. Jaune de graine de Perse. — Orange de graine de Perse. — Le même, graine d'Avignon.

Échantillons. Jaune d'application. — Orange d'application à la graine de Perse.

Bleus d'application. A l'étain.

Échantillons. Bleu d'application à l'étain.

Violets d'application. Au campêche.

Échantillons. Violet d'application au campêche.

Verts d'application. Jaune d'application à la graine de Perse, acétate d'indigo et acétate aluminique. — Même jaune d'application avec le bleu de Prusse d'application — Jaune de chrôme avec le bleu de Prusse en pâte ou préparé. — Décoction de campêche, de jaune à la graine (ou au bois) et un sel cuivrique. — Vert au chromate, — au campêche et à la graine de Perse.

Échantillons. Vert d'application au campêche.

Couleurs d'application rendues mécaniquement adhérentes et qui ne sont point attaquées par l'eau.

...... Le moyen d'application dans lequel on fait usage d'une espèce d'encre grasse est le plus généralement utilisé, et c'est par ce procédé que beaucoup d'Européens ont imité d'abord les productions de l'Inde. MM. **Koechlin-Schmalzer**, qui furent, en 1740, les premiers fabricants d'Alsace, n'imprimaient pas autrement à leur début ; ils déposaient sur de grossiers tissus des couleurs à l'huile siccative et au vernis [1].

...... L'agent mécanique le plus usité pour la fabrication de ces couleurs est le blanc d'œuf. Après l'impression et la dessiccation de la couleur, on vaporise; l'albumine, en se coagulant dans les pores du tissu, y maintient la couleur qu'elle tenait en suspension. — Depuis quelques années, on imprime de cette manière, dans un établissement près de Paris (la Glacière), beaucoup de couleurs de cette espèce, et particulièrement des bruns à la terre de Sienne et des bleus à l'outremer artificiel [2].

Échantillons. Bleu d'outremer fixé au blanc d'œuf. — Brun à la terre de Sienne fixé au blanc d'œuf.

§. 12. — FABRICATION DES GENRES COMPOSÉS.

Fonds blancs, couleurs d'application solides (persistantes).
Bleu solide et cachou. — Cachou et vert d'application. — Bleu et rouille.
Échantillons. Fond blanc, impression cachou, et bleu d'application solide.

Fonds blancs, couleurs vapeur et suivantes.
Échantillons. Impression à la machine à cinq couleurs par **Simpson, Langton** et **Young,** de Manchester. — Impression à la machine à six couleurs, dont trois avec des rouleaux gravés en creux, et trois avec des rouleaux gravés en relief. — Même genre, fond couvert. — Imprimé à la machine à cinq couleurs, dont trois avec des rouleaux gravés en creux, et deux avec des rouleaux gravés en relief. — Imprimé à la machine à six couleurs, quatre par des rouleaux gravés en creux, et deux par des rouleaux gravés en relief. — Bleu, orange et puce. — Fond blanc riche, rose à la cochenille. — Même genre, rose au bois. — Velours impression rouge, puce et bleu.— Velours impression noir, rouge et jaune. — Velours impression noir, rouge, puce, jaune et bleu. — Noir et lilas fondus au rouleau sur mi-laine. — Chaîne coton orange et violet fondus. — Chaîne coton vert et violet fondus. — Laine, impression genre cachemire riche. — Soie, violet et ponceau vapeur. — Soie, bois et violet. — Soie, vert et amaranthe.

Fonds blancs garancés enluminés. Les premiers articles fond blanc avec enluminage, blanc et vert solide au chrome, remarquables par la pureté de leurs nuances, ont été exécutés, en Alsace, par les maisons **Grosjean — Nicolas Koechlin frères — Hartmann et fils.** — En 1820-1830, mais surtout en 1832-1834, on a exécuté sur jaconas et mousselines des dessins de très-bon goût, dans lesquels les couleurs garancées étaient accompagnées de couleurs d'enluminage solides bleu, vert, jaune de chrome, oxyde ferrique et cachou. MM. **Koechlin frères** ont imprimé alors des genres extrêmement chargés, d'une grande richesse.

Échantillons. Fond blanc garancé avec enluminage vert solide. — Même genre avec en-

DA [1] Voyez vol. II, Manuscrit de **Ryhiner de Bâle** et *Fabrication d'étoffes*, imprimé à Augsbourg, par **Jean-Henri de Schüle**, qui ne font aucune mention de ce genre d'impression — On imitait, déjà au commencement du dix-huitième siècle, les toiles peintes des Indes par impression de mordants d'alumine et de fer, que l'on teignait en garance : les nuances obtenues étaient persistantes et se lavaient parfaitement.

DA [2] L'impression, en Alsace, des couleurs au blanc d'œuf date de 1845. — On l'a remplacé plus tard par l'albumine d'œuf concret, par l'albumine de sang, le gluten, etc.

luminage bleu et vert solide. — Même genre avec enluminage bleu et vert vapeur. — Fond blanc garancé avec enluminage cachou, bleu, jaune et vert solide. — Le même avec enluminage cachou, jaune, bleu et vert vapeur. — Fond blanc garancé avec enluminage de bandes couleur vapeur.

Fond blanc garancé enluminé (meuble riche).

Fonds blancs enluminés avec couleurs d'enluminage déposées et fixées avant le garançage.

Échantillons. Fond blanc, impression rouge, puce et cachou. — Même genre.

Genre dit soubassement.

Combinaison d'un genre fond blanc, impression couleur foncée, avec celle d'un mi-fond ou fond clair qui la recouvre sans en influencer sensiblement les nuances.

Noir d'application supportant la teinture, etc.

Échantillons. Fond blanc, impression noir et rouge, transformé en fond rose carthame. — Fond blanc garancé, transformé en mi-fond fondu orange de chrome.

Genres qui résultent de la combinaison d'un genre fond blanc, impression rouge, rose ou autres couleurs claires, et un fond ou mi-fond de couleur capable de les modifier.

Échantillons. Fond blanc garancé, enluminé avec soubassement lilas. — Fond blanc garancé, enluminé avec soubassement bleu d'application solide. — Fond blanc garancé avec mi-fond couleur myrte. — Fond blanc garancé avec mi-fond gris.

Fonds blancs garancés avec blanc enlevage. Les corps réservants, dont on fait spécialement usage dans ces genres, sont : Tartrate chromique. — Acide citrique ou jus de citron. — Citrate potassique ou sodique. — Arséniate potassique, calcique, craie, terre de pipe, savon, eau de gomme et quelque peu de corps gras. — Soubassement bleu d'application solide. — Bleu de pinceau. — Vert solide au chromato plombique. — Carthame blanc réserve. — Cachou blanc réserve (1833-1834). — Rouille chamois. — Gris de chrome (1832-1833, **Camille Koechlin**). — Distre. — Gris de chrome. — Orange au sulfide antimonique. — Vert à l'arsénite cuivrique. — Jaune ou orange de chrome. — Bleu de Prusse. — Fond cochenille. — Violet orcanette. — Gris au campêche. — Jaune bon teint. — Mi-fond obtenu soit de matières astringentes, soit d'un mélange de diverses matières colorantes.

Échantillons. Mi-fond rouille. — Vert arsénite cuivrique. — Fond orcanette. — Mi-fond complexe. — Deux autres échantillons, même genre.

Fonds blancs garancés avec mi-fond soubassement sujet blanc réservé par la gravure, ou rentré à la planche. Fond cachou. — Vert à l'arsénite cuivrique. — Vert pomme. — Jaune bon teint. — Aventurine. — Couleur bois. — Olive. — Beurre frais. — Nankin. — Gris bleu, gris tendre, etc., etc.

Échantillons. Fond cachou rentré. — Arsénite cuivrique rentré.

Mordants rouges réserve sous fond ou mi-fond violet (rouge rongeant, rouge résiste).

Échantillons. Rouge et puce garancine avec soubassement violet au rouleau. — Fond blanc garanciné avec rouge faisant réserve sous lilas. — Fond lilas, impression noir avec blanc et rouge réserve. — Blanc et rouge réserve sous mille-raies violet au rouleau (enluminage vapeur). — Mordant rouge réserve avec violet et noir. — Fond double rose, avec enluminage bleu jaune et vert vapeur (genre panama).

Fonds enluminés.

Fonds bleus. Avec dessin rose carthame (safflor). — Impression jaune et orange de chrome faisant réserve ou enlevage avec bleu ; ce genre est généralement désigné sous le nom de **Walter Crum**, celui des fabricants qui l'a le plus largement exploité et en a porté la fabrication au degré de perfection qu'elle a acquis de nos jours.

Échantillons. Fond gros bleu avec impression blanc réserve et orange faisant réserve

sous bleu. — Même genre. — Fond gros bleu avec impression petit bleu réserve et
orange réserve. — Fond gros bleu avec impression petit bleu réserve et jaune réserve. — Même genre. — Même genre. — Fond bleu avec impression blanc réserve,
sur lequel on a superposé un fond rouge garancé. — Fond bleu enluminé. — Gros
bleu enluminé, couleurs garancées rentrées dans le fond bleu. — Gros bleu avec impression blanc réserve, destiné à recevoir les couleurs d'enluminage. — Gros bleu avec
impression blanc réserve, dans lequel on a rentré une réserve petit bleu. — Gros bleu
avec impression petit bleu et blanc, prêt à recevoir l'impression des mordants, qui
doivent être teints en garance. — Gros bleu, impression blanc et petit bleu réserve,
avec rentrure de mordants rouge et rose. — Le même teint en garance. — Le même
enluminé (gros bleu enluminé).

Lapis, impression mordants réserve. En 1809, MM. **Hartmann et fils**, à
Munster (Haut-Rhin), furent mis en possession, par une maison anglaise, d'un genre
fond bleu clair, dans lequel se trouvaient enchâssés orange et noir garancés, qu'ils imi-
tèrent bientôt en copiant exactement le dessin, qui était d'origine indienne. Le bleu de
ce fond, sans jouir de l'éclat et de la vivacité du bleu d'outremer (*lapis lazuli*) fit cependant donner à ce genre le nom de *lapis*, qu'il a conservé jusqu'à ce jour.

Échantillons. Lapis première époque. — Lapis deuxième époque. — Lapis troisième
époque. — Lapis avec rose cochenille d'enluminage de **J. Thompson**, de Primerose
(Angleterre). — Lapis avec impression cachou — Lapis avec jaune et rose d'application. — Fond blanc, impression mordant rouge enlevage (lapis enlevage). — Fond
vert, impression mordant rouge enlevage (lapis enlevage). — Fond bleu moyen, impression blanc réserve, avec enluminage vert pistache.

Fonds verts enluminés.

Échantillons. Fond bleu cuvé, transformé en fond vert enluminé. — Fond gros vert avec
enluminage cachou, petit bleu, blanc et jaune. — Fond gros vert avec enluminage
rouge, orange, bleu et blanc. — Fond vert myrte avec enluminage blanc, bleu et
abricot. — Fond vert ou plombate avec impression noir et blanc réserve.

Fonds cachou enluminés. Enluminage bleu. — Enluminage bleu cuvé, rouille et
blanc (fond *cacao*), 1835, **J. Schlumberger jeune**, à Thann. — Fond cachou enluminage de couleurs garancées. — Enluminage rose et lilas cochenille.

Échantillons. Fond cachou enluminage rouge et puce.

Fonds rouille enluminés.

Fonds aventurine.

Échantillons. Aventurine à l'oxyde ferrique avec impression noir et blanc enlevage.

Fonds bistre enluminés.

Échantillons. Fond bistre, blanc enlevage, recouvert d'un fond uni cochenille. — Avec
enlevage blanc, jaune, orange, rouge, bleu et vert. — Fond bistre avec impression
rouille et jaune enlevage. — Blanc, bleu et rouge enlevage. — Lapis fond bistre
(tête de Maure), 1835. — Lapis fond blanc bistre, enluminage bistre, blanc, rouille et
jaune.

Fond gris de chrome enluminé.

Fonds jaune et orange de chrome enluminés.

Échantillons. Fond orange de chrome avec impression jaune, violet, bleu et blanc enlevage.

Fonds à l'arsénite cuivrique enluminés.

Genre bleu de Prusse. Fond bleu de Prusse avec impression jaune enlevage. —
blanc réserve. — Fond bleu de France avec impression ponceau, orange et gris sur
laine.

Échantillons. Fond bleu de Prusse jaune enlevage. — Blanc et jaune enlevage à la presse
écossaise de M. **Muir Brown et C°**, de Glascow. — Fond bleu de France avec impression ponceau, orange et gris sur laine.

Fonds garancés enluminés. Les premiers fonds rouges turc (rouge d'Andrinople sur toiles huilées) ont été imprimés, en 1810, dans la maison **Nicolas Köchlin et frères** (Mulhouse); les sujets se composaient de palmettes noir d'application sur fond rouge. L'année suivante, **N. Daniel Köchlin**, ayant découvert le moyen d'obtenir des impressions *blanc enlevage sur rouge turc*, y ajouta bientôt le *bleu enlevage* (au bleu de Prusse).

Noir d'application sur rouge turc. — Blanc enlevage sur rouge turc. — Bleu enlevage. — Jaune de chrome enlevage sur rouge turc. — Vert enlevage sur rouge turc.

Échantillons. Fond rouge turc, impression blanc et bleu enlevage prêt à passer en cuve décolorante. — Le même, passé en cuve décolorante (chlorure de chaux). — Impression blanc et bleu enlevage, passé en cuve décolorante et ensuite en chlorure de soude faible pour purifier le blanc. — Même échantillon avec jaune d'application. — Même échantillon, dans lequel on a rentré en dernier lieu du noir d'application. — Fond rouge turc, avec impression noir, blanc, bleu et jaune enlevage de M. **Steiner** (de Manchester). — Impression noir, bleu, blanc enlevage au rouleau de M. **Steiner.**

Fond ou mi-fond violet avec impression jaune enlevage à la cuve décolorante (genre aladin), 1810. Sur toiles ordinaires et sur toiles huilées.

Fonds divers enluminés.

Échantillons. Violet au bois, enlevage blanc et jaune à la presse écossaise. — Fond noir enlevage blanc, superposé un fond uni carthame. — Fond noir enlevage blanc, superposé un fond uni rose cochenille. — Fond puce blanc réserve, fond uni rose au bois. — Le même fond puce, superposé un fond bleu uni. — Fond puce, blanc enlevage ou blanc réserve, sur lequel on a superposé un fond bleu uni, et ensuite un fond jaune pour produire du vert. — Fond puce blanc réserve. — Fond puce blanc réserve, sur lequel on a superposé un fond bleu avec impression blanc et cachou réserve.

Fonds noirs et puce enluminés en couleurs garancées, vapeur ou d'application.

Échantillons. Mordant de fer pour fond noir, imprimé et boué avec addition de quercitron. — Fond noir avec blanc réservé par la gravure, teint et prêt à recevoir la rentrure des mordants fin rouge et petit rouge. — Fond noir, dans lequel on a rentré les mordants fin rouge et petit rouge. — Le même, teint en garance. — Le même, avivé. — Fond noir avec enluminage couleurs garancées et couleurs vapeur. — Mordant rouge enlevage sur mordant de fer teint en fernambouc et matières astringentes (échantillon manque). — Fond noir fixé à la chaux avec enluminage cachou. — Le même, fond noir avec enluminage rose vapeur. — Fond puce enluminage blanc et, double bleu vapeur (échantillon manque). — Mordants pour fond gros de Naples imprimés et boués. — Le même, teint. — Teint et enluminé. — Gros de Naples teint et enluminage rouge foncé, orange, jaune et bleu (**J. Schlumberger jeune,** 1830).

Imitation au rouleau des ombrées par teinture.

Fonds olive, réséda, merde d'oie avec enluminage de matières colorantes jaunes astringentes.

Jaune enlevage sur olive. — Orange d'application faisant enlevage sur toute espèce de fonds à base de fer.

Échantillons. Fond gris, avec enluminage brun, rose et vert enlevage, sur lequel on a appliqué un mille-raies blanc opaque.

Fonds enluminés sur tissus de soie et de laine.

Échantillons. Fond groseille fondu, avec vert fondu et orange. — Fond rouge teint avec impression noir vapeur. — Fond brun enluminage vert, obtenu par l'impression d'un fond puce vapeur sur un fond uni vert réalisé par la teinture. — Genre **Bonvalet,** fond vert, impression orange par l'acide nitrique. — Genre **Bonvalet,** fond rouge, impression noir.

...... On imprime, depuis près d'un siècle, sur étoffe de laine, drap, flanelle, etc., des couleurs que l'on y fait apparaître en relief. Monvalet, inventeur de ces impressions qui ont reçu son nom, exerçait cette industrie dès 1765, aux environs d'Amiens. M. Ternaux avait aussi, dans son château de Saint-Ouen, il y a une quinzaine d'années, plusieurs presses affectées à ce genre d'impression, à l'aide desquelles il réalisait, particulièrement sur drap; des impressions jaune sur fond bleu ou noir, ou noir sur fond bleu, rouge et autre couleur claire.

№ 13. — COULEURS CONVERSION.

Conversion opérée mécaniquement. — MM. Vérité et Moisset, de Beauvais, se sont fait délivrer un brevet, à la date du 27 avril 1820. Impression à une ou plusieurs couleurs avec dégradation de teintes.

On commence d'abord par appliquer, comme cela se pratique ordinairement, au moyen d'une planche le sujet que l'on veut imprimer; ensuite on applique sur cette teinte plate, pendant qu'elle est encore humide, une autre planche, sur laquelle on a fait graver et sculpter toutes les parties du dessin, puis on exerce, par un moyen quelconque, une pression sur cette planche; il en résulte que les parties les plus saillantes de la planche gravée et sculptée repoussent, par l'effet de la pression, la couleur qui rentre dans le tissu et qui sort même par l'envers, et comme la couleur pénètre dans l'épaisseur du tissu, d'autant plus qu'elle est plus fortement pressée, il en résulte que les endroits du dessin sur lesquels la pression de la planche doit s'exercer davantage perdent de leur teinte du côté de l'endroit de l'étoffe, et que l'envers s'empare et se colore de la couleur repoussée plus ou moins fortement. Par la suite de cet effet, la dégradation des teintes dépendra uniquement de la forme de la gravure et de la sculpture qui seront pratiquées sur la planche gravée. — M. Broquet a perfectionné ce procédé, et à l'Exposition de 1844, cet habile fabricant produisait des tissus de diverses espèces qui excitèrent à un haut degré l'intérêt et la curiosité : c'étaient des étoffes imprimées à deux ou trois couleurs avec effets de double teinte, résultant de l'application d'un sujet qui passait indifféremment sur ces diverses couleurs, qu'elles fussent appliquées, vaporisées ou teintes. Qu'a-t-il donc fallu faire pour obtenir un aussi beau succès? Tout simplement ajouter à l'effet de la pression du procédé Vérité et Moisset l'emploi d'une solution gommeuse qui, appliquée avec la planche à l'aide de laquelle on désire réaliser la double teinte, force la couleur déposée en premier lieu à s'enfoncer dans les pores, et, partant, à diminuer d'intensité. La conversion accomplie, on fixe les couleurs selon le mode qui leur convient, sans que l'eau de gomme y mette aucun obstacle. — Cette méthode a été plus tard exploitée sur la plus grande échelle, tant en France qu'à l'étranger; ce genre a pris le nom de *frappé*.

Les conversions mécaniques, après la teinture, se réduisent à des effets de *gaufrage* ou de pression réalisée sur les points où l'on veut obtenir des teintes plus faibles.

Échantillons. Conversion mécanique (frappé Broquet) fond outremer double nuance. — Fond brun double nuance (frappé Broquet). — Fond rose double nuance. — Velours avec conversion mécanique après la teinture : gaufrage (embossed) par MM. Butterworth et Brooks, de Manchester.

Conversions opérées chimiquement.

Échantillons. Conversion réalisée sur mordant, bandes roses impression rouge conversion. — Bandes violet clair impression violet foncé. — Bandes violettes qui, en se coupant, sont devenues plus foncées à leur point d'intersection. — Bandes roses qui, se coupant, sont devenues plus foncées à leurs points d'intersection. — ' Mordant violet pouvant passer au brun. — ' Mordant rose passant au brun. — Violet garancé avec

DA ¹ L'astérique (*) indique l'absence de l'échantillon.

conversion brun cachou. — Rose conversion bleu de Prusse. — Décoction de matières colorantes imprimées en bandes qu'on a coupées par une solution de bichromate potassique. — Violet et cachou avec conversion violet et cachou foncé. — Bois et olive vapeur avec conversion bois et olive foncé. — Fond blanc, impression fin rouge, avec conversion rose réalisée après la teinture. — Bandes fin rouge foncé, garancé et avivé, coupé par des bandes rouille. — Bandes fin rouge garancé coupées par des bandes rouille, sur lesquelles on a imprimé de l'acide oxalique qui a converti en violet les parties rouges recouvertes de rouille. — Bandes fin rouge garancées avec addition de noix de galle, et sur lesquelles on a superposé des bandes rouille qui ont développé du noir au point d'intersection. — Bandes fin rouge garancées avec addition de quercitron, et sur lesquelles on a superposé des bandes rouille qui ont développé du noir aux points d'intersection. — Bandes violettes garancées, converties en vert par des bandes jaunes enlevage qui les coupent perpendiculairement. — Bandes puce garancées, converties en vert par des bandes jaunes enlevage qui les coupent perpendiculairement. — Vert d'application solide avec impression lilas cochenille conversion. — Fond rouge turc avec couleur enlevage bleu conversion, gros bleu et vert.

Appendice à la fabrication en particulier.
Calandre de l'invention de M. **Charles Dollfus** (1830). — Machine à lustrer les étoffes (dite à lisser), fonctionnant dans la fabrique **M. J. Feies.** — Presse pour apprêter les étoffes de laine et mi-laine. Ces presses ont des plaques qui, chauffées à la vapeur, donnent à la fibre, par l'effet combiné de la chaleur et de la pression, une direction uniforme.

Essai des couleurs déposées sur les étoffes, pages 525 à 551.

Additions. *Échantillons.* Fond blanc, rouge et violet garancé avec enluminage vert vapeur (1840). — Fond blanc impression rouge garancé, sur lequel on a superposé un fond chamois. — Fond blanc puce, sur lequel on a superposé un fond chamois impression blanc réserve. — Fond blanc vert solide au chromate plombique, sur lequel on a superposé un rose cochenille. — Fond bleu impression blanc réserve, sur lequel on a superposé un fond orange avec blanc enlevage. — Fond brun, fabrication décrite, § 835, p. 383. — Fond bleu de France fixé à la vapeur avec noir et blanc réserve (1846). — Double rouleau fond rose vapeur sur chaîne coton (1846). — Fonds ou ombrés par teinture de M. **Jourdan** (1846). — Deux autres spécimens fonds ou ombrés par teinture (1840).

ᵖ. 14. — ESSAI DES COULEURS DÉPOSÉES SUR LES ÉTOFFES.

Comme complément de la fabrication des étoffes colorées, il nous reste à faire connaître les moyens de déterminer la nature des couleurs fixées...

Bleus — d'indigo, — de Prusse. — au campêche, — outremer, — mélange, etc.

Jaunes — au quercitron, — à la graine, — à la gaude, — au fustet, — au sumac, — au rocou, — au curcuma, — au chrome, — d'orpiment, etc.

Rouges — par la garance et ses dérivés, — au bois, — à la cochenille.

Violets — garancé, — au campêche, — à la cochenille, — à l'orcanette, — Par rouge et bleu, etc.

Oranges...

Verts. A base d'indigo. — Cuvé. — Faïencé. — Pinceau. — Au plombate. — A base de bleu de Prusse, — à base métallique, etc.

Olives......

Bruns — cachou, — suroxyde manganique, — sulfide antimonique coloré, — mélanges de mordants teints en diverses matières colorantes, etc.

Noirs. Teints en garance et ses dérivés. — Cochenille. — Campêche. — Substances astringentes, etc.

Ip. 21. — MATIÈRES TEXTILES ET FILAMENTEUSES.

Moyens de distinguer dans une étoffe les fils de laine, de soie, de lin ou de coton.

Lorsque les étoffes à essayer ont été teintes, il faut, avant de les soumettre à l'action des réactifs, les débarrasser de la plus grande partie de leur couleur par des immersions successives dans des liqueurs alcalines *, acides, de chlore, etc.

Les fibres ligneuses (coton, lin, chanvre) résistent à l'action des alcalis puissants, tandis que les fibres animales (soie et laine) se dissolvent facilement à chaud dans leur solution. Les premiers brûlent facilement sans se fondre et sans dégager d'odeur; les seconds, au contraire, se fondent et brûlent difficilement en développant une forte odeur empyreumatique; la partie voisine de la flamme fond et se charbonne. — On peut encore avoir recours à des mordants ou à des couleurs qui, dans certaines conditions, adhèrent à l'une et non à l'autre de ces fibres.

* **Fils de lin et de coton.** Suivant M. **Böttger**, une solution de potasse bouillante colore assez fortement en jaune les fils de lin, tandis qu'elle n'a pas ou presque pas d'action sur les fils de coton. — M. **Kuhlmann** conseille aussi une forte dissolution de potasse caustique, mais froide, pour établir une distinction entre le coton et le lin écru. Le coton écru, trempé dans cette dissolution, se contracte, se roule sur lui-même et passe au *gris clair* ou au *blanc sale*. Le lin écru, dans les mêmes circonstances, subit aussi, et plus visiblement encore, cette contraction des fibres qui détermine un mouvement fort visible, mais il acquiert, en même temps, une couleur jaune orange, qui ne permet dans aucun cas de le confondre avec le coton.

* **Laine et coton.** Elle n'est pas sensiblement altérée par les acides. Mais ces mêmes agents concentrés la détruisent. L'acide azotique, même affaibli, la colore en jaune. Les alcalis la dissolvent à l'aide d'une légère chaleur et produisent un composé savonneux. Plongée dans le chlore, la laine s'y altère profondément. Elle a moins d'affinité pour les oxydes, et par suite pour les mordants, que le coton, le chanvre et le lin; mais elle en a plus que ces dernières pour les matières colorantes. — L'action dissolvante des alcalis sur la laine sert avec beaucoup de succès pour distinguer ses filaments de ceux du coton, du chanvre et du lin, et surtout pour reconnaître si une étoffe de laine, un drap, par exemple, est ou n'est pas mélangé de coton. **Lassaigne** a fait voir, en 1843, qu'en imprégnant un tissu mélangé d'une solution moyennement concentrée d'azotate de mercure et le maintenant à une température de 40° à 50° C., tout ce qui est laine prend une nuance rouge ou amarante en moins d'un quart d'heure, tandis que les filaments de coton ou de lin ne se colorent aucunement. Suivant M. **Maumené** (1850), par l'influence du bichlorure d'étain et de la chaleur, les fils de coton ou de lin deviennent entièrement noirs, tandis que ceux de laine conservent leur couleur.

* **Soie et laine.** Le chlore et l'acide sulfureux amènent la soie à un jaune excessivement faible. — En mouillant avec une solution de plombite de soude (eau de soude bouillie sur un excès de litharge) un tissu composé de fils de soie et de laine mélangés, ces derniers, même à 15° C., ne tardent pas à brunir, tandis que les autres n'éprouvent aucun changement; au bout d'une demi-heure, l'étoffe mouillée étant exposée au soleil, l'effet est produit; tous les fils de laine sont colorés en brun chocolat, on peut alors compter les fils de soie, qui, restés blancs, forment presque toujours la trame de l'étoffe examinée. C'est à **Lassaigne** que nous devons ce procédé, très-commode dans son exécution.

Il ne faut, toutefois, conclure à la présence de la soie dans le tissu qu'en faisant un

DA * Les paragraphes marqués d'un astérique sont extraits des *Leçons de chimie* de M. **Girardin**, 4e édition, 1861.

second essai sur les fils qui n'ont point été colorés par le plombite de soude; il faut s'assurer qu'ils se dissolvent dans la soude caustique, qu'ils jaunissent par l'acide azotique, qu'ils prennent une couleur rouge ou amarante par l'azotate de mercure, et qu'ils ne sont pas colorés par le bichlorure d'étain, caractères que la soie possède en commun avec la laine, et qui n'appartiennent pas aux fils de lin et de coton.

L'acide azotique du commerce la jaunit d'abord, puis la dissout rapidement à froid; or comme dans ces circonstances la laine n'est pas soluble dans cet acide, il s'ensuit qu'on peut se servir de ce moyen pour reconnaître la présence des deux fibres animales dans le même tissu et en déterminer les proportions. La perte éprouvée par le tissu, qui a été plongé pendant quelques instants dans l'acide azotique froid et nettoyé convenablement, représente la soie en mélange. On a soin d'enlever préalablement les matières étrangères dues à l'apprêt, à la teinture, en traitant successivement le tissu par l'eau, les lessives et les acides étendus, l'alcool et l'éther. Ce mode d'essai a été donné, en 1857, par M. **Barreswil**.

Plongée humide dans le gaz sulfureux, la soie blanchit d'abord, finit par jaunir et s'altérer. Le chlore l'attaque aussi avec énergie. — Exposée au feu, elle se fond, noircit, se boursoufle, répand une odeur empyreumatique, et laisse un charbon difficile à réduire en cendres. — Elle s'unit à un grand nombre d'oxydes métalliques et de sels. — Elle se dissout aussi facilement que la cellulose dans la liqueur cupro-ammoniacale de MM. **Schweitzer** et **Péligot**. — La solution ammoniacale de nickel est aussi, d'après M. **Schlossberger**, un excellent dissolvant de la soie, mais non de la cellulose. — La soie prend généralement les matières colorantes organiques mieux que le lin et le coton, mais moins bien que la laine; elle s'unit avec moins de force aux couleurs métalliques que les tissus végétaux. Comme sa texture est moins serrée que celle de la laine, elle se laisse pénétrer plus facilement par les principes colorants, qui ne se fixent réellement qu'à la surface de cette dernière; aussi, pour donner la même teinte cramoisie à la laine et à la soie, il faut deux fois plus de cette couleur pour la dernière que pour la première. — Les couleurs que prend la soie sont plus belles et plus solides (permanentes) par le concours des mordants, qui sont ordinairement l'alun, la noix de galle et le sel d'étain.

J. Persoz, 1846.

PERSOZ (fils).

Moyen de distinguer chimiquement dans les tissus la laine de la soie. Académie des sciences, séance du 1er décembre 1862.

Ce procédé est fondé sur la propriété que possède le chlorure de zinc en solution aqueuse de 60°, saturée en présence d'un oxyde de zinc, de dissoudre la soie épurée tout aussi bien que la solution d'oxyde de cuivre ammoniacal dissout la cellulose pure, notamment des fibres textiles de coton, lin, chanvre, etc. La dissolution de soie peut s'effectuer à froid; elle est plus rapide à chaud, sans qu'il soit nécessaire d'élever la température jusqu'à l'ébullition. On peut ainsi faire l'essai de tissus mélangés de soie et de laine, même de laine, soie et fibres végétales : la soie est dissoute par le chlorure de zinc, tandis que la laine et les fibres végétales restent intactes. On sépare ensuite la laine à l'aide de la soude ou de la potasse caustique en solution aqueuse à 5 ou 10 centièmes; la laine est complétement dissoute, tandis que la cellulose résiste. Cette dernière, lavée, représente les fibres végétales qui étaient dans le tissu mixte. On pourrait enfin s'assurer qu'elles représentent bien la cellulose pure en les dissolvant dans l'oxyde de cuivre ammoniacal.

PAYEN (A.).

Précis de chimie industrielle. 4e édit. 3 vol. in-8°, 1354 p., atlas de 55 pl. Paris.

PECLET (E.).

Traité de la chaleur considérée dans ses applications. 3e édit., entièrement refondue et accompagnée de 650 figures dans le texte. 3 vol. grand in-8e. Paris, 1860-1861. Victor Masson et fils.

Le tome III, qui contient tout ce qui a rapport au chauffage et à la ventilation de édifices publics et des maisons particulières, est vendu séparément.

PELOUZE et FREMY.

Notions générales de chimie. Paris, 1853. Un beau volume imprimé avec luxe, accompagné d'un **Atlas** de 24 planches en couleur, cartonné. Le même ouvrage, édition classique, les planches en noir.

PELOUZE et FREMY.

Abrégé de chimie. 4e édit., conforme aux nouveaux programmes de l'enseignement scientifique des lycées. Paris, 1859. 3 vol. in-18, avec 174 figures intercalées dans le texte. On peut avoir séparément :

1re Partie. Généralités. Corps simples non métalliques. Classe de troisième (sciences). 1 vol. avec 98 figures.

2e Partie. Métaux et métallurgie. Classe de seconde (sciences). 1 vol. avec 40 figures.

3e Partie. Chimie organique. Classe de rhétorique (sciences). 1 vol. avec 32 figures.

PELOUZE et FREMY.

Traité de chimie générale, analytique, industrielle et agricole. 3e édit., entièrement refondue avec nombreuses figures dans le texte. Cette troisième édition comprendra six volumes grand in-8e compactes. Les tomes I à III seront consacrés à la *chimie inorganique*, et les tomes IV à VI à la *chimie organique*. Les deux parties seront publiées simultanément.

En vente, 1862, le tom Ier, comprenant les *métalloïdes*, 1080 pages avec 487 figures.

Le tome II. (Métaux.) 1re partie, pages 1 à 438.

Le tome IV. (Premier volume de la chimie *organique*.) In-8e, 1000 pages.

Les autres tomes paraîtront successivement, chacun en deux parties.

PERPIGNAC, ROBINET, DUSSART.

Répertoire de l'industrie étrangère, ou Dessins et descriptions des machines les plus importantes, brevetées à l'étranger. Gr. in-8e, 290 p. Atlas gr. in-fol., 54 p. Paris, 1847.

PFANNENSCHMIDT (A. L.).

Anleitung zu Mischungen aller Farben aus Blau, Gelb und Roth. Herausgegeben von **von Schültz.** In-8e. Leipzig, 1799.

L'auteur admet trois couleurs simples, et par des combinaisons binaires et trinaires il produit toutes les couleurs, et par leur dégradation, toutes les nuances et tons.

PFINGSTEN (J. H.).

Farbenmaterialien. In-8e. Berlin, 1789.

PITON-MARSSANT.

Ami des sciences, Journal du dimanche. Publication hebdomadaire.

PLATTNER (C. J.).

Tableaux des caractères que présentent au chalumeau les alcalis, les terres...

Traduit de l'allemand par **A. Sobrero.** Tableaux. Paris, 1843.

POERNER (K. W.).

Chemische Versuche und Bemerkungen zum Nutzen der Färbekunst. In-8°, Leipzig, 1772-1773.
Même auteur et même titre. Leipzig, 1785.

POLYTECHNISCHES JOURNAL, rédigé par le Dr Emile-Maximilien Dingler. Ce journal paraît deux fois par mois, avec planches nombreuses, à Augsbourg.
Cette publication est un résumé de toutes les découvertes en chimie et en mécanique appliquées à l'industrie. Parfaitement rédigé, et pour expliquer le texte, un
grand nombre de planches.

PRESSE SCIENTIFIQUE DES DEUX MONDES, Revue universelle des sciences
et de l'industrie. Publication paraissant tous les quinze jours, le 1er et le 10 de
chaque mois. Des gravures dans le texte toutes les fois quand cela est nécessaire.
Paris, aux bureaux de la *Presse scientifique*, rue Mazarine, 20.
Publiée sous la direction de M. J. A. **Barral**, président du cercle de la Presse scien-
tifique, avec le concours de MM. **Alfred Caillaux**, **Amédée Guillemin**, et
MM. **Bertillon**, **Bonnemère**, **Breuiller**, **Caffe**, **César Daly**, **E. Dally**,
Degrand, **Fonvielle**, **Forthomme**, **Félix Foucou**, **Gangain**, **Guillard**,
Jules Guyot, **Komaroff**, **Landur**, **Laurens**, **V. A. Malte-Brun**, **Mar-
gollé**, **Gustave Maurice**, **Victor Meunier**, **Pieraggi**, de **Bastaing**,
Simonin, **Tendeur**, **Verdeil**, **Zürcher**, etc.
La *Presse scientifique des deux mondes* publie périodiquement le compte rendu des
séances du *Cercle de la Presse scientifique*, dont le conseil d'administration est ainsi
composé (1862) : Président : M. **Barral**. — Vice-Présidents : MM. le docteur
Bonnafont ; le docteur **Caffe**, rédacteur en chef du *Journal des connaissances
médicales* ; **Caillaux**, sous-directeur de la *Presse scientifique* ; **Ad. Feline** et
Komaroff, colonel du génie russe. — Secrétaire : M. N. **Landur**, professeur
de mathématiques. — Vice-secrétaires : MM. **Desnos**, ingénieur civil, directeur du
journal *l'Invention*, et **W. de Fonvielle**. — Membres : MM. **Barthe** ; **Bau-
douin**, manufacturier ; **Bertillon**, docteur en médecine ; **Paul Borie**, manufacturier ; **Boutin de Bouregard**, docteur en médecine ; de **Celles** ; **Chenot
fils**, ingénieur civil ; **Compoint** ; E. **Dally**, docteur en médecine ; **César
Daly**, directeur de la *Revue générale de l'architecture et des travaux publics* ;
Félix Foucou, ingénieur ; **Garnier fils**, horloger-mécanicien ; **Laurens**,
ingénieur civil ; **Martin de Brettes**, capitaine d'artillerie, professeur à l'École
d'artillerie de la garde ; **Mareschal** (neveu), constructeur-mécanicien ; marquis
de **Montaigu** ; **Victor Meunier**, rédacteur de l'*Opinion nationale* ; **Perrot**,
manufacturier ; **Henri Robert**, horloger de la marine ; **Silbermann** (aîné),
conservateur des galeries du Conservatoire des arts et métiers.
Le Cercle de la *Presse scientifique* a ses salons de lecture et de conversation, 20, rue
Mazarine. Il tient ses séances publiques hebdomadaires tous les jeudis, rue de la
Paix, 7, à 8 heures du soir.

Q

QUESNEVILLE (D^r).

Moniteur scientifique, Journal des sciences pures et appliquées. Deux publications par mois. Paris.

R

REGNAULT (membre de l'Institut).
  Cours élémentaire de physique. 2 vol. in-18, figures dans le texte. Paris,
  1845.

REGNAULT.
  Cours élémentaire de chimie. 3ᵉ édit. 4 vol. in-18, 2 pl., 700 figures dans le
  texte. Paris, 1859-1860.

REGNAULT.
  Premiers Éléments de chimie. 4ᵉ édit. In-18, planches et 149 figures dans le
  texte. Paris, 1861.

RÉPERTOIRE DE CHIMIE pure et appliquée, par **Barreswil**. Publication
  mensuelle.

RÉPERTOIRE DE CHIMIE PURE en France et à l'étranger, par **Ad. Würtz**
  et **F. Le Blanc**. Publication mensuelle.

RESCH.
  Der Sieg des Wald-Indigo über den Colonial-Indigo, oder Bestätigung
  der Möglichkeit, den letztern gänzlich aus Europa zu verdrängen. In-4ᵉ. Weimar,
  1812.

REUSS (E. F.).
  Kenntnis derjenigen Pflanzen, die den Malern und Färbern zu Nutzen ge-
  reichen. In-8ᵉ. Leipzig, 1776.

REVUE UNIVERSELLE appliquée à l'industrie, sous la direction de **Ch. de Cuyper** (professeur à Liége). In-8ᵉ. 6 publications par mois. 6ᵉ année, 1862.

ROSE (H.).
  Traité complet de chimie analytique. Édition française originale. 2 vol.
  Paris, 1860.

ROSELLI (D.).
  Morgenländischer Farbenkünstler für die Baumwolle in Deutschland. In-8ᵉ.
  Leipzig, 1776.

ROSELLI (Dʳ).
  Praktischer Unterricht mit Indigo und Persio, Seide, Wolle und Leinwand nicht sowohl ächt blau, sondern dauerhaft und mancherlei modefärbig zu
  färben, auch dabei einen grossen Theil Indigo zu ersparen. In-8ᵉ. München, 1800.

ROSETTA (Giov. Ventura), à Nice.
  Arte dei tentori che insegna, tender panni, telle, barhasi, e sede si par l'arte
  maggiore, come per la commune. In-4ᵉ. Venezia, 1540-1548.
  En 1716 parut une traduction française sous le titre : « Suite du teinturier parfait ou
  l'art de teindre les laines, soies, fils, peaux, plumes, etc., tel que cela se pratique à
  Venise, Gênes, Florence et dans tout le Levant, et la manière de passer en chamois
  toutes sortes de peaux. Traduit de l'italien. »

RUEGER (K. G.).
  Taschenbuch für Maler, Färber, in Hinsicht auf Farbenbereitung. Gera, 1766.

S

SACC (D').

Essai sur la garance. 1 vol. in-8°, 97 pages. 1851. Paris, Victor Masson et fils.

I. PARTIE HISTORIQUE.

La garance paraît avoir été employée de toute antiquité en Orient, d'où elle est venue en Europe, en passant par la Grèce et l'Italie, pour se répandre de là d'abord dans le midi de la France, puis en Hollande, en Alsace, dans tout le nord de la France, et enfin en Silésie.

Pline rapporte que les Grecs appelaient la garance *érythrodanon*, et les Romains *varantia*, dont on a fait plus tard le nom de *rubia*. On l'employait alors à la teinture des laines et des cuirs.

Dioscoride (an 50 avant J. C.) affirme que la meilleure garance est celle de Toscane.

Strabon (an 60 avant J. C.), dans sa *Géographie*, écrit que les habitants de la Gaule méridionale teignaient les étoffes en *violet*, en mélangeant le *suc de potasse* avec celui de la garance.

Guérin, dans son Dictionnaire d'histoire naturelle, enseigne que les Celtes cultivaient la garance sous le nom de *warancha*.

Au septième siècle, suivant **Doublet**, et d'après les chartes **Dagobert** et **Childebert** (an 515), on vendait à la foire de Saint-Denis, près de Paris, des racines sèches de garance et des étoffes teintes avec elles.

Schwertz dit que **Charlemagne** (an 748) avait protégé la culture de la garance.

Il y a plus de trois siècles que la garance est cultivée en Hollande, où **Charles-Quint** en favorisa surtout la culture dans la province de Zéelande, qui en fournissait chaque année à l'Angleterre pour près de cinq millions de francs.

Jean Müller a importé, en 1507, la garance en Silésie; on la vendait en Angleterre.

Oubliée pendant de longues années en France, la garance se retrouva, en 1729, à Haguenau (Bas-Rhin), où **Frantzen** la cultiva, et où **Hoffmann** bâtit, en 1760, le premier moulin à broyer sa racine.

En 1756, un Arménien, nommé **Jean Olthen**, vint s'établir à Avignon, où il fut accueilli par M. **de Clausernette**, sur les terres duquel il cultiva de la garance sans pouvoir en tirer parti.

Dès 1760 et sous **Louis XVI**, le ministre **Bertin** fit venir de Chypre des graines de garance (*Rubia peregrina*) qui, distribuées en Provence et en Alsace, donnèrent un tel essor à sa culture qu'en 1789 la première de ces provinces en vendait pour 152,000 livres à l'Angleterre, et que la seconde en expédiait en Angleterre, en 1790, près de 50,000 quintaux.

Pendant les guerres de la République et de l'Empire, on délaissa beaucoup la culture de la garance, et on eut recours aux poudres de Hollande, pour suffire aux besoins de l'industrie. A mesure que l'ordre revint, les cultivateurs ressemèrent derechef cette plante utile, dont les racines sèches valaient 30 à 100 francs les 40 kilogrammes, et qu'on paye couramment 32 à 55 francs en ce moment (1851).

En l'an IX, il n'y avait en France que onze moulins à garance, tandis que le seul département de Vaucluse en compte actuellement plus de cinquante. — En 1805, le département de Vaucluse ne produisait pas pour 4 millions de garance, tandis qu'il en exporte à présent pour plus de 20 millions, suffit à toute la consommation de la France, et en expédié dans le monde entier. Ce ne fut qu'à partir de 1815 que la culture de la garance se développa d'une manière régulière et normale.

II. PARTIE BOTANIQUE.

La garance a donné son nom à l'immense famille des *Rubiacées*, si riche en espèces utiles parmi lesquelles on remarque le caféer, le quinquina, l'ipécacuanha, le lucilia aux fruits délicieux, et la grenadie, dont l'odeur suave est connue de tous les amateurs de fleurs.

La garance est une plante vivace à tiges carrées, grêles, fort longues, garnies de verticilles de petites feuilles et de petites fleurs verdâtres, auxquelles succèdent des fruits noirs velus et un peu plus gros que des graines de moutarde. Ses racines sont fortes, charnues, longues et abondantes, grosses comme le petit doigt et saturées de la matière colorante rouge, qui manque presque totalement aux tiges.

Il y a beaucoup d'espèces de garance dont les seules cultivées s'appellent : *Rubia tinctorum*, d'Europe. — *Rubia peregrina*, d'Orient. C'est celle qui contient le plus de matière colorante. — *Mungeet*, de l'Inde.

Énumération complète de toutes les espèces de garance d'après M. GODRON, doyen de la Faculté des sciences de Nancy.

1. Rubia cordifolia, Sibérie.
2. — javanica, Java.
3. — munglsta, montagnes du Népaul, Bengale, Japon.
4. — alata, Népaul.
5. — peltolaris, cap de Bonne-Espérance.
6. — fructicosa, Ténériffe.
7. — acalypulata, Madras.
8. — lævis, Algérie.
9. — angustifolia, Madère, îles Baléares, Portugal.
10. — longifolia, Corse, Mogador.
11. — tinctorum, Europe méridionale et moyenne.
12. — peregrina, Orient et Europe méridionale.
13. — lucida, Europe méridionale et moyenne.
14. — bocconi, Naples, Sicile.
15. — splendens, Lisbonne.
16. — Olivieri, Seló.
17. — Thumbergii, Naples.
18. — Walleri, Caroline, Floride.
19. — guadalupensis, Guadeloupe.
20. — indecora, Brésil.
21. — chilensis, Chili.
22. — ramosissima, Brésil.
23. — valantioidea, Brésil.
24. — allida, Quito.
25. Rubia ullis, Brésil.
26. — ciliata, Pérou.
27. — monantha, Pérou.
28. — ovalis, Pérou.
29. — orocea, Pérou.
30. — lævigata, Mexico.
31. — corymbosa, Pérou.
32. — hypocarpia, Jamaïque.
33. — relban, Chili, Brésil, Ceraeas.
34. — orinoccensis, Bords de l'Orénoque.
35. — incana, Andes de Quindiù.
36. — hirta, Quito.
37. — noxia, Brésil.
38. — aspera, Brésil.
39. — diffusa, Brésil.
40. — equisetoides, Brésil.
41. — ephedroides, Brésil.
42. — scabra, Andes de Quindiù.
43. — debilis, Quito.
44. — purpurea, Indes orientales.
45. — angustissima, empire Birman.
46. — cheræfolia, au Népaul.
47. — Donielli, Anatolie.
48. — dalmatica, Dalmatie.
49. — dolichophylla, Hongarie.
50. — albicaulis, Perse.
51. — pauciflora, Syrie.
52. — Ancheris, Syrie.
53. — brachypoda, Palestine.

Sur ces cinquante-trois espèces, il n'y en a que trois employées en teinture et examinées par les chimistes, en sorte qu'il est probable que les cinquante autres leur réservent une ample moisson de faits utiles et intéressants; aussi est-il fort à désirer que la plupart de ces espèces parviennent bientôt en Europe, ce qui sera aisé, surtout pour les nombreuses espèces du Brésil.

III. CULTURE.

...... On multiplie la garance par semis en place, ou en pépinière, et par éclat des pieds.

Dans les terres fraîches et paludéennes de Vaucluse, on obtient 3,957 kilog. de racines sèches par hectare, et seulement 2,505 kilog. dans les terres sèches où l'été suspend la végétation.

Les meilleures garances sont celles de Smyrne, qui valent au moins le double des meilleurs paluds. — Les tiges de garance constituent un excellent fourrage. En Algérie, un cultivateur ayant semé un champ en garance, le fit pâturer pendant cinq années consécutives, puis il l'arracha et obtint une magnifique récolte de racines égales à celles des meilleurs paluds d'Avignon.

IV. PARTIE COMMERCIALE.

En 1784, la garance palud moulue valait 5 fr. 25 c. le kilog.; on la paye actuellement 1 fr. 60 c.

Le commerce offre actuellement la garance sous forme de :

Poudre pure, rosée au palud, — fleur de garance, — garancine, — garanceux.

V. ÉTUDE CHIMIQUE. — APPLICATION INDUSTRIELLE....

SACC.

SADELBECK (B.).
   Die englische Zitz- und Kattundruckerey, oder vollständige Anweisung die Kattune auf englische Art zu drucken. In-8°. Reichenbach und Breslau, 1804.

SCHARF.
   Recepte für verschiedene Gattunge   **von Farben.** In-8°. Göttingen, 1788.

SCHIFFERMUELLER (J.).
   Versuch eines Färbesystems. In-8°, gravures. Wien, 1772.

SMITH (DAVID).
   Guide pratique du teinturier. Contenant les recettes pratiques pour la teinture des cobourgs glacés, orléans satinés, chaînes noires et blanches, mérinos, laines, flanelles, napolitaines, draps, etc. Ensemble 250, dont la plupart sont accompagnées d'échantillons, suivi d'un traité de teinture en foulards. 1 gr. vol. in-8°. Paris.

SCHREGER (Ch. G. Th.).
   Tabellarische Uebersicht der rohen und künstlichen Farbenmaterialien zur Prüfung ihrer Güte und Aechtheit. In-8°. Nürnberg, 1805.

SCIENCE POUR TOUS, par J. Collogne. In-4°. Publication hebdomadaire.

SELLIER (J.).
   Kleines Färbebuch, oder Anleitung, Wolle, Baumwolle und Leinen zu färben. Für Fabrikanten und Färber. Traduit du français. In-8°. 1759.

SOUBEIRAN.
   Précis élémentaire de physique. 2° édition. 1 vol. in-8°, 13 planches in-4°. Paris, 1844.

SPENGEL.
   Handwerke und Künste in Tabellen. Fortgesetzt von Hartwich, 15° Sammlung. In-8°. Berlin, 1777.

STAHL (G.).
Vollkommene Entdeckung der Färbekunst. In-8°. Jena, 1705.

STAMM (R.).
Métiers à filer, automates, dits *selfacting*. In-8°, Atlas in-4°, 10 pl. Paris.

STEFFERT (A. W.).
Versuche mit einheimischen Pflanzen zu färben. In-8°. Altenburg, 1755.

STOLZE.
Gründliche Anleitung, die rohe Holzsäure zur Bereitung des reinen Essigs, Bleiweisses, Grünspans, Bleizuckers und andere essigsaure Präparate aufs vortheilhafteste zu benützen. Halle, 1810.

STREIDER (E.).
Ueber den Gebrauch des Persio in der Färberei als ein sicheres Mittel Indigo und Cochenille zu ersparen. In-8°. Leipzig, 1800.

SUTORIUS (J. W.).
Neue entdeckte Farbemarkane für Wolle, Baumwolle und Leinen. In-8°. Cöln, 1808.

T

TEINTURIER PARFAIT, ou Instructions nouvelles et générales pour la teinture des laines et manufactures de laines, comme aussi pour les chapeaux, de toutes sortes de couleurs, et pour la culture des ingrédients qu'on y emploie; par **Albo.** Bruxelles, 1672. Leyde, 1708.
Une traduction allemande a paru à Soran, en 1759, sous le titre : « Der vollkommene Färber. »

THIBIERGE (A.) et REMILLY.
Amidon du marron d'Inde et des fécules amylacées d'autres substances végétales non alimentaires, au point de vue économique, chimique, agricole et technique. 2° édit. 1 vol. in-18, planches gravées. Paris, 1881.

THILLAYE (L. J. S.), professeur de chimie.
Manuel du Savonnier. — Manuel de l'amidonnier. Paris, Roret.

THILLAYE (L. J. S.).
Manuel du fabricant de produits chimiques. 2 vol. in-40. Planches. Paris, Roret.

THILLAYE (L. J. S.).
Manuel du fabricant d'indiennes. 1 vol. in-16. Planches. Paris, Roret.
Noms de couleurs cités dans l'ouvrage : Acajou, — Amarante, — Aventurine, — Bleu faïencé, — Bronze, — Cachou, — Capucine, — Cannelle, — Carmelite, — Chamois, — Cuir de botte, — Écru, — Feuille morte, — Myrte, — Grenat, — Gris, — Gris olive, — Jaune, — Jaune de chrome, — Jaune citron, — Jaune doré, — Jonquille, — Jean de Paris, — Lapis Mauve, — Noir, — Olive, — Orange, — Rocou, — Orcanette, — Ponceau, — Puce, — Marron, — Purpurine, — Réséda, — Rose, — Rouge, — d'Andrinople, — Rouille, — Saumon, — Solitaire, — Tourterelle, — Terre d'ombre, — Vert, — Vert de chrome, — Vert pomme, — Vert olive, Vert de Schéele, — Violet.

TROMMERSDORF.

    Allgemeines theoretisch- praktisches Handbuch der Färbekunst, oder Anleitung zur gründlichen Ausübung der Wollen-, Seiden, Baumwollen- und Leinenfärberei, sowie der Kunst, Zeuge zu drucken und zu bleichen. In-8°. 8 vol. Erfurt, 1811-1810.

    L'ouvrage allemand le plus complet de cette époque.

TROMMERSDORF (J. B.) und BUCHHOLZ.

    Berichtigung der Bereitung des Zinnobers auf neuem Wege. In-8°. Erfurt, 1801.

U

URE (Andrew).

    Philosophie des manufactures, ou Économie industrielle de la fabrication du coton, de la laine, du lin, de la soie. Traduit sous les yeux de l'auteur et augmenté d'un chapitre inédit sur l'industrie cotonnière française. 2 vol. in-12. Planches. Paris, 1820. Autre édition, 1830.

URE (A.).

    De la fabrication du coton, de la laine, du lin et de la soie, avec la description des diverses machin.s employées dans les ateliers anglais, 1 vol. in-12, 765 p., planches o' clichés. Paris.

V

VERDEIL.

    De l'industrie moderne. 1 vol. in-8°. Paris, 1861.

    M. Verdeil, membre du jury international de l'Exposition universelle de 1855.

VILLE (Georges).

    Recherches expérimentales sur la végétation. 1 vol. gr. in-4°, figures dans le texte et 2 planches en taille-douce, par **Wormser.** Paris, 1850.

VITALIS (J. B.).

    Manuel du teinturier sur fil et sur coton filé. Rouen.

VITALIS (J. B.).

    Cours élémentaire de teinture sur laine, soie, lin, chanvre et coton et sur l'art d'imprimer les toiles. In-8°. Paris, 1823 et 1827.

VITALIS (J. B.).

    Lehrbuch der gesammten Färberei. Traduit du français. In-8°. Ilmenau, 1824.

VITALIS (J. B.).

    Grundsätze der Färberei, etc. Traduit en allemand par **J. H. Schätzel,** annoté par le D' **Dingler** et le D' **Kurrer.** In-8°. Stuttgart, 1824.

VOGLER.

    Versuche über die Scharlachbeeren in Absicht ihres Nutzens in der Färbekunst. In-8°. Wetzlar, 1700.

W

WALPERS (G. G.).
Repertorium botanices systematices. 6 vol. In-8°. Lipsiæ, 1842-1849.

WALPERS (G. G.).
Annales botanices systematices. In-8°. Tomes I à V. Lipsiæ, 1848-1838.

WECKESSER (B. G.).
Praktisch-chemisches Färbebuch, oder die Zubereitung aller in der Kattun-
druckerei und Färberei vollkommenen chemischen Präparate. In-8°. Planches. 1832.
Hambourg.

WESTRING (Dr).
Schwedens vorzüglichste Farbeflechten in getreuen Abbildungen nach der
Natur und mit hinzugefügten Farbeproben und einem belehrenden Text. In-8°.
Planches.

WILDENOW.
Anleitung zum Selbststudium der deutschen Pflanzen für Färberei.
Berlin, 1809.

WINTERL (J. J.).
Kunst, Blutlauge und mehrere dienliche Materialien zu bereiten und
solche zur Blutfärberei anzuwenden. In-8°. Leipzig.
Blutfärberei veut dire teinture en prussiate. *Blutlauge*, prussiate de potasse.

WURTZ et **LE BLANC.**
Répertoire de chimie pure en France et à l'étranger. Publication mensuelle.

WURTZ et **VERDET.**
Revue des travaux de chimie et de physique publiés à l'étranger. Publication mensuelle.

MATÉRIAUX

POUR LA

COLORATION DES ÉTOFFES

Deuxième liste par ordre alphabétique des auteurs qui ont traité de la coloration des étoffes et de quelques questions qui s'y rattachent, avec indication des recueils où se trouvent ces travaux [1].

A

ABEGG (ingénieur dans l'établissement de construction de MM. Escher, Wyss et Cᵉ, à Zurich).
Filature de coton. Machine de préparation, nommée Banc-Abegg. (S. I., vol. XXV, p. 149, 2 pl.)

AMSLER.
Planimètre polaire. (S. I., vol. XXXIII, p. 103, 1 pl.)

ANILINE. — (S. I., vol. XXXII, p. 503, plan et échantillon.)

MM. Dollfus-Mieg et Cᵉ. — Steinbach Kœchlin et Cᵉ. — Frères Kœchlin adressent à la Société industrielle de Mulhouse (le 7 octobre 1862) la lettre suivante :

« Il s'est produit récemment un fait de la plus haute importance au point de vue de l'industrie de la teinture et de l'impression sur tissus. Une maison de commerce a revendiqué la propriété exclusive de la matière colorante rouge provenant de l'*aniline*, et a prétendu avoir seule, à titre de brevet de principe, le droit de produire la base génératrice de ce rouge.

Cette maison a allégué, pour appuyer ses prétentions, que la découverte, faite par **Hofmann,** de la *matière colorante rouge d'aniline*, n'aurait été qu'un accident de laboratoire, et que le procédé de ce savant chimiste, rendu public en 1858, six mois avant toute prise de brevet, ne pouvait se réaliser, ou ne se réalisait que fort rarement, au grand

---

[1] Cette liste sera suivie d'une troisième liste. Les mémoires extraits des bulletins de la Société industrielle de Mulhouse (Haut-Rhin) sont marqués S. I.

périt des expérimentateurs. Des experts, commis par justice, auraient essayé l'expérience sans succès.

« Si la presque impossibilité de produire le rouge d'aniline par le *procédé* **Hofmann** était un fait exact, l'industrie devrait subir les conséquences du monopole, quel que soit du reste le préjudice qu'elle doit en éprouver.

« Mais s'il était démontré, d'une manière évidente, que le procédé d'Hofmann, tel qu'il a été publié, peut facilement se réaliser, aussi bien en grand que dans les appareils de laboratoire, alors le *rouge d'aniline* devrait être acquis au domaine public.

« Au lieu d'être monopolisé en principe, le champ restant ouvert aux perfectionnements, ce produit, par lequel on est forcé de passer pour arriver au bleu, violet et jaune, se vendrait au prix de sa valeur réelle, suivant son degré de pureté et selon sa nuance.

« Nous avons l'honneur, en conséquence, de vous prier, monsieur le Président, de vouloir bien, dans l'intérêt de la science et de l'industrie, appeler l'attention de la Société industrielle sur cette question, et d'en proposer le renvoi à son comité de chimie, qui pourrait faire les expériences nécessaires pour la résoudre. » (Suivent les signatures.)

Comité de chimie de la Société industrielle de Mulhouse. Procès-verbal du 8 octobre 1862. —

1. Peut-on, en répétant l'expérience publiée par **Hofmann**, préparer, sans danger et avec certitude de succès, du *rouge d'aniline* ayant les mêmes propriétés tinctoriales que celui du commerce ?

Le Comité déclare que *oui* à l'unanimité.

II. Le Comité de chimie déclare en outre qu'il ne voit aucun obstacle à l'application industrielle et en grand du procédé d'Hofmann, et s'être convaincu que, tout en suivant le même procédé, mais en employant un appareil très-simple et d'un usage journalier (le *réfrigérant* de M. **Payen**), on peut opérer dans un vase ouvert et, par conséquent, sans aucune pression.

Le Secrétaire du Comité.   *Le Secrétaire adjoint.*
Signé : Ch. Dollfus-Galline.   Signé : Th. Schneider.

Vingt-un membres du Comité de chimie présents.

ANTHRACITE des localités d'Ufholz et de Steinbach (Haut-Rhin). (S. I., vol. 1er, p. 232.)

ARMENGAUD aîné.

Publication industrielle des machines, outils et appareils, les plus perfectionnés et les plus récents employés dans les différentes branches de l'industrie française et étrangère. Cet ouvrage comprend 13 volumes complets, composés chacun d'un grand atlas in-folio de 40 planches gravées et d'un texte explicatif, grand in-8 de 500 pages. Le 14e volume est en cours de publication.

— **Traité théorique et pratique des moteurs hydrauliques** comprenant la construction des roues et turbines hydrauliques de divers systèmes. Le traité complet forme un volume texte in-4 de 500 pages, avec un grand nombre de figures sur bois et un atlas de 21 planches gravées sur cuivre.

— **Traité théorique et pratique des moteurs à vapeur.** 2 vol. texte et 2 atlas.

— **Vignole des mécaniciens.** Essai sur la construction des machines. 1865.

ARMENGAUD jeune.

L'Ouvrier mécanicien. Guide de mécanique pratique à l'usage des mécaniciens et conducteurs de travaux, contre-maitres et directeurs de filatures, manufacturiers et industriels. 6ᵉ édition. 1 vol. in-12, avec planches.

— **Guide de l'inventeur** ou Précis des lois et règlements sur les brevets d'invention et d'importation en France et dans les divers États de l'Europe. 4ᵉ édit. 1 vol. in-8.

— **Formulaire de l'ingénieur constructeur.** Carnet usuel des architectes, agents voyers, mécaniciens, directeurs et conducteurs de travaux industriels et manufacturiers. 1 vol. in-12.

ARMENGAUD FRÈRES et AMOUROUX.

Nouveau Cours raisonné du dessin industriel appliqué principalement à la mécanique et à l'architecture. L'ouvrage est composé d'un atlas de 45 planches in-fol. et d'un vol. de texte explicatif très-étendu, format gr. in-8.

— **Études d'ombres et de lavis.** Recueil méthodique de planches teintées et lavées à l'effet, composées d'un atlas de 12 pl., tirées sur magnifique papier gr. in-fol. satiné, et accompagné d'un texte très-étendu, du même format.

— **Cours de dessin linéaire** à l'usage des écoles primaires. 1 vol. in-8, composé de 24 pl. gravées sur acier avec un texte explicatif.

AROGÉ.

Briques. Fabrique des briques en plein air. (S. I, vol. XXXII, p. 98. — S. I., vol. XXXII, p. 157, 1 pl.)

AUGUSTIN (Joseph), à Cernay.

Machine à trier le gravier. (S. I., vol. VII, p. 200, 1 pl.)

B

BADER, Directeur de l'école professionnelle de Mulhouse.

Instruction primaire. Rapport au nom des deux comités réunis d'utilité publique, de statistique et d'histoire, sur la proposition d'adresser une pétition au Sénat, pour demander que l'instruction primaire soit rendue obligatoire. (S. I., vol. XXXI, p. 128.)

BAINE.

History of the Coton Trade.

Cette histoire du commerce de coton relate les perfectionnements successifs faits dans la gravure des rouleaux en cuivre et des procédés de coloration d'étoffes.

BAINS ET LAVOIRS PUBLICS. Commission instituée par ordre de M. le Président de la République française. Ministère de l'Agriculture et du Commerce. Paris, 1850. 1 vol. in-4, 200 pages, Planches nombreuses.

DA. Les différents mémoires et plans de cet intéressant Recueil seront lus avec intérêt.

BASTET (J.).

Culture et commerce des garances de Vaucluse. Voyez Garance.

BAUMANN, à Bartenheim.

Machine à trier le gravier. (S. I., vol. VII, p. 565, 1 pl.)

BAZAINE (P. D.), Ingénieur

Considération générale sur les routes. (S. I., vol. VII, p. 520.)

BAZAINE (P. D.).
Chemin de fer. Projet de chemin de fer entre Sarrbruck et Strasbourg. (S. I., vol. VII, p. 452.)

BAZAINE (P. D.).
Route royale et départementale qui traverse l'arrondissement d'Altkirch (Haut-Rhin). (S. I., vol. VI, p. 401.)

BAZLEY (Thomas), Président de la Chambre du commerce et des manufactures à Manchester (Angleterre).
Baumwolle als ein Element der Industrie. — Le coton comme un élément de l'industrie. Lecture faite dans la salle de la Société royale des arts et sciences à Londres, à l'occasion de l'Exposition universelle de toutes les nations, dans l'année 1851.
Traduit en allemand par W. F. Reuss. 1 vol. in-8, 37 pages. Londres, 1852.

BECKER, Professeur à Mulhouse.
Herbier. Catalogue de l'herbier de la Société industrielle de Mulhouse, de feu Mühlenbeck (docteur en médecine), comprenant 68,000 plantes. (S. I., vol. XXIX, p. 462.)

BÉRES (Émile), du Cher.
Malaise industriel et commercial de la France. Cause et moyen d'y remédier. — Mémoire couronné par la Société industrielle de Mulhouse, dans le concours sur l'enquête commerciale. (S. I., vol. VI, pages 1 à 264.)
Ce mémoire est suivi d'un rapport à l'Académie des sciences par le baron Charles Dupin.

BERTHOUD.
Habitations. Appareil séparateur et désinfecteur. (S. I. vol. XXIII, p. 5, 1 pl.)

BERTIN.
Densimètre hydrostatique.
(S. I., vol. XXXI, p. 591.)

BEUGNIOT (Ed.), Ingénieur.
Locomotive de montagne. (S. I., vol. XXX, p. 378. — S. I., vol. XXX, p. 425. — S. I., vol. XXX, p. 473. — S. I. vol. XXX, p. 515. — S. I., vol. XXX, p. 537.
Total des planches : 6.
Tableaux nombreux.

BILLY (E. de), Ingénieur en chef des mines.
Voyez dans la lettre D, de Billy.

BILLY (E. de), Ingénieur en chef des mines de Strasbourg.
Machines locomotives en fonction sur les chemins de fer de Strasbourg à Bâle et de Mulhouse à Thann, pendant le cours de l'année 1845. (S. I., vol. XIX, p. 191.)

BLOCH, Préparateur de chimie à la Faculté des sciences de Strasbourg.
Réservoir à écoulement intermittent. (S. I., vol. XXII, p. 355, 1 pl.)

BODMER, de Zurich, établi à Manchester.
Filière à tarauder. (S. I., vol. XVIII, p. 253.)

BOETTCHER, Professeur à Chemnitz (Saxe).
Essais dynamométriques. (S. I., vol. XXIX, p. 529, 1 pl.)

BOISSE.
>Chaudières à vapeur. Mesureur de l'eau alimentaire d'une chaudière à vapeur.
(S. I., vol. XVI, p. 96.)

BOLLEY (Dʳ P. A.), Professeur de chimie à l'École polytechnique fédérale de Zurich.
Teinture. Recherches critiques et expérimentales sur la théorie de la teinture.
(S. I., vol. XXX, p. 23.)

BONNET, Docteur à Besançon.
Manuel d'agriculture. (S. I., vol. XVII, p. 278.)

BONTEMPS (G.), Fabricant de verres et cristaux (à Choisy-le-Roi, près Paris).
Tubes ou cylindres de verre. Causes par lesquelles certains tubes ou cylindres
de verre éclatent lorsqu'on les a frottés même légèrement. (S. I., vol. XX, p. 280.)

BOUCHÉ, à Thann.
Machine à vapeur. Rapport du Comité de mécanique sur cette machine. (S. I.,
vol. 1, p. 220, 1 pl.)

BOUGERIE.
Conservation des bois. (S. I., vol. XIII, p. 325.)

BOURCART (Jean-Jacques), à Guebwiller.
Poulie à expansion à spirale. (S. I., vol. XV, p. 528, 3 pl.)

BOURCART. (J. J.)
Proposition de fixer l'âge et de réduire les heures de travail des ouvriers dans les
filatures. (S. I., vol. I, p. 323.)
Rapport sur cette proposition par une commission spéciale, p. 328.
Extrait de la loi du Parlement britannique, du 22 juin 1825, qui règle le mode d'ad-
mission et de travail des enfants dans les ateliers de filature et autres du même
genre. P. 338.

BOURCART (J. J.).
Instrument servant à mesurer les courants d'eau. (S. I., vol. III, p. 60,
1 pl.)

BOURCART (J. J.).
Moyen graphique de construire les peignes des bancs à broches à
mouvement de cône pour les bobines, et le disque pour mouvoir le chariot. (S. I.,
vol. IV, p. 470, 2 pl.)

BOURCART (J. J.).
Notice nécrologique sur M. J. J. Bourcart, par M. le Dʳ Penot. (S. I., vol. XXVII,
p. 297.)

BRAUN (Adolphe), dessinateur et photographe.
Matériaux pour les dessinateurs. Atlas de 26 planches, grandes feuilles (0ᵐ,72
hauteur, 0ᵐ,55 largeur).

BRAUN (A.).
Photographie. Collection de fleurs et de feuillages photographiés, composée de 300
planches, formant une série très-variée de bouquets et de couronnes pour servir de
matériaux aux dessinateurs. (S. I., vol. XXVI, p. 315.)

BREUER (Otokar).
Bleu à garancer et à savonner. (S. I., vol. XXXI, p. 74.)

BREVETS D'INVENTION. Rapport au nom d'une commission spéciale sur le projet de loi relatif aux brevets d'invention. Mars 1858. (S. I., vol. XXVIII, p. 402.)

BREVETS D'INVENTION. (S. I., vol. XXXI, p. 93.)
Dollfus-Ausset et son fils **Daniel**, visitant les établissements industriels de la Grande-Bretagne, obtinrent de M. **Woodcroft**, de Londres, la collection entière des publications de la commission des patentes de tous les pays. Ouvrage rare et précieux et qui ne compte pas moins de 1430 volumes. Il fait aujourd'hui partie de la bibliothèque de la Société industrielle de Mulhouse.

BREVETS D'INVENTION. Rapport d'une commission spéciale de la Société industrielle de Mulhouse, sur le danger qu'il y aurait pour l'industrie nationale à conserver en France un privilége absolu aux objets brevetés. (S. I., vol. XXXII, p. 207.)
..... Lettre adressée à Son Excellence le Ministre de l'agriculture, du commerce et des travaux publics.

BRUNNER, Professeur de chimie à Berne.
Jaune de Naples. (S. I., vol. IX, p. 28.)

BROCHES DE FILATURE. Rapport du Comité de mécanique sur la trempe des colets de broches de filature de **Hubert-Meunier,** de Beaudigni (Nord). (S. I., vol. VI, p. 436.)

BUFF (H.).
Études électrolytiques. Annalen der Chemie und Pharmacie, t. CV, 145. — Arch. sc. nat. Genève, t. IX, octobre 1860, p. 107. Suite de ce mémoire, t. IX, décembre 1860, p. 296.

BUFF (H.), KOPP (H.), ZAMMINER (F.).
Physikalische und theoretische Chemie. In-8. 2ᵉ édition. Braunschweig, 1863.

BURCHARD, à Berlin.
Photo-lithographie. Invention. (S. I., vol. XXXIII, p. 432, 2 pl.)
..... Le procédé de M. **Burchard** consiste à reproduire un négatif de photographie en positif sur pierre et de tirer des épreuves par impression lithographique. — Les résultats obtenus par l'inventeur ne laissent rien à désirer sous le rapport de l'exécution et ont l'immense avantage de la promptitude de production et du bon marché —Les prix de la reproduction sur pierre par 30 centimètres carrés sont de 45 fr. e 5 fr. pour l'impression de cent exemplaires

BURCH (Joseph), de Grag-Hall, près Maccles-Field (Angleterre).
Machines à imprimer les tapis. Exposition universelle à Paris, 1855.
..... La machine mesure 25 mètres de longueur, fonctionne d'elle-même en toutes ses parties et peut être arrangée pour imprimer avec 18 châssis jusqu'à 40 couleurs ou nuances de couleurs en une seule opération.
..... L'année 1854, un million de mètres de tapis ont été imprimés par ces machines. — Ces tapis sont connus sur le marché anglais sous le nom de *tapis brevetés* de **Bright et Cⁱᵉ.** M. **Burch** est l'un des associés de cette maison.
— **Machine à imprimer à grand cylindre.** Cette machine est de l'invention de M. **Burch,** et quelques utiles perfectionnements de détail y ont été faits par M. **Melville.** C'est un énorme tambour de dimensions suffisantes en longueur pour recevoir une certaine quantité de tissus à côté l'un de l'autre, et d'un diamètre suffisant pour que la longueur entière de ces étoffes soit exposée sur la périphérie ou circonférence, sans que les bouts dépassent. Ces bouts sont tirés très-fortement et fixés dans une rainure pratiquée à cet effet dans la longueur du tambour. Les dessins sont appliqués par des rouleaux gravure en relief soit en bois, cuivre ou clichés en

composition. Les couleurs ne sont pas appliquées simultanément ; on laisse sécher
les premières impressions avant d'ajouter les secondes couleurs, et ainsi de suite
jusqu'à ce que le dessin soit terminé : cela est nécessaire pour prévenir toute amal-
gamation des couleurs pendant qu'elles sont humides, et afin que les plus minutieux
détails et les plus délicates couleurs demeurent claires et distinctes. Le mécanisme
de la machine assure une impression parfaite, et les tissus, étant fortement tendus
sur le tambour, demeurent immobile pendant toute l'opération. — Cette machine
peut être avantageusement employée à l'impression des étoffes pour meubles, pour
robes, pour châles et même pour papiers de tenture. Il n'y a aucun autre mode
d'impression qui puisse soutenir la comparaison avec cette machine ; elle remplace
parfaitement l'impression à la main, elle fonctionne avec une précision mathématique, et peut imprimer les dessins les plus compliqués et les plus délicats dessins
des genres cachemire avec une grande économie et une perfection qui surpasse ce
que font toutes les autres méthodes.

..... DA. J'ajouterai à la description de ces deux machines de l'Exposition universelle
de Paris, 1855, que les spécimens nombreux exposés comme pièces de conviction
étaient vraiment d'une réussite parfaite sous le rapport de la gravure et de l'impression.

La machine à imprimer à grand cylindre est la seule machine qui remplace l'impression à la main dans toute la force du terme. C'est la seule machine qui permet d'appliquer les couleurs successivement après dessiccation des premières impressions.
Sous ce rapport spécial, c'est une heureuse invention.

— Spécimens de caractères à impression.

Ces caractères sont produits par les moules en bois avec la machine à frapper à chaud
de **M. Burch**. Quelques-uns de ceux exposés ont été courbés après coup par son
nouveau procédé, afin de pouvoir être fixés autour de la surface des cylindres à imprimer. L'économie qui résulte de l'usage de la machine à frapper les moules, maintenant généralement employée, a permis aux imprimeurs l'introduction des dessins
de cachemires riches, d'une production trop coûteuse par les anciens procédés.

BURNAT (Émile).
Machines à vapeur. Soupape de détente. (S. I., vol. XXV, p. 419, 1 pl.)

BURNAT (É.).
Chaudières à vapeur. Rapport fait sur une machine alimentaire d'invention
anglaise, présentée par **Dollfus-Ausset**. (S. I., vol. XXV, p. 453, 1 pl.)

BURNAT (É.).
Apprêts des étoffes. Rame continue à apprêter les tissus de coton imprimés. (S.I.,
vol. XXVII, p. 349, 1 pl.)

BURNAT (É.).
Appareils à vapeur. Appareils à régler l'écoulement de l'air et de l'eau de condensation des chauffages et autres appareils à vapeur. (S. I., vol. XXIX, p. 172.)

BURNAT (É.).
Chaudières à vapeur. Quantité d'air qui entre sous les foyers des chaudières à
vapeur. (S. I., vol. XXIX, p. 254, 1 pl.)

BURNAT (É.).
Chaudières à vapeur. Combustion de la fumée dans les foyers des chaudières à
vapeur. (S. I., vol. XXIX, p. 267.)

BURNAT (É.) et **DUBIED** (É.).
Chaudières à vapeur.
Premier rapport présenté par M. **Burnat** au nom du Comité de mécanique, sur le

concours pour le prix n° 28 : chaudière à vapeur dont le rendement dépassera 7 1/2 litres d'eau évaporée par kilogramme de houille de Ronchamp (eau d'alimentation réduite à 0°). Prix offert aux concurrents : 7,500 fr.

Concurrents : Molinos et Pronnier (de Paris). — Zampaux (de Saint-Denis, près Paris.) — Prouvost (de Lille). — Duméry (de Paris).

(S. I., vol. XXIX, p. 495. — S. I., vol. XXX, p. 117. — S. I., vol. XXX, p. 137. — S. I., vol. XXX, p. 185. — S. I., vol. XXX, p. 186. — S. I., vol. XXX, p. 233.)

..... Description des générateurs de MM. **Gros, Odier, Homan et Cⁱᵉ**, de Wesserling. — Rendement de ces appareils. Rapport de M. **Marozeau.** (S. I., vol. XXX, p. 234, 1 pl.)

..... Chaudières de MM. **Schlumberger fils et Cⁱᵉ**, à Mulhouse. (S. I., vol. XXX, p. 281.)

. ... Chaudières de M. **X. Wühr**, constructeur de machines à Mulhouse. (S. I., vol. XXX, p. 283.)

..... Chaudières à réchauffeurs de M. **Fareot.** (S. I., vol. XXX, p. 287.)

..... Résumé de quelques expériences sur les appareils d'évaporation, par M. **John Graham** à Manchester. Appareils réchauffeurs de M. **Green.** (S. I., vol. XXX, p. 286, 1 pl.)

..... Expériences faites sur le tirage dans l'établissement de MM. **Dollfus-Mieg et Cⁱᵉ.** (S. I., vol. XXX, p 329.)

..... Lettre de M. **G. A. Hirn** (du Logelbach, près Colmar). Quantité d'eau qu'entraîne la vapeur. (S. I., vol. XXX, p. 343-345.)

Procédé **Lelong-Burnat** pour la purification de l'eau d'alimentation des chaudières à vapeur. (S. I., vol. XXX, p. 347.)

Conclusion du *Comité de mécanique sur le concours des prix des chaudières à vapeur. Récompenses.*

Les concurrents ayant atteint la quantité d'eau évaporée de 7ᵏ.50 par kilogramme de houille de Ronchamp, le Comité se croit engagé à partager entre eux la totalité du prix proposé, quoiqu'il ne les considère pas comme ayant rempli toutes les conditions du programme, les appareils présentés n'ayant pas été jugés d'un emploi assez simple et pratique, et devant exiger des nettoyages et des réparations fréquentes et difficiles. Il propose de décerner :

Zampaux (ingénieur civil à Saint-Denis), une médaille d'argent et une somme de 2,750 fr.

Molinos et Pronnier (à Paris), une médaille d'argent et une somme de 2,750 fr.

Prouvost (de Lille), une médaille de bronze et une somme de 2,000 fr.

Ces conclusions sont adoptées par la Société industrielle.

Expériences sur les chaudières à réchauffeurs. (S. I., vol. XXXIII, p. 295, 2 planches, 2 tableaux. — S. I., vol. XXXIII, p. 343.)

Machines à vapeur dans le Haut-Rhin, en août 1863 :

484 machines à vapeur représentant 9853 chevaux (960 chevaux de plus qu'en 1860).

683 chaudières dont 500 motrices et 183 calorifères.

La consommation de houille s'est élevée à 2,548,460 quintaux métriques, fournis par les bassins houillers suivants, dans les propositions ci-après :

	Quint. métr.
Sarrebruck	1,151,101
Ronchamp	872,968
Blanzy	122,110
Épinac	128,230
Monchanin	4,221
Creuzot	17,080
Saint-Étienne et Loire	249,750

Détermination de la puissance calorifique de la houille de Ronchamp (puits Saint-Joseph). (S. I., vol. XXXIII, p. 424.)

Lettre de M. **Maroxeau**, de Wesserling, du 20 mai 1860, sur les dimensions des cheminées. (S. I., vol. XXXIII, p. 130.)

BURNAT (Émile).

Appareil contrôleur pour les rondes des gardes de nuit. (S. I., vol. XXX, p. 80.)

BURNAT (Émile).

Houille. Emploi de la houille dans les ménages. (S. I. vol. XXXI, p. 431.)

..... Il s'agit de poursuivre, par tous les moyens et toute l'influence dont la Société industrielle de Mulhouse peut disposer, le but suivant : Suppression de l'emploi du bois pour les besoins de l'économie domestique et son remplacement par la houille.

Le stère de bois de hêtre pèse en moyenne 475 kilogrammes. — Un kilogramme de bois de hêtre à l'état ordinaire de dessiccation, c'est-à-dire quand il a encore 25 à 30 pour 100 d'eau, produit 2145 unités de chaleur (calories). Le hêtre absolument sec donne sensiblement 3,900 calories [1].....

La houille de Ronchamp, d'après le Comité de mécanique, donne 7140 calories.

Extrait des registres originaux conservés dans les archives de la mairie de Mulhouse :

1760, 3 mars. Comme le bois augmente de prix chaque année et que l'on entend constamment des plaintes au sujet de la consommation considérable de notre ville, on a songé à établir un approvisionnement de houille et nommé à cet effet une commission. (*Bürgermeisterbuch.* Extrait sommaire des décisions des magistrats et mémorandum des faits saillants relevés par le bourgmestre pendant la durée de son autorité.)

1760, 3 mars. Par suite de la consommation assez importante de bois qui se fait dans notre ville, tant pour les fabriques que pour d'autres industries, on a proposé, dans un but d'économie, de faire un essai avec de la houille. Cette proposition a été longuement et mûrement discutée. Une commission a été instituée, chargée de fonder un prix pour ceux qui feraient, avec succès, l'essai de la houille pour les fabriques, ou de provoquer des essais aux frais de la République, en engageant des ouvriers compétents à introduire chez eux l'usage de la houille, conformément aux vues énoncées ci-dessus. Sont nommés membres de cette commission : H. Bast; Hofer, greffier de la ville; l'architecte et assesseur F. Dollfus; Jean Eck; Jean Dollfus; Jean Zürcher; X. Hofer. (Extrait des décisions du Sénat de la République de Mulhouse. *Rathhaus-Protocoll.*)

1760, 11 avril. La commission du 3 mars annonce que la houille est effectivement employée à Bâle, et qu'elle se propose de faire venir de cette ville un ouvrier qui pourrait établir des foyers pour des chaudières. Qu'il serait utile de faire l'achat d'une certaine quantité de houille, qu'on en trouve en abondance à Ronchamp. Enfin, qu'il serait bon de faire établir un magasin aux frais de l'État, plutôt que de laisser le commerce de cette matière entre les mains des particuliers. Le Conseil trouve bon d'approuver ces propositions en laissant à la commission le soin d'en effectuer la réalisation. (*Rathhaus-Protocoll.*)

1760, 5 juin. La commission du 3 mars relate qu'elle s'est réunie à diverses reprises et qu'elle a pris des informations relativement aux fourneaux, tant en Suisse à Bâle et à Zurich, qu'à Ronchamp, où il y a beaucoup de houille dans la mine, et à Thann, où l'on pourrait ouvrir une mine. La commission s'est enquise également des prix d'achat et des frais de transport. Elle fait connaître encore que MM. J. Dollfus feront dans leur usine l'essai de la houille avec un foyer *ad hoc*, aux frais de l'État. La commission trouve convenable, enfin, d'établir un magasin de houille et d'acheter, pour commencer, 5 à 6000

---

[1] En 1738, à Strasbourg, la corde de bois valait 10 à 11 livres tournois; en 1763, 13 à 16 livres; en 1788, 19 à 21 livres; en 1808, 38 à 40 livres. — La corde = trois stères deux décistères

quintaux de houille. Toutefois on ne pourra pas restreindre le commerce et défendre aux bourgeois d'acheter pour leur compte. Le magasin sera établi dans le *Hegelhäuslein* (:), près de la porte Jeune. L'architecte Zuber, MM. Frédéric Dollfus et Jean Eck sont chargés de l'exécution de ce projet. (*Rathhaus-Protocoll.*)

1766, 3 juillet. Le conseil est informé que M. J. Dollfus a fait dans sa fabrique l'essai comparatif de la houille et du bois, et que, ayant brûlé neuf quintaux de houille pour une corde de bois, il en résulte qu'il y a avantage en faveur de la houille. La commission a déjà acheté une assez grande quantité de houille; elle est priée d'en organiser et soigner la vente. Il a été convenu que l'on ne forcerait personne à faire usage de la houille, et que l'on n'exigerait pas que le combustible soit acheté dans le magasin de l'État. Chaque bourgeois pourra en faire venir pour son propre usage, mais il lui sera défendu d'en acheter dans le but d'en faire un objet de trafic. (*Rathhaus-Protocoll.*)

1768 et 1769. On cuit *des briques avec de la houille.* — Le 2 juin 1768, la direction du magasin est confiée à M. Frédéric Dollfus seul, pour trois années. Il doit y avoir constamment un approvisionnement de 1500 quintaux. On vendra aux bourgeois 22 sols le quintal, et aux étrangers 23 sols. (*Bürgermeisterbuch.*)

1772, 10 février. On recommande de nouveau avec instance l'emploi de la houille aux fabricants. (*Bürgermeisterbuch.*) [1]

BURNAT (Émile).
  Chaudières à vapeur. Rapport présenté au nom du Comité de mécanique, sur le concours des meilleurs *chauffeurs* de chaudières à vapeur. (S. I., vol. XXXI, p. 335.)

BURNAT (Émile).
  Houille. Son emploi dans les ménages. (S. I., vol. XXXI, p. 451. — S. I. vol. XXXII, p. 509.)

BURNAT (Émile).
  Coton. Machine à égrener le coton. (S. I., vol. XXXIII, p. 213, 1 pl.)

BURNAT (Gustave).
  Coton. Culture du coton en Égypte. (S. I., vol. XXXIII, p. 157, 1 pl.)

C

CACHOU. Nature et propriétés de cette matière tinctoriale. Mémoire envoyé au concours des prix à la Société industrielle de Mulhouse. (S. I., vol. XII, p. 350.)
Latin, *Mimosa catechu* (Linné fils et de Jussieu).
  — *Mimosa cate* (Murray).
  — *Acacia catechu* (Wildenow), sp. 4, p. 1079.
Italien, *Caccià, catéchù, Catto d'India* (Lamparélli).
Espagnol, *Cachu.*
Anglais, *Catechu, cachoe.*
Allemand, *Katechubaum, Katchubaum.*

DA [1] Les mines de houille de Ronchamp (Haute-Saône) étaient déjà exploitées en 1768. — Ce combustible remplaçait le bois dans les établissements industriels à Bâle (Suisse). — Ce ne fut que vers l'an 1812 que l'usage de la houille fut introduit dans les établissements industriels pour le chauffage des ateliers et des chaudières de teinture. En 1820, l'emploi de la houille était général. — En 1863, l'emploi de la houille dans les foyers domestiques prend un développement de plus en plus grand.

Hollandais, *Katechu-boom, Katson-boom.*

Historique. — Les Indiens ont employé depuis longtemps le cachou comme matière colorante. En Europe, il ne fut employé pour l'impression des tissus qu'au commencement du dix-neuvième siècle, et d'abord à Augsbourg, en 1808, par **MM. Schüppler et Hartmann,** comme couleur brune, pour accompagner les nuances garancées et imiter avec économie les genres dits : fonds bronzes. Le procédé que ces messieurs employaient se trouve publié dans le *Journal de Dingler,* t. II, n° 1, 1815. Malgré cette publication, son application resta presque nulle, jusqu'à ce que l'on découvrit des moyens de donner à cette couleur plus de vivacité et de fixité, tels que : la vapeur, les passages alcalins, le chromate de potasse, etc. Ce n'est qu'en 1820 que l'usage du *cachou* commença à prendre de l'importance pour les impressions sur tissus de coton. M. **Barbet de Jouy,** l'employa avec avantage, à cette époque, sur toiles et jaconats.

CADET DE VAUX et **DARCET.**
Ueber die neu erfundene Milchmalerei. In-8. Leipzig, 1803

CADIAT.
Ferme nouvelle. (S. I., vol. V, 35, 1 pl.)
Ferme. Terme technique. Assemblage de pièces de bois.

CAILLETET (C.), pharmacien à Charleville (Ardennes).
Savonimétrie. (S. I., vol. XXIX, p. 8, 1 tableau.)
..... Les Anglais ont inventé le Cold-cream,
..... Les Allemands, l'eau de Cologne,
..... Et nous, le savon.

CAILLETET (C.),
Huiles. Essai des huiles d'olive, d'arachide, de sésame et d'œillette ; dosage des mélanges faits avec ces huiles. (S. I., vol. XXIX, p. 100.)

CAILLETET (C.).
Huiles de fabrique. Essais. (S. I., vol. XXIX, p. 463. — S. I., vol. XXX, p. 261.)
..... Essais par l'acide sulfurique, l'eau et l'acide azotique.

CAILLETET (C.).
Albumine. Moyens de doser l'albumine et d'en reconnaître les falsifications. (S. I., vol. XXXIII, p. 37.)

CALON et **LAURENS.**
Organisation de l'industrie. Application d'un projet de Société générale des papeteries françaises. (S. I., vol. XXII, p. 5.)

CALVERT (F. Crace) et **JOHNSON** (Richard).
Alliage des métaux. Propriétés physiques, conductibilité par la chaleur, ténacité, dureté et dilatation des alliages et amalgames obtenus avec des métaux purs suivant la loi des équivalents et celle des proportions multiples. (S. I., vol. XXX, p. 210. — S. I., vol. XXXI, p. 259.)

CALVERT (F. C.) et **JOHNSON** (R.).
Métaux et alliages. Leur conductibilité pour la chaleur. (S. I., vol. XXXI, p. 109.)

CALVERT (F. Crace), professeur de chimie à Manchester.
Acides organiques. Action des acides organiques sur les fibres de coton et de lin. (S. I., vol. XXIX, p. 203, tableaux.)

CALVERT (F. Crace) et **JOHNSON** (Richard).
Métaux et alliages métalliques. Leur dureté. (S. I., vol. XXIX, p. 330, 1 cliché.)

CARRON.
Hydro-extracteur perfectionné. (S. I., vol. XIII, p. 452.)

CELLERIN et **DEVILLERS**, à Mulhouse.
Rétéro-syncléographe. Invention. (S. I., vol. XXVII, p. 218, 1 pl.)
Cette machine est destinée à agrandir les dessins de tous genres. Le nom de *pantographe élastique* donnerait une idée plus nette du but de la machine.

CÉSARD (de Nancy, membre correspondant à Batavia).
Verre végétal. (S. I., vol. XI, p. 25.)

CAISSE DE SECOURS ET DE RETRAITES. Réponse du Comité d'économie sociale de la Société industrielle de Mulhouse à la circulaire de M. le Ministre de l'agriculture et du commerce, relative à la création de caisses de secours et de retraites. (S. I., vol. XXII, p. 49.)

CAISSE DE RETRAITES pour les ouvriers travaillant dans les fabriques du canton de Mulhouse. Projet. (S. I., vol. XXII, p. 378.)

CAISSE D'ÉPARGNE et de prévoyance de la ville de Mulhouse. Statuts. (S. I., vol. IV, p. 488.)

CHATEAU (Théodore), préparateur de chimie au Muséum d'histoire naturelle.
Huiles. Falsification des corps gras et des huiles en particulier. (S. I., vol. XXXI, p. 405, — 411, — 479, — 507. — S. I., vol. XXXII, p. 77, — 135, — 211, — 261, — 317, — 355, — 405.)

CHATEAU (T.).
Benzines, nitro-benzine et aniline du commerce. (S. I., vol. XXXIII, p. 97.)

CHÉRET.
Distribution, à Mulhouse, des eaux de la Doller. (S. I., vol. XXXII, p. 383.)
..... La Société industrielle de Mulhouse décerne une médaille d'or à M. Chéret.

CHEVALIER (Michel).
De l'Industrie manufacturière en France. Suivi d'une note de M. A. P. de Candolle sur le tableau de l'état physique et moral des ouvriers employés dans les manufactures de coton, de laine et de soie. In-12. Paris et Leipzig, 1841.

CHEVALIER (M.).
Modification du système des douanes. Prohibition remplacée par des droits protecteurs. (*Journal des Débats*, 15 février 1851.)

L'assemblée est saisie de l'examen du tarif des douanes par la proposition d'un de ses membres.

L'honorable M. Sainte-Beuve demande que ce tarif soit modifié profondément. Les matières alimentaires et les matières premières seraient affranchies de droits. Les objets à demi manufacturés supporteraient un droit très-modique que l'auteur de la proposition met à 10 pour 100 ; les objets complétement manufacturés payeraient le double. Toute prohibition serait abolie. Des dispositions diverses ménageraient la transition pour plusieurs industriels. En un mot, la proposition de M. Sainte-Beuve est l'abandon virtuel du système auquel on donne le nom de protecteur de l'industrie nationale, système qu'on peut formuler ainsi : Chaque nation doit produire chez soi tout ce qu'il est possible sans regarder au prix, sans s'inquiéter si l'étranger le fait à meilleur compte.

Jusqu'à ces derniers temps, tous les gouvernements avaient cru au système protecteur comme on croit à l'Évangile. Quelques philosophes avaient élevé des doutes sur les avantages qu'on y attribuait. Les traités d'économie politique, depuis **Turgot** et **Adam Smith**, soutenaient, même très-irrévérencieusement pour l'opinion des cabinets, que c'était une déception; que le système protecteur, au lieu d'enrichir les nations, les appauvrit; que, s'il paraît accroître la somme du travail, en fait il la diminue; qu'il retarde les progrès de l'industrie en amortissant l'aiguillon de la concurrence. Le système protecteur n'en continuait pas moins de fleurir dans les lois et la pratique de tous les peuples. La liberté du commerce était réputée une utopie de songe creux dans le monde officiel de tous les États : même les Américains du Nord, gens très-libéraux s'étaient ralliés au système protecteur avec de la modération cependant. L'illustre M. **Clay** lui-même en avait pris l'initiative et l'avait fait prévaloir sous le nom d'*american system*.

En Europe, dans tous les États représentatifs, les protectionistes surveillaient avec la plus grande attention les actes des gouvernements, pour préserver le système de toute atteinte. C'est à peine s'ils permettaient à quelques ministres d'adresser de loin en loin des paroles d'estime au principe de la liberté commerciale dans les exposés des motifs des projets de loi sur la protection.

Les choses en étaient là il y a une dizaine d'années, lorsqu'un pays voisin, l'Angleterre, qui appliquait le système protecteur avec une grande fermeté et où il en résultait une cherté extrême pour les denrées alimentaires, vit un spectacle inattendu. Quelques bons citoyens levèrent avec résolution l'étendard de la liberté commerciale, en s'associant sous le nom de la ligue contre les lois des céréales. Leur entreprise paraissait désespérée. C'était une poignée d'hommes sans renom qui s'attaquaient aux grandes influences du pays, à l'aristocratie propriétaire des terres, aux colons, aux propriétaires de navires, à la plupart des manufacturiers qui vivaient convaincus qu'en dormant sur l'oreille ils feraient plus certainement fortune. Mais les chefs de la ligue, M. **Cobden** et ses amis, invoquaient les principes de liberté et de justice avec une éloquence rare. A l'étonnement général, ils devinrent une puissance. Bientôt les discours qu'ils prononcèrent, en se multipliant avec une prodigieuse activité et un dévouement sans bornes, dans tous les grands centres, saisirent les populations et firent des prosélytes de plus en plus nombreux parmi les classes les plus élevées de la société. Un jour enfin, le premier homme d'État de l'Angleterre qui, depuis quelque temps, s'était fait patron des mesures dans le même sens, se rallia ostensiblement à eux. Ce fut au commencement de 1846 que sir **Robert Peel**, cédant à l'ascendant de la vérité et se séparant de la plupart des amis avec lesquels il combattait depuis plus de trente ans, vint, lui premier ministre, déclarer au Parlement qu'il ne croyait plus au système protecteur, qu'il en serait à partir de ce jour l'antagoniste déclaré, parce qu'il avait reconnu que c'était un système contraire aux idées de liberté et de justice, et que la ligue avait raison. Comme sanction de sa conversion aux idées de liberté commerciale, il proposa l'abrogation des lois sur les céréales. On sait le reste. Le système protecteur a été abandonné successivement sur tous les points par le gouvernement anglais et par le parlement.

L'acte même de navigation de Cromwell a été aboli, après une résistance acharnée, il est vrai.

En ce moment, tous les esprits qui comptent en Angleterre, et le vulgaire lui-même, regardent la doctrine de la protection du même œil que les chimistes modernes la théorie du phlogistique et que les esprits éclairés l'astrologie. Pour les Anglais désormais, c'est une de ces doctrines auxquelles on est tout surpris d'avoir pu ajouter foi.

L'exemple de l'Angleterre est fait pour donner à penser à tout le monde. Les intérêts qui y bénéficiaient de la protection étaient puissants, étaient vastes : c'étaient les propriétaires fonciers, les propriétaires des colonies sucrières, l'industrie maritime, celle des mines de cuivre, celles des soieries et bien d'autres. Pour ces catégories de personnes le profit était considérable. Pour l'agriculture en particulier il semblait que ce fût une question d'être ou de n'être pas. Si donc l'Angleterre abandonnait ce système protecteur, il fallait que ce système eût de grands inconvénients, qu'il fût reconnu bien inconciliable avec les libertés publiques, avec le droit qu'ont toutes les classes d'être également traitées par la loi, avec la prospérité nationale, et surtout avec le bien-être du plus grand nombre. En conséquence, chez presque tous les peuples le code des douanes fut soumis à un examen sévère. De toutes parts on en adoucit les rigueurs et on le rendit plus libéral. C'est ce qu'on a vu pratiquer tour à tour aux États-Unis, en Hollande, en Belgique, en Espagne, en Russie, en Piémont, en Autriche. Seule la France n'a rien fait.

En 1847, le gouvernement avait présenté un projet de loi très-recommandable ; il fut enterré par la commission, et la France reste avec le tarif le plus prohibitif des quatre parties du monde. Le bey de Tripoli et le chef demi-sauvage qui gouverne les îles Sandwich, sont, en fait de transaction commerciale, infiniment plus libéraux que le peuple français qui se pique de donner au monde le modèle de toutes les libertés. En ces circonstances, quel accueil fera-t-on à la proposition **Sainte-Beuve ?**

L'assemblée commettrait une faute politique si elle refusait à la prendre en considération, sauf à graduer la transaction autant qu'il sera nécessaire. De quelque œil qu'on envisage le système protecteur, il a un vice qu'il n'est pas possible de dissimuler et qui est mortel dans ce siècle d'égalité ; il confère à quelques personnes un avantage qui n'est justifié par aucun service rendu par delà ceux que rendent les autres. Il impose la communauté au profit de quelques-uns, tandis que la maxime moderne est qu'on ne doit d'impôt qu'à l'État.

A ce vice il joint celui d'être diamétralement contraire au principe de la vie à bon marché. Or, la vie à bon marché est un article nécessaire dans le programme des États démocratiques. Enfin il est faux que le système protecteur rachète ces défauts par l'abondance du travail qu'il procure. Son influence sur le travail national est de restreindre ou d'empêcher un travail fructueux pour y substituer un travail peu productif.

C'est ainsi qu'il gêne notre industrie vinicole, notre industrie des soieries, notre industrie des bronzes, toutes productions où nous avons l'avantage, et qui, par conséquent, livrées à leur essor, nous rémunéreraient très-bien, pour nous faire faire de mauvais acier, de mauvaise serrurerie, de la quincaillerie médiocre.

Que l'assemblée veuille bien y réfléchir : est-on fondé à appeler protecteur du travail national un tarif qui frappe d'un droit quelconque la houille, qu'on a si justement appelée le pain de l'industrie ? Est-ce un tarif protecteur du travail national celui qui taxe l'acier, dont la partie vive de tous les outils est faite ?

Et quelle taxe ! 1,320 à 1,540 fr. par 1,000 kilog. d'acier fondu, article que l'ancien régime imposait à 65 fr., et l'Empire à 99 fr.

Est-ce protéger l'industrie nationale que de frapper de droits énormes le fer, article que la civilisation et les arts emploient sous mille formes, que l'homme industrieux a sans cesse à la main ?

La réforme de ces taxes exorbitantes contrarie, dit-on, certains intérêts ; nous ne le nions pas, et nous ne prétendons pas que pour plusieurs il ne faille pas ménager la transition ; mais d'abord ces intérêts furent avertis par le gouvernement, quand ces droits furent présentés aux chambres, que c'était pour un temps. Or, il y a un tiers de siècle au moins qu'ils jouissent des faveurs qui leur furent conférées à titre temporaire.

Et puis, est-ce que la réforme de sir **Robert Peel** n'a pas extrêmement contrarié de très-grands intérêts en Angleterre ? Cependant **Robert Peel**, et avec lui le parlement, y compris la chambre des lords, où les propriétaires fonciers sont les maîtres, ont passé outre, et ils ont bien fait, parce qu'ils ont voulu être justes envers tous également, comprenant bien que l'on conjurait les révolutions par cette manifestation éclatante d'une justice égale pour tous indistinctement, pour le fabricant de Manchester comme pour le producteur de céréales, pour le simple journalier comme pour le membre de la pairie.

Dans le système protecteur tel qu'il est en France, on est surpris de rencontrer à chaque pas des atteintes à l'équité que les inventeurs du système n'y croyaient pas mettre.

mais qui n'y sont pas moins. Protéger est bien, si l'on protège tout le monde de même.

Mais, de grâce, pourquoi protéger celui-ci aux dépens de celui-là? Pourquoi accorder à certaines industries une faveur qui se résout en un sacrifice pour le médecin, l'avocat, l'homme des professions libérales, les rentiers, le fonctionnaire? Pourquoi servir les intérêts ou les préjugés de tel qui fera du fer-blanc ou de la quincaillerie, au détriment de tel autre qui fabrique des soieries ou des châles? Qu'est-ce que signifie un système qui, dans l'industrie des cotonnades, impose, et très-lourdement, l'imprimeur sur étoffes ou le tisseur, pour l'agrément du filateur? Nous supplions qu'on nous dise le titre que le filateur a de plus que l'imprimeur ou le tisseur à la munificence nationale, ou le fabricant de fer plus que le fabricant de soieries ou de châles.....

C'est un fait que, si nos tisseurs et nos fabricants de toiles imprimées pouvaient se procurer des fils ou des calicots étrangers, nous couvririons, grâce à notre goût, tous les marchés de l'univers de nos impressions; c'est un autre fait qu'il faudrait très-peu d'efforts à nos filateurs pour soutenir la concurrence des Anglais, et que ces efforts s'accompliraient du jour où ils cesseraient d'être protégés.

On voit par cet exemple s'il est vrai que la protection augmente le travail national, comme elle le prétend, ou si elle ne le diminue pas. Ce que protége le tarif aujourd'hui, dans la plupart des cas, ce n'est pas le travail, c'est l'indolence.

L'assemblée est, on n'en saurait douter, jalouse de contribuer à la pacification de la société. La révision du tarif lui fournit une belle occasion de le montrer. Qu'elle fasse tous ses efforts pour supprimer tous les obstacles artificiels que la douane oppose à la vie à bon marché. C'est pour elle une obligation sacrée; l'humanité le commande, et la politique l'exige. L'accueil qui a été fait aux mesures du préfet de police relativement au commerce de la viande, montre au gouvernement et à l'assemblée quelle bonne et solide popularité il dépend d'eux d'acquérir. Tant qu'il restera un droit à l'entrée des subsistances, l'autorité n'aura pas fait complétement ce qu'une société démocratique est fondée à attendre d'elle. Pour la viande en particulier, l'action doit être prompte et décisive. C'est un aliment que l'hygiène recommande, sans lequel l'homme travaille moins et avec moins de régularité; il est donc d'intérêt industriel aussi d'attirer sur notre sol les denrées animales, dont évidemment nous ne produisons pas assez pour nos besoins. Salées, conservées ou sur pied, les viandes doivent entrer en franchise. Des exploitations considérables se sont formées dernièrement pour utiliser au profit de l'Europe les immenses troupeaux qui vaguent dans les pampas des rives de la Plata, et dont la chair n'a sur les lieux aucune valeur. On assure que, conservées par le procédé d'**Appert,** les viandes des bords de la Plata peuvent arriver dans nos ports à un prix très-modéré, mais notre tarif les exclut de la consommation.

Pourquoi se priver de cette ressource? pourquoi, si l'on tient à arrêter les ravages que les doctrines hostiles à la propriété font chaque jour parmi les classes qui ne possèdent pas?

Enfin l'assemblée ne peut se dissimuler que si nous persévérons dans notre tarif prohibitif, nous nous attirerons des représailles formidables. Nous serons mis au ban des nations commerçantes, et nous nous le serons attiré. Que l'assemblée donc prenne texte de la proposition qui lui est soumise pour procéder à la révision complète de nos tarifs; elle aura bien mérité du pays.

Michel Chevalier.

CHEVALIER (M.).

La France et l'Angleterre. Exposition de Londres.

Comparons aujourd'hui la France aux autres nations occidentales qui figurent à l'Exposition; comparons-la surtout à l'Angleterre.

Prenons les tissus, et d'abord ceux de soie. Voyez cette vitrine que les Lyonnais ont été si lents à remplir; elle fait l'admiration de tout le monde. On se presse pour jouir de ces merveilles. Personne ne conteste que ce soit tout ce que l'art des soieries offre de plus fini, de plus ravissant, de plus parfait. Le choix de cet assortiment d'articles a été fait, il faut le dire, avec un soin tout particulier par la chambre de commerce de Lyon· Rien n'y manque, de la peluche au velours le plus fin, de l'uni le plus simple au façonné le plus varié. Et que peut-on voir de plus beau que la rubannerie de Saint-Étienne étalée tout auprès ?

Passons aux tissus de laine. Quant aux draps, je m'en rapporterai aux tailleurs de Londres pour savoir ce qu'on doit penser des qualités fines de Sedan, représentées ici par les produits de MM. **Bacot** et de MM. **Bertéche et Chanon**, et les nouveautés de la même ville. Ils en font venir, parce que rien ne contente mieux leur clientèle raffinée. De là allons aux mérinos. C'est un article d'un grand usage. Les détaillants non-seulement de l'Angleterre, mais de la terre entière, vous diront que toute femme qui veut une jolie robe de ce tissu demande des mérinos français de la *grande fabrique du Cateau*, organisée par les soins d'un des hommes les plus éminents de l'industrie française, du mérinos-Paturle, en un mot; car c'est sous ce nom que le mérinos du Cateau est connu dans les deux hémisphères; il s'en fait une très-grande exportation.

Ainsi, en ce qui concerne la laine, nous sommes les premiers pour les draps fins, nous avons la palme pour les mérinos, nous l'avons pour les mousselines de laine, article d'un grand usage aussi, dont vous trouvez à l'Exposition de charmants échantillons de Mulhouse. Nous en exportons beaucoup; nous l'avons pour les châles communs et pour les châles imprimés, dont l'Exposition française offre des échantillons charmants; nous en exportons considérablement; et pour les châles superfins, nous ne craignons personne. Nous l'avons pour les larèges, article très-intéressant où la soie est mêlée à la laine, chaîne de soie, trame de laine. Ici il ne faudrait pas dire que c'est le bon goût de nos dessins qui seul nous donne l'avantage, quoiqu'il n'y nuise pas. Même pour la filature de la laine, besogne toute mécanique, nous sommes à la hauteur des Anglais, qui sont de si grands mécaniciens. Pour vous le prouver, je ferai ce que j'aurais pu faire déjà pour les draps, les mérinos, les mousselines de laine, les châles, je ne me contenterai pas de vous mener alternativement dans le quartier anglais et dans le quartier français, en vous disant : jugez et comparez ; je vous renverrai au tableau du commerce que publie l'administration. Il est si vrai que nous filons la laine aussi bien que les Anglais qu'ils nous demandent d'être leurs filateurs. Reims et autres lieux leur fournissent une grande quantité de laine filée, du genre cardé, qui de chez nous se rend surtout à Glasgow, où l'on en fait les châles communs, de l'espèce *tartan*.

Depuis quelque temps un autre phénomène plus curieux se passe. Nous achetons dans les docks de Londres, vous entendez, de Londres ! de la laine brute, de la laine peignée ou plutôt à peigner. Nous la préparons, nous la filons et nous la retournons prête pour le tissage aux Anglais, qui trouvent plus avantageux de nous l'acheter, malgré les frais d'aller et de retour, que de la filer eux-mêmes. Enfin voici que, pour mettre le comble à notre supériorité dans la filature de la laine peignée, nos ateliers se mettent à employer une *machine peigneuse* de la maison **Schlumberger**, de *Guebwiller*, qui donne des résultats inespérés. C'est cet appareil qui a permis à la fabrique du Cateau de faire les mérinos extraordinaires qu'elle a exposés.

Le coton! c'est le triomphe des Anglais. Ce qu'ils absorbent de coton brut pour les filatures, leurs ateliers de tissage et d'impression, est surprenant, est fabuleux: 325 millions de kilogrammes. Ils en vendent tant et tant, outre ce qu'ils consomment, que pour exprimer par un nombre simple la grandeur de leur exportation, il faut chercher l'unité de mesure en dehors de ce qui nous est le plus familier, et prendre en place du mètre et de la lieue le tour de la planète. — L'exportation anglaise, en calicots et en toiles imprimées, a représenté, en 1849, plus de trente fois le grand cercle du globe terrestre ; et si l'on y joint ce que ferait de calicot ou de toile imprimée le fil exporté, on trouve un total de cinquante fois cette unité gigantesque. Je sais tel fabricant d'étoffes imprimées de Manchester, M. **Schwabe**, dont la fabrication annuelle va à 700,000 pièces d'un peu plus de 25 mètres chaque. C'est 17,500,000 mètres, et le tour de la terre n'en fait que 40 millions. Pour le coton, cependant, j'ai demandé à des personnes non suspectes, à des manufacturiers de Manchester, à des imprimeurs avec lesquels je parcourais l'Exposition, s'ils croyaient l'emporter. « Voici les maîtres, » m'ont-ils répondu en me montrant l'*étalage de Mulhouse;* et, en effet, rien n'est beau, en fait d'étoffes imprimées, comme cette collection d'articles. C'est un merveilleux assortiment de couleurs, une admirable correction de dessins; il y a surtout une pièce représentant des bouquets de tulipes devant laquelle s'arrêtent les amateurs comme devant un chef-d'œuvre. On admire aussi beaucoup deux ou trois autres groupes de fleurs, un surtout qui est rouge à trois tons. On sait que l'application du beau rouge, dit rouge turc, sur le coton, est due à M. **Daniel Kœch-lin**, de Mulhouse. Il n'y a personne au monde qui, pour les toiles colorées, égale les **Dollfus-Mieg et C⁰ˢ**, les **Hartmann**, les **Gros Odier Roman et C⁰ˢ** et leurs dignes confrères de l'Alsace, si ce n'est M. **Japuis**, de Clais (Oise), qui a exposé les articles les plus surprenants. La fabrique de M. Japuis a cette particularité que tout y est fait par des femmes. Ces magnifiques impressions ne sont pas à des prix exorbitants : elles se vendent de 80 c. à 3 fr. le mètre. Nous en exportons beaucoup.

Les Anglais livrent sur le marché général à meilleur marché que nous les étoffes imprimées les plus communes; mais *le fait est qu'ils en donnent au consommateur tout juste pour son argent.* C'est d'une qualité bien médiocre. Ils font aussi un énorme commerce en filés de coton. C'est une de leurs gloires et une de leurs richesses. Je lis dans l'excellente *Histoire de l'industrie cotonnière* de M. **Baines**, que les Indiens, par l'incomparable dextérité de leurs doigts, sont parvenus à filer le n° 200; dans quelques cas seulement ils s'étaient élevés jusqu'au n° 250. C'est avec ces numéros qu'on fait les mousselines. Les Anglais, dans ces derniers temps, sont arrivés aux nᵒˢ 500, 000 et 1400, et on peut voir dans l'exposition de la maison **Baxley**, de *Manchester*, le n° 2020 (c'est d'une finesse telle qu'il n'en faut pas moins de 5,600,000 mètres, c'est-à-dire quatre fois la distance de Paris à Marseille, pour former un kilogramme); je parle ici en numéros anglais; en mesure française, ce serait moindre d'un cinquième environ. Ces numéros si élevés sont des tours de force jusqu'à présent sans usage. Presque toute la consommation est au-dessous du n° 200. Pour les filés du plus grand débit notre désavantage aujourd'hui est bien faible; si même ceux de nos filateurs qui sont intelligents ont, par rapport aux Anglais, une infériorité quelconque.

Un de nos manufacturiers les plus considérés pour leur capacité éprouvée et pour leur loyauté, qui est filateur lui-même, en même temps qu'il tisse et qu'il imprime, M. **Jean Dollfus**, a positivement établi qu'en Alsace ceux de nos filateurs qui emploient des chutes d'eau, étaient parfaitement en état de soutenir la concurrence de la filature anglaise, parce qu'ils produisent au même prix qu'eux. Quant à ceux qui ont des moteurs plus chers, si l'on tient compte de la différence de la main-d'œuvre, leur prix de revient n'est pas plus élevé que celui de Manchester. En tous cas, personne ne peut contester que si nous accordions la libre entrée aux calicots écrus ou aux cotons filés des Anglais, nous livrerions à meilleur marché qu'eux les étoffes imprimées qui proviendraient de ces importations. Mais nous nous en gardons bien. Lorsque des imprimeurs de Rouen ou de Mulhouse ont demandé qu'on leur permît l'importation des calicots anglais à charge de réexportation, il leur a été répondu qu'ils étaient les *ennemis du travail national.*

Je pourrais prolonger cette revue des tissus, j'arriverais toujours à la même conclusion, pièces et preuves en main. C'est à peine s'il y a quelque classe importante de tissu où, pour l'ensemble, et surtout pour les qualités les plus distinguées, nous ne soyons parvenus au niveau des Anglais, quelque habiles qu'ils soient; et le nombre des articles de grand débit où nous les surpassons est presque aussi grand que celui des articles où ils nous battent. Pour les tissus de coton autres que les étoffes imprimées, pour les articles brodés, par exemple, nous sommes au-dessus d'eux ; pour les tissus de lin, et notamment pour le linge damassé, nous ne craignons ni l'Angleterre ni la Saxe.

Quant aux métiers destinés aux fabriques de tissus, et particulièrement aux filatures de coton, de lin, de laine, nous en exportons, ce qui est la meilleure preuve de l'habileté que nous y avons acquise. L'Alsace et Paris, les **André Kœchlin**, les **Schlumberger**, les **Decoster** et d'autres ne s'inclinent devant la concurrence de personne, pour la bonne façon. Il est bien connu que nous fournissons des métiers en grande quantité aujourd'hui aux peuples du midi de l'Europe, et même en Allemagne, malgré les Anglais.

La France semble ignorer ses forces productives, le génie manufacturier qui la distingue. Elle a devant elle les plus belles carrières industrielles, pourvu qu'elle ne se suscite pas à elle-même des entraves, pourvu qu'elle se décide à écarter les obstacles artificiels qui contrarient le libre essor de ses enfants. La France n'a rien à craindre en industrie, si ce n'est ses propres préjugés, son ignorance de ce qui lui convient, sa condescendance pour les hommes *qui caressent en elle les notions surannées d'un faux patriotisme*. C'est ce qui sera moins incomplètement établi lorsque j'aurai achevé la revue sommaire des principales branches de la production.

Michel Chevalier.

CHIMIE APPLIQUÉE AUX BEAUX-ARTS. Par le docteur **Scoffern**, ancien professeur de chimie à l'École de médecine d'Aldersgate.

Extrait de *Art-Journal*, vol. VI, n° 64, page 94 et suivantes. Londres, avril 1854.

DES COULEURS ET DES MATIÈRES TINCTORIALES EMPLOYÉES PAR LES ANCIENS.

Lorsque nous considérons les magnifiques types de la sculpture et de la peinture que nous ont laissés les anciens, nous sentons se réveiller en nous le désir de connaître en détail ce qui concerne ces beaux produits, et en particulier de connaître les procédés employés pour arriver à cette perfection.

Le temps a malheureusement enlevé les chefs-d'œuvre de la peinture, moins durables que ceux de la sculpture ; mais nous pouvons, à force de recherches et surtout à l'aide des auteurs, arriver à nous représenter l'effet des peintures des grands maîtres, tels que **Zeuxis, Polygnotus, Euphranor, Acétion** et des autres chefs-d'œuvre de la belle époque grecque.

De même que nous pouvons dessiner une maison grecque ou romaine d'une époque quelconque, nous pouvons aussi, grâce à l'application des faits contemporains, arriver à reproduire des tableaux qui se sont perdus, des couleurs qui se sont affaiblies. Nous n'arriverons pas toujours (malgré les études les plus assidues) au but que nous cherchons, mais l'étude de ces choses est néanmoins utile.

Considérons une courte époque de cet âge fiévreux et si riche en belles productions de l'art, reportons-nous à deux mille ans en arrière, au milieu de cette civilisation si avancée, nous nous demanderons si nous pouvons, nous modernes, être en état de profiter de l'expérience du passé, après les ravages désolants du temps ?

Beaucoup de personnes croient que les produits modernes sont inférieurs à ceux des anciens, et que le peu de durée de la plupart d'entre eux est proportionnel à leur mérite.

Dans cette idée maintenant si universellement répandue il y a manque de compréhension, et un peu de mauvais vouloir. Pour le but que nous nous proposons nous pouvons admettre cette moderne infériorité, non pas nécessairement comme un fait, mais comme un argument qui nous amènera à une conclusion.

Les productions de l'art qui nous paraissent au premier abord avoir le moins de mérite prennent cependant une valeur comparative, si on les examine en présence des productions d'une autre époque, et si les trésors de peinture de l'antiquité étaient tous exposés devant nous, nous pourrions à peine regretter pour eux la perte des meilleurs qui ont été retrouvés à *Pompeia* et à *Herculanum*.

Considérées en général, ces dernières peintures sont d'une grande infériorité. Elles furent exécutées à une époque de décadence de la peinture, et ne peuvent pas du tout être regardées comme une belle représentation de l'art classique. — Cependant, conservées pour nous comme elles le sont, seuls monuments de cette époque, nous montrant d'une manière imparfaite les gloires d'un âge plus ancien, plus pur, et étudiées avec l'aide des faits contemporains, quelle foule de témoignages valables en peinture n'offrent-elles pas?

Qui est-ce qui ne regretterait pas la perte de ces œuvres intérieures de l'art ?

Je renvoie le sujet des anciennes peintures à une autre occasion, mon but étant pour le moment de me borner non pas de traiter la question de l'*art* seul, mais bien de l'ornementation au coloris, qui était connu des anciens dans la plus grande étendue du terme.

Ce sujet peut être divisé en deux chapitres.

1° Teinture. — La teinture comprenant la coloration des tissus et les embellissements colorés sur verre et sur poteries.

2° La Peinture. — Si nous devions traiter ces sujets, en observant l'ordre chronologique, et commencer par les peuples qui les premiers ont excellé dans ces arts, nous nous reporterions (d'après des témoignages dont on ne peut douter) à la première période historique de la *Chine* et de l'*Indoustan*. Cependant il n'est pas nécessaire de prendre le sujet d'aussi haut, et nous commencerons par donner une idée des arts chromatiques chez les Grecs et chez les Romains, et nous parlerons ensuite spécialement du célèbre *pourpre de Tyr*, qui était réservé exclusivement aux monarques, et dont l'usage était *défendu sous peine de mort.*

Voyons d'abord les substances tinctoriales en général et les principes sur lesquels repose leur fixation.

Il n'est pas nécessaire d'avoir une grande connaissance technique de l'art de la teinture pour savoir que toute substance, dont la couleur est agréable à l'œil, n'est pas une matière tinctoriale. La couleur doit être soluble quand elle est appliquée, puis devenir insoluble sur le tissu, et inaltérable à tous les agents ordinaires.

Telles sont les premières qualités indispensables pour la formation d'une teinture. Il arrive cependant que certaines substances se fixent d'elles-mêmes et qu'elles s'imprègnent tellement dans le tissu que les agents ordinaires ne peuvent les en détacher; d'autres substances tinctoriales ne peuvent être rendues solides que par l'action d'un second corps qu'on appelle techniquement *mordant* (de mordre), d'après la supposition fantastique qu'il mord dans la teinture.

Ce fait donne immédiatement des bases pour la division des matières tinctoriales, qui peuvent être partagées en *substantives*, c'est-à-dire celles qui se fixent par elles-mêmes, et *adjectives* ou celles qui pour se fixer ont besoin de l'intervention d'un mordant.

On ne s'étonnera pas que la plupart des teintures des anciens fussent *substantives*, au moins celles des Grecs et des Romains; les Indous et les Égyptiens avaient, comme nous le verrons, des ressources plus étendues.

Dans certains cas, la manipulation par les mordants est plus importante que la teinture, souvent même la couleur ne devient apparente que lorsque le mordant a été appliqué. L'on peut s'en convaincre par la manipulation du *bleu de Prusse*. Toutes nos dames savent qu'une tache d'encre devient bientôt une tache de rouille qui ne change plus par l'application des agents ordinaires. Maintenant, si l'on plonge un tissu ayant une tache de rouille dans une dissolution jaune de *prussiate de potasse*, cette tache rougeâtre deviendra bleue tout en conservant la même forme et la même dimension. Ceci, en effet, est le procédé exact suivi pour la fabrication du bleu de Prusse. Si, au lieu de plonger le tissu dans une dissolution de *prussiate de potasse*, on le plonge dans une infusion d'*écorce de chêne* ou de *noix de galle*, la couleur qu'on obtiendra sera noire.

Les anciens avaient peu de connaissances en chimie; la liste des *substances tinctoriales adjectives* qu'ils employaient était donc très-restreinte, et presque toutes les couleurs les plus recherchées dans l'antiquité appartenaient à notre première division, les matières substantives, parmi lesquelles figurait sans contredit comme la plus célèbre le *pourpre de Tyr*.

Cette teinture fut découverte vers le quinzième siècle avant l'ère chrétienne, et fut perdue vers le douzième siècle après Jésus-Christ.

On l'obtenait de deux genres d'une espèce de coquillage, dont la plus grande était nommée *purpura*, et la plus petite *buccinum*. L'espèce commune est nommée *murex*. On obtenait la substance tinctoriale en piquant un vaisseau dans le cou du genre le plus grand, et en broyant complétement le second; on ajoutait du sel et une certaine quantité d'eau, et on maintenait le mélange à une température assez chaude pendant huit à dix jours. — Ce liquide était placé dans un vaisseau de plomb ou d'étain, et l'on prenait soin d'enlever les impuretés à mesure qu'elles s'élevaient à la surface.

La substance tinctoriale était alors prête à recevoir le tissu destiné à être teint (de la laine principalement).

L'opération de la teinture était assez simple, puisqu'il n'y avait qu'à laisser s'imprégner le tissu un temps suffisant pour que tout le principe colorant ait disparu pour se combiner avec lui. L'on pouvait de cette manière obtenir des nuances très-variées entre le *rouge* et le *cramoisi*. Parmi ces teintes on estimait beaucoup un *violet très-foncé*, mais la véritable teinte impériale ressemblait à du sang coagulé.

Nous l'avons déjà dit, la découverte du *pourpre de Tyr* eut lieu vers le quinzième siècle avant Jésus-Christ, et plusieurs passages des Écritures saintes prouvent qu'il était connu du temps de **Moïse.** Plus tard, les empereurs d'Orient défendaient l'usage public de cette couleur et en firent leur propre apanage.

Lorsque Byzance commença à souffrir de ses luttes extérieures et de ses dissensions intestines, le secret de la fabrication du célèbre *pourpre de Tyr* se perdit complétement.

Nous allons raconter maintenant comment ce secret fut retrouvé de nos jours par un de nos compatriotes.

Vers la fin de l'année 1683, M. **Cole,** de *Bristol*, vint à apprendre qu'une pauvre femme, demeurant sur les côtes d'Irlande, gagnait sa vie en teignant en cramoisi de fines étoffes qu'on lui remettait à cet effet. — On ajouta que la couleur provenait d'un coquillage. Cette anecdote rappela à M. **Cole** la tradition du *pourpre de Tyr*. Il se mit immédiatement à la recherche de ces précieux coquillages, et après de longs essais il arriva à son but. Il trouva sur les côtes du comté de Sommerset et sur celles qui regardent la Galle méridionale, une quantité de *buccinum*. La difficulté était alors d'extraire la substance colorante, qui, à l'état ordinaire, n'est pas rouge, mais blanche. après d'actives recherches, il trouva ce qu'il cherchait dans une veine blanche placée transversalement dans un petit sillon ou fente près de la tête du mollusque.

Nous ne suivrons pas M. **Cole** dans tous les détails qu'il donne sur la meilleure manière d'employer cette teinture; il nous suffit de dire qu'une pièce d'étoffe imprégnée de ce liquide blanc et exposée à la lumière et à l'air répand une odeur nauséabonde, puis, passant à travers plusieurs nuances de bleu, elle acquiert à la fin une couleur pourpre permanente. L'exposition à l'air et à la lumière est indispensable pour la réussite; car un tissu imprégné et enfermé ensuite entre deux feuillets d'un livre ne se colore pas.

M. **Cole** montra le premier spécimen d'étoffe teint de cette manière au docteur **Plot,** qui était alors un des secrétaires de la Société royale, et vers la fin de 1684, cette découverte attira l'attention du joyeux monarque lui-même. Il admira la belle couleur pourpre, et l'on a même dit qu'il s'était fait teindre des bas par ce moyen.

Nous avons raconté brièvement comment on retrouva, en Angleterre, le *pourpre de Tyr*. En France, après un laps de temps d'environ vingt-cinq ans, M. **Jussieu** trouva une grande quantité de *buccinum* sur les côtes françaises de l'Atlantique, et peu de temps après, un autre Français, **Réaumur,** en trouva aussi en grande quantité sur les côtes de la Provence. On voit que jusqu'à présent il n'est pas encore question du *purpura*.

La découverte de ce dernier mollusque remonte à l'an 1730, par M. **Duhamel.** — Le fait remarquable du changement de couleur était incontestable, mais le phénomène qui a lieu n'avait précédemment été expliqué par aucun auteur classique ; l'on pouvait donc avoir quelques doutes sur l'identité du nouveau produit avec le véritable *pourpre de Tyr.* — Plus tard, cependant, l'on vint à connaître des relations très-curieuses et concluantes quant à cette question. Dans le onzième siècle, pendant que l'art de teindre en pourpre existait encore à Tyr, une princesse grecque, **Eudocia Macrembolitissa,** fille de **Constantin VIII,** vint à connaître le procédé employé pour la fabrication de cette couleur. Elle en écrivit une narration qui fait disparaître les derniers restes de doute que l'on pouvait avoir sur l'identité de l'ancien pourpre de Tyr, avec la substance trouvée par MM. **Cole, Jussieu, Réaumur** et **Duhamel.** L'on trouve la narration de la princesse *byzantine* dans une collection intitulée *Anecdota Græca,* publiée par **d'Ansse de Villoison.**

On pourra maintenant se demander pourquoi le public de notre époque ne se sert pas d'une couleur qui passait pour si belle, que les empereurs de l'antiquité avaient seuls le pouvoir de porter. Maintenant que l'usage du pourpre n'est plus restreint par des lois somptuaires, il pourrait servir aux usages les plus simples. De simples voyageurs de seconde classe pourraient porter des vêtements teints avec ce pourpre impérial qu'un **César** regarderait avec envie.

Il n'y a donc pas de raison pour que le pourpre ne soit pas employé maintenant dans toutes les classes, excepté celle-ci cependant, que nous possédons d'autres couleurs pourpres qui sont plus élégantes et meilleur marché. C'est malheureux pour la réputation de l'antiquité, mais c'est ainsi.

Nous possédons quelques traditions écrites et fort vagues sur l'origine de la découverte du *pourpre de Tyr;* elles sont enveloppées de mystères et voilées dans des allégories, ainsi qu'il en arrive ordinairement dans les anciennes traditions.

Nous en avons tiré l'histoire suivante, qui nous montre à quoi a pu servir l'humble assistance d'un chien.

Le Tyrien **Hercule** se promenait sur les bords de la mer avec sa nymphe favorite **Tyros.** Leur chien gambadait parmi les rochers qui bordaient la côte, et trouvant sur son chemin un coquillage, il le broya dans sa gueule. La compagne d'**Hercule** fut la première à s'apercevoir que les lèvres de l'animal avaient pris une couleur rouge foncé. Jamais, dit-elle, elle n'avait vu une si brillante nuance. Elle exprima le désir d'avoir une robe précisément de la même teinte, et dit impérieusement à son amant qu'il serait banni de sa présence jusqu'à ce qu'il se présente avec l'objet demandé. — **Hercule,** stimulé par l'aiguillon puissant de l'amour, fit une chose peu fashionable au temps d'alors, il se fit chimiste, et après de longues recherches, il finit par découvrir la méthode de l'emploi de la célèbre teinture pour les étoffes de laine. Malheureusement pour la nymphe dont le pouvoir avait amené cette découverte et dont l'admiration fut telle qu'elle désira de suite que tous ses vêtements fussent teints de même, elle eut un rival dans la personne du roi de Phénicie. Ce roi rendit, en effet, une loi qui ne permettait à personne qu'à lui-même l'usage du *pourpre.*

Sans accorder trop de croyance à l'histoire du Tyrien **Hercule,** de sa nymphe et de son chien, et sans chercher à établir un calcul de probabilités en plusieurs versions de cette histoire, l'on trouvera cependant avec nous que l'intervention du chien est assez croyable. Le magnifique **Hercule** n'aurait été qu'un simple berger et l'impérieuse nymphe **Tyros** la femme du berger, que l'intérêt de cette découverte aurait d'ailleurs été le même, chimiquement parlant.

L'anecdote, la fable si l'on veut, a pour nous une autre signification. Nous devons d'abord espérer pour la réputation de la Majesté tyrienne qu'elle ne fut pas assez peu galante pour empêcher les dames de porter une couleur à leur fantaisie, surtout puisque c'était une dame qui en était pour ainsi dire l'inventeur.

Il est cependant certain que les vêtements teints avec ce pourpre furent destinés depuis l'origine de la découverte à n'être portés que par des personnages de distinction. **Moïse** nous présente le *pourpre* comme ayant été porté par les principaux sacrificateurs et ayant servi d'ornement au tabernacle. **Homère**, ce peintre fidèle des hommes et des choses, ce **Shakspeare** de l'antiquité, qui transporta l'image des mœurs de son temps jusqu'à nous, nous représente le *pourpre* comme ayant paré ses héros les jours de triomphe. Le peuple d'Assyrie et de Babylone en couvrait ses idoles.

Lorsqu'on considère les mutations de goût auxquelles sont sujettes les substances tinctoriales modernes, on pourra faire le contraste avec l'admiration si constante des anciens pour le *pourpre de Tyr*. — Non-seulement cette admiration était persistante, mais le temps ne fit que l'augmenter. Nous avons dit que le roi de Tyr s'était arrogé le monopole de cette couleur, mais nous savons que, plus tard, elle fut portée aussi par les Grecs et les Romains de distinction qui habitaient cette ville. A Rome, les empereurs avaient seuls le droit de porter le pourpre, et *on punissait de mort* non-seulement celui qui contrevenait à cette mesure, mais encore celui qui cherchait à imiter la célèbre couleur.

Cette admiration que les peuples de l'antiquité eurent pour une seule teinture prouve leur pauvreté dans ce genre de substance. Que pouvait-on attendre d'autre d'un peuple qui regardait tous les arts industriels avec un sentiment de mépris, les considérant seulement comme une occupation bonne pour les esclaves?

Pline même, qui avait de l'aptitude pour les sciences d'application, n'oublia jamais entièrement les préjugés de son temps. Cela est démontré suffisamment par plusieurs remarques qu'il fait sur les teintures. Il aurait pu nous communiquer des informations plus complètes qu'il ne le fit sur ce sujet, mais il en fut empêché par son respect pour les préjugés de son époque, et nous donne froidement à entendre qu'il a négligé la description des opérations qui ne se rattachent pas aux arts libéraux.

Quoique le *pourpre de Tyr* ne se recommande pas au goût actuel par son extrême beauté, il possède une qualité qui pourrait le rendre l'apanage exclusif de l'aristrocratie, il est excessivement cher. Sous le règne d'Auguste, la laine qui avait été plongée deux fois dans la teinture se vendait mille denaris romains la livre, ce qui équivaut à environ £ 36 (900 francs). Il ne faut pas s'en étonner, car on emploie 200 livres de la liqueur faite avec le *buccinum* pour colorer 50 livres de laine, et environ 100 livres de la liqueur faite avec le *purpura*. C'est donc une proportion de 6 livres de teinture pour une livre de laine. Maintenant, quand on pense que chaque coquillage produit seulement une ou deux gouttes de liqueur, l'étonnement cesse et l'on comprend que le prix de la laine teinte en pourpre fût tellement élevé. Quant à ce qui concerne la solidité de la teinture qui nous occupe, elle n'a pas une place bien remarquable. On peut la regarder comme une couleur disparaissant rapidement, mais si nous en jugeons seulement par l'événement que nous raconte **Plutarque** comme très-extraordinaire, elle ne nous paraîtra pas telle. Il dit que des vêtements de pourpre trouvés dans le trésor du roi de Perse n'avaient pas perdu de leur beauté quoiqu'ils fussent âgés de 190 ans. Sans doute, les spécimens en question appartenaient à un monarque et étaient de première qualité. Il est probable aussi qu'ils avaient été bien conservés. Dans de telles circonstances la conservation de la beauté de ces étoffes n'est pas un grand sujet de merveilles.

Les anciens produisaient, avons-nous dit, différentes teintes, la base était toujours le *pourpre de Tyr*, et auquel ils ajoutaient différents ingrédients. — La cendre de bois et une matière nommée Alum en étaient les principales. Cette dernière, dont nous ne connaissons pas bien la composition, n'avait aucun rapport avec ce que nous appelons maintenant *alun*. Ils ajoutaient aussi au *pourpre de Tyr* une herbe marine appelée *fucus*, et un insecte appelé *kermès*. Ce dernier était un assez triste remplaçant de notre *cochenille* moderne. Il serait inutile de dire que la cochenille doit avoir été inconnue aux Grecs et aux Romains, sachant qu'elle nous vient d'Amérique, si une opinion contraire n'avait été émise par **Brusse**, qui prétend que la cochenille était le seul agent employé par les Tyriens pour teindre en pourpre. — Il dit que ces derniers prétendaient employer un coquillage afin de mieux garder leur secret. Cette assertion, je n'ai pas besoin de le dire, est contraire aux preuves les plus convaincantes. Le *kermès* paraît avoir été employé par les Tyriens non-seulement comme adjonction au *pourpre*, mais encore comme agent séparé.

La couleur préférée des Grecs était l'*écarlate*, et ils n'avaient qu'un seul nom pour désigner les différentes nuances du *pourpre*. Il est certain que dans les meilleures circonstances le *kermès* est inférieur à la *cochenille*, même quand sa couleur est rehaussée par un *mordant d'étain*, comme le pratiquent nos chimistes modernes. La teinte naturelle de chacune de ces deux substances est peu agréable, mais celle du *kermès* est même inférieure. La teinte produite par le *fucus* devait ressembler, sans doute, à notre moderne *orseille* et donnait probablement une couleur violette ou bleue.

Nous autres modernes, il est inutile de l'ajouter, nous tirons tous nos magnifiques *pourpres de la cochenille* comme base. Si nous étions privés de ce précieux insecte, nous serions obligés d'en appeler à son remplaçant européen le *kermès*, en rendant la couleur plus intense par des mordants, mais dans aucun cas il ne vaudrait la peine d'avoir recours à la liqueur de coquillage de la vieille Tyr.

La substance que les anciens teignaient était presque toujours la laine. La soie était très-rare à Rome, même vers la fin du règne d'**Auguste.** Quant aux tissus de coton, ils étaient importés de l'Égypte et de l'Orient, mais ils étaient fort rares. La laine et le lin étaient les principaux types des tissus grecs et romains. L'on sait que ce dernier est peu propre à recevoir la teinture, cependant les Grecs l'essayèrent d'après les procédés égyptiens. L'histoire nous apprend aussi que, lorsque **Alexandre le Grand** envoya une flotte en Égypte, les voiles des navires furent teintes d'après le mode égyptien.

Ce dernier pays était beaucoup plus avancé dans l'art de la teinture que les Grecs et les Romains; nous en parlerons en traitant d'une manière détaillée l'histoire chromatique de l'Égypte.

Outre le *pourpre de Tyr* dans toutes ses nuances et le *kermès*, le jaune était peut-être la couleur la plus estimée chez les Grecs et les Romains. L'origine de la teinture jaune doit avoir été antérieure à la découverte du *pourpre de Tyr;* la plus célèbre des teintures de cette couleur était appelée *élychrysou*, à cause de sa ressemblance avec la teinte d'une fleur qui portait ce nom. Nous apprenons par **Pline** que cette couleur était inconnue ou du moins peu employée du temps d'**Alexandre le Grand.** Il y avait des lois somptuaires pour le *jaune* comme pour le *pourpre*, et il était seulement permis aux femmes d'en porter; cette couleur était surtout affectée à l'usage des jeunes filles grecques. C'était probablement pour modérer le pouvoir de leurs charmes, car les dames sont généralement d'accord que le jaune leur sied fort mal. Il est vrai que nos dames font grand cas des anciennes dentelles, et que même elles les rendent jaunes avec du café, du thé ou d'autres teintures faibles, mais cela non pas à cause de la beauté de cette couleur, mais pour imiter l'effet de l'âge.

Nous n'en dirons pas davantage sur les différentes substances employées dans l'antiquité pour teindre les étoffes; le lecteur doit pouvoir maintenant s'être formé une idée sur la manière dont est composée la garde-robe d'une beauté grecque ou romaine.

Transportons-nous, par exemple, au temps héroïque de **Sapho.** Cette dame avait, nous le savons, certains goûts assez raffinés, bien qu'ils ne fussent pas tous irréprochables ; sans doute, elle raffolait des belles choses et ses nombreux admirateurs rivalisaient en les lui offrant. Sans doute, elle avait une bonne quantité de délicates robes de laine blanche pour le matin. La laine welche blanchie nous donnera peut-être une idée de cette matière. Elle avait probablement une autre robe en *pourpre de Tyr*, peut-être deux, ces robes-là étaient les plus riches; quant aux robes venant après, il y en avait une teinte en *écarlate* avec le *kermès*. — Le linge fin était certainement ce dont elle se trouvait dépourvue, et à plus forte raison ce linge n'était pas orné de ces charmantes dentelles qui sont (si nous pouvons nous exprimer ains.) la poésie du tissu.

Il pourrait aussi arriver qu'un royal amant lui eût fait présent d'une robe ou du moins d. garnitures teintes avec une couleur *jaune d'or* que, suivant la tradition du temps, le peuple lointain de Serres tirait des arbres. — Enfin il se pourrait que quelque admirateur, déterm'né à surpasser tous ses rivaux, lui eût fait présent d'une robe de *Perse* ou de *toile peinte d'Égypte*. La prem'ère de ces étoffes éta't une grossière imitation de nos rideaux de lit; la seconde était plus commune que la plus mauvaise toile imprimée qu'on envoya jamais de Manchester à Tombouctou. Il est certain que les imperfections que nous venons de signaler ne pourraient être voilées ou idéalisées par la manière plus ou moins savante de l'arrangement.

Une autre question es. celle-ci : Comment les blanchisseuses de ce temps s'en tiraient-elles avec le linge? C'est-ce que nous ne saurions dire, voyant qu'elles ignoraient l'usage du savon, qui est une invention d'une date si tardive que même à Rome, du temps d'**Auguste**, on l'employait avec parcimonie, et qu'on s'en servait non comme dégraissant, mais comme pommade.

Hélas! **Sapho** doit avoir été une dame bien tristement vêtue! —

CHOFFEL, Professeur au Collège de Mulhouse.
> **Machine à vapeur.** Manière de calculer une table pour déterminer, par une simple proportion, l'effet dynamique d'une machine à vapeur avec détente, en ayant égard à la diminution de température qui doit résulter de la dilatation rapide de la vapeur dans les cylindres. (S. I., vol. IX, p. 323.)

CHOFFEL, Professeur.
> **Force motrice.** Rapport fait au nom du Comité de mécanique sur le concours du prix extraordinaire de mécanique, n° 15, formé par une souscription de 20,000 fr., au nom de la Société industrielle, pour un réservoir de force motrice qui permette de retenir une partie de la puissance mécanique perdue. (S. I., vol. IX, p. 411.)

CHRÉTIEN, de Saint-Étienne.
> **Maillons en verres** (ou boucles), servant à la confection des harnais de tisserands (S. I., vol. XIV, p. 492.)

CLAUDE, Pharmacien.
> **Sel.** Son utilité dans l'agriculture et possibilité de le livrer à cette industrie à un prix très-modéré, sans léser les droits du trésor. (S. I., vol. XVIII, p. 350.)

CLAVÉ, Avocat à Mulhouse.
> **Inconvénient de l'emprunt pour le cultivateur.** (S. I., vol. XI, p. 412.)

CLERC (Jean-Pierre-Xavier), de Belfort.
> **Gravure** en métal fondu et à sujets mobilisés, applicable à l'impression des étoffes et des papiers de tentures. (S. I., vol. XI, p. 78.)

COCHENILLE. Mémoire en réponse à la 4e question, art chimique, du programme des prix proposés par la Société industrielle de Mulhouse. (S. I., vol. XX, p. 261.)

CODY aîné, de Strasbourg.
> **Appareil à évaporer.** (S. I., vol. XVIII, p. 351.)

COLARD.
> **Écorce des châtaigniers.** Son emploi en teinture. (S. I., vol. III, p. 236.)

COLARD.

   Soude artificielle. Moyen d'enlever les sulfures qu'elle contient, et analyse de la soude de Dieuze (Meurthe). (S. I., vol. VII, p. 573.)

COLLOMB (Édouard), à Wesserling.

   Garance. Extraction d'un principe colorant de la garance et son application à l'impression des toiles. (S. I., vol. XII, p. 307.)

COMTE (E.), Directeur des établissements de MM. Munier et Prévost, à Albert (Somme).

   Transmission par courroies. Appareil propre à éviter les accidents dans les transmissions par courroies. (S. I., vol. XXX, p. 253, 1 pl.)

COOK, Professeur.

   Asclepias Siriaca ou plante à soie. Son emploi dans l'industrie. (S. I., vol. XIII, p. 179.)

COOK, Professeur.

   Vers à soie. Plantation du mûrier et culture du *madia sativa*. (S. I , vol. XIV, p. 214.)

COOK, Professeur.

   Pomme de terre. Résultat obtenu des essais faits à Mulhouse, afin de prévenir l'altération des pommes de terre. (S. I., vol. XIX, p. 357.)

COPPENS (B.).

   Ueber die Verkalchung des Bleyes, nebst den Verfahren diese Arbeit in Bleyweiss-Fabriken im grossen zu veranstalten. Erfurt, 1797.

CORDILLOT (H.).

   Albumine. Moyen de le doser et d'en reconnaître les falsifications. (S. I., vol. XXXIII, p. 37.)

COSTE, Juge au tribunal civil de Schlestadt (Bas-Rhin).

   Circonscriptions ecclésiastiques de l'Alsace en 1789. (S. I., vol. XXXIII, p. 327-362.)

COSTE.

   Circonscriptions administratives de l'Alsace en 1789. (S. I., vol. XXXIII, p. 281.)

COTONS RÉCOLTÉS EN ALGÉRIE. Échantillons de tissus obtenus avec des cotons récoltés en Algérie. (S. I., vol. XXIV, p. 361.)

COTON. Sa culture. (S. I., vol. XXV, p. 287.)

COTON D'ALGÉRIE. Rapport sur divers échantillons de coton d'Algérie, présenté à la Société industrielle de Mulhouse par M. Engel-Dollfus, associé de MM. Dollfus-Mieg et Cie. (S. I., vol. XXV, p. 352.)

   — Culture du coton en Algérie. (S. I., vol. XXVI, p. 25.)

COTON. Machine à égrener le coton georgie, longue-soie. (S. I., vol. XXVI, p. 55.)

COTON. Culture du coton en Algérie. (S. I., vol. XXXII, p. 179.)

COULEURS EN ELLES-MÊMES ET DANS LES CORPS. Revue scientifique et industrielle sous la direction du docteur Quesneville. N° 64, avril 1865, p. 5 à 88.

   1. *Constitution du soleil, nature de sa lumière.*

Auteurs cités : 1770, **Bode**. — 1783, **Michel**. — 1793, **Herschell**. — 1787, **Elliot** — **Arago**.

2. *Constitution du spectre solaire.*

Auteurs cités : **Brewster,** — **Newton,** — **Arago,** — **Navart,** — **Mayer,** — **Young,** — **Mathiessen** (d'Altona, Académie des sciences, 8 juillet 1844), — **Mathieu,** — **Babinet,** — **Euler,** — **Frauenhofer.**

3. *Couleurs en elles-mêmes.*

Auteurs cités : **Descartes.**

A. Couleurs simples.

Auteurs cités : **Baumgartner,** — **Pouillet.** — **Seebeck.**

B. Couleurs composées.

4. *Couleurs considérées dans les corps.*

Théories diverses sur les couleurs permanentes des corps.

a. Théorie de **Newton.**

b. Développements donnés par **Biot.**

Auteurs cités : **Newton,** — **Gautier de Claubry,** — **Thénard,** — **Brewster,** — **Hassenfratz,** — **Maistre** (comte de), — **Brongniart,** — **Oersted,** — **Bénédict Prevost.**

c. Opinion de **Bénédict Prevost.**

d. Théorie d'**Euler.**

Auteurs cités : **Prevost,** — **Wrede** (baron de).

e. Théorie de **Wrede** (baron de).

Auteurs cités : **Fresnel,** — **Cauchy,** — **Airy,** — **Brewster,** — **Herschell** (John, Phil. Mag. and Annals, vol. III, p. 401).

f. Conclusions.

COULEURS EMPLOYÉES DANS LA PEINTURE SUR PORCELAINE. Revue scientifique et industrielle du docteur **Quesneville**. N° 62, février 1845, p. 237.

Noms des couleurs : Blanc; — Gris, — Gris jaunâtre, — Gris bleuâtre, — Gris noir ; — Noir, — Noir velouté, — Chaleron ou ferne, — Noir foncé; — Bleu, — Bleu-bleuet, — Bleu-indigo, — Bleu-turquoise, — Bleu d'azur, — Bleu violet, — Bleu-lavande ; — Vert, — Vert-émeraude, — Vert de chrôme, — Vert bleu, — Vert-pré, — Vert-asperge, — Vert-pistache, — Vert-olive, — Vert anglais; — Jaune, — Jaune-soufre, — Jaune-jonquille, — Jaune-cire, — Jaune-nankin, — Jaune d'ocre, — Jaune isabelle, — Jaune-citron, — Jaune brun; — Carmin, — Rouge écarlate. — Pourpre, — Rouge poupre, — Violet, — Pink-colour, — Rouge-brique, — Rouge couleur chair, — Rouge sanguin ; — Brun, — Brun-girofle, — Brun de bois, — Brun chatain, — Brun hépatique, — Brun sépia, — Brun chocolat, — Brun pomme de pin, — Jaune brun.

COURTOIS-GÉRARD.

Cours élémentaire de culture maraîchère. (S. I., vol. XXIV, p. 183.)

CITÉS OUVRIÈRES DE MULHOUSE. Rapport présenté à l'assemblée générale des actionnaires. Octobre 1859. (S. I., vol. XXX, p. 58.)

CRUM (Walter), à Glascow.

Couleurs primitives. Recherche expérimentale sur leur nombre, leur propriété, et sur la nature du spectre solaire. Mémoire traduit de l'anglais de Walter Crum, Esq., et accompagné de notes par **Achille Penot**. (S. I., vol. IV. p. 544 à 593, 1 pl. coloriée.)

CRUM (Walter).

Coton. Nature du coton, et sur une fibre particulière de ce végétal non susceptible de prendre la teinture. (S. I., vol. XXIII, p. 277.)

CRUM (Walter).

Acétate et autres composés de l'alumine. (S. I., XXV, p. 317.)

CRUM (Walter).

Traduction d'une note présentée par M. Walter Crum, et lue par le professeur Georges Wilson à la réunion de l'association britannique à Aberdeen. (S. I., vol. XXX, p. 62.)

..... Cette notice de M. **Walter Crum,** traduite par M. Daniel Dollfus fils, traite de la *fixation des mordants* par le passage des pièces d'un mouvement continu dans des chambres maintenues à un certain degré de chaleur et d'humidité.

D

DANA, Chimiste attaché à la fabrique d'étoffes imprimées de M. J. D. Prince, à l'Owell, près Boston, en Amérique.

Blanchiment des toiles. (... I., vol. IX, p. 280.)

DANDRILLON, Préparateur de chimie à Marseille.

Garance. Détermination de la quantité de matière colorante rouge contenue dans un poids donné de garance. (S. I., vol. IV, p. 144.)

DE BILLY, Ingénieur des mines à Strasbourg.

Appareils à vapeurs existant dans le département du Haut-Rhin, en 1838; formant l'extrait d'un rapport officiel fait à M. le Directeur général des ponts et chaussées et des mines. (S. I., vol. XIII, p. 1, Tableaux statistiques nombreux.)

..... En 1837, on comptait dans ce département 83 machines à vapeur. Elles étaient alimentées par 129 chaudières et 260 bouilleurs; de plus 40 chaudières et 81 bouilleurs fournissant de la vapeur à d'autres usages que les machines.

..... En 1838, nous y trouvons : 86 machines à vapeur, mises en activité par 141 chaudières et 310 bouilleurs, dont quelques-uns, en petit nombre, fournissent de la vapeur à des usages autres que celui de moteur.

..... 58 chaudières et 117 bouilleurs exclusivement employés au chauffage des ateliers, des cuves à teintures, etc., etc.

..... En 1838, vers la fin de septembre, les divers combustibles minéraux vendus à Mulhouse coûtaient les 1,000 kilogrammes :

Houille choix pour les forges.	41 à 48 fr.
Idem de Saint-Étienne et Rive-de-Gier.	41 à 48
Id. d'Épinac.	28 à 32
Id. de Blanzy et autres de Saône-et-Loire...	23 à 32
Id. de Sarrebruck..	39 à 41

..... En 1838, la consommation totale de houilles par les divers appareils à vapeur du département s'est élevée à 1,000,000 quintaux métriques.

Dans ce chiffre sont comprises toutes les consommations de houilles du département.

DELESSE, Ingénieur des mines.

Serpentine des Vosges. (S. I., vol. XXIII, p. 185.)

DELESSE, Ingénieur des mines.
Calcaire saccharoïde du gueiss des Vosges. (S. I., vol. XXIV, p. 55.)

DEMEULE (G.), Ingénieur civil.
Filatures. Nouveau moyen de tracer des oxentriques de machines de filature. (S. I., vol. XXIX, p. 321, 1 pl.)

DESAUVILLERS, Conducteur des ponts et chaussées à Strasbourg.
Engrais et amendements. Leurs emplois dans l'agriculture en Alsace. (S. I., vol. XXVII, p. 12.)

DESCROIZILLES, de Rouen.
Machines à griller les étoffes à l'alcool. (S. I., vol. I⁵, p. 215, 1 pl.)

DESSIN AU LAVIS (Études de). Le praticien industriel par **Petit** (STANISLAS).
Publication de planches de machines en chromo-lithographie parfaitement exécutées, avec explication. Plus de 200 belles planches ont paru. Paris, Monrocq frères, éditeurs, rue Suger, n° 3. — Les planches se vendent isolément.

DERVIEUX, ancien Notaire.
Silos. Établissement de silos en France pour parer aux événements d'une disette. (S. I., vol. XXIII, p. 41.)

DÉTZEM, Ingénieur à Mulhouse.
Portes d'écluses du canal du Rhône au Rhin en tôle de fer. (S. I., vol. XX, p. 218, 2 pl.)

DICTIONNAIRE GÉNÉRAL DES TISSUS ANCIENS ET MODERNES.
Ouvrage où sont indiquées et classées toutes les espèces de tissus connus jusqu'à ce jour, soit en France, soit à l'étranger, notamment dans l'Inde, la Chine, etc., avec l'explication et l'entente des matière, natures et apprêt, applicables à chaque tissu en particulier. Un atlas de planches, plans de métiers, dessins de machines, d'armures, etc., sera publié à la suite de l'ouvrage et comme complément, par M. **Bezon.** Deuxième édition.
Ce Dictionnaire se composera de 8 vol. in-8 et d'un atlas. Chaque volume contiendra 584 pages de texte. Paris, **F. Savy**, libraire.
T. I⁵ à III, 1859. — T. IV et V, 1861. — T. VI, 1862. — T. VII, 1863.

DICTIONNAIRE UNIVERSEL DE L'HISTOIRE NATURELLE, par **Arago,**
— **Audoin,** — **Baudmant,** — **Beaumont** (ÉLIE DE), — **Becquerel,** — **Bibron,** — **Blanchard,** — **Boitard,** — **Brébisson** (DE). — **Broussais,** — **Brulé,** — **Brogniart,** — **Chevrolat,** — **Cordier,** — **Decaisne,** — **Delafosse,** — **Deshayes,** — **Demarest,** — **Desnoyers,** — **Orbigny** (ALCIDE et CHARLES D'), — **Doyère,** — **Ducbartre,** — **Duperdin,** — **Dumas,** — **Duponchel,** — **Duvernoy,** — **Flourens,** — **Geoffroy de Saint-Hilaire,** — **Gerbe,** — **Gervais,** — **Hollard,** — **Jussieu** (DE), — **Lafresnaye,** — **Laerillard,** — **Lemaire,** — **Leveillé,** — **Lucas,** — **Martin Saint-Ange,** — **Milne-Edwards,** — **Montagne,** — **Pelouze,** — **Peltier,** — **Prevost** (CONSTANT), — **Quatrefages** (DE), — **Richard** (A.), — **Rivière,** — **Roulin,** — **Spach,** — **Valenciennes,** etc.
Dirigé par **Charles d'Orbigny.** 15 vol. in-8. Atlas de planches gravées sur acier. Paris, 1849.

DICTIONNAIRE TECHNOLOGIQUE en trois langues, contenant les termes techniques employés dans les arts et métiers, l'architecture civile, militaire, navale,

construction des ponts et chaussées et des chemins de fer, la mécanique, la construction des machines, l'artillerie, la navigation, les mathématiques, la physique, la
chimie, la minéralogie, etc., précédé d'une préface par **Charles Karmarsch**,
directeur de l'école polytechnique de Hanovre.

Français, allemand, anglais, par **Chrétien Rumpf** (docteur en philosophie), 3 vol.
sous presse. Wiesbaden, 1863.

Anglais, allemand, français, par **Franke**, en vente, 1854.

Allemand, anglais, français, par **Bell** (J. A.); épuisé, il reparaîtra une nouvelle édition
entièrement refondue.

Total, 9 vol. in-8.

DOLLFUS-AUSSET.
Mémoires sur la Pyrotechnie. (S. I., vol. Ier, p. 20.)

DOLLFUS-AUSSET.
**Couleur bleue d'indigo et emploi de l'acétate de cuivre comme
mordant.** Rapport sur un mémoire qui était envoyé au concours des prix. (S. I.,
vol. IV, p. 118.)

DOLLFUS-AUSSET.
Pendules pour les gardes de nuit. (S. I., vol. XVI, p. 88, 1 pl.)

DOLLFUS-AUSSET.
Logements des ouvriers. (S. I., vol. XIX, p. 144.)

DOLLFUS-AUSSET.
Communications scientifiques (diverses), faites à la Société industrielle de
Mulhouse. (S. I., vol. XX, p. 91. — S. I., vol. XXI, p. 86.)

DOLLFUS-AUSSET.
Voyez E, *Exposition de Londres*, 1851.

DOLLFUS-AUSSET soumet à l'examen de la Société industrielle de Mulhouse une
collection d'outils divers qu'il a rapportés d'Angleterre, ainsi que les plans et la
description de maisons d'ouvriers, et de bâtiments de filature et de tissage, qui sont
renvoyés au Comité de mécanique. M. **Dollfus** complète sa communication par
divers renseignements sur le prix des denrées, le salaire des ouvriers en Angleterre, etc., et par le dépôt de la traduction d'un extrait de la loi anglaise sur le
travail dans les manufactures et les accidents occasionnés par les machines. (S. I.,
vol. XXV, p. 588.)

DOLLFUS-AUSSET.
Gravure sur rouleaux en cuivre pour l'impression. (S. I., vol. XXXI,
p. 78.)

..... Rapport sur le prix n° 15 des arts chimiques, présenté, au nom du Comité de
chimie (juillet 1860), à la Société industrielle de Mulhouse par M. **Gustave Schäffer.**

..... Aucun concurrent ne s'étant présenté pour l'obtention du prix n° 13, je viens
au nom de votre Comité de chimie, qui a été à même de suivre les perfectionnements et
es innovations qui ont été faits relativement à la gravure dans notre cité, vous proposer
de décerner une médaille d'argent à M. **Dollfus-Ausset**, qui a créé il y a quelques
années un établissement dans lequel il a réuni tous les moyens de gravures pour lesquels
nous avons été tributaires de l'Angleterre. Ce n'était pas tout que d'importer des machines qui nous manquaient, il fallait encore que les ouvriers de notre localité apprissent
à s'en servir, en les voyant d'abord fonctionner entre les mains des ouvriers anglais. Les

difficultés étaient grandes, mais elles ont été vaincues à force de persévérance et de sacrifices; et grâce à M. **Dollfus-Ausset,** Mulhouse possède aujourd'hui un atelier en état de fournir à nos fabricants les genres de gravure les plus difficiles et les plus compliqués :

Shading-Machine, ou machine à faire les fondus.

Dodging ou *Lifting-Machine*.

Ruling-Machine, ou machine à tracer les hachures.

Machines à guillocher, etc , etc.

DOLLFUS-AUSSET.

Chaudières à vapeur. Chaudières du système tubulaire. (S. l., vol. XXXIII, p. 344.)

..... En 1853, M. Dollfus-Ausset, à la suite d'un voyage qu'il fit en Angleterre, commanda chez M. **Th. Hill,** constructeur à Manchester, une chaudière à foyers intérieurs et à grands tubes d'après l'un des systèmes généralement usités en Angleterre; cet appareil fut placé à titre d'essai dans l'une des filatures de MM. Dollfus-Mieg et Cie.

Si l'on ramène à une même proportion de 10 % de résidus les houilles de Ronchamp (Saint-Joseph), qui ont servi à divers essais, on trouve que les rendements des trois générateurs tubulaires du concours de 1859 (moyenne générale), des chaudières à bouilleurs et à réchauffeurs qui ont été expérimentées, des appareils de Wesserling étudiés en 1859, et, enfin, de la chaudière anglaise à foyers intérieurs de M. Hill, ne diffèrent pas sensiblement entre eux.

DOLLFUS (Daniel, fils) et **SCHLUMBERGER** (Henri).

Beganum Harmala. Sa matière colorante. (S. l., vol. XVI, p. 541.)

DOLLFUS (Daniel, fils).

Matière colorante. Rapport fait au nom du Comité de chimie sur le mémoire envoyé au concours ayant pour titre : *Nouveau procédé de dosage des matières colorantes des bois de Campêche.* (S. l., vol. XIX, p. 203.)

DOLLFUS (Daniel, fils).

Gravure des rouleaux en cuivre. Moyen de préserver les ouvriers des vapeurs r   s dans la gravure des rouleaux en cuivre. (S. l., vol. XXX, p. 456, 1 pl.)

DOLLFUS (Daniel, fils).

Notice nécrologique de Daniel Dollfus fils (Président de la Société industrielle de Mulhouse), par M. **Penot** (D^r). Mai 1860. (S. l., vol. XXXI, p. 393.)

DOLLFUS (Émile).

Rapport sur les métiers à tisser à la mécanique introduits dans le Haut-Rhin. (S. l., vol. III, p. 323 à 368, 8 pl.)

Métiers à tisser de **Josué Heilmann.** 2 pl.

— — de **Jourdain** 2 pl.

— — de **Risler frères et Dixon.** 2 pl.

— — de MM. **André Kœchlin et Cie.** 2 pl.

DOLLFUS (Émile).

Chemins de fer portatifs, en petit, servant aux transports dans les carrières, les mines, etc. (S. l., vol. VIII, p. 15, 1 pl.)

DOLLFUS (Émile).

Engrenages. Emploi d'engrenages au lieu de cordes à tambours dans la construction du Mull-Jenny. (S. l., vol. XI, p. 70, 1 pl.)

DOLLFUS (Émile).

 Manchon à débrayage employé au laminoir des forges de Ronchamp. (S. I., vol. XI, p. 250, 1 pl.)

DOLLFUS (Émile).

 Coton d'Alger, des environs de Mostaganem, envoyé à la Société industrielle de Mulhouse par M. **Bresson**, intendant civil. (S. I., vol. XI, p. 453)

DOLLFUS (Émile).

 Cylindres de pression de filature. Machine à recouvrir les cylindres de pression de filature et observation sur ces cylindres en général. (S. I., vol. XV, p. 505, 2 pl.)

DOLLFUS (Émile).

 Poêles ou fourneaux d'appartements. Rapport du Comité de mécanique sur le concours des poêles ou fourneaux d'appartements, provoqué par la Société industrielle de Mulhouse. (S. I., vol. XV, p. 530 à 598.)

DOLLFUS (Émile).

 Ventilateur. (S. I., vol. XVII, p. 5 à 270, 3 pl. et tableaux nombreux.)

DOLLFUS (Émile).

 Industrie cotonnière. Note pour servir à l'histoire de l'industrie cotonnière dans les départements de l'Est. (S. I., vol. XXVII, p. 435.)

DOLLFUS (Émile).

 Accidents causés par les machines en mouvement. (S. I., vol. XXVIII, p. 322, 1 pl.)

DOLLFUS (Émile), Président de la Société industrielle de Mulhouse.

 Souvenir de reconnaissance offert par la Société industrielle de Mulhouse à M. Émile Dollfus, son président, à la séance du 30 juin 1858. (S. I., vol. XXIX, p. 168. Photographie.)

 ..... Coupe en aluminium admirablement ciselée et portant en lettres d'or diverses inscriptions destinées à perpétuer le souvenir de ce témoignage d'estime et d'affection de la part de ses nombreux collègues et amis.

DOLLFUS (Émile).

 Notice nécrologique d'**Émile Dollfus**, par M. le Dr Penot. (S. I., vol. XXIX, p. 414.)

 .... Associé de la maison Dollfus-Mieg et Cie à Mulhouse (1826 ....).

 Chevalier de la Légion d'honneur (1849).

 Colonel de la Garde nationale de Mulhouse (1849 à 1851).

 Président de la Société industrielle de Mulhouse (1859 et années antérieures).

 Député de Haut-Rhin dans nos divers parlements pendant six ans (1846, — 1848, — 1849, — 1850, — 1851).

 Maire de Mulhouse (1847 et suivantes).

 Membre du Conseil général.

 Président de la loge maçonnique de Mulhouse.

DOLLFUS (Charles).

 Calandre perfectionnée munie de son plieur en activité dans les ateliers de MM. Witz-Blech et Cie, à Cernay. (S. I., vol. IV, p. 320, 1 pl.)

DOLLFUS (Charles).

 Viscosimètre. (S. I., vol. V, p. 14, 1 pl.)

DOLLFUS (Gustave).
Huiles employées au graissage des machines et en particulier celle de spermaceti. (S. I., vol. XXVI, p. 159.)

DOLLFUS (Gustave).
Huiles. Essai dynamométrique et détermination du frottement de quelques huiles. (S. I., vol. XXIX, p. 202.)

DOLLFUS (Jean).
De l'industrie cotonnière, de ses progrès, de son rôle à l'Exposition universelle, des causes qui entravent en France son libre développement et ses moyens d'accroître notre production et notre consommation.
Extrait du *Journal des Débats* des 24 juillet et 15 août 1855. Br. in-8, 29 p. Paris, 1855.

DOLLFUS (J. Ca.).
De l'influence qu'auront en France, soit la suppression, soit la grande diminution des droits d'entrée, en Angleterre, sur les matières premières en général, et spécialement celle sur les cotons en laine. (S. I., vol. XIX, p. 283.)

DOLLFUS-MIEG ET Cie, à Mulhouse.
Impressions. Invention. (S. I., vol. XXXII, p. 518.)
..... 25 février 1857, ces messieurs ont fait fonctionner pour la première fois d'une manière régulière une machine (construite dans leurs ateliers) à produire, sur une pièce de tissu imprimée et teinte en garance, des rentrures disposées suivant des bandes longitudinales. Ces bandes peuvent varier en nombre, en couleurs et en dimensions, et être appliquées par la même machine simultanément sur la pièce de tissu ; elles doivent nécessairement n'occuper que l'espace réservée pour cette couleur lors de la première impression.....

DORNÈS jeune.
Impôt du sel et monopole des compagnies des salines et mines de l'Est. (S. I., vol. V, p. 52 à 99.)

DUPASQUIER-ROULET.
Tireur mécanique pour l'impression à la planche. (S. I., vol. XVI, p. 583, 1 pl.)

E

EDEL (Jean), de Breitenbach, vallée de Munster (Haut-Rhin).
Étoffes de lin damassées. (S. L., vol. IX, p. 33.)

EDMUND (Charles), à Dornach (près Mulhouse).
Machine à faire les briques. (S. L., vol. II, p. 64, 1 pl.)

EHRMANN (Eugène).
Vert de Schweinfurth. (S. I., vol. VII, p. 68.)
Cette belle couleur verte fut découverte, en 1814, par MM. Russ et Sattler, à Schweinfurth. (S. I., vol. VII, p. 68.)

EHRMANN (E.).
Polygonum-tinctorium. Sa richesse tinctoriale. (S. L., vol. XIV, p. 212.)

EHRMANN (E.).

    Couleurs anglaises. Rapport sur les couleurs anglaises rapportées de l'Exposition de Londres, par M. **Dollfus-Ausset.** (S. I., vol. XXIII, p. 401.)

ENGEL-DOLLFUS.

    Observations sur le mouvement de la Caisse de secours mutuels des ouvriers de MM. **Dollfus-Mieg et Cⁱᵉ**, à Mulhouse, pendant les années 1853 à 1861. (S. I., vol. XXXII, p. 595.)

ENGEL-DOLLFUS.

    Industrie du coton dans le Haut-Rhin. Rapport sur un Mémoire traitant de l'industrie du coton dans le Haut-Rhin, présenté au nom du Comité d'histoire naturelle et de statistique. (S. I., vol. XXXII, p. 527.)

    ..... Nous sommes chargés de vous rendre compte d'un Mémoire qui porte pour épigraphe :

    « L'homme est né avec l'intelligence ; son devoir est de la développer. »

Il vous a été adressé en réponse à l'appel de votre programme de 1861, offrant un prix à l'auteur d'une histoire d'une des branches principales de l'industrie du Haut-Rhin, telle que la filature et le tissage de coton, de la laine, l'impression des étoffes de coton et de laine, la construction des machines, etc. (n° 1).

À la lecture de cette revue si facile de l'origine et des progrès de la grande industrie de notre département, aux aperçus élevés qui lui donnent une valeur toute particulière, à l'allure rapide et élégante de ce style qui décrit le Haut-Rhin, et particulièrement Mulhouse, avec une bienveillance évidemment trop marquée, vous reconnaîtrez le publiciste plutôt que le fabricant, l'économiste plutôt que l'homme élevé dans notre sphère industrielle.

Votre programme vous promettait un Mémoire bourré de dates, de noms propres et de chiffres.

Nous avons la bonne fortune de vous soumettre un récit animé, concis et d'un intérêt toujours soutenu.

Mais plus la forme en était attrayante, plus il était de notre devoir de contrôler avec soin l'exactitude des faits énoncés.

À cet égard encore, et à part quelques réserves, sur lesquelles nous reviendrons, nous n'avons que des éloges à adresser à l'auteur du Mémoire. Il y aurait, il est vrai, d'assez nombreuses lacunes à signaler :

Il ne dit rien de la période la plus récente de l'impression, période cependant si féconde en découvertes et en perfectionnements dans la chimie appliquée ; il laisse passer presque inaperçue l'influence décisive qu'eurent sur le sort de nos industries l'amélioration générale des voies de transport, la création des canaux, des chemins de fer, l'exploitation des houillères : vastes travaux que la prévoyance intelligente et la persévérance de nos concitoyens surent toujours provoquer au moment opportun, quand ils n'en prirent pas eux-mêmes l'initiative aussi hardie que féconde.

Mais l'historique de la filature et du tissage est traité avec soin et nous conduit jusqu'au présent, sans négliger aucun fait essentiel ; des considérations générales sur l'utilité du rôle économique du coton et la mission de l'industrie cotonnière méritent toute votre attention : c'est aussi bien pensé que bien écrit.

Ce qui paraît avoir le plus frappé l'auteur du Mémoire, c'est de voir notre pays, si distant des ports, si loin des contrées qui consomment ses produits, devenir le siége d'une activité si extraordinaire, parfois si florissante.

Il en attribue les causes à deux conditions principales :

    « Le bénéfice des traditions et l'aptitude des hommes. »

On peut sans hésitation accepter cette assertion en ce qui touche l'impression ; nous

voyons cette industrie disparaître, à nos portes, de l'un des pays auxquels nous l'avons
empruntée, tandis que cette même contrée développe sur une très-vaste échelle des
branches de travail qui sembleraient être beaucoup moins de son domaine.

Mais quand il s'agit d'industries moins compliquées, telles que la filature et le tissage,
d'industries où l'aptitude individuelle s'efface devant la prépondérance du capital et des
opérations commerciales (la construction leur préparant d'ailleurs leurs principaux perfectionnements mécaniques), on doit tenir compte des circonstances auxquelles l'auteur
ne semble pas avoir accordé une place suffisante; telle est, en première ligne, le bon marché
de la main-d'œuvre.

Dans cette lutte si vive, qu'amène la concurrence, le terrain, quand il s'agit d'articles
courants, reste beaucoup moins aux plus habiles qu'à ceux qui entrent en lice le moins
chargés.

L'arrivage facile de la matière première, la proximité du débouché, avantages précieux,
ne suffisent plus pour assurer un monopole, et l'on voit souvent, comme cela a lieu en
Suisse, par exemple, l'économie de la main-d'œuvre, qui se manifeste d'ailleurs dans la
plupart des pays de montagnes, tenir tête au privilége de meilleures conditions géographiques.

Cette économie dans les différents éléments du travail serait impuissante à assurer
l'existence d'une industrie telle que l'impression d'Alsace, qui, pour nous servir des
expressions de l'auteur du Mémoire, « tire son existence des ressources de l'imagination,
« de la touche de trait, de l'originalité et de l'élégance des modèles, de l'harmonie de la
« ligne et de la couleur. »

Oui, ce qu'est l'impression, elle le doit bien réellement aux bénéfices de la tradition et
à l'aptitude des hommes : fabricants, contre-maîtres ou ouvriers, coloristes ou dessinateurs, que l'étranger ne cesse d'attirer à lui pour lui confier la direction de ses établissements.

L'histoire des premiers pas de l'industrie qui fit la réputation de Mulhouse offrirait un
vif intérêt; les archives communales, dont l'un de nos collègues, M. l'archiviste **Ehrsam**,
nous a facilité l'accès avec une extrême obligeance, sont riches en documents propres à
l'éclairer; en les parcourant, j'ai eu l'occasion de relever, dans le Mémoire qui se présente
au concours, quelques erreurs d'appréciation que je dois vous signaler.

Prêtant aux magistrats l'idée que l'industrie naissante est un péril pour le maintien de
l'indépendance de la petite République, l'auteur en fait le motif déterminant des entraves
de toutes natures qui lui furent suscitées. Il ajoute plus loin que notre ville n'a connu
ni les servitudes, ni les luttes intestines des corporations.

Il ressort, au contraire, très-clairement des « considérants » de tous les décrets restric-
tifs que nous avons sous les yeux, que nos magistrats ont été bienveillants, paternels,
pour l'industrie naissante, mais que les corporations furent loin de l'accueillir avec les
mêmes dispositions. Les doléances des industries plus anciennes, leurs réclamations
incessantes eurent invariablement le même mobile : la jalousie, l'intérêt conservateur des
tribus ou corporations, qui se voyaient menacées, ou se croyaient atteintes dans leurs
droits par les empiétements de MM. les fabricants (*die florierenden Herren Fabrikanten*, comme les appelait, il y a un siècle, une pétition qui nous est tombée sous la
main).

La teinture de quelques écheveaux de coton, l'emploi d'artisans directement gagés, le
cumul des professions, la participation à des opérations étrangères, tout est matière à
procès de la part des corporations ; les conseils ont constamment à punir des contraven-
tions à un ordre de choses qui se prêtait de moins en moins aux besoins d'une industrie dont la multiplicité, la diversité dans les moyens d'exécution sont un des traits distinctifs.

La taxe de 5/12 pour 100 prélevée sur le montant des ventes, citée par l'auteur comme
mesure de rigueur émanant de l'autorité, ne frappait pas l'impression seule : on imposait

toutes les transactions, non par esprit d'hostilité pour telle ou telle industrie, mais parce qu'on voulait des revenus. Nous n'en voulons pour preuve que le tarif de 1767, où nous voyons figurer à la suite d'un droit sur les harengs étrangers (*sic*), un droit de quatre schellings sur chaque matelas, ou de quatre pfennings sur chaque oreiller long, achetés en ville par un étranger.

La première fabrique d'impressions créée à Mulhouse fut affranchie de toute taxe pour deux ans, et on lui accorda par faveur le séjour sans cautionnement des ouvriers étrangers dont elle avait besoin.

À partir de 1749, elle dut, pendant trois ans, payer un abonnement annuel de 500 livres tournois, qui fit place à la taxe de 5/12 pour 100 du montant des opérations que durent payer tous les fabricants.

Dans le budget des recettes de 1762, c'est-à-dire treize ans plus tard, on voit déjà figurer la taxe générale perçue sur MM. les fabricants, pour une somme de 7,460 livres, ce qui, à 5/12 pour 100, représente un mouvement d'affaires de près de 1,800,000 francs.

La perception vigilante d'un impôt qu'on cherchait souvent à éluder et qui formait, en 1762, le 1/7ᵉ des revenus de la République, et de quoi faire face au 1/5 de ses dépenses (la ville prêtait alors de l'argent à 4 pour 100 l'an à ses citoyens), fut, non sans raison, l'objet de nombreuses ordonnances ; mais ces décrets portent tous un caractère exclusivement fiscal.

On ne peut pas voir davantage une mesure d'hostilité dans l'interdiction d'achat des foulons que se disputaient les corps de métiers, et dans le décret de 1764, qui interdisait aux citoyens l'acceptation des commandites étrangères.

« Attendu, dit le décret, que, d'après la Constitution, nul ne peut commencer s'il n'est
« citoyen de la ville, et que par le moyen de commandites, qui au fond ne sont que des
« associations, il pourrait résulter des dommages au commerce de citoyens de la ville, il
« est défendu, » etc.

Cette mesure était sans doute une entrave, mais sous le but apparent d'éviter que des bénéfices, qui devaient appartenir exclusivement aux seuls citoyens de la République, n'allassent à des étrangers, elle cachait des motifs faciles à discerner.

La commandite étrangère, en aidant au développement de l'industrie nouvelle, nuisait (on le pensait du moins) aux professions anciennes ; elle leur enlevait leurs ouvriers et produisait une élévation progressive des salaires.

Dans cette circonstance, comme dans tant d'autres que nous indiquerons à la suite de notre rapport, parce qu'elles nous semblent parfaitement caractériser l'esprit de l'époque, l'impression était d'autant plus en butte aux attaques conservatrices ou intéressées des corporations que, par la nature même et la variété de ses travaux, elle se trouvait entraînée à empiéter de plus en plus sur les attributions de chaque corps de métier.

Rien ne saurait, au reste, mieux faire saisir ce qui se passa à cette époque, que cette question qui fut soumise aux délibérations du Conseil :

Qu'est-ce, à proprement parler, qu'un fabricant d'indiennes ? Dessin, peinture, gravure, impression, apprêt, préparation des couleurs ; il embrasse tout !

Comment le classer sous une législation qui défend au perruquier de raser son client, au barbier de coiffer son patient !

Puis surgissent de nouveaux embarras : les profits sont considérables ; l'impression (qu'on a définitivement adjointe à la tribu des tailleurs) fait de nombreuses recrues dans tous les corps de métiers.

Alors surgit la question :

« Sera-t-il permis à un citoyen d'avoir une fabrique à côté de sa profession ? »

Le Conseil se prononça pour la négative, en décidant qu'il serait permis à chaque citoyen d'établir une fabrique, mais qu'il lui serait défendu de continuer sa première profession et de faire son commerce en détail[1].

Il consacrait ainsi une fois de plus la défense du cumul des professions, l'une des bases constitutives d'un régime qui cherchait, par la limitation et le partage étroit du travail, à assurer du pain à tous.

Ajoutons à l'éloge de nos pères que, pendant bien des siècles, ils atteignirent leur but.

S'ils retardèrent un instant l'essor que devait prendre notre industrie, ils surent assurer à chacun une heureuse médiocrité, et préserver complétement le petit État de ces contrastes saisissants que présentent aujourd'hui ce qu'on est convenu d'appeler les grands centres de prospérité.

Nous avons, messieurs, à nous résumer :

A part quelques erreurs d'appréciation dans la partie historique....

ENGELHARDT (F., Docteur ès sciences.

Glace. Formation de la glace au fond de l'eau. (S. I., vol. XVI, p. 65.)

ENGELMANN (Godefroy).

Alliage fusible. (S. I., vol. II, p. 520.)

ENGELMANN (G.).

Musée industriel du Haut-Rhin. Proposition sur la formation de ce Musée dans la salle des Collections. (S. I., vol. VI, p. 309.)

ENGELMANN (G.).

Impression à la Congrève (compunet-printing). (S. I., vol. VII, p. 387, 2 pl.)

ENGELMANN (G.).

Lithographie (impression) en couleur.

..... Un nouvel enfant vient de naître en lithographie, c'est l'art d'imprimer les *dessins en couleur*. Il lui manque encore son nom grec, chose de rigueur aujourd'hui ; mais, en attendant, mon premier soin est de venir le placer sous le patronage de la Société industrielle, comme un témoignage de ma haute estime, en lui offrant les prémices de ce nouveau procédé. (S. I., vol. IX, p. 314, 1 pl.)

ENGELMANN (G.).

Sa carrière industrielle et ses inventions. (S. I., vol. XII, p. 425.)

Alois Senefelder était arrivé, en 1798, à découvrir l'art admirable connu depuis sous le nom de *lithographie*, qui ne tarda pas à se répandre dans différentes parties de l'Allemagne.

Les premiers essais d'introduction de cet art, en France, remontent à 1800, et sont dus à un jeune étudiant de Strasbourg, nommé **Niedermeyer.**

En 1802, M. **André** (d'Offenbach), qui venait de s'associer avec **Senefelder** pour importer la lithographie dans les principales capitales de l'Europe, se rendit à Paris dans ce but, suivant leurs conventions. Il prit un brevet d'importation, mais les épreuves qu'il livra furent très-défectueuses, et André, n'ayant pu parvenir à faire mieux, abandonna Paris, en 1805, après avoir vendu ses procédés à quelques artistes français qui, n'ayant pas plus heureusement réussi, les délaissèrent à leur tour.

Pendant que l'armée française occupait Munich, M. Denou, le général Lejeune et M. Lomet, s'étant fait initier aux secrets de la lithographie, voulurent en doter la France. M. **Lomet,** surtout, mit à ce louable projet une honorable persistance, qui aurait

---

[1] Il fit cependant quelques exceptions, ainsi :

En 1754, il autorise le Sr Jean Dollfus à avoir une pharmacie nonobstant sa fabrique ;

En 1755, on permet au Sr Henri Dollfus de continuer à faire des dessins de fabrique bien qu'il fût fabricant.

mérité plus de succès. Après avoir vainement cherché quelqu'un qui voulût apprendre de lui cet art et l'exploiter, appelé par la nature de ses fonctions à rejoindre l'armée d'Espagne, il déposa au Conservatoire des arts et métiers une pierre dessinée, prête à être tirée, et qui avait déjà fourni 5,000 exemplaires. De retour en France, surpris de voir que personne n'avait daigné examiner sérieusement cette pierre, il la retira et en enrichit la collection du Jardin des Plantes, où elle se trouve encore.

Ceci se passait en 1808. En 1810, un artiste allemand, M. **Mannich**, déjà avantageusement connu dans son pays par des travaux de ce genre, voulut aussi importer la lithographie en France ; mais l'autorisation lui en fut refusée par le gouvernement impérial, fort peu ami, comme on le sait, de toute publicité.

Après tant d'inutiles tentations, nous touchons enfin au moment où la France va posséder des établissements lithographiques. En 1812 et en 1814, M. le **comte de Lasteyrie** se rendit à deux reprises à Munich pour y étudier l'invention de **Senefelder**, et y engagea quelques ouvriers; mais les événements de la guerre vinrent déranger ses louables projets, et de son propre aveu, dans un rapport fait par lui à la Société d'encouragement, le 20 décembre 1813, au sujet de quelques lithographies de M. **Engelmann**, il n'avait encore que l'espoir d'ouvrir sous peu son établissement à Paris. Cette date est importante dans l'histoire de l'introduction de la lithographie en France.

Ce fut en 1813 seulement que M. **Godefroy Engelmann** vit, pour la première fois, des dessins lithographiés qui avaient été rapportés d'Allemagne par notre collègue, M. **Édouard Kœchlin**. Dès ce moment, il se livra avec la plus vive ardeur à l'étude de cet art nouveau, et après de nombreux essais, après un séjour de plusieurs mois à Munich, il vint fonder dans notre ville la première imprimerie lithographique qui ait livré, en France, ses produits au public. Ayant adressé une collection de ses produits à la Société d'encouragement, en octobre 1815, M. Engelmann reçut du **comte Chaptal**, alors président de cette Société, une lettre où il est dit d'une manière formelle que c'est lui qui le premier a obtenu, en France, des dessins lithographiques de quelque valeur. Un rapport émané en 1810 de l'Académie des beaux-arts de l'Institut de France, se plaisait aussi à reconnaître que M. Godefroy Engelmann avait, le premier, établi une lithographie dans le royaume.

ENGELMANN père et fils, imprimeur-lithographe à Mulhouse.
  Papier de sûreté. (S. I., vol. XI, p. 82.)

ETTINGSHAUSEN, professeur de physique à Vienne (Autriche).
  Daguerréotype. Perfectionnement. (S. I., vol. XIV, p. 100.)

EXPOSITION, A MULHOUSE, DES PRODUITS DE L'INDUSTRIE, à l'occasion de l'arrivée du roi, le 11 septembre 1828. Rapport sur cette exposition. (S. I., vol. II, p. 69 à 166.)

EXPOSITION des produits de l'industrie nationale de 1834. Rapport du Jury départemental du Haut-Rhin sur les produits du département destinés à l'Exposition, et sur les progrès de l'industrie de 1827 à 1834. (S. I., vol. VII, p. 431 à 470 ;
Filature de coton. 540,000 broches qui occupent 18,000 ouvriers.
Tissage. 31,000 métiers à tisser à bras, dont la moitié environ reçoivent des chaînes parées à la mécanique, — 215 machines à parer, 5000 métiers mécaniques à tisser.

TABLEAU INDICATIF DES ÉTABLISSEMENTS DU HAUT-RHIN QUI POSSÈDENT DES MACHINES PROPRE AU TISSAGE DU CALICOT (1834).

LOCALITÉS.	FABRICANTS.	MÉTIERS MÉCANIQUES.	MACHINES A PARER.
Mulhouse	Dollfus-Mieg et C°.	350	23
»	Bourcart, père et fils.	500	11
»	Schmalzer-Hartmann.	80	5
»	Schlumberger-Steiner et C°.	»	2
»	Hartmann-Baumgartner.	»	4
Cernay	Sandoz-Daudry et C°.	180	16
»	Mathieu Risler.	80	4
Thann	Kœchlin et C°.	225	10
»	Stamm et Faidy.	40	4
»	Rindschœller.	»	8
»	D. Schlumberger et C°.	»	8
Willer	Isaac Kœchlin.	400	20
Wesserling	Gros, Odier, Roman et C°.	150	16
Masevaux	Kœchlin, Favro et Waldner.	85	12
»	Zeller frères.	»	8
Giromagny	Roigeol-Japy.	60	6
Issenheim	Zimmermann frères.	190	6
Guebwiller	Ziegler et C°.	250	16
Colmar	Kiener, cousins, A. et Ch°.	80	4
Munster	Hartmann et fils.	350	16
»	Spenlé.	20	1
»	Spenlé et Kœny.	40	2
Griesbach	J. Kiener, fils.	120	10
Altkirch	H. Jourdain.	90	4
	Total.	3,090	215

Impressions sur étoffes de coton. 120,000 pièces par an, 18,000 ouvriers.

Étoffes de coton en couleurs. 13,000 tisserands, 5,000 personnes employées aux préparations. — 2,000 ouvriers, contre-maîtres, ourdisseurs et teinturiers.

Filature de lin. Machines introduites dans l'établissement de **J. B. Leclaire**, à Kaysersberg, par **J. J. Vetter**, de Mulhouse.

Draperie. Maison de Bühl, fabrique des draps fins et occupe 400 ouvriers. — 5 fabriques à Mulhouse produisent annuellement environ 1,000 pièces de 35 à 40 aunes et occupent 350 ouvriers.

Papier blanc, appareil mécanique de **Jean Zuber et C¹ᵉ**, à Roppenzwiller.

Papiers peints. **Jean Zuber et C¹ᵉ**, à Rixheim.

Horlogerie, quincaillerie, tréflerie, vis à bois, ustensiles de cuisine en fer, étain, etc.

Hauts fourneaux, forges, fonderies, construction de machines, gravure sur rouleau.

Résumé de l'industrie du département du Haut-Rhin. Valeur des produits, 120,000,000 ; nombre d'ouvriers, 93,700.

Signé : J. Zuber, président du Jury départemental.
Maroxeau, secrétaire.

EXPOSITION des produits de l'industrie nationale de 1839. Rapport du Jury départemental du Haut-Rhin. (S. I., vol. XII, p. 555.)

..... *Filature de coton.* 683,000 broches réparties entre 52 établissements.

..... 350,000 broches sont mises en mouvement au moyen de machines à vapeur.

. .. 333,000 broches ont des moteurs hydrauliques.
..... *Tissage*. 5,008 métiers mécaniques, 256 machines à parer.
.... *Impressions*.
..... 650,000 pièces de 43-45 mètres de longueur.
..... 50 établissements occupent 14,000 ouvriers.

EXPOSITION des produits de l'industrie nationale de 1844. Rapport du
Jury départemental du Haut-Rhin. (S. I., vol. XVIII, p. 168.)

**EXPOSITION NATIONALE des produits de l'industrie agricole et ma-
nufacturière de 1849.** Rapport de la Commission départementale du Haut-
Rhin. (S. I., vol. XXII, p. 130.)
Filatures de coton. 780,312 broches occupant 10,017 ouvriers.
Filatures de laine peignée. 20,000 broches.
Impressions sur étoffe. 21 établissements : Mulhouse, 11. — Thann, 2. — Cernay, 2. —
Wesserling, 1. — Munster, 1. — Sainte-Marie aux Mines, 2. — Ribeauvillé, 1. — Ilsach, 1.

EXPOSITION DE LONDRES, 1851. Rapport sur l'industrie du papier pour tenture par M. **Jean Zuber fils**. (S. I., vol. XXIII, p. 543.)
Historique. L'industrie du papier peint nous vient de la Chine, comme celle des toiles
peintes nous vient de l'Inde. — De la Chine, l'industrie du papier peint a passé en Angleterre, vers le milieu du dernier siècle ; on y cite des manufactures en 1740. — De
l'Angleterre, cette industrie a passé en France en 1780 environ ; les premiers fabricants
qui s'établirent en France s'appelèrent **Arthur** et **Robert** ; les seconds, **Réveillon** :
ce fut par le pillage des ateliers de ces derniers, situés au faubourg Saint-Antoine, que
commença la révolution de 1789. Le troisième fabricant s'appela **Legrand** ; ces trois
fabricants s'établirent à Paris ; en 1790 s'établit *notre maison* à Mulhouse ; un peu plus
tard, **Josué Dufour**, à Mâcon.
C'est entre 1792 et 1794 que *notre maison* produisit ces belles tentures à fleurs, composées par **Malaine** le père, et qui encore aujourd'hui servent d'études et de modèles
à nos dessinateurs sur étoffes comme sur papier ; et c'est en 1804 que *notre maison* et celle
de M. **Dufour** entreprirent les premières d'exécuter ces grands décors à paysages,
occupant un espace de 15 à 20 mètres, et qui encore aujourd'hui sont considérés comme
le genre le plus difficile à exécuter dans notre partie. M. **Dufour** exécuta le premier
paysage en grisaille ; *nous*, le premier en coloris.
A partir de 1819 commença la série des inventions plus importantes dont notre maison
dota l'industrie des papiers peints et dont les principales sont : la fabrication et l'emploi des rouleaux sans fin ; la fabrication et l'emploi du jaune de chrome, du bleu minéral,
du vert de Schweinfurt et de l'outremer ; le procédé des teintes fondues, dû à notre
parent **Michel Spörlin**, de Vienne, et à l'écrivain ; l'impression au cylindre en cuivre,
et enfin l'appareil à faire les rayures.
Il est un seul procédé, à la vérité très-intéressant, qui paraît nous être venu d'Angleterre, dès le principe, c'est celui du velouté sur papier ; mais ce procédé a été beaucoup
perfectionné en France, et, en dernier lieu, surtout par l'application du lustrage.
..... Manchester s'est fait le redoutable concurrent de la vieille Londres : un établissement colossal s'y est créé sur un système entièrement mécanique ; un second vient de
surgir à côté de lui, et tandis que les Américains n'ont osé aborder qu'une machine à
imprimer, assez imparfaite, à 3 couleurs, Manchester imprime aujourd'hui 15 couleurs à
la fois, et l'établissement des **frères Potter**, avec leur papeterie et leurs 8 machines
à imprimer, produit à lui seul 8 à 10,000 rouleaux par jour, c'est-à-dire plus que toutes
les fabriques de Londres réunies.
La-France suivra-t-elle ce mouvement ? — *Ma maison* (**Jean Zuber**, à Rixheim) a

voulu en prendre l'initiative, et depuis six mois cette fabrication mécanique est organisée chez nous.

Statistique de la fabrication des papiers peints en 1851. Tableau.

EXPOSITION DE LONDRES, 1851.
Industrie du papier blanc. Rapport par Journet (V.) et Rieder (A.'. (S. I., vol. XXIII, p. 370.)

EXPOSITION DE LONDRES, 1851.
Machines et appareils. Rapport par Jean Schmerber fils, ingénieur-mécanicien. (S. I., vol. XXIII, p. 401.)

EXPOSITION DE LONDRES, 1851.
M. Dollfus-Ausset présente de vive voix, à la Société industrielle de Mulhouse, les observations par lui faites à l'Exposition universelle de Londres. Cet exposé est appuyé de nombreux et remarquables échantillons de produits divers, particulièrement en impressions sur étoffes et en planches daguerriennes et photographiques prises par les soins de M. Dollfus-Ausset lui-même, dans le Palais de Cristal. (S. I., vol. XXIII, p. 425, et S. I., vol. XXIV, p. 6.)

EXPOSITION UNIVERSELLE DE 1855. Rapport du Comité départemental du Haut-Rhin pour l'Exposition universelle de 1855. (S. I., vol. XXVI, p. 375.)
Filature de coton. 012,000 broches. Le système *Self-acting* a été introduit dans plusieurs établissements sur une grande échelle. — L'extension donnée à l'*épurateur* Risler a justifié l'opinion favorable que les premiers essais en avaient fait concevoir.— La *peigneuse* Heilmann, dont la filature de laine peignée recueille de si précieux avantages, commence à s'introduire dans la filature du coton. — Un article spécial, le *fil retors,* fabriqué par Dollfus-Mieg et Cⁱᵉ, est fort recherché et préféré, dans la plupart des cas, aux fils de lin, pour la couture.
Filature de laine peignée, dans le Haut-Rhin; ne remonte pas au delà de l'année 1838 ; elle est exploitée maintenant par six maisons et compte 46,000 broches.
— Listes des récompenses obtenues par les exposants du Haut-Rhin et leurs collaborateurs, 1855. (S. I , vol. XXVII, p. 239.)

EXPOSITION DE DIJON, 1858. Rapport sur cette Exposition par MM. A. Penot et Mathieu Thierry-Mieg. (S. I., vol. XXIX, p. 305.)

EXPOSITION DE BESANÇON, 1860. Notice sur cette Exposition par MM. Lebleu (A.), ingénieur, et Zuber (Jean fils), fabricant. (S I., vol. XXXI, p. 196.)

F

FAIRBAIRN (W.) et TATE (Thomas).
Densité de la vapeur à toutes les températures et loi d'expansion de la vapeur surchauffée. Proceedings of the Royal Society, n° 39, vol. X, p. 469. Arch. sc. nat. Genève, t. IX, octobre 1860, p. 155.

FAIRBAIRN (William).
Résistance des tubes à l'écrasement. (S. I., vol. XXIX, p. 391, 1 pl.)

FAIVERE ET FILS, à Nantes.
Robinets à tampon. (S. I., vol. XXIX, p. 191, 1 pl.)

FERGUSON (Édouard).

Éclairage au gaz. Appareil propre à régler la pression, la dépense et la lumière
de chaque bec. (S. I., vol. XXX, p. 5. — S. I., vol. XXXI, p. 543.)

FILATURE DE LIN dans le Haut-Rhin. Rapport du Comité de mécanique. (S. I.,
vol. VI, p. 437.)

Assortiment complet de machines à filer le lin de **Leclaire** (J. B.), de Kaysersberg,
près Colmar.

FISCHER, Lieutenant-colonel à Schaffhouse (Suisse).
Fonte de fer malléable. (S. I., vol. IV, p. 513.)

FLEURIAN DE BELLEVUE.

Mémoire sur l'assainissement des terres basses, dont les eaux stagnantes
ne peuvent s'écouler par aucun moyen naturel. En réponse au Mémoire que M. **Dollfus-Ausset** a adressé à l'Académie des sciences, en 1847, sous le titre de l'*igie
nationale.* (S. I., vol. XXI, p. 51.)

FOLZER, à Tagolsheim (Haut-Rhin).
Éducation des vers à soie en 1834. Rapport du Comité d'histoire naturelle.
(S. I., vol. IV, p. 488.)
— Rapport en 1835. (S. I., vol. VIII, p. 50.)
— Rapport en 1836. (S. I., vol. IX, p. 158.)

FONTENEAU, de Nantes.
Armes à feu. Nouveau moyen de sûreté pour les armes à feu. Invention. (S. I.,
vol. XXIV, p. 76.)

FORCE MOTRICE. Proposition d'un prix de mécanique, formé par souscription, au
nom de la Société industrielle de Mulhouse, et tendant à obtenir un réservoir de force
motrice qui permette de retenir une partie de la puissance mécanique entièrement
perdue, soit de l'eau, du vent, de la vapeur ou de tout autre moteur quel qui soit.
(S. I., vol. VII, p. 53.)

FORDOS.

Recherches sur la coloration en vert du bois mort. Nouvelle matière
colorante : L'acide xylo-chloérique. (Comptes rend. Acad. des sc., t. LVII, p. 50.
Arch. sc. nat. Genève. T. XVIII, n° 69, 20 sept. 1863, p. 107.)

FOURNET, Ingénieur en chef du Haut-Rhin.
Vers à soie élevés en 1829. (S. I., vol. IV, p. 297.)

FOURNEYRON, Ingénieur à Saint-Étienne.
**Emploi du frein de M. de Prony pour mesurer la force dynamique
d'un moteur.** (S. I., vol. II, p. 14, 1 pl.)

FOURNEYRON, Ingénieur à Saint-Étienne.
Roues à auget au-dessus et de côté. Méthode simple et facile, dans tous les
cas de leurs mouvements et selon leurs dispositions, de déterminer la quantité d'actions
réellement fournie par les roues dans lesquelles l'eau agit par son poids seulement
ou en même temps par son choc; déduite de sa recherche théorique et expérimentale sur les roues hydrauliques. (S. I , vol. IV, p. 1 à 107, 3 pl.)

FOWLER (K.).
Coton. Report on the cultivation of cotton in Egypt.
Brochure publiée en 1860 par la Cotton supply Association de Manchester.

FRANKLAND.

Combustion dans l'air raréfié. Philos. Magaz., n° 150, Supplément de décembre 1861. — Arch. sc. nat., Genève, t. XV, n° 57; 20 décembre 1862. p. 50.

..... Le pouvoir éclairant d'une bougie ou du gaz brûlant dans l'air raréfié est considérablement plus faible que dans l'air à la pression de l'atmosphère..... En prenant la moyenne de 20 expériences de l'éclairage au gaz, les résultats ont été les suivants :

Pression de l'air en millimètres.	Pouvoir éclairant de la flamme.
767,07	100,0
741,07	95,0
716,27	80,7
690,87	84,4

Il est donc évident que la contraction d'une certaine quantité de gaz qui produirait une quantité de lumière égale à 100 bougies lorsque le baromètre est à 785^{mm},39, donnerait seulement une lumière égale à 84,4 bougies si le baromètre tombait à 711^{mm},59.

..... L'examen des résultats précédents montre que la raréfaction de l'air à partir de la pression atmosphérique produit une diminution uniforme dans le pouvoir éclairant jusqu'à ce que la pression ait été réduite à 355^{mm},59; au delà, la diminution de lumière devient moins rapide. — La diminution de la lumière pour un abaissement de 25^{mm},4 dans la pression jusqu'à 355^{mm},50 est approximativement de 5 pour 100. En chiffres ronds, 1 pour 100 par un abaissement de 5^{mm}.

FREPPEL.

Fécule. Mélange de glycérine et de fécule ordinaire pour parement et apprêt. (S. I. vol. XXIX, p. 251.)

FREY, d'Aarau (Suisse).

Instrument propre à mesurer la quantité d'air qui entre dans un foyer pendant la combustion. (S. I., vol. II, p. 337, 2 pl.)

FRIES (J.), à Guebwiller.

Parement de fécule servant à l'encollage mécanique des chaînes de coton. (S. I, vol. XIV, p. 1.)

FRIES (Émile), Directeur de l'école de tissage de Mulhouse. (S. I., vol. XXXIII, p. 401.).

..... L'école a été ouverte le 1er novembre 1861, et depuis cette époque jusqu'à ce jour (septembre 1863), il a été admis vingt-quatre élèves réguliers.

FROELICH (J. R.).

Houilles. Appareil pour les laver et les trier. (S. I., vol. XXV, p. 292, 1 pl.)

FRUHWIRTH, de Vienne (Autriche).

Cliptographe, ou machine à guillocher. (S. I., vol. V, p. 450, 2 pl.)

FURIET, Ingénieur des mines du Haut-Rhin.

Appareil à vapeur existant dans le Haut-Rhin en 1844. (S. I., vol. XIX, p. 95, tableaux nombreux.)

..... En 1838, machines à vapeur : 80.

..... — 141 chaudières, 319 bouilleurs.

..... En 1844, machines à vapeur : 115, représentant une puissance de 2,503 chevaux et mises en mouvement par 185 chaudières et 435 bouilleurs; de plus, 62 chaudières et 121 bouilleurs exclusivement employés au séchage, au chauffage, etc.

FURIET, Ingénieur des mines.

Mines métalliques du Haut-Rhin. (S. I., vol. XXII, p. 207.)

G

GARANCE.
Essai sur la culture, la chimie et le commerce des garances de Vaucluse, par Bastet (J.). in-8, 157 pages. Orange, 1836.

HISTOIRE DE LA CULTURE.

La *garance* était connue dès les temps les plus reculés. Originaire du littoral asiatique, de cette vaste enceinte comprise entre la mer Noire et la mer Méditerranée, elle servait, dit-on, aux anciens, dans la composition de leur couleur *pourpre*.

Mais cette opinion sur l'emploi de la garance est plus que douteuse. En contradiction avec elle, nous trouvons *Ézéchiel* et plusieurs historiens. Ils tendent plutôt à nous faire considérer le *pourpre* comme une couleur simple que comme une couleur complexe, c'est-à-dire formée de la mixtion de plusieurs matières colorantes, parmi lesquelles la garance.

Ézéchiel, dans sa belle poésie sur le commerce de Tyr, nous dit qu'elle allait chercher son *pourpre* et son *hyacinthée* aux îles *Élyséennes* ou *Purpuraires* (Açores?), seuls restes encore debout du grand naufrage de l'Atlantide. D'autres historiens pensent que, dans ces îles, ces couleurs étaient faites soit avec une sécrétion particulière à des individus de la famille des *murex*, soit avec un *lichen*.

L'opinion la plus générale que l'histoire nous ait transmise sur le *pourpre antique*, c'est qu'on le formait avec un mollusque de la famille des *murex*, lequel a de là retenu le nom de *pourpre*.

Il y aurait donc plusieurs raisons pour penser que le *pourpre antique* était fait avec une sécrétion particulière à quelque *murex*; puis, avec *Ézéchiel*, que le pourpre ou du moins le secret de sa fabrication n'appartenait pas aux Tyriens; que les vaisseaux de ceux-ci allaient à des îles appelées *Élyséennes*, acheter cette couleur, dont ils teignaient leurs tissus, et qu'au jour de leur chute se perdit avec eux, soit le secret de l'application, soit, plus probablement, le secret du pays d'où ils le tiraient.

Pour concilier cette dernière opinion avec la première, que je crois erronée, il serait assez rationnel d'admettre qu'après les *Tyriens*, c'est-à-dire après la perte du secret d'application ou de celui du pays qui la fabriquait, des contrefaçons de cette teinture furent faites et que la garance y était employée.

Quoi qu'il en soit; du littoral asiatique elle dut passer en Grèce et s'étendre, d'un côté, dans l'Asie Mineure, de l'autre, sur toute la côte, jusqu'aux Arabies. Sur ces parages, sa position peut être comprise entre 37-29 de latitude et 25-45 de longitude. Partout sa culture obtint un brillant succès. — *Smyrne* ou *Izmir*, une des plus célèbres et des plus anciennes villes de l'Asie Mineure, entrepôt de toutes les marchandises du Levant, en faisait exclusivement le commerce : de là vient qu'on groupa toutes les garances de ces contrées sous le nom générique de *garances de Smyrne*, qu'elles conservent encore.

Nous la retrouvons ensuite en Italie, aux premiers temps du christianisme et dans les Gaules, où l'invasion réitérée des barbares la respecta toujours.

Sous un des *Dagobert*, le marché aux garances avait spécialement lieu à Saint-Denis près Paris. Les chartes de l'époque nous apprennent que l'abbé percevait un droit sur leur vente.

De là au temps de la Réforme, la *culture de la garance* ne s'étendit, ni ne s'éteignit. Elle était, ce qu'elle devait être dans un climat qui lui convenait peu, languissante et peu apte à se développer.

Pendant la guerre de la Ligue, la garance passa en Flandre et en Allemagne. Là s'ébruita son antique réputation; son emploi fut largement repris. Des mains industrieuses et habiles s'occupèrent de son application, et, de nouveau, elle fut proclamée la matière par excellence, non pas tant pour sa couleur qu'à cause de la fixité qu'elle donne aux teintures auxquelles on l'associe.

La garance qui sommeillait, ainsi que toutes les gloires déchues de l'Orient, se réveilla un jour, reine encore, en Occident; elle y avait suivi la civilisation.

Dès lors des hommes nés pour le haut commerce, les *Hollandais*, s'en emparèrent. Marins habiles, leur instinct les poussa aux entrepôts de Smyrne. La racine qu'ils tiraient de leurs champs, pâle et étiolée qu'elle était, fut fardée avec l'*izari*. Leur cupidité imagina divers mélanges ou qualités qui, sous différents noms, couraient le monde. Ils étaient seuls dépositaires de toutes les garances de l'Asie; ils accaparaient celles de la France; leurs terres leur en fournissaient d'immenses quantités : ils avaient le monopole de la fourniture de la garance.

Longtemps ils le gardèrent, sans que la France, violemment distraite du commerce, divisée et meurtrie par le schisme de Calvin, entreprît de le leur disputer.

Le caractère chevaleresque de l'une, et l'esprit éminemment positif et calculateur de l'autre, se révèlent là, ce me semble, d'une manière frappante. Au milieu des graves intérêts qui se débattaient en France comme en Hollande, la première, toute d'enthousiasme et de feu, dédaignait ce qui sortait de ces polémiques religieuses, l'industrie surtout, de laquelle s'accommoda, mieux que des questions théologiques, le flegme hollandais. C'est à cela qu'on doit plus particulièrement attribuer la plus grande extension, tant en Hollande qu'en France, de la culture de la garance. **Garnier** (*Richesses des nations*, tome IV, page 302), en avançant que la dîme nous fut un obstacle au monopole de cette importante production, devait ignorer l'arrêt de 1758, relativement à cette culture. Après l'arrêt, je ne sache pas que la culture de la garance se soit généralisée. Sans son importation dans le Comtat, il est probable qu'elle se fût éteinte. Nous n'aurions guère plus que l'Alz... e et la Flandre (limitrophes de la Hollande et de l'Allemagne) qui nous en fourniraient. De nos jours, malgré la dîme énorme que prélève le gouvernement sur les champs et les récoltes, dîme qui change son nom en celui d'*impôt*, ne voyons-nous pas une immensité de terres livrées à la *garance?*

Enfin une noble voix s'éleva contre cette supercherie commerciale. Le grand **Colbert**, fatigué de voir la France tributaire de la Hollande pour une culture qui lui appartenait avec plus de droits, fit paraître, en mars 1671, une instruction générale sur la culture et l'emploi de la garance. Cet appel patriotique n'alla point chercher d'écho dans le *comtat Venaissin*, ni dans la *principauté d'Orange*, tous deux appartenant à des princes étrangers. Mais, dans les localités de la France où cette culture fut essayée, il faut croire qu'elle réussit mal, car elle s'acquit peu de renom. Nous étions toujours tributaires des Hollandais.

En 1758 parut le décret déjà cité, exemptant de la *taille* tous lieux marécageux ou incultes qui seraient livrés à la culture de la garance. Cette proposition louable, mais insuffisante, amena peu de résultats. Ce n'était point assez, pour affranchir le pays d'un tribut qui flétrissait son industrie, d'appliquer cette exemption aux nouvelles terres à garance, antérieurement incultes. Qu'était-ce, en effet, que cette *taille* ou, pour parler le langage du jour, que cet *impôt* levé sur un terrain marécageux ou tout autre, jusqu'alors inculte? Le gouvernement s'imposait-il quelque sacrifice, puisqu'il était vrai que ces terres, avant leur défrichement, ne payaient aucune taille ou du moins une très-modique taille? L'intérêt de l'industrie, comme aussi la lutte commerciale qui allait s'établir avec la Hollande, par l'introduction de la garance, auraient dû mériter plus de concession aux entrepreneurs de cette culture; — ainsi faire, c'était ne l'encourager qu'à demi.

Vers la même époque, un homme remarquable, **M. d'Ambourney**, secrétaire perpétuel de la Société d'agriculture de Rouen, plein de zèle pour les sciences, mûrissait un travail sur la garance. Ses expériences ne tendaient pas à un seul but ; elles embrassaient la garance dans tous ses rapports, soit comme produit agricole, soit comme matière tinctoriale.

Ce fut une plante trouvée sur les rochers d'Oissel, en Normandie, qui donna l'éveil à sa sollicitude scientifique. Cette plante devint comme l'instrument de ses essais agricoles et industriels. C'est sur elle qu'il répéta ses mille expériences : c'est elle qu'il soumit à maintes manipulations, cherchant à tirer de cette racine indigène le même parti que de l'*azala ;* ce à quoi, dit-on, il réussit.

M. **d'Ambourney** essaya de plus le premier de faire servir à la teinture la *garance fraiche,* simplement lavée et débarrassée de la terre qui s'attache à ses fibrilles. Les mêmes expériences qui se firent à Lyon postérieurement aux siennes n'en furent que le corollaire. Son Mémoire fut imprimé au Louvre en 1771 et plus tard, je crois, en 1788, format in-4, sous le titre suivant : *Instruction sur la culture de la garance et la manière d'en préparer les racines,* etc., etc.

Alors encore les manufacturiers normands, possesseurs du secret du *rouge d'Andrinople,* cherchaient de tous leurs moyens à s'exempter de l'impôt onéreux que les Hollandais percevaient sur eux par la garance.

Il y a lieu de penser que les essais de M. **d'Ambourney** ainsi que ceux des autres expérimentateurs furent moins fructueux que ne le disent les contemporains ; une chose le démontre assez clairement, c'est, d'après **Valmont de Bomare,** la moindre vivacité du principe colorant de la garance normande comparée avec celle de la Flandre. Dans l'enthousiasme des premiers essais, les rapports pouvaient bien outre-passer la vérité. N'alla-t-on pas jusqu'à dire que M. **d'Ambourney** obtint avec la *racine d'Oissel* une aussi belle nuance qu'avec celle du Levant ? Je demande si ce résultat est possible avec une racine inférieure à celle de la Flandre, celle-ci étant à son tour inférieure à celle du Comtat et surtout à celle de Smyrne ?

Au reste, loin de moi la pensée d'enlever à M. **d'Ambourney** et à ses rivaux la moindre part de leur gloire. Leur but était généreux ; la position géographique de la Normandie pouvait seule déjouer leur noble obstination. Ne leur faisons pas l'injure de douter que, s'ils avaient rencontré un sol aussi propice que le nôtre, ils n'eussent promptement conduit à un état brillant cette nouvelle culture. — La France ne leur doit pas moins une haute reconnaissance pour avoir tenté de la soustraire au tribut hollandais.

Dans cette rapide esquisse de l'histoire de la garance, je ne laisserai point dans l'oubli un nom trop peu connu et que quelques annales ont seules mentionné. Un secrétaire d'État du milieu du siècle dernier, M. **Bertin,** animé des mêmes intentions que **Colbert** et jaloux de contribuer, par tous les moyens possibles, aux progrès de l'agriculture française, fit venir du Levant beaucoup de *graines d'azala* qu'il distribua gratuitement. M. **de Gasparin,** dans son Mémoire couronné à Toulouse, désigne le même ministre comme ayant appelé dans la Provence et le Comtat le *Persan* **Althen** qu'il chargea de la direction des premiers essais en garance.

Si cela est, si **Bertin** a la gloire d'avoir importé cette industrie dans nos contrées, il est à présumer que ce fut après la distribution des graines, alors qu'il se fut convaincu que le Comtat et ses environs étaient la seule localité favorable à cette culture, ɐ qu'il fallait à une semblable entreprise un directeur habile et déjà exercé. — Sans cela comment admettre cette heureuse et juste application des essais d'**Althen** au sol du Comtat ? Les succès qu'obtenait la garance depuis longtemps dans les contrées humides et froides de la Flandre et de la Hollande étaient-ils de nature à laisser espérer plus de réussite chez nous que dans le Nord, où la résidence du pouvoir appelait et appelle encore tout ? — Puis, à quoi bon un monument à l'asiatique **Althen,** directeur des premières garancières, qui, dans l'hypothèse précédente, n'aurait été que le stipendié du ministre ; et pourquoi **Bertin** ne recueille-t-il de son heureuse application qu'un souvenir qui déjà n'existe plus qu'en quelques archives ?

Sans que **Bertin** perde en rien dans ma reconnaissance, j'aime beaucoup mieux admettre la tradition du pays, tradition, au reste, de courte date, ne remontant pas même à un siècle.

Donc, suivant elle, c'est vers le même temps à peu près, 1750, que la garance fut importée dans le Comtat, par un réfugié de Smyrne, du nom de **Jean Althen,** auquel M. **de Clanamette** prêta un coin de terre aux environs d'Avignon; arrivé pauvre et non salarié du ministre français, il demeura pauvre toute sa vie, si pauvre qu'après sa mort, sa fille, **Marguerite Althen,** réduite à servir comme domestique, fit imprimer une supplication à l'effet d'obtenir des Vauclusiens quelques secours. Notre génération a répondu, quoique tardivement, à cet appel, que les contemporains de Marguerite sont accusés de n'avoir point écouté. Mais, au lieu du denier d'or que sa main ne pouvait plus recevoir et qui, du reste, n'aurait jamais payé l'importation d'**Althen,** un monument a été élevé à Avignon, en 1821, à la mémoire de son père, — inutile secours, frivole dédommagement à toute une vie de misères! Mieux aurait valu à la pauvreté d'**Althen** et à la servitude criante de sa fille un peu d'or qui les eût mis à l'abri du besoin, qu'un froid monument destiné à dire aux siècles plutôt l'époque de l'importation de la garance que le nom d'**Althen.**

L'importation de la garance a donné lieu à une autre version légèrement orientale, c'est-à-dire empreinte de cette espèce d'exagération qui caractérise presque toutes les créations populaires; véritable histoire, avec un peu de drame et un héros du pays, ce qui inspire quelque doute sur sa réalité. En voici le fond : Un Comtadin (originaire du Comtat d'Avignon), habitant de Smyrne, jugeant la culture de la garance non-seulement applicable à son pays, mais encore d'un très beau revenu, parvint à y transporter de la graine, et à éviter la mort à laquelle exposait un délit semblable, en la cachant dans la cavité d'une canne.

Quelle que soit la manière dont cette importation ait eu lieu, le peu de connaissances que nous avions de la culture asiatique, les modifications qu'elle devait subir à cause du changement de latitude et des influences atmosphériques, l'avance de fonds qu'elle nécessitait empêchèrent longtemps sa réussite. La garance ne pouvait être sitôt comprise de tous. Des relations nous apprennent que sa propagation fut principalement due au zèle de M. **de Caumont.** Elle se répandit bientôt en beaucoup de points du département mais peu au delà : les limitrophes de Vaucluse, à savoir, les portions des Bouches-du-Rhône, du Gard et de la Drôme qui nous avoisinent, profitèrent, à un rayon de quelques lieues, de l'heureux monopole qui venait de se donner à nous.

D'après ce qui précède, on voit qu'il est possible d'établir trois périodes parfaitement distinctes dans l'histoire de la garance :

1° La culture asiatique primitive.

2° Son introduction en Flandre (époque de transition).

3° Son importation dans le Comtat.

Aux ministres **Colbert** et **Bertin,** à **Jean Althen** et à M. **de Caumont** tout l'honneur de notre privilége; Colbert et Bertin pour l'entreprise générale qu'ils tentèrent; les autres pour l'application spéciale qu'ils en firent à nos contrées. Nous ne sommes pas seuls, nous Vauclusiens, à leur devoir de la reconnaissance. L'industrie, cette puissance qui a donné de la gloire à tant de pays, l'industrie, fille de tous et que tous représentent, a singulièrement étendu ses ressources depuis que le Comtat lui fournit des garances. A ce titre, le monde doit un souvenir aux instigateurs comme aussi aux propageurs de cette culture.....

GARANCE. Séparer la matière colorante de la garance, et déterminer ainsi la quantité qu'un poids donné en contient. Mémoire présenté au concours. (S. I., vol. V, p. 145 à 168.)

GAUTIER-BOUCHARD.
  Vermillon. Procédés pour sa fabrication. (S. I., vol. XXXII, p. 238.)

GENDRE aîné, à Nasseraux.
  Tuiles. (S. I., vol. XXVIII, p. 451, 1 pl.)

GÉOLOGIE. Rapport fait au nom du Comité d'histoire naturelle de la Société industrielle de Mulhouse, par M. **Kœchlin-Schlumberger,** sur le Mémoire n° 10,
  présenté au concours sous le titre : *Aperçu géologique du canton de Guebwiller.* (S. I.,
  vol. XXVI, p. 75.)

GÉRANDO (Baron de).
  Industrialisme dans ses rapports avec la société sous le point de vue moral. (S. I.,
  vol. XII, p. 385.)
  Rapports des ouvriers avec leur famille.
  Rapports des maîtres avec les ouvriers.
  Rapports des ouvriers entre eux.
  Rapports des ouvriers avec la cité.
  Rapports des ouvriers avec l'État.

GERBER-KELLER (J.).
  Azaléine. Lettre au sujet de cette fabrication. (S. I., vol. XXX, p. 157.)

GERBER-KELLER.
  Rouge d'Aniline. (S. I., vol. XXX, p. 554.)
  ..... **Hofmann,** à Londres, est le véritable inventeur de l'aniline rouge. Sa découverte se trouve consignée dans les Comptes rendus de l'Académie des sciences,
  t. XLVII, n° 12, 20 septembre 1858.....
  ..... Cette matière colorante est appelée *fuchsine* par MM. **Verguin et Renard
  frères,** qui en revendiquent la découverte.

GERVAIS, VOINIER, FAVIER et HUIN, à Nancy.
  Chlorure de chaux sec. (S. I., vol. III, p. 215.)

GIFFARD (Henri).
  Chaudières à vapeur. Injection automateur. (S. I., vol. XXIX, p. 557.)

GILARDONI frères, à Altkirch.
  Fabrication d'articles en terre cuite. (S. I., vol. XIX, p. 52.)

GILARDONI frères, à Altkirch.
  **Presse portative pour mouler les tuiles, briques, carreaux et autres
  objets de poteries.** (S. I., vol. XIX, p. 184, 1 pl.)

GILARDONI frères, à Altkirch.
  Tuiles. (S. I., vol. XXVIII, p. 451, 2 pl. — S. I., vol. XXIX, p. 388, 1 pl.)

GIRARDIN, Professeur de chimie à Rouen.
  Acide sulfureux. Moyen de reconnaître cet acide dans l'acide hydrochlorique du
  commerce (S. I., vol. VII, p. 190.)

GIRDLESTONE (Charles), Rev. Rector of Alderley (Cheshire).
  Letters on the unhealty condition of the Lower Class of Dwellings,
  especially in large Towns. Founded on the first Report of the health of Towns Commission. With notices of other Documents on the Subject and an Appendix con-

taining Plans and Tables from the Report. In-8, 92 pages. Clichés dans le texte.
London, 1845.

GLADSTONE (J. H.).
   Sur la lumière électrique du mercure. Philosoph. Magazine, octobre 1860.
   Traduction en français, Arch. sc. nat. Genève. T. IX, décembre 1860, p. 354.
   Le professeur **Way** a imaginé dernièrement un procédé au moyen duquel on produit
   une lumière électrique brillante dans un courant de mercure.
   ..... En observant cette lumière, je fus frappé de la manière étrange dont se modi-
   fient les couleurs apparentes des objets avoisinants. Cela me conduisit à un examen
   plus complet et à une analyse de la lumière elle-même à l'aide du prisme.... .

GLUECK (A.), de Mulhouse.
   Marrons à briser la glace de son invention. (S. I., vol. II, p. 352, 1 pl.)

GOLDSCHMIDT, à Berlin.
   Stannate de soude. (S. I., vol. XXXI, p. 176.)

GOPPELSROEDER (François), Dr, professeur de chimie à l'Université de Bâle.
   Principes colorants. Méthode nouvelle propre à déterminer la nature d'un
   mélange de principes colorants. (S. I., vol. XXXII, p. 116.)

GOPPELSROEDER (F.).
   Nouveau réactif pour les liqueurs alcalines et les nitrites.
   Propriétés de certaines substances inorganiques de masquer la réaction de l'iode sur
   l'empois d'amidon. (S. I., vol. XXXIII, p. 234.)

GOURZOU, peintre à Saint-Prieux.
   Enduit pour couvrir les planchers. (S. I., vol. IV, p. 453.)

GRAHAM (John).
   Quelques faits relatifs à l'impression sur étoffes de coton [1].
   M. **Cobden** a dit à l'Académie de dessin : « Vous, imprimeurs sur calicots (*Calico-
   « printers*) d'Angleterre, lorsque vous avez besoin d'une nouvelle couleur, ou d'un procédé
   « de fabrication, vous vous adressez à la France, et presque tous les procédés chimiques
   « que vous utilisez sont d'origine étrangère. »

I. MATIÈRES COLORANTES.

Il me souvient que seulement trois nouvelles matières colorantes ont été introduites en
Angleterre depuis le commencement de ce siècle, savoir :
   L'*écorce de quercitron*, introduite, employé et patentée par le D**r Bancroft**.
   Le *cachou* a été généralement employée en France et en Angleterre en 1835-1836.
   La *garancine* est d'invention française et a été employée, à Mulhouse, en 1828 par
M. **Isaac Schlumberger.**

II. PROCÉDÉS CHIMIQUES.

Le *chlorure de chaux* fut découvert, en 1774, par **Scheele** et recommandé comme
moyen de blanchiment pratique par **Watt, — Henry, — Gregor.** Suivant mes re-

[1] Ce Mémoire est extrait de la brochure de M. **Edmond Potter**, qui a pour titre : *Impressions sur étoffes de coton.* — M. **W. P. Reuss** a traduit en allemand le Mémoire que M. **Potter**
a lu à l'Académie des arts et sciences à Londres. en sa qualité de chef du jury de l'Exposition universelle de 1831, le 22 avril 1852. Le Mémoire de M. **Graham** est inséré comme supplément pages 56 à 64.

cherches des travaux de **Bertholet**, ce chimiste ne communiqua pas avant 1789 l'application pratique du chlorure de chaux pour le blanchiment des filaments textiles végétaux. — Au printemps 1788, une pièce de calicot blanchie au chlorure de chaux, imprimée et teinte en couleurs solides (persistantes), fut exposée au marché de Manchester. Le blanchiment, l'impression et la teinture de cette pièce furent exécutés par le Dr **Taylor** (Adelphi) en 48 heures.

L'emploi de *l'acide sulfurique* fut introduit en 1774, en remplacement des acides faibles obtenus par fermentation acide de diverses matières. — M. **Roebuck**, à Preston, à la même époque, par des procédés de fabrication, parvient à réduire le prix de revient de l'acide sulfurique au quart de la fabrication primitive.

La poudre pour le blanchiment (*chlorure de chaux*) et l'emploi du lait de chaux furent introduits et patentés au commencement de ce siècle par MM. **Knoth** et **Tennant**.

L'emploi du carbonate de soude est d'invention française, mais la substitution de la soude à la potasse dans le blanchiment est d'origine anglaise. **Fort**, à *Cakenshaw*, furent les premiers en Angleterre, 1823- 824, qui employèrent la soude dans le blanchiment des étoffes de coton. Les cendres de soude furent introduites en 1830, par **Musprath**, à Liverpool.

Les sels d'étain sont introduits depuis longtemps et étaient connus des anciens. — Le stannate de soude liquide, nous le devons à M. **Steiner**, d'*Accrington*; le sec (à l'état concret), à M. **Mercer**, de Cakenshaw, en 1840. Le stannate d'arsenic, à M. **Blythe**, en 1850. Les sels d'alun (d'alumine) sont connus depuis longtemps [1].

Dans les derniers temps, *l'aluminate de potasse* fut introduit par le Dr **Warwick**, ainsi que le *sel ammoniaque*, et il y a peu de temps que l'emploi du *sulfate*, d'alumine pur (exempt de fer) de Newcastle remplaça l'alun.

L'emploi de boese de vache pour fixer les mordants, dont la première application est attribuée à **Peel l'aîné**, est dans beaucoup de cas remplacé par le *phosphate* ou *l'arséniate de soude*. L'emploi des *phosphates* est une application américaine, introduite et perfectionnée par **Mercer** et **Blythe**.

Les remplaçants de la gomme, te's que *amidon torréfié, fécule torréfiée*, sont des produits d'invention anglaise [2]. La *dextrine* est d'invention française. — J'ai vu chez M. **Rawsthorne**, à *Manchester*, de la farine torréfiée; elle fut introduite, à Mayfield, dans la fabrique de MM. **Thomas Hoyle et Cie**, en 1833.

Le savon fut introduit par les Français. Le plus grand perfectionnement dans sa préparation est dû à **John Thom**, à Mayfield, en 1841. Cette invention fut patentée comme invention nouvelle par **Charles Waterson**, jeune homme qui travaillait dans mes ateliers de blanchiment (Blanchiment de M. **Reuss**) [3].

III. COULEURS NOUVELLES.

Au commencement de ce siècle, les imprimeurs sur étoffe de coton (*Calico-printers*) n'avaient que fort peu de couleurs de production à leur disposition, savoir :

Noir garancé, — Rouge et rose garancés, — Violet garancé, — Brun (puce ou mordoré)

DA [1] En Angleterre, de certains produits chimiques composés, et même des couleurs ou mordants préparés pour l'impression, se vendent comme les remèdes en pharmacie, qui portent une étiquette qui spécifie les maux à guérir. Pour l'impression ces compositions servent comme mordant, comme couleur d'application, ou sont à ajouter au bain de teinture ou pour avivage, et le fabricant de produits chimiques qui les verse dans le commerce est souvent cité comme inventeur, patenté.

DA [2] ? Ce point d'interrogation veut dire plus que douteux.

DA [3] L'auteur dit :. Perfectionnement dans sa préparation (*Verbesserung in ihrer Bereitung*). C'est plus que probablement perfectionnement dans son emploi pour le fixage et l'avivage des couleurs garancées, et en particulier des fonds lilas garancés.

garance, — *Jaune de gaude.* — *Bleu d'indigo cuvé,* — *Bleu de porcelaine* (bleu faïencé), — *Bleu de pinceau* (pencil-blue), — *Noir au bois de Campêche*[1].

Plus tard, **Bancroft** introduit le *jaune au quercitron* et le *bleu au prussiate* (?)[2]. — M. **Daniel Kœchlin** fait les premières applications du *jaune de chrome* et *enlevages sur rouge turc.* — « Ces deux couleurs furent simultanément découvertes, en 1823, par « MM. **Thomas Hargrave jun.** et M. **John Lightfoot**, à Broaduk, et furent suivis « de *l'enlevage bleu* sur rougo d'Andrinople inventé par M. **James Thomson**, que « MM. **Henry Monteith et C**[ie] ont si avantageusement exploité (?)[3]. »

Par l'introduction et l'application du *jus de citron* on créa des genres nouveaux.

Le *vert* du Dr **Warwick**. — *Couleurs réserves* (Resist-colours). — On ne connaît pas l'inventeur de ces réserves, mais elles sont d'origine anglaise, et sont à peine connues maintenant en France (?)[4]. — *Jaune orange d'antimoine* de **John Mercer** (?)[5]. — *Réserve jaune de chrome* dans la cuve bleue par **Walter-Crum**. — *Réserve orange de chrome* pour bleu foncé par **Mercer** et **Lightfoot**. — *Bleu et vert solide* (permanent) par l'indigo désoxydé. —

De 1815 à 1830, les nouvelles découvertes furent nombreuses, et presque toutes anglaises[6]; il suffit de citer : *L'impression des couleurs fixes à la vapeur.* — *Le brun de manganèse* par **Mercer**. — *Enlevage bleu, jaune, vert sur fond brun de manganèse* de **John Lightfoot**. — *Séries des couleurs cachou,* inventeur inconnu. — Le professeur **Woodcroft** imprime de l'indigo désoxydé dans une atmosphère privée d'oxygène. — Le même professeur invente l'impression en couleur des chaînes, et par ce moyen en produit les dessins chinés. — **James Dindle**, à *Sobden*, avive le bleu de Prusse par le prussiate d'étain, appelé depuis *bleu royal*. Le procédé fut exporté en France, et est rentré de nouveau cérémonialement en Angleterre. Cette couleur fut clandestinement (en cachette) dérobée (volée) de l'établissement par une personne de Sobden, qui l'offrit à tous les fabricants du pays, et la transporta en France. Elle fut de nouveau introduite, en Angleterre, dans l'établissement d'impression de *Crosshall*, près Charley. — Prussiate de potasse rouge, pour impressions sur mi-laine (laine et coton). Les premiers essais furent faits par moi, en Angleterre, en 1835, et c'est moi qui les ai introduits en France, en 1838. —

Les seuls procédés chimiques impression sur laine qui furent introduits au milieu de ce siècle sont le chlorure et l'oxydation de la laine avant l'impression par **Mercer**. — Le nouveau procédé pour soufrer la laine par **John Thom**, à *Mayfield*, en 1848.

IV. MORDANTS.

Oxyde de nickel comme mordant. — Rouge par moi-même, en 1830. — *Oxyde d'urane*

DA[1] Les Calico-Printers anglais, en 1800, avaient certes à leur disposition toutes les couleurs et les matières colorantes citées dans nos *Matériaux*, volume II. Voyez les chapitres **Michbyner**, — de **Schüle**, — **Haussmann**, etc.

DA[2] ? **Bancroft**, inventeur du bleu au prussiate, point d'interrogation. M. **Jean-Michel Haussmann** proteste.

DA[3] Ces citations entre ? (point d'interrogation), découvertes simultanées (texte de l'auteur : « Belde Farben waren ebenfalls aufs unleugbarste (?) abgesondert von Hrn. **John Lightfoot** zu « Broadak und Hrn. **Thomas Hargraves jun.** entdeckt worden — und wuden kurz darnach « von Herrn **James Thomson**'s Decharge Blau und Grün auf Türkisch-Roth gefolgt....») ce sont certes pas de ma part une opposition systématique aux inventions anglaises, mais l'invention de M. **Daniel Kœchlin** a reçu son application un certain et même un grand nombre d'années avant 1823.

DA[4] ? Les réserves (couleurs résistées) ont été la base de la fabrication des toiles peintes aux Indes.

DA[5] ? Cité par **Michbyner**, de *Bâle*, en 1760.

DA[6] Texte allemand : *Samml und besonders britischen Ursprungs.*

pour gris d'argent garanti solide (permanent) de feu **Alexandre Jamieson**, à May-field, en 1848.

La France n'a pas contribué beaucoup aux progrès de la coloration des étoffes[1].

John Graham, 24 janvier 1851.

GRAHAM (Thomas), F. R. S.
On liquide diffusion, applied to Analysis. Philosoph. Trans. for 1861. Part Ier. — Philosoph. Magas., n°s 153, 154, 155. — Arch. sc. nat. Genève, t. XVI, n° 62, 20 février 1863, p. 80.

GRAVIER, d'Altkirch.
Culture du mûrier blanc, et éducation des vers à soie. (S. I., vol. III, p. 202.)

GRENSIEN, à Wesserling.
Double vitesse à mouvement différentiel. (S. I., vol. XV, p. 180, 1 pl.)

GRILLET.
Machine à réduire les dessins. (S. I., vol. XVIII, p. 417.)

GRIMM (Louis), Directeur de filature à Héricourt.
Hygahydromètre. (S. I., vol. XXIV, p. 218, 1 pl.)

GROS, ODIER, ROMAN et Cie, à Wesserling.
Roue hydraulique récemment établie dans leur blanchisserie, dite du Urmil, située à Saint-Amarin. (S. I., vol. XVIII, p. 40, 1 pl.)

GRON (J. G.).
Orseille. Fabrication de l'orseille. (S. I., vol. XXX, p. 350.)
..... Introduction de cette industrie dans le département du Haut-Rhin, en 1858.

GUIGNET.
Oxyde de chrome. Couleur verte. (S. I., vol. XXIX, p. 481.)
..... Le vert de M. **Guignet** ne laisse rien à désirer sous le rapport de l'éclat de la nuance; il est complétemen inaltérable à l'air et à l'action du soleil; et il a, de plus, le grand avantage de rester vert à la lumière artificielle. Il s'imprime bien au rouleau, en nuance claire et moyenne, mais on ne peut pas dépasser un certain degré d'intensité. — M. **Guignet** a pris un brevet, et depuis près d'une année (1852), son vert est fabriqué en grand par M. **Kestner**, à Thann; il est vendu, à l'état de pâte, au prix de 8 fr. le kilogramme, renfermant 30 pour 100 d'oxyde de chrome sec. Fixé à l'albumine sur étoffe, le vert Guignet a permis aux imprimeurs d'offrir à la vente une couleur nouvelle d'une solidité parfaite, et aussi recherchée par son éclat et sa fraîcheur que par la distinction de son ton.

H

HAEFFELY (Édouard), chimiste à Manchester.
Teinture de laine et de soie par le sulfo-purpurate de soude (ou carmin d'indigo rouge). (S. I., vol. XXIV, p. 321.)

[1] Après avoir dit que la France n'a fait faire que peu de progrès à l'art de colorer les étoffes, M. **Graham** ajoute : Les produits de **Benecke, Potter, Schwabe**, etc., dépassent en beauté tout ce que les fabricants français produisent, etc. — Voyez autour **J. Johnson** en réponse à ce Mémoire et Expositions citées dans nos matériaux de ce volume.

HAEFFELY (Éd.), chimiste à Manchester.
  Stannate de soude. Sa formation. (S. I., vol. XXVII, p. 503.)

HAEFFELY (H.), à Pfastadt, près Mulhouse.
  Fabrications des lustrines et meubles coton. (S. I., vol XXVII, p. 32.)

HAGENBACH (Édouard), Professeur à Bâle.
  Détermination de la viscosité des liquides à l'aide de leur écoulement par des tubes. (Arch. sc. nat. Genève, t. IX, décembre 1860, p. 281.)

HANZER, Greffier de la justice de paix à Altkirch (Haut-Rhin).
  Chaux à la houille. (S. I., vol. XIII, p. 960, 1 pl.)

HARDY, Directeur de la pépinière centrale du gouvernement à Alger.
  Coton. Notices sur sa culture en Algérie. (S. I., vol. XXII, p. 109.)
  Coton jumel d'Égypte, à longue soie.
  Louisiane, soie moyenne.
  Nankin, soie moyenne et de couleur roussie.
  Macédoine, soie courte.

HARMAND et **BOISSIRD**.
  Ardoise dans la colline du Salbert, à l'ouest de Belfort (Haut-Rhin). S. I., p. 401.

HARMOIS frères, à Paris.
  Écran à incendie en toile. Perfectionnement. (S. I., vol. XIX, p. 21.)

HARTMANN (Jules-Albert).
  Réserves pour couleurs vapeur. (S. I., vol. XXV, p. 283.)

HARTMANN (Jules-Albert).
  Matière colorante verte des plantes. (S. I., vol. XXVI, p. 283.)

HAUSSMANN (Auguste), Délégué de l'industrie cotonnière, attaché à l'ambassade en Chine.
  Culture du coton et industrie cotonnière en Chine. (S. I., vol. XX, p. 1.)
  ..... Vers la fin du quatorzième siècle, le coton fut adopté dans toute la Chine, où sa culture se répandit bientôt avec une rapidité étonnante. — Ce pays possède aujourd'hui le cotonnier herbacé (*gossypium herbaceum*), le cotonnier arbuste (*gossypium religiosum*), le cotonnier arbre (*bombax pentendum*). On évalue la production cotonnière de la Chine à 600,000 balles par an.
  Filage du coton. Le coton se file toujours au rouet.
  Tissage du coton.
  Blanchiment des tissus de coton.
  Teinture des tissus de coton.
  Matières tinctoriales de Chine. La teinture en bleu se fait en Chine à l'indigo (*yang-ling*).
  La plante indigofère (*lam* ou *lan*), qui est très-commune dans les provinces méridionales de l'empire, est, dit-on, un *polygonum*.
  Les provinces septentrionales de la Chine produisent une autre plante indigofère, nommée *siao-lam*.
  Le bleu de Prusse se fabrique à Canton, où il est appelée *young-ting*, comme l'indigo. On évitera de confondre ces deux matières, qui portent le même nom, en ne perdant pas de vue que l'indigo de Canton est toujours visqueux, tandis que le bleu de Prusse s'y débite en beaux morceaux parfaitement secs.

Les Chinois teignent en rouge avec une fleur qu'ils nomment *fa-ko* ou *hong-fa*, et qui paraît être une sorte de safranum.

Pour la teinture des soies en rouge cramoisi, on emploie à Canton la *cochenille*, qui est fournie par l'Amérique et par Java.

Jaune. Les substances employées en Chine pour la teinture en jaune, sont l'*ouaï-fa*, le *hoang-tchi*, le *hoang-fin* et le *curcuma*. La première de ces substances est une graine qui ressemble un peu à celle de l'anis, mais qui est plus petite.

Le *hoang-tchi* est un fruit orangé qui croît près de Canton.

Vert. Pour donner une nuance d'un vert presque imperceptible à des tissus fins, ils emploient le *thia-fonk* (la maliquite)

Brun. Les Chinois obtiennent des nuances brunes par le *somn* ou *saben*, par le *mok-ko*, le *cachou*, le *cambier*, le *tché-téang*, le *tché-king* et le *tching-fan*.

Gris. *Kan-pod*, c'est le fruit de l'arbre *ean-pé-tchu*.

Noir. Première teinture à l'indigo, puis au cachou.

Impressions sur tissus de coton en Chine. Les ateliers d'imprimeurs sur étoffes se trouvent, à Canton, dans la cité; quelques-uns emploient jusqu'à cinquante ouvriers. Les habitants des faubourgs, qui désirent faire convertir leurs calicots en indiennes, appellent souvent chez eux des ouvriers qui s'y rendent avec tout leur bagage.

Les impressions se font à la planche. J'ai vu employer de grands moules carrés, de 40 à 45 centimètres de côté, fabriqués avec un bois rare, nommé *tsap-mou*, qui vient d'Onam. La partie gravée du moule forme saillie; la gravure est très-soignée, mais il paraît qu'elle est fort chère. — Les moules durent, dit-on, dix ans, ce qui prouve que les modes sont peu sujettes au changement. Les Chinois ne cèdent ces moules à des étrangers qu'avec beaucoup de difficultés et à des prix élevés, de peur qu'on n'imite leurs dessins en Europe.

Pour imprimer le tissu, l'ouvrier commence par enduire de couleur la gravure avec un gros pinceau; puis il brosse et recommence encore le pinceautage et le brossage, qui durent près de dix minutes. Deux hommes étalent ensuite une partie de la pièce sur le moule, en la tenant bien tendue. L'habitude observée chez les Chinois, de faire la plupart des choses au rebours de ce qui se passe en Europe, se rencontre aussi dans la fabrication des indiennes. Au lieu d'appliquer le moule sur le tissu, comme cela se fait chez nous, c'est, au contraire, le moule qui est fixé, et c'est le tissu que l'on applique sur la planche. On étend ensuite un morceau de papier huilé sur l'étoffe, bien adhérente à la gravure; on verse de l'huile sur ce papier, que l'on brosse pendant cinq minutes, de manière à faire bien prendre la couleur sur le tissu. Un ouvrier imprime ordinairement, à Canton, 80 mouchoirs de 36 à 38 centimètres de côté, par jour, et gagne une demi-piastre, ou fr. 2,70.

On obtient, à Ningpo, des dessins beaucoup plus parfaits qu'à Canton. J'y ai remarqué quelques différences dans la manière d'imprimer. — On commence par passer un grand pinceau, trempé dans l'eau, sur les parties en relief du moule, qui a la même forme qu'à Canton. Puis on applique avec soin le tissu bien tendu sur la gravure, et pour faire parfaitement adhérer, on frappe avec un petit bloc de bois, gravé d'un picotage. On trempe ensuite un grand pinceau dans la couleur à imprimer, et l'on en passe le bout avec beaucoup de légèreté, de dextérité, et presque en effleurant, sur les parties humides du tissu, qui sont collées sur le dessin en relief. — Après chaque coup de pinceau, on applique plusieurs fois, très-rapidement, le petit bloc à picotage pour faire bien pénétrer la couleur. On conçoit que celle-ci ne prenne qu'aux endroits de l'étoffe rendus humides par l'eau, dont le dessin est couvert; les parties sèches, celles qui ne coïncident pas avec la gravure, ne l'absorbent pas facilement, et s'il y a quelquefois coulage ou confusion, ce n'est que sur l'envers; car le bon côté du tissu est celui qui adhère au moule, et ce n'est qu'aux points adhérents et mouillés que la couleur peut traverser l'étoffe. Il faut, du reste, une grande justesse de coup d'œil pour ne toucher précisément que les parties qui doivent recevoir la couleur, le talent de l'imprimeur consiste à attraper et à suivre avec le pinceau les contours du dessin à demi voilés par le tissu.

J'ai vu imprimer du rouge au sapan, très-peu épaissi, du jaune au hoang-lin et du bleu de Prusse, sur la même pièce. Il y a un pinceau pour chaque couleur. Il faut encore beaucoup d'habitude pour savoir sur quelle partie du dessin appliquer chaque pinceau. — Les ateliers de Ningpo sont très-petits; on y imprime sur une table étroite, dans la chambre qui donne sur la rue, et où sont suspendues beaucoup d'indiennes. Dans la seconde pièce, on trouve quelquefois encore une table à imprimer, un réchaud portatif, pour faire sécher les pièces imprimées, et une machine à broyer les couleurs. Au fond, une espèce de laboratoire très-misérable et une cuisine.

Le salaire des imprimeurs, dans le nord de la Chine, est de deux mêces, ou de fr. 1.50 par jour, comme celui des tisserands.

Les couleurs que les Chinois impriment sur l'étoffe sont toujours définitives; ils ne les modifient par aucune teinture et par aucune autre opération, ce qui s'explique parfaitement par l'ignorance dans laquelle ils sont relativement aux propriétés des mordants.

On prend généralement en Chine, pour l'impression, des tissus très-épais et grossiers.

A Chang-haï, on a deux procédés pour colorer les étoffes de coton : l'un est le même qu'à Ningpo; l'autre consiste à appliquer sur la toile un papier, dans lequel le dessin qu'on veut obtenir se trouve découpé à jour; on frotte la couleur avec une brosse sur tout le papier; elle ne prend naturellement sur le tissu qu'aux parties où il est laissé à découvert par le dessin du papier, qui se trouve, de cette manière, exactement reproduit. C'est certainement le procédé d'impression le plus simple que l'on puisse imaginer.

J'ai vu, à Canton, un genre d'impression du pays, appelé en chinois *yong-pou-pi-men* et en anglais *palampour;* cet article est employé pour couvertures. C'est à la partie supérieure de la couverture qu'est placé le tissu imprimé. Le dessus est en calicot anglais, cousu aux lisières de l'indienne; l'intérieur est ouat-ouaté d'ouate, fournie par le cotonnier-arbre de Chine ; le dessin est imprimé, à Canton, sur croisés américains. Ces couvertures ont de national l'intérieur et l'impression; quant au tissu, il est emprunté à deux nations étrangères. — La largeur d'un de ces palampours est un peu moins d'un tiers de mètre, et sa longueur d'un mètre et demi. La partie imprimée coûte 3/4 de piastre.

On fabrique, à Canton, de très-petits mouchoirs, fonds blancs, avec bordures et dessins bleus, à une demi-piastre la douzaine. On y imprime également des mouchoirs de 35 centimètres environ de côté, à fonds de couleur, avec grands dessins de fleurs, d'oiseaux, etc., au prix de 1/4 de piastre la pièce. Ils sont horriblement fabriqués et couverts de taches et de roulage.

La Chine produit des velours de coton.

J'ai trouvé, à Canton, des *pagnes*, ou tapis de coton, à raies de diverses couleurs, confectionnés dans le pays. Ils ont 2 mètres 30 centimètres de long sur 1 mètre 80 centimètres de large, et coûtent une piastre pièce.

Aux environs d'Amoy et de Chang-haï, on fabrique certains tissus à raies et à carreaux, avec des fils de coton, teints avant le tissage. Cette industrie existait déjà dans le Fo-Kien, du temps de Marco-Polo. Ce qu'il y a d'assez curieux, c'est que, jusqu'à présent, les fils de couleur étrangers ne trouvent de débouché dans aucun des cinq ports, et que toutes les étoffes de coton, à dessins rayés, carrés et réguliers, que les Anglais ont cherché à y importer, n'y ont pas obtenu le moindre succès.

Les naturels des îles Liou-Tchou, qui paraissent dépendre à la fois de la Chine et du Japon, fabriquent des indiennes assez variées. Le capitaine de vaisseau **Fornier-Duplan**, qui visita ces îles en 1844, en rapporta quelques échantillons de tissus de coton assez curieux. Les uns sont à fonds rose tendre, avec fleurs bleues, jaunes, blanches et noires; d'autres présentent des carreaux en échiquier, sur fond bleu.

C'est à Chang-haï que j'ai vu les plus belles, ou, pour mieux dire, les seules impressions passables de fabrication chinoise. Elles y viennent de Sou-Tchaou, qui est le Mulhouse ou le Manchester de la Chine. Les dessins ont un cachet tout à fait européen par leur netteté et le brillant de leurs couleurs. La petitesse de la laize oblige souvent à coudre plusieurs pièces en bandes, les unes aux autres. Le prix d'une pièce est de 2 piastres 70 c., ou de 14 fr. 25 c. La même pièce, en blanc, vaut 2 piastres, ou 10 fr. 60 c. Le prix de l'impression n'est donc que de 3 fr. 70 c., ou de 23 centimes par mètre.

Le tissu chinois en dimensions anglaises coûterait 28 fr. 87 c., au lieu de 17 fr. 05 c., qui était le prix des Indiennes anglaises, à Chang-haï, en 1845. La différence est donc de 11 fr. 82 c. par pièce et de 44 centimes par mètre, en faveur de la fabrication anglaise.

On fabrique, à Sou-Tchaou, des mouchoirs de trois grandeurs : de 42 1/2 centimètres, de 59 et 90 centimètres de côté. — La plupart sont des fonds blancs à fleurs.

Une douzaine de mouchoirs de la plus petite dimension, avec bordures bleues et fleurs dans l'intérieur, revient à 72 cents, ou 3 fr. 91 c.

Une douzaine de 59 centimètres de côté, à 84 cents, ou 4 fr. 58 c.

Une douzaine de 90 centimètres de côté, à 2 piastres 40 cents, ou 13 fr. 3 c.

Les indiennes que l'on fabrique à Chang-haï sont très-inférieures à celles de Sou-Tchaou ; on y imprime souvent des figures grotesques. Le tissu est épais et commun. Quelquefois, cependant, on y emploie pour l'impression de beaux *longcloths* anglais. C'est une chose assez remarquable que ces appels multipliés que l'industrie chinoise est aujourd'hui obligée de faire à celle des autres nations. Les filés chinois sont souvent en coton de l'Inde. Les calicots tissés en Chine proviennent souvent aussi de filés anglais. Les étoffes teintes et terminées dans ce pays sont bien fréquemment du longcloth étranger. La difficulté qu'on éprouve à placer des tissus de couleur chez les Chinois pourrait, peut-être en partie, s'expliquer par le désir qu'ils éprouvent de se réserver le dernier degré de la fabrication.

On voit que la différence qui existe entre le prix des impressions anglaises et chinoises est de 44 centimes par mètre, en dimensions anglaises.

Celle entre les calicots étrangers et indigènes est de 20 fr. 02 c. par pièce de 34 mètres 50 centimètres, et de 60 centimes par mètre.

Celle entre les cotons filés anglais et chinois, nᵒˢ 18 à 30, peut être évaluée de 1 à 2 fr. par kilog. Ces énormes différences expliquent parfaitement l'accroissement extraordinaire que l'importation des articles de coton prend constamment en Chine. Il est probable que les bas prix des Anglais sont le résultat non-seulement de leur fabrication économique et perfectionnée, mais de la concurrence redoutable que les Américains leur opposent sur ce marché, et de l'espoir qu'ils entretiennent de parvenir à écraser complètement l'industrie cotonnière nationale. Mais l'organisation de cette industrie, l'empire de l'habitude, si puissant dans ce pays, la difficulté que des tissus étrangers éprouveraient à arriver des cinq ports jusqu'au cœur et aux provinces occidentales de la monarchie, les droits excessifs dont ils seraient sans doute frappés, en y pénétrant, l'embarras que causerait au gouvernement chinois une population ouvrière d'environ cinq millions d'individus, privée de travail, les mesures qu'il ne manquerait pas de prendre pour s'opposer à un pareil événement, empêcheront probablement longtemps encore la fabrication de tissus de coton de disparaître de la Chine.

Aug. HAUSSMANN.

HAUSSMANN (AUGUSTE), Délégué de l'Industrie cotonnière, attaché à l'ambassade en Chine.

Commerce de Canton et de la Chine. (S. I., vol. XX, p. 141)

HECKRONN, de Cosmanos (Bohême).
Cachou. (S. I., vol. XIV, p. 180.)

HEILMANN (Josué).
Observation microscopique sur la forme, la finesse et la force des filaments de coton. (S. I., vol. I, p. 5, 1 pl.)

HEILMANN (Josué).
Harnais des tisserands en laine du Lancashire (Angleterre). (S. I., vol. II, p. 7.)

HEILMANN (Josué).
Banc de lanternes bobineuses, ou système de filature continu sans mouvement variable. (S. I., vol. II, p. 123, 1 pl.)

HEILMANN (Josué).
Machine à broder. (S. I., vol. VII, p. 209 à 251, 2 pl.)

HEILMANN (Josué).
Modérateurs ou régulateurs. Leur insuffisance pour maintenir l'uniformité dans la marche des machines à vapeur. (S. I., vol. XIII, p. 181.)

HEILMANN (Josué).
Notice nécrologique sur M. Josué Heilmann, lue à l'assemblée générale de la Société industrielle, le 27 décembre 1848, par M. **Henri-Thierry Köchlin.** (S. I., vol. XXI, p. 410.)

HENRI, Chauffeur.
Baromètre de sûreté inventé par le sieur Henri, chauffeur de la machine à vapeur de M. Pierre-Édouard Köchlin, à Lörrach. (S. I., vol. V, p. 200, 2 pl.)

HERLAND.
Appareil monte-courroie. (S. I., vol. XXXI, p. 33, 1 pl.)
..... M. Herland a appliqué avec un succès complet une disposition ingénieuse, peu coûteuse et éminemment pratique, qui permet, pendant que les transmissions sont en marche, de monter les courroies sur les poulies motrices.
..... L'Académie des sciences, dans sa séance du 14 mars 1859, sur le rapport de M. **Combes,** a décerné l'un des prix Monthyon au monte-courroie. — La Société d'encouragement a, le 22 juin de l'année dernière, entendu la lecture d'un rapport de M. **Faure** sur le même sujet.
La Société industrielle de Mulhouse, désirant rendre hommage à la pensée philanthropique qui a guidé M. **Herland** dans ses recherches, lui a décerné une médaille d'argent comme ayant rempli en tous points les conditions du programme des prix n° 20.

HERMANN, de Bitschwiller (Haut-Rhin).
Broches de Mull-jenny, en acier fondu, trempées au collet. (S. I., vol. XI, p. 247.)

HERMANN, de Bitschwiller (Haut-Rhin).
Tissage. Navette à tisser mécaniquement. (S. I., vol XVI, p. 573, 1 pl.)

HERMANN aîné (Joseph).
Tissus de soies. Fabrication. (S. I., vol. XXVIII, p. 212.)
L'établissement de Joseph Hermann a été fondé par lui en 1831.

..... Ce procédé repose sur la propriété que possède le savon de rendre l'eau pure mousseuse et de ne produire de mousse dans les eaux chargées de sels terreux; et particulièrement à base de chaux et de magnésie, qu'autant que ces sels ont été décomposés et neutralisés par une petite portion équivalente de savon, et qu'il reste un petit excès de celui-ci dans la liqueur. — Pour faire une analyse, il faut : 1° La liqueur hydrotimétrique, qui n'est autre chose qu'une dissolution de savon blanc de Marseille en certaines proportions dans l'alcool, avec addition d'eau distillée. — 2° Un tube gradué qui est l'hydromètre proprement dit. — 3° Un flacon d'essai gradué. — 4° Des flacons d'oxalate d'ammoniaque et de nitrate de baryte.

I

IMPRESSIONS D'ÉTOFFES.
Quelques faits relatifs à l'impression des calicots. Voyez dans nos *Matériaux*, t 1er, auteurs : **Johnson** (J. R.). — **Graham** (John). — **Makepeare** (Swen). — **Woodcroft** (D.). — **Woodcock.** — **Potter.**

INDUSTRIE COTONNIÈRE. Rapport du délégué de l'industrie cotonnière, attaché à l'ambassade du roi en Chine. Envoyé par M. le Ministre du commerce à la Chambre de commerce de Mulhouse. Direction du commerce extérieur. Bureaux des faits commerciaux. Br. in-8, 77 p. Mulhouse, 1840.

INDUSTRIE DES TISSUS EN RUSSIE. Note du Comité de commerce. (S. I., vol. IV, p. 103.)

INDUSTRIE DU PAPIER EN FRANCE. Mémoire sur la situation de l'industrie du papier en France, et sur les moyens propres à remédier à son état précaire actuel. (S. I , vol. XXI, p 281 à 345.)

INSTITUTIONS DE PRÉVOYANCE fondées par les industriels du Haut-Rhin en faveur de leurs ouvriers. — Rapport présenté au nom du Comité d'économie sociale par M. le Dr **Penot,** dans la séance du 30 mai 1855. (S. I., vol. XXVI, p. 401.)
Éducation. — Logements. — Subsistances. — Bains et lavoirs. — Précautions contre les accidents causés par les machines en mouvement. — Caisses de secours mutuels en cas de maladies. — Service médical. — Caisses d'épargnes. — Caisses d'assistance et de prêt. — Caisses de retraites. — Asile pour les vieillards. — Pensions à domicile.

J

JACCOUD fils, à Guebwiller.
Graisseur mécanique. Invention. (S. I., vol. XXVIII, p. 116, 1 pl.)

JACQUART (Joseph-Marie).
(S. I., vol. VIII, p. 297.)
Au commencement de ce siècle, d'après une décision du conseil des prud'hommes de la ville de Lyon, le métier qui porte le nom de son modeste inventeur, **Joseph-Marie Jacquart.** fut mis en pièces publiquement sur la place des Terreaux.

aux acclamations unanimes d'une multitude exaspérée et transportée d'une haine
aveugle, et que, selon l'expression même de **Jacquart**, *le fer fut vendu pour du
vieux fer et le bois comme bois à brûler.*

JEANNENEY (P.), Ingénieur civil.

  Chaudières à vapeur. Appareil pour chauffer l'eau d'alimentation, à l'aide de la
chaleur qui se perdait dans la cheminée : système **Hirn**, perfectionné. (S. I., vol.
XXIII, p. 120, 1 pl.)

JEANNENEY (P.).

  Éclairage au gaz. (S. I., vol. XXV, p. 5, 1 pl.)

JEANNENEY (P.).

  Gaz d'éclairage. Son emploi. (S. I., vol. XXIX, p. 181, 2 pl., tableaux.)

JOBARD, Directeur du Musée de l'Industrie à Bruxelles.

  Chaudières à vapeur. Véritable cause de leurs explosions. (S. I., vol. XV, p. 503.)

JOHNSON (J. R.)[1].

  Quelques faits relatifs à l'impression des calicots. Lettre adressée à
l'éditeur du *Manchester Guardian*, 5 février 1851. — (Traduction mot à mot par
Daniel Dollfus fils et communiquée à la Société industrielle de Mulhouse, en
février 1851.)

Dans la lettre de M. **Graham** que vous avez insérée sous le titre : *Quelques faits
relatifs à l'impression des calicots*, il y a plusieurs observations qui me paraissent plus
propres à tromper le public que l'assertion de M. **Cobden**, à propos de laquelle cette
lettre a été écrite, et comme son auteur invite à la discussion, je prendrai la liberté de
vous adresser quelques remarques à ce sujet. — M. Cobden, rapporte un journal de
Londres, a dit : « A peu près tout ce que nous savons de l'art d'imprimer les calicots,
« nous l'avons tiré de France, nous avons à peine une couleur qui ne soit d'invention
« française, à peine une combinaison de drogues que nous n'ayons introduite de France. »
— Si je comprends bien la proposition de M. Cobden, il entend parler des premiers
principes de l'art, et sur ce sujet M. Graham ne fait aucun commentaire. S'il l'avait fait,
il aurait eu à compulser une foule d'ouvrages remarquables et de manuscrits français,
renfermant différentes découvertes importantes, à deux ou trois honorables exceptions
près et ne nous aurait rien montré dans notre langue. Comme M. Graham a passé ce sujet
sous silence, je le traiterai dans une autre occasion.

Il est à regretter que les remarques de M. Graham sur les procédés employés dans l'art
d'imprimer les calicots ne soient point, dans bien des cas, accompagnées de faits ou de
dates qui nous permettent d'arriver à une conclusion.

J'aimerais savoir à quelle époque l'*aluminate de potasse*, — le *vert de Warwick*, — l'*a-
midon grillé (torréfié)*, — le *bleu de Prusse* furent appliqués en Angleterre. Je pense
que, dans toutes ces applications, ou du moins dans la plupart d'entre elles, les Français
ont été les premiers inventeurs.

NOUVELLES MATIÈRES COLORANTES.

Le *quercitron*, au dire de M. Graham, fut introduit par le Dr **Bancroft**, mais il néglige
de dire que le principe colorant qui en dérive fut isolé, et ses principaux caractères

---

DA [1] Ce mémoire se trouve dans la brochure de M. **Edmond Potter**, qui a pour titre : *Impressions sur l'office de coton.* — **W. F. Reens** a traduit en allemand le mémoire que M. **Potter** a lu
à l'Académie royale des arts et sciences à Londres, en sa qualité de chef du Jury de l'Exposition universelle de 1851, le 22 avril 1852. Le mémoire de M. **Johnson** est inséré au supplément, p. 64 à 69.

étudiés par des Français, **Chevreul** et **Holley**. — Une nouvelle matière colorante, que M. Graham n'a point mentionnée, a été introduite dans ces derniers temps sous le nom de *flavine*. Je suis informé que c'est du quercitron impur et par conséquent un dérivé de la découverte de M. **Chevreul**.

Cachou. M. Graham porte à 1835 l'emploi régulier de cette substance. Une recette pour son emploi à l'impression fut publiée, en France, vingt années auparavant, et elle fut employée avec beaucoup de succès à Jouy, en 1829.

Garancine. M. Graham la croit d'origine française et pense qu'elle fut introduite par M. **Isaac Schlumberger**. La garancine est un produit dérivé directement des recherches scientifiques de **Robiquet** et **Colin**, — **Gauthier de Claubry** et **Persoz**. Les premiers employèrent l'acide sulfurique concentré, les derniers, de l'acide étendu, pour isoler la matière colorante de la garance. En 1828, un brevet a été pris pour la garancine par **Robiquet**, **Colin** et **Lagier**, et ce fut aux soins de ce dernier que l'on dut la production en grand de cette substance. Une autre nouvelle matière colorante, dont M. Graham ne fait point mention, je veux parler de la modification de la *carmine* par l'ammoniaque, connue ici sous le nom de *rose ammoniacal*, et employée en grande partie sur mousseline-laine. Je pourrais parler de plusieurs substances tinctoriales en usage en France, et qui n'ont point encore été introduites en Angleterre, mais elles ne sont point comprises dans la citation de M. Cobden. — Je me contenterai de dire, touchant les nouvelles couleurs, que j'ai montré que ces faits sont exacts, des quatre ou cinq nouvelles matières tinctoriales dont je viens de parler, une seule est d'origine anglaise, et nous en devons la connaissance scientifique aux recherches faites en France.

PROCÉDÉS CHIMIQUES.

Ce fut avec peine que je trouvai dans vos colonnes la première atteinte portée à **Berthollet** pour lui contester la grande découverte des propriétés décolorantes du *chlore*. M. Graham avance le fait : Une pièce fut blanchie par le chlore à Manchester, en 1788 ; il réclame pour **Watt** l'honneur de l'invention du blanchiment, quand il est reconnu que Watt fut instruit de cette découverte par Berthollet lui-même.

A quelle époque l'*acide sulfurique* a-t-il été introduit dans les procédés de blanchiment ?

La *soude* est reconnue d'origine française. M. Graham néglige de constater que M. **Steiner** d'Accrington est M. Steiner de Ribeauvillé (France). C'est à ce Français distingué que nous sommes redevables de l'introduction de divers procédés très-utiles, entre autres le *stannate de soude*, auquel est due la supériorité des couleurs vapeurs actuelles, dont M. Graham fait mention. Les autres stannates ne sont que des remplaçants économiques, et quelle qu'en soit la valeur, ils n'enlèvent rien à l'honneur de l'invention originale.

La *bouse de vache* était employée en Suisse au milieu du siècle passé. — Dans une lettre publiée en 1790 et adressée à **Berthollet**, **Haussmann** fait allusion à son emploi en France.

Les *phosphates* n'ont point remplacé la bouse de vache.

Le *savon* est reconnu d'invention française et est la base de plusieurs procédés importants de notre art. M. Graham fait allusion aux célèbres *violets de Mayfield* (établissement de MM. Thomas Hoyle, près Manchester), qu'il appelle anglais, mais que le commerce appelle suisse.

M. Graham ne niera pas qu'ils sont un dérivé de l'importante découverte française, de la fabrication de la *matière colorante de la garance* par sa combinaison avec les *acides gras*, pendant les passages en savon. Il est à regretter qu'au sujet de l'histoire de l'emploi du savon aux calicots imprimés, les travaux de M. **Chevreul** sur la nature du savon, sur les *acides margarique, stéarique, oléique*, etc., soient placés sur le même niveau que la patente d'un jeune ouvrier de Mayfield.

Il est vrai que le genre *enlevage sur rouge turc* fut inventé par M. **Daniel Kœchlin**, en 1811, et que, jusqu'à présent, on a suivi son procédé, mais M. Daniel Kœchlin est un Français, le chef reconnu des imprimeurs français. Je ne conteste point à M. Graham que ces couleurs n'aient été redécouvertes à Accrington, mais il doit admettre que la redécouverte n'eut lieu que douze ans après l'invention originale.

Le *jaune de chrome* fut appliqué d'abord par **Lassaigne**, en 1810. — Les *chromates* ont été découverts par **Vauquelin.**

Le *brun de manganèse* (bistre) fut employé en grand par MM. **Hartmann**, à Munster (France), en 1815. En quelle année M. **Mercer** l'introduisit-il en Angleterre? Son emploi n'était point général quinze ans après cette époque.

La belle idée du professeur **Woodcroft** d'imprimer de l'*indigo désoxydé* dans une atmosphère de gaz à la houille, n'eut point une application très-étendue, à cause de son action délétère. Ce procédé a été abandonné à Mayfield.

J'ai moi-même suggéré à M. **Binyon** l'idée de remplacer le gaz par une atmosphère d'*air désoxydé*. Ce procédé réussit aussi bien que le précédent, sans avoir une action aussi délétère.

Les *chaînes imprimées*, dont M. Graham attribue l'invention au professeur **Woodcroft**, ont été faites à Lyon il y a trois cent quarante ans; elles furent introduites dans cette ville par un Italien, en 1510.

COULEURS VAPEURS.

Bancroft fit des expériences pour fixer les couleurs par les vapeurs, mais il est certain qu'un Français, nommé **Laffet**, recueillit une forte somme en vendant ce procédé en Angleterre [1]. — A ce propos, M. Graham a négligé de faire mention de l'un des plus grands perfectionnements dans les couleurs vapeurs, savoir : l'usage du *chlorate de potasse* dans le fixage des puces, et autres couleurs aux bois. Ce procédé fut d'abord employé en France, puis importé en Angleterre, passant par l'Amérique, par MM. **Whitaker Riley**; mais il fut aussi employé par M. **Joseph Ashworth**, qui l'a découvert aussi de son côté.

Le *prussiate rouge* n'est point grandement employé ici, où cependant on imprime beaucoup de mousselines de laine, chaîne coton. Son introduction est de peu d'importance comparée à celle du *chlorate de potasse*, qui marque une ère nouvelle dans les couleurs vapeurs.

DES MORDANTS.

Le prix du *nickel* et de l'*uranium* en rendra toujours l'emploi très-minime. Il est étrange qu'à ce sujet M. Graham n'ait point fait allusion à l'*oxyde* de chrome comme mordant. M. **Persoz** a démontré son action comme mordant sur le plus grand nombre des matières colorantes et a donné des échantillons teints de cette manière. Il est aussi employé comme matière colorante; j'ai dans ce moment (1850) devant moi des échantillons français de mousselines imprimées avec un beau *vert de chrome* parfaitement solide.

Le *sulfure d'antimoine* est d'origine anglaise; mais à côté de lui peut se placer la série des tons sulfurés inventés par **Houton-Labillardière** et à peine connus en Angleterre.

Le *genre résiste* et l'*enlevage au chrome* sont d'origine anglaise, de même probablement

---

DA [1] **Georges Dollfus** et **Laffet** fixèrent, en 1814, par la vapeur des couleurs imprimées sur étoffes de laine. Georges Dollfus communiqua ce procédé à la maison **Dollfus-Mieg et C°**, qui l'exploita avec succès. **Dollfus-Ausset** se rappelle d'autant plus ces circonstances que, coloriste à cette époque, il était chargé de la mise en train de cette fabrication, qui furent ses premières armes en impression. — **Laffet** se rendit en Angleterre pour communiquer cette découverte aux Anglais; et grande fut sa surprise d'apprendre et de voir que, depuis un grand nombre d'années, on fixait à la vapeur les couleurs imprimées sur étoffes de laine. Voilà la vérité, toute la vérité.

l'emploi du *prussiate d'étain*, mais quelle petite place ces différents procédés n'occupent-ils point dans le vaste champ de l'art d'imprimer les calicots! Sont-ils compris dans la restriction à peu près, par laquelle M. Cobden commence sa proposition ?

Je ne suivrai point M. Graham dans ses remarques sur la supériorité des imprimeurs anglais. Ceci est tout à fait à côté de la question posée par M. Cobden. J'espère sincèrement que cette supériorité sera rendue manifeste à la grande Exposition, mais je crains que tel n'en soit pas le résultat. Je remets toute discussion à ce sujet à l'ouverture de l'Exposition. — En ma qualité d'Anglais, je sens une grande humiliation à devoir à la France tous mes progrès dans l'art d'imprimer les étoffes; mais ayant reçu en France *gratuitement* mon instruction chimique, et ayant étudié les applications de la chimie à la teinture et à l'impression, à une époque à laquelle une telle instruction ne *pourrait s'acheter dans notre pays*, je serais ingrat et je manquerais d'honnêteté si, entendant contester aux chimistes français des honneurs si bien mérités, je n'élevais ma faible voix pour protester contre cette injustice.

Tottington-Mill, 30 janvier 1851.   J. B. Jonxson.

JOLY (Simon).

  Charançons du blé. Appareil inventé pour l'extraction des charançons du blé. (S. I., vol. X, p. 20.)

JORAN, Directeur de filature à Colmar.

  Coton. Égrenage des cotons longue soie. (S. I., vol. XXVI, p. 302, 1 pl.)

JOURNET (V.) et **RIEDER** (A.).

  Voyez E, *Exposition de Londres*, 1851.

JULIAN (A.) et **ROQUER**, de Lorgues (Vaucluse).

  Garance. Extrait de garance. (S. I., vol. XXIV, p. 93.)

  ..... Le premier brevet de M. **Roux**, daté du 23 mai 1840. Garance préparée donnant au minimum 1/3 de plus de colorant que la garance ordinaire.

  20 mai 1847. Brevet additionnel. Garance préparée donnant la moitié plus de colorant que la garance ordinaire.

  En janvier 1851, M. **Julian** a adressé à Mulhouse les premiers échantillons de sa fleur de garance; et d'après les résultats favorables qu'on en obtint, il envoya, au mois d'avril suivant, quelques barils d'essai, qui furent eux-mêmes suivis d'envois plus considérables. Déjà, en février 1852, MM. **Julian** et **Roquer** avaient expédié 500,000 kil. de leur fleur de garance, dont 200,000 destinés à Mulhouse et à nos environs. Tous les membres du Comité de chimie qui ont employé ce produit ont été unanimes à reconnaître qu'il a toujours présenté jusqu'ici la plus grande régularité dans sa qualité, et qu'il offre un avantage marqué sur l'emploi de la garance elle-même.

  100 parties de cette fleur de garance représentent en richesse tinctoriale 203 parties de garance.

JUNDT, Ingénieur des ponts et chaussées.

  Eaux de la Doller. Moyens propres à augmenter le volume d'eau de la Doller en temps de sécheresse. (S. I., vol. XXIX, p. 76.)

JUNDT, Ingénieur des ponts et chaussées.

  Travaux d'endiguement des lacs de la vallée d'Orbey. S. I., vol. XXIX, p. 503, 1 pl.)

  — Lac Blanc. — Lac Noir.

JUTIER, Ingénieur des mines du Haut-Rhin.

Chaudières à vapeur. Rapport sur l'explosion d'une chaudière à vapeur dans la filature de M. Harth, au Logelbach, près Colmar. (S. I., vol. XXIV, p. 155, 3 pl.)

JUTIER, Ingénieur des mines.
Explosion d'un tambour sécheur dans la fabrique d'étoffes imprimées de MM. Paraf-Javal frères et Cⁱᵉ, à Mulhouse. (S. I., vol. XXVII, p. 80, 2 pl.)

JUTIER, Ingénieur des mines.
Appareils à vapeur. Leur développement dans le département du Haut-Rhin, de 1845 à 1858. (S. I., vol. XXXI, p. 241.)

JUTIER, Ingénieur des mines, et **LEDLEU,** Ingénieur des mines.
Appareils à vapeur. Leur développement dans le département des Vosges, de 1845 à 1858. (S. I., vol. XXXI, p. 287.)

K

KAEPPELIN (H.), Professeur de sciences physiques et chimiques au collège de Colmar·
Instrument de pesage, dit hydrostat. (S. I., vol. XXVII, p. 220, 1 pl.)

KAEPPELIN (H.).
Pressoirs. Nouveau système. (S. I., vol. XXI, p. 109, 1 pl.)

KAY et Cⁱᵉ, à Dornach. (Haut-Rhin.)
Tissus caoutchoutés. (S. I., vol. XXVIII, p. 204.)

KESTNER-RIGAU, à Thann.
Acide pyroligneux. Sa fabrication et son emploi dans la préparation des acétates. (S. I., vol. II p. 177.)

KESTNER-RIGAU.
Manganèse. Nouveau moyen de régénérer le peroxyde de manganèse. (S. I., vol. XXVIII, p. 332.)
. ... Invention **Dunlopp,** associé de la maison Charles Tennant et Cⁱᵉ, à Glasgow.

KESTNER-RIGAU.
Travail des jeunes ouvriers de fabrique. Rapport fait au nom de la Commission spéciale chargée d'examiner cette question. (S. I., vol. VI, p. 339.)

KESTNER-RIGAU.
Sel destiné à remplacer la bouse de vache. (S. I., vol. XIII, p. 247.)
..... M. Kestner a monté des appareils pour fabriquer ce produit et pour le livrer au commerce sous le nom de *sel pour bousage.* Ce produit est de l'invention de MM. **Mercer** et **Blyt,** fabricants d'étoffes imprimées aux environs de Manchester

KINSEY-BURDEN.
Cotons longue soie. Manière de les planter et d'obtenir les qualités les plus fines. (S. I ; vol. XXIV, p. 351.)
..... *Les cotons longue soie* se cultivent le long de la côte de la Caroline du Sud et de la Géorgie. Le produit d'une acre (0 hectare 4045) est :

de 100 à 150 livres de coton « common a good middling. »

de 60 à 70 livres « fine. »

de 50 à 60 livres « extrafine. »

Les cotons courte soie se cultivent dans les États atlantiques. Le produit d'une acre est en moyenne d'environ 300 livres de coton nettoyé, dans une saison ordinaire, et de 400 à 450 livres dans une bonne année. — Dans les États du golfe, de 400 à 600 livres.

KIRSCHLEGER (Fr.), Professeur à Strasbourg.

Flore d'Alsace.

..... Rapport sur l'ouvrage de M. Kirschleger, par M. J. Delbos, professeur. (S. I., vol. XXIX, p. 39.)

KOECHLIN (Aîné) et Cie.

Bancs à broches de filature. (S. I., vol. V, p. 340, 1 pl.)

KOECHLIN (Aîné) et Cie.

Enclliquetage. (S. I., vol. XII, p. 298, 1 pl.)

KOECHLIN (Aîné) et Cie.

Turbine hydraulique, appelée turbine à double effet. (S. I., vol. XVIII, p. 227, 1 pl. et tableaux nombreux.)

KOECHLIN (Camille).

Impression d'étoffes. Machine employée, en Angleterre, pour l'impression de plusieurs couleurs formant un fond de rayures, soit droites, soit ondoyantes, de telle manière que les couleurs ne puissent pas se fondre l'une dans l'autre dans les lignes de séparation de ces rayures. **Alfred Thomas** est l'inventeur de ces procédés. (S. I., vol. VI, p. 374, 3 planches coloriées.)

KOECHLIN (Camille).

Garance. Manière d'extraire la matière colorante de la garance. (S. I., vol. XV. p. 457.)

KOECHLIN (Camille).

Chrome. Des applications du chrome dans l'impression et dans la teinture. (S. I., vol. XXV, p. 309.)

..... Le chrome est devenu, pour nos industriels, le métal de la coloration autant que le fer est pour le monde le métal de la civilisation.

.... **Vauquelin** avait à peine fait connaître ce métal ; **Lassaigne** avait à peine attiré l'attention des teinturiers (1810) sur le chromate de plomb, et déjà cette couleur figurait dans les impressions d'Alsace. Les papiers peints de la manufacture de M. **Zuber,** de Rixheim, avaient fait, en 1818, l'entrée du chrome dans l'industrie.

En 1820, les étoffes imprimées par MM. **Nicolas Koechlin et frères** contenaient du jaune de chrome solide.

..... M. **Koechlin-Schouch** ne se laissa pas devancer pour faire valoir son application dans les enlevages par la cuve décolorante :

Sur rouges turcs fond uni.

Sur rouges turcs cuvés bleus (*aladins*).

Sur roses huilés cuvés (*iris*).

Sur violets garancés. — Sur les mêmes violets prussiatés dans un mélange de prussiate et de bisulfate potassique.

Enfin, comme partie constituante des verts au bleu de Prusse culminant les impressions riches.

En 1827, **Walter-Crum** appliqua l'orange de chrome, et des enlevages blancs et colorés sur ces fonds, et imagina le moyen de faire virer l'orange au jaune, en couvrant de nitrate d'alumine. Nuances dans les fonds bistre de manganèse, dans les fonds gros bleu de l'indigo; employant le sulfate de plomb dans les réserves, et faisant paraître ces effets dans les fonds mixtes d'oxyde manganique et d'indigo (*haw-thorn-style*).

C'est aux Anglais que nous devons le vert solide dont la priorité se dispute entre **James Thomson** (1825) et entre la maison **Hargreaves**, dont le coloriste **Lightfoot** était renseigné par **Mercer**.

C'est d'eux que nous tenons le jaune et l'orange au plombite, dit plombate (**John Duffy**, de Dublin), procédé qui fournit un jaune plus transparent, avantage particulièrement précieux pour la teinture en écheveaux, et dont **Alexandre Harvey**, de Glasgow, fut le premier à profiter.

Puis les fonds verts par ce procédé alcalin avec réservages.

C'est aux Anglais, enfin, que nous sommes redevables des articles où l'acide chromique figure non plus comme colorant, mais comme moyen d'enlever l'indigo et de produire par une régénération qui remplace habilement un agent impossible à épaissir; non-seulement blanc sur bleu, ou sur vert (au quercitron), ou sur violet (lors d'adjonction d'un mordant au chromate) (**James Thomson**, 1831); mais encore le genre ingénieux à deux bleus, où l'acide chromique fonctionne alternativement comme destructeur de l'indigo et comme colorant de sa réserve plombique jaune ou orange (**John Mercer**).

Ces diverses innovations anglaises subirent des variations et des perfectionnements chez nous :

Les enlevages jaunes et oranges furent faits sur deux bleus, dont le foncé, au lieu d'être cuvé, était une impression préalable de bleu solide, ou l'effet d'un mordant manganique ;

Les enlevages blanc sur bleu furent perfectionnés en Normandie, du côté de la pureté du bleu;

Les enlevages blanc sur vert ou quercitron y furent aussi mieux exécutés, et, comme les précédents, sur double teinte ;

Les verts plombates furent obtenus avec des réserves colorées, avec des réserves d'application, avec des réserves lapis ;

Ce même vert, cuvé plus foncé, fut rongé blanc ;

Enfin, il fut combiné avec d'autres fonds, tels que rouges turcs, puces garance, bistres, etc.;

Et l'article peut-être le plus ingénieux de l'impression comme application chimique, le genre de **Mercer**, à deux bleus de cuve et orange, doit à M. **G. Steinbach** un degré de perfectionnement que son auteur n'avait pas atteint.

Puis, parmi ces genres enlevages à fond d'indigo, une fabrication digne de rivaliser avec les applications de **Mercer**, fut celle au moyen de laquelle M. **Baulfe**, de Rouen, obtenait rouge garancine sur bleu de cuve intense, en imprimant un rongeant aluminifère, précipitant par un bain ammoniacal après l'action chromique, et soumettant aux opérations de garançage ; procédé qui avait sur celui des lapis l'avantage d'une impression plus facile au rouleau, d'un bleu plus foncé, ou de plusieurs teintes de bleu. Cet article se variait en vert par immersion totale en jaune.

Après ce premier acte du chrome, et que les Anglais en eurent fait de leurs applications; qu'on crut enfin celles-ci à bout pour n'avoir que coloré du plomb et détruit de l'indigo, notre métal revint donner naissance, en France, à un ordre d'applications toutes différentes et non moins importantes que celles de ses chromates colorés ou décolorants.

Ce fut d'abord l'action de l'acide chromique, ou des chromates sur les principes colorants à leur minimum. De la réaction de ces substances antagonistes résulte la réduction de l'acide en sesquioxyde, et d'autre part, coloration maxima du principe colorable. Décomposition si heureuse en tant qu'on opère dans les conditions d'équivalents, que ces évolutions atomiques restent sans cesse dans un tout utilisable qui, ainsi que nous l'avons dit, se résout simultanément par la couleur, y compris l'agent qui la retient dans les conditions de nos plus grandes insolubilités......

L'application de l'acide chromique ou des chromates sur les principes colorables date de l'époque où les couleurs cachou furent reprises dans la fabrication des étoffes colorées, de 1839. Jouy était alors en vogue pour un genre cachou accompagné de couleurs cochenille. Le cachou y était fixé par le chlorure cuivreux provenant de mélanges de sel ammoniac et d'un sel cuivrique. Soit que ces anciennes recettes fussent perdues de vue, soit qu'elles présentassent le cachou dans une fabrication où la teinture venait de rehausser son intensité; on ne se reconnut pas d'abord, et on n'eut pas l'idée d'imiter à Mulhouse le procédé adopté à Jouy par **Eastinger.** Nous eûmes recours à notre nouvel agent, au chromate de potasse, pour fixer le cachou après son impression. Il fallait vaporiser pour les nuances intenses, avant de foularder en chromate, et que la dissolution de ce sel fût à une concentration qui n'accordât pas au principe colorant le temps de s'y épancher; condition pour laquelle on recourait quelquefois, outre la chaleur, au chromate de soude ou à des additions de sel marin. Cette fabrication dépassa en qualité celle de Jouy : les expositions de 1834 attestent l'existence de ces produits dans la maison **Frères Mœhlin,** ainsi que la date de la fixation des matières colorantes par les chromates. Les deux procédés étaient également exécutables sur soie. — Immédiatement après le cachou, la même fabrication fut adoptée au campêche, aux extraits de bois rouges; de là des fonds puces et noirs qui n'avaient pas encore eu leurs précédents, tant sous le rapport de la teinte que sous le rapport de la facilité d'exécution qui se liait d'ailleurs heureusement avec d'autres couleurs vapeur. L'Allemagne nous envoya les premiers produits de ces fonds...

MŒCHLIN (Camille) et **DLESSY** (E. Mathieu).
> **Sel ammoniac.** Son action dans l'oxydation des matières colorantes par les sels de cuivre. (S. I., vol. XXII, p. 311.)

MŒCHLIN (Carlos).
> **Teinture par substitution.** (S. I., vol. XXVIII, p. 119.)

MŒCHLIN (Carlos).
> **Albumine du sang décolorée.** (S. I., vol. XXXI, p. 113.)

KŒCHLIN-DOLLFUS (Jean).
> **École de dessin.** Rapport fait au nom du Comité des beaux-arts sur la situation de l'école de dessin fondée par la Société industrielle de Mulhouse. (S. I., vol. XXVII, p. 312.)

...... L'installation de l'école dans le nouveau local qu'elle occupe aujourd'hui a eu lieu en avril 1855. Ce local, parfaitement approprié à son but, réalise toutes les améliorations que vous aviez en vue en entreprenant cette importante création ; et c'est ici le cas de témoigner encore une fois solennellement notre reconnaissance aux généreux souscripteurs qui ont bien voulu vous fournir les moyens d'asseoir ainsi sur des bases plus solides, tout en en favorisant le développement progressif, une institution qui a déjà rendu tant de services, et qui ne peut manquer d'en rendre davantage encore par la suite.

Les cours d'enseignement de l'école ont, comme par le passé, continué d'être divisés en deux classes ou sections principales, l'une comprenant le *dessin de figure et d'ornement*, dont la direction est confiée à M. **Eck**; l'autre, se rattachant au *dessin des machines*, confiée à M. **Leloutre.** Les leçons sont de deux heures par jour, dans chaque section, et se donnent de 6 à 8 heures du matin pendant la saison d'été, et de 5 à 7 ou de 6 à 8 heures du soir en hiver.

. Le nombre des élèves ayant en moyenne fréquenté l'école pendant la période qu'embrasse notre rapport est de 137, dont 87 pour la *section de figure*, et 50 pour *celle des*

machines. 64 élèves reçoivent l'instruction gratuitement, 73 payent la rétribution sco-
laire, fixée à 5 fr. par mois pour ceux qui suivent les cours tous les jours, et à 3 fr. pour
ceux qui ne les fréquentent que trois fois par semaine.

KOECHLIN (Édouard).
   Perfectionnement dans la construction des cardes à coton. (S. I.,
     vol. Ier, p. 2, 1 pl.)

KOECHLIN (Édouard).
   Alliage de cuivre et d'étain. (S. I., vol. Ier, p. 16.)

KOECHLIN (Édouard).
   Le zinc et son alliage avec l'étain. (S. I., vol. Ier, p. 37.)

KOECHLIN (Édouard).
   Produits des chaudières à vapeur employés dans les ateliers de teinture.
     (S. I., vol. Ier, p. 69, 1 pl.)

KOECHLIN (Édouard).
   **Propriétés tinctoriales des racines de garance fraîchement récol-
     tées.** (S. I., vol. Ier, p. 104.)

KOECHLIN (Édouard).
   · Aperçu géologique sur les environs de Mulhouse. (S. I., vol. II, p. 258, 1 pl.) —
     Quelques réflexions faites par **Pl. Morin** sur ce mémoire. (S. I., vol. III, p. 1.) —
     Réponse de M. **Éd. Koechlin** à la note précédente. (S. I., vol. III, p. 10.)

KOECHLIN (Édouard).
   Sondage fait au pied du vignoble de Mulhouse dans le jardin de M. Lehr,
     suivi d'une lettre de M. **Voltz**, ingénieur en chef des mines à Strasbourg, sur la
     géologie de l'Alsace, et de quelques observations à cet égard. (S. I., vol. III, p. 273.)

KOECHLIN (Édouard).
   Médailles romaines trouvées dans la commune de Kingersheim, près Mulhouse.
     (S. I., vol. IV, p. 301.)

KOECHLIN (Émile).
   Machines à vapeur. Expériences comparatives à faire entre les divers systèmes de
     machines, et utilité que présenterait un ouvrage complet et classique sur cette partie
     essentielle de l'industrie manufacturière. (S. I., vol. VIII, p. 70 à 277.)

KOECHLIN (Émile).
   Plaques fusibles et soupapes de sûreté des chaudières à vapeur. (S. I.,
     vol. IX, p. 211.)

KOECHLIN (Ferdinand).
   Chemins de fer. Rapport fait au nom du Comité de commerce sur les études d'un
     chemin de fer de Mulhouse à Dijon. (S. I., vol. XV, p. 320.)

KOECHLIN (Ferdinand).
   Industrie cotonnière aux États-Unis. (S. I., vol. XIX, p. 75.)

KOECHLIN (Ferdinand).
   Notice nécrologique sur Ferdinand Koechlin père par M. **Émile Doll-
     fus.** (S. I., vol. XXVI, p. 152.)

KOECHLIN (Henri A.).
Chlorage d'articles garancés. (S. I., vol. XXVIII, p. 418.)

KOECHLIN (Henri A.).
Sulfate plombique. Ses décompositions. (S. I., vol. XXVIII, p. 424.)

...... 1840, A. Bleyer prit un brevet d'invention pour dix ans, pour un procédé servant à décomposer, par voie humide, le sulfate plombique par la fonte en poudre, et formant du plomb métallique et du sulfate ferreux cristallisé.

..... En 1840, L. Messler prit un brevet pour le traitement du sulfate plombique par les eaux ammoniacales du gaz.

... . Je me propose de décrire plusieurs procédés reposant sur la propriété de décomposition du sulfate plombique en chlorure plombique, par l'acide chlorhydrique ou des chlorures, et sur la propriété qu'a le chlorure plombique de se réduire plus facilement que le sulfate....

KOECHLIN (Horace).
Dalléochine ou vert de quinine. (S. I., vol. XXX, p. 458.)

KOECHLIN (Horace).
Bleu et vert. Combinaison de fer et de plomb applicable aux étoffes garancées comme moyen d'y établir du bleu et du vert. (S. I., vol. XXXII, p. 122.)

KOECHLIN (Isaac, à Zurich.
Lignite d'Utznach (canton de Zurich). (S. I., vol. IV, p. 415.)

KOECHLIN (Jean, père.
Fabrication des toiles imprimées. Documents sur la fabrication des toiles imprimées remontant à l'année 1785. Ces documents sont déposés aux archives de la Société industrielle de Mulhouse. (S. I., vol. XXVI, p. 413.)

KOECHLIN (Joseph.
Baromètre à siphon et à cuvette pour mesurer la tension de la vapeur dans les chaudières à haute pression. (S. I., vol. Ier. p. 46, 3 pl.)

KOECHLIN (Joseph).
Machine à vapeur de MM. Schlumberger-Steiner et Cie, essayée avec frein. (S. I., vol. II, p. 230.)

KOECHLIN (Joseph).
Mémoire sur le tors des filés en coton. (S. I., vol. II, p. 206.)

KOECHLIN (Joseph).
Notice sur les cheminées des chaudières à vapeur. (S. I., vol. II, p. 442.)

KOECHLIN (Joseph).
Machine à apprêter les étoffes légères, établie chez MM. Grosjean Schlumberger et Cie. (S. I., vol. III, p. 55, 2 pl.)

KOECHLIN (Joseph).
Grandes cheminées. Moyen de les élargir lorsque les ouvertures sont trop petites. (S. I., vol. III, p. 453.)

KOECHLIN (Joseph).
Projet de conduire à Mulhouse les eaux de la source de Brunstadt. (S. I., vol. IV, p. 413.)

KOECHLIN (Nicolas).

Donation du bâtiment central du nouveau quartier, faite à la Société industrielle de Mulhouse par M. Nicolas Kœchlin. (S. I., vol. III, p. 103.)

KOECHLIN (Nicolas).

Sucre de betterave. Fabrication dans sa propriété à Hombourg (Haut-Rhin). (S. I., vol. IV, p. 170.)

— Fabrication en 1830. (S. I., vol. IV, p. 440.)

KOECHLIN (Nicolas).

Notice nécrologique sur M. **Nicolas Kœchlin,** par M. le Dr **Penot,** Septembre 1852. (S. I., vol. XXIV, p. 103.)

Dans l'intervalle de moins d'une année, la mort a frappé des coups bien cruels au milieu de nous. Choisissant ses victimes parmi les membres les plus distingués de notre Société, elle nous a ravi coup sur coup M. **Jean Dohn,** fabricant des plus habiles; M. **Henri Schlumberger,** un des plus savants chimistes qui aient doté notre industrie de découvertes utiles; M. **Nicolas Kœchlin,** dont toute la France connaît les vastes entreprises et les sentiments patriotiques; M. **Jean Zuber père,** l'actif fondateur de la grande manufacture de papiers peints de Rixheim. Si, jusqu'ici, nous avions perdu des hommes qui étaient l'honneur de leur pays natal, et dont les talents et la vie pure ont laissé de glorieux et touchants souvenirs, c'était du moins à d'assez grands intervalles, et suivant les lois ordinaires de la nature, qui régissent les sociétés comme les individus. **Godefroy Engelmann,** dont le nom s'unira toujours à celui de **Sennefelder** dans l'histoire de la lithographie; **Josué Heilmann,** dont le génie mécanique faisait l'admiration des hommes de l'art, ne sont descendus dans la tombe qu'à plusieurs années l'un de l'autre. A aucune époque nous n'avions eu à déplorer ces coups aussi fréquents qu'inattendus qui viennent de frapper quatre de nos collègues, pris parmi ceux dont le savoir et les travaux ont porté le plus haut le nom de notre ville et celui de la Société industrielle.

Mulhouse a présenté, dans la première moitié de ce siècle, un exemple presque inouï d'une prospérité acquise à force de travail et de génie industriel, dont le souvenir méritera d'être transmis à nos générations futures. Comptant au nombre de ses habitants une réunion remarquable d'hommes éminents en plusieurs genres, elle a dû à leur intelligente activité de voir s'accroître sa population et sa fortune dans une proportion prodigieuse, et presque inconnue dans notre vieux continent européen. D'une ville, pour ainsi dire, ignorée jusqu'alors, ces hommes, que la Providence semble avoir fait naître en même temps pour unir et combiner leurs forces, ont su faire une cité industrielle dont le nom est aujourd'hui connu de tous les peuples, et dont les élégants produits sont recherchés par le commerce des deux mondes.

Cependant, tout était alors à créer. L'ancienne république de Mulhouse ne portait en dot à la France, au moment de sa réunion, que des fabriques sans doute bien modestes et une industrie, pour ainsi dire, encore au berceau; mais elle lui faisait aussi le don précieux d'une population vigoureuse et active, au sein de laquelle allaient surgir ces hommes d'élite qui ont tant contribué à la gloire et à la fortune de leur nouvelle patrie. Ingénieux mécaniciens, savants chimistes, dessinateurs gracieux, commerçants habiles, la Providence semble s'être plu à doter simultanément notre ville de tous les hommes capables d'assurer ses succès, et elle leur a accordé, avec des talents éminents, cette force de volonté, cette fermeté de caractère qui sait vaincre tous les obstacles, et qui produit souvent des effets d'autant plus grands qu'elle a dû triompher de difficultés plus sérieuses; comme on voit l'eau dans un parc s'élancer en jets élevés et s'épanouir en gerbes étincelantes, précisément parce qu'elle a d'abord été plus resserrée et plus gênée dans sa course.

La génération nouvelle, sur qui, depuis quelques années, commence à reposer l'avenir de notre ville, se trouve placée dans des conditions plus favorables. Forte d'une instruction plus variée et plus solide, n'ayant qu'à continuer les habiles travaux de ses devanciers, elle n'a pas, comme eux, devant elle un terrain presque en friche; mais, venue à une époque où les grandes choses déjà accomplies rendent peut-être le progrès plus difficile, remplacera-t-elle dignement la génération qui l'a précédée et qui disparaît peu à peu? Suivra-t-elle les grands exemples qui lui auront été légués? Est-elle appelée à élever encore plus haut le nom et la destinée de notre ville; ou la Providence aurait-elle marqué un terme fatal à l'accroissement et à la prospérité de notre pays? Nul ne saurait à coup sûr sonder à cet égard les voies obscures de l'avenir; mais si trop de confiance ne nous abuse pas en présence des travaux et de l'aptitude de quelques jeunes hommes de cette génération, il nous est permis d'espérer que, dans ses mains habiles, la fortune de Mulhouse ne périra pas.

Parmi les hommes qui ont le plus contribué à illustrer le nom de notre ville et à accroître sa prospérité, **Nicolas Köchlin** occupera un rang distingué par le grand nombre, l'étendue et la variété des services que, par sa haute intelligence et son noble cœur, il a rendus à l'industrie et au pays.

Nicolas Köchlin naquit à Mulhouse en 1781, alors que cette ville formait encore une petite république indépendante, alliée de la Suisse. Son père, **Jean Köchlin**, était fils de ce **Samuel Köchlin** qui fut un des trois fondateurs de la première fabrique d'indiennes de ce pays, et dont les descendants devaient tant contribuer aux progrès de cette brillante industrie, à laquelle notre ville doit la haute réputation dont elle jouit dans le monde commercial, et son accroissement véritablement extraordinaire. La sévérité des douanes françaises ayant resserré dans une ceinture infranchissable le petit territoire de la république de Mulhouse, ses fabriques, déjà gênées par la législation locale qui mettait certaines entraves à leur accroissement, semblaient condamnées à une fatale immobilité et, par suite, à une ruine prochaine. C'est alors que plusieurs citoyens s'expatrièrent pour aller porter dans les environs leur activité et leurs talents, auxquels ne pouvaient plus suffire un théâtre trop étroit et un marché trop restreint. Ainsi se fondèrent dans notre département *les établissements de Wesserling, de Munster, de Sainte-Marie-aux-Mines*, etc., qui furent d'abord comme des succursales de l'industrie mulhousienne.

Jean Köchlin fut du nombre de ceux qui quittèrent ainsi leur ville. En 1787, il entra comme fabricant dans la maison **Nenn. Bidermann et Cⁱᵉ**, de Wesserling. C'est dans la vallée de Saint-Amarin qu'avec l'intelligent et ferme concours d'une épouse remarquable par la force de son caractère et la douceur de ses vertus, il éleva sa nombreuse famille, composée de seize enfants, dont douze fils et quatre filles; leur faisant donner la seule éducation que pouvaient comporter son état de fortune et le peu de ressources qu'offrait, surtout à cette époque, une campagne éloignée de tout centre de population.

Appelé par ses goûts, par ses traditions de famille, par les habitudes constantes de ses compatriotes, à parcourir la carrière commerciale, le jeune **Nicolas Köchlin**, après avoir fait ses premiers essais auprès de son père, fut envoyé d'abord à Hambourg et plus tard en Hollande, pour être mis en apprentissage dans ces pays si justement renommés pour leur habileté dans les affaires de négoce. De retour dans sa patrie, il fut d'abord employé chez son oncle, M. **Dollfus-Mieg**, dont il se sépara bientôt pour faire en son propre nom le commerce d'impressions, et fonder cette maison que nous avons vue plus tard acquérir une si grande renommée.

Ce fut en 1802, et à peine âgé de vingt ans, sans fortune particulière, mais riche de ce crédit que donne toujours la probité unie au talent, que **Nicolas Köchlin** jeta les premières bases d'un établissement d'abord modeste, auquel il associa successivement son vieux père, ses frères, ses beaux-frères, ses neveux. Vous savez, messieurs, quelle réputation d'honnêteté et de savoir la maison **Nicolas Köchlin et frères** s'est acquise dans le monde industriel et commercial. Si, faute de capitaux, ses commencements furent difficiles, on la vit bientôt, sous une direction habile, grâce à l'activité et à la science des nombreux associés qui la composaient, s'élever à un état de prospérité tel qu'il fallut bientôt songer à l'agrandir.

Déjà en 1806, la maison **Nicolas Kœchlin et frères**, en société avec M. **Dupont**, de Lyon, forma, sous la raison de commerce **Kœchlin et Dupont**, l'établissement de filature et de tissage de Massevaux, qui fut le second de ce genre créé en Alsace, et dont plus tard elle se chargea seule, en 1815.

En 1809, la même maison, en société avec MM. **Mérian frères et Mérian cousins**, de Bâle, fonda à Lörrach, dans le grand-duché de Bade, sous la raison **Mérian et Kœchlin**, une fabrique d'impression dont elle se chargea seule en 1810. Enfin, en 1820, **Nicolas Kœchlin** et ses associés, tous membres de sa famille, établirent une filature à Mulhouse, dans le local appelé Cour de Lorraine.

Lors de sa plus grande extension, la maison **Nicolas Kœchlin et frères** possédait une fabrique d'impression et une filature à Mulhouse; une filature, un tissage et un blanchiment à Massevaux; un établissement d'impressions et un tissage à Lörrach. Elle occupait plus de cinq mille ouvriers, et de nombreux employés, commis ou voyageurs. Elle avait des succursales sous son nom à Paris, à Lyon, à Bordeaux, à Toulouse. On trouvait des dépôts tenus par ses propres agents à Naples, à Rome, à Milan, à Moscou, à Bruxelles, aux Antilles, à New-York, à Mexico, à Rio-de-Janeiro, en Perse. Elle avait des dépôts réguliers et permanents de ses marchandises à Londres, à Cadix, à Gibraltar, à Alexandrie, à Bombay, à Calcutta, à Batavia, à Lima. Quoique grandement secondé par ses frères et ses associés, **Nicolas Kœchlin** était l'âme de cette vaste entreprise. C'est de lui que venait la direction supérieure; c'est **Nicolas Kœchlin** qui, utilisant avec un rare discernement la capacité particulière de chacun de ses collaborateurs, savait trouver en lui et en eux les ressources nécessaires au succès de ses vastes entreprises.

Toutefois le grand nombre d'associés que comptait cette maison, ainsi que la variété et l'étendue de ses affaires, engagèrent les intéressés à se séparer, en 1830, et à former plusieurs sociétés nouvelles, en se partageant les divers établissements qui jusque-là avaient constitué leur avoir commun. Alors disparut cette maison **Nicolas Kœchlin et frères**, après trente-quatre ans d'une existence honorable et brillante. L'influence qu'elle a exercée sur la marche et l'accroissement de l'industrie de notre pays, par sa haute réputation de probité dans les affaires, par la sage hardiesse de sa direction, par ses nombreuses et capitales découvertes, a été immense; et il n'y a que justice à dire qu'elle a été une des premières et des plus puissantes sources de la fortune de Mulhouse.

Comme si la conduite difficile d'une maison de commerce colossale n'eût pas suffi à sa bouillante activité, **Nicolas Kœchlin** s'occupait en même temps de l'avenir de sa ville natale et du bien-être de ses concitoyens. Plusieurs d'entre vous, messieurs, se rappellent encore quel était, il y a vingt-cinq à trente ans, l'état misérable et malsain de la plupart des logements d'ouvriers dans notre ville, où les besoins de la population dépassaient tellement les ressources de la localité à cet égard, que les *Petites Affiches* de Mulhouse contenaient quelquefois cette annonce, qui nous paraîtrait fort étrange aujourd'hui, qu'il y avait une place à louer dans un lit, dans telle maison qu'on indiquait. Les besoins toujours croissants de nos fabriques avaient, en effet, appelé dans nos murs un grand nombre de travailleurs étrangers, hors de proportion avec l'ancienne enceinte de notre ville; et de rares spéculateurs seulement avaient pensé jusqu'alors à employer leurs capitaux à élever des maisons nouvelles devenues si nécessaires. Cette surabondance d'habitants dans un espace trop resserré n'influait pas seulement d'une manière fâcheuse sur la classe ouvrière, mais le petit nombre des habitations à louer rendait en général fort chers et fort exigus les logements d'une grande partie de la population.

Ce fut dans ces circonstances défavorables qui demandaient à être promptement modifiées, que M. **Nicolas Kœchlin** conçut le vaste projet d'élever à côté de l'ancienne ville, sur les bords du canal du Rhône au Rhin, là où devaient se porter à l'avenir le mouvement et la vie commerciale de Mulhouse, *une ville nouvelle* qui serait à la fois un ornement pour notre cité, et un moyen de bien-être pour notre population.

Associé pour l'exécution de cette grande idée à **M. Mérian**, de Bâle, et à notre compatriote **M. Jean Dollfus**, ces trois capitalistes, qui furent les principaux actionnaires de cette vaste entreprise, parvinrent en peu d'années, à force de soins, d'activité et, il faut le dire, de sacrifices, à élever ce superbe quartier qui ne trouverait de rival que dans un petit nombre de nos villes de France ; et au centre duquel s'élève l'hôtel monumental [1] où nous siégeons aujourd'hui, grâce à la munificence du généreux collègue dont nous déplorons la perte.

L'élan donné par **M. Nicolas Koechlin** et ses associés fut suivi par plusieurs de nos compatriotes, mais dans des proportions plus modestes. La pensée de donner à notre ville un agrandissement devenu indispensable fut comprise de spéculateurs nombreux, qui s'empressèrent de la mettre en pratique, les uns en vue de bâtir uniquement des logements d'ouvriers, d'autres pour élever des maisons à l'usage d'autres classes plus aisées de la société. Ainsi notre ville s'est considérablement étendue en tous sens ; les habitations se sont enfin trouvées en rapport avec le nombre des habitants ; et aujourd'hui les logements sont devenus plus spacieux, plus commodes, plus salubres et moins chers.

Ici, messieurs, se place naturellement le souvenir d'un acte de magnifique libéralité, qui a acquis à **M. Nicolas Koechlin** un titre éternel à notre reconnaissance. Par la nature et l'importance de ses travaux, la *Société industrielle* de Mulhouse avait montré, dès sa création, la haute influence qu'elle serait appelée à exercer sur toutes les questions intéressant l'industrie de notre pays, lorsqu'elle serait parvenue à se fonder sur des bases solides et fixes. Composée d'hommes voués aux études sérieuses des sciences positives, ou aux plus savants comme aux plus difficiles travaux de nos manufactures, ses premiers débuts jetèrent dans le monde industriel, en France et à l'étranger, un éclat qui ne s'est point terni depuis. Si le savoir, si le zèle de ses membres suffisaient à une société savante pour accomplir dignement la haute mission qu'elle s'est imposée, nous pourrions dire avec orgueil que, dès son origine, la Société industrielle de Mulhouse se trouva puissamment organisée. Mais toute institution humaine, surtout lorsqu'elle est appelée à agir puissamment sur les idées et le bien-être d'une population nombreuse, a besoin aussi de s'appuyer sur une force matérielle qui manquait alors à notre Société, et sans laquelle les efforts les plus louables et les plus soutenus sont souvent impuissants.

Le brillant avenir promis à la Société industrielle, si elle parvenait un jour à s'établir d'une manière stable, ne pouvait pas échapper à l'œil si clairvoyant de **M. Nicolas Koechlin**; et cet homme généreux, à qui aucun sacrifice ne coûtait lorsqu'il s'agissait d'un grand progrès à accomplir et de la gloire de sa patrie, fit à la Société industrielle, siégeant alors dans un modeste local provisoire, le *don splendide de l'hôtel* qu'elle occupe depuis vingt-cinq ans.

Jusqu'ici, messieurs, je ne crains point de le dire, parce que je ne suis en cela que l'écho de l'opinion publique, la Société industrielle a dignement répondu aux nobles vues de son bienfaiteur par les lumières qu'elle a répandues dans nos manufactures, par le goût des études sérieuses qu'elle a jeté dans notre population, par les idées généreuses qu'elle a semées dans le public auquel elle s'adresse, et qui ont déjà produit dans notre ville plusieurs institutions utiles, dignes de servir de modèles.

Que nos jeunes collègues s'inspirent des travaux de leurs devanciers ; qu'ils conservent religieusement les libérales traditions de la génération qui les précède ; qu'ils aient constamment devant les yeux cet engagement d'honneur qu'ils contractent en entrant dans cette enceinte, de soutenir de leurs efforts, d'élever plus haut même la réputation si justement acquise de la Société industrielle ; et ils acquitteront noblement la dette que chaque citoyen contracte, en naissant, envers sa patrie.

---

[1] Bâtiment de la Société industrielle et de la Bourse.

Jusqu'ici, messieurs, je vous ai montré dans **Nicolas Köchlin** le négociant probe et habile, dont le nom n'est resté inconnu à aucune nation commerçante du monde : je dois à présent rappeler à vos souvenirs d'autres actes de la vie de ce grand citoyen qui nous a laissé de si nobles exemples du plus pur patriotisme.

En 1813, l'ennemi, triomphant des héroïques efforts de nos armées fatalement moissonnées par les éléments pendant la désastreuse campagne de Russie, envahissait la France, malgré les gigantesques conceptions du génie de l'Empereur, qui ne se montra jamais plus sublime. Les braves populations de notre province sont renommées par leur esprit militaire et leur attachement à la France, dont elles ont voulu récemment encore donner une preuve éclatante en célébrant par des fêtes nationales le glorieux anniversaire de leur réunion à la mère patrie, alors que quelques rêveurs politiques d'outre-Rhin croyaient leurs yeux constamment fixés sur l'Allemagne. Elles ne virent pas sans frémir le sol sacré de la France foulé par les armées de l'Europe coalisée ; et Mulhouse, française à peine depuis quinze ans, ne s'émut pas moins profondément des revers et de l'humiliation de sa nouvelle patrie.

Nicolas Köchlin, alors colonel de la garde nationale de notre ville, après avoir, à l'approche de l'invasion, secondé de tous ses moyens l'administration du département, dans les préparatifs de défense du pays, et garanti, par un engagement personnel de deux cent mille francs, une partie de l'approvisionnement d'Huningue, mettant sa famille à l'abri de tout danger en Suisse, ferma ses ateliers et va se présenter à l'Empereur, avec deux de ses frères et un autre membre de sa famille, qui n'ont pas hésité à le suivre. **Napoléon**, touché de cette preuve éclatante de patriotisme, fit à nos braves compatriotes l'accueil que méritait leur dévouement à la France, et les attacha au quartier impérial comme officiers d'ordonnance volontaires du maréchal *Lefebvre*. C'est en cette qualité qu'ils partagèrent avec l'armée les fatigues et les dangers de la campagne de France, pendant laquelle trois d'entre eux furent décorés de l'étoile de la Légion d'honneur.

Nicolas Köchlin reçut cette glorieuse distinction le 18 février 1814, à Nangis; et le *duc de Dantzick* lui annonça sa promotion par une lettre des plus flatteuses. Malheureusement c'était à l'époque désastreuse où le génie colossal qui défendait encore le sol de la France allait être contraint de céder au nombre de ses ennemis; et le brevet de **Nicolas Köchlin**, comme tant d'autres dans ce moment fatal, ne fut jamais expédié : de sorte que notre courageux compatriote ne prit rang réellement parmi les chevaliers de l'ordre de la Légion d'honneur que lorsque Charles X le décora de nouveau à son arrivée à Mulhouse, en 1828.

Après l'abdication de Fontainebleau, **Nicolas Köchlin** et ses frères rentrèrent dans leurs foyers. Ils venaient de rouvrir leurs ateliers momentanément fermés, et de reprendre leurs paisibles travaux, quand retentit tout à coup comme un coup de canon, dans toute l'Europe stupéfaite, la nouvelle du miraculeux retour de l'île d'Elbe, qui fut bientôt suivi d'une nouvelle invasion. Alors **Nicolas Köchlin**, encore colonel de la garde nationale de Mulhouse, réuni à plusieurs de ses frères et à divers citoyens courageux de notre ville, se jette en partisan dans les Vosges, se tenant en communication avec la division *Lecourbe*, à Belfort, pendant que les **frères Japy**, de Beaucourt, organisaient un autre corps de partisans dans les montagnes du Jura. On sait quelle fut l'issue fatale et prompte de cette campagne, au retour de laquelle **Nicolas Köchlin** rentra définitivement dans la vie industrielle, après l'avoir abandonnée dans deux circonstances suprêmes, pour concourir à la défense de son pays.

La ville de Mulhouse voulut récompenser tant de patriotisme en confiant à plusieurs reprises à **Nicolas Köchlin** l'honneur de la représenter à la Chambre des députés, où notre honorable collègue alla s'asseoir sur les bancs de la gauche, là où avait autrefois siégé son frère, **Jacques Köchlin**. Je n'ai pas à retracer ici, messieurs, la vie politique de notre concitoyen. Nos règlements, en cela pleins de prudence, n'ont pas voulu que ce sanctuaire de la science devînt jamais une arène pour les opinions contraires qui peuvent nous diviser au dehors; mais il me sera permis de dire que l'opposition de **Nicolas Kœchlin** fut toujours si consciencieuse et désintéressée, qu'elle ne lui fit jamais rien perdre de l'amitié ni de l'estime même de ses adversaires.

Nicolas Kœchlin a encore rempli d'autres fonctions publiques qu'il tenait de la confiance de ses concitoyens ou du gouvernement. Il a été *juge au tribunal de commerce de Mulhouse, président de la chambre de commerce, membre du conseil général du Haut-Rhin, du conseil supérieur du commerce et des manufactures; inspecteur du travail des enfants dans les manufactures*. Personne ici n'ignore avec quel zèle, quel amour de la justice et quelle haute intelligence **Nicolas Kœchlin** accomplit ces diverses fonctions. En 1848, il fut un des commissaires chargés par le gouvernement provisoire d'administrer notre département, et concourut avec eux à maintenir l'ordre, dans ces moments difficiles, avec une fermeté qui doit être un titre à notre reconnaissance.

Si nous avons eu à louer dans **Nicolas Kœchlin** le dévouement toujours actif et désintéressé de l'homme public, nous trouvons encore dans sa vie des actes nombreux d'une inépuisable générosité, qui honorent l'homme privé. Il me serait impossible, messieurs, de vous citer les continuels bienfaits que sa modeste simplicité a toujours voulu tenir dans l'ombre, et dont le souvenir de quelques-uns a pu seul parvenir jusqu'à nous. Il y aurait d'ailleurs une indiscrétion coupable à soulever un coin du voile dont il a voulu les couvrir. Quant à ceux qui, par leur nature même, avaient, pour ainsi dire, un caractère public, nul ici ne les ignore. Chacun de nous se rappelle pour quelles sommes considérables le nom de **Nicolas Kœchlin** a figuré dans l'établissement de notre bureau de bienfaisance, et dans toutes les souscriptions qui ont eu pour but de soulager quelque grande infortune nationale ou particulière. Vous connaissez son empressement à venir en aide aux hommes que des raisons politiques avaient éloignés de leur patrie; sa vive sollicitude pour tout ce qui l'entourait, et dont il a donné de si touchantes preuves à Mulhouse, sa ville natale; à Hombourg, où était son château; à Masevaux, où il a fondé un asile pour les ouvriers vieux ou infirmes sortis de ses ateliers.

Enfin, messieurs, j'arrive au dernier acte de la vie si pleine d'œuvres utiles du grand citoyen dont le nom ne périra pas dans notre province. — Lorsque, en 1830, la maison **Nicolas Kœchlin et frères** se sépara pour former plusieurs établissements distincts, indépendants les uns des autres, **Nicolas Kœchlin**, qui restait associé avec son frère, **M. Édouard Kœchlin**, et son neveu, **Carlos Farel**, trouva dans la *création des chemins de fer d'Alsace* un aliment convenable à son infatigable activité, et une occasion nouvelle de faire acte de patriotisme. On n'a peut-être pas assez connu dans le public le motif élevé qui guida notre compatriote dans cette entreprise alors gigantesque, dont les vastes proportions allaient dépasser tout ce qu'on avait fait jusque-là, en France, en fait de chemins de fer. L'opinion, alors généralement et justement admise, était que les localités qui seraient traversées par des voies ferrées jouiraient d'avantages nombreux et considérables au détriment de celles qui seraient déshéritées de ce moyen nouveau et si prompt de communication. L'Alsace particulièrement, dont le mouvement d'affaires est si important, ne devait pas, aux yeux de **Nicolas Kœchlin**, se tenir en dehors du grand progrès qui allait s'accomplir en Europe.

Deux projets de chemin de fer, dont le but était de relier Mayence ou Mannheim avec la Suisse, surgissaient en même temps. L'un, suivant la rive droite du Rhin, devait traverser le pays de Bade; l'autre, construit en Alsace, sur la rive gauche du fleuve, devait se développer de Bâle à Strasbourg, traversant les villes de Mulhouse, Colmar, Schlestadt, et desservant de nombreuses communes de notre riche province. On croyait alors qu'un seul de ces chemins devait suffire à tous les besoins du commerce des deux rives; et que l'un d'eux étant construit, l'autre serait nécessairement abandonné et resterait à jamais en projet.

Il y avait donc ici une question vitale de priorité; et c'était à qui arriverait le premier, du grand-duché de Bade ou de nous, à construire sa voie ferrée. Les Chambres badoises allaient se réunir sous peu, et devaient s'occuper dans leur session de cette question de premier ordre. C'est alors que M. **Nicolas Kœchlin**, qui voulait doter l'Alsace des avantages précieux que devait procurer la nouvelle voie, après avoir réussi à construire le petit tronçon de chemin de Mulhouse à Thann, qui fut comme un essai devant servir de garantie, se mit à la tête d'un projet de chemin de fer devant un jour s'embrancher par Strasbourg, sur Paris, l'Océan et l'Allemagne ; et par Mulhouse et Bâle, sur la Suisse, Lyon, nos provinces méridionales et la Méditerranée.

C'était la première ligne ferrée de cette importance dont on proposait l'exécution en France. Ne trouvant pas au dehors un encouragement suffisant pour assurer la réussite de ce vaste projet, dans les conditions ordinaires de ces immenses travaux ; stimulé cependant par le gouvernement qui désirait voir l'exécution du chemin de fer français décidée, avant qu'on ne s'occupât sérieusement de la voie rivale du bord allemand, M. **Nicolas Kœchlin** n'hésita pas à engager sa maison dans une entreprise alors gigantesque, et proposa de construire ce chemin à forfait, à ses risques et périls.

La loi de concession fut dès lors présentée aux Chambres et votée d'urgence. Toutefois, ce ne fut que pendant l'exécution même de son immense tâche que **Nicolas Kœchlin** put en mesurer les grandes difficultés, et il sut trouver dans son énergique volonté la force de les surmonter. Il eut à lutter contre des obstacles de toute nature, en partie suscités dans le but plus ou moins avoué d'empêcher l'exécution de son patriotique projet. Cependant, ne reculant devant aucun sacrifice ; puissamment secondé par ses associés, MM. **Édouard Kœchlin** et **Carlos Forel**, aidé du savant concours de MM. les ingénieurs **Baselne** et **Chaperon**, il parvint à achever son œuvre dans la moitié du temps accordé par la loi de concession pour son exécution complète.

Les félicitations qu'il reçut publiquement alors du pouvoir et de nos populations reconnaissantes ; la réception triomphale qui lui fut faite à Strasbourg pour inaugurer son œuvre, et qui n'aurait pas été indigne d'un souverain visitant son peuple, devaient lui faire espérer que sa tâche était achevée, et que Dieu allait lui accorder la grâce de passer désormais au sein de sa famille, pour laquelle il était un objet d'amour et de vénération, des jours longs et glorieux ; juste récompense des nobles et grandes actions de toute sa vie.

Hélas ! à quoi tiennent les espérances de l'homme ! Bientôt des difficultés pour lui bien autrement sérieuses et pénibles que celles qu'il avait rencontrées et vaincues durant l'exécution de son œuvre vinrent se dresser tout à coup devant lui, l'abreuver d'amertume, l'attaquer dans sa fortune si loyalement acquise, et le poursuivre jusqu'à ses derniers moments, qu'elles ont hâtés. Triste et fatale récompense ici-bas d'une vie si laborieuse, et de tant de services rendus à sa patrie.

Sans doute, messieurs, on aimerait à voir les hommes qui ont été les bienfaiteurs de leur pays jouir déjà dans ce monde même de tout le bonheur qui semble dû à leur noble conduite ; et le cœur se brise à l'aspect de ces revers inattendus qui atteignent et accablent ceux qui surent si bien soulager les infortunes des autres. Mais si cette instabilité des choses humaines nous afflige, elle ne peut pas, hélas ! nous surprendre, tant on en pourrait citer des exemples fameux. La Providence a des voies secrètes qui ne sont pas les nôtres, et dont le terme connu échappe à notre faible intelligence : sachons courber la tête devant ses éternels décrets, toujours au-dessus de notre raison si bornée.

Cependant, que ces revers, qu'on voit si souvent frapper les hommes éminents qu'on aurait pu en croire le plus à l'abri, ne soient un découragement pour personne. Efforçons-nous d'être utiles à notre pays et à nos semblables, dans la mesure des forces que le ciel nous a départies. Prenons pour modèles les nobles exemples que nous a légués notre regrettable collègue dont la grande âme fut tout à la fois si élevée et si pleine de douceur, et dont la vie entière a mérité que nous disions de lui aujourd'hui qu'il fut à la fois un négociant éminent et honnête, un parent généreux et dévoué, un bienfaiteur prodigue et intelligent pour les infortunés, un patriote pur et un grand citoyen.

KOECHLIN (Nicolas) **et frères,** à Massevaux.
Nouveau tissu en mousseline façonnée et satinée, sorti de leurs établissements. (S. I., vol. II, p. 437.)

KOECHLIN (Nicolas) **et frères,**
Transmission de mouvement en fil de fer nouvellement monté dans les
ateliers de ces messieurs. (S. I., vol. IX, p. 178, 2 pl.)

KOECHLIN (Nicolas) **et frères,**
Étoffes de soie, tissées au moyen de métiers mécaniques sous la direction de
M. Josué Hellmann. (S. I., vol. XII, p. 71.)

KOECHLIN-SCHOUCH.
Essais sur la garance et sur ses parties colorantes. (S. I., vol. I",
p. 175.)

KOECHLIN-SCHOUCH.
Mordant rouge des fabricants d'étoffes imprimées. (S. I., vol. I", p. 277
à 324. Mémoires très-importants.)

KOECHLIN-SCHOUCH.
Emploi du son dans le débouillage des toiles imprimées. (S. I., vol. II,
p. 277.)

KOECHLIN-SCHOUCH.
Impression sur étoffes de laine et de soie. Rapport fait au nom du Comité
de chimie sur cette découverte. (S. I., vol. VII, p. 195.)
La première application de la vapeur pour fixer les couleurs sur tissus de laine est
due aux Anglais. Dans un ouvrage sur l'art de la teinture, écrit par **Bancroft,** en
1797 (traduit en allemand par **Daniel Jäger**), l'auteur fait mention qu'un fabricant
anglais, imprimeur sur casimir, fixa les couleurs par la vapeur; qu'à cet effet, après
l'impression des couleurs d'application, il enveloppait l'étoffe dans du papier gris non
collé, ou bien il l'enroulait avec une toile ou une étoffe grossière en laine, afin d'éviter
le coulage ou la réapplication des couleurs, et que, dans cet état, on soumettait l'étoffe
à la vapeur de l'eau bouillante.
En 1815, les premières impressions sur laine, en France, furent introduites par
Georges Dollfus dans l'établissement de MM. Dollfus-Mieg et C". Les impressions
étaient sur tissus mérinos en dessins riches, imitant les châles cachemires. Après l'impression, on pliait les châles en les doublant de flanelle, et on les soumettait ainsi, pendant une demi-heure, à la vapeur de l'eau bouillante en les plaçant dans une caisse
carrée posée sur une chaudière d'eau bouillante...

KOECHLIN-SCHOUCH.
Mangnanerie établie, en 1837, à sa campagne de la Wanne, près Mulhouse. (S. I.,
vol. X, p. 159.)
Résultats obtenus par **Folzer,** à Tagolsheim, et par **Garozi,** à Altkirch.

KOECHLIN-SCHOUCH.
Gomme du Sénégal. Anomalies qu'elle présente, dans son emploi à l'état d'eau de
gomme, comme épaississant des mordants et couleurs d'application. (S. I , vol. XVII,
p. 327.)

KOECHLIN-SCHLUMBERGER.
Géologie. Roches frittées au haut du Hartmannschwiller-Kopf (Haut-Rhin), attribuées
indûment à l'effet d'un ancien volcan éteint. (S. I., vol. XXIV. p. 225.

KOECHLIN-SCHWARTZ (Alfred).
  Indigo. Sa fabrication aux Indes. (S. I., vol. XXVIII, p. 307.)

KOECHLIN, WALDNER et Cⁱᵉ, à Masservaux.
  Fabrication de japons piqués. (S. I., vol. XVI, p. 128.)

KOECHLIN-ZIEGLER.
  Machine à imprimer les rubans en soie, à six couleurs, construite par
  MM. **André Köchlin et C**ⁱᵉ et **Köchlin-Ziegler,** de Mulhouse. (S. I., vol. XII.
  p. 190, 1 pl.)

KOHLER, de Vieux-Thann.
  Machine à vapeur. Régulateur. (S. I., vol. XVI. p. 109.)

KOPP (Émile), de Saverne.
  Mordants. Emploi des hyposulfites comme mordants. (S. I., vol. XXVIII, p. 435.)

KOPP (Émile).
  Vermillon d'antimoine. Sa préparation industrielle. (S. I., vol. XXIX. p. 370.)

KOPP (E.).
  Garance. Recherches sur la garance d'Alsace. (S. I., vol. XXXI, p. 145.)

KOPP (E.).
  Chromate double de potasse et d'ammoniaque, et quelques réactions du
  bichromate de potasse. (S. I., vol. XXXIII, p. 376. — S. I., vol. XXXIII, p. 591.)

KRAFFT.
  Chauffage. Foyers à menus combustibles. (S. I., vol. XXXI. p. 209. — S. I., vol.
  XXXI, p. 307.)

KREUTZBERG, Docteur à Prague (Autriche).
  Manufactures des toiles imprimées de la Russie. (S. I., vol. XIII. p. 408.'
  ..... *Toiles imprimées en Russie dans l'année 1858 :*

Gouvernement de Saint-Pétersbourg	100,000 pièces.
— de Moscou	750,000
— de Schuhia, Iwano, etc.	050,000
	Ensemble : 1,500,000 pièces.

  Les pièces russes, de laize très-différente du reste, ont en général 36 mètres de longueur sur 0ᵐ,70 de largeur ....

KUENEMANN frères, au Pont-d'Aspach (Haut-Rhin).
  Fabrication de papier fait avec des substances végétales, telles que paille, foin, etc.
  (S. I., vol. XVIII, p. 252.)

KUHLMANN, Professeur de chimie à Lille.
  Principe colorant de la garance. (S. I., vol. Iᵉʳ, p. 146.)

  ..... L'industrie qui féconde le travail, et la science qui sert de guide à l'industrie, sont les plus
  sûrs appuis de l'ordre, de la puissance et du bonheur publics.

L

LABORDE (J. B.).
Courroies de transmission. (S. I., v. VII, p. 413.)

LAEDERICH (Pierre).
Blé. Machine à nettoyer le blé. (S. I., vol. XV, p. 128, 1 pl.)

LAGIER, d'Avignon.
Fleur de garance et sa composition. S. I., vol. II, p. 209.

LALIÉ.
Rage. Remède contre la rage, notice allemande, publiée par ordre du gouvernement autrichien. (S. I., vol. XV, p. 306.)

LAMASSE, Pharmacien à Colmar.
Sangsues. Leur reproduction dans le département du Haut-Rhin. (S. I., vol. XXIII, p. 240.)

LAMASSE et Cie, à Colmar.
Bougies stéariques. (S. I., vol. XXIII, p. 314.)

LANG (Louis), de Conblaville (Seine et Marne).
Ensemencement des terres. (S. I., vol. XV, p. 314.)

LANGLOIS-MILLOT.
Lignite. Découvert en grande masse à Flangebouche, entre Orchamp et Morteau (Doubs). (S. I., vol. XII, p. 528.)
..... 13 kilogrammes de houille équivalent à 28 kilogrammes de lignite.

LAUCHER (Joseph), graveur sur rouleau.
Rapport sur le prix n° 13 des arts chimiques, présenté au nom du Comité de chimie de la Société industrielle de Mulhouse, par M. **Gustave Schäffer.** (S. I., vol. XXXI, p. 81.)
..... Nous venons encore vous proposer de décerner une médaille à M. **Joseph Laucher,** un de nos graveurs les plus intelligents. M. Laucher a introduit dans la gravure de nombreux perfectionnements, dont nous allons vous donner un rapide aperçu.

1853, février. M. Laucher parvint à faire le tracé des dessins sur molettes ou sur rouleaux, au moyen d'une réaction chimique produite par l'application d'une couleur préparée d'une manière particulière.

1857, juin. Il imagina un procédé ingénieux pour la reproduction sur roubase des dessins moirés. Ce procédé consiste à couvrir d'un métal fusible le rouleau, sur lequel on a préalablement fait un fond, soit à hachures, soit à picots. Après avoir mastiqué le rouleau de la manière ordinaire, on y applique le dessin découpé sur papier ou sur étoffe. Cette opération peut se faire à la main avec un instrument tranchant, ou mieux encore avec une molette tranchante; puis le mastic est enlevé avec de l'essence de térébenthine, afin de mettre à nu les parties qui doivent être rongées. Le rouleau ainsi préparé est trempé dans de l'acide sulfurique faible, lavé encore une fois avec de l'essence de térébenthine, et poli pour être livré à l'impression.

Pour éviter que certaines couleurs n'attaquent l'alliage employé pour ce genre de gravure, M. Laucher applique une couche plus ou moins épaisse d'argent ou de cuivre, soit sur toute la surface du rouleau, soit seulement sur les parties couvertes d'alliage.

A la même époque, M. Laucher trouva un procédé de gravure qui permet d'obtenir, avec la plus grande facilité, des teintes dégradées et fondues, ayant une forme déterminée d'avance, sur n'importe quel fond de gravure. Ce procédé consiste à produire sur le rouleau, par des peintures successives, avec du mastic et des immersions en acide, des creux et des reliefs tels que le dessin l'exige; après ces opérations, le fond ou la mignonette demandée est reproduite sur le rouleau, à l'aide de la molette ou de tout autre procédé. Il ne reste plus qu'à polir le rouleau pour le rendre propre à l'impression.

1858, avril. M. Laucher trouva un moyen pour produire des effets blancs réservés et des teintes dégradées sur des rouleaux en cuivre rouge ou cuivre jaune. Il grave sur le rouleau le dessin devant former le fond, puis il décalque sur ce rouleau les parties qui doivent être réservées en blanc; on recouvre la surface de mastic avec un cylindre mou et élastique; le mastic étant sec, il s'agit de peindre avec le même mastic toutes les parties du rouleau qui doivent conserver le dessin du fond. On décape le rouleau, on le plonge dans de l'acide sulfurique très-étendu, puis on le place dans une dissolution métallique (cuivre, argent et étain) et mise en communication avec une pile galvanique, jusqu'à ce que les parties creuses non couvertes de mastic se trouvent revêtues d'un dépôt métallique dépassant légèrement la surface du rouleau; il ne reste plus qu'à laver le rouleau avec l'essence de térébenthine et poncer.

M. Laucher a apporté quelques modifications au procédé que nous venons de décrire. Il décalque les parties qui doivent rester blanches sur le rouleau portant le dessin qui doit former le fond, puis il les peint avec de l'eau de gomme contenant 5 pour 100 de savon, qui acquiert la propriété de former réserve sous le mastic. Après avoir mastiqué le rouleau de la manière ordinaire, on laisse sécher la couche de vernis, on lave le rouleau d'abord à l'eau tiède, puis à l'eau froide, on le décape et on opère comme il a été dit précédemment.

Les rouleaux gravés qui ont servi pour l'impression sont tournés pour recevoir une nouvelle gravure, M. Laucher propose de couvrir de mastic la surface du rouleau, au moyen d'un rouleau mou et élastique, de la plonger, après la dessiccation du vernis, dans une eau légèrement acidulée, afin de décaper le métal, puis de remplir les creux de cuivre, au moyen du procédé galvanique dont nous avons déjà parlé; de cette manière les rouleaux conservent toujours les mêmes dimensions, ce qui serait un grand avantage pour les fabricants, et particulièrement pour ceux qui impriment les cravates au rouleau.

C'est encore à M. Laucher que revient le mérite d'avoir introduit à Mulhouse le pantographe, nouveau système, qui fonctionne depuis près d'une année dans son atelier. Cet habile graveur a parfaitement compris le rôle important que cette ingénieuse machine est appelée à jouer dans la gravure, et il a déjà su y apporter des perfectionnements qui donneront une plus grande valeur encore à ce mode de gravure si peu dispendieux et si expéditif.

LE BAS, Garde de mines.

Chauffage. Foyers à alimentation continue et emploi des menus combustibles. (S. I., vol. XXXI, p. 508.)

LEBEL.

Asphalte. L'extrait des mines d'asphalte et de bitume, situées à Pechelbronn, près Soultz-sous-Forêt (Bas-Rhin). (S. I., vol. XXXII, p. 66.)

LEBERT (Hexau, Peintre et dessinateur.

Industrie de l'impression sur étoffes dans le Haut-Rhin [1].

DA [1] Extrait de la *Revue d'Alsace*, 1863. Mémoire rédigé par L. Spach, archiviste du Ba. Rhin.

En 1784, un jeune artiste parisien arrivait à Thann, sur l'invitation de **Pierre Dollfus**, pour s'y livrer au dessin et à la gravure de l'impression sur étoffe. Cet artiste était le père de celui dont j'inscris le nom en tête de cette notice.

Avant de parler de **Lebert**, qu'il me soit permis de jeter, à l'aide de notes recueillies dans les papiers de cet ami, un rapide coup d'œil rétrospectif sur la fabrication d'étoffes imprimées[1] en Alsace.

Dès la première moitié du dix-huitième siècle (de 1745 à 1780), cette industrie avait pris un grand développement à Mulhouse. L'étude de la fleur est la base de cet art, où, selon l'heureuse expression de **Lebert**, le caprice se marie aux combinaisons mathématiques. Sur ce domaine, la mode règne en souveraine maîtresse ; elle condamne au silence le raisonnement et se livre à la fantaisie ; mais l'artiste, tout en cherchant à deviner et à devancer le goût du public, cherche aussi à le diriger ; l'art se cache sans abdiquer ; le dessinateur se condamne au rôle de l'amant qui, pour mieux s'emparer du cœur d'une femme aimée, en étudie les faiblesses et, tout en les caressant, parvient quelquefois à conquérir un pouvoir sans contrôle. Le dessinateur de second ordre suit la mode ; le dessinateur de talent ou de génie la domine ; il entraîne dans sa voie le monde capricieux de la beauté. Un immense capital de talent se dépense et souvent se gaspille dans cette lutte avec le goût du jour ; mais il faut bien aussi que, dans ces régions inférieures de l'art, il y ait des représentants du bon goût et de l'inspiration. — Pourquoi tous les artistes aspireraient-ils nécessairement à être des peintres d'histoire ou du genre? Pourquoi reprocherait-on à des hommes qui ne peuvent ou ne veulent s'élever dans les hautes régions, pourquoi leur reprocherait-on de remplir leur carrière en mettant des étoffes gracieuses à la portée de tous les rangs de la société ? L'Alsace, en perfectionnant cette branche de l'industrie, s'est emparée d'une véritable spécialité : elle a reconquis, pour la France, les dépouilles que l'Angleterre et l'Allemagne lui avaient enlevées après la révocation de l'édit de Nantes.

Les premiers essais de l'impression sur toile de coton consistaient en imitation des étoffes des Indes. Avant la révolution de 89, **Pillement** se distingua comme dessinateur de chinoiseries ; **Gergogne** fournit des dessins à **André Hartmann**, de Munster, et au Logelbach ; c'était un style chinois-persan, enluminé sur fond blanc ou noir : des colonnes garnies de groupes de fleurs et de fruits fantastiques. — M. **Lebert**, à Thann, dessinait des tentures de sept pieds de haut, formant tapisserie, où des figures dans le goût de **Watteau** et de **Boucher** ressortaient sur un fond de paysage, de parc ou d'architecture. Pour garnitures de meubles il imitait les camées antiques ; sur les gilets à basque, alors à la mode, il transporta des sujets de la Fontaine et de *la Nouvelle Héloïse*.

En 1797, il s'établit à Munster, dans la maison **Sohné-Hartmann**, et s'y occupa de la composition des meubles à figure.

Quelques années auparavant, au milieu de la Terreur, M. **Malaine père**, peintre de fleurs aux Gobelins, s'était réfugié à Mulhouse et attaché à la fabrique de papiers peints de M. **Zuber**, à Rixheim. Son élève, **Henri Hofer**, remplaça M. **Lebert**, à Thann : les dessins de **Hofer** (j'emprunte les expressions de mon ami), ses dessins ressemblaient à des peintures de maître, traduites sur la toile avec une touche spirituelle. — **Malaine fils**, attaché, en 1810, à la maison **Nicolas Kœchlin**, saisit avec intelligence le dessin cachemirien, et en rendit tous les effets.

Au-dessus de ce groupe d'artistes s'élevait **J. François Grosjean**, né à Schlestadt, le 20 novembre 1776. Élève de **Gergogne**, il entra comme dessinateur chez M. **André Hartmann**, et se lia d'amitié avec les trois fils de ce patriarche de l'industrie alsacienne. Son talent s'appliquait surtout aux dessins de meubles et de bordures perses sur fond blanc et noir. — En quittant les armées de la République où il avait pris du service pendant six ans, il travailla pour la maison **Gros-Davillier**, à Wesserling (en

D₄ [1] Fabrication de l'indienne — Fabrication et impression d'étoffes colorées.

1802), s'associa plus tard avec **Nicolas Koechlin**, et finit par s'établir, en 1830, pour son compte, se faisant son propre dessinateur et surveillant la gravure sur bois. Inventeur des mousselines satinées, il fut décoré en 1834 ; c'était le couronnement de sa carrière ; il mourut bientôt après (en mars 1835).

Je ne pourrais, sans tomber dans une aride nomenclature et sans dépasser les bornes assignées à cette notice, rendre justice à tous les dessinateurs de mérite qui, dès le premier tiers de ce siècle, ont valu à la haute Alsace le rang éminent qu'elle occupe dans le domaine de l'industrie indienne. Je n'ai pu qu'indiquer quelques sommités, et laisser aux journaux spéciaux de l'industrie le soin des développements. Un nom toutefois se présente encore à la mémoire, le nom d'un peintre et dessinateur, et qui a réussi à se faire aussi un nom dans les belles régions de l'art non appliqué au service journalier de l'industrie. Je veux parler de **M. Birn**, né à Mulhouse, en 1777, connu dans le monde artistique comme peintre de fruits, surtout de ces belles grappes qui mûrissent au soleil sur les contre-forts des Vosges. — Élève de **Lambert**, de Mulhouse, il fut reçu dans les premières années du siècle à l'établissement du Logelbach, obtint la main de l'une des filles de son chef (mademoiselle **Haussmann**) et termina sa belle carrière en 1830 [1].

C'est au milieu de ce monde de travailleurs, groupés dans la plaine, — à Mulhouse et au Logelbach, — dans la montagne, — à Wesserling, Thann et Munster, — que naquit, en 1794, **Henri Lebert**. — Élève de son père, nourri de l'étude des peintres fleuristes de Lyon et de la Hollande, puisant d'ailleurs les inspirations dans son propre génie inventif, avec des yeux toujours ouverts, toujours fixés sur le monde de la capitale, **Henri** se fit de bonne heure apprécier par les chefs de la maison **Hartmann**, qui devinèrent toutes les ressources de cet esprit actif, dévoré du désir de satisfaire ses parents, et de se créer une existence dans la sphère d'activité où le hasard de la naissance l'avait jeté. **Henri Lebert** était artiste dans toute la belle acception de ce terme ; dans ses heures de loisir, il composait, il exécutait ses beaux tableaux de fleurs, et ces études lui portaient bonheur dans les travaux même de sa carrière pratique ; elles lui conservaient une fraîcheur d'esprit et d'invention sans cesse renouvelée aux sources vives du grand art.

Pendant plus d'un demi-siècle ce charmant talent de production se maintint intact, indestructible ; jusque dans ses dernières années sa tête travaillait toujours et se délassait de la tension d'esprit sans cesse appliquée à trouver des combinaisons nouvelles, par des lectures littéraires ou par la musique. **Lebert**, sans avoir reçu une éducation classique dans la stricte acception de ce terme, connaissait parfaitement dans les deux langues les grands maîtres de la poésie et de l'éloquence ; il était admirateur passionné des beaux vers, s'essayait timidement lui-même à en faire en français, en allemand et en patois alsacien ; il exécutait sur le violon, avec une rare perfection, les morceaux les plus difficiles. — Ainsi, cet aimable et doux esprit, amant des fleurs et des champs, de la montagne inculte et des grands parcs, cherchait aussi les lois de l'harmonie et du beau dans le monde musical et dans le domaine de la poésie, il s'enivrait des jouissances de l'art, au cœur des musées de Paris ; il admirait toutes les écoles, il en sentait le mérite et les finesses spéciales ; rien d'absolu, rien d'exclusif dans cette belle organisation ; on dirait que partout il ne savait recueillir que le miel et les parfums.

Après ces excursions dans les domaines voisins du sien, il retournait à son labeur difficile ; quelquefois ingrat, et toujours fatigant ; il y retournait l'esprit frais et dispos, ne se plaignant jamais d'avoir sacrifié aux devoirs austères les inspirations du grand art. Le caractère distinctif de **Lebert** est celui d'une douce résignation et du bon sens pratique allié à une forte dose d'enthousiasme. Je n'ai jamais retrouvé à ce point cette fusion de qualités contraires. Personne n'était plus porté que **Lebert** à admirer le talent créateur des autres, à comprendre les infinies ressources et les jouissances de la composition

[1] M. **Birn** est le premier dessinateur des médaillons au centre des foulards de soie en couleur. Il produisit des effets nouveaux par des sujets militaires.

artistique ou poétique, et cependant il traçait autour de ce monde idéal un cordon infranchissable; il ne souffrait pas que les voix aériennes des poètes et des musiciens retentissent dans sa solitude lorsque l'heure du travail était venue; il ne voulait pas que la brillante palette du peintre-compositeur miroitât trop devant ses yeux, lorsqu'il les appliquait à la recherche d'un nouveau dessin pour les maisons industrielles auxquelles il avait consacré ses journées. Singulière et étonnante capacité d'abstraction, qui assignait son heure à l'enthousiasme, et qui trouvait dans le devoir, librement accepté, la force de résister à l'appel des sirènes devant lesquelles a chaviré plus d'un nautonier moins fortement organisé que notre ami.

Les jouissances d'amour-propre, toutefois, ne lui faisaient point défaut dans le cercle d'activité qu'il s'était tracé. Non-seulement les dessins de ses indiennes étaient goûtés; très-souvent c'est lui qui faisait la loi; en se promenant dans les Tuileries, sur les boulevards, ou le long des magasins les plus achalandés de la capitale, il pouvait retrouver partout l'œuvre de sa main, et, au sein de cet empire mobile de la mode, il pouvait plus d'une fois se dire : *Auch' io son pittore* [1]. Si la modestie ne l'en eût empêché, il aurait pu le dire aussi, en reposant ses yeux sur les tableaux de fleurs de sa création. Lorsque, en juillet 1821, j'entrai pour la première fois dans son atelier ou plutôt dans son élégant musée établi dans une dépendance de l'ancienne abbaye de Munster, je me trouvai en face d'une composition pleine de délicatesse et de sensibilité; ce n'étaient pas seulement des fleurs que je voyais reproduites sur la toile avec une rare perfection; j'étais saisi par la pensée poétique qui animait et idéalisait ce tableau à la fois gracieux et brillant. A peine rentré dans mon asile solitaire au fond de la vallée, je consignai par écrit quelques vers allemands, qui devinrent, entre **Lebert** et moi, le point de départ d'une liaison, dont les nœuds, formés par une estime et une confiance mutuelles, ont résisté aux longues séparations et à l'âge destructeur de toutes les illusions de la jeunesse...

Ce tableau fut remarqué à l'Exposition de 1822; j'ai pour ma part toujours regretté que **Lebert**, retenu par une modestie exagérée, et peut-être par un peu d'apt. i., n'ait pas cru devoir envoyer à Paris toutes les créations de son pinceau. — Les tableaux de fleurs qui décorent son appartement à Colmar étaient de nature à être parfaitement appréciés sur un grand théâtre; ils auraient, bien certainement, valu à leur auteur un renom mérité; tous ils réunissent à un faire consciencieux, à une étude patiente et amoureuse de la fleur, l'éclat du coloris, l'harmonie de la composition, et une idée poétique dans la conception de chaque œuvre individuelle.

Pour l'un de ces tableaux, **Lebert** a eu l'heureuse idée de réunir en un seul et même groupe toutes les espèces, toutes les variétés de la rose; c'est un luxe éblouissant; il y a une ivresse et pourtant une harmonie de couleurs dans cette accumulation, sur un seul et même point, dans un seul et même vase, de toute cette parenté de la reine des fleurs [2].

Lebert, je n'ai pas besoin de le rappeler, était aussi peintre paysagiste. Il dessinait d'une main ferme et intelligente les beaux sites de nos Vosges. Peut-être mettait-il dans la reproduction de l'architecture de nos vieux châteaux trop de minutie microscopique; il devançait la photographie; mais c'est un beau défaut que celui d'une conscience trop grande; et puis, il y a des yeux heureusement organisés qui voient ces détails sur place, même à distance, et pour ces spectateurs favorisés c'est un bonheur de retrouver sur la toile tous les plis du terrain, toutes les plantes qui s'attachent aux ruines et se balancent au-dessus des donjons. Vous trouverez, si vous êtes admis dans le petit musée de feu

---

[1] En 1829, l'intendant de la maison de Charles X décora le cabinet du roi à Saint-Cloud avec des tentures dont le dessin appartenait à **Lebert**, mais qui avaient été vendues audit intendant comme provenance directe de l'Inde.

[2] Cette belle œuvre devait occuper une place au Louvre, ou du moins au musée de Strasbourg. Parmi les tableaux de fleurs de petite dimension, je citerai un joli cadre représentant la statue de la sainte Vierge, encadrée dans une guirlande ravissante.

Lebert, une adorable vue des châteaux de Ribeauvillé; elle dénote, dans le choix du point de vue et dans l'exécution, ce profond sentiment de la nature qui caractérise le talent de ce peintre modeste. L'éclairage tombe en plein sur le château de Saint-Ulric, tandis que celui de Girsperg reste dans l'ombre. Le contraste est complet et conforme au caractère même des ruines.

Je me rappelle aussi d'avoir vu à l'une des expositions des amis des arts à Strasbourg un tableau de Lebert, représentant les environs du Havre. C'est un travail qui prouve jusqu'à l'évidence que Lebert n'était nullement confiné dans sa spécialité, et qu'il savait reproduire d'autres sites que ceux de son pays natal[1]. A côté de l'inspiration sérieuse, il maniait aussi, dans ses moments de gaîté, le crayon de la caricature et de la charge; il n'était pas impunément le fils d'un Français de l'autre côté des Vosges, enfant du dix-huitième siècle, qui avait conservé au milieu de ses nouveaux concitoyens alsaciens toute la verve de l'artiste parisien.

Lebert aimait ses parents avec une passion réfléchie, contenue; les vers qu'il inscrivait timidement dans son album sont les confidents de la vénération qu'il professait pour eux. Une élégie, composée quelques semaines après la mort de sa mère, conserve un souffle de l'inspiration de Lamartine. Les vers qu'il adresse à sa fiancée[2] sont pleins de tendresse et de grâce. Au sortir d'une entrevue avec Chateaubriand, peu d'années avant la mort de l'illustre vieillard, il écrit, sous l'impression de tristesse que lui inspire cet homme de génie dans une retraite inactive, il écrit quelques belles strophes; une douzaine d'années plus tard, lorsque lui-même se sent près de la fin de sa carrière, il adresse à son violon (de Stradivarius) des vers profondément sentis[3].

Thérèse Milanollo l'a inspiré aussi très-heureusement; mais je dois dire en toute sincérité que le défaut d'une éducation classique se fait sentir dans ces compositions; le fond est presque toujours excellent, il ne pèche que par des négligences de forme; or, au point de développement littéraire où nous sommes parvenus, le poëte n'a plus le droit d'être inhabile et d'employer des expressions faibles ou impropres; il ne l'a pas du tout, lorsqu'il se fait l'interprète de sentiments qui sont dans le cœur de tous les lecteurs.

C'est l'apologue que Lebert manie peut-être avec le plus de bonheur; des idées ingénieuses et spirituelles constituent presque toujours le fond de ses petites compositions; il y a tantôt de la grâce, tantôt une ironie piquante dans les détails; on dirait que le séjour où Pfeffel a composé ses charmantes fables porte bonheur à Lebert[4]. A Paris, l'esprit qui circule dans l'air lui vaut aussi de bonnes inspirations.

Pour avoir une idée complète de l'étonnante activité intellectuelle de Henri Lebert, il serait indispensable de lire ou du moins de parcourir les vingt volumes in-folio de son journal, qui commence rétrospectivement avec l'année de sa naissance (1794) et se continue jusque dans les dernières années de sa vie. Il est assez difficile de donner une idée complète de ce recueil de notes autobiographiques de l'auteur, et du récit de ses entrevues avec des personnages — artistes, littérateurs, savants — plus ou moins illustres. Aux événements publics, dont le contre-coup fidèle se retrouve dans ce recueil, se joignent des souvenirs d'une grande intimité, qu'il serait parfaitement indiscret de livrer dès ce moment à une publicité plus grande; mais si, après deux ou trois siècles, cette volumi-

---

[1] Cependant il s'adonnait de préférence à la peinture de nos sites alsaciens. Dans sa petite galerie, nous trouvons l'intérieur du Hohlandsberg, avec un panorama de la chaîne des Vosges vers le val de Munster et le long de la plaine au nord du château, le Hageneck entre Wettolsheim et Éguisheim; le Hoh-Hattstadt inondé d'une couleur rose, d'un bel effet; le château de Kaysersberg; un rendez-vous de chasse au haut des montagnes du val de Munster, avec un effet de brouillard dans les gorges; l'intérieur du couvent des Unterlinden à Colmar, etc.

[2] Mademoiselle Meister.

[3] Ce violon a passé dans des mains parfaitement dignes de ce noble héritage.

[4] Lebert quitta le val de Munster sous le régime de Juillet; il vint s'établir à Colmar, où il est mort le 24 septembre 1862, dans les bras de sa digne épouse et de son fils.

neuse collection d'autographes, de gravures, de dessins, de vers, de prose, de récits de toute nature devait tomber entre les mains d'une intelligence curieuse d'impressions de ce genre, et capable de les reproduire avec tact et mesure. Je suis convaincu que le public de 2000 ou de 2100 y trouvera son compte; car il y verra, reflétés comme dans un miroir fidèle, l'intérieur d'une vie d'artiste du dix-neuvième siècle et les orages du monde politique et social. **Lebert,** jusque dans ces dernières années, passait souvent une saison plus ou moins prolongée à Paris; il a saisi au vol toutes les occasions favorables, soit pour approcher de célébrités de ce monde, soit pour collectionner des reliques d'objets qui rappellent ces hautes existences. A ce travail du collecteur il a apporté une patience à toute épreuve et au-dessus de tout éloge, car il savait fort bien qu'il faisait une œuvre dont ni lui ni son fils ne pourraient recueillir ni gloire ni profit. Le caractère même de ce recueil devait enlever à son auteur toute espèce d'illusion; mais, sans doute dans des moments de rêveries solitaires, songeait-il à l'heureuse chance qui attendait, dans un moment plus ou moins éloigné, ce journal, s'il arrivait à être exhumé à une époque de calme relatif, lorsque les pensées peuvent se reporter vers le passé. Jamais ce recueil manuscrit ne brillera par le côté littéraire; mais le lecteur le plus superficiel trouvera, dans les notes de l'auteur, le caractère honnête et pur de l'homme, les vertus du citoyen et l'obstination fervente de l'artiste. Ces volumes in-folio sont remplis d'une nombreuse galerie de petits paysages, dessinés de la main de **Lebert** avec la consciencieuse exactitude qu'il mettait à l'exécution de ses moindres croquis. Tous les sites de la magnifique vallée de Saint-Grégoire y sont reproduits, tous les châteaux à quatre ou cinq lieues à la ronde y trouvent leur rang d'ordre : le Schwarzenburg au-dessus du pittoresque Schlosswald s'y montre avec tous les détails de son architecture intérieure; **Lebert** avait pour ce beau site une affection spéciale que je partageais; à quarante ans de distance, je me rappelle, avec un inexprimable bonheur, les promenades que j'ai plus d'une fois faites avec lui dans cette forêt, sur cette montagne découpée en parc, qui égale les plus belles parties de la forêt du vieux château du Bade. A une époque où l'amour des grands parcs n'était pas encore répandu en France comme il l'est de nos jours, les propriétaires du Schlosswald de Munster, qui avaient sous ce rapport les nobles allures des grands seigneurs anciens, devancèrent le goût et donnèrent à l'Alsace l'exemple des richesses noblement appliquées au culte du beau.

Toutes les fois que j'évoque le souvenir de ces temps, qui sont si loin derrière moi, je suis saisi par une indéfinissable émotion. **Lebert,** comme ami, était une nature véritablement exceptionnelle; son enthousiasme était contagieux; il aurait donné des ailes au caractère le plus phlegmatique. S'il m'avait été loisible de vivre constamment dans son atmosphère, et d'être encouragé, stimulé, réconforté par lui, je sens parfaitement que mes forces auraient triplé; mais ces soirées d'été dans le val de Munster ne se répétèrent que pendant deux courtes saisons; à Paris, nous nous retrouvions passagèrement, à de longs intervalles; les devoirs pratiques avec leurs irrésistibles exigences refoulèrent dans un fond de plus en plus recouvert de brume les perspectives charmantes qui m'avaient enivré aux côtés du jeune artiste de Munster.

Je lui conserve un fond d'éternelle reconnaissance. Il est si doux de se sentir aimé au delà de ce qu'on mérite! Le monde se charge suffisamment de nous ramener au sentiment de notre valeur réelle; si la part de l'illusion a été un court instant trop grande, où est en définitive le mal?... Je dois à **Henri Lebert** un court moment de floraison dans ma pauvre existence; je reste son débiteur, maintenant qu'il n'est plus. (*Revue d'Alsace,* 1863.)

L. SPACH,
Archiviste du Bas-Rhin.

LEBLEU. Ingénieur des mines.

Appareils à vapeur. Modifications à apporter à l'ordonnance du 22 mai 1843,

relative aux appareils à vapeur. (Octobre 1861.) — (S. I., vol. XXXI, p. 518. — S. I.,
vol. XXXI, p. 527.)

Ordonnance relative aux chaudières à vapeur en Prusse. (S. I., vol. XXXI, p. 503.)
Extrait de la *Gazette officielle* de Dusseldorf, du 24 septembre 1861.

Lettre adressée par M. **Fledhœuf**, constructeur de chaudières à Aix-la-Chapelle. (S. I.,
vol. XXXI, p. 546.)

Lettre de M. **Maroxenn** (de la maison Gros, Odier, Roman et C⁰, à Wesserling).
(S. I., vol. XXXI, p. 551.)

Extrait d'une lettre de M. **G. Ad. Hien**, à Logelbach, près Colmar. (S. I., vol. XXXI,
p. 553.)

Extrait d'une lettre de M. **de Blonay**, ingénieur directeur des ateliers de constructions de MM. de Dietrich et C⁰, à Reishoffen, près Niederbronn (Bas-Rhin). (S. I.,
vol. XXXI, p. 560.)

LEBLEU, Ingénieur des mines.
   Appareils à vapeur. Accident arrivé aux appareils à vapeur de MM. Dollfus-
Mieg et C⁰, à Dornach (près Mulhouse). (S. I., vol. XXXIII, p. 420.)

LECLAIRE (J. B.), de Kaysersberg, près Colmar.
   Filature de lin mécanique dans le département du Haut-Rhin.

LE-DUC, MONGEL, et C⁰, à la Bresse (Vosges).
   Inflammation spontanée des cotons gras. (S. I., vol. XIX. p. 20.)
   ..... Ces messieurs emploient, pour vernir leurs harnais de tissage, une composition
d'essence de térébenthine et d'huile de lin, cuite avec des oignons et de la litharge.
Un ouvrier, ayant renversé par mégarde une petite portion de ce mélange sur le
plancher, prit une poignée de déchets de coton en laine pour l'essuyer, puis il jeta
ce coton dans un coin; onze heures après, il s'enflamma spontanément. On soupçonna
bientôt la véritable cause de cet accident, et, pour vérifier le fait, on imprégna du
même vernis une nouvelle portion de coton qu'on observa avec soin. Quinze heures
après, il s'enflamma également.
   De nombreuses expériences du même genre, dans lesquelles on faisait varier les quantités de coton et d'huile, et qui s'exécutaient dans des lieux plus ou moins secs, plus
ou moins chauds, amenèrent toujours le même résultat, excepté, toutefois, quand
le froid était trop intense, ou la chaleur suffisante permettant au vernis de s'écouler
rapidement.

LEITENBERGER (Édouard), de Reichstadt, en Bohême.
   Chaudière à vapeur à haute pression. Moyen de prévenir les explosions.
(S. I., vol. III, p. 380, 1 pl.)

LELONG-BURNET.
   Chaudières à vapeur. Purification de l'eau d'alimentation des chaudières à
vapeur. (S. I., vol. XXX. p. 347.)

LELOUTRE et **ZUBER** (E.).
   Transmissions par câbles métalliques. Perte de travail dans ces transmissions. (S. I. vol. XXXI, p. 173.)

LEROUX (Charles), à Hangest-sur-Somme.
   Deux traités sur la filature de la laine peignée. (S. I., vol. XXXII, p. 140.)

LEUCHS fils.
   Albumine. Substance propre à remplacer l'albumine ordinaire des œufs dans l'impression sur étoffes. (S. I., vol. XXX, p. 506.)

..... I. *Matières employées jusqu'à ce jour.*

Graisses ou huiles. — Résines en dissolution. — Mucilages. — Dissolutions savonneuses. — Dissolutions albuminoïdes. — Albumine des œufs de poule.

II. *Substances pouvant remplacer l'albumine des œufs de poule.*

Sang. — Œufs de poisson.

III. **Frai de poisson.**

L'auteur de ce mémoire propose le frai de poisson comme remplaçant de l'albumine d'œufs de poule. Il dit : Mais une source plus avantageuse d'albumine, que j'ai trouvée par mes essais, ce sont les œufs (le frai) et la semence fécondante (le sperma) des poissons ou d'autres animaux vivant dans l'eau (les grenouilles, etc.). Dans un hareng j'en ai trouvé 50 à 60 grammes, dans une carpe pesant 1 1/2 kilog. j'en ai trouvé 1/4 kilog., et un esturgeon en renferme souvent 100 kilog.

Production de l'albumine.

L'albumine tirée du frai de poisson peut s'obtenir : du frai séché, — du frai extrait du poisson au moment de la pêche, — du frai des poissons salés ou du frai salé.

L'auteur conclut que l'albumine sèche de poisson pourra être livrée dans le commerce à 2 fr. 50 c. le kilogramme.

LÉVY et Cie, à Cernay.
Caoutchouc. Fabrique de caoutchouc. (S. I., vol. XXX, p. 501.)

LOTERIES. Demande de la suppression des bureaux de loterie dans les villes exclusivement manufacturières. (S. I., vol. Ier, p. 273.)

M

MACHINE A AUNER et à plier les étoffes. Rapport du Comité de mécanique sur concours de cette machine. (S. I., vol. VI, p. 437.)

MAEDRE (Albert).
Cartes des cantons de Mulhouse. (S. I., vol. XXXII, p. 552.)

MAIMBOURG, Professeur de mathématiques.
Acide chromique. Moyen de le préparer. (S. I, vol. II, p. 101.)

MAIMBOURG, Professeur de mathématiques.
Rapport sur l'école de dessin et de géométrie pratique. (S. I., vol. II, p. 216.)

MAKEPEACE (Samuel).
Quelques faits relatifs à l'impression des calicots. Lettre adressée à l'éditeur du *Manchester Guardian*, 8 février 1851 [1].

En parcourant votre numéro du 25 janvier, je rencontrai une lettre intitulée : *Quelques faits relatifs à l'impression des calicots* par M. **Graham**, de votre ville. Les remarques qu'il fait sont dignes de considération, comme tendant à renverser quelques préjudices

[1] Ce mémoire est extrait de la brochure de M. **Edmond Potter**, qui a pour titre : *Impressions sur étoffes de coton.* M. **W. P. Reuss** a traduit en allemand le mémoire que M. **Potter** a lu à l'Académie royale des arts et sciences, à Londres, en sa qualité de chef du jury de l'Exposition universelle de 1851, le 22 avril 1852. Le mémoire de M. **Makepeace** est inséré au supplément, pages 69 à 72.

portés aux découvertes et aux talents anglais dans cette branche d'industrie ; mais je me suis aperçu que M. **Graham**, dans son désir de justifier le mérite de ses concitoyens, a complétement oublié les impressions de Londres qui furent autrefois célèbres, et qui, je pense, n'ont point encore été surpassées par *Manchester* ou par la France.

Dans sa lettre, il a voulu nous persuader que l'impression des calicots est originaire seulement du Lancashire. Et cependant il est aujourd'hui un fait généralement reconnu que les environs de Londres furent le berceau de cet art, et ici je chercherai à relever quelques erreurs dans lesquelles M. **Graham** est tombé, sans doute sans intention, relativement à l'origine des genres, des couleurs, des procédés, etc., etc.

Pour ce qui a rapport *aux bleus marine* (*Navy blues*) [1]. Il y avait autrefois un **M'Napper**, de Old-street, Londres, chez lequel mon père servait comme apprenti, et dont la raison de commerce existait à cette époque depuis deux ou trois générations ; il exécutait ce genre aussi bien qu'aujourd'hui. Je regrette de n'avoir point gardé quelques échantillons de mon père. Ensuite vint la maison de MM. **Forster et C°**, de Bromley-hall, à Bromley, Middlessex, qui firent un commerce très-lucratif dans cette branche d'industrie ; ainsi que plusieurs autres avant eux.

D'après mes propres souvenirs, je puis attribuer l'origine des *enlevages* à un imprimeur des environs de Londres (**M'Naylor**), homme de beaucoup de talent ; et à lui revient le mérite d'avoir le premier démontré la nécessité d'appliquer les connaissances chimiques à l'impression, et d'avoir créé une ère nouvelle dans cette industrie par son talent et sa persévérance.

En fait, par ses travaux, l'impression des calicots subit une transformation complète. Il introduisit chez nous l'*acide citrique* ou le *jus de citron concentré;* ainsi que le *muriate d'étain*, mélangé au quercitron ou à d'autres drogues, pour des enlevages jaunes sur étoffes teintes, procédé bien connu des imprimeurs d'aujourd'hui [2].

Et maintenant quelques mots sur le *vert solide*, cette découverte que M. **Graham** attribue par erreur à deux personnes du Lancashire.

Plusieurs années avant l'époque à laquelle il fixe son origine, j'introduisis un *vert solide* (or *self-green and blue*), tous les deux faits à la manière ordinaire; le vert produit au moyen de l'*indigo désoxydé par l'étain*, combiné à l'alumine ; puis teint en quercitron. Après un laps de quelques années, je commençai à l'imprimer dans des genres garancés pour M. **J. W. Liddiard**, 61, Friday-street, Cheapside; surtout avec un violet sur mousseline qui, pour le brillant de la couleur, n'a point encore été surpassé.

Je dois aussi faire observer qu'il y avait un *vert solide* patenté par **M'Ilett**, de Stratfort, Essex, et pour lequel il employait l'étain comme mordant, plongeait dans une cuve de *bleu lapis*, et teignait en *gaude* ou en *quercitron*. Ensuite, je réclame pour moi l'introduction du *genre lapis*, pendant mon apprentissage chez M. **Gellibrand**, de Westham, Essex ; je l'envoyai à M. **David Thompson**, qui était avec M. **Walker**, directeur d'une fabrique d'impressions à Perth, Écosse. J'ai oublié la raison de commerce de cette fabrique. Cependant, peu de temps après, il a été envoyé, sur le marché de Londres, un *fond brun avec orange*, *blanc lapis* et *bleu cuvé*, puis teint en garance, son et quercitron [3].

Le mélange du *son* à la garance [4] fut introduit par M. **Guest**, et, à cette époque, fut beaucoup employé pour ce qu'on appelait les *roses au son* (*bran pinks*), et pour beaucoup d'autres combinaisons de couleurs.

DA [1] Le bleu marine (Navy blues) signalé est le bleu de cuve qui était connu et appliqué dans les Indes avant l'introduction de la coloration des étoffes en Occident.

DA [2] **Jean-Michel Haussmann** en est l'inventeur.

DA [3] Le genre lapis est d'invention anglaise.

DA [4] Le son ajouté au bain de garance pour teindre a été mis en pratique à toutes les époques et toujours donné des résultats négatifs.

Je dois dire ici que la *bouse de vache* était employée, pour débouillir les impressions longtemps avant l'existence des **Peel**[1].

M. **Graham** peut-être oublie, mais ici on se souvient que maintenant encore on peut retrouver des échantillons de *Chintzes* du dessin le plus beau et de la plus belle exécution, imprimés il y a bien des années, par **Milburn-Newton** et autres, et dernièrement aussi par moi pour M. **J. W. Liddiard**, et plus tard encore pour l'oncle de M. **Cobden**, M. **B. W. Cole**, de Old-Change.

Nous avons été à Londres justement célèbres pour les *noirs* et *violets* produits par **Moore**, **Mason** et **Johnson**, de Wandsworth, Surrey. MM. **Bennett and son Morton** et autres, et insurpassables tant sous le rapport de l'impression que sous celui du dessin.

Il est aussi bien connu qu'avant que l'impression commençât à diminuer aux environs de Londres, nous n'étions pas même approchés, pour nos *fonds noir et blanc*, tant sur mousseline que sur calicot, et je ne puis trouver qu'il en soit fait aucun à Manchester, aujourd'hui, qui puisse soutenir la comparaison avec les nôtres.

Quand on introduisit les *étoffes de laine* et les *tissus mélangés*, tels que *schalis*, *milaines chaîne-coton*, etc., leur impression certainement commença à Londres[2], ayant moi-même imprimé la première pièce de schall pour MM. **Hale et C⁰**, de Friday-street, Cheapside. D'autres, toutefois, s'engagèrent simultanément dans cette branche, et MM. **Swaisland et C⁰**, de Crayford, Kent, sont encore justement célèbres pour la supériorité de leurs dessins et de leurs couleurs sur ces étoffes mélangées. J'espère qu'ils maintiendront leur rang à l'exposition prochaine.

Le nom d'**Applegearth** ne doit point être omis, quoique n'étant ni coloriste ni dessinateur; il est l'inventeur de plusieurs machines très-utiles dans l'impression des calicots et d'autres étoffes.

Ceci m'amène à une autre branche du commerce des impressions qui appartient encore exclusivement à Londres; je veux parler de *l'impression de la soie*, pour laquelle je citerai MM. **Littler**, M. **Applegearth** et **M'Evans**, les deux derniers de Crayford, Kent, et plusieurs autres.

Ce genre d'impression aurait, sans doute, comme les autres, été abandonné par les environs de Londres, si un homme entreprenant, **M'Baker** (maintenant **M'Tucker**), n'avait commencé à imprimer ses propres tissus. Cette maison est maintenant à même de défier toute concurrence, tant pour l'élégance du dessin que pour le bon marché de la production. En fait, la ruine de l'impression aux environs de Londres vient de ce que le commerçant en tissus ayant à pourvoir l'imprimeur, les rentrées de ces derniers n'étaient jamais assez considérables pour couvrir leurs frais de dessins, etc.[3].

L'assertion que les Français sont plus avancés que nous ne peut avoir beaucoup de valeur, quand nous voyons nos productions anglaises étalées dans nos magasins, arrangées à la française, avec des étiquettes françaises, et achetées par nos dames anglaises comme venant de l'étranger. J'ai observé à regret, dans bien des cas, mes propres productions ainsi exposées au public, nos marchands de Londres préférant ce mode à celui plus anglais et plus vrai de combattre l'engouement pour les choses étrangères en encourageant leurs compatriotes. Jusqu'à ce que ce système soit abandonné, et que plus d'encouragements soient donnés aux dessinateurs et aux chimistes, nous chercherons en vain un moyen de maintenir notre célébrité dans l'art de l'impression.

Nous sommes assurés qu'il y a une foule de talents artistiques anglais qui se développeraient s'ils étaient convenablement payés.

*

DA [1] Dans les Indes, on employait la bouse de vache.

DA [2] L'auteur de ce mémoire n'indique aucune date d'introduction, d'invention ou de réinvention.

D\ [3] Ce sont les machines à imprimer et les perfectionnements des tours à graver les rouleaux créés dans le Lancashire et à Glascow, qui étaient cause de la cessation de l'impression à la planche et à la planche plate à Londres.

Nos écoles de dessin sont en bon chemin, pour ce qui est d'enseigner à de jeunes aspirants des notions vraies de leur art ; mais ceci ne suffit pas.

Les personnes qui achètent des dessins devraient être mises à même de les juger avec un goût correct. — Nous aurions alors, j'en suis convaincu, de meilleurs assortiments d'échantillons, faits avec plus de goût, de netteté et de perfection qu'à présent.

Car, soyez assurés que Manchester en a besoin et, certes, aucun de ses plus grands et meilleurs imprimeurs ne le pense.

8 février 1851. SAM. MAKEPEACE.

MANNIER, à Wesserling.
Rectomètre. (S. I., vol. XVIII, p. 274, 1 pl.)

MANTZ (JEAN).
Situation de l'industrie cotonnière en France. Rapport sur cette situation fait au nom du Comité de commerce, le 21 décembre 1845. (S. I., vol. XIX, p. 163.)

MARCONOT.
Machine à fabriquer les sabots. (S. I., vol. XXXII, p. 160.)

MARNAS, à Lyon.
Pourpre français. (S. I., vol. XXIX, p. 489.)
..... Le pourpre français est une modification de la matière violette de l'orseille. Cette substance présente, sur toutes celles qui jusqu'ici avaient été préparées au moyen de l'orseille, l'avantage d'une stabilité beaucoup plus grande en présence des acides même les plus énergiques.

MAROZEAU, à Wesserling.
Amidon de froment et fécule de pomme de terre. Moyen de distinguer l'un de l'autre et leur mélange. (S. I., vol. V, p. 289.)

MAROZEAU, à Wesserling.
Turbine et roue hydraulique. Application des couronnes intermédiaires aux roues Poncelet et aux turbines Fourneyron. (S. I., vol. XXI, p. 5, 1 grand tableau et 2 pl.)

MAULINIÉ.
Régulateur à insufflation. (S. I., vol. XV, p. 417.)

MAUMENÉ, à Reims.
Huiles. Épuration des huiles. (S. I., vol. XXVI, p. 363.)

MAUNE (DE), Instituteur à Bois-Dénenburg (Seine-Inférieure).
Papyrographie. (S. I., vol. XIII, p. 434.)
. .... Méthode d'écriture. — Lecture et écriture des aveugles — Planches en métal obtenues sur papier.

MÈNE (CHARLES), Chimiste à Lyon.
Briques réfractaires. (S. I., vol. XXXIII, p. 143. — S. I., vol. XXXIII, p. 145.)

MEUNIER (HUBERT), de Beaudigny (Nord).
Broches de filature. Trempe au collet des broches de filature. (S. I., vol. VI, p. 436.)

MEYER (J. J.), Constructeur de machines à Mulhouse.
Embrayage à friction pour les transmissions de mouvement. (S. I., vol. XI, p. 255, 1 pl.)

MEYER (J. J.).
Chaudières à vapeur. Tubes ou instruments propres à indiquer le niveau de l'eau dans les chaudières à vapeur, pour en empêcher la destruction et l'explosion. (S. I., vol. XII, p. 201, 2 pl.)

MEYER (J. J.).
Frein pour essayer la force des machines à vapeur. Expérience. (S. I., vol. XII, p. 220, 1 pl.)

MEYER (J. J.).
Machine à vapeur. Régulateur pour les machines à vapeur à manivelle. (S. I., vol. XVII, p. 353, 1 pl.)

MICHEL (M.), Professeur.
Salles d'asiles. Leur utilité et leur nécessité à la campagne. (S. I., vol. XVII, p. 315.)

MILLET frères, à Paris.
Cuirs. Roue à fouler les cuirs. (S. I., vol. XXVI, p. 371, 1 pl.)

MINE DE HOUILLE. Travaux de la Compagnie départementale du Haut-Rhin pour la recherche d'une nouvelle mine de houille de 1822 à 1832. (S. I., vol. VII, p. 203 à 298.)
Dépenses générales, fr. 158,080. Liquidation de la Société sans avoir obtenu de résultat satisfaisant.

MOECKEL, Lampiste à Mulhouse.
Lampe à mèche circulaire. Perfectionnement. (S. I, vol. XVI, p. 501, 1 pl.)

MOHR, Docteur à Coblentz.
Robinet, dit à compression. (S. I., vol. XXVII, p. 493, 1 pl.)

MOISON, à Mouy (Oise).
Dynamomètres totalisateurs. (S. I., vol. XXXII, p. 143, 1 pl. — S. I., vol. XXXII, p. 291.)

MONITEUR SCIENTIFIQUE. Journal des sciences pures et appliquées, à l'usage des chimistes, des pharmaciens et des manufacturiers, par le docteur **Quesneville.** Fondé en 1857, paraît tous les quinze jours, 5 à 6 feuilles de matières. Paris, rue de la Verrerie, n° 55.

MONNET et DURY.
Rouge d'aniline. (S. I., vol. XXXI, p. 43.)
..... Note présentée à la Société industrielle de Mulhouse sur la question : Le procédé de **Hoffmann** pour l'obtention du rouge d'aniline est-il industriel? — 26 décembre 1860.
..... Sauf quelques précautions nécessitées par toute préparation en grand, en suivant le procédé de **Hoffmann,** il est possible de faire du rouge d'aniline en quantité et industriellement.

MONNET (P.).
Acide phénique. Ses réactions colorées. (S. I., vol. XXXI, p. 464.)

MORIN (A.), Général d'artillerie, membre de l'Institut, directeur du Conservatoire.
Conservatoire des arts et métiers. Catalogue des collections publié par ordre de M. le Ministre de l'agriculture, du commerce et des travaux publics. In-12, 264 pages. Paris, 1855.

MORIN (P. E.), Ingénieur des ponts et chaussées.

Propositions pour l'établissement d'une Commission d'histoire naturelle dans le sein de la Société industrielle de Mulhouse. (S. I., vol. II, p. 810.)

MORIN (P. E.).

Météorologie en général et de sa correspondance météorologique en particulier. (S. I., vol. III, p. 397.)

MOSSELMANN (A.), à Paris.

Œufs. Procédé breveté ayant pour objet de conserver aux jaunes d'œufs leurs fraîcheurs et les qualités qui les font rechercher par les mégissiers. (S. I., vol. XXVII, p. 207.)

MOTSCH et **PERRIN**, à Cornay.

Machine à tubes coniques, pour filatures. (S. I., vol. XXII, p. 120.)

MUEHLENDECK, Docteur à Mulhouse.

Maladie des pommes de terre. (S. I., vol. XIX, p. 90, 1 pl.)

MULDER (G. J.), de Rotterdam.

Analyse chimique de la soie. Traduit de l'allemand par **Josué Hellmann.** (S. I., vol. XI, p. 401.)

MUELLER frères, de Berlin.

Lampe à la vapeur d'esprit-de-vin et d'huile essentielle. (S. I., vol. IX, p. 39, 1 pl.)

N

NAEGELY (CHARLES), fils.

Filatures. Banc à broches à mouvement différentiel et à double cône pour bobines comprimées. (S. I., vol. XXXI, p. 49, 2 pl.)

NEHMICH, Licenziat.

Beschreibung einer im Sommer 1799 von Hamburg nach und durch England geschehenen Reise. (Voyez un extrait de ce mémoire dans la *liste d'auteurs,* P, **Potter**).

NICKLÈS (J.).

Phosphore amorphe. (S. I., vol. XXXIII, p. 49.)

NOURY (AUGUSTE), Ingénieur civil à Bitschwiller (Haut-Rhin).

Tourbe. Utilisation industrielle de la tourbe et de son charbon comme combustible pouvant avantageusement remplacer la houille, le coke, le bois, et le charbon de bois. (S. I., vol. XXIX, p. 125, 1 pl.)

NUETT.

Ruches d'abeilles. (S. I., vol. IX, p. 172, 1 pl.)

O

OCHS (Jean).
Chauffage à la vapeur des cuves de teinture. (S. I., vol. XIV, p. 411.)

OECHSLE, de Pforzheim (grand-duché de Bade).
Pyromètre métallique de son invention. (S. I., vol. IX, p. 67.)

ORTLIEB, Chimiste chez M. Kullmann, de Lille.
Matière colorante de la graine de Perse. (S. I., vol. XXX, p. 10.)

P

PALAZOT.
Appareil fumivore. (S. I., vol. XXXIII, p. 245.)

PAPIERS PEINTS. (Voyez E, Exposition de Londres de 1851.)

PARAF (Mathias).
Dinsdas pour désapprêter les étoffes. (S. I., vol. XXXI, p. 81.)

PARISOT (Louis).
Flore des environs de Belfort (Haut-Rhin). (S. I., vol. XXIX, p. 528.)

PAUL (Nicolas), Graveur sur rouleau.
Machine à couper les fonds dans les rouleaux servant à l'impression des tissus. (S. I., vol. XXVII, p. 484, 3 pl.)

PÉLIGOT.
Préparation des laines. Remplacer l'huile d'olive par l'acide oléique dans l préparation des laines. (S. I., vol. XIII, p. 286.)

PENOT (Achille), Docteur ès sciences.
Rapport sur l'école des filles pauvres. (S. I., vol. II, p. 54.)

PENOT (Dr A.).
Blanchiment du coton. (S. I., vol. II, p. 509.)

PENOT (Dr A.).
Analyse de quelques eaux de Mulhouse. (S. I., vol. II, p. 456.)

PENOT (Dr A.).
Manière de déterminer les dimensions d'une cheminée. (S. I., vol. III, p. 105 à 180.)

PENOT Dr A.)
Acidimétrie et alcalimétrie. (S. I., vol. III, p. 458 à 496, tableaux nombreux.)

PENOT (D' A.).
 Thermomètre à demeure, propre à indiquer la température des cuves de teinture à la vapeur. (S. I., vol. IV, p. 215.)

PENOT (D' A.).
 Rapport sur la Caisse d'épargne établie, à Mulhouse, par MM. Gaspard Dollfus et Nicolas Kœchlin, et sur les Caisses de secours mutuels existant dans un grand nombre de fabriques du Haut-Rhin. (S. I., vol. IV, p. 230.)

PENOT (D' A.).
 Chlorométrie. (S. I., vol. IV, p. 235.)

PENOT (D' A.).
 Bouse de vache, Son analyse et son emploi dans la fabrication des toiles imprimées. (S. I., vol. VII, p. 113 à 189.)

PENOT (D' A.).
 Filatures de coton. Rapport de la Commission chargée d'examiner la question relative à l'emploi des enfants dans les filatures de coton.
 Copie de la pétition adressée aux deux Chambres et aux ministres de l'intérieur, du commerce et de l'instruction publique. (S. I., vol. IX, p. 481.)

PENOT (D' A.).
 Séchage à chaud des toiles de coton. (S. I., vol. XII, p. 507.)

PENOT (D' A.).
 Gaz d'éclairage. Sa fabrication. (S. I., vol. XIV, p. 26.)

PENOT (D' A.).
 Histoire du coton. (S. I., vol. XIV, p. 44.)
 ..... Lorsque Christophe Colomb aborda en Amérique, il trouva les habitants vêtus de coton, et à cette vue, il prévit le parti que l'Espagne devait tirer de cette production. « On pourrait (dit-il lui-même dans ce récit qu'il fit de son premier voyage) récolter une grande quantité de coton qu'on vendrait, je pense, fort bien sur les lieux, sans le transporter en Espagne [1]. »
— Deuxième mémoire. (S. I., vol. XV, p. 85.)

PENOT (D' A.).
 Unité dynamique légale. Proposition d'une demande au gouvernement pour l'adoption d'une unité dynamique légale. (S. I., vol. XV, p. 299.)

PENOT (D' A).
 Recherche statistique sur Mulhouse en avril 1843. (S. I., vol. XVI, p. 203 à 532.)
 ..... Introduction. — Accroissement de Mulhouse. — Naissances. — Enfants naturels. — Population. — Mariages. — Mortalité. — Santé. — Misère. — Criminalité. — Instruction primaire. — Caisses de secours mutuels. — Caisse d'épargne. — Résumé. — Appendice.

PENOT (D' A.).
 Travail des enfants dans les manufactures. Rapport au nom d'une commission spéciale sur diverses modifications à apporter à la loi du 22 mars 1841, relative au travail des enfants dans les manufactures. (S. I., vol. XX, p. 221.)

D A [1] Ce ne fut que vers le milieu du siècle passé que les premières balles de coton de l'Amérique arrivèrent à Liverpool.

PENOT (D' A.).
Travail des enfants dans les ateliers. Rapport sur un projet de loi réglant le travail des enfants dans les ateliers. (S. I., vol. XXI, p. 181.)

PENOT (D' A.).
Caisse de retraite et de prévoyance. Présenté au nom du Comité d'économie sociale. (S. I., vol. XXI, p. 586.)

PENOT (D' A.)
Caisses de retraite et de secours. Observations sur les projets du gouvernement relatifs à ces institutions. (S. I., vol. XXII, p. 281.)

PENOT (D' A.).
Durée de la vie moyenne à Mulhouse. (S. I., vol. XXIV, p. 64.)

PENOT (D' A.).
Travail dans les manufactures. Rapport sur la nécessité d'interdire le travail de nuit dans les manufactures, sauf dans quelques cas exceptionnels, présenté au nom du conseil d'administration et du Comité d'économie sociale. (S. I., vol. XXIV, p. 82.)

PENOT (D' A.).
Habitations pour les classes ouvrières. Projet présenté au nom du Comité d'économie sociale. (S. I., vol. XXIV, p. 129, 1 pl.)

PENOT (D' A.).
Chlorure de chaux. Nouveau moyen de le titrer. (S. I., vol. XXIV, p. 246.)

PENOT (D' A.).
Vin. Moyen prompt et facile d'enlever au vin le goût de moisi, de fût ou de bouchon. (S. I., vol. XXV, p. 100.)

PENOT (D' A.).
Cités ouvrières à Mulhouse. Rapport du Comité d'économie sociale sur cette construction. (S. I., vol. XXV, p. 299.)
..... Grâce à la louable initiative de M. **Jean Dollfus** et au puissant concours du gouvernement de l'Empereur qui s'occupe avec une si active sollicitude d'améliorer le sort des masses, auxquelles on avait trop peu pensé jusqu'ici, nous avons vu se constituer dans notre ville, sous le titre de *Société mulhousienne des cités ouvrières*, une association qui s'est proposé de construire une ou plusieurs de ces cités, suivant que le besoin en sera reconnu.
..... L'acte de société a été signé le 10 juin 1853, et déjà, le 27 du même mois, M. **Jean Dollfus** soumettait aux actionnaires un plan d'ensemble et les plans de détails de la première cité ouvrière à établir. Peu de jours après, le 20 juillet, les travaux étaient commencés sur le terrain. D'après les plans proposés par M. **Müller**, cette première cité occupera une étendue de huit hectares. Une rue principale la traverse dans toute sa longueur; huit à dix autres, d'une étendue moindre, en relient les différentes sections. La rue principale a 8 mètres de voie intérieure; les rues secondaires, 5 mètres, avec des trottoirs de 1m,50 de chaque côté et des rigoles pavées pour l'écoulement des eaux. Les rues ainsi que les trottoirs sont macadamisés; elles sont éclairés au gaz, aux frais et par les soins de la ville, et mis en communication avec un égout en maçonnerie, qui reçoit les eaux pluviales et ménagères.

PENOT (D' A.).
Huiles. Rapport au nom du Comité de chimie sur divers mémoires indiquant les

moyens de reconnaître la falsification des huiles du commerce, ou des procédés propres à épurer les différentes espèces d'huile employées au graissage des machines. (S. I., vol. XXVI, p. 7.)

PENFOLT.
Hydro-extracteur. Perfectionné par Carron. (S. I., vol. XIV, p. 225, 1 pl.)

PERKIN, Professeur.
Couleur d'aniline. (S. I., vol. XXIX, p. 489.)
..... Produit dérivé de l'oxydation de l'aniline, auquel il n'a point encore été donné de nom définitif (mai 1859) et dont la découverte est due à un Anglais, le professeur **Perkin.** Ce produit est entré depuis quelques mois pour une large part dans la fabrication des tissus imprimés.

PERNOT, à Avignon.
Garance. Adultération de la garance et de ses dérivés par les substances végétales. (S. I., vol. XXIX, p. 231.)

PETIT-LAFITTE, Directeur de la raffinerie de sucre de M. F. F. Klose, à Offenburg (grand-duché de Bade).
Anthracite. Son emploi dans les foyers de générateur de vapeur. (S. I., vol. XI, p. 382.)

PFEIFFER et **RIVOIRE**, à Mulhouse.
Huile à graisser. (S. I., vol. XXVII, p. 318.)

POIPSON.
Action chimique des rayons solaires. L'Institut, n° 1551, 14 octobre 1863.
..... Une solution de sulfate d'acide molybdique (c'est-à-dire une solution d'acide molybdique dans l'acide sulfurique en excès), reçevt à les rayons solaires directs, devient bleu verdâtre et incolore de nouveau pendant a nuit...

PIETTE (L.).
Papiers. État actuel de la préparation des pâtes à papier avec des matières premières autres que le chiffon. (S. I., vol. XXIX, p. 61.)

PILLER et **FINCK**, à Sainte-Marie-aux-Mines.
Fabrication de toile à voile en coton. (S. I., vol. XVI, p. 128.)

PIMONT (Prosper), à Rouen.
Teinture. Appareils destinés à utiliser la chaleur perdue des bains de teinture, ainsi que sur un nouveau mode de condensation applicable aux machines à vapeur. (S. I., vol. XXV, p. 386.)

PIMONT (P.).
Chauffage. (S. I., vol. XXIX, p. 339, 1 pl. — S. I., vol. XXIX, p. 363.)
..... *Caloridores progressifs* pour l'utilisation de la chaleur perdue des bains de teinture, de savonnage et des ateliers de blanchiment.
Appareils tubulaires à air chaud applicables aux machines à parer.
Caloridore alimentateur pour l'utilisation de la vapeur s'échappant des cuves à lessiver.
Calorifuge plastique destiné à empêcher les pertes de chaleur dans les appareils à vapeur.

PLESSY (Mathieu).
Matière organique verte employée en Chine à la teinture des étoffes de coton. (S. I., vol. XXV, p. 86.)

PLESSY (M.).
Vermillon d'antimoine. (S. I., vol. XXVI, p. 207. — S. I., vol. XXVII, p. 341.)

PLESSY (M.).
Fabrication des toiles colorées. Faits pour servir à l'histoire des accidents qui surviennent dans la fabrication. (S. I., vol. XXVI, p. 368.)

PLESSY (M.).
Hématine. Sur un réactif de l'hématine. (S. I., vol. XXVII, p. 403.)

PLESSY (M.).
Mordant minéral. (S. I., vol. XXX, p. 21.)

PLESSY (M.) et SCHUETZENBERGER, Professeur de chimie à l'École professionnelle de Mulhouse.
Garance. Solubilité de la matière colorante de la garance dans l'eau, à des températures comprises entre 100° et 230°. (S. I., vol. XXVII, p. 393.)

PLESSY (Matthieu) et SCHLUMBERGER (Ivan).
Coton-poudre. Nouveau dissolvant du coton-poudre. (S. I., vol. XXV, p. 187.)
. ... Ce nouveau dissolvant est l'esprit de bois (*alcool méthylique*).

POLONCEAU, Directeur des chemins de fer.
Locomotive de construction française. Résultats obtenus sur les chemins de fer de l'Alsace. (S. I., vol. XVIII, p. 83 à 101, tableaux nombreux.)

POUYLER-QUERTIER fils, à Rouen.
Moteurs. Embrayage et débrayage à cliquet pour la jonction des moteurs. Invention. (S. I., vol. XXII, p. 209, 1 pl.)

POTTER (Edmund).
Baumwoll-Druckerei als Kunst betrachtet. Eine Vorlesung gehalten vor der königl. Gesellschaft der Künste und Wissenschaften in London am 22. April 1852 von Potter (Edmund), Berichterstatter der Jury für Druck-Waaren in der grossen Gewerbe-Austellung aller Nationen in London. Uebersetzt von W. P. Reuss.
Impression sur étoffes de coton. Mémoire par Potter (Edmund), chef du jury pour les étoffes imprimées à l'Exposition universelle de Londres en 1851, et lu dans la Société des arts et sciences à Londres, le 22 avril 1852. In-8. 81 pages. Londres, 1855.
..... Les premières impressions sur étoffes de coton en Angleterre se sont faites à Londres. Plusieurs établissements furent créés et, en 1700, protégés contre toute concurrence par un bill du gouvernement qui défendait l'introduction en Angleterre de toutes les étoffes peintes des Indes.
En 1702, les étoffes de coton peintes, teintes ou imprimées en Angleterre, furent imposées à un droit de 3 d. par yard carré de surface (32 1/3 centimes par mètre carré).
En 1714, le droit ou redevance par yard carré de surface d'étoffe de coton peinte, teinte ou imprimée fut élevé à 6 d. (64 2/3 centimes par mètre carré). Les impressions sur toile de lin payaient 3 d. par yard carré de surface. — Malgré la prohibition, décrétée en 1700, d'introduction sous une amende de £ 200 (5,000 fr.), on vendait publiquement des étoffes de coton peintes provenant des Indes.
En 1720 parut une ordonnance qui interdisait et défendait toute impression sur étoffes de coton pur ou mélangé, à l'exception des étoffes teintes en bleu.
En 1736, l'ordonnance de 1720 fut annulée et les droits de 6 d. par yard carré rétablie.
En 1750, la production totale des étoffes imprimées se montait à 50,000 pièces.
En 1764, quelques imprimeurs s'établirent dans le Lancashire.

En 1774, on payait une redevance à l'État de 3 d. par yard carré de toutes les étoffes imprimées. Cette imposition fut augmentée, en 1806, d'un demi-penny. — Sous l'administration de lord **Grey**, les redevances ou droits furent abolis en 1849.

Le premier établissement d'impressions dans le Lancashire fut créé par MM. **Clayton**, à *Bamber-Bride, près Boston*, 1764. Les étoffes que l'on imprimait à cette époque étaient une espèce de calicot, la chaîne en fils de lin et la trame en coton, qu'on appelait « *Blackburn Grey* ».

A la maison **Clayton** succéda **Robert Peel**, père du premier baronet de ce nom et grand-père de feu **Robert Peel**, *premier ministre* du royaume. La fabrique fut établie à Brookside, près Blackburn. — Plus tard, son fils aîné s'associa avec son oncle, M. **Haworth**, et son futur beau-père, **William Yates**.

Peel était un homme actif, persévérant, et possédait le savoir-voir et le savoir-faire en coloration d'étoffes. Ses produits se distinguaient par une perfection remarquable que ses concurrents n'ont jamais pu atteindre ; il était en impression ce qu'était **Arkwright** en filature.

Avant 1785, on imprimait à la planche et à la machine à planche plate en cuivre. La grandeur des planches d'impression avait les dimensions de 9 à 10 pouces carrés (22 à 25 centimètres carrés). Pour imprimer une pièce de calicot de 26 à 27 pouces (0m,66 à 0m,63) de largeur et 28 yards (25m,6) de longueur, il fallait 448 fois prendre la couleur dans le châssis et l'appliquer sur l'étoffe.

Bell, Écossais, invente, en 1788, la machine à imprimer continue avec cylindres (rouleaux) grands. Elle fut introduite dans la fabrique de **Livesey, Hargreaves et C₁ᵉ**, à Mossney, près Preston [1].

En 1750, on imprimait par an 50,000 pièces ; en 1790, 1 million de pièces ; en 1850, 8,000,000 pièces ; en 1840, 10 millions de pièces ; en 1851, les pièces imprimées se montaient à 20 millions, et les pièces *exportées* à 15,544,000 d'une valeur de £ 5,775,000 (144,375,000 fr.).

Forts. — **Hargreaves** — et **Thomson** furent, de 1796 à 1821, les fabricants d'étoffes colorées les plus marquants sous tous les rapports.

En 1831, **Thomas Hoyle** et **Sons** produisirent l'article violet garancé (*Madder purple*), qui surpassait en beauté de couleur tout ce qui avait été fait jusqu'à cette époque.

En 1738 furent créées les premières fabriques d'impressions en Écosse, par conséquent vingt-six années avant l'introduction de cette industrie dans le Lancashire. Les étoffes étaient fabriquées dans la localité, la chaîne en fil de lin, la trame en coton. — Les machines à imprimer au rouleau ne furent introduites en Écosse qu'en 1812, c'est-à-dire vingt-sept années plus tard que dans le Lancashire.

Nombre des fabriques d'impression en 1851 [2] :

Angleterre (Lancashire). 120
Écosse 81
Irlande. 1
                                                        ———
                                                        202

Supplément au Mémoire de M. POTTER, par M. **W. R. REUSS** (traducteur du mémoire).

DESSINATEURS FRANÇAIS.

Le nombre des dessinateurs français à Paris (1851) est de 200 à 300. On peut estimer au même nombre les dessinateurs occupés dans les fabriques. —

[1] Les procédés de gravure des rouleaux en cuivre, et la fabrication de l'impression en général se trouvent décrits dans **Baine's** *History of the Cotton Trade*.

[2] Dans ce nombre de fabriques ne sont pas comprises les fabriques de Londres, qui, en 1843, étaient de 33, et en 1853, de 22.

INDUSTRIE COTONNIÈRE EN ANGLETERRE JUSQU'À LA FIN DU DIX-HUITIÈME SIÈCLE [1].

Manchester, à la fin du dix-septième siècle, était très-insignifiant, sa population se montait à quelques mille habitants. En 1717, la population était seulement de 1800 âmes; en 1757, 19,839, et en 1770, 20,151; en 1790, 50 à 60,000, et en 1791, 70,000 habitants.

Les premiers métiers à tisser des étoffes furent introduits de Hollande à Manchester (*Holländische Webstühle*). Les étoffes en coton sous le nom général de *Fustians*, au commencement du dix-huitième siècle, étaient désignées par les noms spéciaux de : *Pillows*, — *Herringbone*, — *Tufts*, — *Thicksets*, *Janes et Jonets*, — *Diapers* (dessins quadrillés),— *Dimities*, — *Ribs*, — *Baragones*. Ces articles étaient teints en couleur olive ou gris brun : seules couleurs de teinture connues dans ce temps.

En 1750, de grands perfectionnements furent faits. John Wilson fut le premier qui introduisit la teinture en bleu, en noir, en rouge et autres couleurs. Il acheta aussi le procédé pour la teinture en rouge turc.

En 1765 apparurent pour la première fois les *Velverets* et un peu plus tard les *Velveteens*. Ces étoffes eurent un grand succès, et étaient désignées à l'extérieur sous le nom de Manchester.

En 1768, on découvrit la méthode de tisser des *piqués* ou *Marseilla Quiltings*. Rothwell, à *Bolton* (près Manchester), était un des premiers fabricants de cet article; il tissait aussi des *couvertures de lit* (*bed-quilts*) d'après les mêmes principes.

Charles Taylor et Thomas Walker, à Manchester, inventent, en 1770, une nouvelle manière d'imprimer les étoffes et prennent une patente pour 14 années. Cette invention consistait à se servir de cylindres en bois gravés en relief que l'on enduisait de couleur et avec lesquels on imprimait sur l'étoffe [2].

Richard Arkwright, en 1775, prend une patente (brevet d'invention) pour une machine à filer de son invention. — En 1785, le monopole d'exploiter cette découverte fut annulé par suite de la contestation d'invention, et elle passa dans le domaine public. — La chaîne de fils de lin que l'on tirait de Hambourg et de Brême fut remplacée par le fil de coton.

Charles Taylor, en 1770, invente (ou introduit) l'art d'imprimer les étoffes de laine avec des couleurs persistantes. Le même fabricant teignit, à cette époque, les étoffes de coton en *écarlate* sans employer le saflor.

Henry Mather, en 1780, introduit à Manchester une méthode pour presser les velours (*Velveteens embossing*), et c'est lui qui le premier a rehaussé les étoffes de coton colorées moyennant l'impression des contours en or, connus sous le nom d'*imperials*. — Le même fabricant créa, en 1785, une fabrique de teinture de rouge turc (*Turkey or Adrianople red*) à l'instar des établissements de Rouen. En 1788, *il invente une machine à imprimer avec des cylindres (rouleaux) en cuivre creux et gravés en taille-douce* [3].

Thomas Cooper, Baker et Charles Taylor, en 1788, introduisent le blanchiment artificiel d'après les découvertes et descriptions de Berthollet. Par ces procédés, une pièce de calicot sortant du tissage pouvait, dans l'espace de quarante-quatre heures, être imprimée en plusieurs couleurs, et être présentée à la vente. — Les anciens procédés exigent 2 à 3 mois.

En 1788, à peu près trois années après l'annulation du brevet d'invention d'Arkwright, la filature de coton prit un développement tel, en Angleterre, que dans 143 filatures (mises en mouvement par des roues à eau), on comptait 600 machines à filer,

---

[1] *Extrait de Beschreibung einer im Sommer 1750 von Hamburg nach und durch England geschehenen Reise vom Licenziat Nehmich.*

DA [2] Texte allemand : « Es geschah mittelst hölzernen Walzen mit ausgeschnittenen Desseins, die « man mit Farben belegte und so auf die Zeuge druckte » (page 51).

DA [3] 1788. Machines à imprimer avec des cylindres gravés en taille-douce.

dites continues (*Mulls*), et 20,000 dites renvideuses (*Mulls-Jennies*), qui occupaient 150,000 hommes, 90,000 femmes et 100,000 enfants.

Avant 1780, on ne tissait pas de mousselines à Manchester ni dans les environs. — En 1788, le tissage de mousselines prit un tel développement que les fabricants demandèrent au gouvernement de limiter l'introduction des produits de coton provenant des Indes, pour encourager et faire prospérer l'industrie nationale, et proposèrent d'acheter à la compagnie des Indes les matières brutes; cette compagnie refusa net ; mais plus tard elle revint sur sa décision, et, en 1797, la compagnie des Indes introduisit en Angleterre pour £ 500,000 (12,500,000 fr.) d'indigo.

Dans les dix dernières années du siècle passé, peu de découvertes nouvelles ont été introduites à Manchester, par contre de grandes améliorations et des perfectionnements nombreux ont été faits.

ARTICLE CALICOTS IMPRIMÉS A MANCHESTER POUR L'EXPORTATION.

Article principal, *Full-Chints*, fabrication garancée. — *Half-Chints*, article faux teint. — *Fancy*, article de fantaisie. — Articles très-communs et tissus grossiers, et couleurs fugitives pour vêtements des sauvages d'Afrique, des États-Unis et les Indes. Dans ce classement sont compris les *Tearing-Goods*, imprimés sur étoffe chaîne coton et trame lin. — *Striped-Holands* et *Harlems*, étoffes en mi-coton et mi-lin, s'exportant aux Indes. — *Checks*. Bleu quadrillé. Étoffes pur lin, pur coton ou mélangées. — *African Goods*, imitation des impressions des Indes dont ils portent les noms : *Brawls, Nicanees, Cherriderries, Photaes, Romals, Byramrouts*, etc.

Signd : W. R. REESS.

PRÉVINAIRE.
Machines employées en teinture. Inventions. (S. I., vol. XXII, p. 78.)
Une dégorgeuse concentrique, — une dégorgeuse excentrique, — une machine à retordre.

PBUCKNER (C. P.), Chimiste manufacturier de Hof (Bavière).
Fabrication de l'outremer artificiel en Allemagne. Revue scientifique et industrielle du docteur **Quesneville.** N° 64, avril 1854.

PRUSSE. Ordonnance royale sur le travail des jeunes ouvriers dans les fabriques prussiennes, rendue le 18 mars 1830.
Article 1er. Avant d'avoir accompli l'âge de 9 ans, nul ne peut être reçu dans aucune fabrique, mine, forge ou usine.
Art. 2. Celui qui n'aura pas suivi les écoles pendant 3 années consécutives, ou qui ne pourra pas prouver, par un certificat délivré par le comité d'instruction primaire, qu'il sait lire couramment sa langue maternelle, et qu'il a un bon commencement dans l'écriture, ne sera reçu dans aucune usine nommée ci-dessus avant l'âge de 16 ans révolus. Il ne sera fait d'exception que dans le cas où l'établissement assure l'instruction aux jeunes ouvriers, par une école mise à leur disposition.
Art. 3. Les jeunes gens qui n'ont pas atteint leur seizième année ne pourront être employés dans les établissements que 10 heures par jour. — Cependant la police locale est autorisée à accorder momentanément une prolongation du travail, dans le cas où un événement malheureux seroit venu arrêter la marche régulière des ateliers, et nécessiter par là une prolongation de travail. Toutefois la prolongation ne pourra être que d'une heure par jour, et ne pourra durer au maximum que pendant 4 semaines.
Art. 4. On doit accorder pendant les heures de travail d'une journée, avant et après midi, un repos d'un quart d'heure, et à midi toute une heure. A chaque repos, l'ouvrier peut jouir du mouvement en plein air.

Art. 5. Il est expressément défendu d'employer les jeunes ouvriers avant 5 heures du matin et après 9 heures du soir, ni pendant les dimanches et les jours fériés.

Art. 6. Les ouvriers chrétiens, qui n'ont pas encore fait leur première communion, ne pourront être occupés pendant les heures fixées par le pasteur pour recevoir l'instruction religieuse.

Art. 7. Les propriétaires des usines qui emploient de jeunes ouvriers devront tenir un registre exact du nom, de l'âge, de la demeure des parents et de l'entrée des jeunes gens dans l'établissement. Ils seront tenus de conserver ce registre et de l'exhiber à la police ou au comité des écoles, si cela était exigé.

Art. 8. Pour chaque enfant employé contrairement à ces ordonnances, le chef ou son représentant sera passible d'une amende de 1 à 5 thalers.

Dans le cas de non-existence ou de mauvaise tenue du registre mentionné art. 7, on sévira la première fois par une amende de 1 à 5 thalers; la seconde fois, cette amende pourra s'élever de 5 à 50 thalers. La police locale pourra toujours faire établir ce registre, ou le compléter entièrement aux frais de celui qui se trouvera en contravention avec la loi. L'organisation des registres pourra se faire par la voie administrative.

Art. 9. L'obligation de suivre les écoles ne sera en aucun cas modifiée; cependant l'administration aura soin que les heures des leçons soient fixées d'après les heures de travail dans les ateliers industriels, lorsque les circonstances forceront des enfants, qui vont encore aux écoles, d'aller travailler dans ces ateliers, ceci dans le but de ne pas entraver la marche régulière des établissements.

Art. 10. Les ministres des affaires médicales, de la police et des finances devront veiller au règlement touchant le logement, la moralité et la santé des ouvriers, et à la conservation, parmi eux, de la santé et des bonnes mœurs. En cas de contravention, la punition à infliger pourra être de 50 thalers ou d'un emprisonnement proportionné à cette somme.

Frédéric-Guillaume.

Donné à Berlin, le 9 mars 1839.

Q

QUESNEVILLE, Dr ès sciences.
  Voyez *Moniteur scientifique*, auteurs M.

R

RAMPAL (Marius), Directeur de la savonnerie marseillaise de Sotteville-les-Rouen.
  Savonimétrie et analyse des savons. (S. I., vol. XXVIII, p. 153.— S. I., vol. XXVIII, p. 343.)

RANGOT (L.), Mécanicien à Valence (Drôme).
  Machine à laver ou à dégorger les pièces sortant de la teinture en garance. (S. I., vol. XXIX, p. 506.)

REICHENECKER, à Ollwiller (Haut-Rhin).
  Tuyaux en terre cuite. (S. I., vol. XIII, p. 501, 1 pl., tableau indiquant les dimensions et les prix de ces tuyaux.)

REULEAUX, Professeur à Zurich (Suisse).
Transmissions par câbles métalliques. (S. I., vol. XXXI, p. 113.)

REULEAUX, Professeur à Zurich (Suisse).
Transmissions de mouvements. (S. I., vol. XXXII, p. 372.)

RICHELOT (H.).
Douane allemande. (S. I., vol. XVII, p. 387 à 556.)

RIEDER (Anselm).
Papiers. Essai de fabrication de papier avec des filaments d'aloès, de bananier et de palmier nain. (S. I., vol. XII, p. 236.)

RIEDER (A.).
Industrie du papier. Rapport sur le concours des prix proposés par le Comité de l'industrie du papier. (S. I., vol. XXVIII, p. 214.)

RIGBY (William), à Manchester.
Pantographe pour la gravure des rouleaux. (S. I., vol. XXIX, p. 407, 2 pl.)
..... La première application du pantographe à la gravure des rouleaux a été faite en Angleterre, en 1834, par **Hoten Devrile**; mais les résultats obtenus avec son appareil imparfait et peu pratique étaient insignifiants.
En 1848, **Isaac Taylor**, homme de lettres à Nottingham, inventa un pantographe qu'il employa avec succès à la production des gravures sur acier et sur cuivre. Plusieurs ateliers de gravure sur rouleaux, à Manchester, adoptèrent la machine Taylo et obtinrent des résultats plus ou moins satisfaisants.
En 1856, MM. **Dollfus-Mieg et Cⁱᵉ**, voulant se rendre compte de ce nouveau mode de gravure, placèrent une de ces machines dans leur établissement et firent venir deux ouvriers familiarisés avec son usage. Mais après avoir fait exécuter quelques dessins, ils reconnurent que la gravure obtenue avec le pantographe tel qu'il était alors, ne saurait ni suffire aux exigences de la fabrication alsacienne, ni présenter de grands avantages sous le rapport économique.
William Rigby, graveur sur rouleau à Manchester, est parvenu à construire un appareil perfectionné et simplifié et qui, aujourd'hui, se trouve dans tous les établissements en Angleterre, et qui est introduit en France.

RISLER-BEUNAT.
Gélatine. Dosage volumétrique de la gélatine dans les colles de commerce. (S. I., vol. XXX, p. 263.)

RISLER FRÈRES, Constructeurs à Cernay.
Seringue à mouiller les canettes. (S. I., vol. II, p. 190, 1 pl.)

RISLER FRÈRES, Constructeurs à Cernay.
Lits en fer forgé. (S. I., vol. II, p. 203, 1 pl.)

RISLER FRÈRES et DIXON.
Carde à coton débourrant elle-même ses chapeaux. (S. I., vol. III, p. 421, 3 pl.) — Cette carde, inventée, en Écosse, par **Buchanen,** a été importée en France, en 1824, par **Risler frères et Dixon.**

RISLER (Georges-Alphonse).
Métiers à tisser auneurs. (S. I., vol. XIII, p. 224, 1 pl.)

RISLER (G.-A.).
Système de séchage pour machine à parer. (S. I., vol. XIX, p. 261, 1 pl.)

RISLER (G.-A.).
Filature de coton. Machine préparatoire pour les filatures de coton. Invention. (S. I., vol. XXIII, p. 296, 3 pl.)

RISLER-HEILMANN, à Paris.
Notice nécrologique sur Risler-Heilmann, par M. **Kœchling-Ziegler.** (S. I., vol. XXVII, p. 357.)
..... En 1807, il était intéressé dans l'exploitation d'une filature de coton à Paris, alors que la filature était encore à sa naissance en France ; il en fit une étude approfondie, et c'est à cette époque bien reculée que remontent les services rendus par M. **Risler** aux industries diverses de son pays : ce fut lui qui fournit, dans ce temps-là, des renseignements précieux aux premières filatures de l'Alsace, et leur procura les meilleures machines connues alors...

RISLER (Jean), Pharmacien.
Polygonom tinctorium. (S. I., vol. XI, p. 186.)

RISLER (Jérémie).
Machines à imprimer les étoffes de coton. (S. I., vol. III, p. 349 à 374, 2 pl.)

RISLER (J.).
Séchage des toiles mordancées. (S. I., vol. VII, p. 494, 2 pl.)
1. Séchage à l'air libre.
2. Séchoir en long, en accrochant une lisière.
3. Séchoir à rouleau.
4. Cheminée verticale.
5. *Hot-flue* anglaise.
6. Séchage en rond autour d'un ventilateur.
7. Courroie sans fin dans un canal horizontal.
8. Séchage sur des tambours chauffés à la vapeur.

RISLER (Mathieu), Maire de Cernay.
Les asiles agricoles de la Suisse, comme moyen d'éducation pour les enfants pauvres. — Remède contre l'envahissement du paupérisme. — Système de colonisation pour l'Algérie. Br. in-8, 70 p. Mulhouse, 1846.

RISLER (M.).
Cours d'agriculture, de viticulture et de jardinage. (S. I., vol. XXIII, p. 113.)

RISLER-REBER, à Sainte-Marie-aux-Mines.
Fabrication à la mécanique de calicots rayés. (S. I., vol. XVI, p. 129.)

ROBELIN, Tuilier.
Tuiles perfectionnées. (S. I., vol. XXII, p. 31.)

ROBIQUET.
Garance. Réflexions sur un mémoire de M. **Henri Schlumberger,** ayant pour titre : *Examen comparatif de la garance d'Avignon et de la garance d'Alsace.* (S. I., vol. IX, p. 47.)

ROBIQUET et **COLIN.**
Mémoires sur la question : « Séparer la matière colorante de la garance, et déterminer la quantité qu'un poids donné de garance peut en contenir. » (S. I., vol. I, p. 126.)

S

SALADIN (B. E.).
Transmission à vitesses progressives au moyen d'une poulie à expansion, à guides coniques et rectilignes, mues par une poulie à rayons constants, pour crémaillères à dentures uniformes, pour servir à l'enridage de la mèche dans les bancs à broches à mouvement différentiel. (S, I., vol. XIX, p. 19, 1 pl.)

SALADIN (B. E.).
Peloteuse mue par engrenages. (S. I., vol. XX, p. 207, 1 pl.)

SALADIN (B. E.).
Mouche. Transformations principales de la mouche, et sur certaines modifications qui permettent d'en rendre le mouvement uniforme, soit que l'on emploie des roues dentées, des courroies, ou des cordes. (S. I., vol. XXI, p. 102, 2 pl.)

SALADIN (B. E.).
Tissage. Bobinoir destiné à mettre en bobines d'ourdissoir les filés déjà dévidés, et aussi à transformer en canettes les filés bobinés. (S. I., vol. XXVI, p. 57, 1 pl.)

SALADIN (Émile).
Tableau mobile muni d'une règle à parallèles. (S. I., vol. VII, p. 83, 1 pl.)

SALADIN (É.).
Cylindres cannelés trempés à leurs extrémités. (S. I., vol. II, p. 335.)

SALADIN (É.).
Nouvel encliquetage. (S. I., vol. XI, p. 348, 1 pl.)

SALADIN (Eugène).
Boucle ou agrafe pour courroie motrice. (S. I., vol. IV, p. 526, 1 pl.)

SALADIN (E.).
Règle à tangente de son invention. (S. I., vol. V, p. 278, 2 pl.)

SALADIN (E.).
Modèle de machines élémentaires. (S. I., vol. XIII, p. 156.)

SALADIN (E.).
Instrument à tracer les ellipses. (S. I., vol. XIII, p. 190.)

SALADIN (E.).
Poulies de renvois. (S. I., vol. XIV, p. 103, 2 pl.)

SALADIN (E.) et KLIPPEL (E.).
Bancs à broches des filatures. Perfectionnement. (S. I., vol. XII, p. 145, 1 pl.)

SALVÉTAT, Chimiste attaché à la manufacture de Sèvres.
Vert turquoise. (S. I., vol. XXIX, p. 487.)
..... Le *vert turquoise*, obtenu en calcinant un mélange d'alumine hydraté, de carbonate de cobalt et d'oxyde de chrome, donne une couleur aussi persistante que le *vert Guignet;* il est d'un bleu verdâtre particulier que ne donnerait pas facilement un mélange de bleu et de vert. Il en est de même de l'oxyde de chrome alumineux, *couleur de vert d'herbe*, qui, tout en étant moins vive que le *vert Guignet*, est cependant une couleur de plus à ajouter à la palette industrielle des fabricants de papiers peints et de tissus imprimés. — Mentionnons aussi une *ocre rouille* d'un éclat très-vif, et dont M. Salvétat a bien voulu nous faire connaître le mode de préparation ; nous transcrirons ici son précédé, pensant qu'il ne sera pas sans intérêt :

« On prend 280 grammes de fer métallique, 550 grammes de zinc, on fait dissoudre le tout dans l'acide chlorhydrique, puis on précipite par le carbonate de soude. On lave à grande eau tant qu'il reste du sel marin et du carbonate de soude dans le mélange. Le dépôt, d'abord vert, brunit ; et quand toute teinte verte a disparu, on filtre sur des toiles garnies de papier buvard.

« Le précipité séché est passé sur des têts à rôtir au rouge sombre, qui détermine le ton.

« On peut remplacer le zinc et le fer par les sulfates de ces métaux en tenant compte de leur composition.

« On modifie la nuance en mettant en présence 1, 2, 3.... équivalents de zinc, pour 2, 4, 6.... équivalents de fer. L'addition du nickel, du cobalt ou du manganèse conduit à des nuances plus foncées, bois, sépia, brunes, » etc.

SALVÉTAT.

Phosphate de cobalt. Violets de cobalt. (S. I., vol. XXIX, p. 484.)

..... Le phosphate de cobalt de M. **Salvétat** se prépare en décomposant un sel de cobalt par du sulfate de soude, et faisant virer au violet par la calcination la couleur rose du phosphate. Ce violet est en poudre suffisamment fine pour être imprimée. Épaissi à l'albumine et imprimé au rouleau, on obtient des violets pouvant rivaliser avec les plus beaux produits de l'aniline et de l'orseille, et n'ayant pas, comme ces derniers, l'inconvénient d'être détruit par les rayons solaires.

SCHAEFFER (Gustave).

Quercitron, traité par l'acide sulfurique. (S. I., vol. XXVII, p. 411.)

SCHAEFFER (G.).

Garance. Essai de la fleur de garance. (S. I., vol. XXIX, p. 200.)

SCHEIDECKER (Alph.), Boulanger à Mulhouse.

Panification du gluten. (S. I., vol. XXXII, p. 64.)

SCHEURER-KESTNER (A.), à Thann.

Albumine. Dosage de l'albumine au moyen du permanganate de potasse. (S. I., vol. XXIX, p. 237.)

SCHEURER-KESTNER.

Naphtylamine. Préparation de matières colorantes au moyen de la naphtylamine. (S. I., vol. XXXI, p. 523.)

SCHIETTINGER (Matthieu), Mécanicien à Mulhouse.

Malt des brasseurs. Machine à broyer et à concasser l'orge. Invention. (S. I., vol. XXXI, p. 357.)

SCHIETTINGER (M.).

Pompes aspirantes et foulantes. Perfectionnement. (S. I., vol. XXXIII, p. 267, 1 pl.)

SCHIMPER (W. P.) et MOUGEOT.

Monographie des plantes fossiles du grès bigarré des Vosges. (S. I., vol. XV, p. 73.)

SCHLUMBERGER (Albert).

Perfectionnement de l'entonnoir des baromètres employés à mesurer la tension de la vapeur dans les chaudières à haute pression. (S. I., vol. I, p. 250, 1 pl.)

SCHLUMBERGER (A.).

**Méthode pour tracer d'une manière exacte la division sur les rè-

maines, dont on se sert pour estimer le degré et finesse ou le numéro des filés de matière textile. (S. I., vol. III, p. 40, 1 pl.)

SCHLUMBERGER (A.).
Paratonnerre. (S. I., vol. XIX, p. 50.)

SCHLUMBERGER (A.).
Compagnie d'assurance. Rapport à la Société industrielle sur la Compagnie d'assurance mutuelle, mobilière et immobilière, *la Clémentine.* (S. I., vol. XXII, p. 380.)

SCHLUMBERGER (Albert), Chimiste.
Fuchsine et azaléine. Lettre au sujet de la question Fuchsine et Azaléine. (S. I., vol. XXX, p. 170.)

SCHLUMBERGER (A.).
Fuchsine. Ouverture d'un paquet déposé à la Société industrielle de Mulhouse par **Albert Schlumberger,** chimiste le 23 octobre 1859, contenant sa nouvelle découverte pour la fabrication de la fuchsine. (S. I., vol. XXX, p. 170.)

SCHLUMBERGER (A.).
Aniline. Fabrication du violet d'aniline. (S. I., vol. XXXII, p. 126.)

SCHLUMBERGER (A.) et **KOECHLIN** (Émile).
Système de chaudière à vapeur de MM. Séguin et Cie, à Saint-Étienne. (S. I., vol. V, p. 189 à 230, 4 pl.)

SCHLUMBERGER (E.), Élève au laboratoire de l'école professionnelle de Mulhouse.
Quereltron. Ses matières colorantes. (S. I., vol. XXIX, p. 222.)

SCHLUMBERGER (François-Médard).
Tissus à la Jacquard. (S. I., vol. VIII, p. 207.)

SCHLUMBERGER (F. M.).
Holcus-sorghum de l'Ile-de-France, variété très-productive. (S. I., vol. XXII, p. 55.)

SCHLUMBERGER (Henri), Chimiste.
Colle économique. (S. I., vol. I, p. 41.)

SCHLUMBERGER (H.).
Garance. Examen comparatif de la garance d'Avignon à la garance d'Alsace. (S. I., vol. VII, p. 99 à 152.)

SCHLUMBERGER (H.).
Garance. Rapport sur les mémoires concernant les prix de garance, qui ont été présentés pour le concours de 1835. (S. I., vol. VII, p. 293 à 363.)

SCHLUMBERGER (H.).
Garance. (S. I., vol. VII, p. 401 à 442.)

SCHLUMBERGER (H.).
Garances. Leur pouvoir tinctorial. (S. I., vol. XI, p. 270 à 348.)

SCHLUMBERGER (H.).
Mordants de fer sur les étoffes de coton. (S. I., vol. XIII, p. 399 à 433.)

SCHLUMBERGER (H.).

    Cachou. Sa fixation sur étoffe de coton au moyen du chromate de potasse. (S. I., vol. XIV, p. 197.)

SCHLUMBERGER (H.).

    Tissus de laines imprimées. Ravage fait par des grillons sur ces tissus. (S. I., vol. XV, p. 125.)

SCHLUMBERGER (H.).

    Indigos. Essais des indigos. (S. I., vol. XV, p. 277.)

SCHLUMBERGER (H.).

    Résidu abandonné dans les fabriques. Rapport fait dans la séance du 30 mai 1840, au nom du Comité de chimie, sur le mémoire traitant des résidus abandonnés, et sur une substance devant remplacer le savon pour les couleurs garancées. (S. I., vol. XXII, p. 41.)

SCHLUMBERGER (H.).

    Notice nécrologique sur Henri Schlumberger par Scheurer-Roth (A.). (S. I., vol. XXIV, p. 115.)

SCHLUMBERGER (Henri) et SCHEURER (Auguste).

    Industrie cotonnière en Angleterre. Quelques observations recueillies par eux en Angleterre, en juillet 1837. (S. I., vol. XI, p. 53.)
    Tireur mécanique pour l'impression à la planche. 1 pl.
    Papier verni pour les imprimeurs.
    Vashrhills (roue de lavage).
    Squeezer (machine à exprimer).
    Cuves de teinture.
    Séchoir.
    Séchoir pour les toiles mordancées.
    Grilles.
    Firing-machine (chargeur de houille).
    Bouilleurs et chaudières à vapeur.
    Filtration des eaux. 1 pl.
    Extraction de l'indigo des dépôts de cuves bleues.
    Esprit de bois : *pyroxyl-spirit*. (Bi-hydrate de Méthylène, de **Dumas.**)

SCHLUMBERGER (Ivan).

    Chaudières à vapeur. Perfectionnement dans la forme et la disposition des barreaux de grilles des foyers. (S. I., vol. XVI, p. 553, 1 pl.)

SCHLUMBERGER (I.).

    Machine servant à extraire la partie colorante des bois de teinture. (S. I., vol. XIX, p. 49.)

SCHLUMBERGER (I.).

    Teinture. Petit instrument vérificateur de teinture. (S. I., vol. XXXII, p. 114.)

SCHLUMBERGER-KOECHLIN et Cⁱᵉ, à Mulhouse.

    Chaudières à vapeur. Flotteur perfectionné. (S. I., vol. XII, p. 594, 2 pl.)

SCHLUMBERGER (Nicolas) et Cⁱᵉ, à Guebwiller.

    Filature. Essais de filature de poils d'yaks de la Chine. (S. I., vol. XXVI, p. 313.)

SCHLUMBERGER (Nicolas), fils, à Guebwiller.

    Travaux de défrichement et d'irrigation. Dans la réunion générale de la Société industrielle du 31 mai dernier, l'assemblée a décidé, sur la proposition de

M. Nicolas Schlumberger fils, qu'une pétition serait adressée aux ministres de l'intérieur, du commerce, des travaux publics et des finances, pour demander que des travaux publics soient entrepris dans le département du Haut-Rhin, afin de donner de l'emploi aux nombreux ouvriers que la crise industrielle laisse sans travail. (S. I., vol. XXI, p. 309.)

SCHLUMBERGER-SCHWARTZ (Gaspard).
Tissus et nappages en fil de lin. (S. I., v. XII, p. 187.)

SCHMERBER (Jean), fils, Ingénieur-mécanicien à Tagolsheim (Haut-Rhin).
Pompes à eau. Moyen simple et peu coûteux pour éviter sans réservoir à air l'ébranlement et les chocs des pompes à eau. (S. I., vol. XXIII, p. 61.)

SCHMERBER (J.).
Marteaux-pilons à ressorts en caoutchouc vulcanisé. Invention. (S. I., vol. XXIII, p. 145, 1 pl.)

SCHMERBER (J.).
Voyez E, *Exposition de Londres de 1851.*

SCHMERBER père et fils, à Tagolsheim (Haut-Rhin).
Notice sur leur établissement de forges. (S. I., vol. XXIII, p. 320.)

SCHMID et **SALZMANN**, à Ribeauvillé.
Métiers à la Jacquard et battant-brocheur. (S. I., vol. XVI, p. 128.)

SCHNEIDER (Théodore), Professeur de chimie au collège de Mulhouse.
Albumine extraite du sang par endosmose. (S. I., vol. XXX, p. 559.)

SCHOENBEIN (C. F.), Professeur de chimie à Bâle.
Notices chimiques. Verhandlungen der naturforschenden Gesellschaft in Basel. Dritter Theil. Drittes Heft. Arch. sc. nat. Genève. T. XIV, n° 54, 20 juin 1862, p. 161.
..... 1. États allotropiques de l'oxygène.
2. Formation de l'ozone par voie chimique.
3. Transformation allotropique de l'oxygène.
4. Action du sous-acétate de plomb sur l'eau oxygénée.
5. Nouveau réactif très-sensible de l'eau oxygénée.
6. Production de l'azotite d'ammoniaque au moyen de l'air et de l'eau.
7. Présence de l'azotite d'ammoniaque dans les sécrétions animales.

SCHOENBEIN (C. F.).
Propriétés de l'oxygène et des corps simples halogènes. Verhandlungen der naturforschenden Gesellschaft in Basel. Dritter Theil. Zweites Heft. Arch. sc. nat. Genève. T. XIII, n° 49, 20 janvier 1862, p. 60.
..... 3. Action des peroxydes d'hydrogène et de baryum, sur l'iode et sur l'iodure d'azote.
4. Action de l'iode sur l'amidon et sur l'eau à une température élevée.
5. Action de l'aldéhyde sur l'oxygène.

SCHULER, à Guebwiller.
Vannage avec régulateur. (S. I., vol. IV, p. 300, 2 pl.)

SCHUPP (G.), à Mulhouse.
Navettes pour tissage mécanique. (S. I., vol. XVIII, p. 219.)

SCHUETZENBERGER. Professeur de chimie et de physique à l'école professionnelle de Mulhouse.

Garance. Des produits pectiques dans la garance et ses dérivées. (S. I., vol. XXVII, p. 5.)

SCHUETZENBERGER.
Cochenille. Acide carminique et cochenille ammoniacale. (S. I., vol. XXVIII, p. 360.)

SCHUETZENBERGER et **PARAF.**
Ammoniaque. Son action sur les matières colorantes. (S. I., vol. XXXI, p. 503.)

SCHWARTZ.
Rapport annuel sur la Société industrielle de Mulhouse, à l'assemblée générale du 11 décembre 1829. (S. I., vol. III, p. 205.)

SCHWARTZ (Édouard).
Notice sur l'affaiblissement qu'éprouve le coton pendant son contact avec les substances qui se combinent avec l'oxygène, ou qui en dégagent. (S. I., vol. I", p. 191.)

SCHWARTZ (É.).
Préparation et conservation du chlorure de chaux. (S. I., vol. I", p. 242, 1 pl.)

SCHWARTZ (É.).
Moyen d'utiliser la vapeur qui s'échappe des chaudières d'avivage. (S. I., vol. I", p. 340, 1 pl.)

SCHWARTZ (É.).
Partie colorante jaune de fleur de pommes de terre et de quelques feuilles d'arbres du pays. (S. I., vol. III, p. 181.)

SCHWARTZ (É.).
Substance tinctoriale des Indes. (S. I., vol. V, p. 206 :
Cassa (Nemecylon capitellatum). Espèce de sumac.
Gullantina. Espèce de garance.
Nona. Est un rubiacé.
Schayawr. Espèce de garance.
Mungit. Espèce de garance.
Ouongkoudon. Espèce de garance.
Hachrout. C'est un rubiacé.

SCHWARTZ (É.).
Blanchiment des étoffes de coton. (S. I., vol. VII, p. 252.)

SCHWARTZ (É).
Astringant employé pour la teinture des étoffes imprimées. (S. I., vol. XIII, p. 148.)

SCHWARTZ (É.).
Blanchiment des étoffes de coton. Rapport fait par le Comité de chimie pour constater la supériorité du procédé de blanchiment indiqué dans les pages 280 et suivantes du X° volume du *Bulletin de la Société.* (S. I., vol. XIII, p. 176.)
..... Au point où nous en sommes, on peut résumer en peu de mots la théorie de cette partie des opérations du blanchiment qui a pour but d'enlever des toiles de coton jusqu'aux dernières traces de graisse.

1° Convertir complétement ces graisses en savon calcaire.

2° Décomposer le savon calcaire en dissolvant la chaux.

3° Dissoudre dans un carbonate alcalin les acides gras qui se trouvent isolés sur la toile, par les deux opérations précédentes.

SCHWARTZ (É.):
Nutrition des plantes, considérée sous le point de vue chimique. (S. I., vol. XXI, p. 137.)

SCHWARTZ (É.).
Garance. Solubilité de la matière colorante de la garance dans les huiles fixes. (S. I., vol. XXV, p. 180.)

SCHWARTZ (É.).
Garance. Recherches pour trouver un moyen de mieux utiliser la matière colorante de la garance dans l'opération de la teinture. (S. I., vol. XXV, p. 366.)

SCHWARTZ (É.).
Garance. Recherches sur la nature de la matière colorante de la garance. (S. I. vol. XXVII, p. 342.)

SCHWARTZ (É.).
Garance. Extrait de garance par l'acide sulfurique concentré. (S. I., vol. XVIII, p. 320.)

SCHWARTZ (É.).
Notice nécrologique sur Édouard Schwartz par M. le D' Penot. Mai 1862. (S. I., vol. XXXII, p. 287.)

SCHWARTZ (Édouard et Gustave).
Indigo du polygonum tinctorium. (S. I., vol. XII, p. 210.)

SCHWARTZ (Gustave).
Garance. Mémoire sur quelques propriétés de la matière colorante de la garance. (S. I., vol. IX, p. 329.)

SCHWARTZ (G.).
Teinture. Rapport fait au nom du Comité de chimie sur le concours du prix n° 3, *sur le rôle en teinture des matières autres que la matière bleue de l'indigo.* (S. I., vol. IX, p. 413.)

SCHWARTZ (Henri).
Vitesses progressives obtenues par des cônes mis en mouvement par une courroie variable de position. (S. I., vol. XVIII, p. 1er.)

SCHWARTZ (Léonard).
Chauffage à la vapeur appliqué à la teinture. (S. I., vol. Ier, p. 18.)

SCHWARTZ (L.).
Mesures des hautes températures. (S. I., vol. Ier, p. 22, 1 pl.)

SCHWARTZ (L.).
Mesures du tirage des cheminées. (S. I., vol. Ier, p. 233, 1 pl)

SCHWARTZ (L.).
Air chaud à l'alimentation des foyers des chaudières à vapeur. Rapport au nom de la Commission chargée d'examiner l'application de l'air chaud à l'alimentation des foyers des chaudières à vapeur; suivi du premier rapport fait en 1835. (S. I., vol. IX, p. 253, 2 pl.)

SCHWEITZER, Professeur à Zurich.
Oxyde de cuprammonium, dissolvant du coton. Découverte. (S. I., vol. XXVIII, p. 375.)

SCOFFERN, Docteur.
  Voyez : *Chimie appliquée aux beaux-arts.*

SENN père et fils.
  Filature. Machine à couvrir les cylindres de filature. (S. I., vol. XXXII, p. 470, 1 pl.)

SIEGFRIED (Jacques).
  Culture du coton en Algérie. (S. I., vol. XXXII, p. 335.)

SIMON, à Saint-Dié.
  Parement et apprêt. Chaudière à haute pression pour leur cuisson. (S. I., vol. XXIX, p. 253, 1 pl.)

SOCIÉTÉ INDUSTRIELLE DE MULHOUSE.

Liste des membres de la Société.

AVRIL 1837.

MM. Schlumberger (Isaac), président de la Société.
Koechlin (Édouard), vice-président.
Zuber (Jean), fils, secrétaire.
Koechlin-Ziroler, trésorier.
Koechlin (Joseph), bibliothécaire.
Nise (Jean-Georges), économe.

Membres du Comité de mécanique.

MM. Heilmann (Josué).
Dollfus (Émile).
Parmentier.
Naegely (Charles).
Thierry (Pierre).

Membres du Comité de chimie.

MM. Koechlin-Schoen.
Dollfus-Ausset.
Heilmann (Ferdinand).
Schwartz (Édouard).
Schwartz (Léonard).

Membres ordinaires.

MM. Grosjean (Jean).
Schlumberger-Steiner.
Blech (Paul de Paul).
Thierry (Matthieu).
Weber (Adam).
Koechlin (Jean de Rodolphe).
Saladin (Émile).
Schlumberger (Albert).
Dollfus (Josué).
Heyer (J. J.).
Schlumberger (Henri).
Reber-Hartmann.
Hofer (Henri), fils.
Reber-Grosheinz.
Zuber (Frédéric).
Hofer (Matthieu), fils.
Mantz, fils.
Blech (Frédéric).
Bourcart (Jean-Jacques), à Guebwiller.
Kestner (Charles), à Thann.
Risler (Jérémie), à Cernay.
Gietner (Étienne), à Lyon.
Pesselmuller, à Rouen.
Hartmann (Jacques), à Munster.
Schoebert (Frédéric), à Sainte-Marie-aux-Mines.
Hartmann (Henri), à Munster.
Dixon, à Cernay.
Koechlin (Pierre), à Lörrach.

Membres honoraires.

MM. Maimbourg, professeur de mathématique.
Braun-Pfeffel, principal du collège.
Penot, professeur de chimie.
De Jevisey, ingénieur des ponts et chaussées.
Mosat, idem.
Ziegel, directeur de la Société d'assurances mutuelles.

Correspondants.

MM. Brantrome, doyen de la Faculté des sciences à Strasbourg.
Stoehlin, manufacturier à Vienne.
Risler-Heilmann, négociant à Paris.
Brunner (Charles), professeur de chimie à Berne.
Bernoulli (Chr.), professeur d'histoire naturelle à Bâle.
Frey (F.), manufacturier à Aarau.
Fischer, lieutenant-colonel à Schaffhouse.
Dupin (Charles), baron, membre de l'Institut, professeur au Conservatoire à Paris.
Désormes (Clément), idem.
Kuhlmann, professeur de chimie à Lille.
Robiquet, membre de l'Académie de médecine, professeur à l'École de pharmacie, à Paris.
Colin, professeur de chimie à Paris.
Houtton-Labillardière, professeur de chimie, à Rouen.
Leblanc, professeur de dessin au Conservatoire, à Paris.

SOCIÉTÉ INDUSTRIELLE DE MULHOUSE.

Notice chronologique sur les inventions. — Découvertes. — Progrès importants faits dans l'industrie et fondations ayant contribué à ces progrès, et à l'amélioration de l'état physique et moral des ouvriers du Haut-Rhin.

Présenté au nom du conseil d'administration par une commission composée de MM. **Joseph Kœchlin.** — **Daniel Kœchlin-Ziegler.** — **A. Penot**, docteur ès sciences, dans la séance de la Société, le 28 janvier 1848. ,

Bulletin n° 101. (S. I., vol. XXI, p. 234.) •

Parmi les causes qui influent le plus puissamment sur la richesse des citoyens et sur la force des empires, sur l'adoucissement des mœurs, le confortable de la vie, l'industrie nous paraît occuper le premier rang. — S'appuyant à toutes les époques sur la somme de nos connaissances acquises, cette fille du génie créateur de l'homme s'élève au niveau de nos besoins, partout où on la laisse jouir d'une entière liberté, sans laquelle tout essor est impossible. C'est surtout chez les nations civilisées, dont les besoins sont en plus grand nombre, où les funestes préjugés d'une ancienne routine ont moins d'intensité, où une libre concurrence ouvre à chacun les routes de la fortune, que, se faisant un point d'appui de toutes les sciences, l'industrie semble pouvoir vaincre tous les obstacles. C'est là que, grande et majestueuse, brillant de tout l'éclat de son feu créateur, elle nous révèle la force et la profondeur de l'intelligence humaine. Occupée sans cesse à perfectionner ce qu'elle a produit, et à produire des merveilles nouvelles, elle s'avance suivant et surpassant parfois les pas rapides de la science, et semant sur la route d'inombrables bienfaits...

L'Industrie est la reine du monde, dont elle a changé la face ; c'est elle qui règle les destinées, par la puissance immense qu'elle concède aux peuples policés, dont elle seule fixe les rangs, et par le commerce dont elle fait le lien des nations. Qui oserait assigner un terme à la puissance morale et physique de l'industrie sur la civilisation et le bonheur de l'espèce humaine? Établissez une manufacture dans un désert, sur un terrain stérile, sous un ciel malsain, et bientôt autour de ce centre de mouvement vous verrez se grouper des manufactures nouvelles et s'agglomérer une population qui saura arracher d'abondantes récoltes à une terre avare, et faire succéder une atmosphère salubre à des miasmes pestilentiels.

Mais parmi l'infinie variété de branches dans lesquelles l'industrie se subdivise, il n'en est peut-être pas qui soit plus capable de satisfaire aux nombreux besoins d'une population que la fabrication d'étoffes imprimées, par le grand nombre de ses ramifications. Les hommes, les femmes, les enfants ; ceux qu'une longue étude a préparés à des connaissances profondes de la chimie ou de la mécanique, à la grâce du dessin ou de la gravure ; ceux qu'aucun genre d'instruction ne cultiva jamais : tous trouvent dans ces nombreuses manutentions un emploi analogue à leurs facultés intellectuelles et physiques. —

Chapitre I. — Filatures.

De 1805 à 1806. Création de la *première filature* dans le Haut-Rhin, par **Nicolas Dollfus et Lœchy-Dollfus**, à Bollwiller.

(C'est de cet établissement qu'est sorti M. **Antoine Herzog**, qui, de simple ouvrier, a pu, par sa rare intelligence, devenir un des fabricants les plus recommandables du Haut-Rhin.)

Quelques mois après, il est créé une autre filature à Wesserling, par MM. **Gros, Daviller, Roman et Cⁱᵉ**.

1810. *Introduction des canettes* pour trame, au moyen desquelles le tisserand peut se servir des bobines telles qu'elles sortent du métier à filer, et sans avoir besoin de les dévider, par **Nicolas Kœchlin et frères**, de Mulhouse, dans leur établissement à Massevaux.

1812. *Première machine à vapeur* de construction française, employée comme moteur de filature, par **Dollfus-Mieg et Cie**, à Mulhouse[1].

1812 à 1820. **Perrenod**, par ses connaissances, son intelligence et son activité, a aidé puissamment aux *progrès de la filature du coton*[2].

1810. Introduction de machines inventées par **Émile Saladin**, pour *repasser les chapeaux et les tambours de cardes*, chez **N. Schlumberger et Cie**, à Guebwiller.

1820 à 1821. *Première filature en fin* dans le Haut-Rhin, par **Jacques Hartmann**, à Munster, supériorité des canettes n°° 105 à 115 pour trame.

1820. *Filature en fin*, grande supériorité non contestée jusqu'à nos jours, de numéros élevés, surtout pour chaîne, par **Nicolas Schlumberger et Cie**, à Guebwiller.

1820 à 1828. Procédé inventé par **Badmer**, de Zurich, *pour réunir les rubans aux cardes et étirages* des filatures de coton, introduit en grand par **Jacques Hartmann**, à Munster.

1833. Modifications aux *bancs à broches* qui les rendent propres à être employés aux numéros élevés, par **Nicolas Schlumberger et Cie**, à Guebwiller.

1837. *Application des engrenages*, au lieu de cordes, pour mettre en mouvement les tambours des métiers mull-jenny, par **Dollfus-Mieg et Cie**, à Mulhouse.

1838. Fondation de la *première filature de laine peignée* dans le Haut-Rhin, dans laquelle on emploie, pour la première fois en France, le peignage mécanique sur une vaste échelle, et où, sur le continent, on se passe entièrement, pour la première fois, du peignage à la main.

Produits d'une grande supériorité par **André Kœchlin et Cie**, à Mulhouse. Ces progrès sont dus principalement à M. **Jérémie Risler-Dollfus**, associé.

Chapitre II. — Tissage.

TISSAGE DU COTON.

1750. *Premier tissage* en grand des calicots dans le Haut-Rhin, établi à Cernay, par **Daniel Huguenin**, de Mulhouse.

1803. Introduction de la *navette volante*, déjà employée en Suisse, par **Martin Ziegler**, à Mulhouse[3].

1811. Premier emploi de *machines à parer*, d'un système particulier, par **Nicolas Kœchlin et frères**, à Massevaux.

1818 à 1820. Production d'*articles fins, en tissus de coton*, surtout en vue de la vente en blanc, par **Schlumberger-Steiner et Cie**, à Mulhouse.

1821. Création d'un atelier de *vingt machines à parer*, système anglais, encore aujourd'hui employées par **Dollfus-Mieg et Cie**, à Mulhouse.

1820. Création, après des essais faits dans différentes maisons, d'un atelier de 240 métiers *à tisser mécaniquement*, système **Josué Hellmann**, par **Isaac Kœchlin**, à Willer.

1829. Première importation en France de l'article *damas de cotons meubles*, par **Alexandre Franck**, à Mulhouse.

1829. Première production de *tissus-mousselines, avec bandes satinées*, qu'ils ont ensuite imprimées, par **Nicolas Kœchlin et frères**, à Mulhouse.

1836. Production de *jaconnats* 100 *portées à la mécanique*, par **Gros, Odier, Roman et Cie**, à Wesserling.

DA [1] Deux machines à vapeur, chacune de la force de dix chevaux, construites par **Salneuve**, à Paris.

DA [2] **Perrenod**, contre-maître de filature de Paris, directeur de la filature de Dollfus-Mieg et Cie, à Mulhouse, en 1812.

DA [3] La navette volante était employée en Angleterre au milieu du dix-huitième siècle.

1838. Invention du métier propre à faire les brillantés par mécanique, et production en grand de ces tissus, par **Kœchlin, Favre et Waldner**, à Masevaux.

1845. Introduction d'un *régulateur et d'un casse-fil* aux métiers à tisser mécaniques, généralement employé et indispensable pour tisser avec régularité les tissus légers, par **Xavier Jourdain**, à Altkirch.

TISSAGE DU FIL DE LIN.

1830. Invention et exploitation d'un métier réunissant trois principes, celui de Jaquard, celui du métier à tirants, et celui à simple contre-marche, pour faire les nappages, par **Edel**, à Breitenbach.

1839. Introduction en grand de l'industrie des *damassés en fil de lin*, par **Gaspard Schlumberger-Schwartz**, à Mulhouse.

TISSAGE DE LA SOIE.

1804. Fondation de la première *fabrique de rubans* dans le Haut-Rhin, appartenant aujourd'hui à **de Bary-Merian**, par **Jean de Bary et Bischoff**, à Guebwiller.

1832. Améliorations importantes dans la fabrication des *rubans de soie*.

1843. Introduction de l'article *basse-lisse* dans l'établissement de **de Bary-Merian**, à Guebwiller; progrès dû principalement à **Albert de Bary**, associé.

TISSAGE DE LA LAINE.

1810. Première fabrication, en France, des *draps croisés en laine*, destinés à l'impression au rouleau, et pour lesquels les fabricants de Mulhouse ont acquis plus tard une si grande réputation, par **Daniel Hornung**, à Mulhouse.

TISSUS EN COULEUR.

1776. Création de l'industrie du *tissage en couleur* dans la vallée de Sainte-Marie-aux-Mines, par **Jean-Georges Reber**.

1802 à 1803. Création de la première *teinture rouge turc* par **Schouhart et Cie**, à Sainte-Marie-aux-Mines.

1818 à 1819. Création d'un genre de mouchoirs fins, appelés *madras*, dont le débouché a été considérable pendant plus de vingt ans, par **Weisgerber frères et Kayser**, à Ribeauvillé.

1823 à 1824. Production des *premiers ginghams*, tissu fin, ayant eu pendant quelques années une vogue extraordinaire, par **Xavier Kayser et Cie**, à Sainte-Marie-aux-Mines.

1827. *Violet vif et solide*, obtenu par le procédé du rouge huilé, par veuve **Laurent Weber et Cie**, à Mulhouse.

1832. Première application du métier Jaquard aux tissus en couleurs, pour robes et mousselines, par **Schmid et Salzmann**, à Ribeauvillé.

1833. Création des tissus en couleur, en *coton mélangé de soie ou de laine*; article qui constitue encore aujourd'hui la haute nouveauté, par veuve **Laurent Weber et Cie**, à Mulhouse.

1832 à 1840. Importation d'un genre de mouchoirs des Indes, qui ont eu un très-grand succès, par **Auguste Hepner et Cie**, à Sainte-Marie-aux-Mines.

1834. Introduction en France de *damas laine et coton*, dessins ornements, d'une grande perfection, dus aux talents de M. **Zipélius**, par **Alexandre Franck**, à Mulhouse.

1838. Introduction dans le département, et fabrication perfectionnée des *damas laine et soie*, par **Alexandre Franck**, à Mulhouse.

1839. Application du *battant-brocheur* aux tissus en couleur, fabrication de Sainte-Marie-aux-Mines, par **Schmid et Salzmann**, à Ribeauvillé.

Chapitre III. — Impressions.

Les premiers établissements d'impression sur le continent ont été créés en Hollande, dans les premières années du dix-huitième siècle. Quelques établissements en Allemagne et en Suisse, dont un à Bâle, se formèrent plus tard et servirent de point de départ pour les fabriques de Mulhouse, qui les dépassèrent promptement.

1746. Fondation de la *première fabrique d'étoffes imprimées* à Mulhouse, par **Kœchlin, Schmalzer et Cⁱᵉ**. (Le célèbre **Oberkampf** a passé quelque temps dans cette fabrique comme apprenti.)

1717. *Première addition du carbonate de chaux au bain de teinture* en garance d'Alsace et de Hollande (employées alors), pour en neutraliser l'acide et permettre d'aviver le rouge, par **Jean-Michel Haussmann**, à Colmar.

1780. Grand progrès dans l'industrie de l'impression, par le *perfectionnement des couleurs, de la gravure et du dessin* (auquel a beaucoup contribué par son talent **Haidane père**, artiste dessinateur), par **Dollfus père et fils et Cⁱᵉ**, à Mulhouse.

1786 à 1790. Fabrication de *châles fond puce*, d'une grande perfection, ayant eu un succès de vogue, auquel a contribué **Jean-Ulric Niefenecker**, artiste dessinateur, par **Eck, Schwartz et Cⁱᵉ**, à Mulhouse.

1800. 1° Découverte de l'*enlevage blanc* sur mordants d'alumine et de fer, procédé porté à un haut degré de perfection ;

2° Découverte des belles *couleurs d'application* préparées au moyen du sel d'étain ;

3° Découvertes des *enlevages colorés* ;

4° Application du beau *bleu de Prusse*, en le formant sur toile de toutes pièces ;

5° Emploi de l'*acétate* et du *sulfate d'indigo*, pour les verts pistache ou de Saxe ;

6° Emploi du *nitrate de fer* pour le noir d'application. Ces 6 découvertes par **Jean-Michel Haussmann**, à Colmar [1].

(Vers 1780, la fabrique **Schüle**, à Augsbourg, avait des procédés de fabrication perfectionnés et supérieurs à ceux des autres établissements. Vers le même temps, deux frères, **Ambacher** ou **Amerbacher**, coloristes d'Augsbourg, paraissent avoir introduit dans le Haut-Rhin plusieurs de ces procédés, et entre autres celui d'employer la craie dans la teinture avec les garances d'Alsace et de Hollande.

1803. Première introduction de l'*impression au rouleau*, par **Gros, Daviller, Roman et Cⁱᵉ**, à Wesserling.

1808. Introduction d'un genre anglais nouveau, sous le nom de *lapis*, par **Soehnée l'aîné et Cⁱᵉ**, à Munster.

1809. Perfectionnement de l'*article lapis*, par l'invention de la réserve sous le rouge, ayant obtenu un grand succès, par **Nicolas Kœchlin et frères**, à Mulhouse.

(C'est principalement à M. **Daniel Kœchlin-Schouch**, associé et chimiste de la maison **Nicolas Kœchlin et frères**, que doivent être attribués les divers perfectionnements apportés à la fabrication des étoffes imprimées par cette maison.)

1810. Découverte du *rose garance* au rouleau, dit *rose de Wesserling*, couleur d'une grande supériorité que cette maison a conservée seule pendant longtemps, par **Gros, Daviller, Roman et Cⁱᵉ**, à Wesserling.

1810. Application du *rouge Andrinople sur toile* de coton, avec impression noire, par **Nicolas Kœchlin et frères**, à Mulhouse.

1811. Découverte de l'*enlevage sur le rouge Andrinople* (rouge turc), au moyen du chlore, pour obtenir du bleu et du blanc sur le fond rouge, par **Nicolas Kœchlin et frères**, à Mulhouse.

(Cet article était appelé mérinos, parce que les dessins imitaient les châles tissus

[1] Les découvertes et procédés chimiques appliqués à la coloration des étoffes par **Jean-Michel Haussmann** sont nombreux, et ceux cités en 1800 n'en sont qu'une très-faible partie.

français, qui se faisaient alors en laine mérinos. — Plus tard, le princi o de cette invention a donné lieu à la création de plusieurs articles nouveaux.)

1815. Premiers essais, dans l'établissement de **Dollfus-Mieg et Cie**, de l'*impression sur laine* et du *firage des couleurs par la vapeur d'eau*, par **Georges Dollfus**, à Mulhouse [1].

1815. Invention du *fond brun*, produit par l'oxyde de manganèse, par **Hartmann et fils**, à Munster.

1817. Premier *enlevage par le chlore* sur teinture en *safranum*, par **Hartmann et fils**, à Munster.

1819. Application avec succès de la *gravure lithographique* à l'impression sur les étoffes de soie et de laine, par **Haussmann frères**, à Colmar.

1819. *Mouchoirs imprimés sur tissus de soie*, en belles couleurs vaporisées, par **Haussmann frères**, à Colmar.

1820. Première application du procédé indiqué dès 1819, par le professeur **Lassaigne**, pour *fixer le chromate de plomb* sur la toile de coton, et produire ainsi une belle couleur jaune. Cette découverte a donné lieu à une foule d'applications, et d'abord à l'*enlevage du jaune de chrome* sur fonds garancés, par **Nicolas Kœchlin et frères**, à Mulhouse.

1820. Introduction successive des *roues de lavage*, du *chauffage à vapeur*, des *cuves à teinture*, des *machines à imprimer à deux couleurs* et de quelques autres appareils anglais de moindre importance, par **Dollfus-Mieg et Cie**, à Mulhouse [2].

1820. Perfectionnement de la *couleur rouge Andrinople* (rouge turc) sur toile de coton, par **Thierry-Mieg**, à Mulhouse.

(1822 et 1823. Découverte de l'avivage des couleurs garancées, au chlorure d'étain. Cette découverte a fait faire un grand progrès à la fabrication riche d'Alsace, par *Henri Baumgartner*, à Thann [3]?)

(1824. Première application sur toile de coton du procédé des couleurs fondues, inventé par *Michel Spörlin* et *Jean Zuber fils*, pour le papier peint, par *Dollfus-Mieg et Cie* et *Nicolas Kœchlin et frères*, à Mulhouse [4]?)

1820. Emploi avec grand succès des *couleurs bleu et vert solides* sur articles garancés fond blanc (M. **Lebert**, artiste dessinateur, a contribué à ce succès), par **Hartmann fils**, à Munster.

1830. Création de l'article *calicots imprimés pour meubles et tentures*, appelé *perse*; supériorité de couleurs et de dessins conservée jusqu'à ce jour, à laquelle a contribué par son talent **Ulric Tournier**, artiste dessinateur.

Introduction en France, en 1834, d'une machine anglaise propre à donner l'*apprêt lustré* particulier, au genre perse (meubles et tentures), par **Schlumberger, Kœchlin et Cie**, à Mulhouse.

D.A [1] Le rapport dit : *premiers essais.* — Coloriste à cette époque dans la maison **Dollfus-Mieg et Cie**, je dirai que, dès le principe, on imprimait des châles dont l'exécution ne laissait rien à désirer.

D.A [2] Un voyage fait en Angleterre (1819) m'a mis à même de rapporter les plans des machines citées, que j'ai introduites sans aucun changement ; ainsi qu'un grand nombre de procédés de fabrication que j'ai obtenus par échange de procédés français inconnus à Manchester.

D.A [3] Cette citation, 1822 et 1823, je l'ai placée entre deux parenthèses, et je prends toute la responsabilité de la rectification ainsi formulée :

1822 et 1823. — *L'avivage des couleurs garancées au chlorure d'étain*, découvert, en 1810, par la maison **Gros, Davillier** et **Roman**, n'est plus un secret pour les fabriques du Haut-Rhin, et son introduction a fait faire un grand progrès à la fabrication riche d'Alsace. D.A.

D.A [4] La citation 1824, je la place de même entre parenthèses et je la rectifie :

Première application sur étoffe de coton du procédé des *couleurs fondues* par **Dollfus-Mieg et Cie**, à Mulhouse. — M. **Jean-Michel Spoerlin**, de Vienne, est l'inventeur des couleurs fondues sur papiers peints moyennant des brosses, **Dollfus-Ausset** et le contre-maître imprimeur **Kœchlin** sont les premiers qui ont produit les fondus avec des planches d'impression sur étoffe.

1832. Première impression de *l'oxyde de chrome*, produisant une nuance de toute solidité sur coton, par **Camille Kœchlin**, à Mulhouse.

1833. Création de l'article mousselines satinées, se distinguant par la perfection des couleurs garancées, et dont le succès, auquel a contribué beaucoup M. **Grosrenand**, artiste dessinateur, dure encore aujourd'hui, par **Dollfus-Mieg et Cⁱᵉ**, à Mulhouse.

1833. Mousselines imprimées à la planche, d'une grande perfection, par **Jean Gros-jean**, à Mulhouse.

1836 et 1837. Introduction avec succès de l'impression des *tissus mousseline-laine*, *chaîne coton*, par **Josué Hofer**, à Mulhouse.

1839. Introduction en grand et avec succès de l'emploi de la *garancine* dans la fabrication des indiennes, par **Daniel Schlumberger et Cⁱᵉ**, à Mulhouse.

1839. Production d'un *article cachemire riche sur pure laine*, d'une grande perfection, à laquelle a contribué **Louis Malaine**, artiste dessinateur, par **Kœchlin frères**, à Mulhouse.

1839. Production d'*articles riches sur pure laine*, d'une grande perfection, par **Blech, Steinbach et Mantz**, à Mulhouse.

1840 et 1841. Production d'articles en *couleurs vaporisées*, d'une grande perfection, et ayant obtenu pendant plusieurs années un grand succès, par **Blech, Steinbach et Mantz**, à Mulhouse.

1843. Invention d'un *bleu nouveau*, d'une grande vivacité, sur pure laine, dû à M. **Henri Schlumberger**, et employé chez **Dollfus-Mieg et Cⁱᵉ**, à Mulhouse.

1843. Production et perfectionnement d'un procédé à imprimer les *fondus au rouleau*, avec une toile sans fin, ayant eu un grand succès, et susceptible de beaucoup d'application, par **Dollfus-Mieg et Cⁱᵉ** et **Blech, Steinbach et Mantz**, à Mulhouse [1].

Chapitre IV. — Produits chimiques.

1807 à 1808. Création de la première fabrique de *produits chimiques* dans le Haut-Rhin, à Thann, par **William** et **Matthieu Risler**. (Cet établissement, considérablement accru, appartient aujourd'hui à M. **Kestner**.)

1819. Fabrication en grand, pour la première fois, du *chromate de potasse* et du *chromate de plomb*, par **Jean Zuber fils**, à Rixheim (près Mulhouse.)

1820. Première application de l'*éclairage au gaz*, dans le Haut-Rhin, à un établissement industriel (l'éclairage au gaz n'était pas encore appliqué dans le département), par MM. **Nicolas Kœchlin et frères**, à Mulhouse.

1828. Emploi de l'acide pyroligneux pour la fabrication de l'*acétate de plomb*, par **Kestner père et fils**, à Thann.

1834. Découverte d'un procédé économique pour fabriquer l'*acide sulfurique* d'une manière continue, par **Kestner père et fils**.

1841. Invention d'un procédé pour *décomposer en produits utiles* le dépôt des mordants d'alumine ou sulfate de plomb, par **Bleyer**, à Mulhouse.

1843. Utilisation de l'action de l'acide sulfurique sur les résidus de garance, et fabrication en grand du *garanceux* pouvant servir à remplacer la garancine dans la teinture, par **Léonard Schwartz**, à Mulhouse.

1842. *Perfectionnement dans les apprêts* pour la vente en blanc, par **Gros, Odier, Roman et Cⁱᵉ**, à Wesserling [1].

DA [1] Pour compléter ce chapitre *Impressions*, dont la dernière date est 1845, je citerai, sans préciser la date : Double-rouge turc. — Lapis sur étoffe huilée avec enlevage. — Article aladin soit jaune de chrome sur fonds garancés. — Article bandes vertes avec réserve blanche (acétate d'indigo imprimé sur jaune à la gaude). — Emploi de la chaux dans le blanchiment. — Blanchiment artificiel (sans exposition sur prés) des étoffes garancées après teinture. — Emploi général de la garance d'Avignon en remplacement de la garance d'Alsace à dater de 1845, etc., etc.

Chapitre V. — Construction de machines.

1818. Création du *premier atelier de construction* dans le Haut-Rhin, par **Risler frères et Dixon**, à Cernay.

Importation d'Angleterre du *batteur-éplucheur*, qui a produit une véritable révolution dans la filature de coton et largement contribué à son développement, et de beaucoup d'autres machines perfectionnées.

Importation du premier assortiment de machines pour *filer les numéros élevés* en fil de coton.

Invention des *tambours de cardes*, garnis en stuc.

Première construction des *machines à vapeur* dans le Haut-Rhin.

Introduction du procédé de la *seconde fusion*, coulée en sable vert (ou humide), par **Risler frères et Dixon**, à Cernay, et principalement par **Jérémie Risler**, associé.

1824. Création d'un grand *atelier de construction* pour les machines de filature. Supériorité incontestable dans cette spécialité pour la France et le continent, par **Nicolas Schlumberger et C⁰**, à Guebwiller.

1826. Création d'un *établissement de construction*, embrassant presque toutes les machines employées dans l'industrie, avec machines-outils et procédés perfectionnés à l'instar des meilleurs ateliers anglais, par **André Kœchlin et C⁰**, à Mulhouse.

1827. Machine à fabriquer les *garnitures de cardes*, par **Risler frères**, à Cernay.

1827. Première construction en grand de la machine à papier continu, système *Didot*, par **Risler frères**, à Cernay.

1828 et 1829. Introduction en France des *métiers à tisser mécaniques*, système **Roberts**, qui a servi de type à ceux qu'on a construits depuis et dont ils ont construit 14,000 métiers, par **André Kœchlin et C⁰**, à Mulhouse.

1828. Constructions de *tours à graver* perfectionnés, par **Huguenin Cornetz**, à Mulhouse.

1829. Importation du *banc à broches*, dit à mouvement différentiel, dont la demande a passé jusqu'à aujourd'hui 140,000 broches, par **André Kœchlin et C⁰**, à Mulhouse.

1833. Introduction des *roues hélicoïdes* aux bancs à broches par **André Kœchlin et C⁰**, à Mulhouse.

1834 à 1836. Grand perfectionnement dans la construction des *grosses machines*, et surtout de celles à vapeur, par les soins et l'exactitude apportée dans le travail.

Invention des *garnitures métalliques* aux tiges de piston des machines à vapeur.

Invention des *machines à vapeur*, à détente variable commandée par le régulateur.

Perfectionnements dans la construction des appareils de chauffage et de *tubes indiquant la hauteur de l'eau* dans la chaudière, par **J. J. Meyer et C⁰**, à Mulhouse.

1836 à 1848. Fabrication en grand des *machines-outils*.

Fabrication en grand et perfectionnement des *cylindres* servant à *imprimer les étoffes*, par **Huguenin, Ducommun et Dubied**.

1838. Importation du *banc à broches à compression*, dont il a été construit jusqu'à ce jour environ 72,000 broches, par **N. Schlumberger et C⁰**, à Guebwiller.

1838. Construction d'un assortiment modèle de *machines à filer le lin*, dont il a été livré jusqu'à aujourd'hui 120 bancs à broches en fin, par **N. Schlumberger et C⁰**, à Guebwiller.

1838. Construction perfectionnée de la première *filature de laine peignée* du Haut-Rhin, par **André Kœchlin et C⁰**, à Mulhouse.

1838. Premières *locomotives* construites dans le Haut-Rhin et livrées au chemin de fer de Saint-Germain, par **Ed. et Ch. Stehelin**, à Bitschwiller.

1838. Construction des *locomotives* pour le chemin de fer de Mulhouse à Thann, par **André Kœchlin et C⁰**, à Mulhouse.

1840. Importation des *métiers automates* (self-acting) avec tambours mus par engrenages ; perfectionnement dû à notre industrie. Construit jusqu'à aujourd'hui 50,000 broches, par **N. Schlumberger et Cⁱᵉ**, à Guebwiller.

1842. Invention de la *tourbine* dite à double effet, ayant obtenu la préférence sur toutes celles construites jusqu'à ce jour, par **André Kœchlin et Cⁱᵉ**, à Mulhouse.

1842. Première application de la *détente de la vapeur* aux locomotives; couverture complète des chaudières des locomotives, par **J. J. Meyer et Cⁱᵉ**, à Mulhouse.

1844. Application du système de *peignes* mûs par des spirales aux machines préparatoires pour la bourre de soie et la laine peignée, par **N. Schlumberger et Cⁱᵉ**, à Guebwiller.

1846. Introduction d'un système de machines pour ouvrir et *peigner les cotons* longue soie (invention de **Josué Heilmann**), par **N. Schlumberger et Cⁱᵉ**, à Guebwiller.

Chapitre VI. — Arts mécaniques.

1738. Première *papeterie* du Haut-Rhin, actuellement **Kiener frères**, à Luttenbach, fondée par **Schœpflin**.

1780. Création de l'*horlogerie* (ébauches de montres) à Beaucourt, par **Frédéric Japy père**.

1788. Emploi des *marrons* (grenades de poudre) pour casser la glace et favoriser la débâcle, par **André Glück**, à Mulhouse.

1790. Fondation du premier établissement de *papiers colorés* (imprimés) dans le Haut-Rhin, par **Nicolas Dollfus**, aujourd'hui celui de **Jean Zuber et Cⁱᵉ**, à Rixheim (près Mulhouse).

1805. Création de la fabrication de *vis à bois* et de la *quincaillerie*, à Beaucourt, par **Louis Japy**, associé.

1808. Création de l'usine de Niederbruck pour le *laminage du cuivre*, et plus tard, en 1822, première introduction en France de la fabrication des *traits jaunes cémentés*, par **Witz, Stephan, Oswald frères et Cⁱᵉ**. (MM. **Auguste et Frédéric-Guillaume Warnod** ont beaucoup contribué aux bons produits et aux succès de cet établissement.)

1814. Création de la *pendulerie* à Beaucourt, par **Charles Japy**.

1816. Création de la *serrurerie* à Beaucourt, par **Japy frères**.

1819. Invention et application des *couleurs fondues* sur papier, par **Michel Spörlin et Jean Zuber fils**.

1823. Construction d'un *métier à tisser*, perfectionné par la simplification des mouvements, par **Josué Heilmann**, de Mulhouse.

1826. Création de la fabrication du *fer battu*, à Beaucourt, par **Félix Gomme**.

1826. Application au papier de tenture d'*impression au cylindre*, par **Jean Zuber fils**, à Rixheim (près Mulhouse).

1828. Invention du *métier à broder*, par **Josué Heilmann**, à Mulhouse.

1830. Application au *papier de tenture* des rouleaux continus, et fabrication de ce papier sur la machine perfectionnée de **Ferdinand Leitenschneider**, par **Amédée Rieder et Jean Zuber fils**, à Rixheim.

1834. Fabrication perfectionnée des *tuyaux en terre cuite* et *creusets réfractaires*, par **Georges Reichenecker**, d'Ollwiller.

1842. Première fabrique de *papier de paille* dans le Haut-Rhin, fondée par **Kuenemann frères**, au Pont-d'Aspach.

1843. Invention du *rectomètre* pour mesurer les tissus, par **Maunier**, à Wesserling.

1843. Invention de la *machine à produire des rayures* d'un nombre indéterminé de couleurs, par **Jean Zuber et Cⁱᵉ**, à Rixheim.

1844. Fabrication perfectionnée des *tuiles* en terre cuite à recouvrement, par **Gillardoni frères**, à Altkirch.

1845. *Portes d'écluses* entièrement en tôle, établies à l'écluse n° 39 du canal du Rhône au Rhin, d'après les plans de M. **Detzem**, ingénieur des ponts et chaussées, attaché au canal.

Chapitre VII. — Gravure.

1786. Introduction de la gravure en taille douce ou à la *planche plate* pour l'impression des calicots, par **Dollfus père et fils**, à Mulhouse.

(1820. Premiers fondus au rouleau faits chez **Schlumberger, Grosjean et Cie**, par **Huguenin-Cornetz**, à Mulhouse [1].)

1822. Introduction et réussite en grand de la *gravure à la molette*, par **Haussmann frères**, à Colmar.

1823. Grande perfection dans la *gravure des molettes* et tours à graver, par **Jean Keller**, à Mulhouse [2].

1824. Emploi de la *gravure au guilloché* par **Gros, Daviller, Roman et Cie**, à Wesserling.

1827. Application d'un procédé particulier pour la *gravure au rouleau* des grands dessins pour meubles, ayant pour résultat une plus prompte et plus belle exécution, et ayant obtenu un grand succès;

Perfectionnement dans la *gravure à la molette*, par **Daniel Köchlin-Ziegler**.

1840-1841. Première réussite en grand de la *gravure au cliché* (moules en plâtre), par **Jean Schlumberger jeune**, à Thann.

Chapitre VIII. — Lithographie.

1816. Le 5 avril, M. **Engelmann** reçoit de la préfecture du Haut-Rhin le premier bulletin du dépôt qui ait été délivré en France pour dessins lithographiques. Ces dessins provenaient de l'établissement fondé par lui à Mulhouse. L'invention de **Senefelder** (inventeur de la lithographie) se trouva seulement alors naturalisée en France.

1816. Au mois de juin, **Engelmann** fonda la première *imprimerie lithographique* qu'on ait vue à Paris.

1819. **Engelmann** invente le lavis *lithographique*.

1821. **Engelmann** parvient à *transporter sur pierre* les épreuves gravées sur cuivre.

1836. **Engelmann** invente la *chromolithographie*.

1838. **Engelmann** publie, conjointement avec M. **Achilles Penot** (Dr ès sciences), un *Traité théorique et pratique de lithographie*. Cet ouvrage est encore aujourd'hui le plus complet sur la matière.

Chapitre IX. — Industrie agricole [3].

1735. Création d'un établissement d'*horticulture*, à Bollwiller, de 5 à 6 hectares, par **F. A. Baumann**.

1802. Augmentation de l'établissement d'*horticulture*, introduction de plantes exotiques, d'arbustes et d'arbres fruitiers et d'ornement, par **Jos. B. Baumann** et **Augustin Baumann**.

1815. Première introduction dans le département de la culture du *mûrier*, et plus tard celle de la soie, par **Léger Folzer**, à Tagolsheim.

D1 [1] Des fondus au rouleau ont été faits par M. **Huguenin-Cornetz**, je n'en doute nullement, mais certes pas en 1830; soit quatre années avant la découverte des fondus sur papier par **Michel Spoerlin**.

D1 [2] Le tour à graver a été construit par **Schwaller**, mécanicien à Mulhouse, d'après le plan que j'avais rapporté de Manchester. — M. **Keller** gravait les molettes et dirigeait le moletage, et produisait avec une rare perfection les dessins pour l'établissement de Dollfus-Mieg et Ce.

[3] Ce chapitre n'a pas été complété faute de renseignements.

1841. Extension de l'établissement d'*horticulture* qui occupe 60 à 70 hectares et vend 250,000 à 300,000 sujets, continué par **Eugène Baumann, Augustin Baumann et Napoléon Baumann.**

Chapitre X. — Moyens de transport.

1820. M. **Jérémie Kœchlin** établit le premier *roulage accéléré* allant directement à Paris en 6 jours.

1843 à 1848. Améliorations dans l'industrie du *transport par eau*, par MM. **Frauger et Bernard,** et MM. **Oswald frères.**

1837 à 1839. Construction du *chemin de fer* de Mulhouse à Thann.

1838 à 1841. Construction du *chemin de fer* de Strasbourg à Bâle.

Ces deux *grandes entreprises* sont dues à MM. **Nicolas Kœchlin et frères.** Elles ont été de la part de ces généreux citoyens une grande preuve de courage et de patriotisme, et leur ont mérité la reconnaissance de l'Alsace.

Les *ingénieurs* de ces deux chemins ont été, pour celui de Mulhouse à Thann, M. **Bazaine,** et pour celui de Strasbourg à Bâle, MM. **Bazaine et Chaperon.**

Chapitre XI. — Société Industrielle de Mulhouse.

1826. *Fondation de la Société industrielle de Mulhouse*, ayant pour but de concourir aux progrès de l'industrie et de l'amélioration de l'état physique et moral des ouvriers; soit par les travaux de ses membres et de ses comités; soit en appelant l'attention du gouvernement sur des questions d'intérêt général; soit en provoquant des travaux, de la part de personnes qui lui sont étrangères, par la publication annuelle d'un programme de prix contenant environ soixante questions. — La Société industrielle publie en ce moment (1848) le XXI⁰ vol. de son bulletin; ses principaux travaux sont :

1826. Description du *baromètre* ouvert comme moyen de sûreté, et comme propre à mesurer la tension de la vapeur dans les chaudières à haute pression.

1826 à 1839. Travaux sur le chauffage en général et sur le séchage des étoffes de coton.

1827. Pétition pour demander la *suppression des bureaux de loterie* dans les villes manufacturières.

1827 à 1841. Travaux et publications nombreuses sur la *garance*.

1827. Mémoire sur les *mordants* d'alumine.

1827 à 1847. La Société s'occupe du travail des enfants dans les fabriques, et adresse plusieurs pétitions au gouvernement et aux Chambres pour provoquer une loi qui *limite ce travail*.

1828. Vulgarisation de l'emploi du *frein* de **Prony** pour mesurer la puissance des moteurs.

1828. Fondation d'une *École gratuite de dessin* de figures et de machines : école qui continue à rendre de très-grands services à beaucoup de jeunes gens et à l'industrie.

1828 à 1840. Perfectionnements introduits dans le *blanchiment* des tissus de coton.

1828. Fondation d'un *musée d'histoire naturelle* dans le bâtiment de la Société.

1828. Première *exposition* des produits de l'industrie, organisée par la Société industrielle. Ces expositions, plusieurs fois répétées, ont contribué à entretenir une utile émulation.

1829. Mémoire sur l'*acidimétrie* et l'*alcalimétrie*.

1829 à 1847. Travaux et expériences sur les *roues hydrauliques*.

1829. Donation totale, faite par **Nicolas Kœchlin** père, du bâtiment occupé aujourd'hui par la Société industrielle.

Cette généreuse donation a permis à la Société de prendre un développement et une importance qu'elle n'aurait peut-être jamais atteints sans ce puissant secours.

1831. *Statistique* du département du Haut-Rhin. (Cet ouvrage a remporté un prix à l'Académie des sciences.)

1834. Travaux sur la nature et sur l'emploi de la *bouse de vache* dans les fabriques d'impression.

1835. Mémoire sur les machines à vapeur.

1837. Réclamation contre l'emploi des *plaques fusibles* et des *soupapes de sûreté;* moyens illusoires et insuffisants pour se garantir contre l'explosion des chaudières. Recommandation du *baromètre ouvert,* déjà utilement appliqué.

1839. Mémoire sur le *passage en savon* et sur l'avivage des couleurs garancées.

1839. Théorie du *vaporisage* des étoffes de laine et des toiles de coton imprimées.

1840. Mémoire sur les *mordants de fer.*

1840. Amélioration apportée à la fabrication du *gaz de l'éclairage.*

1840. Travaux sur le *cachou.*

1840. Théorie du *blanchiment de la laine,* et observations pratiques sur ce blanchiment.

1842. *Recherches statistiques* sur Mulhouse, faites principalement au point de vue de l'état physique et moral des ouvriers.

1842 à 1847. Travaux sur les ventilateurs.

Chapitre XII. — Fondations utiles [1].

1819. Développement, à Mulhouse, d'un *asile pour les orphelins,* par les soins et avec les secours pécuniaires de **Jacques Köchlin.**

1827. Fondation d'une *Caisse d'épargne* à Mulhouse par MM. **Nicolas Köchlin** et **Gaspard Dollfus.**

1834 à 1836. Fondation de *salles d'asile* à Mulhouse, dirigées par mesdames **Favre-Köchlin.** — **Jacques Schlumberger-Hofer** et **Nicolas Köchlin fils.**

1844. Fondation d'un *hôpital* à Guebwiller par M. **J. J. Bourcart.**

1845. Création par l'autorité municipale d'une *Caisse générale de secours mutuels* en cas de maladie.

FORCES MATÉRIELLES ET MORALES DE L'INDUSTRIE DU HAUT-RHIN PENDANT LES DIX DERNIÈRES ANNÉES (1851 à 1862).

Rapport présenté à la Société industrielle de Mulhouse au nom d'une commission spéciale.

I. PROGRÈS MATÉRIELS.

Introduction. — Onze années se sont écoulées depuis le jour mémorable où un concours solennel et jusque-là sans exemple réunissait à Londres, en 1851, des représentants de tous les peuples de l'univers, venus pour comparer leurs forces respectives et leur habileté dans les arts et dans l'industrie.

La France y avait noblement tenu son rang, et, parmi les régions industrielles qui contribuèrent à cet éclatant succès de notre nation, *Mulhouse* et son rayon occupèrent une place éminente.

Aujourd'hui que ce concours se renouvelle dans des circonstances analogues, il n'est pas sans intérêt de chercher à se rendre compte des travaux faits pendant cette période décennale, et des perfectionnements et améliorations apportés dans les principales industries du Haut-Rhin.

Dans notre rayon manufacturier la première place appartient aux *industries textiles.*

---

[1] Ce chapitre est incomplet.

Ce sont elles qui occupent incontestablement le premier rang, soit par l'importance de leurs produits, soit par le nombre des ouvriers qu'elles emploient.

L'*impression de toiles de coton*, qui vint s'implanter à Mulhouse au milieu du siècle dernier, a amené peu à peu à sa suite le tissage et la filature ; la construction des machines a suivi ; et quoique l'industrie cotonnière soit restée la principale des départements de l'Est, la laine a pris aussi une place importante dans la production, et la soie et le lin alimentent quelques établissements.

Considérons maintenant le travail successivement dans ses divers éléments en commençant par la filature.

<h3 style="text-align:center">1. FILATURE.</h3>

Les dix années qui viennent de s'écouler ont été signalées par une prospérité exceptionnelle pour la filature. On a vu la plupart des anciens établissements se libérer de leurs engagements, renouveler leur matériel pour le mettre au niveau des progrès du jour et augmenter notablement le nombre de leurs métiers. La production s'accroissait en même temps par la création d'une foule de nouveaux établissements, sans jamais cependant pouvoir se mettre à la hauteur des besoins. Cette situation si favorable a eu plusieurs causes principales.

Je dois rappeler, en premier lieu, que, par suite de la disette de 1847 et de la révolution de février 1848, les affaires étaient restées stationnaires, et que la production s'était restreinte dans les limites d'une prudence excessive. A la fin de cette crise et lorsque la confiance fut rétablie, les affaires reprirent une impulsion d'autant plus grande que la consommation avait été plus faible pendant les années précédentes.

C'est ce qu'attestent, entre autres, les documents fournis par les ingénieurs des mines (*Bulletin de la Société industrielle* de juin 1861). Ils montrent que l'on avait établi, de 1847 à 1859 :

1847,	12 machines à vapeur de	208 chevaux de force.
1848,	5 — —	65 — —
1849,	8 — —	104 — —
1850,	7 — —	92 — —
1851,	10 — —	207 — —
1852,	18 — —	450 — —
1853,	25 — —	533 — —
1854,	22 — —	530 — —
1855,	18 — —	241 — —
1856,	20 — —	575 — —
1857,	25 — —	525 — —
1858,	45 — —	1212 — —
1859,	42 — —	947 — —
1847 à 1859, 206	— —	5498 — —

Les besoins étaient tels que la production ne put y suffire, et que les prix s'élevèrent malgré le rapide développement du travail. Nous voyons à Mulhouse, notamment en 1852, en 1853 et en 1854, la plupart des établissements s'agrandir, quelques-uns jusqu'au double, et plusieurs maisons nouvelles se créer.

Cette prospérité exceptionnelle, qui s'étendit à tous les genres de fabrication, et notamment aux industries textiles, en général, continua plusieurs années, puis se ralentit, à mesure que la production en s'accroissant se mettait au niveau de la consommation.

Pour la filature seule, elle dura jusqu'à la crise actuelle, par des raisons particulières que nous allons énumérer.

Indiquons d'abord la vogue exceptionnelle que donna à l'organdi et aux mousselines de toute espèce une succession d'étés secs et chauds, au moment même où la mode, ce despote qui, tour à tour, favorise ou délaisse le fabricant de tissus, doublait et triplait l'ampleur des robes. Car l'obligation de porter 20 mètres par robe, au lieu de 10, se traduisit naturellement par celle de se charger moins, c'est-à-dire d'adopter les tissus les plus légers.

Or, 1000 broches de filature alimentent 30 métiers marchant en calico's, tandis qu'elles n'en alimentent que 10 à 11 en organdis, unis ou façonnés. Il n'est donc pas indifférent, pour la filature, que l'on porte ou non des tissus fins; leur règne équivaut, selon le point de vue, à une insuffisance dans le nombre des broches ou à un amoindrissement subit de la production courante du tissage; or, qui dit rareté, dit cherté.

Si l'on ajoute que la consommation du calicot pour la vente en blanc prit, à la même époque, un énorme développement, et nécessita un accroissement incessant dans le nombre des métiers à tisser, on aura une nouvelle cause d'insuffisance de la filature à satisfaire les besoins de la vente. Car la construction d'une filature exigeant des capitaux bien plus considérables que celle d'un tissage, il en est résulté que le développement de la première de ces deux industries est toujours resté un peu en arrière de celui de la seconde. Par suite, la demande des filés étant toujours plus grande que leur production, leurs prix sont toujours restés très-élevés. Ainsi, il y a là une demande considérable de filés, d'un côté, et de l'autre, une continuelle rareté de produits; double cause de prospérité, à la fois pour la filature elle-même considérée en général, et pour chaque établissement en particulier. — Les quelques moments d'arrêt ou de baisse de prix n'ont jamais duré bien longtemps et ont eu un résultat avantageux : celui de décider plus facilement les filateurs à remplacer leurs anciennes machines par des métiers perfectionnés et d'un rendement supérieur. Il est juste, cependant, d'ajouter qu'en ce moment cette industrie souffre considérablement par suite de la cherté du coton, à laquelle vient se joindre la crise commerciale et la mévente des calicots. Les progrès accomplis se classent sous deux chefs différents, selon la nature des cotons employés.

II. FILATURE DES COTONS COURTE-SOIE.

A. Métiers à filer. — Une transformation radicale s'est opérée depuis une dizaine d'années dans la filature des cotons courte-soie. La principale est la substitution des *métiers automates* (*self-actings*) aux *métiers à la main* (*mull-Jenny's*). On peut affirmer que toutes les filatures de coton Louisiane, produisant les numéros 25 à 30, en chaîne, et 35 à 45, en trame (et ces établissements forment la grande majorité des filatures d'Alsace et des Vosges), sont déjà toutes transformées en métiers *renvideurs*, ou au moins sont en voie de l'être; car c'est aujourd'hui une question vitale pour cette industrie.

Les autres modifications sont moins générales; cependant toutes les filatures construites dans ces derniers temps et les anciennes qui ont renouvelé leur matériel (et c'est le plus grand nombre), ont adopté en tout ou en partie le système de travail et la série de machines que nous allons décrire sommairement.

B. Batteurs. — Les anciens batteurs sont généralement remplacés aujourd'hui par des *ouvreuses et batteurs* (système anglais) *à rouleaux comprimés*. Ceux-ci, tout en ouvrant et nettoyant mieux le coton, permettent de former des rouleaux préparés pour le cardage, d'un poids 3 à 4 fois plus considérable que précédemment (de 10 à 12 kilog.). En outre, la nappe en est beaucoup plus régulière.

C. Cardage. — C'est la grande régularité apportée aux opérations du battage qui a permis l'adoption du cardage simple, maintenant presque généralement pratiqué.

La presque totalité des anciennes filatures de notre rayon, pour utiliser leur matériel existant (*cardes ordinaires à chapeaux plats*), se sont mises à carder le coton une seule fois sur ces machines en produisant 17 à 20 kilog. en 12 heures, au lieu de 30 à 32 kilog.

qu'elles produisaient en cardage double. Leur nombre de cardes se trouvant par le fait doublé, leur production a ainsi été augmentée d'environ 20 pour 100, et cette quantité a pu être absorbée par l'augmentation de production de leurs *métiers renvideurs*, comparativement aux anciens métiers. — Quant aux filatures construites tout récemment ou en voie de s'établir, elles adoptent généralement le système de cardage anglais à *chapeaux circulaires automates et à travailleurs*, dont la production par machine peut varier de 30 à 40 kilog. en 12 heures. De plus, le système des *camaux* de cardes, encore adopté partout il y a une dizaine d'années, tend à être remplacé par celui des *pots tournants*, pour chaque carde, avec *appareils casse-mèches* aux étirages.

D. **Bancs à broches.** — Les bancs à broches anciens ont généralement été remplacés par des bancs à broches à *bobines comprimées;* et ceux généralement construits aujourd'hui sont du système à *double cône avec ailettes à force centrifuge*.

E. **Métiers à filer.** — Les métiers généralement adoptés en Alsace sont ceux des systèmes **Platt** et **Parr-Curtis**, de 600 à 800 broches, ces derniers surtout pour la filature des fils ordinaires, chaîne 28 et trame 37. La production moyenne par broche et par jour peut en être estimée à 6 décagrammes 2 pour la chaîne, et 5 décagrammes pour la trame. — Elle est donc de 12 à 15 pour 100 supérieure à celle des anciens métiers à la main.

F. **Remarques.** — Ajoutons que toutes les modifications heureuses, introduites dans le système de filature des cotons courte-soie nous viennent de l'Angleterre; et reconnaissons franchement que presque toutes les bonnes machines de filature adoptées aujourd'hui et construites en France sont littéralement copiées sur des modèles anglais.

III. FILATURE DES COTONS LONGUE-SOIE.

A. **Peigneuses.** — Une révolution complète a été opérée dans la filature des n⁰ˢ 70 et au-dessus, par l'adoption générale des *peigneuses*, soit du système **Heilmann,** soit du système **Hübner,** toutes deux d'invention française et même mulhousienne.

Outre l'adoption des peigneuses, un changement important a été apporté dans le traitement des cotons fins par la suppression du battage à la main de ces cotons.

B. **Batteurs mécaniques et nappeuses.** — Des perfectionnements apportés au *battage mécanique* et l'invention des *nappeuses* (modification des nappeuses pour laine) ont permis de supprimer cette première opération, très-dispendieuse et si nuisible à la santé des ouvriers.

Tels sont les seuls changements radicaux opérés dans la filature des cotons longue-soie en Alsace.

C. **Métiers automates.** — Il nous reste cependant à signaler l'adoption partielle des *métiers automates* pour le filage des n⁰ˢ 50 à 100, et même au-dessus, mais elle est loin d'être générale jusqu'à présent, car la différence qui en résulterait dans la main d'œuvre influe sensiblement moins sur les prix de revient que pour les gros numéros, et de plus, la production par jour n'est pas augmentée non plus dans la même proportion. Pour les numéros fins, soit n⁰ 100 et au-dessus, la production, loin d'être augmentée, doit même diminuer comparativement aux métiers à la main, en raison de la difficulté qu'il y a de régler assez exactement les grands métiers et d'obtenir des mouvements assez doux pour ne pas briser les fils ou nuire à la qualité des produits.

D. **Fils retors.** — En parlant des progrès de la filature dans notre rayon, il ne faut pas oublier de mentionner le grand développement qu'a pris l'industrie des *fils retors*. Nos fils à coudre sont supérieurs à ceux des Anglais, et se vendent plus cher que les leurs sur les marchés d'exportation.

E. Laine peignée. — Il en est de même de la filature de la *laine peignée*, qui avait éprouvé un notable accroissement au commencement de la période qui nous occupe. Malheureusement, depuis peu de temps, cette prospérité a diminué beaucoup par suite de la création de filatures semblables dans les pays étrangers, tels que l'Allemagne, où ces produits s'exportaient.

IV. PROGRÈS FAITS DE 1851 A 1861. — FILATURE.

DATES	DÉSIGNATIONS	ORIGINES
1852	Introduction des métiers automates.................	Anglais.
1852	Id. des *épurateurs* **Rieter**..............	Français.
1852	Nouveaux batteurs (modèle anglais).............	Anglais.
1852	Bâtis des bancs à broches et, en général, de toutes les machines renforcées d'après les modèles anglais........	Id.
1852	L'emploi des grands métiers au delà de 500 broches se généralise.................	Id.
1852	MM. **N. Schlumberger et C°** se décident à livrer la *peigneuse* **Heilmann** au public..............	Français.
1853	Apparition de la *peigneuse* **Hübner**............. Après des essais, cette machine est abandonnée jusqu'en 1855, puis reprise par MM. **Dollfus-Mieg et C°** ; elle est peu répandue jusqu'en 1857-1858, époque où plusieurs maisons s'en servent, mais à titre d'essai seulement. — MM. **Dollfus-Mieg et C°** ont jusqu'à présent les premiers utilisé cette machine sur une grande échelle; en 1861, il existait dans cette maison 60 *peigneuses* **Hübner**. Depuis 1854 jusqu'en 1860, pas d'autres progrès que des améliorations aux divers organes des machines, tels qu'ailettes à force centrifuge; mouvement de bancs à broches à doubles cônes, et modifications des dispositions et formes des bâtis.	Id.
1859	Introduction des *métiers automates* **Parr-Curtis** de 1100 broches. Étirage à pots tournants et casse-mèches, systèmes copiés des Anglais...............	Anglais.
1860	Cardes à chapeaux tournants et à hérissons et pots tournants.	Id.
1861	Carde américaine de **Higgins et Son's**..........	Id.

En 1850, on comptait dans le Haut-Rhin 60 filatures possédant 85 machines à vapeur d'une force totale de 5,256 chevaux, plus 10 filatures réunies à des tissages et possédant 13 machines à vapeur d'une force totale de 640 chevaux; le nombre des broches était de 1,092,780, savoir :

En 1859,   710,520 en Mull-Jenny's,
et   382,260 en Self-Actings.

Total : 1,092,780

En 1860,   741,560 en Mull-Jenny's,
et   412,660 en Self-Actings.

Total : 1,154,220 broches.

Cette proportion doit avoir changé considérablement aujourd'hui.

Enfin, la filature occupait à peu près 25,000 ouvriers.

V. TISSAGE.

L'industrie du *tissage* a fait des progrès considérables en Alsace pendant les dix années qui viennent de s'écouler. — Je ne parle point seulement du calicot ordinaire, qui s'est produit en quantités beaucoup plus considérables et a nécessité la création d'un grand nombre de tissages mécaniques. La plupart de ces établissements se sont placés dans les Vosges, où ils trouvaient des ouvriers à bon marché et où ils utilisaient des chutes d'eau. Mais bientôt la sécheresse des étés obligea d'y joindre des machines à vapeur. — Le prix élevé du transport des houilles vint contre-balancer l'avantage des moteurs hydrauliques et placer les tissages des Vosges dans une situation moins dominante vis-à-vis des établissements rivaux situés dans les villes.

Ceux-ci, d'ailleurs, ne pouvant soutenir la lutte pour les articles ordinaires, à cause de la cherté de la main-d'œuvre en ville, avaient amélioré leur fabrication et s'étaient attachés surtout à faire les articles façonnés et les tissus fins et chers.

Nous voyons successivement se tisser à la mécanique les organdis façonnés, les piqués, les velours de coton (moleskines), puis les mérinos, les laines anglaises, orléans, reps, mozambique, en chaîne blanche, les cassinettes et les draps.

La plupart de ces articles ont alimenté à la fois l'impression et la vente en blanc ; et cette dernière surtout s'est considérablement développée avec les progrès de l'aisance générale.

Ce qui n'est pas moins intéressant à remarquer, c'est qu'en appliquant le tissage mécanique à ces différents tissus qui, auparavant, se faisaient à la main dans d'autres régions de la France, l'Alsace est arrivée à les produire à des prix beaucoup inférieurs, et, par suite, à en pourvoir une classe de consommateurs qui auparavant s'en étaient privés à cause de l'élévation des prix.

En comparant ces différents articles aux similaires anglais, on observe qu'ils leur sont infiniment supérieurs en qualité. Cependant c'est généralement des Anglais que sont venus les perfectionnements mécaniques apportés à cette industrie.

C'est qu'en effet une machine est d'autant plus avantageuse qu'on opère sur de plus grandes quantités de marchandise. Or, nos établissements sont généralement moins considérables que les fabriques anglaises. De plus, comme leurs produits, plus fins et plus parfaits, s'adressent naturellement à une consommation plus restreinte, il en résulte que le même établissement est obligé, pour avoir assez d'ouvrage, de se morceller encore, pour ainsi dire, de faire plusieurs articles à la fois, et de chacun seulement un petit nombre de pièces. Aussi ne trouve-t-on souvent aucun avantage à l'emploi d'une machine qui rend de très-grands services en Angleterre, où elle peut travailler continuellement et sans modifications, parce qu'elle fait toujours le même produit en masses énormes.

Pour la même raison, nos métiers marchent généralement moins vite qu'en Angleterre, et ce n'est que pour les articles ordinaires qu'on a pu employer les métiers à grande vitesse d'**Harrison** et de **Todd**, qui battent de 150 à 200 coups par minute.

VI. PROGRÈS FAITS DE 1851 A 1861. — TISSAGE MÉCANIQUE.

DATES	DÉSIGNATIONS	ORIGINES
1851	Introduction de deux *métiers* **Harrison** à grande vitesse (150 à 200 coups), d'une *Syzing-machine* (encolleuse) et d'un *ourdissoir anglais*.	Anglais.
1834	Métiers à deux navettes. Tissage d'organdis façonnés.	Français et anglais.
1855	Tissage sur une grande échelle des piqués à côtes en travers, et armures diverses.	Id.
1856	Introduction de quelques *métiers* **Toda**, à titre d'essai.. . . .	Id.
1860	Tissage des laines anglaises, orléans, reps et mozambique en chaîne blanche.	Id.
1861	La *Syzing-machine* tend à se répandre. . . . . Suppression des équipages et peigne dans cette machine qui, cependant, n'est employée que pour de la chaîne nos 27 sur 29, et surtout des comptes 55 à 60 portées, 18 à 20 fils et dans un petit nombre d'établissements.	Id.
1861	Application des métiers à tisser de la patente **Taylor**. . .	Id.
1861	Introduction d'une machine à faire des lames	Id.

En 1859, on comptait dans le Haut-Rhin 51 tissages mécaniques avec 56 machines à vapeur, d'une force totale de 1,350 chevaux. Il y avait 45,000 ouvriers, dont les uns faisaient marcher 58,000 métiers mécaniques.

Les salaires étaient de 2 fr. 25 c. par jour pour les hommes et de 1 fr. 65 c. pour les femmes.

Les autres faisaient marcher 9,000 métiers à bras et gagnaient de 60 c. à 1 fr. — La production était de 500 millions de mètres représentant une valeur de 120 millions de francs.

VII. IMPRESSIONS DES ÉTOFFES.

Si nous considérons l'état de cette industrie, autrefois si florissante et la plus importante de Mulhouse, nous sommes frappés par un double spectacle.

D'un côté nous voyons certains établissements se développer et prendre des proportions considérables, au point que jamais la production totale des tissus imprimés n'a été aussi importante à Mulhouse qu'aujourd'hui. On serait porté naturellement à en conclure que jamais industrie n'a été plus prospère, si on ne voyait d'ailleurs d'autres maisons, des plus anciennes et des plus célèbres, mettre bas les armes et disparaître de la scène. Il s'agit, en effet, d'une lutte à mort, et malheureusement les combattants succombent tour à tour sans être remplacés par d'autres. Depuis dix ans il ne s'est pas créé une seule maison, et il n'est pas probable que de longtemps on voie de nouveaux établissements se fonder sur la ruine des anciens.

Une question vitale domine aujourd'hui toutes les autres, celle des frais généraux.

Le succès d'une campagne dépend surtout de la supériorité des dessins. Pour y arriver, il faut faire des frais énormes de dessin et de gravure. Ces frais, qui sont souvent en pure perte (car comment deviner à l'avance le goût si variable du consommateur?) ne peuvent être supportés que par de grandes maisons.

Une marchandise produite dans de telles conditions ne peut être que chère et s'adresser à une consommation restreinte, à moins que des débouchés importants et une clientèle assurée n'en permettent la fabrication sur une très-grande échelle. Aussi les fabricants de

Mulhouse se sont-ils toujours efforcés d'exporter leurs produits, afin d'arriver par là à cette production considérable qui seule leur permettra de fabriquer à bon marché.

Malheureusement la propriété des dessins n'est pas assez garantie aux Français dans les pays étrangers, et il en résulte que certains fabricants allemands, mais surtout les fabricants anglais copient, trait pour trait et sans aucune chance aléatoire, nos meilleurs dessins et les livrent au commerce à des prix réduits qui rendent impossible aux Alsaciens une vente considérable.

Aussi notre commerce d'exportation est-il borné aujourd'hui à la haute nouveauté destinée à la consommation si restreinte de la classe aisée. Les articles ordinaires, l'indienne entre autres, sont peu à peu abandonnés de nos fabricants; et la grande vente, même des articles qu'ils créent, est accaparée sur les marchés étrangers par ces copistes qui, jusqu'à ces derniers temps, ont joint à l'avantage de n'avoir pas de frais de dessins celui non moins important d'avoir toujours sous la main des tissus à meilleur marché que les nôtres. Ainsi se vérifie de plus en plus l'adage des fabricants anglais : *The Frenchmen work for the few, but we for the millions.* (Les Français travaillent pour le petit nombre et nous pour les masses.) Espérons toutefois que le temps améliorera cette situation si précaire des imprimeurs de Mulhouse ; car leur existence repose aujourd'hui uniquement sur leur goût, et c'est là un avantage qu'on peut ne point conserver toujours. — Les voies de transport se perfectionnent de jour en jour davantage et facilitent les affaires pour une ville qui achète ses cotons au Havre, ses laines dans le Nord, les imprime à Mulhouse et les revend à Paris. Grâce aux chemins de fer, les imprimeurs d'Alsace, avec leurs rapides moyens de production, ont pu entreprendre certains articles de haute nouveauté qui demandent une exécution prompte, une livraison immédiate et qui autrefois étaient réservés exclusivement à la banlieue de Paris.

Le décret récent qui autorise les imprimeurs français à introduire sans droits, à charge de réexportation, des tissus étrangers, a permis à la plupart des maisons de notre rayon d'aborder des débouchés que, jusqu'à présent, les hauts prix des tissus français leur avaient fermés. Si le succès couronne ces tentatives, il est probable que la production de nos fabriques atteindra des proportions en rapport avec leurs frais, et leur rendra possible une fabrication plus économique qui, en assurant leur vente, fera moins dépendre leur prospérité et leur existence des capricieuses variations de la mode.

Si maintenant nous examinons les genres qui ont été exploités plus spécialement par les maisons d'Alsace, pendant les dix dernières années, nous remarquons, conformément à ce que je disais tout à l'heure, que ce sont surtout les articles riches et destinés à la consommation des classes aisées. Les piqués, les jaconnats, les organdis, les orléans, les baréges, les tissus légers de toute espèce, les moleskines, les tissus pure laine, laine et soie, soie et coton, se sont imprimés en grande quantité concurremment avec l'indienne proprement dite et surtout au rouleau. La *perrotine* a presque cessé d'être employée; car cette machine transitoire, qui n'atteint ni la perfection ni la rapidité du rouleau, a dû lui céder la place pour tous les articles permettant une impression mécanique, et dont la consommation était assez grande pour couvrir les frais d'une gravure sur cuivre.

Les articles les plus riches et comportant un grand nombre de couleurs ont continué à se faire à la main. C'est même ici le cas de remarquer que l'impression à la main, qui autrefois semblait sur le point de disparaître, a repris dans ces dix années un nouvel élan, et s'est grandement développée en s'appliquant aux articles meubles. Elle a produit notamment sur une grande échelle des étoffes de laine (lastings, reps, etc.) et de coton (perse), où la richesse des dessins aussi bien que le grand nombre des couleurs auraient rendu l'impression au rouleau impossible ou trop coûteuse.

Enfin, dans ces derniers temps, on a commencé à employer des machines à huit couleurs à l'instar des Anglais. Il ne faut pas oublier non plus de mentionner l'introduction dans le département de la fabrication des *lustrines*, qui a pris un accroissement considérable, grâce surtout aux moyens mécaniques qu'elle a adoptés.

Abordant à présent le côté technique de cette grande industrie, nous observons de grands progrès tant au point de vue chimique qu'au point de vue mécanique, mais avec cette différence que les premiers sont plus généralement français, et les seconds anglais d'origine. — La raison en est que les Français, forcés, pour conserver leur réputation et leur clientèle, de faire constamment de la nouveauté et de s'appliquer de plus en plus à une exécution d'une supériorité incontestable, cherchent dans les secrets de la chimie les ressources dont ils ont besoin pour réveiller sans cesse le goût blasé de l'acheteur par des combinaisons de couleurs nouvelles; tandis que les Anglais, travaillant pour les masses et opérant sur des quantités énormes de marchandises, visent moins à la perfection qu'à l'économie, et s'attachent surtout à produire rapidement et à bon marché en améliorant leurs agents mécaniques.

Dans la première partie de la période qui nous occupe, le fabricant, pensant avoir épuisé la série des matières colorantes, s'applique surtout à simplifier le travail, à le rendre plus rapide, plus régulier, en même temps qu'à obtenir avec les matières tinctoriales en usage des nuances de plus en plus vives et pures.

C'est ainsi que nous voyons se généraliser dans toutes les maisons, pour l'impression des étoffes de laine, l'emploi jusque-là encore contesté du *système* **Broquette,** c'est-à-dire l'application de laques à base d'étain, se fixant à la vapeur sur le tissu, préalablement mouillé au moyen d'un doublier humide.

Pour les tissus de coton, les couleurs solides et garancées jouent toujours le principal rôle, et on cherche seulement à les produire avec plus de simplicité et de pureté. Ainsi, en 1854, on emprunte aux Allemands l'emploi du silicate de soude pour remplacer la bouse; aux Anglais, celui de l'*alizarine* du commerce (*pincoffine*) et de la *quercitrine*.

Vers 1851 et 1855, une réaction commence à s'opérer.

D'un côté commence l'application sur une grande échelle des genres plastiques, c'est-à-dire des couleurs en poudre impalpable, fixées au moyen de l'*albumine des œufs*; le *gris de charbon*, auquel se joignent le *blanc de zinc*, la *laque de garance*, le *vert Guignet*, etc. La consommation de l'albumine devient si considérable qu'on sent le besoin de lui chercher des substituts, et on arrive successivement à se servir de l'*albumine du sang, du gluten* et d'autres substances analogues.

D'un autre côté, nous voyons apparaître ces couleurs si brillantes et si fugaces qui on produit toute une révolution dans le goût et dans les genres actuels.

L'année 1855 inaugure une seconde période de découvertes, et l'apparition d'une couleur nouvelle, la *murexide*, cause une sensation d'autant plus grande que chacun pressent qu'elle ouvrira aux chercheurs une nouvelle voie. Et en effet les inventions se succèdent. A peine a-t-on réussi à appliquer la murexide sur coton que l'on voit se présenter tour à tour la *pourpre française* (orseille modifiée), le *bleu Passier ou Boilley*, et toute la série des couleurs dérivées du goudron de houille, *violet, rouge (fuchsine)* et *bleu d'aniline*. Ces couleurs si éclatantes, mais malheureusement si peu solides, remplacent la garance dans les tissus légers, et permettent de créer ces genres si gracieux et si élégants que produisent aujourd'hui nos machines à huit couleurs, et que la garance qui se fixe par teinture n'eût pas rendus possibles.

En même temps, nos fabricants sentaient le besoin de développer la continuité du travail, de donner plus d'importance aux agents mécaniques, afin de faciliter les opérations, de les rendre plus régulières, plus rapides et plus économiques. C'est ainsi que dans le blanchiment on a grandement réduit la main d'œuvre et activé le travail. Dans ces derniers temps on a encore pu abréger les opérations, en se servant d'*appareils à haute pression*.

Dans la gravure des rouleaux à imprimer, il faut signaler l'emploi du *pantographe* et de la *galvanoplastie*. L'impression au rouleau a subi aussi de notables améliorations. Ainsi, pour le séchage des tissus imprimés, au sortir de la machine, on a substitué les *plaques à vapeur* aux séchoirs à air chaud, qui avaient causé déjà tant d'incendies et qui donnaient en outre une chaleur peu régulière. On a introduit l'usage des *draps de caoutchouc*, et dans certains cas on a jugé utile d'adapter à chaque machine un moteur spécial.

Le système continu a été appliqué à l'*oxydation des mordants* pour garance et garancine.—Pour les tissus garancés, un passage dans un mélange de chlore et de vapeur d'eau a remplacé complètement l'exposition sur pré. Les machines à laver ont été notablement améliorées, et leur rendement est bien plus considérable qu'autrefois. Enfin les apprêts ont été l'objet de soins tout particuliers, et on a vu apparaître successivement *des rames fixes perfectionnées, des rames continues, des tambours-rames*, etc.

VIII. PROGRÈS FAITS DE 1851 A 1861. — IMPRESSIONS ET BLANCHIMENT.

DATES	DÉSIGNATIONS	ORIGINES
1851	Substitution des plaques à vapeur au chauffage à air chaud. .	Anglais.
1851	Fleur de garance.	Français.
1852-53	Améliorations apportées à la partie mécanique des fabriques d'impressions, principalement dans le but de développer la continuité du travail.	Anglais.
1853	Moteurs adaptés aux machines à imprimer.	Id.
1853	Perfectionnement des machines à laver.	Anglo-français.
1854	Introduction de l'*alizarine* du commerce (pincoffine).	Anglais.
1854	Introduction du *silicate de soude* pour remplacer la bouse. .	Allemand.
1854	Introduction de la *quercitrine*.	Anglais.
1854	Gris de charbon.	Français.
1856	Impression du *rouge de murexide* sur coton. . . . . Grande sensation !	Id.
1856	Perfectionnement dans l'apprêt des tissus.	Id.
1856	Tambours-rames, rames fixes, perfectionnées.	Id.
1856	Machines à rentrer.	Id.
1856	Draps de caoutchouc	Anglais.
1856	Premier pantographe.	Id.
1856	Deuxième pantographe perfectionné (1859)	Id.
1857	*Blanc de sinc*.	Français.
1857	*Albumine du sang*.	Id.
1858	*Laque de garance* employée dans l'impression.	Id.
Décembre 1858 et années suivantes.	*Violet d'aniline*.	Anglais.
1858	Applications de couleurs nouvelles dérivées du goudron. . . .	Français.
Mars 1859	*Vert Guignet*.	Id.
Avril 1859	*Pourpre française* (orseille modifiée).	Id.
Avril 1859	Premières pièces teintes en *fuchsine* (rouge d'aniline). . . .	Id.
Octobre 1859	Emploi du *gluten* modifié, *lucine*, et substitutions variées à l'*albumine d'œufs*.	Id. / Anglais.
Janvier 1860	Oxydation continue des mordants pour garance et garancine. .	Français.
Janvier 1860	*Bleu Bolley*.	Anglais.
Janvier 1860	Machines à huit couleurs.	Français.
Janvier 1860	*Acide tannique* pour la fixation des violets d'aniline.	Anglais.
Janvier 1860	Blanchiment à haute pression.	Français.
1861	Emploi de la galvanoplastie pour la gravure sur rouleaux. . .	Id.
1861	*Bleu d'aniline*.	Anglais.

En 1850, il y avait 21 fabriques de toiles peintes, possédant 34 machines à vapeur d'une force de 504 chevaux. Elles employaient environ une centaine de machines à imprimer, plus 3,000 imprimeurs à la main, et occupaient en tout environ 10,000 ouvriers; les hommes gagnaient en moyenne 2 fr. 75 c. par jour et les femmes 1 fr. 75 c., les enfants 40 c. par jour.

IX. CONSTRUCTION DES MACHINES.

Quoique, depuis les dernières années, le nombre des ateliers de construction ne se soit pas sensiblement accru dans le Haut-Rhin, il est à remarquer cependant que la plupart des établissements qui s'occupent de cette branche d'industrie ont fait de louables efforts pour suffire aux besoins des industries tributaires, et pour perfectionner leurs produits de manière à pouvoir lutter tant pour la solidité que pour le fini des machines avec leurs plus puissants concurrents d'autres contrées de la France et de l'étranger. — De notables perfectionnements ont été introduits dans les machines-outils par les constructeurs spéciaux. Des inventions nouvelles, dont vous avons parlé précédemment, ont donné une impulsion sérieuse à de certaines branches de la construction appliquées à la filature du coton et de la laine.

L'introduction de machines nouvelles pour l'impression des tissus à plusieurs couleurs a été la source de nombreuses demandes. Enfin, la grande construction des machines à vapeur et des locomotives a pris un développement sans précédent dans nos contrées. On a construit jusqu'à 90 locomotives par an. Nous rappellerons à cette occasion la puissante et ingénieuse locomotive de montagnes de notre compatriote M. **Bengniot**, qui doit servir à traverser les Apennins. Comme auxiliaire des grandes entreprises, nous avons vu se créer et se développer dans le Haut-Rhin une foule d'ateliers produisant des pièces détachées pour la filature et le tissage du coton et de la laine ; et la plupart d'entre eux, rivalisant de zèle, d'activité et d'économie, sont parvenus à établir ces pièces avec une perfection rare et à des prix très-bas.

Les travaux destinés à l'exportation n'ont pas eu, pour les machines de filatures en général, autant d'activité que par le passé ; cela provient naturellement de la concurrence écrasante des constructeurs anglais sur tous les marchés du continent. — Nos machines-outils, nos moteurs hydrauliques et à vapeur, nos locomotives ont, au contraire, été exportés sur une assez grande échelle dans ces dernières années.

Le prix élevé de la houille en Alsace a, depuis longtemps déjà, porté l'attention des industriels sur les économies à réaliser dans son emploi. Ce combustible, en effet, est devenu de première nécessité dans les usines de la plaine, où la vapeur seule sert de moteur. L'esprit inventif de nos mécaniciens, l'expérience acquise dans les moyens de chauffage, et la nécessité de plus en plus sentie de diminuer les frais généraux, ont produit des résultats très-remarquables. La *Société industrielle de Mulhouse*, par ses études spéciales et les concours qu'elle a établis, a répandu de grandes lumières sur cette question. Il a été démontré, par le concours de 1861, que les générateurs de vapeur, construits et perfectionnés dans notre département, sont supérieurs, tant pour la production de vapeur que pour l'économie du combustible, à tous les autres systèmes qui leur ont été opposés. Les garanties de sécurité, la facilité d'accès dans toutes les parties de ces appareils et leur emploi mis à la portée de toutes les intelligences leur assurent à tous égards une préférence marquée. Nous citerons notamment les résultats importants auxquels on est arrivé en ajoutant des réchauffeurs aux chaudières.

Malgré cela, la houille, dans nos parages, est encore une dépense énorme. Il est à souhaiter que le canal de la Sarre soit promptement achevé.

Je ne dois pas non plus passer sous silence l'application des câbles en fil de fer comme moyen de transmission. Grâce à cette ingénieuse invention, la distance, cet obstacle autrefois insurmontable, lorsqu'il s'agissait de transmettre la force d'un moteur, la distance n'existe plus. Une machine à vapeur peut, pour ainsi dire, rayonner sa puissance au loin et faire marcher comme par une communication électrique les métiers les plus éloignés, sans qu'on voie autre chose dans l'air qu'un léger fil se balançant au gré du vent. Aussi ne faut-il pas s'étonner du succès qui a accueilli jusqu'à présent ce nouveau mode de transmission.

Il n'est pas sans intérêt d'ajouter encore que, grâce au bon marché croissant des machines, leur emploi devient de plus en plus général dans les petites industries. Nous voyons les moteurs à vapeur adoptés aujourd'hui par les graveurs sur rouleaux, les brasseurs, les charpentiers, les tourneurs, etc.; nous les voyons aussi se répandre dans nos campagnes, et les machines locomobiles, entre autres, rendre tous les jours des services plus signalés à l'agriculture.

II. PROGRÈS MORAL.

Introduction. — Jusqu'ici, messieurs, nous avons considéré l'industrie du Haut-Rhin à la fois dans ses produits et dans ses procédés de fabrication. Nous avons examiné successivement les perfectionnements subis par les agents chimiques et mécaniques auxquels elle a recours. — Mais il est un autre ordre d'agents plus utiles, plus essentiels, plus intéressants encore que les machines les plus ingénieuses. Je veux parler des hommes qui donnent l'activité, la direction à tous ces instruments inertes de fer ou de bois. Là aussi il y avait des progrès à faire; et si notre industrie a gagné au point de vue matériel, elle a gagné autant ou plus encore au point de vue intellectuel et moral.

Pour se faire une idée nette et complète du régime de nos manufactures, il est indispensable de connaître le tempérament moral de ceux qui les dirigent, aussi bien que celui des nombreux ouvriers qui, à un degré inférieur, servent à exécuter ce que leurs chefs ont conçu.

— — — Un grand esprit d'indépendance distingue nos industriels, et un principe généralement admis parmi eux, c'est de ne rien attendre que d'eux-mêmes. On les voit rarement solliciter l'appui du gouvernement, ou attendre immobiles que le gouvernement vienne les pousser à l'action. En général, dès qu'une idée utile est mise en avant, il se trouve toujours un homme résolu pour la patronner; et si les efforts d'un seul paraissent insuffisants, on s'adresse à l'association.

1. SOCIÉTÉ INDUSTRIELLE DE MULHOUSE.

Parmi les différentes formes que l'association a revêtues à Mulhouse pour s'appliquer aux progrès de l'industrie commune, la plus influente et la plus connue est la Société industrielle.

Fondée en 1826 par quelques hommes jeunes et entreprenants, tous profondément pénétrés de la conviction que le développement de l'industrie devait reposer sur les applications de la science, elle n'a cessé depuis de grandir et de rendre des services éminents. Elle se compose aujourd'hui de plus de 300 membres, et réunit en un faisceau toutes les forces vives de l'industrie alsacienne. Toutes les questions chimiques, mécaniques et philanthropiques qui peuvent toucher les manufactures du département y sont débattues tour à tour; et parmi les travaux les plus remarquables qui ont signalé son activité pendant les dix années qui viennent de s'écouler, nous citerons :

Des mémoires nombreux et intéressants sur la garance, la murexide, l'aniline et ses dérivés, l'albumine et ses substituts, etc.

— Sur les métiers à filer et à tisser, les locomotives, les chaudières à vapeur, la surchauffe, le chauffage, les transmissions par câbles métalliques, etc.

— Sur les logements d'ouvriers et les cités ouvrières, les caisses de secours, les institutions de prévoyance, l'instruction primaire et l'amélioration des classes laborieuses.

En outre, la Société distribue chaque année des prix nombreux et souvent d'une valeur considérable pour l'étude des questions les plus importantes de l'industrie.

Cette année, ces prix, au nombre de 100, s'élèvent à une somme de 80,000 fr., obtenus par souscription ; car la Société n'a d'autres ressources pécuniaires que la cotisation de ses membres.

Depuis quelques années, elle a institué un concours annuel pour les chauffeurs d'appareils à vapeur de l'arrondissement, qui réussissent le mieux à économiser la houille.

Enfin, en ce moment même, elle s'occupe de propager parmi les classes ouvrières l'emploi de la houille pour les ménages; une commission nommée dans son sein étudie les meilleurs appareils de cuisine qui font usage de ce combustible, et fait vendre à domicile de la houille à prix réduits. On obtiendra ainsi une notable économie équivalant à une augmentation de salaire.

II. INSTRUCTION PUBLIQUE.

Ce goût pour l'instruction, pour la science, pour le développement de l'intelligence, qui a trouvé dans la Société industrielle son expression la plus relevée, cette conviction que le travail de l'esprit doit accompagner et diriger le travail du corps, ces deux sentiments si vrais et si féconds se sont manisfestés depuis dix ans d'une manière toute spéciale par les soins qu'on a donnés, à Mulhouse, à l'instruction publique.

Pour nous renfermer dans le cadre de ce travail, nous ne mentionnerons que les institutions qui ont quelque influence sur l'industrie locale.

La plus ancienne est l'*École de dessin*, créée en 1820 et entretenue depuis par la Société industrielle. On y enseigne le dessin de la figure, des fleurs et des machines. Les cours, qui sont gratuits pour les élèves pauvres, sont suivis par de nombreux jeunes gens destinés à fournir des dessinateurs pour les fabriques d'indiennes et les ateliers de construction. Plusieurs d'entre eux ont déjà trouvé une fortune dans leur crayon. Le local, qui était autrefois affecté à l'école, étant devenu insuffisant, la Société industrielle recueillit par souscription les fonds nécessaires (près de 100,000 fr.) et fit élever, il y a peu d'années, un bel édifice mieux approprié à sa destination.

En 1801, il s'est créé également sous le patronage de la Société une *École de tissage mécanique* qui, par suite du développement de cette industrie, était devenue un véritable besoin.

L'*École professionnelle*, fondée en 1851, donne une solide instruction théorique et forme une utile préparation aux travaux industriels; elle compte aujourd'hui plusieurs centaines d'élèves dont un grand nombre sont étrangers.

Le complément de cette institution se trouve dans les cours de l'*École supérieure des sciences appliquées*, faculté nouvelle créée à la même époque et qui délivre des diplômes, garantie d'une instruction sérieuse.

Dans une sphère plus humble les efforts n'ont pas été moins grands. L'industrie alsacienne a compris qu'il était de sa dignité de propager l'instruction parmi les travailleurs qu'elle emploie.

Plusieurs manufactures ont dans leurs ateliers mêmes des écoles où l'on enseigne le premiers éléments aux enfants de la fabrique.

Une *École primaire*, entretenue par la ville, et peut-être la plus vaste de France, compte près de 3,000 élèves; et, pour suppléer à sa récente insuffisance, on est en train de lui ajouter des succursales dans les principaux quartiers de la ville.

Douze salles d'asile reçoivent les enfants en bas âge, et de *nombreux ouvroirs* forment les jeunes filles aux travaux de la couture.

On n'a pas non plus négligé les adultes. Des *cours publics* de physique, de chimie, de littérature, d'histoire, d'histoire naturelle et d'hygiène, ont lieu en leur faveur à l'école des sciences appliquées et ont toujours su réunir un nombreux auditoire.

Des *Salles de lecture* leur sont aussi ouvertes, et quelques manufactures ont des *bibliothèques* dont les ouvriers peuvent emporter les volumes pour les lire chez eux.

De. *Sociétés de chant choral*, qui existent en assez grand nombre parmi nous, offrent aux jeunes ouvriers d'utiles distractions aussi bien qu'un avant-goût des arts.

Une *Société de gymnastique*, de création récente, fournit aux travailleurs l'occasion de développer leurs muscles au grand air, de se fortifier le corps, d'acquérir de la souplesse et de l'agilité, en même temps que de passer agréablement leurs heures et leurs jours de congé.

Malgré tous ces moyens, la plaie de l'ignorance est encore grande. La population ouvrière de Mulhouse se recrute en grande partie dans les départements environnants et dans les campagnes jusqu'à cinquante lieues à la ronde; et, si les ouvriers nés à Mulhouse même, où les enfants des manufactures ont reçu en général une instruction primaire conformément à la loi, il n'en est pas de même de ces nouveaux venus.

En vain on a ouvert depuis longtemps des *Écoles du soir* et des *Écoles du dimanche*. Il a été impossible jusqu'à présent de combler cette lacune, par la raison même que ces soins qu'on donne à l'instruction à Mulhouse, n'existent pas ailleurs. Tout récemment la Société industrielle s'est occupée de cette question. Elle avait été la première, autrefois, à solliciter du gouvernement une loi sur le travail des enfants dans les manufactures. Aujourd'hui elle est arrivée à conclure que cette loi qui oblige de leur donner l'instruction primaire sera illusoire tant qu'elle ne sera pas complétée par une loi générale qui rendra l'instruction primaire obligatoire dans la France entière. Une pétition rédigée dans ce sens, et adressée au Sénat en 1861, a été ajournée. Il faut espérer que, reprise dans une occasion plus favorable, la demande de la Société industrielle recevra une solution plus conforme à ses vœux.

Nous venons d'examiner les efforts qu'a faits l'industrie alsacienne pour élever la condition intellectuelle de ses travailleurs. C'était sans doute un mérite et une bonne œuvre; c'était de plus une œuvre utile et profitable, car on a reconnu que les ouvriers les plus instruits et les plus intelligents sont aussi, en général, ceux qui rendent les meilleurs services.

Ces efforts en faveur des classes laborieuses ne devaient pas se borner à leur donner l'instruction; on devait encore songer à leur amélioration morale et physique; on devait suivre l'ouvrier dans l'atelier où il travaille, dans le modeste logement où il se repose de ses fatigues; on devait le suivre enfin depuis le berceau jusqu'à la vieillesse.

Sans doute, la situation avait bien changé depuis cinquante ans. On avait remédié à plusieurs des maux que signalait le Dr **Villermé** dans son remarquable ouvrage. Les ateliers avaient été agrandis, assainis, ventilés; les logements étaient meilleurs; la hausse croissante des salaires avait permis une nourriture plus substantielle.

On avait eu tort d'ailleurs d'accuser l'industrie de ces maux : elle ne les avait pas corrigés, il est vrai, mais elle ne les avait pas créés. En élevant ces ateliers, elle y avait reçu des populations misérables que la pauvreté, la faim, la maladie, l'ignorance lui amenaient de tous les points de l'horizon. Elle n'avait songé qu'à leur donner du pain, et s'était tenue quitte du reste. Elle a compris plus tard qu'il y avait mieux à faire; elle l'a fait. Elle les a relevés à leurs propres yeux, elle les a civilisés, pour ainsi dire, et ce sera son plus grand mérite d'avoir senti que l'ouvrier est avant tout un homme.

La révolution de 1848 ramena l'attention sur les questions sociales; on se mit à réfléchir et à étudier ces graves problèmes, mais sans grand résultat pratique.

La première Exposition de Londres, en 1851, fut l'occasion d'un grand mouvement en faveur de l'amélioration du sort des classes ouvrières. On parla de logement d'ouvriers; on examina les maisons modèles que le prince **Albert** avait fait construire; on songea à encourager l'épargne, à propager davantage l'instruction

L'industrie alsacienne se mit à l'œuvre avec sa résolution et sa ténacité ordinaires. La Société industrielle de Mulhouse dirigea cet élan et centralisa les efforts isolés qui se faisaient de divers côtés. Quelques hommes généreux se mirent à la tête de ce mouvement, et bientôt l'on voit surgir l'une après l'autre des institutions dont les bienfaisants résultats se font sentir de plus en plus, à mesure qu'une espérance plus prolongée leur donne une sanction plus décisive.

Cette sollicitude pour les ouvriers se manifesta notamment par les soins qu'on prit pour faire diminuer et prévenir les accidents de fabrique. A la suite de rapports qui lui furent présentés sur cette question importante, la Société industrielle proposa des médailles pour les établissements qui auraient le plus complétement appliqué à leurs machines les dispositions nécessaires pour éviter les accidents. Quoiqu'une seule maison se soit présentée au concours, ces mesures amenèrent néanmoins une grande amélioration. Les accidents ont notablement diminué, et récemment encore une médaille fut décernée à M. **Herland**, inventeur d'un appareil monte-courroies qui permet de remonter sans péril une courroie sur une transmission en mouvement.

Un autre fléau plus grave encore et plus fréquent vient souvent s'abattre sur la classe ouvrière : c'est la maladie.

III. INSTITUTIONS DE BIENFAISANCE ET DE PRÉVOYANCE.

Les *Caisses de secours mutuels*, qui sont en grand nombre (sept autorisées et une quinzaine non autorisées) et qui sont généralement administrées par les ouvriers eux-mêmes, ont apporté un grand remède en tant que la maladie ne se prolonge pas trop longtemps.

L'*hôpital de la ville* vient aussi efficacement au secours des malades. Mais l'institution qui a rendu les plus grands services est la création des patronages.

Patronages. — La ville de Mulhouse est divisée en plusieurs quartiers dont chacun a son patronage spécial composé d'un comité de dames. Chacune de ces dernières se charge de patronner deux ou trois familles que la maladie, le manque d'ouvrage, ou toute autre cause ont mises dans une gêne momentanée. Elle doit chercher à leur procurer des secours, des médicaments et surtout du travail ; en un mot, les mettre à même le plus tôt possible de se tirer d'affaires. Car on veut éviter qu'une tutelle trop soigneuse ne dispense le pauvre de recourir avant tout à ses propres forces.

Le patronage n'a d'autre but que de le relever, de l'encourager, de lui donner des conseils dans un moment où ses propres efforts ne suffiraient pas.

Ce n'est que dans les années de disette ou de crise que la charité privée trouve de son devoir de venir en aide à l'ouvrier d'une manière plus directe, par la distribution sur une grande échelle d'aliments, de vêtements, etc.

A chaque patronage se trouvent attachés un médecin, qui donne gratuitement des consultations dans un local loué à cet effet, et une diaconesse qui soigne les malades du quartier. Elle va de maison en maison et distribue aux nécessiteux les aliments, les médicaments et les habits que le Comité a mis à sa disposition.

Voilà plusieurs années déjà que cette utile institution fonctionne avec un succès toujours croissant, et les sommes de plus en plus importantes que la charité privée souscrit en sa faveur, sont la meilleure preuve qu'elle est hautement appréciée par une population qui tient surtout compte des résultats obtenus.

Je ne dois pas oublier de mentionner la *Cénobie*, espèce de pension où des sœurs de charité élèvent des enfants pauvres et logent des ouvrières de fabrique sans famille, qui trouvent chez elles la nourriture, une habitation agréable et les avantages de la vie commune, pour une rétribution mensuelle en rapport avec leurs salaires.

Nous disions que les patronages avaient eu surtout en vue d'habituer les ouvriers à compter sur eux-mêmes plutôt qu'à se fier à la charité publique. L'imprévoyance, l'insouciance de l'avenir, est en effet un des caractères distinctifs des classes laborieuses. Rarement l'ouvrier songe dès sa jeunesse à s'assurer pour ses vieux jours un modeste revenu qui lui permette de vivre quand le travail lui sera devenu impossible. Ce n'est pas qu'on n'eût pensé depuis longtemps à lui faciliter l'épargne par tous les moyens. Dès

1827, on avait créé à Mulhouse une *Caisse d'épargne* qui rendit de grands services, mais qui devint inutile et cessa ses opérations lorsque fut fondée la caisse d'épargne de l'État.

Tout cela était insuffisant, et le grand nombre continuait à vivre au jour le jour. — Il fallait chercher et trouver un mobile énergique et efficace pour persuader à l'ouvrier de faire un prélèvement régulier sur son salaire afin de pourvoir aux incertitudes de l'avenir.

IV. SOCIÉTÉ D'ENCOURAGEMENT A L'ÉPARGNE ET ASILE DES VIEILLARDS.

En 1851, quelques-uns des principaux fabricants de Mulhouse se réunirent et fondèrent la *Société d'encouragement à l'épargne*. Ils s'engagèrent à déposer dans une caisse commune 3 pour 100 du total des salaires qu'ils distribuent chaque année à tous les ouvriers de leurs établissements. Les deux tiers de cette somme devaient servir à donner une prime de 2 pour 100 sur leurs salaires à ceux des ouvriers qui consentiraient de leur côté à une retenue de 3 pour 100. Ces 5 pour 100 de la solde de l'ouvrier, ainsi cumulés, devaient être versés au nom du titulaire dans la caisse de retraites, récemment fondée par l'État. Le restant des sommes était laissé annuellement à la libre disposition du conseil d'administration. Celui-ci devait l'employer à couvrir les frais de gestion, et à distribuer immédiatement des secours à des ouvriers déjà vieux ou infirmes qui n'avaient pu supporter de retenues à une époque où la caisse de retraites n'existait pas encore.

En même temps et au moyen d'une souscription volontaire, on construisit un élégant édifice avec des dortoirs séparés par des cloisons, des réfectoires, des cuisines, pour servir d'*asile* aux invalides du travail. La dépense s'éleva à près de 70,000 fr., et les dépôts versés par les fabricants les trois premières années dépassèrent 200,000 fr. Malheureusement le succès ne devait pas répondre à de si généreuses intentions. Les ouvriers ne consentirent pas à entrer dans une combinaison qui leur retenait une somme certaine pour la leur rendre dans un avenir incertain.

Après dix ans d'existence, le nombre de déposants est réduit à 16 ouvriers sur 7000 que compte les établissements associés.

L'entrée dans l'asile fut également peu recherchée. Le nombre des pensionnaires ne dépassa jamais une quinzaine, quoiqu'il y eût place pour 40. En dix ans, il n'y a eu que 43 admissions. Les vieux ouvriers préfèrent une pension modique, au sein de leurs familles et de leurs foyers; et ce n'est pas nous qui les en blâmerons. La Société a ainsi accordé des pensions à environ 300 ouvriers ou ouvrières âgés et infirmes.

Malgré cela les fonds s'accumulaient dans la caisse, et au bout de trois ans, les fabricants sociétaires réduisirent de 3 à 1 pour 100 le versement fait sur l'intégralité des salaires.

Cependant on avait dépensé en dix ans près de 170,000 fr. pour le service des pensions, 70,000 fr. environ pour les frais de l'asile, 56,000 fr. pour dépôts effectués à la caisse des retraites au nom des ouvriers, 32,000 fr. pour frais d'administration. Les recettes avaient atteint près de 500,000 fr. Le solde en caisse, au 31 décembre 1861, était de 179,000 fr. La Société, à ce moment, secourait à domicile 187 pensionnaires et en entretenait 13 à l'asile.

Si la Société pour l'encouragement à l'épargne n'a pu complétement remplir son but, si elle est plutôt devenue une association de bienfaisance pour pensionner de vieux travailleurs, on a eu le bonheur de réussir en s'adressant à un autre mobile plus puissant, le goût de la propriété. Ce que l'asile des vieillards n'a pu faire, la Cité ouvrière l'a obtenu.

V. CITÉS OUVRIÈRES.

Le rapide développement de l'industrie de Mulhouse avait depuis longtemps rendu insuffisants les logements affectés à la classe ouvrière, et quoique les habitations ne fussent plus ni sombres ni malsaines, comme dans d'autres cités manufacturières, on croyait néanmoins qu'il serait possible de faire mieux encore. On jugea qu'il ne fallait pas abandonner sans direction à la spéculation privée la tâche de loger une population dont le chiffre allait sans cesse en s'élevant comme une marée montante.

En 1853 se créa, sous l'inspiration de M. **Jean Dollfus**, *la Société des cités ouvrières*, qui se mit aussitôt à l'œuvre. Son capital était de 600,000 fr., dont le gouvernement avait fourni une partie, et elle s'était interdit tout profit, ne demandant qu'un intérêt de 4 pour 100 pour les actionnaires. Bientôt on vit s'élever de riantes maisons blanches, à contre-vents verts, entourées de jardins bien cultivés, où les ouvriers venaient se délasser des travaux de la journée. On cherchait à les vendre plutôt qu'à les louer, et pour cela on consentait à des termes assez longs. Les prix des ventes servaient à construire de nouvelles maisons, et en même temps des emprunts hypothécaires sur les maisons déjà bâties permettaient de donner aux constructions un plus grand développement.

La cité ouvrière comprend aujourd'hui 560 maisons, dont 68 vendues au 31 mars 1862 ;

Un grand bâtiment à 17 chambres garnies, pour ouvriers célibataires ; — six maisons grand format, à deux étages, sur rez-de-chaussée, entre cour et jardin;

Une vaste salle d'asile ;

Un local où l'on donne gratuitement des consultations et des soins aux ouvriers malades;

56 nouvelles maisons en construction ;

Un établissement de bains et lavoir (le bain à 20 c. avec linge, et le lavage à 5 c. pour 2 heures) ;

Une boulangerie où l'on vend du pain au-dessous de la taxe, et un restaurant où l'on débite à très-bas prix des aliments succulents et bien préparés.

La vente des maisons se fait contre un premier versement de 300 à 430 fr. (selon la valeur de la maison), auxquels doivent venir s'ajouter des versements réguliers de 18 à 25 fr. par mois, pendant treize à quatorze ans. Ainsi, pour un payement mensuel qui ne dépasse pas le prix ordinaire des loyers d'ouvriers à Mulhouse, on peut devenir en quelques années propriétaire d'une maison valant de 2,050 à 3,300 fr.

On jugera mieux de l'avantage de cette combinaison par la comparaison suivante : Un ouvrier locataire d'une maison de la cité ouvrière, valant 3,000 fr., paye 18 fr. de loyer mensuel, ou 216 fr. de loyer par an; en treize ans et cinq mois il a payé 2,898 fr., et n'est toujours que locataire; tandis que son voisin, en payant 300 fr. d'entrée et 25 fr. par mois (c'est-à-dire 300 fr. par an) pour une maison semblable, a payé au bout de treize ans et cinq mois une somme de 4,326 fr. (dont 276 fr. pour les droits de contrat et le reste pour intérêts, contributions, etc.); il a donc payé 1428 fr. de plus que le premier ouvrier; mais, pour cette somme si minime de 1,428 fr., il est devenu, en définitive, propriétaire d'une maison de la valeur de 3,000 fr. Disons en passant qu'il serait désirable de voir le gouvernement faire grâce à l'ouvrier acheteur de ces droits de contrôle; ce serait une dépense bien placée.

Les résultats d'une institution si utile ne se sont pas faits attendre.

En huit années, 488 chefs de famille sont devenus propriétaires. Au 31 mars 1862, ils avaient acheté des maisons pour 1,510,225 fr. ; et sur 1,500,000 à 1600,000 fr., qui composaient à cette époque le montant de leur dette (en y ajoutant les contributions, les intérêts, les frais de contrat, etc.), ils avaient déjà payé 653,124 fr., c'est-à-dire environ 40 pour 100, et il ne restait dû que 866,826 fr. — C'est une somme de 653,124 fr. enlevée aux cabarets ou à d'autres dépenses infructueuses, et constituant l'épargne des familles. On a vu des militaires consacrer le prix de leur engagement à acheter une maison à leur famille. En 1861, 20 d'entre eux avaient acheté dans ces conditions. D'autres fois, ce sont de pauvres ouvriers n'ayant pas de quoi payer l'avance de 300 fr., qui viennent supplier qu'on leur fasse crédit, en promettant de faire des versements mensuels plus forts, et qui parviennent, à force d'économie et de privations, à être eux aussi propriétaires.

Ils sont même souvent plus réguliers dans leurs payements que des ouvriers mieux salariés ; car malheureusement un salaire élevé n'est pas une preuve de moralité. Il faut avant tout le goût et l'habitude de l'économie. Cette habitude s'acquiert promptement quand on poursuit avec ardeur un but déterminé. Ainsi, il n'est pas rare de voir des maisons entièrement payées au bout de peu d'années, tant le désir de se libérer devient de plus en plus fort.

Ainsi, la passion de la propriété a fait ce que n'avaient pu faire la raison, ni les bons conseils : elle a réellement constitué le plus puissant encouragement à l'épargne, et par suite le plus vigoureux obstacle à l'imprévoyance et à l'inconduite qu'on pût imaginer.

Tels sont les principaux résultats des efforts de l'industrie alsacienne dans les différents champs de travail qu'elle a cherché à exploiter.

Remarquons, en terminant, que les dix années que nous venons d'examiner ont été fécondes, car elles ont donné naissance, dans des genres différents, à trois innovations capitales : la *peigneuse* **Heilmann**, pour la mécanique ; les *couleurs dérivées de l'acide urique et de l'aniline*, pour la chimie ; enfin les *cités ouvrières* pour l'économie sociale.

Ainsi se sont trouvés récompensés les efforts des chercheurs : notre industrie a marché de progrès en progrès ; notre cité et toute notre région manufacturière se sont développées à la fois en richesse, en science et en moralité. — Enfin, si, en ce moment, une crise sans précédents est venue s'abattre sur les contrées industrielles, il est à espérer qu'elle ne sera pas de trop longue durée, et que l'industrie pourra reprendre avec une vigueur nouvelle sa course infatigable dans l'arène du progrès.

Signé : Ch. Thierry-Mieg.

SOCIÉTÉ INDUSTRIELLE DE MULHOUSE.
Levée de la prohibition des étoffes de coton étrangères.

Enquête commerciale faite par le gouvernement. Délibération de la Société industrielle de Mulhouse, 1834 :

Convient-il de remplacer la prohibition par des droits protecteurs, moyennant des garanties qui mettent l'industrie nationale de niveau avec les industries étrangères?

Dépouillement du scrutin de vote sur 41 membres présents, 29 boules blanches en faveur de la levée conditionnelle de la prohibition, et 12 boules noires pour son maintien.

Délibération de la commission spéciale au comité de commerce de la Société industrielle.
1° La levée de la prohibition des tissus doit être précédée des cotons filés. Pour ceux-ci la Commission propose de lever le taux de 30 pour 100 sur leur valeur en France. Les tissus de coton écrus et blancs payeraient également 30 pour 100 de leur valeur. Les tissus de coton imprimés et teints payeraient pareillement 30 pour 100 de leur valeur. Tous ces droits fixés sur le poids.

Délibération de la Chambre de Commerce de Mulhouse sur le projet de la levée de la prohibition en France. Conclusion de la délibération à l'unanimité moins une voix : Lorsque toute l'économie politique d'un pays est basée sur un système de prohibition qui date de loin, il est extrêmement dangereux de l'ébranler ; la mise en question seule est un grand mal, par les alarmes qu'elle répand, et la Chambre ne cachera pas au gouvernement que c'est là l'effet qu'elle vient de produire dans le Haut-Rhin.

Présents : MM. **André Kœchlin**, président d'honneur en sa qualité de maire. — **Nicolas Kœchlin**, président élu de la Chambre. — **Philippe-Aimé Roman**. — **Jean Zuber père**. — **Frédéric Hartmann**. — **Nicolas Schlumberger**. — **Jean Schlumberger**. — **Jean Dollfus**. — **Ferdinand Kœchlin**, secrétaire élu de la Chambre.

SOCIÉTÉ INDUSTRIELLE DE MULHOUSE.
La Société se composait, en 1835, de :

    105 membres ordinaires.
     18   —   honoraires.
     87   —   correspondants.

Le total des membres était .

    1825-1826. 59
        1827. 66
        1828. 75
        1829. 94
        1830. 110
        1831. 135
        1832. 156
        1833. 177
        1834. 190
        1835. 210

SOCIÉTÉ INDUSTRIELLE DE MULHOUSE.
Rapport sur l'Exposition de l'industrie de 1828. (S. I., vol. XII, p. 1re.)

SOCIÉTÉ INDUSTRIELLE DE MULHOUSE. Construction d'un bâtiment spécial pour l'école de dessin pour la Société. (S. I., vol. XXV, p. 375.)

SOCIÉTÉ INDUSTRIELLE DE MULHOUSE. Rapport du Comité de mécanique
et de chimie sur les produits exposés à la séance générale de mai 1829. (S. I.,
vol. III, p. 21.)

SOCIÉTÉ INDUSTRIELLE DE MULHOUSE. Rapport annuel, 15 décembre 1830.
(S. I., vol. IV, p. 345.)

SOCIÉTÉ INDUSTRIELLE DE MULHOUSE. Instruction sur les secours à
donner aux noyés. (S. I., vol. IV, p. 524.)

SOCIÉTÉ INDUSTRIELLE DE MULHOUSE.
Garance. Programme des prix mis au concours en 1836
  Prix de 14,800 fr. pour trouver un moyen de fixer, par une seule teinture, toute la
    matière colorante de la garance ou du moins un tiers de plus qu'on n'a obtenu jusqu'à
    présent par les procédés ordinaires de teinture sur l'étoffe de coton mordancée.
  Prix de 14,100 fr. pour trouver un rouge d'application de garance aussi beau et aussi
    persistant que celui obtenu par teinture.
  Le prix du litre de cette couleur ne devra pas dépasser 5 fr.

SOCIÉTÉ INDUSTRIELLE DE MULHOUSE. Produits exposés à l'assemblée
générale du 27 mai 1830. (S. I., vol. IV, p. 242.)

SOCIÉTÉ INDUSTRIELLE DE MULHOUSE. Produits de l'industrie alsacienne
exposés au mois de mai 1836. Rapport. (S. I., vol. VIII, p. 381 à 476.)

SOCIÉTÉ INDUSTRIELLÉ DE MULHOUSE. Exposition des produits alsaciens
en 1842. (S. I., vol. XV, p. 141.)

SPOERLIN (Michel), à Vienne (Autriche).
Fabrication des tableaux en velours imitant la teinture. (S. I., vol. 1er, p. 265.)

SPOERLIN (Michel), à Vienne (Autriche).
Manière d'appliquer l'or et l'argent sur des étoffes de coton. (S. I., vol. II, p. 1er.)

SPOERLIN (M.).
Exposition des produits de l'industrie autrichienne, organisée à Vienne (Autriche) en 1835. (S. I., vol. VIII, p. 477, Notices.)

SPOERLIN (M.).
Exposition de l'industrie nationale autrichienne, ouverte à Vienne le 1er mai 1839. (S. I., vol. XIII, p. 208.)

STAS, Membre du jury central de l Exposition universelle de 1855.
Allumettes. Fabrication et vente. (S. I., vol. XXVIII, p. 128.)

STAS (J. S.).
Recherches sur les rapports réciproques des poids atomiques. *Bull. de l'Acad. roy. de Belgique.* 2me série, T. X, n° 8. — Arch. sc. nat. Genève, t. IX, octobre 1860, p. 97.

STAMM (Sébastien, à Thann.
Distillerie d'alcool. (S. I., vol. XXVII, p. 25.)

STAMM et **HEITZ,** à Thann.
Gaz d'éclairage. Moyen de donner à la flamme des becs à gaz le plus grand éclat possible. (S. I., vol. XXIX, p. 150.)

STEIN (Martin) et **Cie**, à Mulhouse.
Transmissions de mouvement. Fabrication des câbles en fil de fer pour transmissions de mouvement. (S. I., vol. XXVIII, p. 331. — S. I., vol. XXIX, p. 133.)

STEINBACH (Georges).
Alcools. Rapport sur un Mémoire indiquant un moyen de dénaturer les alcools. (S. I., vol. XXXII, p. 473.)

STEINER, de Ribeauvillé.
Hache-paille mécanique perfectionné. (S. I., vol. IX, p. 175, 2 pl.)

STEINER, à Ribeauvillé (Haut-Rhin).
Romaine hydrostatique. (S. I., vol. XXXI, p. 105, 1 pl.)

STOLTZ.
Manuel du cultivateur alsacien. (S. I., vol. XVI. p. 132.)

STOLTZ, fils, Constructeur de machines à Paris.
Pompes élévatoires, dites pompes jumelles. (S. I., vol. XXVII, p. 95.)

STONE.
Métiers mécaniques à tisser. (S. I., vol. XIII, p. 155, 1 pl.)

T

TERRASSON, de Fougère, du Teil (département de l'Ardèche).
Machine à mouler les briques, carreaux, tuiles, conduites d'eau, etc. (S. I., vol. XI, p. 217, 2 pl.)

TUIBIERGE et **ROMILLY**.
  Amidon de marron d'Inde. (S. I., vol. XXIX, p. 378.)

THIERRY, Chef du dépôt d'étalons à Strasbourg.
  Reproduction et éducation des chevaux. Avis aux propriétaires et cultivateurs de l'Alsace. (S. I., vol. V, p. 283.)

THIERRY, ancien directeur du haras à Strasbourg.
  Écuries ou étables à ventilation. (S. I., vol. XXII, p. 478.)

THIERRY (Henri).
  Pompes à incendie. (S. I., vol. XI, p. 1re.)

THIERRY-KOECHLIN (Henri).
  Moteurs. Débrayage de transmissions à friction. (S. I., vol. XXVI, p. 138, 1 pl.)

THIERRY-MIEG (Charles), Secrétaire de la Société industrielle de Mulhouse.
  Rapport sur les forces matérielles et morales de l'industrie du Haut-Rhin, pendant les dix dernières années (1851-1861), présenté à la Société industrielle de Mulhouse au nom d'une commission spéciale. (S. I., vol. XXXII, p. 431.)

THIERRY-MIEG (Charles, fils).
  Photographie. Son emploi dans la gravure des planches pour l'impression des étoffes. (S. I., vol. XXXII, p. 514.)

THIERRY-MIEG (Édouard).
  Abeilles. Culture des abeilles dans des ruches à ventilation en paille, accompagnée d'instructions diverses relatives aux ruches ordinaires. (S. I., vol. XIV, p. 412, 1 pl.)

THIERRY (Matthieu).
  Culture des forêts. (S. I., vol. V, p. 472.)

THIERRY (Pierre).
  Moulin à broyer, établi chez M. André Kœchlin et Cie. (S. I., vol. II, p. 40, 1 pl.)

THOMAS (Alfred) (Angleterre).
  Impression d'étoffes. Machine imprimant plusieurs couleurs formant un fond de rayures, soit droites, soit ondoyantes, de telle manière que les couleurs ne puissent pas se fondre l'une dans l'autre dans les lignes de séparation de ces rayures. (S. I., vol. VI, p. 374, 3 planches coloriées.)

THOMSON (James), Fabricant d'étoffes colorées à Primerose (Angleterre).
  Notice nécrologique sur M. **James Thomson** par M. **Kœchlin-Schouck.** (S. I., vol. XXIII, p. 182.)
Thomson, en 1811, établit pour son propre compte, à Primerose, près Clitheroe, une manufacture d'impression connue plus tard sous la raison de commerce **Thomson, Chippindal et Cie,** et qui finit par prendre le nom de **James Thomson,** sous lequel elle est devenue si célèbre. On sait la juste réputation dont ont joui ses produits, et on lui doit l'invention ou le perfectionnement de plusieurs genres importants, comme les lapis riches, dessins cachemires; le vert, le bleu solides, au précipité d'indigo, dans les genres mousselines, perses riches, etc. — C'est M. **James Thomson** qui a le premier introduit en Angleterre l'article rouge turc riche. Il prit, à cet effet, un brevet d'importation en 1815, et il accorda à MM. **N. Kœchlin frères** seuls, comme inventeurs, le droit de vendre cet article en Angleterre. — On doit à M. **Thomson** un travail très-intéressant sur les matières textiles et notamment sur la nature du coton, dont il avait déterminé la structure par des observations microscopiques. Il a créé à Manchester une école de dessin, à l'instar de celle de Mulhouse, etc.

TITOD, à Ensisheim.
  Monnerie. (S. I., vol. VII, p. 342.)

TRAVAIL DANS LES FABRIQUES, Extrait de la loi anglaise du 6 juin 1844,
  relative au travail dans les fabriques ; tel qu'il est affiché dans tous les ateliers de la
  Grande Bretagne. (S. I., vol. XXV, p. 130.)

TRAVAIL DES ENFANTS DANS LES MANUFACTURES. Lettre adressée à
  M. le préfet du Haut-Rhin par la Société industrielle de Mulhouse, sur l'inobservance
  de la loi sur le travail des enfants dans les manufactures. 1857. (S. I., vol. XXVIII,
  p. 126.)

TULBIN, Constructeur à Rouen.
  Régulateur de pression de la vapeur. (S. I., vol. XXX, p. 520, 1 pl.)

V

VARILLAT ET LANGLOIS, à Rouen.
  Chaudières à vapeur. Indicateur du niveau de l'eau dans les chaudières à vapeur,
  (S. I., vol. XXXI, p. 361.)

VERNY. Principal du collège de Mulhouse.
  Littérature, science et art. Proposition ayant pour objet d'encourager le goût
  et l'étude de ces sciences. (S. I., vol. VII, p. 471.)

VINCENT, Mécanicien à Rixheim (Haut-Rhin).
  Incendies. Appareil de sauvetage. (S. I., vol. XXII, p. 111, 1 pl.)

W

WAAREN-LEXICON für Kaufleute, Fabrikanten und Geschäftsleute überhaupt. Unter
  Mitwirkung von **Reichenbach** (Dr A. B.) und **Wagner** (Dr Rudolf) herausgegeben von **Wteek** (Georg). 3 vol. in-8, 6e édition. Leipzig, 1863.

Wagner.
  Emploi du savon dans les eaux chargées de bicarbonate de chaux.
  (S. I., vol. XXXIII, p. 272.)
  ..... Précipiter les sels calcaires au moyen de l'eau de chaux claire, ajoutée avant
l'emploi, et dissoudre le savon dans le mélange d'eau calcaire et d'eau de chaux en
petit excès. — Le savon se dissout sans perte sensible dans de l'eau contenant en suspension du carbonate de chaux neutre ....

WALTER-CRUM.
  Voyez **Crum,** auteurs C.

WEBER-BLECH (Émile), à Guebwiller.
  Filature de bourre de soie introduite dans le Haut-Rhin. (S. I., vol. XXVI, p. 21.)

WEBER, Docteur.
  Proposition d'enquête sur l'état actuel de détresse de l'industrie et du commerce,
  faite à la Société industrielle de Mulhouse. (S. I., vol. IV, p. 508.)

WEBER, Dr.
Commission de salubrité publique établie au sein de la Société industrielle de Mulhouse. Rapport. (S. I., vol. V, p. 1er.)

WEBER, Dr.
Proposition d'un prix sur les moyens de conserver la pomme de terre. Proposition sur un Almanach à publier par la Société industrielle de Mulhouse. (S. I., vol. V, p. 257.)

WEBER, Dr.
Travail des femmes dans les manufactures. (S. I., vol. XXI, p. 229.)

WEBER (ÉMILE).
Mesureur des cours d'eau. Perfectionnement. (S. I., vol. III, p. 375, 1 pl.)

WEBER (E.).
Templets mécaniques. (S. I., vol. IV, p. 306.)

WEBER (E.).
Turbine hydraulique du haut fourneau de madame veuve Carron, à Fraison. près Besançon. Rapport. (S. I., vol. V, p. 453, 1 tableau.)

WEDLES (HENRI).
Tissu de coton, teint en bleu d'indigo, fabrication arabe, envoyé par le ministre du commerce. (S. I., vol. XXI, p. 350.)

WIECK (GEORG).
Voyez *Waaren-Lexicon.*

WILLM, Inspecteur de l'Académie de Strasbourg.
Éducation du peuple. Moyen d'améliorer les écoles primaires et le sort des instituteurs. (S. I., vol. XVII, p. 278.)

WILLM (ÉDOUARD), Préparateur de chimie à l'École des sciences appliquées à Mulhouse.
Aniline. Sa préparation. son analyse et son emploi pour la coloration des étoffes. (S. I., vol. XXX, p. 360.)

WILLM (E.).
Aniline. Dérivés colorés. (S. I., vol. XXXI, p 513.)

WINCKLER (THÉODORE), à Altkirch.
Extraction de l'huile de pepins de raisin. (S I., vol. XX, p. 238.)

WITZ (E.), à Buenos-Ayres.
Coton. Culture du coton dans la république Argentine. (S. I., vol. XXXII, p. 491.)

WOOD (Dr B.).
Alliage fusible entre 65 et 71 degrés centigrade. *Sallimann's J. N. S.,* t. XXX, p. 271. *Arch. sc. nat.* Genève. t. XIII, n° 49 ; 20 janvier 1862.

WOODCROFT (B.).
Quelques faits relatifs à l'impression des calicots [1].

---

[1] Ce mémoire est extrait de la brochure de M. **Edmond Potter,** qui a pour titre : *Impressions sur étoffes de coton.* — M. **W. P. Reass** a traduit en allemand le Mémoire que M. **Potter** a lu à l'Académie royale des arts et sciences à Londres, en sa qualité de chef du jury de l'Exposition universelle de 1851, le 22 avril 1852. Le Mémoire de M. **Woodcroft** est inséré au supplément, pages 72 à 74.

M. J. R. Johnson, à *Tottington Mill*, cite mes deux inventions : *Impressions des chaînes* et *l'Impression de l'indigo désoxydé* dans une atmosphère de gaz à la houille. — L'impression des chaînes est très-ancienne (il en est de même de la teinture en rouge ture et du bleu d'indigo). Les Chinois imprimaient les fils des chaînes, et ce genre, introduit en Europe, porte le nom de *chinées*. Cette impression fut patentée en Angleterre bien avant mon brevet, qui m'a été accordé pour les perfectionnements d'apprêt pour fils de lin, coton, soie, que l'on destine à l'impression des chaînes. *L'impression de l'indigo désoxydé* dans une atmosphère de gaz à la houille est de mon invention et a été exploitée avec succès dans les établissements de MM. **Thomas Hoyle et fils.**

WOODCOCK (Thomas S.).
   Quelques faits relatifs à l'impression des calicots [1].
   L'article *Flavine* est fabriqué dans les États-Unis. Il fut introduit en Angleterre, en 1847, et l'inventeur m'assure que ce n'est pas un dérivé des découvertes de M. **Chevreul** ou de M. **Bolley.** New-York, 5 mars 1851.

Z

ZELLER (Gaspard), d'Oberbruck (Haut-Rhin).
   Outremer. Application sur tissu des bleus d'outremer et autres couleurs plastiques analogues. (S. I., vol. XXVII, p. 371.)

ZICKEL, Lieutenant d'artillerie.
   Puits artésiens du Sahara algérien. (S. I., vol. XXXII, p. 230.)

ZIEGLER, à Winterthur.
   Graisseur mécanique. Invention. (S. I., vol. XXXI, p. 419.'

ZUBER (Frédéric).
   École de dessin linéaire de la Société industrielle de Mulhouse. Rapport. (S. I., vol. V, p. 328.)

ZUBER (Jean) et C°, à Rixheim.
   Outremer. Sa fabrication. (S. I., vol. XXII, p 58.)

ZUBER (Jean, père).
   Notice nécrologique sur M. **Jean Zuber père** par M. le docteur **Weber.** (S. I., vol. XXIV, p. 269.)

ZUBER-KARTH.
   Émails mécaniques des faïences anglaises. (S. I., vol. Ier, p. 219.)

ZUBER-KARTH.
   Chromate de potasse. Moyen de reconnaître sa pureté. (S. I., vol. II, p. 58.)

ZUBER-KARTH.
   Appareil à trier le sable et le gravier. (S. I., vol. II, p. 310, 1 pl.)

ZUBER-KARTH.
   Divers sujets intéressants recueillis à la suite d'un voyage. (S. I., vol. III, p. 413)

DA [1] Ce mémoire est extrait du supplément du mémoire de M. **Potter,** p. 71 Voyez cet auteur.

ZUBER-KARTH.
  Expériences tentées dans le but de fondre la glace dans les conduites d'eau. (S. I., vol. III, p. 445, 1 pl.)

ZUBER-KARTH.
  Conduite d'eau. Regards en fonte. (S. I., vol. IV, p. 541.)

ZUBER-KARTH.
  Rapport fait dans la séance du 25 avril 1849, au nom du Comité d'histoire naturelle et d'agriculture, sur la Société mutuelle d'assurance contre la mortalité des bestiaux, intitulée l'*Alsace*. (S. I., vol. XXII, p. 96.)

ZUBER-KARTH.
  Voyez E, *Exposition de Londres*

ZUBER-KARTH.
  Notice nécrologique sur **Jean Zuber-Karth**, par M. **Émile Dollfus**. (S. I., vol. XXV, p. 111.)

MATÉRIAUX

POUR LA

COLORATION DES ÉTOFFES

Troisième liste par ordre alphabétique des auteurs qui ont traité de la coloration des étoffes et de quelques questions qui s'y rattachent, avec indication des recueils où se trouvent ces travaux [1].

A

ACADÉMIE DES SCIENCES. Mémoires présentés par divers savants de l'Académie des sciences de l'Institut impérial de France. Sciences mathématiques et physiques. In-4, t. XVI, 998 p., 7 pl. Paris, 1862.

ACTES DE L'ACADÉMIE DE BORDEAUX. Belles-lettres et arts. En 1863 la 25ᵉ année des publications. Paris, Dentu, libraire.

ALLEN (Oscar), Aide-chimiste au laboratoire de Yale-College (New-Haven).
  Cæsium et Rubidium. *American Journal by Silliman*, novembre 1862. Ce mémoire est daté du 12 août 1862. *Monit. scientif.*, 1863, t. V, p. 261.

ALLEN et **JOHNSON.**
  Équivalent et spectre du cæsium. *American Journal by Silliman*, novembre 1863. *Monit. scientif.* 1863, t. V, p. 265.

AMERICAN JOURNAL by **Silliman.**

ANILINE et ses dérivés.
  Voyez H. **Hoffmann.**

ANILINE. Faits pour servir à l'histoire de l'aniline. *Monit. scientif.*, 1861, t. III, p. 185.
  Mémoire de **Persoz, Salvétat** et de **Luynes.** — Critique de **E. Kopp** et **Gerber-Keller.** — Extraits faits de quelques passages des consultations du Dʳ **Jacquemin**

DA [1] Cette troisième Liste sera suivie d'une quatrième.

d'une part, et de **E. Kopp** d'autre part. — Nos observations et notre embarras sur
le fond du procès intenté par **Franc** et **Renard.**

ANILINE. Lettre adressée au D' Guesneville par **Gerber-Keller.** Mulhouse, 21 juin
1862. *Monit. scientif.*, 1862, t. IV, p. 447.

ANILINE. Notes et remarques sur quelques brevets pour la préparation et l'usage de
la nouvelle teinture pourpre, connue généralement sous le nom de pourpre harmaline, violine, purpurine, roséine, etc., de **Mauve ou Perkin.**
The Chemical News. Monit. scientif., 1861, t. III, p. 642.

ANILINE ET SES DÉRIVÉS, *Monit. scientif.*, 1862, t. IV, p. 121.
L'a **Mémoire d'apothicaire,** ou les suites d'un procès en contrefaçon [1].

> ..... Un loup disait que l'on l'avait volé.
> Un renard, son voisin, d'assez mauvaise vie,
> Pour ce prétendu vol par lui fut appelé.
> Devant le singe il fut plaidé,
> Non point par avocat, mais par chaque partie.
> Thémis n'avait point travaillé.
> De mémoire de singe, à fait plus embrouillé.

Conclusions.

Pour : MM. **Renard frères et Franc**
    Demandeurs   **Maxa.**

Contre : MM. **Monnet et Dury**
    Défendeurs   **Martin-du-Gard.**

..... Qu'ainsi, en résumé, le préjudice causé aux requérants, d'après les données qui
précèdent, s'élève :

Pour le premier chef d'indemnité, à. . . . . fr.   603,760 —
Pour le deuxième chef, à. 354,445 75
Pour le troisième chef, à . . . .   157,294 —

                 Soit ensemble : fr. 1,115,499 75

Seulement pendant la période de temps qui s'est écoulée de janvier 1860 à février 1861,
date de l'arrêt de Paris.

Mais que, voulant tenir compte, pendant le même espace de temps, des effets de contrefaçon imputables aux autres contrefaçons, MM. **Renard frères et Franc,** sous la
seule réserve expresse de modifier ou augmenter les présentes conclusions, entendent,
quant à présent, modérer leur demande en indemnité contre MM. **Monnet et Dury**
au chiffre de fr. 600,000.

Par ces motifs et sous les réserves ci-dessus exprimées ;

Condamne MM. **Monnet et Dury,** solidairement et par corps, à payer à MM. **Renard
frères et Franc** la somme de 600,000 fr. à titre de dommages-intérêts ; — voir fixer
la durée de contrainte par corps, et s'entendre en outre, MM. **Monnet et Dury,** con-
damner en tous les dépens.

> Le magistrat suait sur son lit de justice.
> Après qu'on eut bien contesté,

DA [1] **Niepce** a inventé les peintures solaires, on les appelle *Daguerréotypes.* — **Hoffmann** a
inventé la matière rouge de l'aniline, on l'appelle *Fuchsine* (dérivé de Renard, *Fuchs* en allemand).

> Répliqué, crié, tempêté,
> Le juge, instruit de leur malice.
> Leur dit : Je vous connais de longtemps, mes amis.
> Et tous deux vous payerez l'amende :
> Car toi, loup, tu te plains, quoiqu'on ne t'ait rien pris;
> Et toi, renard, a pris ce que l'on te demande.

ANILINE. Faits pour servir à l'histoire de l'aniline. Lettre adressée au D' Quesneville par **Camille Koehlin.** (*Monit. scientif.*, 1863, t. IV, p. 241.)

« . . . . . À l'heure qu'il est, les procédés par les chlorures et les sels de mercure sont à peu près abandonnés. Il ne se fait plus ni fuchsine ni azaléine ; on n'opère que par l'acide arsénique. — Or, ce dernier procédé a été breveté pour la première fois par **Gerber-Keller,** puis exploité par **Medlock** et **Nicholson,** en Angleterre ; breveté ensuite par **Girard et Delaire,** et enfin acheté à ces derniers par **Renard frères et Franc.** Voici la chronologie exacte de l'invention et des exploitations du procédé à l'acide arsénique.

17 décembre 1859, brevet Gerber-Keller.

18 janvier 1860, brevet H. Medlock.

25 janvier 1860, brevet Nicholson.

1ᵉʳ mai 1860, brevet Girard et Delaire.

Avril 1861, acquisition de ce dernier brevet par Renard et Franc.

ANILINE. Études des matières colorantes et colorées extraites à l'état de pureté des produits commerciaux de l'aniline, par **A. Jacquelain.** Acad. des sc., séance du 10 mars 1862.

Produits présentés à l'Académie :

1° Rouge cristallisé (provenant du produit Girard et Delaire).

2° Violet extrait du même produit brut, et appelé : violet cristallisé (Girard et Delaire).

3° Rouge cristallisé (du produit Depouilly frères, action de l'acide azotique sur l'aniline).

4° Violet cristallisé (Depouilly frères).

5° Rouge non cristallisé (du produit Gerber-Keller, de Mulhouse ; action de l'azotate de bioxyde de mercure).

6° Violet cristallisé (Gerber-Keller).

7° Rouge cristallisé (du produit Renard, doses d'expertises).

8° Violet cristallisé (Renard, doses d'expertises).

ANNALEN DER CHEMIE UND PHARMACIE. Herausgegeben von **Friederich Wöhler, Justus Liebig** und **Herrmann Kopp.** T. CXXVII, 1ᵉʳ cahier. Nouvelle série, t. LII, cah. 1ᵉʳ, en octobre 1863.

ANNÉE SCIENTIFIQUE ET INDUSTRIELLE. Exposé annuel des travaux scientifiques, des inventions et des principales applications de la science à l'industrie et aux arts qui ont attiré l'attention publique en France et à l'étranger, par **Louis Figuier.** 8ᵉ année, in-8 jésus, 557 pages, 1 planche. Paris, 1864 [1].

I. ASTRONOMIE.

Étoiles filantes. — Comètes en 1863. — Petites planètes. — Planète Mars. — Planète Saturne. — Cortége de Sirius. — Nébuleuses — Éclipse partielle de soleil du 17 mai 1863. — Spectre des éclipses solaires. — Éclipse totale de lune du 1ᵉʳ juin 1863. — Association astronomique en Allemagne et en Angleterre.

DA [1] De cette intéressante publication je transcris tous les titres des divers chapitres.

II. PHYSIQUE ET MÉCANIQUE

La physique au théâtre. — Les spectres vivants. — Les spectres au théâtre du Châtelet, au théâtre Déjazet et à la salle Robin. — Explication du phénomène optique de l'apparition des fantômes vivants. — Coup d'œil rétrospectif. — La fantasmagorie en 1798. — **Robertson** et le fantascope. — — Éclairage électrique appliqué à l'illumination des phares. — Typo-télégraphie. — Pantélégraphie **Caselli**. — Nouvelle théorie des aurores boréales, par M. **de la Rive** : appareil réalisant par le courant électrique l'effet des aurores boréales. — Nouvelles piles voltaïques. — Héliostats de M. **Léon Foucault** et de M. **O. de Littrow**. — Théodolite horizontal de M. **d'Abbadie**. — Spectroscopes et analyse spectrale. — Ascensions scientifiques de M. **Glaisher** : le spectroscope en ballon. — Spectres chimiques des étoiles, par M. **Donati**, de Florence. — Montagne magnétique. — Nouveau système de traction pour surmonter les fortes rampes par l'ingénieur **Agudio**.

III. MÉTÉOROLOGIE.

Prédiction des tempêtes. — Grands étés ou les sécheresses historiques. — Décroissance de la température selon les hauteurs dans l'air, observations faites par M. **Glaisher** dans un aérostat. — Arc-en-ciel lunaire. — Pont de glace sur le Niagara.

IV. CHIMIE.

Étude des métaux nouveaux, le *rubidium*, le *cæsium* et le *thallium*. — Découverte d'un nouveau métal, l'*indium*. — Les vapeurs d'iode employées comme moyen de reconnaître l'altération des écritures, par M. **Coalier**. — Fabrication de l'acide sulfurique avec les pyrites de fer. — La poule aux œufs d'or. — Déplacement des marchés industriels. — Fabrication de la potasse avec l'eau de mer et avec le suint de la laine du mouton. — La dyalise, nouvelle méthode d'investigation chimique. — Appareil pour l'évaporation prompte des liquides. — Sur la concentration, au moyen du froid, des eaux minérales naturelles. — L'ammoniure de cuivre et le chlorure de zinc, dissolvants de la soie, par MM. **Ozanam** et **Persoz fils**. — Pains âgés de dix-huit siècles ; observations de M. **de Luca** sur la composition chimique des pains trouvés à Pompéi. — Essai des huiles par le réactif *hauchecorne*. — Présence de la cholestérine dans les végétaux. — Recherches médico-légales des taches de sang, par M. **Erdmann**. — Analyse chimique de l'huile de pétrole d'Amérique. — Action décolorante de l'urine sur la teinture d'iode.

V. MARINE

Première navigation de la division d'essai des navires cuirassés. — Réfutation du système des vents de M. **Maury**, par M. le capitaine **Bourgeois**. — Étude sur les ouragans de l'hémisphère austral, par M. le capitaine **Bridet**. — Nouveaux sémaphores. — Application de l'électricité aux sémaphores sur les côtes de France par M. **Félix Julien**, lieutenant de vaisseau. — Bateaux à vapeur articulés.

VI. HISTOIRE NATURELLE.

L'homme fossile. — Découverte d'une mâchoire humaine fossile près d'Abbeville, le 28 mars 1863. — Revue des découvertes antérieures. — Discussions auxquelles a donné lieu la découverte de la mâchoire fossile de Moulin-Quignon — Conclusions. — Indices matériels de la coexistence de l'homme et des grands animaux antédiluviens ; observations nouvelles de M. **Desnoyers**. — Théorie des tremblements de terre, par M. **Perrey**, de Dijon. — Tremblement de terre observé à l'aide d'une lunette. — Tremblement de terre par les troubles des puits artésiens, par M. **Hervé-Mangon**. — Pluie de sable aux îles Canaries. — Aquarium du Jardin d'acclimatation. — Statistique de la population du globe. — Le gorille. — Un nouveau rongeur : le lemming. — L'aurochs. — *L'eucalyptus globulus*. — Le *chenopodium quinoa*. — Nouvelle espèce de cotonnier. — Sur l'abatage des animaux.

VII. VOYAGES.

Découvertes des sources du Nil. — Voyage de M. **Bocourt** à Siam. — Atlas sphéroïdal et universel de géographie de M. **Garnier**.

VIII. HYGIÈNE PUBLIQUE.

Discussions sur les eaux potables de l'Académie de médecine. — Fumeurs d'opium en Chine. — Dangers, pour les ouvriers, du travail dans l'air comprimé : observations nouvelles de M. le docteur **Foley**. — Étude sur les maladies particulières aux houilleurs, par M. le docteur **Kuborn**. — Nouveaux désinfectants : le permanganate de potasse et l'acide phénique.

IX. MÉDECINE.

Fièvre jaune à Saint-Nazaire. Rapport de M. le docteur **Mêlier** à l'Académie de médecine. — La rage considérée au point de vue de l'hygiène publique et de la police sanitaire. — Question des vivisections. — La Société protectrice des animaux de Londres et l'Académie de médecine de Paris. — Expériences sur les animaux vivants, indispensables aux progrès de la physiologie et de la médecine. — La cardiométrie et la cardiographie. — Action de la fève de Calabar sur la pupille; observations de M. **Fraser** et de M. **Giraldès**. — La *laminaria digitata*. — Les médecins femelles.

X. AGRICULTURE.

Expériences de M. le professeur **Thury**, de Genève, sur la production des sexes à volonté chez les animaux. — Fécondation artificielle des céréales, par M. **Woollbrenck**. — Engrais, produit du curage et du faucardement des cours d'eau. — Reboisement des montagnes. — Le blé et le pain. — Les ennemis de la vigne. — État actuel du drainage en France.

XI. ARTS INDUSTRIELS.

Rapports du jury français sur l'Exposition de Londres de 1862. — Nouveaux procédés de gravure électro-chimique par M. **Vial**. — Procédé d'impression naturelle à l'imprimerie de Vienne. — Enseignement du dessin par la méthode **Cavé**. — Nouvelle étude, poudre-coton. — Machine motrice à gaz, mue par le vide, par M. **Hugon**. — Four à vitre chauffé au gaz. — Développement extraordinaire de la fabrication des machines à coudre en Amérique, par M. **Edwin Alexandre**. — Fabrication d'une matière plastique au moyen de plantes marines. — Procédé pour teindre le marbre. — Nouvel emploi de la naphtaline par M. **Janote**. — Emploi du sulfure de carbone pour la dissolution des matières grasses. — Conservation des bois. — Application des bois tranchés en feuilles minces. — Bateaux à vapeur éclairés par le gaz.

XII. ACADÉMIE ET SOCIÉTÉS SAVANTES.

XIII. NÉCROLOGIE SCIENTIFIQUE.

Moquin-Tandon, de l'Institut, professeur d'histoire naturelle à la Faculté de Paris. — **Despretz** (César-Mansuète), de l'Institut, professeur de physique à la Sorbonne.

— **Renault** (Eugène), directeur de l'École vétérinaire d'Alfort. — **Bravais**, de l'Institut, professeur à l'École polytechnique. — **Mitscherlich**, professeur de chimie à Berlin, etc., etc.

ANNUAIRE ENCYCLOPÉDIQUE, publié par les directeurs de l'*Encyclopédie du XIX° siècle*. 1861-1869, Gr. in-8, 854 p. Paris, 1869.

ANTIOME.
Machines à vapeur. Leçons sur l'art du chauffeur dans les machines à vapeur In-18, 143 p., planches. Rouen. 1863.

ARKWRIGHT (Richard).
Naissance de l'industrie cotonnière dans la Grande-Bretagne, (1760 à 1768), par **Saint-Germain Leduc**. 1 vol. in-12, 273 pages. Paris, 1841. Guillaumin, libraire, galerie de la Bourse, 5, passage des Panoramas.

Dans le courant de l'automne 1840, un Français recevait l'hospitalité chez un commerçant de Liverpool ; il lui demanda quelques détails sur l'origine de cette invention, qui a pesé d'un tel poids dans la prospérité industrielle de la Grande-Bretagne et dans les destinées de tous les peuples de la terre.

« Je lis mon carnet d'échéances plus souvent que les vieux livres, répondit-il ; j'ai l'œil plus volontiers ouvert sur le présent et vers l'avenir que du côté du passé. Cependant, vous tombez assez bien. La mère de ma femme avait un grand-oncle ou un cousin, enfin une sorte de parent, qui a été cinquante ans vicaire d'une petite paroisse dans les environs de Preston ; Dieu sait ce qu'un *vicaire de village* a pu rencontrer qui fût digne d'intérêt ! Le bonhomme avait la manie de tenir note de ce qui lui était arrivé et de ce qu'il avait vu d'intéressant. Parmi les papiers provenant de la succession d'un autre parent de ma femme, j'ai trouvé ce journal. En le parcourant du pouce avec les gens d'affaires, j'ai cru voir qu'il y était parfois question du *tissage*, de *mull-jenny*, d'un certain **Hargreaves**, de l'honorable sir **Richard Arkwright**. Je me rappelle qu'il doit être resté au fond d'un vieux carton ; je vais vous le chercher. »

Rien sur le journal n'indiquait le nom de la petite paroisse, et le commerçant ne put le dire. Les articles se suivaient, sans porter le quantième du jour ou du mois ; l'année même n'y était pas toujours marquée. « Ces vénérables ecclésiastiques, dit le commerçant, qui se placent constamment par la pensée en face de l'infini et de l'éternité, comptent à peu près pour rien les noms de lieux, les mois et les jours. La date est pour eux une bagatelle dans cette vie, qu'ils appellent un passage. A tout prendre le plus savant de ces messieurs, serait un triste sujet dans un comptoir. » Là-dessus il s'en fut à la Bourse, laissant le questionneur en pleine jouissance du manuscrit. Voici une série d'articles dont ce dernier obtint la permission de prendre copie, comme aussi de les publier par la voie de l'impression, s'il jugeait que le public en pût retirer la moindre utilité. — En vérité, il faut aller à Liverpool, parmi ces gens qui manipulent l'esprit trois-six, le sucre, la laine et le coton, pour trouver un pareil désintéressement dans une question d'hérédité littéraire !...

J'ai eu bien de la joie, en passant hier par Manchester, de revoir mon bon **Richard**. Nous avons causé ensemble de notre jolie Preston, où nous sommes nés tous les deux, de la petite rue qu'habitaient nos deux familles, du *square* où nous allions jouer enfants. Voilà quatre ans que nous nous étions séparés, lui pour venir à Manchester en apprentissage, moi pour aller gagner mon grade en théologie. J'ai toujours aimé Richard, et je crois que je l'aime encore davantage depuis que Dieu m'a retiré mes plus proches parents. Combien il semblait heureux de me voir enfin vicaire, et vicaire d'une paroisse de plus de quinze cents âmes, et, comme nous l'avions tant souhaité, d'une paroisse dans le Lancashire, d'une paroisse assez rapprochée de Manchester pour que nous puissions continuer à nous voir facilement le reste de notre vie ! « Ce n'est pas encore le bénéfice, il est vrai, ce n'est que le vicariat, m'a-t-il dit. Tu as les fonctions à remplir et seulement 40 livres [1] d'honoraires, tandis que ton recteur, non résident, en touche 240, tout en passant sa vie à se promener galement de château en château ; mais patience ! le recteur est vieux, d'une santé délicate : le jour où il plaira à Dieu de l'appeler à lui, ton affaire est magnifique. Tu comprends que l'honorable baronnet qui te protége chaudement, qui t'a fait admettre *sizer* (écolier-serviteur) à Oxford, dans *Christ-Church*, le plus fameux collége, où, pour payer la science et ton écot, il t'a suffi de brosser les habits des jeunes *gentlemen*, n'ira pas chercher d'autre titulaire que toi pour un bénéfice dont la collation appartient à sa lignée. Je ne lui connais ni frère cadet ni parent pauvre à qui la chose puisse convenir. Il revient par an sur les dîmes et autres profits environ 500 livres ; supposons que, pour obtenir de lui la préférence quand il s'agira de ta nomination, tu doives faire un sacrifice, que tu t'engages à lui abandonner quelque chose de plus, mettons 100 livres : l'homme du siècle toucherait donc 600 livres ; mais aussi toi, le dignitaire de l'Église, le recteur en titre et non plus le vicaire, tu empocheras alors, bon an mal an, 140 guinées. »

Pendant que **Richard** se livrait à ce misérable calcul, j'élevais mon âme vers Dieu, et je gémissais sur l'horrible plaie, triste vestige du papisme, sur cette lèpre honteuse de la simonie, dont notre sainte Église anglicane est si profondément infectée. Je consigne ici les propres paroles de Richard, afin de lui montrer un jour que ce n'est pas sur elles que j'aurai réglé ma conduite. Comme l'oiseau des champs, je chanterai les louanges du Seigneur, sans me mettre jamais en souci du lendemain. J'ai la confiance que Dieu pourvoira à mes besoins ; ce qu'il daignera m'envoyer, je le partagerai avec les pauvres.

Faisant ensuite un retour sur lui-même, et simplement avec le sentiment du regret, sans qu'il y entrât la moindre pensée d'envie : « Tu es bien heureux ! ajouta-t-il. Que n'ai-je étudié comme toi ! que n'ai-je écouté à l'école les conseils du maître ! Peut-être j'aurais rencontré un protecteur ; peut-être je serais aussi devenu vicaire ; tandis qu'aujourd'hui j'ai vingt-huit ans, et je suis moins que rien. » J'étais peiné, je lui ai serré la main. « Baste ! a-t-il repris, je n'ai jamais pu, sans bâiller, fourrer le nez dans un livre ! Il me faut une vie d'émotions, lutter avec les hommes, voir, me remuer. Ne pensons point à la misère, ne songeons qu'à nous étourdir. »

Pauvre ami ! sa situation n'est pas brillante. Il n'a rien à attendre de ses parents ; les excellentes âmes ont eu même bien à faire pour élever leurs treize enfants, dont Richard est le dernier. Cependant il a franchi le pas le plus difficile : le voilà maître barbier ; ses petites épargnes lui ont permis de s'établir. L'imagination lui manque moins que l'argent. La singulière idée, pour se créer une boutique à bon marché, de s'être installé dans une cave, avec cette enseigne sur la porte de l'allée : *Au Barbier souterrain ; on rase pour un penny*. Et au bas : **Richard Arkwright !** On n'a jamais fait de barbe à ce prix ; les pratiques ne doivent pas lui manquer.

Certainement, la première fois que j'arriverai de mon presbytère chez lui, mon bâton à la main et ma Bible sous le bras, je m'arrêterai, avant d'entrer, sur le seuil de sa caverne, et je m'écrierai, ainsi qu'il est dit au *Cantique des cantiques* : « Vous qui vous retirez dans les creux de la pierre, dans les enfoncements de la muraille, montrez-moi votre visage, que votre voix se fasse entendre à mes oreilles ; car votre voix est douce et votre visage agréable. »

. . . .

(1760).   — 3 mai 1760. J'ai inscrit aujourd'hui mon premier acte sur le registre de la paroisse. Dieu a voulu que ce fût un baptême. Ce matin, **Simon Stott** est venu tout joyeux et tout fier m'annoncer que sa femme *peperit ei filium*, lui a mis au monde un fils ; *et nominavit eum Jedediah*, et il l'a appelé du nom de Jedediah Stott.

O mon Dieu ! voilà le premier front sur lequel j'ai versé l'eau salutaire du baptême.

    [1] Livres sterlings de 25 fr.

la première brebis que j'ai marquée du sceau de la chrétienté parmi le petit troupeau
dont tu m'as fait le pasteur; accorde-moi la joie de voir cet enfant grandir dans la crainte
de ton saint nom; fais que je meure sans jamais éprouver la douleur de le voir sortir de
la voie droite, où tout mon soin va tendre à le diriger et à le maintenir!

. . . .

— J'ai passé ce matin deux grandes heures dans la famille Stott. **Nancy**, la nouvelle
accouchée, est à peu près rétablie. Elle ne pouvait tenir en place sur sa chaise; elle allait
et venait par la chambre, malgré nos recommandations à tous, portant son poupon sur le
bras, le baisant et lui chantant des chansons. Jedediah est superbe; il vient à ravir. Il
n'a pas eu peur de moi, il m'a souri. Quand je suis entré on déjeunait; j'ai eu beaucoup
de peine à obtenir qu'on se remît à table. **Simon Stott**, **Nancy** et leurs cinq filles (ils
ont cinq filles nées avant Jedediah) ont entouré un plat de gruau d'avoine cuit à l'eau.
Chacun à son tour plongeait sa cuiller de bois dans le gruau et la retirait pour l'humecter,
en passant, dans une jatte de lait. Ce frugal repas terminé, **Simon Stott** m'a
demandé la permission de se remettre vite à son métier; il voudrait avoir une pièce de
toile de coton à porter au marché; car Simon, outre un petit champ qu'il cultive à loyer,
possède chez lui un *métier de tisserand*.

Je n'avais jamais regardé tisser; je me suis approché du métier: la *trame*, ou les fils
transversaux étaient les seuls qui fussent de coton; la *chaîne*, ou les fils longitudinaux
étaient de lin pour donner de la solidité. J'ai fait, grâce à **Simon**, un petit cours d'industrie. L'usage fut longtemps de jeter la navette à travers les mailles du tissu, et, quand
la pièce excédait trois pieds en largeur, il fallait deux hommes à chaque métier, dont l'un
jetait la navette de droite à gauche, et l'autre de gauche à droite; mais, en 1738, un
individu nommé **John Kay**, *inventa la navette volante*, qui se jette par un procédé
très-simple et très-ingénieux. Le tisserand fait aujourd'hui deux fois autant d'ouvrage
qu'il en faisait autrefois, et il peut tisser des étoffes de toute largeur sans avoir besoin du
secours de personne. La navette volante, employée d'abord dans les manufactures de laine,
ne s'est introduite qu'au bout de vingt ans dans la fabrication du coton, trop peu importante pour exciter aucunement l'attention publique. Dans cette année où nous sommes,
1760, **Robert Kay**, fils de John, vient d'inventer la *boîte à coulisse*, au moyen de
laquelle un tisserand peut se servir de *trois navettes*, et produire ainsi une étoffe mélangée avec la même facilité qu'il ferait une étoffe ordinaire.

« Ce soir j'aurai fini cette pièce, » ajouté **Simon**, et demain je retournerai tout entier
au travail de la terre; le métier chômera. Mais voyez-vous ce tas de coton dans ce coin ?
Nancy et mes deux aînées, qui sont déjà grandelettes, s'amuseront dans leurs moments
perdus à le carder sur de grands peignes de fer, après quoi elles en chargeront leur
quenouilles. Quand il y aura assez de fil en écheveaux, je quitterai de temps en temps
ma bêche pour me rasseoir devant le métier. Une seule chose me désole, c'est de perdre
des journées entières pour aller acheter le coton brut à plus de douze milles d'ici, et
ensuite courir vendre l'ouvrage de marché en marché, sans toujours réussir. Ce coton,
j'ai dû le payer avec mes petites économies, ou quelquefois même avec de l'argent emprunté à un gros intérêt. Si à un certain jour donné, je n'ai pas trouvé à vendre la marchandise fabriquée, comprenez-vous mon embarras! Dans des moments pressés, par
exemple quand il y a un malade dans la famille, quand le loyer est arriéré pour la maison
ou pour le champ, je me suis vu forcé de vendre à tout prix. Je m'estimais heureux de
perdre tout mon travail et de ne rentrer rien que dans le prix de mon coton brut : c'était
de l'argent, et l'argent sauve la vie mieux qu'un morceau d'étoffe. A tout prendre cependant, grâce à mes bras, qui sont bons, et grâce à l'économie de **Nancy**, nous parvenons
à nourrir notre petite famille, et à la fin de l'année nous avons joint les deux bouts. »

Il est écrit : « Vous mangerez votre pain à la sueur de votre visage jusqu'à ce que vous
« retourniez en la terre d'où vous avez été tirés. » Cette famille est pauvre, mais elle n'a

pas une existence trop malheureuse ; l'aimable petite navette volante est venue fort à propos à leur aide. Grâces vous soient rendues, ô mon Dieu ! qui avez inspiré ce **John May**.

. . . .

— Un commis-voyageur de Manchester est ici. Il a donné des nouvelles de **Richard :** ses rasoirs ne se reposent pas. Tous les barbiers de la ville ont d'abord baissé leurs prix ; lui, opiniâtre comme je l'ai toujours connu, a encore baissé le sien, et de baisse en baisse, il rase aujourd'hui pour un demi-penny. Dernièrement, un savetier se présenta avec une barbe d'au moins une semaine, une barbe d'une épaisseur et d'une rudesse extraordinaires, un vrai poil de sanglier. **Richard** hésite ; il représente au client qu'il lui faudra user un rasoir, et que le *demi-penny* ne l'indemnisera pas. Le client invoque le témoignage de l'enseigne. Richard l'invite à s'asseoir, le rase, et bien qu'il ait ébréché jusqu'à deux rasoirs, se contente d'un demi-penny pour payement. Cela vient d'achever de lui donner de la vogue. On fait queue du matin au soir à la porte de sa cave. Lui et un apprenti ne suffisent plus à expédier le public ; il parle d'en prendre un second.

— Le commis-voyageur est allé trouver **Simon** et lui a offert, de la part d'un commerçant de Manchester, assez d'ouvrage pour occuper son métier pendant longtemps. Simon n'aura plus besoin d'aller chercher du coton brut bien loin, et de mettre en avant son argent pour l'acheter. On se charge de le lui fournir et de l'apporter chez lui. On viendra prendre l'étoffe quand elle sera terminée, et il touchera son salaire sans avoir à s'occuper de la vente. Quel bonheur pour Simon ! que de temps épargné, que de soucis de moins !

. . . .

— Notre comté tient depuis longtemps un rang distingué dans l'industrie. J'étais hier en visite au château de l'honorable sir **Arthur**, mon noble protecteur. J'ai dû attendre dans sa bibliothèque. Il y avait sur une table un livre que j'ai feuilleté. C'était le *Trésor du Commerce*, publié en 1641 par **Richard Lewis**. J'y ai lu à l'article *Manchester* : « Cette ville mérite aussi d'être citée avec honneur, attendu qu'elle achète en grande quantité la laine de l'Irlande, et qu'elle l'y renvoie après l'avoir ouvrée. Mais ce n'est point à cela que se borne son industrie, car ses fabricants achètent à Londres du coton en laine qui vient de *Chypre* et de *Smyrne*, et ils en font des étoffes qu'ils expédient ensuite à Londres pour y être vendues. Ils en envoient même chez des nations étrangères qui n'ont pas la facilité de se procurer la matière brute à aussi bon compte. »

Sir **Arthur** a bien voulu m'apprendre que des écrivains antérieurs à **Lewis** mentionnent souvent les *cotonnades* de Manchester, et qu'il en est même question dans un acte passé sous Édouard VI, en 1552 ; « mais il est certain, a-t-il ajouté, que ces tissus étaient entièrement composés de laine. On ne leur avait donné le nom de cotonnades que parce qu'ils étaient faits à l'imitation des toiles de coton importées de l'Inde ou d'Italie. » Qui se serait jamais douté qu'un homme du rang de l'honorable sir **Arthur**, un baronnet, fût aussi érudit en matière de commerce, comme il l'est également pour ce qui concerne l'agriculture, l'éducation des chevaux, du bétail, etc.? Honneur à notre noblesse d'Angleterre, loyale et éclairée, qui étudie à fond et qui protège tous les éléments de la prospérité nationale!

Sir **Arthur** est entré ensuite dans des détails de statistique, science dans laquelle il paraît très-versé. Il sait au juste combien il y a d'ouvriers de tout genre dans le royaume, et particulièrement dans le comté. « On fit le dénombrement de Siméon, on fit le dénombrement de Ruben, etc., on fit le dénombrement de tout Israël. » Comme je n'ai pas la mémoire des chiffres, et que, par respect, je n'osais pas le prier de répéter, je ne puis ici consigner ces renseignements : quel dommage ! Ce que j'ai retenu, c'est que, pour les gens qui tissent le coton dans le Lancashire, et ce sont eux qui nous intéressaient le plus, sir **Arthur** et moi, le chiffre monte à quelques mille; c'est à peine croyable. *Cinquante mille fuseaux* tournent aux mains des femmes et jeunes filles pour alimenter tous ces métiers.

Le soir, l'intendant du baronnet m'a reconduit pendant un bout de chemin. Il m'a assuré qu'il n'y a pas de semaine où il ne s'établisse dans nos environs quelque nouvelle famille de tisserand. « Aussi, l'honorable sir **Arthur**, m'a-t-il dit, a renoncé depuis longtemps à louer ses terres par grandes fermes. Il m'a recommandé, au contraire, de diviser toutes les fois qu'il sera possible par *très-petits lopins* : un *jardinet entourant une maisonnette*. Quatre pans de bois, de la glaise, un toit en chaume, jugez du peu que cela coûte. On loue admirablement, et le bien exploité ainsi arrive à rendre jusqu'à dix ou douze pour cent. Oh! sir **Arthur** sait administrer. »

. . . .

— J'ai eu une singulière conversation avec le *commis-voyageur*. Il vient ici à peu près tous les quinze jours; mais, cette semaine, il est déjà venu deux fois, tant la commande presse. Sa figure était soucieuse : « Qu'avez-vous? lui ai-je demandé. — Nos cotonnades ont chassé celles de l'Inde du marché de la Grande-Bretagne. — C'était votre grand espoir. — Nous faisons des exportations considérables pour l'Allemagne et les Antilles. — Je ne vois là rien d'affligeant. — Il ne nous est pas encore resté un pouce de tissu en magasin. — Mais alors... — Seulement, nous sommes à la veille d'être arrêtés en si beau chemin; les fuseaux de nos fileuses ne fournissent pas assez pour tenir les métiers toujours battants. — Contentez-vous de ce qu'ils peuvent fabriquer : votre bénéfice est déjà beau. — S'arrêter quand on pourrait le doubler, le centupler! manquer à gagner! manquer à gagner! concevez-vous notre désolation? » Sa voix avait pris vraiment l'expression d'une amère douleur. Son regard m'a révélé l'œil dont il est dit dans l'Écriture : « L'œil de l'avare est insatiable dans son iniquité; il ne sera pas content qu'il ne dessèche et consume son âme. »

Après un moment de silence : « Prospérité mensongère, a-t-il dit, et qui conduit les cotons à leur ruine. On voit que vous n'entendez pas le commerce : c'est ici une question de vie ou de mort. Les besoins sont éveillés et le marché va s'agrandissant; mais nos tissus ont toujours à redouter ceux de l'*Inde*, et pour qu'ils se substituent à eux sans retour, nous devons les livrer à un prix inférieur. Tant que notre fabrication a été peu considérable, nous avons trouvé à notre service autant de fuseaux qu'il était nécessaire, et à un salaire aussi raisonnable qu'il convenait. Aujourd'hui, plus les commandes s'étendent, plus les fuseaux font faute. Nous autres fabricants nationaux, qui nous faisons entre nous une seconde concurrence, nous sommes en quête de *fileuses*, sans pouvoir toutefois dépasser certaines offres de salaire; autrement, nos produits se trouveraient dans des conditions par trop défavorables. Encore un pas dans cette voie, et il sera impossible de continuer, et les terribles *tissus de l'Inde* reparaîtront. L'industrie cotonnière de la Grande-Bretagne périt inévitablement. Nous ne pouvons filer assez pour suivre la progression des besoins, et les fils tirés de l'étranger nous reviendraient trop cher. — Oh! mon Dieu! que va devenir la famille de **Stott** et tant d'autres? — La famille Stott sera comme nous, chefs d'industrie; elle se croisera les bras, ou elle entreprendra autre chose. — Pauvres gens! quel malheur! — Certainement, c'est un malheur et un grand malheur. Lorgner des millions en perspective et ne pas pouvoir mettre la main dessus! Dans six mois, il ne restera pas seulement de l'eau à boire dans les cotons. »

3 mai 1762. — C'était le second anniversaire de **Jedediah**. La famille Stott m'avait invité à goûter. Jedediah avait une belle robe neuve. **Nancy** avait donné un ruban rose à chacune de ses cinq filles. La table était abondamment garnie : du thé, du pain blanc et du beurre; ce n'était plus le *gruau d'avoine* si sobrement humecté de lait. Toutes les figures étaient rayonnantes. C'était à qui me ferait le plus d'accueil. Votre Révérence sera mieux dans ce fauteuil, disait **Nancy**. — Votre Révérence permettra que je la dé-

1762.

barrasse de sa canne et de son livre, disait la fille aînée, la blonde **Sarah**, en me livrant à baiser son front blanc et pur. Les autres sœurs avaient entouré **Jedediah**, et, mettant une rose entre ses petites mains, lui faisaient sa leçon pour qu'il vînt me l'offrir.

Cependant la fatale prédiction du commis-voyageur bourdonnait sans cesse à mon oreille et empoisonnait ma joie. A côté de ce bonheur et de ce modeste comfort, j'avais devant les yeux le spectre de la misère qui s'apprête à fondre sur cette famille d'ici à six mois. J'étais seul à le voir; le rendre visible pour eux eût été cruel. Je ressemblais à un médecin qui reconnaît la mort sous le brillant incarnat des joues d'une fiancée, et qui s'efforce de comprimer son émotion douloureuse et de trouver un sourire, de peur que son visage trop grave n'éveille les questions et ne refroidisse la fête. Je me reprochais le morceau de sucre qu'il m'arrivait de mettre dans ma tasse, en songeant que, dans six mois peut-être, la malheureuse famille manquera d'un morceau de pain.

Après le thé, **Nancy** et les enfants sont sortis pour se promener. Nous sommes restés **Simon** et moi, à causer à l'aise devant deux verres de grog. Le moment était bon. J'ai représenté à Simon combien toute cette dépense était folle; qu'il serait plus prudent d'épargner. « Votre Révérence, m'a-t-il répondu, est-elle donc si sévère pour le pauvre, qu'elle le condamne à une vie toute de souffrance? Le pauvre doit-il passer sur cette terre sans avoir rien connu que les privations et jamais la jouissance la plus innocente? Me sera-t-il interdit de fêter une fois dans l'année, avec une goutte de *gin* l'anniversaire de la naissance de mon fils. **Nancy** avait à s'acheter un tablier. En réfléchissant bien, elle a préféré n'acheter qu'un morceau et passer la nuit à rajuster le vieux. Sur cette combinaison elle a trouvé de quoi donner un ruban à ses filles. Ferez-vous un crime à l'excellente mère d'avoir cédé, un jour comme celui-ci, au désir de se mirer un peu dans ses enfants? » Je le confesse, à ma honte, je ne me suis pas senti le courage de rien répondre à cet homme. J'aurais dû m'écrier, ainsi qu'il est dit dans l'Écriture : « Ce peuple n'a point de sens, il n'a aucune sagesse; » et pourtant je me suis tu. Pardonnez-moi, mon Dieu, car j'ai fui devant l'ennemi; mon omission a été lâcheté.

Simon a continué : « L'ouvrage va on ne peut mieux; **Nancy**, **Sarah**, et même **Betty** ne quittent pas d'un instant les peignes à carder et le fuseau; moi j'aurais quatre bras qu'ils ne suffiraient pas à tisser; aussi il y a deux jours j'ai été trouver l'intendant de sir **Arthur** et je lui ai proposé de lui rendre son champ; le terme expirait. Je vous laisse à penser si j'ai le temps de toucher une bêche; je ne veux plus voir que ma *navette*, ma chère *navette*. L'intendant a accepté. Il a déjà fait diviser le champ en quatre lots, où il bâtira quatre habitations. Il compte sur des tisserands pour locataires : c'est le roi des états. Savez-vous, Votre Révérence, que vous avez porté bonheur à tout le village? »

La gaieté de cet homme sur le bord de l'abîme me faisait trop de mal. J'ai renfoncé de mon mieux une larme à la dérobée, et je me suis hâté de prendre congé de lui. Il ne lui restera pas même la ressource d'un champ à cultiver. L'imprudent! Désormais, dans chacun de mes sermons j'aurai soin d'introduire un passage sur la prévoyance et l'économie. D'ici à dimanche je vais me préparer sur ce texte : « Il y a une chose sur la terre qui est très-petite et qui est plus sage que les sages eux-mêmes : *les fourmis ce petit peuple qui fait sa provision pendant la moisson.* »

— Les six mois sont écoulés, le métier de **Simon** n'a pas cessé de battre. J'ai dit au commis-voyageur : « Dieu soit loué ! *tu es nec propheta, nec filius prophetæ.* » Il a secoué la tête et a répondu : « C'est vrai; mais qui aurait imaginé que les cotons pourraient revenir à la vie? Les voilà un peu moins agonisants, grâce à une économie de temps et de main-d'œuvre qu'on a réussi à introduire dans l'opération du cardage. *Un charpentier du Lancashire*, **James Hargraves**, du village de Blackwell, a commencé la cure. Je ne vous le donne pas plus lettré que moi, mais il est, dit-on, très-ingénieux. Il avait eu d'abord l'idée d'adapter au coton la carde dont on se sert pour la laine, et ma foi, après l'avoir améliorée beaucoup, il obtenait déjà un joli résultat : un homme faisait la besogne de deux, et avec beaucoup moins de peine. Un second inventeur est venu, celui-ci, on n'a pu m'en dire le nom, mais sur ses plans, le même **James Hargreaves** a construit un système de cylindres très hérissés de petites cardes, et qui tournent dans des sens opposés. Une jeune fille étale le coton sur le devant de la machine, ce coton s'en va de lui-même se promener là-dedans, de cylindre en cylindre, jusqu'à ce qu'il sorte en une belle nappe, du duvet le plus vaporeux, le plus moelleux et le plus régulier. Cela tient du miracle et n'est pas autrement fatigant pour la jeune fille, qui à la fin de la journée se trouve avoir fait, en jouant, l'ouvrage de plus de cent personnes. Tous les bras que le peigne à carder ne réclamera plus, vont passer au fuseau. — Qu'arrivera-t-il pour mes voisins? — Vos amis les **Stott** recevront désormais le coton tout cardé; mais la portion de salaire qu'ils cesseront de toucher pour cette préparation, ils la regagneront en filant davantage. *Filer! filer!* voilà la grande affaire. Nous n'obtiendrons jamais ni assez de fil, ni du fil à assez bon marché; et voyez-vous, je m'en tiens à mon dire : à moins que Dieu n'envoie un second miracle, les cotons sont destinés à périr par la consomption. »

Cette fois sa prédiction m'a trouvé moins crédule. J'ai songé, et mon tort est de n'y avoir pas assez songé d'abord, que la Providence est là.

. . . .

1768.
Richard
Arkwright,
marchand de
cheveux.

— **1768.** Quel étrange garçon que **Richard!** Hier, sans s'être annoncé par une lettre, il est tombé, comme des nues, dans mon petit réduit. Il a dit adieu pour toujours à la bienheureuse cave où il a gagné un petit pécule. Un autre aurait continué jusqu'au moment de la vieillesse : c'était une condition sortable; mais à **Richard**, il fallait du nouveau. *Il se livre au commerce des cheveux.* Sa résidence n'est plus Manchester, mais Bolton-le-Moor. C'est de là qu'il part, à certaines époques de l'année, pour ses courses pédestres. Il va frapper de chaumière en chaumière, demandant une moisson blonde comme l'épi mûr, ou noire comme l'aile du corbeau. Dans la famille **Stott**, il prétendait récolter les belles tresses des cinq sœurs et même celles de **Nancy**, qui selon lui ont aussi une bonne valeur; mais il n'a pas eu la peine de dégainer la paire de longs ciseaux qui voyage dans sa poche. **Nancy** a rougi aussi fort que si on lui proposait une mauvaise action. « Mes pauvres filles n'ont que leurs cheveux pour parure; elles les conserveront tant que **Simon** et moi aurons du pain à leur donner : gardez votre argent. — Vous m'abandonnerez du moins, a dit **Richard** en caressant **Jedediah**, les boucles touffues de ce chérubin? » **Nancy** s'est précipitée sur son fils, et le lui a arraché des mains avec un mouvement d'horreur et d'effroi; sur quoi **Richard** a repris : « Vous êtes une brave femme, et je vous estime pour votre refus, bien que j'aurais mieux aimé faire affaire avec vous. » Alors ouvrant une sorte de bissac, qu'il porte en sautoir, il en a tiré un flacon d'une forme bizarre, très-bien bouché, avec deux cachets en-dessus et sur le côté; il l'a présenté au petit garçon qui, tout en pleurs, s'était cramponné au tablier de sa mère. « Offrez cela de ma part à votre maman : c'est une *eau merveilleuse,* le véritable trésor de la chevelure. J'en suis l'inventeur et unique propriétaire, et j'ose dire qu'elle jouit dans tous les comtés de la Grande-Bretagne d'une immense célébrité. Allons, mistriss **Stott**, point de rancune, acceptez en signe de réconciliation; je n'avais point l'intention de vous offenser. Vous versez une quart de goutte dans le creux de la main, vous étendez sur toute la surface du cuir chevelu, et vous passez le peigne légèrement. »

De retour chez moi, je lui ai reparlé du flacon, de l'eau merveilleuse. « J'ai, m'a-t-il dit, d'autres cordes à mon arc. Tu connais l'histoire du savetier dont la barbe m'a usé deux rasoirs pour un demi-penny, cet homme m'a pris dans une affection incroyable; je lui ai dû une foule de clients, un entre autres qui a du mérite, un habile mécanicien. Celui-ci est venu souvent jaser le soir et nous sommes liés. Croirais-tu qu'à force de causer rouages, engrenage et frottement, je me suis aperçu que, moi aussi, j'ai des idées en mécanique. Garde-moi le secret, mais, tel que tu me vois, je suis à la veille de tenir le *mouvement perpétuel.* Trafiquons sur le cheveu, vendons force flacons, et quand nous aurons attrapé une somme ronde, nous aussi nous construirons notre machine. La mécanique! il n'y a rien de plus beau dans le monde; c'est dommage que les essais coûtent: on y mange un argent fou. » Pour lui donner quelque encouragement, j'ai trouvé convenable de rappeler ce qui est écrit au livre de la Sagesse : « Un ouvrier habile coupe par le pied dans une forêt un arbre bien droit, il en ôte adroitement toute l'écorce, et, se servant de son art, il en fait quelque meuble utile pour l'usage de la vie. » **Richard** a souri, et d'un ton où il entrait du dédain, il a répondu : « J'ai dans la tête mieux que la science de ton habile ouvrier.... »

Je crains que **Richard** n'ait désappris l'humilité dans sa profession de barbier et d'inventeur d'une eau pour la coiffure.

. . . .

1767.

— 1767, septembre. **Nancy** et les enfants sont dans une inquiétude mortelle. Depuis quatre jours on ne sait pas ce qu'a pu devenir **Simon**. Mercredi au point du jour (c'était bien mercredi, et nous sommes à dimanche), trois hommes qui portaient de gros bâtons et qui avaient la parole très-animée sont venus demander **Simon Stott.** Ils ne doivent pas être d'un village très-voisin, ou du moins **Nancy** ne se rappelle pas les avoir jamais vus aux jours de marché. Ils venaient de loin et avaient cheminé une bonne partie de la nuit, à juger par leurs yeux battus et par leur chaussure, dont le bas était trempé de rosée et le haut tout chargé de poussière. **Simon** est sorti de la chambre pour aller à eux. On s'est entretenu à voix basse, mais vivement. **Jededlah**, à qui son père a dit d'apporter du feu pour allumer les pipes, a entendu de la bouche d'un de ces hommes : « *Il n'y aurait plus un seul fuseau qui pourrait tourner.* » et de la bouche d'un autre : « *Nous sommes des lâches si nous n'allons pas tout briser.* » Bientôt après ils sont partis emmenant **Simon**, qui a refusé à sa femme de lui dire où il allait. Il avait bien promis d'être rentré avant la nuit.

. . . .

1767.
James Hargraves a imaginé une machine qu'il appelle *Jenny-la-Fileuse.*

— On a enfin des nouvelles de **Simon.** Il est dans la prison du comté, sous le poids d'une accusation grave. Les trois hommes mystérieux étaient trois tisserands de Blackwell, qui recrutaient au loin des camarades ou plutôt des complices. Un charpentier de ce village de Blackwell, encore le même **James Hargraves**, a imaginé une autre machine qu'il appelle *Jenny-la-Fileuse*, parce qu'en effet elle file le coton comme ferait, avec son fuseau, une Jenny ou une Betty en chair et en os. Elle a filé du premier coup huit fils à la fois, et il l'a si bien perfectionnée, qu'elle peut porter maintenant depuis vingt jusqu'à cent-vingt broches, à volonté, de manière qu'une personne seule, rien qu'en tournant une roue, fait autant de fil qu'en pourraient faire les fuseaux de cent-vingt femmes. Les tisserands se sont émus. Si la machine se propage, ont-ils calculé, il ne va plus rester d'ouvrage pour leurs femmes et leurs filles. Là-dessus, pour se préserver d'un désastre qui n'existe encore que dans leur prévision, les malheureux se sont laissé aller d'abord à un crime. Au mépris de la loi des hommes et de la loi de Dieu, ils ont pénétré de force dans la maison du charpentier, et ils ont mis en morceaux cette machine, sa propriété, le produit du travail de ses mains, le produit de sa pensée.

. . . .

— L'honorable sir **Arthur**, qui me refuse rarement quelque chose, a bien voulu s'entremettre dans l'affaire de **Simon**, et Simon a été rendu à sa famille. Il a quitté la demeure des malfaiteurs et des meurtriers.

Pendant les trois mois et plus qu'il vient de passer en prison, le métier a chômé; et les petites économies, à supposer qu'il y en eût, auront été consumées. **Nancy**, qui s'est épuisée à force de travail et de veilles, est tombée, au bout de quelques semaines, dans un tel état de langueur, qu'elle peut à peine lever les bras. Le mauvais air et la mauvaise nourriture de la prison ont ruiné la santé de **Simon**. Le médecin m'a confié sa crainte que le pauvre homme n'ait contracté le germe d'une maladie mortelle. Il lui recommande de travailler le moins possible. La famille en est réduite à vivre sur les fuseaux de **Sarah** et de **Betty**; heureusement les voilà grandes et fortes : l'une touche à ses dix-sept ans, et l'autre en a plus de quinze. Mais le produit de deux fuseaux pour nourrir huit personnes, et dans la saison la plus rigoureuse, à l'approche de Noël! Ces gens-là ont le cœur haut placé : rien au monde ne les déciderait à se présenter chez l'inspecteur de la paroisse, et à demander d'être inscrits sur la liste des pauvres. **Simon** se croirait flétri; **Nancy** en mourrait de chagrin. Il faut user de mille ruses pour leur faire accepter le moindre soulagement, à titre de prêt. O mon Dieu, daigne abréger pour eux le temps de cette dure épreuve; ou si tu la juges indispensable dans ta sagesse, donne-leur la force de la supporter en chrétiens, accorde-leur de sortir victorieux du combat!

. . . .

— On nous promet monts et merveilles; notre village serait appelé à devenir une triomphante Sion. Un gentleman de Londres est venu trouver l'intendant de sir **Arthur**; il a jeté les yeux sur cette paroisse pour y fonder un établissement industriel, une filature à la mécanique. On s'y servirait des métiers inventés par **Hargraves**; il y aurait de l'emploi pour tous les bras valides du village, et au delà. Les époux **Stott**, dont la santé s'améliore depuis le retour du printemps, y trouveraient chacun un métier de fileur : une femme d'une force ordinaire peut conduire un tel métier. **Sarah** ferait marcher un dévidoir; **Betty** surveillerait une carde à cylindres; les salaires seraient très-raisonnables. **Simon** calcule qu'il gagnerait plus qu'avec sa navette. Ce gentleman a hérité de son père une fortune considérable, et n'avait jamais songé à exercer une profession. « Des pertes récentes lui ont inspiré, disait-il à l'intendant, des idées plus sérieuses. Avec ce qui me reste, je pourrais continuer à tenir maison et voiture à Londres, mais dans un style moins parfaitement fashionnable, ce qui serait en quelque sorte humiliant. La raison veut que je sacrifie quelques années de mon temps, je suis encore assez jeune, Dieu merci! et que je place mes capitaux dans une spéculation brillante, de manière à réparer la brèche qui s'est ouverte dans mon revenu. » Dans la soirée, sir **Arthur** m'a fait l'honneur de me visiter à ce sujet; il m'a démontré par chiffres ce qu'un pareil événement aurait d'heureux pour la paroisse entière, jusque pour le dernier mendiant, et combien il serait à souhaiter que le gentleman ne rencontrât nul obstacle et n'eût pas de craintes à concevoir de la part de quelques esprits faux et étroits. Je ne sais à qui de nous deux est venue la première idée d'un sermon où je travaillerai à réconcilier avec l'emploi des nouveaux métiers les esprits turbulents qui voudraient renouveler les excès commis à Blackwell, à supposer qu'il s'en rencontrât, ce que je ne puis croire. La sévère leçon que Dieu a donnée à **Stott** me semble avoir porté ses fruits. Le baronnet a daigné me fournir d'excellents syllogismes, en prenant la question du côté matériel, au point de vue des hommes qui vivent seulement dans le siècle. Je leur donnerai pour base fondamentale de mon argumentation ce texte : « Vous ne porterez nul préjudice à votre prochain. » En même temps, je développerai sous différentes faces cet autre texte divin : « Vous ne vous laisserez point emporter à la multitude pour faire le mal; et dans le jugement vous ne vous rendrez point à l'avis du grand nombre pour vous détourner de la vérité. »

. . . .

— J'ai eu l'honneur de dîner chez sir **Arthur** avec le gentleman de Londres. On avait signé dans la journée le contrat d'un bail par lequel le baronnet consent à mettre à sa disposition, pour y monter la filature, les bâtiments d'une vieille abbaye qui depuis trois siècles fait partie du patrimoine de ses aïeux. Le baronnet, par vénération pour cette glorieuse ruine, différait de jour en jour à la restaurer : le badigeon est tellement mortel pour les vieux souvenirs! Mais l'intérêt de la paroisse a prévalu. L'honorable sir **Arthur**, ainsi que toute sa compagnie, a félicité le gentleman qui a le noble courage de consacrer une haute capacité et sa fortune à une entreprise aussi utile et pour laquelle le pays lui doit de la reconnaissance ; elle va contribuer au développement de la prospérité nationale.

Après que les dames ont eu quitté la salle à manger et que le vin de Porto a commencé à circuler à la ronde, sir **Arthur** a disserté sur sa science favorite, la statistique. Il nous a tracé le tableau des merveilles que l'industrie et le commerce ont mission d'accomplir dans le royaume de la Grande-Bretagne et surtout dans notre comté. Il a parlé de tout l'or de la terre qui affluerait fatalement vers la rade de Liverpool, pour peu que les chefs d'industrie et les négociants voulussent seulement se laisser aller au mouvement commencé et continuer à tourner les yeux vers le Lancashire. A mesure que la conversation s'échauffait, les millions, les milliards se croisaient dans tous les sens, se groupaient, s'entassaient dans chaque phrase, si bien que moi, qui n'ai jamais beaucoup su compter, j'ai dû renoncer à les suivre de la pensée. Toute cette masse de trésors qu'on remuait devant moi, chétif et qui n'aspire qu'aux vrais biens du ciel, m'a pesé sur la poitrine, je me suis senti étouffer, l'air me manquait. J'ai éprouvé comme une somnolence et des éblouissements. Je continuais à écouter des mots qui avaient un son de métal, mais sans plus rien comprendre. D'ailleurs, j'avais assez de défendre ma raison contre les toasts qui se succédaient, tout en n'oubliant pas cependant de porter mon verre à mes lèvres pour les humecter à chaque fois, ainsi que l'exige la politesse. Bientôt je me suis perdu dans une douce rêverie : nécessairement, après tant de richesses produites, le Lancashire, la Grande-Bretagne, le monde ne comptera plus de pauvres, tous les hommes sur la terre seront bien nourris et bien vêtus, comme le lis des champs ; mes yeux se sont mouillés de larmes d'attendrissement.

Lorsque je suis revenu à moi, j'ai vu qu'il était l'heure de regagner le presbytère. J'ai pris congé du baronnet, qui a donné l'ordre qu'on me reconduisît en voiture. Je ne suis pas flatteur, et, pourtant, au moment de lui toucher la main, je n'ai pu retenir ces quelques mots d'éloge respectueux : « Sir **Arthur**, vous êtes un bon Anglais, un Anglais de la vieille Angleterre. Avec une telle aristocratie pour la commander, la Grande-Bretagne marchera longtemps à la tête de la civilisation du globe. Je vous félicite d'avoir loué l'abbaye. Qu'est-ce qu'une ruine, telle noble qu'elle soit ? qu'est-ce que la mémoire des aïeux, mise en balance avec tous ces hommes, avec tant de nos frères, qui vont être sauvés de la misère ? »

. . . .

— Ma maladie m'avait empêché de visiter la filature depuis bientôt deux mois qu'elle est en pleine activité ; aujourd'hui j'ai pu goûter cette jouissance. C'était l'heure où les ouvriers reprennent le travail après le repas du matin. J'ai trouvé à l'entrée, pour me recevoir, le maître, qui a voulu lui-même me faire les honneurs et m'a traité en convalescent : il a exigé que j'acceptasse son bras. « Ce ne sera pas, m'a-t-il dit, l'affaire d'un instant ; la promenade sera un peu longue. »

Ces salles qui se succèdent sans nombre et toujours immenses, où de larges fenêtres et des ventilateurs font circuler libéralement la lumière et l'air, la teinte calme de ces vastes murailles parées de leur propreté scrupuleuse, ces métiers aux formes si nettes et austères, tous d'une même taille et d'une même dimension, à chacun desquels un égal et si strictement équitable espace a été réparti, alignés sur de longues files dont l'œil a peine à saisir l'extrémité, tout cela compose un ensemble extraordinaire qui, je le confesse, a d'abord, et à mon insu, exercé une surprise sur mes sens. J'ai éprouvé le même sentiment que j'avais éprouvé un jour où je visitai un vaisseau de guerre, et en me promenant sur les planchers si blancs des entreponts, entre la double rangée des terribles canons. C'était un sentiment d'admiration où il entrait de l'orgueil, accompagné de cette pensée peu sage : « Voici qui dépose de l'intelligence et de la supériorité de l'homme. » Néanmoins, dans les ateliers de la filature comme dans le vaisseau, l'émotion n'a été que passagère, et la voix intérieure s'est bientôt élevée : « Que sont les ouvrages de l'homme, comparés à la plus imperceptible des œuvres de l'artisan suprême! »

Dans ma visite au vaisseau, mon âme s'était par degrés assombrie. La hache avait dû jeter bas une forêt ; les cadavres de plus de quatre mille chênes, que la montagne lointaine avait mis quarante ans à nourrir, avaient dû être charriés jusqu'au chantier du port. Il avait fallu des outils ingénieux, la flamme active pour les dépecer, leur imposer des courbures savantes, et, de tant de membres factices, édifier un unique colosse. Pour cuirasser sa poitrine et ses flancs et lui couler des armes à sa taille, on avait dû arracher aux profondeurs de la terre une colline de métaux ; la chimie avait dû combiner un tonnerre, dont Jéhovah permit que le secret lui fût dérobé dans un des jours de sa colère. Et ces travaux, qui semblaient avoir exigé les bras d'une armée pour être conduits à fin, qui représentaient quatre grands siècles du labeur consécutif d'une créature humaine, ces gigantesques efforts, dans quel but? Pour promener de l'un à l'autre hémisphère la destruction et la mort, pour s'assurer la faculté de foudroyer un point quelconque sur les rivages de l'Océan. Une amère tristesse s'était emparée de moi. J'en étais venu à oublier que, derrière ces citadelles flottantes, la belle Albion peut braver l'étranger oppresseur ; qu'elle dort avec sécurité à l'ombre des canons de ses marins, comme Israël dormait à l'ombre des vigilants et rapides boucliers de Juda.

Aujourd'hui, au contraire, je n'ai éprouvé qu'un doux contentement. Le génie de l'homme, ce souffle qui lui est envoyé d'en haut, se révélait à moi, mais non plus dirigé vers une mission de châtiment et d'extermination, il n'aspire ici qu'à des victoires pacifiques et nourricières. J'ai admiré une magnifique ruche, où un art prévoyant a rassemblé de puissants instruments pour faciliter le travail à un essaim d'intéressantes abeilles. Au coup de la cloche pour la rentrée, les ouvriers ont défilé devant nous, et chacun s'est engagé dans son alvéole, c'est-à-dire dans l'étroite ruelle ménagée devant son métier. Tous semblaient heureux, bien que leur front fût légèrement grave : on y lisait le recueillement de l'homme qui se dispose à remplir un devoir important ; et quel acte plus noble, après la prière, que celui par lequel l'homme assure la subsistance des êtres qui lui sont chers et la sienne ! Au moment où tous les bras se sont mis à l'œuvre, où tous les métier, se sont ébranlés, quand la grande voix des rouages a tout à coup retenti aussi imposante aussi majestueuse que les sons de l'orgue du temple, mon âme s'est fondue tout entière dans un saint ravissement, dans un transport de reconnaissance et d'amour pour ce Dieu qui a daigné laisser tomber sur cet humble coin de la terre un regard aussi favorable, pour ce Dieu qui a répandu sur le troupeau, par lui confié à ma garde, tant de trésors de son ineffable bonté. Mes lèvres ont murmuré les paroles que l'apôtre adressait à ceux de Thessalonique : « Nous devons, mes frères, rendre, pour vous, à Dieu de continuelles actions de grâces, et il est juste que nous le fassions. »

Cependant le maître, qui s'était éloigné un instant pour donner quelque ordre, est revenu à moi, il m'a conduit, pour me reposer, dans un parloir, où il se tient souvent dans la journée, et d'où il peut exercer une surveillance facile : « Je prétends, a-t-il commencé, que mon établissement se distingue de tous les autres par son excellente tenue. Activité, propreté, régularité, moralité, voilà ma devise. Dieu garde qu'on soit jamais en droit de me confondre avec ces fabricants de second ordre, ces industriels partis de bas étage, ces hommes de rien, comme on en voit malheureusement trop à la tête de vastes entreprises! J'ai l'ambition de montrer à l'Angleterre ce que peut être un établissement dirigé par un véritable gentleman. »

Il est entré ensuite dans les plus grands détails, principalement pour ce qui regarde la question de moralité. Il a voulu s'éclairer de ce qu'il appelle mes lumières, soumettre ses idées à mon examen. Il me secondera vivement dans ma guerre active contre les unions illégitimes. Les deux sexes travaillent séparés ; on aura soin de renvoyer toujours les femmes dix minutes plus tôt que les hommes, afin d'éviter les occasions de conversations dangereuses et de propos déshonnêtes à la sortie des ateliers. Dans chaque salle, un surveillant tiendra continuellement les oreilles et les yeux ouverts sur tout ce qui intéresse les mœurs. On se montrera implacable contre les excès de boisson; pour éviter la fréquentation des tavernes, une cantine sera organisée, où les ouvriers non mariés pourront vivre en commun et jouir de tous les avantages qui résultent de la préparation des aliments sur une grande échelle. On engagera les ouvriers à fonder entre eux une caisse d'épargne; ils nommeront des commissaires pour l'administrer. Lui-même se propose de la doter d'abord d'une première somme à titre d'encouragement. Il ouvrira une infirmerie pour les malades sans famille, avec une pharmacie, où ceux qui préféreront être soignés dans leur intérieur pourront envoyer demander ce qui sera nécessaire. On conservera à chaque malade son métier et son emploi, pour le lui rendre lorsqu'il aura recouvré la santé.

Cet homme me paraît animé des meilleures intentions; il m'a répété plusieurs fois qu'elles lui étaient inspirées par le point d'honneur du véritable gentleman, et par son propre intérêt à lui, mais par son intérêt parfaitement étudié, parfaitement compris. Certainement cet homme se trompe: elles lui sont inspirées par l'esprit de charité que Dieu a mis, dès l'heure de notre naissance, dans le cœur de chacun de nous, membres de la grande famille humaine. Les vaniteuses dissipations du monde, les sophismes de l'impiété, la soif du gain, ne sont point parvenus à l'étouffer en lui; ils n'ont réussi qu'à en altérer la forme exquise, et à en affaiblir le suave parfum.

En nous séparant, comme il me pressait de lui formuler mon opinion en bloc sur tout ce dont nous avions causé: « Mister, ai-je dit, vous êtes placé dans un poste élevé, mais bien exposé aux périls. Aux actes du riche, la Providence, dans un but mystérieux, rattache les destinées d'un nombre plus ou moins grand de leurs frères pauvres. Être riche est une fonction qu'elle impose et qui entraîne une responsabilité redoutable. Le riche est le détenteur et l'administrateur élu par elle de la réserve des biens terrestres accumulée par les générations qui nous ont précédés; c'est lui qu'elle charge de payer son salaire à la génération présente et de désigner l'emploi des bras. N'en doutez pas, il rendra là-haut un compte rigoureux; car selon qu'il aura cédé à un motif louable, frivole ou méchant, pour se diriger dans la commande du travail et la distribution du salaire, il aura maintenu la multitude des pauvres dans la voie droite ou l'aura poussée dans une voie de perdition. Comme le grain changé en épi, la réserve aura fructifié au profit de l'humanité, qui se trouvera plus forte vis-à-vis le reste de la création dont Dieu lui a livré la conquête, ou partie de cette réserve aura été dissipée en fumée; le siècle qui doit suivre sera déshérité d'autant. »

. . . .

— Encore du nouveau dans la vie de **Richard**. « Ne me sais pas gré de ma visite, s'est-il écrié dès le seuil de la porte; ce n'est pas toi, c'est la filature établie dans la paroisse que je viens voir. » Je me suis fait un plaisir de l'y conduire moi-même. Il a tout examiné de l'air le plus attentif, mais sans laisser échapper le moindre signe de satisfaction. J'en étais peiné pour le complaisant contre-maître qui avait la bonté de nous accompagner. Cet homme est fier de la beauté de l'établissement qu'il montre: c'est une faiblesse; mais un mot obligeant lui aurait fait tant de plaisir et coûtait si peu! **Richard** n'a desserré les lèvres que pour dire en le quittant: Bien obligé!

Lorsque nous fûmes dehors: « Eh bien! Richard, vous qui vous étiez montré d'abord si empressé, vous me semblez assez froid. — Oh! *Jenny-la-Fileuse* était déjà pour moi une vieille connaissance. J'avais déjà pris la peine de l'étudier ailleurs en conscience; je voulais seulement connaître quel parti vous en tiriez ici. **Hargreaves** trouve un excellent débit de ses métiers; on les adopte dans toutes les fabriques. — C'est une belle invention. — C'est un premier pas, le premier pas de l'enfant qui sort des langes. **Hargreaves** ne manque point d'un certain mérite; mais c'est un esprit sans portée; il n'a pas même entrevu la question: moi, je l'ai saisie et je l'ai résolue du premier coup. — Comment? — Oui, le cheveu a fait son temps, l'eau merveilleuse a repris son cours dans la Mersey, mon intelligence est rendue tout entière à ses instincts ; j'ai quitté Bolton-le-Moor pour Warington, et ensuite Liverpool, où je vogue dans ma véritable vocation, la mécanique. Je t'ai conté que, dans mes loisirs, je m'étais occupé avec quelque succès du mouvement perpétuel, autre question d'un ordre encore plus élevé, que je laisse reposer, mais que je compte reprendre plus tard et couler à fond à son tour. Un de mes nouveaux amis, **John May**, m'a fort sagement démontré que mes idées, appliquées à la filature du coton, vers laquelle les capitaux se portent, me donneraient plus promptement des résultats lucratifs. J'ai donc suivi son conseil ; je ne suis pas encore en situation de n'inventer que pour la gloire. Je me suis mis au courant de tous les essais tentés dans ce genre ; j'ai découvert ce à quoi personne n'avait songé. — Toi, à qui je ne me rappelle pas avoir vu un outil en main ? — L'ami **John** a travaillé autrefois dans l'horlogerie ; il sort récemment d'une filature de coton où il avait de l'emploi comme ouvrier machiniste. J'ai fourni la pensée première, les idées sont sorties de ma tête ; il me secondait du bras pour les détails matériels. Il y avait à avancer de l'argent, et beaucoup ; je n'en avais que peu. **John** avait imaginé de faire construire à crédit les pièces les plus dispendieuses dans les ateliers du fameux **Atherton**, de Liverpool, où l'on travaille à merveille ; mais il paraît que ni **John** ni moi ne payons suffisamment de bonne mine : **Atherton** nous a refusé net. Il ne s'est pas opposé cependant à ce que deux ouvriers de ses ateliers vinssent, dans les moments où l'ouvrage pressait moins, travailler auprès de **John** à ma machine. On allait au jour le jour et au fur et à mesure que je créais de l'argent ; c'est avec eux que **John** a mené à bien l'entreprise. Tu auras l'honneur de donner ce soir à souper à **Richard Arkwirght**, l'inventeur et unique propriétaire, non plus d'une eau, mais d'une *machine merveilleuse*, qui doit opérer avant peu une révolution complète dans l'une des branches les plus considérables de l'industrie des trois-royaumes. »

Pauvre **Richard** ! je souhaite qu'il ne soit pas dupe d'une illusion. Puisse-t-il n'avoir jamais à regretter son humble cave de Manchester ! il y faisait du moins ses petites affaires. Peut-être il a lâché la proie pour courir après l'ombre !

. . . .

— En ouvrant ma fenêtre à mon réveil, j'étais dans une déplorable disposition d'esprit. J'en éprouve un repentir, une honte sincère, et je veux déposer ma confession sur ce papier.

Quand mon regard s'est heurté tristement contre le grand mur qu'on a construit en face pour le service de la filature, juste à trente pas du presbytère, j'ai songé au délicieux point de vue dont je jouissais naguère sur la campagne ; j'ai donné un regret à certaine petite prairie et à certain joli ruisseau. J'ai tiré le rideau de la fenêtre, comme je fais toujours, pour ne pas voir le mur ; mais, cette fois, je l'ai tiré avec un mouvement de vivacité ; ensuite j'ai ouvert ma Bible. Je me suis mis à la feuilleter ; j'avais besoin d'un passage qui pût me servir à réfuter victorieusement la funeste hérésie sur le libre arbitre, que le maître de la filature a émise hier dans la conversation, et que mon devoir est d'anathématiser. Mais le vent m'apportait le bruit des métiers, et ce bruit était si fort, que ma tête n'y a plus tenu. J'ai songé qu'il serait bien, pour me rafraîchir le sang, d'aller faire un tour de promenade.

Depuis l'installation de la filature, notre village a toute l'agitation d'une Babylone. Il faut marcher une demi-heure sur un dur cailloutage, et dans la poussière ou dans la boue, avant d'atteindre une des extrémités de l'unique rue dont il se compose, tortueux boyau qui va s'allongeant chaque jour. Au soleil, c'est une fournaise ; à la moindre pluie, c'est un cloaque. Autrefois, quand cette rue n'était bordée que des chaumières des tisserands, je me glissais entre leurs vertes haies, et en trois enjambées je foulais le gazon, ou si j'étais arrêté au passage, c'était par quelques voix amies qui m'offraient la dîme d'une fleur. Aujourd'hui, l'on voit partout de véritables et solides maisons rigidement accolées l'une à l'autre, munies de clôtures impénétrables. Des deux côtés s'élève un rempart sans fissure. Un embarras, causé par un de ces énormes fourgons qui sont au service de la filature, m'a tout d'abord cloué prisonnier sur le seuil d'une porte. Lorsqu'il m'a été permis de me remettre en mouvement, j'ai été assourdi à droite et à gauche par le fracas des marteaux sur l'enclume ; au lieu de notre unique maréchal d'autrefois, avec le charron, son acolyte obligé, une légion de maréchaux, de charrons, de serruriers, d'ouvriers machinistes, s'est empressée d'allumer ses forges à côté de la filature. Un accès de dégoût a failli me soulever le cœur lorsque je dû poser le pied au bord des flaques d'une eau sanguinolente, devant les étaux des bouchers; auparavant, on nous apportait la viande des environs; notre oreille n'était point affligée et alarmée par les beuglements plaintifs de la victime. Mon odorat s'est offensé de mille odeurs infectes émanées soit d'une boutique, soit de l'atelier d'un artisan, toutes odeurs inconnues avant l'installation de la filature ; j'ai été jusqu'à craindre qu'elles ne fussent dangereuses pour ma santé.

Parvenu enfin à franchir la dernière maison et le dernier pan de muraille, mon regard libre et joyeux s'est élancé dans la riante et vaste campagne, et puis est monté reconnaissant vers le ciel. Ma poitrine s'est dilatée pour se remplir à satiété de l'air frais et salubre.

Peu à peu cependant le voile qui enveloppait mon âme s'est abaissé; la lumière qui s'était retirée d'elle lui a été rendue. J'ai fait un retour sur moi-même; les pensées qui jusqu'alors s'étaient succédé précipitées et confuses, me sont apparues, en les examinant avec calme, ce qu'elles sont en réalité, des pensées de vanité et d'amour de soi.

A ce moment, l'intendant de sir **Arthur** est venu à passer. Il s'est approché pour me donner le bonjour. « Votre Révérence était en prière, a-t-il ajouté, sans doute elle remerciait Dieu pour les prospérités dont il comble la paroisse. Sir **Arthur** l'avait prédit : la filature est un Pactole pour cette partie du comté. Nous avons relégué beaucoup de nos tisserands plus loin, sur d'autres terrains moins précieux, et nous avons bâti de bonnes boutiques avec de bons logements d'où nous tirons de meilleurs loyers; les revenus du baronnet ont presque triplé. »

Et je regretterais la frivole jouissance d'un point de vue, je me plaindrais de ce que le charme de la promenade est quelque peu gâté pour moi, lorsque de ces utiles changements il est résulté de la prospérité pour mon prochain! J'étais un insensé. L'homme est aussi bien que la fourmi, appelé à vivre en sociétés nombreuses. Certes, une fourmi nous semblerait passablement impertinente et ridicule qui arguerait de la délicatesse raffinée de ses sens et d'un vague besoin de poésie pour gémir de la vie qu'on mène dans une fourmilière, sous des détritus d'écorce vermoulue et d'une herbe pourrie. Il est des travaux de bras et d'intelligence pour l'exécution desquels l'homme doit renoncer à la vie poétique du hameau et s'emprisonner dans des villes. Résignons-nous donc à la vie de la ville, en remerciant Dieu qui nous l'envoie et nous retire la vie du hameau. Je souhaite ne jamais découvrir d'autre inconvénient à la filature.

Combien l'homme est faible! A l'instant même où j'achevais de tracer ces dernières lignes, ne voilà-t-il pas que l'image de la petite prairie et du joli ruisseau s'est présentée de nouveau à mon esprit, et je n'ai pu retenir un soupir. Comme pénitence pour ma sotte lâcheté, je laisserai ouvert pendant un mois le rideau de ma fenêtre, en face du grand mur.

. . . .

—Je suis dans une douloureuse inquiétude : la foi s'attiédirait-elle au cœur de mon troupeau? Beaucoup d'hommes s'absentent décidément du temple, la plupart des femmes y apportent moins de recueillement, les jeunes filles chuchotent, s'occupent de l'effet de leur toilette. J'ai beau prêcher contre le luxe, la dissipation, l'impiété, développer tour à tour les textes les plus propres à frapper les âmes d'une sainte terreur, et ceux d'où découle le miel le plus attrayant, je rencontre aujourd'hui de la froideur et de la distraction sur plus d'un banc de mon auditoire, et les brebis égarées ne reparaissent point au bercail; je remarque toujours les mêmes places vides.

Simon est un des hommes qui s'absentent. Je suis allé le trouver, je lui ai représenté qu'en s'éloignant de la maison de prière il se faisait un grand mal à lui-même, et qu'il devenait un sujet de scandale pour ses enfants et pour ses voisins. — « Votre Révérence a raison, m'a-t-il répondu, je vous promets que vous m'y verrez dimanche. Vous ne sauriez croire combien j'ai de peine à me décider à sortir de chez moi le dimanche matin, depuis que je sors toute la semaine pour travailler à la filature! Autrefois, quand j'avais passé six mortels jours claquemuré dans mon petit trou, je ne le quittais jamais assez tôt le septième ; aujourd'hui, c'est le contraire, je n'ai pas de plus grande fête que d'y rentrer le samedi soir, je ne me repose bien que là. Mais c'est égal, je proteste à Votre Révérence que je ferai un effort sur moi-même, je m'arrangerai pour être prêt à sortir à l'heure du prêche. » Est-ce là le zèle d'un chrétien? Je n'ai rien voulu ajouter pour le moment : il faut savoir dans l'occasion rendre la main au cheval ombrageux qui se cabre ; mais dimanche prochain, quand **Simon** sera rentré dans le temple, j'enverrai le paragraphe convenable à l'adresse de l'indifférent en matière de foi.

Le maître de la filature tient ses engagements, je dois le reconnaître. Quoiqu'il pense plutôt en philanthrope qu'en bon anglican, il veille au maintien de la moralité parmi ses ouvriers. Il ne tolère ni libertin, ni ivrogne ; les jurements, les propos déshonnêtes sont interdits dans les ateliers; il exige que chacun mette à la caisse d'épargne. Les ménages continuent en apparence à vivre dans une régularité satisfaisante; et cependant les anciennes mœurs de la paroisse ont subi en réalité une triste altération. Si je regarde par exemple dans le ménage **Stott**, quel changement !

Autrefois les deux époux et les enfants passaient les longues heures de la journée groupés ensemble dans leur modeste habitation ainsi que deux passereaux et leur tendre couvée qui se réchauffent dans un même nid. Le fuseau de **Nancy** et de ses filles tournait tout proche du métier de **Simon**. Tandis que la tâche avançait, on s'entretenait de la joie ou de la souffrance présente, et de l'espérance du lendemain. Les émotions, les pensées, s'échangeaient avec confiance et se fondaient en commun. C'était une unique et chaleureuse sève de dévouement et d'amour qui s'épanouissait dans toutes les branches du même cep ; c'étaient les mille frissonnements perçus par les feuilles de la même plante et qui se résument dans une unique vie. **Simon** se fût gardé d'avancer par jeu d'esprit, un mot dont la tendresse de sa femme eût pu s'inquiéter, ou qui aurait pu diminuer l'estime qu'elle a pour lui ; **Nancy** prenait soin que chaque parole qui sortait de sa bouche pût servir à l'enseignement de ses filles et les porter à la vertu. Cette attention conjugale, cette sollicitude maternelle tournait à leur profit à l'un et à l'autre : celui qui s'exerce avec application à commander aux mouvements de sa langue n'est pas loin de savoir comment on commande aux mouvements de son âme, et cependant, sous leurs yeux, leurs aimables enfants, sans rien perdre de la précieuse innocence, grandissaient dans la pratique du bien.

Aujourd'hui les membres de cette famille n'ont plus entre eux de contact que pendant les heures si courtes des repas. On se sépare dès la pointe du jour pour aller vivre chacun d'une vie dissemblable, dans des salles différentes de la filature. **Simon** n'est plus entouré que d'hommes ; il prend l'habitude d'une conversation plus libre, de ces discussions vaines qui finissent par conduire à mal, par la raison qu'elles sont impuissantes à aboutir à rien de bon. Je soupçonne qu'il a moins d'égards pour **Nancy**. Elle ne se plaint pas encore, mais j'ai remarqué parfois qu'elle avait les yeux bien rouges. Peut-être a-t-elle, de son côté, perdu de son angélique douceur; séparée qu'elle se sent de son mari et de ses enfants, privée pendant tout le jour des doux épanchements dont sa nature tendre éprouve le besoin, peut-être un sentiment de tristesse inquiète se tourne-t-il chez elle en une sourde irritation? Son humeur me paraît aujourd'hui moins égale ; je crains qu'elle ne subisse pas la nécessité du travail avec le même courage. Elle en qui j'ai soupçonné parfois certain orgueil à administrer son petit empire, elle s'habitue difficilement à recevoir le commandement des supérieures. **Sarah** et **Betty** sont aujourd'hui privées des enseignements sans relâche et de la surveillance constante de leur mère. Elles causent en liberté, avec des compagnes de leur âge, de mille futilités dangereuses et qui éveillent leur curiosité dans une direction funeste. On se jalouse mutuellement pour quelques misérables avantages d'une beauté passagère, et l'on néglige d'acquérir la solide beauté de l'âme; on donne accès à des sentiments d'orgueil et d'envie qui dessèchent le cœur, ivraie sous laquelle disparaissent les germes de piété.

Et à tous ces maux quel remède opposer? La malice prétend que je m'alarme à tort; qu'il est satisfait de la conduite et de la moralité de tout son monde; qu'à bien prendre on peut être un fort honnête homme et même une fille sage, avec moins de religion que je n'en exige. Voilà l'homme du siècle!

Simon me confiait qu'il ne s'était jamais vu dans une si heureuse veine. « Tous les bras que la famille possède, en état d'être occupés, ont du travail, et un travail assuré. Le prix de la journée est ce qu'il doit être, et la paye servie régulièrement. Je ne me repens pas d'avoir quitté la navette et vendu mon vieux métier à tisser. Ce démon de *Jedediah* aurait fini par le mettre en morceaux; il est si turbulent et devient si méchant, depuis qu'il n'y a plus à la maison que ses jeunes sœurs pour le garder! D'ailleurs, la vente du métier a servi à me libérer d'une vieille dette. Je n'aurai plus jamais besoin de faire des dettes; *je suis fileur, c'est le roi des états.* »

Certainement le maître nourrit la paroisse; car on lit dans l'Écriture : « Un peu de pain est la vie des pauvres; » mais on lit aussi : « L'homme ne vit pas seulement de pain, il vit de la parole de Dieu; » et ailleurs : « Celui qui craint Dieu possèdera la sagesse, qui le nourrira du pain de vie et d'intelligence, et lui fera boire de l'eau qui donne le salut. »

. . . .

— Depuis quelques jours des propos alarmants circulaient dans la paroisse. Le maître de la filature avait reçu des lettres anonymes remplies d'injures et des menaces sinistres. Hier, à la tombée de la nuit, des groupes d'hommes armés de bâtons, de haches, de pioches avaient été rencontrés rôdant par la campagne. Ce matin, un peu avant l'heure où la cloche sonne pour l'ouverture des ateliers, ils ont envahi le village par longues bandes; ils étaient de quatre à cinq mille, tant hommes que femmes, et paraissaient exténués par les souffrances et par la faim. Dès que la porte de la filature s'est ouverte, ils s'y sont précipités en poussant les cris : *A bas les jenny! mort aux machines!* partie d'entre eux se sont répandus en furieux dans les salles, brisant tous les métiers, et lançant les débris par les fenêtres. La grande masse obstruait le devant de la porte, interdisant l'accès aux ouvriers qui arrivaient tranquillement un à un, leur déjeûner sous leur bras, pour se livrer au travail accoutumé.

Ces bandes appartiennent à des paroisses où le travail isolé n'existe plus. La création des machines, qui a tout à coup supprimé tant de bras, et l'établissement de grands centres manufacturiers, où toutes les branches de l'industrie du coton tendent à se concentrer, ont tué ce mode de travail. Ces paroisses manquent depuis longtemps d'ouvrage, et, par conséquent, de pain.

Par malheur, sir **Arthur** était absent : l'influence de son vieux nom, sa parole puissante, sa raison éclairée, auraient eu, sans nul doute, assez de poids pour arrêter le désordre. Il est à Londres, où les personnes de son rang ont l'usage d'habiter pendant cette saison de l'année. Je me suis rendu, dès le principe au milieu des étrangers égarés qui se livraient à des violences tellement criminelles; mais la voix de la religion parle mieux à l'homme recueilli dans le silence du temple ou au coin du foyer de la famille qu'à des hommes réunis en masses, alors que les pensées mauvaises de chacun s'enveniment et s'embrasent au frottement des mauvaises pensées d'autrui. L'aveuglement de leur colère ne leur a pas permis de reconnaître mon caractère d'ecclésiastique : ils ont été sourds à ma parole; ils ont continué malgré ma présence; ils ont osé blasphémer devant moi.

« Respect à la loi de Dieu! leur disais-je. — La loi de Dieu veut que chacun vive. La première loi veut que personne ne meure de faim. — Mais ceux-ci sont vos frères, et des frères pauvres aussi bien que vous; vous arrachez à ceux-ci leur pain. — Ils sont nés pour souffrir comme nous. Pas de priviléges entre pauvres : du travail ou de la misère également pour tous. »

Peu à peu les ouvriers de la filature se sont trouvés réunis, et ont reconnu leur force de moins en moins disproportionnée. Ils ont passé de la plainte à la rage, et ne sont plus demeurés spectateurs inoffensifs. Leur vengeance s'est fait une arme de ce qui leur tombait sous la main. Les débris de ces métiers qui avaient nourri leurs familles, de ces merveilles de l'intelligence, de ces dons que Dieu avait envoyés à l'homme, l'homme les a changés en instruments de mort. Une mêlée s'est engagée, effroyable, sanglante, sans pitié, entre des frénétiques exaspérés par les longues angoisses d'une misère incessante, et des malheureux qui, à leur réveil, se voyaient inopinément saisis par des mains injustes et cruelles, et entraînés au fond du gouffre des mêmes mains. Les femmes des deux partis poussaient des gémissements lamentables; les vœux et les malédictions s'entrechoquaient en montant vers le ciel. J'ai répété dans une amère douleur les paroles de l'Écriture : « Si l'un bâtit et que l'autre détruise, que gagneront-ils que de la peine? Si l'un prie et que l'autre maudisse, de qui Dieu exaucera-t-il la voix? » J'ai demandé au Seigneur, de toute l'ardeur de ma prière, qu'il daignât dessiller les yeux des insensés, prendre également tous ces hommes en sa sainte miséricorde, et accorder du moins une trêve à tant de misères.

Une heure après, le calme avait succédé, mais quel calme! Les combattants s'étaient retirés de guerre lasse, et je me trouvais sur le champ abandonné du combat, entouré de ruines et des gens de service de la filature, les commis, les contre-maîtres, le portier; les uns atterrés, d'autres se répandant en imprécation. Chacun raconta avec un flux de paroles incohérentes par quelles circonstances son rôle avait été paralysé dans la part de résistance qu'il avait apportée; on s'apostrophait l'un l'autre pour invoquer des témoignages. Je demandais au commis principal où était le maître. « Dans le parloir. Je viens de lui demander deux fois un ordre, mais il n'a pas voulu me répondre. » Je pensais qu'il était de mon devoir de porter mes exhortations à cet homme qu'un coup si terrible avait frappé.

Je le trouvai dans le petit salon où nous avions discuté souvent. Il était seul, assis dans l'embrasure d'une fenêtre, le visage morne, et son front pâle supporté par ses deux mains. De la fenêtre l'œil planait sur tout le désastre, sur les vestiges au loin épars de cette grande fortune renversée par un coup de tonnerre, balayée par un ouragan. Je m'approchai de lui sans qu'il fût en état de me voir. Je pus l'entendre murmurer à plusieurs reprises, d'une voix sourde, ce mot : Ruiné! ruiné! Je m'efforçai d'attirer son attention. « C'est vous, me dit-il en levant un peu la tête. » J'entrai en matière : « Le malheur vous a visité, mister; mais il vous reste un noble sujet de consolation : la paroisse n'oubliera pas le bien qu'elle a reçu de vous. » Il se retourna avec brusquerie, m'adressa un étrange sourire, me lança un mot rauque et bref que j'entendis mal, et laissa retomber son front sur ses mains. Je songeai aux amis de Job, je craignis d'avoir été maladroit et irritant comme eux; je résolus de laisser passer la première chaleur de cette affliction. Néanmoins j'hésitais à me retirer, à abandonner cet infortuné à lui-même, à le laisser ainsi seul face à face avec son poignant chagrin. J'eus le temps de lui entendre proférer ces quelques paroles qu'entrecoupaient des soupirs convulsifs : « Vivre pauvre! un gentleman vivre en homme de rien! c'est trop d'humiliation! »

Cependant, le commis, qui m'avait suivi de loin et était demeuré sur le seuil de la porte, m'a fait signe de venir à lui. On me demandait auprès d'un malheureux que l'on avait rapporté à son logis, blessé, et que l'on jugeait en danger de mort. Je suis sorti.

. . . .

— Le jury d'enquête a rendu aujourd'hui son verdict. Le coroner a prononcé que le fabricant s'était donné la mort dans un moment où sa raison l'avait abandonné. L'écrit de la main du malheureux, le rasoir, la plaie à la gorge ne laissaient aucun doute. Quel épouvantable évènement ! Dans quel état cette pauvre âme aura-t-elle comparu devant Dieu ?

. . . .

— Le commis-voyageur m'a raconté que toutes les fabriques où l'on avait adopté les *Jenny-Fileuses* ont été le théâtre de semblables excès. Les ateliers de construction de **James Hargraves** ont été une seconde fois envahis ; il s'est décidé à émigrer du comté. Il a l'espoir d'exercer ses talents de mécanicien à Nottingham avec plus de sécurité.

Je donnais des regrets à la triste fin du maître de la filature. « J'avais prédit le suicide, m'a répondu mon interlocuteur, mais pour une autre cause, et j'accordais un an. J'ai tenu un pari de dix livres contre cent à ce sujet. Cet homme manquait de l'esprit des affaires. — Cependant il avait des machines ingénieuses, il dirigeait tout son monde avec ordre et moralité. A part sa coupable indifférence sur les questions religieuses, j'ai vu en lui le type du fabricant parfait. — Il avait le défaut des gentlemen, il n'avait pas l'âme marchande ; il savait fabriquer, et ne savait pas vendre. Il ne croyait pas qu'il y eût des fripons ; il se laissait duper, il abandonnait ses produits à des maisons véreuses. Il avait déjà subi de fortes pertes ; il allait en subir d'énormes. Son crédit s'ébranlait ; avant un an lui-même tombait en déconfiture. Sa tête faible n'aurait pas mieux résisté à la faillite, grâce à ses idées exagérées sur l'honneur. La catastrophe est venue à point pour lui épargner toute une année de déboires. J'ai gagné mon pari avec une grande marge. » Ce propos m'a révolté ; j'ai changé de conversation.

Mes réflexions se reportant du maître sur les ouvriers, j'ai été conduit à cette pensée douloureuse : Ainsi donc, de façon ou d'autre, tant de pauvres familles étaient destinées à se réveiller un matin privées de leur unique moyen d'existence. Combien le sort des ouvriers est précaire ! Ignorants de la gestion inhabile du maître, ils tournent péniblement leur roue en aveugles, sur un plancher brûlant qui menace de crouler à chaque seconde. Quelles qualités du cœur, quelles facultés de l'intelligence devrait réunir le chef d'industrie pour s'élever à la hauteur de ses devoirs ! Les emplois publics réclameraient à peine un dévouement plus complet et plus éclairé. Vous que le simple désir de grossir vos trésors décide à vous placer à la tête de la phalange des travailleurs, vous êtes-vous bien dit que vous répondrez devant Dieu de cette part de leurs maux, provenue de votre incurie ou de votre incapacité ?

. . . .

— Nous venons de passer deux terribles mois : le pain hors de prix et du travail pour personne. Le commis-voyageur prétend que les capitaux industriels sont *effarouchés* ; c'est son expression : « Les cotons, a-t-il ajouté, sont retombés dans leur affreux marasme, par suite des folies de ces brise-métiers. Mais, en tout cas, pas un fabricant ne recourra désormais au fuseau ; les cotons seront plutôt abandonnés sans pitié à leur mort infaillible. La filature à la mécanique, ou plus de cotons anglais, tel est notre *ultimatum* ; le fuseau doit en prendre son deuil ! »

. . . .

— Voici pourtant une nouvelle qui me semble bonne et que je tiens de l'intendant : « Vous n'ignorez pas, m'a-t-il dit, que sir **Arthur** prend plaisir à donner lui-même la haute direction aux travaux agricoles dans son immense domaine. Voyant la population manufacturière s'agglomérer et prendre un prodigieux accroissement dans notre comté, et, par conséquent, la hausse dans le prix des céréales s'établir sur nos marchés, hausse qui ne peut désormais que se soutenir, il s'est décidé à faire mettre en culture certaines terres de qualité inférieure, restées en jachère. Leur produit n'aurait pas pu, sans cette hausse favorable, dédommager suffisamment des avances de main-d'œuvre. C'est un sol spongieux, qui demande à être défoncé à une assez grande profondeur. Tout labeur trouve sa récompense : nos fouilleurs opiniâtres ont mis à jour une couche pierreuse, noirâtre, d'une physionomie singulière. Sir **Arthur**, qu'on a sur-le-champ averti, était au moment de repartir pour Londres; mais il a renoncé à son voyage pour cette année, il a préféré aller s'établir sur le lieu des travaux. On a ouvert, d'après son indication, plusieurs tranchées en tout sens. Décidément le baronnet possède une riche mine de la plus belle *houille*. » J'ai interrompu l'intendant pour m'écrier : « Dieu soit loué! il y aura là du travail pour la paroisse. » — Ça été la première pensée de sir **Arthur**. Mais voyez pourtant, si la filature eût continué à marcher, j'aurais eu tout le tracas d'attirer des bras de bien loin, tandis que ma besogne se trouve simplifiée. Je n'ai pu m'empêcher de l'interrompre une seconde fois pour lui représenter combien une satisfaction de cette sorte était contraire à l'amour du prochain. — N'allez pas croire, a-t-il repris, que j'aie l'âme sèche, que je n'aie pas plaint les anciens ouvriers de la filature; demandez-leur ce que je leur dis quand je me présente pour toucher les loyers. J'ai versé des larmes de sang, j'ose m'en vanter, sur le fâcheux événement. Et pourtant, moi, j'étais parfaitement désintéressé dans la question; car, à ne considérer que les intérêts du baronnet, et ce sont les seuls intérêts qui doivent vraiment me toucher, le baronnet y a gagné, au lieu d'en souffrir. Le bail portait qu'au bout de vingt ans, ou, en cas de départ, les constructions que le fabricant aurait ajoutées à l'abbaye nous feraient retour. Après le décès du fabricant, ses créanciers n'ont pas jugé avantageux de se substituer à lui dans le bail. Nous perdons un locataire; mais nous sommes rétablis en jouissance de l'abbaye, remise à neuf, et entrés en possession de beaux bâtiments accessoires. Nous ne pouvons manquer de trouver bientôt quelqu'un qui utilise le tout. Je le répète sans cesse à ces malheureux ouvriers : « Prenons patience; en affaire, il faut savoir attendre. »

Je me suis tu; le temps et le lieu manquaient de tout dire. Attendre! oh! oui, tout le malheur du pauvre est que la faim ne peut pas attendre. Du moins, les travaux de la mine vont occuper bon nombre de bras. Dieu permette que ce ne soit pas trop tard pour quelques familles!

. . . .

Richard ne se berçait pas d'une vaine illusion. La machine qu'il a inventée doit, en effet, avoir du bon, puisqu'il a trouvé un associé qui fournit des fonds, et qu'ils ont monté à eux deux dans la ville de Preston une filature, sous la raison sociale : **Arkwright et Smalley**. « Nous commençons très-modestement, m'écrit-il, mais l'essentiel était de commencer. J'ai donné, je crois, quelques preuves que je ne suis pas un imbécile, et l'on peut se fier à moi pour l'activité. » Après ce qui est arrivé dans la paroisse, je ne sais pas si je dois féliciter **Richard** ou le plaindre. Je redoublerai de prières à son intention.

. . . .

— L'intendant m'a apporté à lire dans son journal cette annonce, sous la rubrique Preston : « La filature **Arkwright et Smalley** vient de fermer. » Le journal ne dit pas le motif; je suis dans une vive inquiétude.

. . . .

— J'ai un mot de **Richard**. Preston compte un grand nombre d'ouvriers sans ouvrage; **Richard** assure qu'ils commençaient à manifester de mauvaises dispositions à son égard. Il a craint qu'ils ne se portassent aux mêmes violences qui ont forcé **Hargraves** à émigrer du comté de Lancastre. Il a décidé de les prévenir et de se retirer comme **Hargraves** à Nottingham. Il s'occupe d'y transporter ses machines. « C'est un pays neuf pour l'industrie du coton, m'écrit-il, où je n'aurai point à redouter les mécontents, et où je me procurerai mieux qu'à Preston de gros capitaux. Quant aux bras, ils ne m'y manqueront pas; les bras n'ont jamais fait faute aux capitaux. »

Hélas! c'est le capital qui fait trop souvent et trop cruellement faute aux bras. Le mercenaire est semblable à la faible feuille qu'un caprice du vent a détachée de l'arbre natal, et qui lui sert de jouet, jusqu'au jour où elle est entièrement desséchée, et s'évanouit en poussière.

. . . .

— La famille **Stott** n'a pas suivi **Richard**. Il s'écoulera plusieurs mois avant que l'établissement de Nottingham soit monté et prêt à recevoir les fileurs; **Simon** n'est pas libre d'attendre : attendre, dans sa position, équivaut à se laisser mourir. D'ailleurs Simon est dégoûté de son nouvel état de *fileur*, on y est exposé à trop de chances d'interruption dans le travail. Il voudrait retourner à son ancienne *navette*. Il se reproche amèrement l'imprudence qu'il a commise de vendre son métier à tisser. À tout prendre cependant il semble moins inquiet sur l'avenir que je n'aurais craint; on assure même qu'il se laisse aller à de mystérieuses espérances. Je ne vois pas sans frayeur cette famille pauvre entourée de la corruption d'une grande ville.

. . . .

1769.
ARKWRIGHT
(Richard)
établi à Nottingham.

— Juin 1769. Tout réussit à **Richard**. Il a rencontré les gros capitaux qu'il désirait. Un habitant de Derby, M. **Strutt**, homme d'une grande habileté mécanique et riche fabricant de bas, séduit par l'invention de **Richard**, met à sa disposition autant d'argent qu'il en demande, et entre en participation avec lui. « Notre établissement de Nottingham, m'écrit ce dernier, marche depuis un grand mois. Il est sur un pied tout à fait respectable. »

. . . .

1770.

— Hier, 2 novembre 1770, le jour consacré à la commémoration des morts, après les pieux devoirs de la journée et une longue visite au cimetière, je me préparais à passer la soirée, au coin de mon feu, dans la retraite convenable et dans la méditation. Ma servante m'avait donné ma Bible, avec un pot de bière, et s'en était allée causer chez une amie à l'autre extrémité du village. On frappe un faible coup à la porte de la rue; je vais ouvrir : c'est un homme qui balbutie d'une voix sourde et timide quelques mots inintelligibles. Je le prie d'entrer. La chambre était peu éclairée, je distinguais mal les traits de ce visage. Je l'invite à s'asseoir, je l'encourage à s'expliquer. « Eh quoi! me répond-il d'un ton d'humilité craintive, Votre Révérence ne me reconnaît-elle pas? A-t-elle déjà oublié l'un de ses paroissiens? Je suis **Simon Stott**. » Sous des vêtements délabrés, chargés de pluie et de boue, sous une contenance à demi courbée, presque honteuse, je dus retrouver en effet Simon Stott, que j'avais toujours connu si propre, se tenant si droit et ayant la parole si franche et si digne. « Je suis à bout de mon courage, ajouta-t-il, on m'a chassé de Preston, où j'ai été réduit à demander l'aumône. Je reviens à la paroisse; c'est désormais à la paroisse à me nourrir. »

Je m'informai où étaient **Nancy** et la famille. Il m'apprit que Nancy était là, tout proche de la maison, n'osant pas se présenter devant moi avant de savoir quel accueil son mari aurait reçu. Combien il faut qu'ils aient souffert, puisqu'ils peuvent se méfier à un tel point du manque de charité dans leur prochain, dans leur pasteur!

Je courais vers la porte, **Simon** me prévint; à sa voix **Nancy** parut, **Betty** et **Jedediah** suivirent. Comme Simon refermait la porte : « Étourdi, lui criai-je de l'intérieur de la chambre, voulez-vous donc laisser les autres dans la rue? » Ces mots furent pour **Nancy** un coup de foudre : je la vis chanceler et se trouver mal. Sans **Betty** qui la soutint, elle serait tombée roide sur le carreau. Nous la secourûmes. Avant qu'elle fût revenue à elle, **Simon** me dit d'un air sombre : « Les autres! il n'y a derrière eux personne autre. On ne revient pas de la guerre sans compter des vides dans les rangs. J'ai bien regretté mes trois petits anges. Dieu m'est témoin que je n'aurais jamais cessé de les pleurer, si j'avais été moins pauvre, mais je me répète qu'elles seront plus heureuses là-haut. **Nancy** n'est pas aussi raisonnable que moi. — Et leur aînée, **Sarah?** me hasardai-je à demander à demi-voix; qu'est devenue Sarah? — Quant à celle-là, reprit-il d'une voix terrible et avec un ricanement amer, c'est différent : je voudrais la savoir morte. La misérable! que le ciel!... » D'un geste je lui imposai silence; ce père allait maudire, et **Nancy** commençait à rouvrir les yeux.

Je m'occupai d'héberger mes hôtes ou plutôt mes enfants, mes brebis disparues, que la Providence ramenait à moi après qu'elles avaient erré péniblement dans la montagne. **Jedediah** courut avertir ma servante. Elle prépara à la hâte un repas auquel ces pauvres gens firent un honneur effrayant. Moi, cœur d'hôte et de chrétien s'en réjouissait et s'en affligeait à la fois; tout un passé de cruels jeûnes se révélait dans les éloges exaltés qu'ils donnèrent au mets si simple qui leur fut servi. Et moi qui me croyais sobre, qui pensais ma table suffisamment modeste! Hier soir j'ai appris à rougir de mon luxe. J'ai fait longtemps du tort aux pauvres; je m'imposerai une économie plus rigide.

Il était trop tard pour m'occuper de chercher à la famille un gîte ailleurs que sous mon toit. J'abandonnai mon lit, que **Nancy** occupa avec sa fille : on établit **Jedediah** auprès d'elles. **Simon** et moi nous passâmes la nuit dans le salon au coin du feu.

Simon m'a raconté son histoire. Il avait essayé de retourner à son premier état de tisserand. Après mille démarches vaines auprès des fabricants, on l'adressa à une sorte d'entrepreneur intermédiaire. C'est un petit marchand d'épiceries qui prête de l'argent sur gages à des ouvriers dans le besoin. Un métier à filer lui resta entre les mains, l'argent prêté n'étant point rentré au jour dit. Il imagina de permettre à l'ouvrier dépossédé de venir chez lui travailler sur ce même métier, à la condition que l'ouvrier lui abandonnerait pour location la moitié du salaire. Trouvant la spéculation lucrative, il acheta bientôt un second métier, puis un troisième, qu'il loua à la même condition. Lorsque **Simon** tomba sous sa griffe, cet homme possédait huit métiers, réunis dans un affreux local, une vieille étable abandonnée. Dans les moments où sa boutique, tenue par sa femme, ne réclamait pas sa présence, il courait en fabrique après la commande. Chaque pièce d'étoffe terminée, il la portait au fabricant, touchait le prix convenu, et à son retour donnait moitié à l'ouvrier, n'oubliant pas de se servir cette expression : Partage égal, nous partageons en frères. **Simon** toucha donc un salaire moindre de moitié que celui qu'il avait reçu autrefois pour le même travail. Cependant une épidémie sévit sur ce quartier malsain de la ville, et principalement dans les bouges obscurs et humides où sa famille et tant d'autres familles d'indigents vivaient entassées. **Nancy**, frappée la première, n'a survécu que par miracle. Les trois plus jeunes filles sont montées dans le sein de Dieu. **Simon** fut gravement atteint. Quand ses forces lui permirent de retourner chez l'entrepreneur, il trouva que les huit métiers étaient occupés. **Betty** s'était montrée un modèle de dévouement et de vertu, apportant le soir à sa mère les dix pennys de sa journée d'ouvrière en chaussons, quand la maîtresse chez qui elle se présentait chaque matin avait eu de l'ouvrage à lui donner. Succombant au désespoir, **Simon** s'était décidé à tendre la main, à mendier.

Dans tout le cours de son récit, le malheureux père n'a pas prononcé une seule fois le nom de **Sarah**; mais diverses circonstances m'ont permis de devenir l'effroyable vérité. **Sarah**, moins courageuse et oubliant les leçons de sa mère, s'est flattée d'échapper à la misère par le déshonneur. Victime d'un piége horrible, l'infortunée a consenti à suivre une ignoble femme qui, en cachette de **Nancy**, amadouait le confiant **Simon** et sa fille par des promesses. Au lieu de ces jouissances du luxe que sa vanité avait rêvées, elle recueille à Londres les hideuses fatigues et les infamantes angoisses d'une vie de prostitution.

. . . .

— J'ai cherché vainement à me faire illusion; je ne m'étais pas trompé dès le premier instant; l'âme de **Simon Stott** n'a pas moins que son maintien perdu en dignité : ce n'est plus l'aumône à recevoir, c'est le travail qui lui fait horreur. Quand l'intendant, qui est aussi l'inspecteur des pauvres, nous a eu appris que les travaux de la mine de houille seraient suspendus pendant l'hiver à cause d'une inondation, au lieu de tristesse ainsi que je m'y attendais, **Simon** a manifesté de la joie; et dès que l'intendant n'a plus été à portée de l'entendre : « Tant mieux ! m'a-t-il dit, ces riches n'auront point dans leur bureau d'objection à élever; je suis certain de toucher la taxe. C'est peu de chose ; mais du moins l'on dort tranquille, on se lève tard, et l'on n'a que du bon temps. » Je sens l'amertume et le fiel déborder dans ses moindres propos. Il nourrit contre les riches une colère aveugle et une farouche envie. Tous sont haïssables, dit-il, par l'unique raison qu'ils sont riches. Contraint, embarrassé vis-à-vis de tout le monde, il commande à sa femme à sa fille, d'un ton brutal, injurieux, en despote. Il a devant moi frappé son fils, qui n'était point accouru assez vite à sa voix.

La belle âme de **Nancy** s'est au contraire épurée encore au creuset de l'affliction. Sa foi qui semblait sommeiller s'est rallumée plus vive. Ce courage que j'avais vu prêt à s'amollir aux jours de la prospérité, s'est retrempé plus ferme. Elle donne un sourire à la nouvelle d'un bonheur survenu à autrui, et elle en remercie le ciel. Elle trouve de douces paroles et des caresses, qu'une larme accompagne, pour les enfants des autres mères; même pour les anciennes amies des filles qu'elle a perdues. Aux emportements capricieux de **Simon** elle oppose une inaltérable mansuétude. Je n'ai à reprendre en elle que l'excès de sa tendresse pour **Jedediah**, tendresse lâchement complaisante, folle et désordonnée qui peut conduire l'enfant à sa perte. La mère insensée ne tient nul compte de ce qu'a dit l'Apôtre : « Je reprends et je châtie ceux que j'aime. »

Il était temps pour le petit malheureux de quitter la ville. Il y contractait d'insignes dispositions à devenir pis qu'un garnement. Alors qu'il travaillait dans les ateliers de **Richard**, d'autres enfants plus âgés trouvèrent plaisant de faire ce qu'ils appelaient l'éducation du bambin. Ils lui ont enseigné à jurer, à fumer, à boire du *gin* sans grimace. Quand la filature ferma, ses journées se passèrent à polissonner dans les rues au lieu d'aller à l'école. Il est gourmand, enclin au vol, d'une malice méchante, et d'une impudente effronterie. Chez moi, le soir même du retour, ma servante l'a pris ses cinq doigts enfoncés dans le beurre. Pendant qu'elle attisait son feu, n'avait-il pas imaginé d'attacher un chandelier à la queue de mon pauvre chien? Pour lui donner à rougir de son ignorance, je parlais devant lui à sa mère du beau livre de prières, ajoutant que je ne doutais pas qu'à présent **Jedediah** ne fût en état d'y lire couramment. **Nancy** rougit jusqu'au blanc des yeux; mais le petit drôle redressant la tête d'un air dédaigneux et narquois : « Le livre, dit-il, le livre ! je l'ai chipé à ma mère et je l'ai vendu. Il a servi à régaler mes amis de l'atelier. » **Simon** n'a qu'une manière de corriger l'enfant, c'est de le battre. Il le frappe avec colère et par boutade ; aussi la mère se garde-t-elle de dénoncer ses fautes.

En présence de telles plaies de l'âme combien ma tâche est difficile! Éclairez-moi grand Dieu, de l'esprit de votre sagesse.

. . . .

1771.
Arkwright
(Richard)
fonde un se-
cond établis-
sement à
Cromfort.

— Mars 1771. **Richard** me mande que le succès continue à dépasser ses espérances. Il n'a pas tardé à se trouver à l'étroit dans le bel établissement de Nottingham; il vient d'en fonder un nouveau, dans des proportions encore plus vastes, à Cromfort dans le Derbyshire. « Que ne peux-tu, dit la lettre, disposer de quelques jours et venir me surprendre au centre de mon armée de travailleurs! ton vieil ami te ferait les honneurs d'une filature magnifique, la plus importante dont s'honore aujourd'hui l'Angleterre. »

Je n'ai pas lu sans un plaisir moindre un passage qui s'applique aux **Stott**. « Tu m'as longuement sermonné jadis à propos de mon départ de Preston. Tu me taxais de légèreté préjudiciable à mon prochain. J'étais un chef déserteur sacrifiant ses soldats au salut de sa personne. J'avais jeté sur le pavé plusieurs familles d'ouvriers. La charité dictait le devoir d'imposer silence à mes craintes, et s'il l'eût fallu, de périr noblement à mon poste. J'ai porté à l'abri des atteintes du volcan mes chers métiers les enfants de ma pensée, et je m'en applaudis, dans mon intérêt d'abord et même aussi dans l'intérêt du prochain, puisque j'occupe aujourd'hui vingt fois plus de bras que je n'en occupais à Preston. S'il est resté des ouvrières sur le pavé, la chose est triste ; mais c'est la chance du combat, j'ai été bien près d'y rester moi-même. A cette cruelle époque, et personne ne s'en est douté, j'étais tombé au-dessous de mes affaires. Le souci me rongeait autant qu'eux, et moi j'étais contraint de dévorer ma torture en secret ; j'étais plus misérable que le plus pauvre d'entre eux. Pour en finir avec Preston n'ai-je pas eu alors chez moi, je crois me le rappeler, une famille de ta paroisse ? leur nom ne me revient pas. Que sont devenus ces bonnes gens, en as-tu jamais entendu reparler ? Aujourd'hui ma fortune est assise sur une base de granit, je finirai mes jours dans ma filature de Cromfort, entouré de mes braves ouvriers, qui auront vieilli avec moi ; si quelqu'un de tes paroissiens manque de travail, qu'il vienne s'enrôler chez nous. »

Certainement j'irai visiter **Richard** ; la semaine ne se passera pas sans que je me mette en route. Je m'entendrai là-dessus avec le jeune ecclésiastique arrivé depuis peu chez sir **Arthur**. Il semble complaisant, ce jeune **Williams Love**, et me témoigne beaucoup d'amitié. Il manque rarement un jour de faire le chemin du château au presbytère. Il m'accompagne chez mes paroissiens, il sait déjà le nom de tous. Il ne refusera pas de me remplacer au temple pour un dimanche ou deux.

Je n'accuse point la sincérité de **Richard**, mais je redoute son penchant à se flatter d'illusions. J'examinerai soigneusement l'établissement de Cromfort. S'il présente en effet tous les signes d'un avenir durable (à supposer qu'il puisse exister ici-bas rien de durable), si je suis satisfait de la surveillance qui s'y exerce au sujet de la moralité, je communiquerai à mon retour à la famille **Stott** les bonnes intentions du maître en leur faveur. Je ne laisserai point cette partie de mon troupeau, saine et vigoureuse, s'alanguir au pain énervant de l'aumône, et dans la dégradante oisiveté, lorsqu'on me signale pour eux un vivifiant salaire dans une vigne ; mais la vigne est éloignée et je dois m'assurer d'avance qu'en se séparant de moi ils ne courront point un trop grand danger.

Que de remords n'ai-je pas ressentis pour la part dont j'ai contribué à leur première et si fatale émigration, en cédant trop vite à la demande qu'ils me faisaient d'écrire à **Richard** ! Mon devoir eût été de prendre le temps de m'informer, de me munir d'assez de lumières, avant de hasarder une approbation qui les encourageât dans leur désir.

. . . .

— Je commence pourtant à me reconnaître à travers le tourbillon de cette vie étourdissante que l'on mène à *Cromfort*. Les premiers jours, j'ai cru que ma tête allait éclater. Depuis **Richard**, qui, levé avant l'aube, pourchasse ses commis encore dans le sommeil, et depuis l'immense roue de moulin que l'eau met en branle et qui communique la vie à tout un peuple de machines dont les formes sont des plus étranges, il n'y a pas ici une créature humaine, un fragment de bois, un morceau de fer, qui ne s'agite et qui ne tourbillonne, en donnant sa part de bruit. La vue de ces machines m'inspire une terreur naïve. Ma pensée se reporte aux contes dont on berce l'enfance. Je vois dans chacune un monstrueux et docile Caliban, solidement accroupi sur ses jambes croisées, et dont les mille bras tournoyant, se détirant ou frottant, accomplissent des tâches mystérieuses et diverses avec une inflexible et monotone activité. **Richard** est pour moi insaisissable : tout le jour il dirige, il expérimente, il donne des signatures, il répond à des acheteurs ; c'est à peine s'il trouve quelques instants pour paraître à table et manger un morceau en grande hâte. Le soir il me demande pardon de me quitter, il espère être plus libre le lendemain et consacrer enfin d'heureux moments aux douceurs de l'amitié, puis il court s'enfermer dans son cabinet en compagnie de ses livres de compte. Je m'alarme et je le plains, car je ne devine pas à quelle heure d'une journée tellement absorbée par les distractions mondaines, ce chrétien peut veiller à la conservation de son âme ; à quelle heure il peut se recueillir devant Dieu, descendre en lui-même et examiner sa conscience. Ce matin pour la première fois je suis parvenu à engager avec lui une conversation tant soit peu suivie.

Je sortais pour ma petite promenade de méditation avant le déjeuner. Je le trouvai dans la cour, assis sur un ballot de coton à la porte d'un hangar ; deux ou trois commis, plume à l'oreille et carnet en main, couraient, s'affairaient entre des montagnes de ballots entassés. « Je suis à la recherche d'une erreur de l'un de ces maladroits, me dit **Richard**, et j'attends qu'ils aient achevé de vérifier. Tu ne refuseras pas de me tenir compagnie, de partager mon siége improvisé. » Je lui fis observer, en plaisantant, qu'assis sur son ballot, il me représentait un de ces juges du moyen âge rendant la justice à la suite du roi en tournée, ou encore le lord-chancelier du royaume, l'orateur de la chambre des pairs siégeant sur le symbolique ballot de laine. « Le jour n'est pas éloigné, reprit-il, où, grâce à moi, l'*humble coton* sera appelé à rendre à la Grande-Bretagne encore plus de services que l'*orgueilleuse laine* ne lui en a rendus. »

Je soupirai, et j'exprimai le vœu qu'au nombre de ces services se trouvât une portion de bonheur pour les classes pauvres.

« En peux-tu douter? reprit **Richard**; d'ici à cinquante ans mes machines inonderont tous les marchés du globe de chemises à deux shillings, de robes au même prix, de bas et de mouchoirs à six pennys. Si John Bull en cuvant son ale, si le Français en digérant son bouillon de grenouilles, si l'Allemand en bourrant sa pipe, si le lourd Yankee, si la pétulante Otahitienne portent alors des haillons ou exposent à l'air plus que son visage, c'est qu'ils y mettront vraiment du caprice et de l'entêtement. »

C'est quelque chose pour le bonheur que d'être vêtu, cependant je préparais pour réponse une démonstration orthodoxe du véritable bonheur, qui ne repose pas dans l'unique satisfaction des besoins matériels, lorsqu'un commis lança de loin à **Richard** une phrase en jargon commercial : « Trois marqués D. P. C., quatre D. L., conformes au nº 2. » Je perdis le fil de mes idées, car je ne parle facilement qu'au prêche, ma Bible ouverte devant moi, ou encore au chevet d'un moribond ; partout ailleurs la plus légère interruption m'est nuisible.

Pour ne pas demeurer court (en ceci je m'accuse d'un mouvement de vanité puéril et tout à fait digne de blâme), j'enfilai des mots vagues qui me conduisirent, je ne sais comment, à la peinture de la délicieuse vie de famille et des habitudes sédentaires, bien plus favorables, selon moi, à l'éducation de l'homme que la vie tumultueuse de l'atelier. Là-dessus, **Richard** : « Eh bien! mon cher révérend, permets-moi d'être d'un avis parfaitement opposé. Dans la vie de la famille isolée, l'homme végète privé du stimulant le plus énergique, l'émulation, le désir de faire mieux que des camarades, de faire aussi bien que personne ; ses facultés avortent pour la plupart, faute de développement. L'esprit de l'homme est comme l'acier de l'épée, il a besoin du frottement qui le préserve de la rouille et entretienne sa pointe acérée ; son courage est un feu qui s'allume surtout à la lumière d'yeux qui le regardent et sous le vent de la louange. Le contact de l'ouvrier des villes avec les classes plus cultivées aiguise son esprit et le dégage des préjugés ; son existence errante et accidentée trempe son caractère en même temps que l'aspect de mille jouissances que son étroite imagination ne soupçonnait même pas, et qu'il voit la récompense du travail opiniâtre et intelligent, éveille en lui de l'ambition. Quand je dis à quelqu'un de ces braves gens, en lui frappant sur l'épaule : « Allons, *Jack*, du courage, vous êtes un de mes meilleurs ouvriers ; moi aussi j'ai commencé par avoir du mal, j'ai fait des barbes dans ma jeunesse, ce qui ne m'a pas empêché d'arriver. » Il faut voir de quel air Jack me regarde le front haut. A la fin de la quinzaine, le métier de Jack est celui qui a rendu le plus de fil et le meilleur. Et puis en quoi, je te le demande, le travailleur des ateliers est-il donc privé des douceurs de la vie de famille? Séparé pendant le jour de sa femme et de ses enfants, il les retrouve le soir avec un plaisir plus vif et toujours nouveau. On se raconte en soupant ce qu'on a fait, ce qu'on a vu pendant les heures de l'éloignement. Chaque récit renferme de l'instruction et devient le sujet de réflexions judicieuses. A l'atelier l'horizon s'agrandit, l'homme y apprend qu'au delà de la famille il est une patrie, qu'il doit s'appliquer à se rendre digne d'elle, à mériter les éloges de ses concitoyens; qu'il doit contribuer de tous ses talents à enrichir, à illustrer cette chère patrie, à l'élever au rang de nation reine entre les nations de la terre. Émulation, ambition, voilà les meilleurs, voilà les véritables précepteurs de l'homme. »

J'avais disposé une série d'arguments qui mettaient en poudre les sophismes de **Richard**; j'allais prouver ce qu'ont d'antichrétien l'émulation mère des haines et l'ambition mère de l'injustice et des crimes; je rappelais l'Évangile enseignant l'humilité, le désintéressement de tous les biens de ce monde et qu'on doit se résigner dans toutes les conditions par lesquelles il plaît à Dieu de nous éprouver. J'allais démontrer que la véritable éducation est celle qui s'attache à développer en l'homme non pas le désir de briller, non pas la soif de parvenir, mais les sentiments d'amour, mais la crainte de Dieu qui résume en elle toutes les vertus; lorsque pour la seconde fois un éclat de la voix du commis me troubla. « Cinq O. D. conformes au nº 3, » s'écria-t-il à l'instant même où il s'aperçut que le maître avait cessé de parler. J'eus un mouvement de dépit, ce qui était fort mal; désorienté, confus, je ne trouvais que ces mots à dire d'un ton assez sec et en branlant la tête : « Je ne pense pas que tu donnes suffisamment de soins à la moralité de tes ouvriers. »

Richard se prit à sourire : « Le règlement de mes ateliers te semble trop doux; tu y déplores l'absence de mille prohibitions sévères que portait celui du gentleman qui s'est ruiné dans la paroisse. Est-ce cela? Ton gentleman n'avait pas été, ainsi que moi, formé à l'école de la misère; il n'avait pas vécu de la vie du peuple; il ignorait au juste quel degré d'indulgence un fabricant peut, sans danger pour lui-même, accorder à certaines faiblesses, dans certains caractères, dans certaines conditions. Aussi, dans son dédaigneux rigorisme d'homme né au sein de l'opulence, il allait au plus court, et faisait sans pitié bon marché de la liberté de l'ouvrier, au risque de rendre la tâche maussade. Je ne suis pas le tyran des miens, je me contente d'être leur chef et leur guide. Chez moi, le règlement n'interdit que ce qui compromet la bonne exécution du travail et la salubrité. Mon regard, qui veut conserver toute sa puissance à l'intérieur, ne s'égare point en dehors du mur des ateliers. J'ai ma manière de les moraliser, qui ne tient en rien de la philanthropie pédante, et qui n'est pas moins profitable à mon intérêt, tout en y conservant de la bonne humeur; c'est de m'appliquer à gagner du temps et à rendre la besogne moins rude, en perfectionnant les instruments et en poussant au plus loin la division du travail. Un rouage que je parviens à supprimer dans mes machines, la moindre portion de frottement que je réussis à atténuer diminue la fatigue de l'homme, lui permet d'aller plus vite et de gagner davantage, et mieux qu'un article de règlement, le ravive plus dispos et plus ardent. L'extrême division du travail, outre qu'elle le rend plus rapide, me conduit à créer une hiérarchie dans les labeurs divers, qui correspond à la hiérarchie naturelle des aptitudes et des capacités. Personne ne rencontrant de l'impossibilité à bien faire, chacun se montre jaloux de mériter l'éloge. L'ambitieux s'ingénie à faire mieux pour conquérir l'honneur d'un labeur plus élevé. Quand j'ai fait ainsi du dernier de mes travailleurs un bon ouvrier dans sa partie, je me crois bien près d'en avoir fait un honnête homme : ce ne sont pas les bons ouvriers qui se dérangent. »

Je regardai mon ami avec douleur . « Eh quoi! **Richard**, le mercenaire qui a frappé à ta porte, adressé par Dieu, tu ne songes à l'améliorer qu'autant que le service que tu exiges de lui le réclame? Là se borne ta sollicitude? »

Il me répondit : « Que Ta Révérence ait de moi compassion, qu'elle ne me soit pas un juge trop rigoureux. La société humaine est un grand atelier où le travail est divisé et les professions réparties. La profession de fabricant m'est échue, ou plutôt je l'ai emportée d'assaut. Cite-moi dans la Grande-Bretagne un homme qui fabrique avec plus d'activité et d'intelligence, qui écoule ses produits avec plus de promptitude et d'habileté, qui fasse honneur à sa signature et à sa simple parole avec une ponctualité plus scrupuleuse! C'est un glorieux mais un lourd fardeau que ma tâche; en la compliquant d'autres soins, je m'exposerais à n'y point suffire. Au surplus, dégageons la question de toute formule mystique. Tenons-nous dans le fait, et procédons par chiffres. Je suis né dans la rue, on m'a élevé sous des haillons; cependant, depuis onze ans j'ai su fendre la foule et prendre ma place au soleil; mon industrie et mes talents m'ont créé dans le libre champ du commerce d'abondantes récoltes, et, depuis onze ans, des milliers de pauvres trouvent chaque jour un pain honorable à gagner chez moi, qui fus pauvre comme eux. J'irai plus loin, et cela sans la moindre intention de te blesser en rien. Je n'ose me comparer, dans ma native ignorance, à aucun de tes révérends ecclésiastiques si savants en théologie, si profonds moralistes et prédicateurs si pleins d'onction; mais en citeras-tu beaucoup dont la parole ait été aussi utile à l'humanité que le bruissement des *deux merveilleux cylindres que j'ai imaginé d'accoupler?* Leurs sermons, disent-ils, sont le réconfort du malheureux plongé dans la misère; l'argent que je délivre en un jour de paye est plus efficace, il préserve les gens d'y tomber. »

Le propos ne manquait pas d'orgueilleuse impiété; j'eus du chagrin de l'entendre sortir de la bouche de mon ami. Je ne voulus pas perdre temps à le relever; qui prévaudra contre la sainte Église? Je me contentai de cette exhortation, que je prononçai d'un ton à la fois doux et sévère : « Tu possèdes de grands talents, mais il serait mal d'oublier que tu les tiens de Dieu seul. S'il les a mis en toi, c'est qu'il a daigné te choisir pour l'instrument de ses vastes desseins. Interroge ta conscience, demande-lui si tu as réellement fait de ces précieux dons tout l'emploi que l'on en peut faire pour le bien de l'humanité, et le meilleur emploi pour le repos de ton âme, en conformité avec la volonté d'en haut. »

Richard me serra la main en me disant :

« Tu es un homme terrible; eh bien, au renouvellement de la quinzaine, fais appeler mes contre-maîtres et entends-toi avec eux. Voyez entre vous s'il n'y aurait pas trop d'inconvénients à allonger le règlement. »

Cependant les commis avaient reconnu la cause de l'erreur. **Richard** se leva brusquement pour aller à leur rencontre. La journée s'est passée sans que j'aie pu le rejoindre, et tirer de lui une autre parole plus explicite; il n'a pas dîné à la maison. Dans la question des salaires à Preston, j'ai vu **Richard** imposer trop facilement silence à l'esprit de justice. Que dire, hélas! de son désintéressement et de son amour du prochain? Et cependant **Richard** est partout cité, en exemple, comme l'un des plus honorables fabricants. Je réfléchirai là-dessus.

. . . .

— Ce matin, **Richard** est entré chez moi avec le jour. « A mon dîner d'hier j'ai appris une nouvelle qui doit t'intéresser. Ton bonhomme de recteur est mort dans je ne sais quel château, frappé d'un coup d'apoplexie à la suite d'un grand repas. Voici un moment décisif pour ton avenir. J'ai des amis qui peuvent beaucoup sur l'esprit de ton baronnet sir **Arthur.** Je suis dans l'intention de leur écrire, afin qu'ils obtiennent de lui ta nomination au bénéfice. Nous donnerons à entendre que tu capituleras volontiers sur le chapitre des honoraires, et que tu te montreras moins exigeant que le défunt. » J'ai répondu à **Richard** ainsi que doit répondre l'ecclésiastique aux yeux de qui toute pensée de simonie, sous quelque déguisement qu'elle se présente, reste ce qu'elle est en réalité, une pensée odieuse et à l'excès criminelle.

Dans la journée j'ai reçu une lettre de l'intendant. Elle confirme la fin déplorable du recteur et m'annonce que sir **Arthur** a choisi, pour le remplacer et être nommé au bénéfice, le docteur **William Love**. « Que votre volonté soit faite, ô mon Dieu, sur la terre comme dans le ciel. »

A la nouvelle de cette nomination, la conduite de **Richard** m'a grandement scandalisé. Il est parti d'un long éclat de rire, et sur-le-champ il a raconté, sans que j'aie pu l'interrompre, une vilaine histoire qui aurait trait, assure-t-il, à la naissance du jeune docteur **Love**, et à son éducation dont le baronnet a fait les frais; il a rapproché cette naissance d'un voyage de sir **Arthur** sur le continent en compagnie d'une comédienne. « Prévoyante aristocratie britannique, a-t-il ajouté, qui, lorsque ses cadets font défaut, daigne fabriquer des bâtards pour en recruter notre Église! »

Sur ce propos j'ai quitté la chambre; mais **Richard**, s'attachant à moi, a passé du rire à la colère contre les personnes qui méconnaissaient mes services, et ce qu'il a bien voulu appeler mon mérite. « Ils te laisseront mourir vicaire, répétait-il, avec une amertume et une indignation inspirées par sa vieille amitié. Quel malheur pour toi, lorsque nous étions jeunes, d'avoir eu le goût des livres! Les bouquins t'ont conduit à ta porte. Tu avais dans ce temps-là deux fois plus d'esprit que moi; si tu avais employé rien que moitié à faire ton chemin, tu aurais aujourd'hui ta fortune en portefeuille. Pauvre ami! »

Grâces vous soient rendues, ô mon Dieu, qui m'avez dès mon jeune âge inspiré le goût de l'étude : c'était la voie par laquelle vous daigniez m'appeler à vous pour m'introduire dans le sanctuaire. Il vous a plu de me placer au nombre de ceux à qui vous confiez le dépôt de votre parole et la mission de l'expliquer à leurs frères. Soutenez-moi dans l'exercice du saint et laborieux ministère auquel vous m'avez élevé. Merci, mille fois merci, pour cette nouvelle faveur que vous m'accordez de détourner de moi la richesse. Ne tenons-nous pas de la bouche même de Jésus ces paroles? « Je vous le dis en vérité, Il est bien difficile qu'un riche entre dans le royaume des cieux. »

. . . .

— En revenant de Cromfort ici, je me suis consulté tout le long de la route sur ce qu'il était le mieux de faire : envoyer la famille **Stott** travailler chez **Richard**, dont l'établissement offre plus de garanties de durée que n'en offrait celui de Preston, bien que son règlement semble laisser à désirer, ou continuer à garder vis-à-vis d'eux le silence. Je secouais la poussière de ma chaussure au seuil du presbytère que je n'avais encore rien décidé. A mesure que j'avais passé devant chaque porte les femmes et les enfants du village étaient sortis de leurs maisons, m'avaient salué, entouré et me faisaient cortége. Au moment d'entrer chez moi je me retournai pour adresser à tous un remercîment de leur excellent accueil. Je distinguai **Nancy** et sa fille, qui se tenaient à une grande distance des autres, comme n'osant plus frayer avec personne depuis que la famille est inscrite sur le registre des pauvres; à travers la joie de me revoir, qu'exprimait leur sourire, je lisais sur leur visage et dans toute leur personne tant de souffrance morne, un tel abattement moral, que je me dis : « Non, je ne laisserai pas ces nobles cœurs se consumer ici dans une douloureuse agonie, quand je puis d'un mot les rappeler à une honorable existence. Cette existence d'ouvriers dans une ville offrira des dangers, il est vrai; mais, éclairés par la terrible leçon de Preston, nous nous tiendrons tous davantage sur nos gardes. Bien qu'éloigné, j'exigerai d'eux qu'ils entretiennent des communications fréquentes avec moi, leur ancien pasteur. Je les recommanderai fréquemment à **Richard**; je demanderai au vicaire de Cromfort qu'il me permette d'adjoindre ma vigilance à la sienne sur ces nouvelles brebis, qui ont été longtemps les miennes. » Tout en arrangeant dans ma tête cette petite combinaison, j'avais, au lieu de franchir le seuil de ma porte, traversé mon entourage pour aller toucher la main des deux malheureuses femmes. Je promis à **Nancy**, en affectant de parler à voix très-haute, que sa famille aurait ma première visite dans une couple d'heures, dès que je me serais un peu rafraîchi et reposé, et lorsque je commencerai ma tournée chez tous mes bons paroissiens.

Deux heures après j'étais dans la maison des pauvres. Je trouvai **Simon** et **Nancy** en grande conférence avec l'intendant. « Arrivez donc, chère Révérence, m'a dit ce dernier, venez m'aider à convertir un paresseux. Sir **Arthur** m'a écrit de Londres que la hausse dans les grains est assurée et ne peut même que s'accroître, si bien que nous n'avons plus dans nos domaines un seul acre de terre, quelque médiocre qu'en soit la qualité, qui ne puisse supporter les frais de culture. J'ai divisé par fermes et métairies ce qu'il nous restait de terrains en friche, et j'en trouve l'emploi. Je n'éprouve d'embarras que pour un dernier lot, très-morcelé, toutes petites bribes qui ne peuvent s'exploiter à la charrue. J'ai songé à nos pauvres de la paroisse. **Simon** est dans la force de l'âge. Depuis son séjour en prison, après son équipée de Blackwell, sa santé n'a plus été aussi brillante que je l'ai connue, mais néanmoins **Simon** est en état de travailler. Je lui offre un petit champ. Il me payera le même loyer qu'il me payait pour celui qu'il a occupé anciennement. Je lui fais l'avance des outils et du premier ensemencement. » Je voyais avec trop de plaisir **Simon** rendu à la vie de cultivateur, que je regarde comme la plus propre à entretenir dans l'homme les sentiments moraux et religieux, pour m'aviser de parler de Cromfort. Je me suis joint à l'intendant pour achever de décider **Simon**. « Dieu soit loué, m'a dit **Nancy**, notre bon temps va revenir. Dans notre nouveau champ il me semble que je me retrouverai aux premières années qui ont suivi notre mariage. »

. . . .

1772. . — 1772. L'intendant se montre bien rigoureux pour les **Stott**. Les voilà chassés du petit champ et revenus dans la maison des pauvres. Tout ce que j'ai pu représenter en leur faveur a été inutile, l'intendant n'avait qu'une réponse : « **Simon** ne s'est pas mis en état de me payer son loyer. » Il est vrai que **Simon** a moins de santé que jadis, il a perdu l'habitude de remuer la terre, de manier des outils qui exigent plus de force que la roue d'un métier à filer. Il supporte mal l'ardeur du soleil, la pluie, le vent, lui qui a travaillé si longtemps à couvert. Il ne peut plus être un aussi bon cultivateur que par le passé. » L'intendant a terminé par dire : « Je savais fort bien que cela finirait ainsi ; mais je tenais à ce que le champ fût défriché, c'est une besogne rebutante, et je n'avais que **Simon** sous la main. Le champ est en rapport, il a maintenant bonne façon, je ne manquerai pas de rencontrer un bon locataire sur qui je rattraperai mes avances. Sir **Arthur** n'a jamais, par ma faute, perdu dans une affaire. » L'intendant a fait du bien à **Simon** pendant quelque temps ; mais est-ce là de la charité ?

. . . .

— J'avais écrit à Cromfort pour m'informer si l'on serait encore dans les mêmes dispositions qu'il y a un an, et si l'on pourrait recevoir la famille **Stott**. Je n'en avais point ouvert la bouche à ces pauvres gens, dans la crainte de leur donner une fausse joie. Aujourd'hui la réponse m'est arrivée favorable. J'ai mis l'excellente lettre en poche et j'ai couru chez **Simon**. Au moment où j'entrais : « Félicitez-nous, Votre Révérence, s'est écriée **Nancy**. L'ouvrage vient nous chercher. On va rouvrir ici même une filature ; nous aurons tous de l'ouvrage. C'est le seul travail auquel nous puissions convenir, le séjour de la ville nous a rendus si malingres, si douillets, que la culture a failli tuer **Simon**. » Je suis sorti sans avoir montré la lettre, j'avais hâte d'apprendre auparavant de l'intendant ce qu'il pouvait y avoir de vrai dans la nouvelle de **Nancy**.

Il me rappela que, lors de la mort du gentleman, locataire de l'abbaye, les débris des métiers de la filature avaient été rassemblés et entassés dans une salle, avec la précaution d'apposer les scellés sur la porte. Après un procès qui dura quatre années entre les syndics de la faillite du gentleman et le baronnet propriétaire, ces débris venaient d'être tout récemment adjugés à sir **Arthur**. Sur l'annonce que l'intendant avait mise dans le journal de Preston qu'ils étaient à vendre, un marchand de cette ville s'est présenté et en a fait l'acquisition. Il a loué quelques-uns des bâtiments de l'ancien établissement; avant un mois une partie des métiers sera raccommodée et en état de marcher.

En regagnant le presbytère, j'ai rencontré **Simon** qui sortait de l'auberge dans la compagnie d'un homme dont la mise différait peu de celle d'un artisan aisé. Il me l'a présenté comme l'acquéreur des métiers brisés, le maître de la filature qui va s'ouvrir. C'est l'épicier de Preston, celui qui possédait huit métiers de tisserand dans une vieille étable et pour qui **Simon** a déjà travaillé. « Sachez bien, Votre Révérence, a-t-il ajouté, qu'il n'y a pas au monde de bourgeois moins fier, et pas une meilleure pâte d'homme; mon nouveau, ou, pour mieux parler, mon ancien maître a voulu me régaler dans son auberge, à la même table. Quand je lui ai raconté combien j'étais dans le besoin, il a tiré de sa poche une guinée en or et il me l'a mise dans la main en disant : « C'est un « à-compte sur le travail que toi et les tiens vous ferez chez moi. » Oh! voyez-vous, je me ferais tuer pour cet homme-là. »

D'après les dispositions où je voyais **Simon**, je pensai qu'il serait intempestif et probablement inutile de tirer de ma poche la lettre de Cromfort. Je n'aime pas à lui voir pour maître un homme qui prêtait à usure; mais du moins la famille ne quittera pas le village où elle est née; **Betty** et **Jedediah** y vivront à l'abri de la corruption que j'avais toujours redoutée pour eux dans une ville.

. . . .

— « J'augure bien de notre fabricant, m'a dit l'intendant, celui-là fera de bonnes affaires. Il possède la plus précieuse des qualités, l'esprit d'épargne. Il y joint le talent d'empaumer les hommes et de saisir tout le parti à tirer de leur fâcheuse situation. Le raccommodage des métiers m'a révélé en lui un homme rare. Il a déterré, Dieu sait où, du bois et de la ferraille à un bon marché fabuleux; et avec cela quelques dix ou douze meurt-de-faim qui s'entendent en charpente et en mécanique, et dont il a obtenu les intelligents services on peut dire pour rien. Il ne m'a pas loué le quart des bâtiments qu'occupait son prédécesseur, et il a trouvé le moyen de caser là-dedans tout autant de métiers que l'autre en a possédé. Il lui a suffi de boucher les deux tiers des fenêtres et de couper les salles en deux par un plancher à la moitié de la hauteur. — Mais les malheureux ouvriers, me suis-je écrié, manqueront d'air. — Ils ont le nécessaire, m'a répondu l'intendant. Un homme de grande taille tient là debout, sans même avoir besoin d'ôter son chapeau. Ce que j'admire surtout, c'est la manière dont il s'y est pris pour allonger la journée de travail. L'ouvrier est toujours besoigneux; notre homme a complaisamment avancé quelque argent à tous à peu près; aussi le jour où il ouvrira ses ateliers se trouvera-t-il en mesure de dicter la loi comme il l'entendra. La journée chez lui sera de douze heures au lieu de dix, comme elle était chez son prédécesseur. Défense de sortir pour les repas; il se mêle de toutes ces allées et venues. Celui-là ne s'en repose pas comme l'autre sur la surveillance de son portier. Le soir il se tiendra en personne sur le seuil d'une étroite porte, par où les ouvriers ne pourront défiler qu'un à un : il ne se laissera pas facilement voler. — Les enfants du moins sortiront pour l'heure de l'école? — Il n'est pas question d'école. Je ne sais quelle mère d'un de ces bambins, ce pourrait bien être **Nancy**, s'est permis d'élever la voix à ce sujet. Il lui a fermé la bouche par ces paroles pleines de sens : Qui gagne s'instruit; sans avoir été à l'école, d'ouvrier j'ai passé maître. »

J'ai entrevu tout un avenir de calamités. J'ai vite parlé à **Simon** : je lui ai donné le conseil de partir sur-le-champ pour Cromfort. Il a secoué la tête en signe de refus et m'a dit : « Je reconnais que cet homme m'a trompé; je pense comme vous que peut-être il nous prépare quelque chose de mauvais; mais je suis tellement découragé, je suis si las du changement, je suis si soûl de tous les maîtres, quels qu'ils soient, qu'une tonne d'or en perspective ne me déciderait pas à m'en aller d'ici. J'ai mangé le pain de la charité publique, il n'est pas si amer que j'avais eu la sottise de le croire. Puisque l'inspecteur des pauvres ne veut plus me nourrir à rien faire, je durerai au travail tant que mon misérable corps y suffira, mais sans sortir de la paroisse. Une fois que je serai sur le flanc, il faudra bien que l'inspecteur se radoucisse et me rende la taxe. » J'insistai, je le conjurai. « Eh bien! Votre Révérence, reprit-il, je ferai un dernier sacrifice à cause de vous. Je prétends jouer la chose à croix ou pile. » Avant que j'aie pu le comprendre il avait jeté un penny en l'air en criant : « Pile pour la paroisse! » Il courut ramasser le penny. « Il est tombé sur pile, Votre Révérence peut voir qu'il est pile. Je resterai dans la paroisse; ce n'est pas ma faute, c'est la destinée qui l'a voulu. »

A ce malheureux, abruti, dégradé par la misère et l'oubli de ses devoirs envers Dieu, j'ai parlé longtemps encore, mais tous mes discours ont été inutiles. Hélas! hélas! lui aussi peut s'écrier : « Toute ma force s'est affaiblie par la pauvreté où je suis réduit; et je sens le trouble jusque dans mes os. »

. . . .

1775. — 1775. Depuis un an l'intendant n'a pas tari en éloges indignes sur ce qu'il appelle l'esprit d'épargne et le génie des affaires que déploie le fabricant. C'est chaque jour une iniquité nouvelle à vous glacer d'horreur, une combinaison infâme, tantôt pour rogner encore un penny sur le prix de la journée, ou sur le salaire du labeur rendu, tantôt pour allonger de quelques minutes le temps du travail. « J'ai été moi-même ouvrier, disait à l'intendant cet homme affreux, j'ai souffert et j'ai appris à calculer avec combien peu un ouvrier doit savoir vivre. Ces drôles seront fins s'ils parviennent à arracher de moi davantage. » Aujourd'hui l'ouvrier reste enfermé sous la clef du maître dix-sept heures durant. On lui accorde une heure et demie pour ses deux repas, qu'il a la liberté de prendre dans une triste cour resserrée entre quatre murailles ou dans une cantine tenue par un homme qui appartient au maître, et qui, à son instigation, accorde aux consommateurs de larges et perfides crédits : l'ouvrier est plus gouvernable quand il est endetté. La durée du travail effectif est de quinze heures et demie pour les hommes, les femmes et même de chétives créatures, dont la plupart ne comptent pas dix années.

Cet homme n'a jamais mis le pied dans le temple : il m'a visité une seule fois au presbytère lors de son installation; depuis c'est à peine si j'ai eu l'occasion de l'entrevoir de temps à autre dans la rue; il m'adresse un léger salut, et passe sans jamais s'arrêter. Il vit au fond de son antre, entouré des victimes qu'il y pressure. Il n'entretient de rapports spéciaux avec personne; il s'abouche avec l'intendant seul, quand une question d'intérêt l'exige. J'ai voulu pénétrer enfin jusqu'à lui, essayer si l'ardeur de mon zèle pour mes malheureux paroissiens échaufferait et amollirait en leur faveur ce cœur de bronze, si la parole du pasteur suppliant apitoyerait le tigre et préserverait le bercail; ou si la voix du prêtre, interprète de la colère divine, imprimerait la pâleur au front du superbe, et porterait l'éclair d'un remords dans la nuit de cette âme obscurcie par de si épaisses ténèbres. Je me suis rendu ce soir à la filature, j'ai exigé du portier qu'il me conduisît à son maître.

Nous avons erré à sa recherche dans les ateliers. Quel spectacle, grand Dieu! A la funèbre et douteuse lueur de quelques lampes fumeuses, sous des plafonds bas et tout noirs, entre de longues murailles crevassées, sales, humides, le long desquelles étaient appendus çà et là une veste ou un fichu en lambeaux, ou une écuelle ébréchée; à travers une atmosphère empestée, chaude, lourde, méphitique, et qui m'a saisi à la gorge, s'agitaient, semblables à des fantômes, et confondus pêle-mêle autour des bruyants métiers, des hommes, des femmes, des enfants, tous ruisselants de sueur, à demi-couverts; quelques-uns, même des femmes, nus jusqu'à la ceinture; tous avaient le teint plombé, l'œil terne, et portaient sur leur visage les traces d'une vieillesse hâtive et d'un maladif épuisement. Des enfants, voûtés autant que des sexagénaires, avaient cette voix rauque éraillée, qui décèle la précoce flétrissure du vice. Là s'échangeaient de grossières invectives, ici des propos obscènes et même de familiers attouchements. Je crus reconnaître au milieu des déplorables vagissements et rugissements de cet enfer que l'ignorante et scélérate cupidité d'un homme a créé, la voix de **Jedediah** s'essayant à répéter un lubrique refrain. Cependant mon guide distingua dans un coin obscur le maître, qui, à genoux, pelotonné devant une armoire entr'ouverte, dans un vêtement sordide et tout souillé de taches, maniait des vases à huile. Je fus à lui : « Permettez, me dit-il, que j'achève de mesurer ceci ; mon huile a été bien vite cette semaine. » Il semblait la sangsue immonde, gorgée jusqu'au suçoir, occupant son loisir à barboter dans sa fourbe.

Après qu'il eut achevé, je pris doucement la parole en m'efforçant de contenir mon indignation. J'avais choisi pour texte ce verset de l'apôtre : « L'amour des richesses est la racine de tous les maux, et quelques-uns en étant possédés, se sont égarés de la foi. » Mais lui de m'interrompre d'un ton brusque : « Plairait-il à Votre Révérence d'aller droit au fait ? Quelle circonstance me procure l'honneur de sa visite ? » Je donnai alors à ma voix plus d'éclat et de sévérité, et changeant le texte, je repris : « Vous ne lierez pas la bouche au bœuf qui foule le grain, et celui qui travaille est digne du prix de son travail. » Sa figure exprima aussitôt l'effroi ; me saisissant vivement par le bras, il balbutia quelques mots : « Plus bas, Votre Révérence, plus bas. Voulez-vous donc mettre tous mes ateliers en révolution ? Sortons, au nom du ciel ; sortons, pas de scandale ici. » Je sentis de quelle imprudence j'avais été sur le point de me rendre coupable : porter des inférieurs à la haine contre celui que la Providence leur a donné pour maître !

Quand nous fûmes dans la cour et que je pus lui parler librement, sous la voûte du ciel, et Dieu pour unique témoin, je lui fis la peinture de tous les maux qu'il causait à son prochain. Je lui représentai de combien de ses frères il ruinait sans pitié le corps et l'âme, l'excès de la misère, et le manque de culture conduisant à la dégradation morale et au crime, et tout cela pour satisfaire sa soif insensée des richesses, pour accumuler de vains trésors qui, loin de servir à son salut, déposeront un jour contre leur inique possesseur.

Comme il ne donnait aucun signe de vouloir répliquer à son tour, je crus un instant que mon discours l'avait touché. Je regrettai d'avoir mis de la dureté dans mes reproches ; je m'empressai de parler du repentir si agréable à Dieu, toujours prêt à accueillir le pécheur qui revient à lui ; lorsque tout à coup cet homme endurci s'arrêtant (jusqu'alors il s'était promené d'un bout à l'autre de la cour, et j'avais marché à son côté), tira froidement sa montre et la fit sonner à son oreille ; je me tus. « Votre Révérence, dit-il d'un ton hautain, doit être contente de moi. Je l'ai écoutée une grande demi-heure avec patience, sans sortir du respect que l'on est convenu d'accorder au caractère dont elle est revêtue. Maintenant, je la préviens que lorsque je croirai avoir besoin d'un nouveau sermon, je prendrai la peine d'aller le chercher moi-même au temple. Je paye mes ouvriers, mon loyer, mes impositions, je ne cherche querelle à personne ; je défie toutes les lois, tous les juges de la Grande-Bretagne de m'atteindre. — Mister ! répondis-je, en donnant pleine carrière au saint courroux dont j'étais animé, et de mon geste indiquant le ciel ; là-haut il est un juge auquel vous n'échapperez pas, et dès ce monde-ci peut-être. Mister, il est écrit : Celui qui prive le mercenaire de sa récompense est frère de celui qui répand le sang. »

Pendant mon souper on m'a apporté une lettre du fabricant. Il me prévient que si je m'avise de violer de nouveau son domicile, de remettre le pied dans ses ateliers, de recommencer ce qu'il appelle une scène, des menaces, il se verra forcé de porter plainte contre moi. L'insensé ! Le glorieux fils du roi-prophète a dit : « Lorsque le méchant est venu au plus bas de ses péchés, il méprise tout ; mais l'ignominie et l'opprobre le suivent. » Et ailleurs : « Les rapines des impies feront leur ruine . . Celui qui sème l'injustice moissonnera les maux. »

. . . .

— 1774. Aujourd'hui dimanche, j'ai été assez heureux pour rencontrer **Betty** ; il y 1774.

avait longtemps que j'en cherchais l'occasion, car maintenant le temple est désert, et j'ai l'affliction de lire les prières devant les bancs presque entièrement vides. J'ai reproché à cette jeune fille combien est scandaleuse sa conduite avec le fabricant, qu'elle ne pouvait espérer mariage avec lui, qui a femme. C'est à peine si elle a paru embarrassée, son front a conservé un calme impudent. Elle m'a répondu d'une petite voix sèche : « Votre Révérence devait me connaître assez pour ne pas écouter des propos d'envieux. Je voudrais bien savoir qui se vantera de nous avoir jamais surpris ensemble le patron et moi. »

J'ai songé à m'adresser à la mère. J'ai trouvé **Nancy** dans les larmes et le visage meurtri. **Simon** l'avait battue, ce qui lui arrive chaque fois qu'il est ivre, et **Simon** s'enivre tous les jours. Il m'était pénible de lui apporter un chagrin de plus, et pourtant le devoir me le commandait. A mon premier mot, elle a poussé un profond soupir, et avec un accent qui m'a navré le cœur : « Votre Révérence suppose-t-elle qu'une mère ait été la dernière à s'apercevoir d'une telle chose? Mais si j'en ouvre la bouche à **Betty**, elle me répond par un mensonge, et l'entendre mentir me fait un tel mal que je n'ose continuer, et que je prends le parti de me taire. N'ayant pas réussi à sauver son honneur, je cherche du moins à sauver sa réputation. Devant ceux qui l'accusent, je la justifie de mon mieux, en faisant valoir le côté le moins mauvais des apparences; mais, croyez-le bien, j'en souffre et j'en suis humiliée. Hélas! que ne m'est-il donné de fermer les yeux, de me faire illusion sur la faute de ma fille! Votre Révérence, priez Dieu pour elle et pour sa mère; Dieu se montre bien rude envers moi. » Le courage m'a manqué de la réprimander comme sa faiblesse le méritait; je me suis borné à l'exhorter, à la consoler.

En rentrant au presbytère, j'ai trouvé devant ma porte **Simon**, qui m'attendait, mal affermi sur ses jambes, la tête branlante, l'œil humide et plein d'une tendresse hagarde : « Vo're Révérence, a-t-il bégayé, veut donc me nuire; c'est mal. Qu'est-ce qu'elle est venue chanter à la bonne **Betty**? Le vieux galant n'est qu'un ladre, un canere, ses amours ne le ruinent pas, c'est vrai; **Betty** n'en va pas mieux vêtue, moi je n'en ai pas la panse plus pleine, c'est encore vrai; mais quand ce barbon distribue l'ouvrage, l'ouvrage le plus avantageux revient de droit à la jolie **Betty**, et il y en a aussi un peu pour le père. » Le noble **Simon** que j'ai vu prêt à maudire sa fille aînée **Sarah**, c'est lui qui aujourd'hui!...

Pour couper court à ces ignobles confidences, j'ai appelé **Jedediah**, que j'entendais causer dans la maison avec ma servante, je l'ai engagé à reconduire son père à leur logis.

J'étais sorti le matin sans ma tabatière, en entrant je courus tout d'abord à mon bureau où est sa place ordinaire. Elle avait disparu. La servante et moi nous cherchâmes en vain. « Je l'ai remplie il n'y a qu'un instant, répétait la servante; c'est ce vaurien de **Jedediah** qui l'aura dérobée; personne autre n'est entré pendant votre absence. »

Je la blâmai de former un jugement téméraire, et pourtant, de mon côté, j'avais la certitude d'avoir laissé la tabatière à la maison. Vers la brune, ma servante se présente à moi, montrant d'un air radieux l'objet tant cherché : « Eh bien, avais-je tort? Devinez qui la rapportée? **Nancy**. En me la remettant, elle avait un doigt de vermillon sur les deux joues, sa main tremblait; elle a dit d'une voix basse et très-vite, que vous l'aviez oubliée chez elle pendant votre visite. Qu'est-ce qu'une mère ne dirait pas pour sauver de la honte et du châtiment son fils? »

Je garde à **Jedediah** une bonne leçon et de salutaires conseils à **Nancy**.

. . . .

1775. — 17.5. Le *commis-voyageur* a reparu. Nous causions du fabricant, il m'a dit :

« Cet homme, sous sa crasseuse enveloppe, doit aujourd'hui être cousu d'or. Ses rapines sur l'ouvrier ont quelque chose de dur, je ne le nierai pas; mais elles sont la base du premier, du plus certain des bénéfices, et elles n'ont rien dont la probité commerciale ait à rougir. Le confrère le plus honorable peut le suivre sur ce terrain : tout ce que le maître règne sur l'ouvrier est de bonne guerre, ce sont deux puissances aux prises; la loi l'a consacré en fait, puisqu'elle est restée à peu près muette sur la question du salaire. Mais vous n'imaginez pas ce que son esprit peut combiner de ruses pour rapiner sur la longueur du fil qui doit entrer dans chaque livre, selon les numéros; si bien qu'il rogne encore sur le poids; et en ceci, je n'hésite pas à déclarer qu'il manque de délicatesse. Il m'a dupé dans ce genre; mais je prendrai ma revanche. Entre gens de même condition, entre honnêtes négociants, un homme qui se respecte peut tromper sur la qualité, il ne trompe pas sur le poids, ô! Sauf ce point, je lui reconnais d'excellents principes : se tenir à l'affût d'une partie de cotons appartenant à un pauvre diable nécessiteux, ou d'un ballot isolé qui ait subi quelque avarie, de façon à avoir la matière première à vil prix; sacrifier, s'il le faut, la qualité pour filer plus vite et davantage; enfin, être toujours en mesure de rendre la main sur le marché et de l'inonder de produits tant soit peu au-dessous du cours. Il m'a communiqué une idée admirable, je ne sais si elle lui appartient en propre, mais elle est vraiment digne de lui : c'est d'organiser le travail nocturne. Les ouvriers seront répartis en deux troupes, de manière à ce que chacune veille jusqu'au matin, de deux nuits l'une : les métiers ne se reposeront plus. Le travail, borné à dix-sept heures, laissait dormir pendant sept grandes heures un capital énorme, la valeur des métiers, le loyer, etc. Ces sept grandes heures d'intérêt quotidien ne seront plus perdues. Il m'a exposé une combinaison, grâce à laquelle il rattrapera, et au delà, ses frais d'éclairage, rien que par la manière d'établir le salaire nocturne. »

Tous les commerçants pensent-ils et agissent-ils ainsi? Je n'ose le croire pour l'honneur de l'humanité.

. . . .

— **Simon** est sorti de ce monde. Le travail nocturne achevait de l'épuiser; plus que jamais il demandait une force factice et fébrile à des excès de boisson. Il a été frappé de mort subite, dans la taverne, après avoir gagné un stupide pari qui consistait à boire une effroyable quantité de *gin*. **Jedediah** était présent; il a manifesté beaucoup de terreur, mais son œil est demeuré sec. On a été chercher le médecin, qui a déclaré que tout espoir était perdu, que la vie avait cessé. Aussitôt **Jedediah** s'est empressé de faire acte d'héritier : il a changé sa casquette contre le chapeau du mort. Et moi qui redoutais pour ce jeune cœur si profondément gangrené le séjour de la ville et la corruption qu'il y eût respirée! notre village est une Gomorrhe, sur laquelle le feu du ciel ne peut manquer de pleuvoir.

. . . .

— **1770, *janvier*.** Le *commis-voyageur* se frottait les mains avec un air d'indicible contentement : « Enfin, je tiens mon homme, je le tiens. Jusqu'ici je n'avais pu l'attirer en dehors de ses paisibles opérations de fabrique. Cette fois il a mordu à l'hameçon. Je l'ai lancé en plein dans l'agiotage; il joue en grand sur la hausse et la baisse des cotons bruts. Je lui ai campé sur les reins la plus aimable spéculation, un bijou. La maison dont je suis le représentant avait commis la sottise de l'endosser et commençait à la trouver lourde; elle s'en débarrasse en sa faveur. Qu'un heureux coup de vent envoie au fond de l'eau rien que le quart des vaisseaux qui font route de l'Inde, et votre voisin, à la fin du mois courant, aura doublé sa fortune. Je le lui souhaite de tout cœur, bien que j'en doute. Nous allons rire. Le vieux crocodile a eu de notre poil; nous tâterons de sa chair. »

Je me sentais un frisson en l'écoutant. Ce langage commercial sonnait à mon oreille comme un horrible argot, où, sous chaque mot, il y a un cri de haine et de malédiction.

. . . .

— **1770, *septembre*.** Le fabricant a disparu, les ateliers sont fermés. Les ouvriers en sont dans la paroisse, sans ouvrage et sans pain. Il leur est dû un mois de paye ; car cet homme, pour rapiner un intérêt sur la somme des salaires, ne lâchait qu'à la dernière extrémité le denier du mercenaire. L'intendant assure que tout le monde sera payé dès que les syndics de la faillite auront pris connaissance du bilan. Il m'a répété son habituel refrain : « En affaires, il faut savoir attendre. »

O mon Dieu, vous êtes notre espoir, venez-nous en aide, inspirez-moi ce qu'il est bon de faire !

. . . .

— On a arrêté le fabricant à Douvres, au moment où il s'embarquait pour le continent. On a saisi sur lui des valeurs énormes dont il se flattait de frustrer ses créanciers. Il sera condamné comme banqueroutier frauduleux. L'impie se pensait si habile qu'il se jouerait toute sa vie des lois ; il a été atteint par la justice des hommes, il subira de cruelles peines ici-bas. Puisse ce premier châtiment éveiller en lui le repentir ; puisse-t-il, en détestant ses crimes, désarmer la justice éternelle et son âme échapper à d'autres châtiments plus terribles encore !

. . . .

— Dans la journée une chaise de poste s'est arrêtée devant le presbytère, j'ai eu le bonheur d'en voir descendre **Richard**. Une affaire l'avait amené depuis deux jours dans un château des environs, il venait me demander à dîner. Il m'a conté que sa prospérité avait toujours été croissant, qu'il ne savait où elle s'arrêterait : « Vous êtes moins habiles, dans ta paroisse ; vous conduisez mal votre barque ; votre filature est de nouveau fermée. Parlez-moi donc un peu de votre défunte filature. »

Je lui donnai tous les détails que je connaissais ; il en écouta certains avec une curiosité avide à laquelle se mêlait de la compassion pour les victimes, mais compassion passagère, distraite et non telle que je l'aurais souhaitée. Quand j'eus achevé, « Le misérable, s'écria-t-il, je m'applaudis de lui avoir porté le dernier coup, d'avoir enfin consommé sa perte ! J'avais vaincu tous mes concurrents, j'étais roi du marché, mes filés étaient les plus beaux et je pouvais les livrer à cinq pour cent au-dessous de tous. Ce reptile sortit un jour de son trou, et donna tout d'abord les siens à un prix encore inférieur. Ce fut dès lors entre nous un duel à mort. Il puisait sa force dans son esprit de ruse et de vol ; je puisais la mienne dans mon habileté, dans mon ardeur de bien faire. A chaque rapine qu'il imaginait d'exercer sur l'ouvrier j'opposais quelque amélioration apportée à mes machines. Nous avons donné au commerce le spectacle de la lutte entre Satan et l'Archange. L'Archange a posé le pied sur la gorge de Satan et l'a précipité dans l'abîme. »

Je rappelai à mon ami qu'il s'échauffait contre un homme déchu, que la justice se préparait à frapper. « Veux-tu, reprit-il, un exposé de l'affaire en des termes plus prosaïques, sans pourtant que j'oublie que tu n'es pas un profond mécanicien? Je t'ai dit, dans le temps où tu me vantais le *charpentier* **Hargraves**, qu'il n'avait pas même entrevu la question et que moi je l'avais résolue. **Hargraves** a imaginé de ranger des fuseaux par séries parallèles et de leur donner un moteur commun ; c'est simplement le *fuseau enrégimenté* : cent vingt fuseaux mis au pas marchent comme des soldats, au doigt et à l'œil d'un officier. La *jenny* d'**Hargraves** donne des fils sans consistance et seulement propres pour former la trame du tissu. *Tant qu'on en fut réduit à la jenny, on dut continuer à employer le lin pour les fils de la chaîne.* Le métier inventé par moi, que j'appelle métier à filer continu, ou, comme disent les ouvriers. *métier continu*, se compose de deux paires de cylindres, mus avec des vitesses inégales au moyen d'un mécanisme : le cylindre inférieur de chaque paire est cannelé dans sa longueur, et l'autre est revêtu de cuir qui a prise sur le coton. Le coton, en même temps qu'il y est étiré, subit une forte compression et se trouve tordu au moyen d'un rouet adapté à la machine. L'idée des cylindres accouplés fut une idée neuve, originale, et qui annonçait, j'ose le dire, une sagacité peu commune.

Le métier continu donne un nombre considérable de fils de tous les degrés de consistance, et par conséquent convenables même pour la *chaîne*. Il ne laisse à l'ouvrier d'autre soin que de l'alimenter de coton et de rattacher les fils lorsqu'il viennent à se rompre. *De ce jour datent les tissus où il n'entre uniquement que du coton.* Comme la victoire la plus importante et la plus lucrative était celle à remporter sur les fils de lin, qu'il s'agissait d'expulser à tout jamais des cotonnades, mes premiers efforts se portèrent de préférence vers le but d'obtenir surtout les fils pour la chaîne. Mes ennemis en profitèrent pour établir le préjugé que le métier continu ne donnait que des fils trop fermes et trop durs, qui ne convenaient qu'à la chaîne et point à la trame. A la faveur de cette opinion absurde, la jenny a pu végéter quelques années de plus à côté du métier continu. Ce préjugé est venu en aide à ton fabricant, qui, malgré ses vols, devait périr cent fois, rien que par cette faute grossière d'avoir raccommodé de vieilles jennys au lieu d'entrer dans la voie nouvelle. Cependant, l'année dernière, dans les premiers mois de 1775, un fabricant, **Samuel Crompton,** qui ne manque pas de mérite, s'avisa de marier mon métier continu avec la jenny. De cette union entre les deux enfants d'**Hargraves** et de moi naquit le *mull-jenny*, que je me plais à reconnaître comme une amélioration notable, le complément de ma pensée. Aussi me suis-je senti tout d'abord pour lui les entrailles d'un grand-père pour un petit-fils ; je le choyai dans mes ateliers, où mes soins n'ont pas été inutiles à son heureux développement. Filés pour la chaîne, filés pour la trame, depuis le plus bas numéro jusqu'au plus élevé, le docile *mull-jenny*, mieux encore, je le confesse, que le *métier continu*, donne tous les filés et les plus beaux que l'on puisse désirer. Sous ma direction il a exécuté des prodiges, il a consommé sur l'heure la défaite de ton fabricant. Le filateur aux abois s'est jeté dans les chances folles de l'agiotage. Il se flattait de doubler par un coup de dé sa fortune, avant d'effectuer sa retraite forcée et de fermer ses ateliers. Il a fini de la fin qui attend les joueurs. Saisi bien les phases du drame : *Le naïf fuseau tourne, vient la jenny qui tue le fuseau, puis le métier continu qui, modifiant sa forme et devenu le mull-jenny, met à son tour la jenny hors de combat.* »

Ici notre conversation fut interrompue. Un courrier expédié de Comfort, qui avait couru jour et nuit, et passé par le château des environs, apportait en toute hâte une lettre adressée à **Richard.** Celui-ci la lut et donna ordre qu'on attelât sa chaise à l'instant même.

Quand nous fûmes seuls : « Ma vie est un enfer, me dit-il, pas une jouissance qui ne soit empoisonnée, pas une minute de repos. Au lieu de dîner avec toi je pars non pour le château, mais pour le Derbyshire. On me mande qu'une populace furieuse, accourue de plusieurs milles à la ronde, a brisé les métiers et détruit mon bel établissement de *Birbackre*. Mes ennemis, les concurrents vaincus, ont égaré, à force de clameurs et d'intrigues, ces hommes d'une nature grossière et paralysé l'action des autorités. De nombreux constables, des soldats se trouvaient en force sur les lieux, et pas un magistrat n'a élevé la voix ; on a regardé d'un œil tranquille cette atteinte sauvage à la propriété, ces violences monstrueuses. Ces ignorants et stupides chefs des fabriques du Lancashire que j'ai humiliés, que j'ai ruinés, mais ruinés par des armes loyales, ruinés par une bonne et honorable guerre, voilà donc comme ils se vengent de l'homme de talent ! Voilà leurs armes à eux : la dévastation brutale et l'atroce brigandage ! »

En attendant que la raison de mon ami, courbée sous le coup de la foudroyante nouvelle, se fût redressée froide et calme, je gardais le silence et mon cœur se serrait à cette pensée : Eh quoi ! toujours et partout la guerre ! Hier, c'était la guerre du fabricant contre la malheureuse villageoise ; aujourd'hui, c'est la guerre entre les fabricants eux-mêmes, et toujours au détriment du mercenaire. Dieu nous a placés sur cette terre dans un état de nudité et de faiblesse ; il a voulu que l'homme ne pût exister sans recourir à l'homme, afin que la satisfaction de besoins mutuels, l'échange des services, le commerce, fût un lien d'amour et de fraternité entre tous ; et voici que l'égoïsme et l'avarice ont transformé la faveur divine en un poignard, en un poison subtil, aux mains d'ennemis implacables ! De chaque fantaisie qu'il éveille dans ses frères, de chacun de leurs besoins qu'il irrite avec une savante cruauté, l'homme ourdit contre eux un lacet perfide, ou leur forge un dur collier!

Quand je pus croire le transport de **Richard** un peu apaisé, je me hasardai à lui donner un conseil salutaire. Je ne lui cachai pas la joie que j'éprouverais à le voir sortir d'une profession belle, si elle était bien comprise, mais aujourd'hui si dangereuse pour qui aspire à vivre en chrétien. Ce fâcheux événement devait être considéré par lui comme une leçon de la Providence. Il subissait une grande perte d'argent; mais que sont les biens de la terre? Et d'ailleurs sa fortune, que l'on disait colossale, ne ressentirait qu'un faible choc. N'était-il donc pas assez riche pour se retirer des affaires et ne plus s'occuper que de ses devoirs envers Dieu!

« Que tu me connais mal, répondit-il, si tu m'attribues la passion de l'argent! Les hommes de ma trempe apprécient l'argent comme instrument et non comme but. Que donne l'argent? Les jouissances sensuelles, une bonne table, de faciles amours? Un esprit de quelque portée place son ambition plus haut. J'ai soif de considération, de célébrité, de gloire. Je mourrai au champ d'honneur, en vaillant travailleur, les yeux fixés sur ma tâche, au noble bruit de mes victorieux métiers; mais je prétends laisser en mourant le nom d'un fabricant illustre, dont la Grande-Bretagne se montrera fière. »

Cependant il s'était approché de la fenêtre pour voir si sa chaise était enfin attelée. Une foule de curieux se pressait autour des chevaux, et gênait les mouvements des palefreniers, des postillons et du courrier : « Ces fainéants, s'écria-t-il d'un ton d'irritation impatiente, feraient bien mieux d'aller travailler que de flâner ainsi dans la rue. »

Je m'approchai à mon tour, et je lui dis avec une certaine vivacité et trop d'amertume peut-être : « Depuis que notre filature est fermée, il n'y a plus d'ouvrage pour eux. Eux aussi, **Richard**, sont de tes vaincus. »

Je dois lui rendre justice; il se retourna vers moi tout ému, me serra la main avec chaleur, et, courant à mon bureau, traça quelques mots sur un papier : « Voici un ordre sur un banquier de Preston, cette somme est pour eux. » Après quoi, reprenant la conversation : « Ces têtes dures ne voient pas une nouvelle machine sans lui vouer une haine de Vandales : c'est de l'ouvrage qu'elle ôte à l'homme. Que ne brisent-ils aussi la charrue, la bêche? Combien une ferme occuperait de bras qui s'en tiendraient aux ongles pour fouiller la terre! Tuons le cheval; le cheval est une machine qui ôte de l'ouvrage à cinq hommes. Pauvres logiciens! La combinaison de quelques rouages livre à l'homme d'incalculables forces empruntées à l'animal qui marche, à l'eau qui court, au vent qui souffle; et l'homme s'opiniâtrerait à les dédaigner, à épuiser stérilement au lieu d'elles sa force chétive! Sans machines pas de production à bas prix, et partant pas de jouissances, pas de besoins satisfaits si ce n'est pour le riche; la civilisation stationne et s'éteint, nous retournons à une existence de barbares. L'apparition d'une machine change le mode de travail pour un produit, elle déclasse pour l'instant certains ouvriers; mais en revanche elle élargit à l'infini le cercle des consommateurs, elle abaisse les jouissances à la portée de tous; elle élève à l'infini le nombre des demandes, et multiplie de même à l'infini le nombre des travailleurs. *Chaque machine nouvelle est un nouveau bienfait pour l'humanité, et surtout pour le pauvre, et surtout pour les ouvriers.* »

J'élevai la voix en faveur de l'ouvrier déclassé, je protestai énergiquement au nom de la famille du mercenaire qui réclamait pour vivre mieux que des espérances, et à qui le pain de chaque jour manquait tout à coup. **Richard** m'interrompit : « Je ne nie pas les misères individuelles, mais j'affirme d'inappréciables accroissements de prospérité publique. Que les hommes qui nous gouvernent prennent le soin d'étudier la matière, de régler le cours des révolutions commerciales, de discuter une indemnité temporaire pour les mercenaires ainsi expropriés subitement, pour cause d'intérêt public, de leurs moyens d'existence. La chose est juste, mais rentre dans la mission du législateur. La mienne à moi, chef d'industrie, c'est de doter mon pays du meilleur mode de travail. Je suis le haut justicier qui, au nom de l'intelligence, frappe du glaive exterminateur la *routine et* *l'impérilie*. Je suis le général d'armée qui rase un village pour la conservation du royaume : il appartient à un pouvoir plus élevé de réparer les maux de la guerre, de dédommager qui a droit. »

Le moment venu de partir, **Richard**, déjà sur le marchepied, se sent tirer familièrement par la basque de son habit. Il se retourne : c'était le cynique **Jedediah**. « Bonjour, mon ancien patron. Vous rappelez-vous comme vous me tiriez l'oreille à Preston? Vous rappelez-vous ici, dans ce village, il y a bien plus de temps enco re, ma foi, le jour où vous vouliez acheter mes cheveux? J'ai grandi, mais je n'en suis pas plus riche. Mes cheveux sont tout mon avoir; en voulez-vous encore? ne vous gênez pas; tirez, comme ce jour-là, vos grands ciseaux ; tondez, tondez ferme, tondez jusqu'à la peau : l'ouvrier est né pour être tondu par le maître. » Empressé que j'étais de raconter à tout ce monde qui nous entourait l'acte de charité de mon ami en leur faveur, je ne pus entendre que les derniers mots de la sotte harangue du petit misérable, autrement je lui aurais interdit la parole. **Nancy**, triomphant de sa timidité, s'était avancée pour gronder son fils et demander pardon à **Richard** de cette impertinence. « Ma chère, dit celui-ci, je suis trop pressé pour causer, mais, ce que vous voulez me dire, mandez-le-moi par le vicaire. En attendant prenez ceci comme souvenir, » et il lui tendit une bank-note. Il jeta une guinée au vaurien, qui la happa en l'air de ses doigts crochus, et remercia par une grimace drôlatique.

Quand il me toucha la main pour signe d'adieu : « Cet enfant m'a rappelé une époque bizarre de ma vie ascendante. Je porte en moi un feu dévorant qui ne me permet pas de m'arrêter. Combien d'échelons franchis depuis lors! C'est l'échelle de Jacob. » Je ne pus m'empêcher de dire : « L'échelle de Jacob conduisait au ciel. » Sa réponse ne parvint pas jusqu'à moi ; la chaise roulait au galop des quatre chevaux.

. . . .

— **Jedediah** est un monstre. Après avoir dépensé sa guinée à la taverne, il a volé la bank-note que Richard avait donnée à sa mère. Il est parti, annonçant qu'il allait chercher fortune par le monde, comme avait fait autrefois mister **Richard Arkwright**, l'apprenti barbier de Preston. Il est écrit : « Celui qui dérobe son père et sa mère, et qui dit que ce n'est point un péché, a part au crime des homicides. » **Nancy**, âgée, infirme, réduite à la taxe, reste seule, abandonnée; car on n'a plus jamais entendu parler de **Sarah**, et l'on ne sait rien davantage de **Betty**, depuis le jour où elle a quitté le village pour suivre une troupe de comédiens.

. . . .

— **1784.** Vers l'heure de l'école, un enfant, dont les parents habitent sur l'extrême limite de la paroisse, accourt au presbytère : « Au nom du ciel, Votre Révérence, venez avec moi; on a besoin de vous. » Je le suis. Tout en marchant, il me raconte que, sur la paroisse voisine, une malheureuse vieille femme, vêtue d'un seul jupon et qui semble mourante, s'était couchée au bord du chemin. L'inspecteur des pauvres, prévoyant un enterrement dont la paroisse aurait à supporter les frais, se rend en toute hâte sur les lieux, assisté d'un constable. Ils disent à la pauvre femme de se relever; point de réponse. Le constable lui tend un morceau de pain; elle le pose à son côté. « Je vous donne de l'argent si vous vous levez, » dit l'inspecteur, et il lui montre six deniers. Elle se lève, le constable et un autre homme qui était venu à passer la prennent de chaque côté sous le bras et la font marcher de la sorte. Bientôt ses forces la trahissent; il lui devient impossible de se soutenir sur ses jambes. N'importe, on la traîne, on la pousse jusqu'à ce qu'elle se trouve enfin hors de la paroisse voisine et sur la nôtre.

À cet épouvantable récit j'avais senti se dresser mes cheveux; à la vue de la malheureuse, je me sentis prêt à défaillir. Dans la moribonde qui gisait sur le sol, et de laquelle s'étaient rapidement éloignés ces hommes avares et cruels, ce fut **Nancy** que je retrou-

1784.

val : l'excès de son mal et de la misère l'avaient rendue méconnaissable pour les yeux de l'enfant. « C'était trop tard d'un jour, murmura-t-elle, le vaisseau avait mis à la voile. J'aurais supplié le geôlier de me le laisser voir; les matelots n'auraient pas refusé de me cacher et de m'emmener avec lui. » L'héroïque mère! Voilà donc expliqué le mystère de sa longue disparition. Elle avait fait le trajet du Lancashire à Portsmouth, en mendiant de village en village, pour embrasser son fils que l'on déportait pour vol.

Les secours tardaient à arriver, et je voyais que le moment suprême approchait pour **Nancy**. Ma tâche était facile auprès d'une créature inoffensive, qui de la vie d'ici-bas n'a connu que les peines, et qui pour lit de mort avait la poussière d'un grand chemin. Je lui parlai des récompenses réservées à ceux qui ont souffert dans ce monde, de la bonté de Dieu qui se préparait à l'accueillir. « Il m'a fait attendre bien longtemps, » Telles furent ses dernières paroles.

Que de fois je me suis demandé si je n'avais pas eu tort de cacher pendant un temps à **Simon** la facilité qui se présentait pour lui d'aller travailler à Cromfort! Ce départ eût-il préservé la famille de quelques maux? Qui le dira? J'ai besoin de me rappeler que j'ai prié Dieu longtemps et d'une âme fervente pour qu'il daignât m'inspirer la pensée la plus sage.

. . . .

— Nous parlions de **Nancy** avec l'intendant, qui, en sa qualité d'inspecteur des pauvres, est chargé de pourvoir aux frais de l'enterrement. Après avoir fulminé contre l'inspecteur de la paroisse voisine, à qui il se réserve d'intenter un procès, il m'a dit : « J'ai très-souvent entendu la bonne femme regretter que **Simon** eût vendu le métier de tisserand! Elle attribuait à cette vente la plus grande partie de ses malheurs. Eh bien! aujourd'hui, à supposer que tous les deux fussent encore de ce monde, ce métier même ne leur fournirait plus de ressource. On tisse aujourd'hui à la mécanique. »

Il m'a conté comment un ecclésiastique du comté de Kent, du nom de **Cartwright**, pour répondre à l'opinion, émise devant lui par des fabricants de Manchester, qu'on filerait bientôt tant de coton qu'il deviendrait impossible de trouver assez de mains pour le tisser, avait imaginé un *métier de tisserand dont tous les mouvements s'exécutaient par la mécanique*. Son métier a peu de succès parce qu'il occupe un homme pour rajuster de temps en temps les chaînes; mais une machine très-ingénieuse, inventée par **Thomas Johnson** de Bradbury, et nommée *machine à apprêter de Radcliffe*, bien que ce personnage n'ait eu aucune part à son invention, a obvié à cet inconvénient. Il suffit d'un enfant de douze à quatorze ans pour conduire deux de ces métiers, et il produit dans un temps donné trois fois autant d'étoffe qu'en produit le meilleur tisserand à la main.

Le champ de bataille s'est agrandi : voilà la guerre déclarée aux tisserands.

. . . .

1785.　— Les journaux annoncent que **Richard** a gagné son procès porté devant la cour du roi le 25 juin de cette année 1785. On l'accusait de n'être pas l'inventeur des machines qu'il employait, et on cherchait à lui faire retirer sa patente. Un M. **Hayes**, qui avait établi des machines cylindriques à carder le coton, et chez lequel **Jones Kay**, l'ouvrier horloger, l'ancien ami de **Richard** à Liverpool, avait été employé comme mécanicien, a été appelé en témoignage. **Hayes** a établi qu'il avait eu jadis une idée analogue à celle de **Richard**, mais que la machine de **Richard** était de beaucoup supérieure à la sienne. **Richard** a prouvé que, pour atteindre le perfectionnement auquel il était arrivé, il avait dépensé plus de douze mille livres sterling avant d'avoir pu obtenir aucun profit; qu'on devait protéger un homme qui, après s'être aventuré dans une entreprise si utile à l'État, et où tant d'autres avaient échoué, avait montré tant de persévérance.

. . . .

— 1786. **Richard** vient d'être nommé haut shérif du comté de Derby. Il s'entendra pour cette année et pour les suivantes, si on le réélit, appeler : Votre Grandeur.   1786.

. . . .

— 1786, *décembre*. Après avoir présenté au château de Saint-James une adresse de félicitation à Sa Majesté George III, sur le bonheur qu'elle vient d'avoir d'échapper à la tentative d'assassinat dirigée contre elle, Sa Majesté a conféré à Richard les honneurs de la chevalerie. En qualité de chevalier banneret, créé sous la bannière royale, créé par le roi en personne, sir **Richard Arkwright** prend rang avant les baronnets. Ses lettres de noblesse portent que personne n'a mieux que lui mérité cet honneur, et n'a des droits plus légitimes, non-seulement à la reconnaissance de ses concitoyens, mais à celle du monde entier.   1786.

. . . .

— 1792. La mort vient de frapper sir **Richard**, le 3 août de cette même année, qui était la soixantième de son âge, au milieu de ses travaux, et, selon son désir, dans sa fabrique de Cromfort. Il laisse à sa famille une fortune de six cent mille livres sterling (plus de quinze millions de francs).   1792.

Sir **Richard** eut beaucoup de partisans, mais il eut aussi de nombreux ennemis. Les uns le représentent comme un inventeur habile, infatigable ; les autres, comme un homme rusé, toujours prêt à s'emparer des découvertes des autres, et manquant de reconnaissance envers ses bienfaiteurs. Voilà la gloire et ce qu'il en reste après la mort ! des jugements légers et qui se contredisent.

. . . .

Après avoir recueilli ces extraits du journal du vicaire, le Français consulta quelques livres. Il y apprit qu'en 1792 **Williams Henri** trouva le moyen d'appliquer un moteur mécanique au mull-jenny, qui, jusqu'alors, avait été manœuvré à la main. Grâce à l'invention de **Kelly**, cette belle machine, qui n'avait que cent quarante-quatre broches, en porte aujourd'hui de trois cents à quatre cents, et les soins d'un seul homme suffisent au service de deux mull-jennys.   1792.

En mars 1824, **Huskisson** annonça à la Chambre des communes qu'il croyait que la valeur totale des marchandises de coton fabriquées dans la Grande-Bretagne s'élevoit à la somme prodigieuse de 35 millions 1/2 sterling. **Mac-Culloch** croit que l'on peut sans se tromper l'estimer aujourd'hui à 34 millions sterling (plus de 850 millions de francs). Il établit, par des calculs satisfaisants, que l'industrie cotonnière y occupe directement plus de huit cent mille individus, et qu'en comptant le travail accessoire qu'elle doit emprunter à d'autres industries, on peut évaluer ce nombre à un million cinq cent mille personnes.   1824.

Et cependant la misère et le travail n'ont fait que peser de jour en jour d'un plus horrible poids sur la classe ouvrière ; et en présence de la question des salaires, les gouvernants anglais ont persisté dans leur criminelle incurie !

Saint-Germain Leduc.

1841.

ARNAUDON.

  Vert de chrome (nouveau). (*Monit. scientif.*, 1859-1860, t. II, p. 189.)

ARNAUDON.

  Oxalate d'ammoniaque. Application à l'analyse et à la teinture. (*Monit. scientif.*, t. III, p. 67, 1861.)

ART-JOURNAL. Publication mensuelle, in-4 ; illustrations nombreuses et clichés dans le texte. Londres.

B

BALARD.

Chimie. Cours public à la Faculté des sciences à la Sorbonne, à Paris, en 1865.

BALARD. Membre de l'Académie des sciences.

Influence que l'étude des sciences spéculatives a exercée sur les progrès récents de l'industrie. Séance solennelle des cinq Académies de l'Institut, le 14 août 1862. (*Monit. scientif.*, 1863, t. IV, p. 568 à 574.)

Appelé d'une manière inattendue à l'honneur toujours périlleux de porter la parole dans cette réunion, j'ai cru pouvoir me concilier un instant votre attention, en mettant en lumière devant vous quelques-uns des *progrès récents de l'industrie* que j'ai pu étudier de plus près, grâce à la mission que j'ai remplie à Londres.

Cette année (1862), vous le savez, a vu se renouveler dans la capitale de l'Angleterre une de ces grandes solennités où les nations, sans suspendre malheureusement leurs préparatifs d'un autre genre de guerre, viennent se livrer aux luttes pacifiques de l'industrie.

Rappeler celles de ces acquisitions nouvelles qui sont nées de la chimie, remonter jusqu'à leur source véritable en montrant la part que la science spéculative a le droit de revendiquer dans ces progrès, telle est l'étude que nous substituons aujourd'hui à celle des grands phénomènes de la nature.

Chaque science a deux faces distinctes : la *spéculation* et l'*application*.

Ce sont ces deux faces diverses de la science qu'envisagent tour à tour, d'une manière trop exclusive, les gens du monde qui l'aiment sans la cultiver.

Il est certains esprits qui ne demandent jamais à une découverte si elle est utile, mais si elle est belle. Le calcul nous dévoile-t-il l'existence d'une planète, l'analyse spectrale nous vient-elle apprendre quelle matière compose l'enveloppe gazeuse du soleil, et, en nous décelant des corps nouveaux sur notre globe, nous fait-elle mieux connaître notre propre domaine, ils applaudissent à ces glorieux progrès de l'esprit humain. Quant aux applications, dont ils jouissent pourtant, elles les trouvent froids, et parfois même un peu dédaigneux, pour peu qu'elles tombent sur des sujets vulgaires. Ils sont dans l'erreur sans doute; mais, après tout, c'est une noble erreur.

Il est d'autres esprits, au contraire, qui, s'inspirant de l'amour exclusif de l'utile, taxeraient volontiers toutes ces grandes découvertes de brillantes futilités. Ils n'estiment le savant que quand il aborde directement les problèmes dont la solution peut améliorer les conditions matérielles de la vie; et, si quelque adepte de la science vient leur parler, avec l'ardeur qui suit la découverte, d'un fait inattendu, d'un corps nouveau, ils éteignent son ardeur généreuse avec cette question glaciale : « A quoi cela peut-il être bon ? à quoi cela sert-il? »

La réponse, messieurs, c'est le temps qui se charge de la faire. Que d'exemples l'histoire de la science et les progrès récents de l'industrie ne m'offriraient-ils pas pour justifier cette assertion!

Photographie.
Combien d'années n'ont-elles pas séparé la première expérience de **Scheele** sur la *coloration du chlorure d'argent* par la lumière, de cet art nouveau dont nous voyons étalés partout les admirables produits, et qui, employant cette lumière elle-même à retracer les images, a si justement reçu le nom de photographie!

Et la sensibilité exquise de la *plaque photographique*, qui permet d'y fixer le sillage du navire, le mouvement de la vague, je dirais presque jusqu'au vol de l'oiseau, et qui, en donnant aux phénomènes célestes les plus fugitifs la permanence nécessaire à leur étude, assoira l'opinion des astronomes sur la réalité objective des protubérances roses observées dans les éclipses totales, et sur l'atmosphère du soleil, n'est-ce pas la découverte déjà bien ancienne de certains corps simples qui a contribué à la rendre possible?

Il y avait déjà longtemps qu'**Œrstedt** avait montré dans son expérience célèbre la déviation imprimée à l'aiguille aimantée par un *courant électrique*, et nous avions, depuis plus de dix ans, admiré le génie d'**Ampère**, faisant sortir de ce fait primordial la science entière de l'*électro-magnétisme*, avant que l'on eût vu se dérouler, à la surface du globe, ce fil miraculeux qui transmet en un instant, d'un bout du monde à l'autre, le mouvement et la pensée.

Les premières recherches de M. **Chevreul** sur la *constitution des corps gras* datent de 1810. Ce n'est pourtant qu'en 1831 que la cire s'est vue remplacée dans les appartements du riche par cette *bougie stéarique* dont le prix s'abaisse chaque jour, et qui tend à se substituer à la fumeuse chandelle jusque dans les plus modestes habitations.

En 1835, M. **Liebig** découvre l'*aldéhyde* et constate qu'elle réduit les sels d'argent, réaction curieuse qui n'a cependant porté ses fruits que dans ces derniers temps; c'est d'elle qu'est tiré le nouveau mode d'*argenture* employé pour les miroirs sphériques, et qui commence à se substituer à l'étamage ordinaire des glaces, dans lequel l'usage du mercure n'est pas sans danger. Cet art nouveau a déjà rendu à la science plus qu'il n'en avait reçu; car, en permettant à M. **Foucault** de recouvrir ses *miroirs paraboliques de verre* d'une couche mince d'un métal éminemment réflecteur, il a eu sa part dans la construction de ces instruments, d'une puissance inconnue jusqu'ici.

Enfin, et pour en citer un nouvel et remarquable exemple, dès 1823 le physicien illustre à qui nous devons la découverte de l'induction avait *liquéfié plusieurs gaz* et notamment l'ammoniaque, et ce n'est qu'aujourd'hui que nous avons vu cette belle expérience de **Faraday** donner lieu à une industrie pleine d'avenir.

Produire et utiliser le feu est la première conquête de l'homme qui sort de l'état sauvage; le nombre et la perfection de nos calorifères attestent que nous sommes bien loin de ce temps primitif; mais, hier encore, nous ignorions l'art de *produire artificiellement le froid*, et l'industrie, l'économie domestique et l'hygiène publique attendaient des sciences physiques et chimiques la solution de ce problème important. Il a été résolu, grâce à la machine **Carré**, qui fonctionnait à Londres, et qui, par le moyen de l'ammoniaque liquéfiée, produisait, devant la foule étonnée, les froids intenses des régions polaires pendant les jours les plus chauds de l'année. Un peu de feu suffit pour produire ces effets : intensité du froid, quantité de glace produite, tout se tarife en combustible brûlé. Encore quelque temps, et, dans ces pays tropicaux où la chaleur devient un supplice, on verra des *frigorifères* remplacer les calorifères de nos climats. Et pourquoi, d'ailleurs, ces appareils resteraient-ils le privilège des pays chauds? Nos assemblées, nos spectacles, nos salles d'hôpitaux n'en pourraient-ils pas plus d'une fois utiliser la puissance? Nous trouvons, dans ces grands établissements, des robinets d'eau, de lumière et de chaleur : pourquoi ne pas y joindre le *robinet du froid*?

Les savants dont je viens de rappeler les noms et les œuvres avaient-ils en vue l'utilité quand ils se livraient aux recherches qui ont eu tant de portée? Non, messieurs, ils cultivaient le champ de la science pure; ils cherchaient la vérité scientifique, abstraite, sans aucune idée d'application, disséminant ainsi, au hasard, des semences fécondes que le temps a fait germer plus tard.

Le temps n'est pas seulement nécessaire pour ces applications, qui sont en dehors de toutes les prévisions : il l'est encore même quand elles sont faciles à pressentir, même quand elles sont nettement indiquées.

Lampadius, en découvrant le *sulfure de carbone* au commencement de ce siècle, l'avait signalé comme un dissolvant précieux des corps gras. Ce n'est pourtant qu'à l'exposition actuelle que nous avons vu ce composé obtenu à bas prix, employé industriellement pour enlever les dernières traces de ces corps aux résidus dans lesquels elles avaient été perdus jusqu'ici.

Muréxide. — La matière rouge que produit l'oxydation de l'*acide urique* est connue depuis long-temps ; MM. **Liebig** et **Woehler** l'avaient obtenue pure, et, en lui donnant le nom significatif de *muréxide*, ils avaient nettement indiqué le rôle qu'elle pourrait jouer dans la teinture ; cependant ce corps, qu'ils signalaient ainsi comme pouvant remplacer la *pourpre des anciens*, n'a commencé à être utilisé que longtemps après leurs travaux.

Combustion du mélange tonnant. — Combien de fois les auditeurs de nos cours n'avaient-ils pas été témoins de la com-*bustion du mélange tonnant* que **Davy**, en 1815, dans ses travaux sur la flamme, nous avait appris à brûler sans danger ? On y fondait le platine ; il y a pourtant à peine quel-ques années que MM. **Deville** et **Debray** ont coordonné ces méthodes, dont l'industrie commence à faire usage, et un lingot homogène de platine, du poids de 100 kilo-grammes, obtenu d'une seule fonte, montrait à Londres l'heureuse application de ce puissant foyer.

Galvano-plastie. — Quelques années à peine après la découverte de la *pile*, on avait vu les métaux trans-portés et déposés à l'un de ses pôles. Ce n'est pourtant que quarante ans plus tard que **Jacobi**, en découvrant la *galvanoplastie*, a permis à la science de multiplier les chefs-d'œuvre des arts et de faire participer tous les hommes qui en ont le sentiment, quelle que soit leur fortune, aux jouissances vives qu'amène la vue habituelle de ces formes gracieuses et pures qui développent et perfectionnent le goût.

Dorure et argenture électrique. — Et la *dorure*, l'*argenture électrique*, dans lesquelles l'Angleterre nous avait précédés, quoique de bien peu, mais qui ont été si vite et si généralement répandues chez nous, que cette industrie brillait à Londres comme une industrie surtout française, n'était-elle pas contenue dans les expériences de M. **de la Rive** ? Il a fallu du temps, cependant, pour que le *dépôt galvanique* d'or et d'argent sur tant de corps, à leur surface, la seule partie après tout qui affecte nos sens, vînt opérer pour tous la multiplication des métaux précieux.

Potassium. Sodium. — N'est-ce pas en 1807 que **Davy** avait isolé le *potassium* et le *sodium*, dont les pro-priétés comme agents réducteurs étaient manifestes ? Il a fallu cependant plus de cin-quante années pour que ce sodium, qui brûle sur l'eau, pût être, grâce à M. **Deville**, extrait en grand, conservé presque sans soins, manié à la pelle et utilisé pour l'extraction de l'aluminium.

Aluminium. — Et cet *aluminium* lui-même, qui, isolé pour la première fois par **Woehler**, a été obtenu par M. **Deville**, dépouillé des corps étrangers qui avaient jusque-là masqué ses qualités précieuses, ne lui a-t-il pas fallu du temps aussi pour prendre sa place dans l'industrie ? Et cependant, dès son apparition, la juste bienveillance de l'Académie et la munificence de l'Empereur avaient encouragé cette nouvelle et curieuse métallurgie. Aujourd'hui son prix s'abaisse, sa consommation s'accroît, et les formes variées sous lesquelles il se présentait à l'Exposition de Londres, soit à l'état de pureté, soit à l'état d'alliages, montrent que l'industrie commence à apprécier les qualités d'un métal ductile, malléable, léger comme le verre, tenace comme le fer, blanc, quand il est pur, presque autant que l'argent, et qui, moins altérable que lui, peut se conserver à l'air sans y perdre son éclat.

Incombusti-bilité des tissus. — Il y a déjà plus de trente ans que **Gay-Lussac** rappelait et démontrait par de nou-veaux exemples la propriété qu'ont les sels de prévenir la *combustion des tissus*, et il n'y a pas un professeur qui ne montre tous les ans, à ses leçons, la gaze la plus légère, im-prégnée de *phosphate d'ammoniaque*, se charbonnant sans combustion, quand celle qui n'a pas subi cette préparation s'enflamme et disparaît dans un instant ; et, cependant, combien de fois la mort cruelle de l'enfant chéri, de l'aïeule vénérée, n'a-t-elle pas jeté la douleur dans les familles ? Quand on réfléchit que ces accidents pourraient être prévenus en mélangeant un sel convenablement choisi à l'amidon qui sert à empeser les étoffes, on est heureux de voir l'Angleterre [1] suivre enfin des conseils si peu écoutés jusqu'ici chez

---

[1] Des documents précis, publiés en Angleterre, établissent que, de 1852 à 1856, plus de cinq cent personnes, par année, ont été victimes du feu qui s'était communiqué à leurs vêtements.

nous. On y a préféré à l'emploi du phosphate d'ammoniaque [1] celui du *tungstate de soude* mêlé d'avance à l'amidon qui doit servir à l'empesage. Soit; mais que cette pratique si simple, après avoir reçu en Angleterre la sanction dont tant d'idées françaises ont eu besoin, s'introduise enfin dans notre pays, avec un sel ou avec un autre, et, oubliant un passé douloureux, nous nous consolerons d'avoir si longtemps prêché dans le désert !

Pour que les semences jetées par la science germent et prospèrent, il faut donc les temps, si nécessaire à toutes choses. Il faut aussi, bien souvent, une culture longue et assidue; entre le point de départ et le but final il existe souvent, en effet, des intervalles nombreux que des travaux scientifiques se complétant l'un par l'autre peuvent seuls combler. L'histoire de quelques produits exposés à Londres, conquêtes nouvelles de la chimie organique, va nous en offrir des exemples.

Tous les *corps simples* de la nature entrent dans la formation des composés minéraux; mais la vie, dont nous cherchons à imiter les produits dans l'étude de la chimie organique, n'en utilise en général que quatre. Il est vrai qu'en les associant dans des proportions diverses, en multipliant le nombre des atomes qui entrent dans une combinaison, cette vie crée une variété si grande de *composés*, que nul exemple ne peut mieux servir à montrer comment la nature sait concilier avec l'économie dans les causes l'immensité dans les résultats.

Quand nous cherchons à l'imiter, nous nous trouvons, permettez-moi cette comparaison, comme un compositeur d'imprimerie devant son casier. Avec un nombre limité de lettres, l'équivalent des quatre corps simples, l'imprimeur composera des syllabes; avec ces syllabes il formera des mots que le génie de certaines langues pourra à son tour compliquer de nouveau, en les associant. De même le chimiste, avec ses quatre corps simples, forme des corps composés qu'il associe pour en former des produits plus compliqués; et ceux-ci entrent à leur tour comme groupements élémentaires dans d'autres combinaisons plus complexes. Les corps simples, le chimiste en dispose sans difficulté; ses travaux multipliés lui apprennent chaque jour des moyens nouveaux de les combiner; ce qui lui manque, c'est la connaissance de leur arrangement, l'un des mystères de la création. Il a beau savoir la nature et même le nombre des atomes simples qui entrent dans un composé, il ignore comment ils sont groupés, et se trouve dans le cas du philologue à qui l'on donnerait pêle-mêle les lettres qui composent un de ces longs mots allemands, en l'engageant à le reproduire.

En attendant que les lois de cette juxtaposition moléculaire, mieux connues, nous apprennent à marcher d'une manière plus sûre dans la voie des synthèses organiques, les chimistes, guidés par quelques observations heureuses, sont parvenus à obtenir, par des moyens artificiels, beaucoup de produits utiles. Je me garderai d'en faire l'énumération, car la liste en est déjà bien longue. Il me suffira de vous dire qu'ils ont réussi à reproduire quelques aromes et à imiter quelques couleurs.

Que la nature fasse des poires et des pommes insipides, la chimie saura les parfumer. Il nous importe peu maintenant que l'ananas mûrisse sous les tropiques, puisque nous savons en fabriquer l'essence. Si les dimensions américaines mettent obstacle à la production de cette *huile de Gaultheria* employée dans la parfumerie, nous demanderons à **Cahours** les moyens de la fabriquer de toute pièce; et, utilisant d'autres travaux, nous obtiendrons aussi celles qui donnent à la cannelle, à l'amande amère, etc., l'odeur qui les caractérise.

Je pourrais, je devrais peut-être m'arrêter là. Mais comme, après tout, les odeurs sont toutes égales devant le philosophe, on me permettra peut-être d'ajouter que nous savons fabriquer aussi l'*essence de moutarde;* et que, si ce bulbe fortement odorant, délices des

---

[1] Le sulfate d'ammoniaque concret (cristallisé), que l'on trouve dans le commerce à très-bon marché, rend les étoffes parfaitement incombustibles. 80 à 100 grammes de ce sel dissous dans 1 litre d'eau, ou ajoutés à 1 litre d'empois, ne nuisent nullement aux étoffes colorées.

populations méridionales, quelque Horace ait cependant déversé sur lui ses plus vives imprécations, si l'ail enfin, car il faut bien l'appeler par son nom, venait à nous manquer, une transformation de la *glycérine*, réalisée par M. **Berthelot**, permettrait d'en reproduire l'essence de manière à suffire aux usages plus étendus.

Ne regardez pas cette reproduction artificielle du parfum des fruits comme un fait scientifique resté sans application. Ces *essences artificielles* sont en Allemagne et en Angleterre l'objet d'une fabrication industrielle, et l'Exposition de Londres renfermait de nombreux échantillons de sucreries diverses dont la saveur n'avait pas d'autre origine.

Eh bien, ce que la chimie a fait pour l'arome des plantes, elle tend à le réaliser pour les *couleurs*. Elles vont nous fournir un dernier et remarquable exemple, sur lequel je vous demande la permission d'insister un peu, car ces couleurs nouvelles qui s'étalent ici à tous les yeux étaient certainement un des objets les plus remarquables de l'Exposition de Londres.

Couleurs dérivées du goudron de la houille.

Il y a quelques années à peine qu'on a vu apparaître, dans le commerce des étoffes de prix, des nuances dont l'éclat et le brillant, inconnus jusqu'alors, reproduisaient dans toute leur beauté les couleurs les plus pures des fleurs. Au violet artificiel, découvert en Angleterre, sont venus se joindre le rouge, la *fuchsine*, dont l'application industrielle appartient à la France, et le *bleu* obtenu par des moyens divers et dans les deux pays. Ajoutez-y au *jaune foncé*, qui vient d'être à son tour produit tout récemment, le *janne-urin de l'acide picrique* que nous savions déjà utiliser, et vous aurez les éléments de cette nouvelle et brillante palette qui peuvent, en s'associant, produire les nuances les plus diverses. La science ne peut trouver nulle part un exemple plus saillant des différences profondes qui séparent le plus souvent les propriétés des composants de celles des composés; car, de même que l'odeur suave de l'ananas dérive de ce que le beurre altéré a de plus âcre et de plus irritant, les variétés de ce rouge brillant sont des combinaisons d'acides incolores avec une base aussi sans couleur, espèce remarquable de ces ammoniaques composées, acquise à la science par les beaux travaux de M. **Wurtz** et qui doit le nom de *rosaniline* à son origine et à la couleur éclatante de ses sels.

Cette couleur nouvelle et la matière colorante de la rose sont loin d'être identiques; mais, différentes sous beaucoup de rapports, elles se confondent entièrement quant à la teinte, teinte que nous pouvons aujourd'hui exprimer par des mots d'une manière tout aussi nette que la gravité et l'acuité d'un son, grâce au tableau chromatique et à la langue nouvelle dont M. **Chevreul** a enrichi la science des couleurs.

Fuchsine.

La *fuchsine* présente absolument dans tous ces tons cette juste proportion de rouge et de violet que contient la couleur de la rose, sans aucun mélange de noir qui vienne en ternir l'éclat incomparable. Sa couleur diffère un peu d'ailleurs selon le mode d'illumination, car les couleurs nouvelles éteignent plus activement que d'autres certains rayons colorés que la lumière des différentes sources ne renferme pas toujours en même proportion. Les physiciens précisent, au moyen du spectre, ces faits qui avaient été révélés depuis longtemps aux dames par le goût qui leur est naturel. Les salles éclairées au gaz, où se fait le choix des étoffes, montrent bien qu'on se défie du jour, et qu'on veut les choisir avec la nuance qu'elles auront à l'éclat des flambeaux.

Ces matières colorantes nouvelles remplaceront-elles les autres pour tous les usages? Il serait très-regrettable qu'il en fût ainsi, car il leur manque une propriété précieuse, la *solidité*. Elles seront, sans doute, toujours préférées pour les vêtements, ceux de luxe en particulier, et pour les étoffes légères, car elles dureront bien autant que le tissu et surtout que la mode; mais, pour les tentures et les meubles, pour la laine qui sert à la tapisserie, conservons une juste prévoyance, exigeons l'emploi de la garance et de la cochenille, et ne demandons tout au plus aux couleurs nouvelles qu'un dernier bain de teinture pour en rehausser l'éclat [1].

DA [1] Qui oserait assigner un terme à la perfectibilité humaine? — Grand nombre de couleurs nou-

Mais quelle est donc l'origine de ces couleurs si pures ? Elles dérivent de cette matière qui alimente nos foyers, qui éclaire nos rues; elles dérivent de la houille. Par une série de transformations, on passe, de cette matière si abondante et à si bas prix à des corps qui, dans l'origine, ont été vendus 1,000 fr. le kilogramme, prix, du reste, très-supérieur à leur valeur réelle, et qui, lorsqu'il sera abaissé à son taux naturel, fera de ces couleurs les agents les plus économiques de la teinture, comme ils en sont les plus brillants. Si leur prix est élevé, leur faculté tinctoriale est en revanche énorme, et, quoique ce qu'un bloc de houille en peut produire se réduise à quelques parcelles, elles suffisent pour teindre un volume de laine égal à celui du charbon qui les a fournies.

En vous disant seulement que ces couleurs proviennent de la houille, je n'aurais pas satisfait votre légitime curiosité, si je ne vous faisais connaître les principales phases de cette merveilleuse transformation. Permettez-moi de le faire en quelques mots, et de rappeler en même temps les travaux de science pure qu'il a fallu accumuler pour passer du charbon à la plus éclatante des couleurs.

En 1825, **Faraday** découvre un *carbure d'hydrogène* dans les produits condensés du gaz de l'huile. Si on lui avait demandé à quoi pouvait servir ce composé nouveau, on l'aurait certes fort embarrassé ! **Mitscherlich** l'extrait par un procédé plus rationnel, lui donne son nom de *benzine*, et la transforme en un composé nitré : c'était encore de la science pure; car, si cette *nitro-benzine* a l'odeur d'amande amère, la manière coûteuse par laquelle elle était obtenue ne permettait pas de songer à son emploi. Benzine. Nitro-benzine.

Un peu plus tard, on découvre la *benzine* dans le goudron de houille, d'où on l'extrait à bas prix. On utilise alors les propriétés détersives d'un corps à qui la publicité n'a pas manqué pour rendre son nom populaire; l'odeur de la *nitro-benzine* sert à parfumer des savons de qualités inférieures, et les savants trouvent dans cette matière, obtenue d'une manière économique, le moyen de continuer leurs travaux.

Zinin, par une réaction remarquable, la transforme en *aniline*, espèce d'ammoniaque composée déjà extraite de l'indigo; matière très-curieuse, sans doute, pour le chimiste, mais qui augmente le nombre des composés organiques à qui on reproche de n'être bons à rien. Aniline.

M. **Béchamp** trouve un procédé de préparation beaucoup plus simple; mais qu'importe, dira-t-on, puisqu'il s'agit d'une substance qui n'a pas la moindre utilité ?

En 1856, M. **Perkins** essaya de lui en donner une : il fit sur elle, dans le laboratoire de M. **Hofmann**, à Londres, une nouvelle tentative, ajoutée à tant d'autres, pour produire artificiellement la *quinine*, principe actif de ces quinquinas originaires du Pérou, dont l'écorce guérit la fièvre. Quinine.

La conservation de ces végétaux, compromise par une exploitation inintelligente et sauvage, était devenue l'objet des préoccupations les plus légitimes. Tout faisait craindre de voir arriver le moment où ce médicament héroïque manquerait à l'humanité. De là une lutte généreuse entre la botanique, cherchant à rendre le *quinquina* l'objet d'une culture régulière, et la chimie organique, s'efforçant de reproduire la *quinine*. Je dois le confesser avec humilité, dans ce concours, c'est la chimie qui a été devancée : les forêts de l'île de Java, et les pentes méridionales de l'Hymalaya dans l'Indo-Chine voient déjà prospérer les jeunes *quinquinas* qu'on vient d'y planter, tandis que M. **Perkins**, pas plus heureux en cela que ses prédécesseurs, n'obtint pas la *quinine* qu'il cherchait. Mais c'est surtout à la science que s'applique cette parole de vie : « Cherchez, et vous trouverez ! » car, déçu dans ses espérances en ce qui concerne la quinine, il obtint un résultat non moins important. Les agents oxydants qu'il employait furent appliqués par lui à l'aniline. Dès lors, la matière colorante violette, la première connue, était découverte, le procédé que l'on suit encore aujourd'hui pour l'obtenir, acquis à la pratique, l'industrie des couleurs d'aniline était fondée.

velles sont plus persistantes que celles obtenues par la garance. Les couleurs de cochenilles sont temporaires.

Fuchsine.

C'est encore en dehors de toute préoccupation industrielle que la *fuchsine* a été découverte. M. **Hofmann**, correspondant de notre Académie, essayait d'introduire le carbone dans des composés organiques. **Hofmann**, en essayant ainsi l'action du *bichlorure de carbone sur l'aniline*, obtint, outre le composé qu'il cherchait, une matière rouge dont il fut loin de méconnaître la riche nuance et l'application possible à l'industrie. Ses amis l'y poussaient; mais, homme de la science pure, il résista à leurs conseils, et, restant dans cette voie qui fait son bonheur et son illustration, il laissa à d'autres le soin de tirer de ses observations scientifiques ce qu'elles pourraient avoir d'utilisable. Son parti une fois pris, cette matière ne fut plus pour lui qu'une impureté; il s'appliqua à en débarrasser le corps dont la production se liait aux lois générales qu'il cherchait avec tant d'ardeur. Noble exemple, messieurs, car cette impureté, c'était la *fuchsine*[1], qui, obtenue depuis par des moyens plus simples, donne déjà lieu, avec les autres couleurs tirées de l'aniline, à un commerce de plus de 25 millions par an; il a déjà, en restreignant l'importation et le prix de la cochenille, brusquement compromis la fortune des cultivateurs de Nopal et montré combien était intime la solidarité qui lie entre elles, dans le monde entier, les branches de l'industrie les plus diverses. Ce commerce s'accroît encore chaque jour, et fournit à toutes les classes de la société les couleurs les plus vives, depuis celles que l'on fixe sur les tissus d'un prix élevé jusqu'à celles des rubans de coton à dix centimes le mètre, qui figuraient à l'Exposition de Londres.

Ces satisfactions universelles du goût de la toilette, qui a d'ailleurs sa moralité quand il est modéré, ne sont pas la seule utilité de ces exploitations nouvelles; car, en faisant payer au luxe la partie la plus pure de la houille, elles abaisseront pour tous le prix du chauffage et de l'éclairage, ces premiers besoins de la vie. Mais vous l'avez vu, messieurs, pour arriver à ce résultat, que de temps, que d'efforts, que de travaux se complétant l'un l'autre, tous entrepris dans le but unique de découvrir les lois naturelles qui président à l'arrangement des atomes, cet éternel et immense problème de la science pure! Cultivons-la donc, cette science pure, ne serait-ce même qu'au point de vue de l'utilité, puisqu'elle amène à de tels résultats. Ne lui demandons jamais ce qu'elle apporte de bon, mais ce qu'elle apporte de vrai; et, quand elle nous donne ces métaux nouveaux, le *rubidium*, le *cæsium*, le *thallium*, conquêtes récentes de la science, qui attendaient depuis la création l'analyse spectrale qui vient de les révéler, accueillons avec bonheur leur apparition si peu prévue. Lors même qu'ils ne trouveraient pas plus tard d'application directe, ils auront leur utilité; car, en servant à agrandir la science, à combler ses lacunes, à généraliser ses doctrines, ils apporteront leur part à la création des nouvelles merveilles qu'elle nous réserve pour l'avenir.

Rubidium.
Cæsium.
Thallium.

BALARD.

NARDIN.
Cours de dessin industriel. In-folio, 10 p. et 10 pl. Paris, 1862.

BARGUX, Graveur.
Photographie appliquée à la gravure sur bois. In-16, 15 p. Paris, rue Jacob, 33 (chez l'auteur).

BARRESWIL.
Tableaux instructifs et pittoresques de chimie. In-plano, 1 page avec encadrement. Paris, 1863.

BARRESWIL et **GIRARD.**
Dictionnaire de chimie industrielle. Paris, 1863.

DA [1] **Niepce** inventa les images solaires sur surfaces métalliques, on les appela Daguerréotypes. **Hofmann** sépare la matière colorante rouge du goudron, on lui donne le nom de Fuchsine. Les coloristes de Mulhouse la désigne par *Hofmannine*.

BARRESWIL et **GIRARD.**
Dictionnaire de chimie industrielle, avec la collaboration de MM. de Luca,
Aubergier, Ballard, Bayvet, H. Bouilhet, Ciccone, Colin, Davanne, Decaux, etc. T. II,
1re partie, in-8, 270 p. Paris, 1862.

BECOURT, Chimiste à Flers (Nord).
Bleu d'aniline. Notice sur une modification de cette couleur, adressée à la Société
industrielle de Mulhouse. (*Monit. scientif.*, 1862, t. IV, p. 25.)

BECQUEREL (E.).
Physique appliquée aux arts. Cours public au Conservatoire des arts et métiers
à Paris, en 1863.

BECQUEREL.
Physique appliquée. Cours public au Muséum d'histoire naturelle à Paris, en 1863.

BELANGER.
De l'équivalent mécanique de la chaleur. In-8, 15 p. Paris, 1863.

BELEZE (G.).
Voyez *Dictionnaire universel de la vie pratique à la ville et à la campagne.* Auteurs D.

BELLOC (A.).
Voyez *Photographie*, P.

BERON.
Météorologie simplifiée. In-8, 22 p. Paris, 1863.

BERTHELOT (Marcelin).
Chimie organique fondée sur la synthèse. 2 vol. in-8. Paris, 1864.

BERTHOUD.
Les petites chroniques de la science. 2e année; in-8, 501 p. Paris, 1861.

BIBLIOTHÈQUES COMMUNALES DU HAUT-RHIN.
...... Aujourd'hui (décembre 1863) que la Société des bibliothèques communales du
Haut-Rhin est définitivement créée et légalement autorisée, il ne sera peut-être pas
inutile de remettre ses statuts sous les yeux du public, et de donner quelques détails
sur ses projets.

« L'Association a pour but principal de propager l'idée des bibliothèques communales
dans le département du Haut-Rhin et de stimuler l'initiative locale dans toutes les communes où ses membres auront accès.

« La Société recueillera et publiera tous les ans les renseignements relatifs à ces bibliothèques, décernera des primes d'encouragement aux communes qui se seront le plus
distinguées, et des récompenses honorifiques aux bibliothécaires qui auront montré le plus
de zèle, prendra en main la cause des bibliothèques dans les cas de contestations, subsidiairement aidera à leur établissement par des dons d'argent, quand cela sera reconnu
nécessaire.

« Elle s'interdit tout achat direct et toute désignation officielle de livres, voulant se
tenir en dehors des préférences d'opinions et de librairies, ses membres se réservant d'aider
de leurs conseils ceux qui s'adresseront à eux.

« Un Comité de vingt-quatre membres sera nommé dans la première réunion de la
Société, et soumis tous les ans à la réélection par tiers, tiré au sort. Les membres sortants seront rééligibles. En cas de partage des voix, celle du président sera prépondérante.

« Il y aura une réunion annuelle de la Société, dont le jour sera fixé par le Comité, et une réunion mensuelle de son Comité.

« Chaque membre payera une cotisation annuelle de 5 fr. Elle sera recueillie dans chaque canton par un délégué de la Société, et versée par lui entre les mains du Comité, qui aura seul le droit de disposer des fonds.

« Les bibliothécaires seront de droit membres de la Société. Ils seront dispensés de la cotisation en argent.

« Il sera rendu compte, en séance annuelle, de l'emploi des fonds et de la situation financière de la Société.

« La Société s'interdit toute invention étrangère à la cause des bibliothèques communales, dans l'intérêt exclusif desquelles elle est fondée.

« Toute modification aux présents statuts ne pourra être proposée qu'en séance annuelle, après avoir été soumise au Comité dans sa précédente séance. »

Comme on le voit, la Société ne crée pas de bibliothèques, elle se contente d'en provoquer la création : elle ne les fournit pas de livres, ne leur impose aucun catalogue, et se borne, par des publications et par des primes, à encourager l'initiative locale. Ce rôle un peu abstrait, un peu désintéressé, paraît étrange à beaucoup de personnes ; elles ont peine à comprendre l'utilité d'une simple société de propagande qui n'agit pas directement et qui, libre d'exercer sur les campagnes une influence considérable, en leur choisissant et en leur imposant des livres, limite son ambition à donner des conseils, ou plutôt se *contente de discuter au lieu d'agir. On aimerait* voir une société plus agissante, plus dominatrice, et par cela même, pense-t-on, plus efficace. Ces objections, faut-il le dire, prouvent surtout une chose, c'est l'urgence de suivre précisément la voie que la Société a adoptée. Oui, en effet, on n'est déjà que trop porté à recevoir l'impulsion d'en haut, *à se reposer pour tout sur l'autorité*, qu'elle soit le gouvernement ou une simple association ; et c'est justement contre cette tendance que la Société des bibliothèques veut réagir.

Il faut que les communes aussi bien que les simples citoyens s'habituent à compter, avant tout, sur elles-mêmes, et la Société veut surtout encourager et propager le *goût de l'initiative et des efforts individuels*. Il serait, sans doute, bien plus commode pour une commune de recevoir de l'Association une bibliothèque toute faite et gratis. Pourquoi même n'y joindrait-on pas encore l'armoire et les rayons ? Mais ce don si généreux serait-il bien apprécié ? S'adresserait-il bien ? Une fois les livres arrivés, les lirait-on ? Serait-il bien facile à un Comité central de choisir pour chaque commune du département les ouvrages les plus convenables ? et si le choix était peu en rapport avec le goût des lecteurs, comment pourrait-on espérer de trouver des lecteurs assidus ? — « Les meilleurs livres pour une personne, dit le célèbre moraliste américain **Channing**, ne sont pas toujours ceux que le sage recommande, ce sont plutôt ceux qui répondent à des besoins particuliers, à la soif naturelle de notre esprit, et qui, par conséquent, éveillent notre intérêt et fixent notre pensée. »

Ajoutons aussi qu'au point de vue même de l'éducation et de la moralisation du peuple, un livre quelconque, pourvu qu'il ne soit pas positivement mauvais, vaut mieux que pas de livres. C'est un horizon nouveau qui s'ouvre devant lui, ce sont des idées nouvelles, c'est la vie de l'intelligence qui se manifeste à lui, et qui lui montre d'autres jouissances que celles de la vie matérielle. Le goût de la lecture est la ruine des cabarets.

Voyez, aujourd'hui, dans chaque commune quelques hommes dévoués se mettre à l'œuvre, recruter des partisans, faire de la propagande, réussir, après maints efforts, à faire voter par le conseil municipal l'établissement de la bibliothèque tant désirée. Ces efforts mêmes, faits sur place, ne sont-ils pas la meilleure garantie du succès à venir ? Quelle ne sera pas l'ardeur de ceux qui ont engagé leur responsabilité personnelle dans cette création ? et les dépenses mêmes faites par les habitants du village pour l'installation de leur bibliothèque, ne seront-elles pas un énergique stimulant à la lecture ? car c'est surtout quand une dépense s'est faite avec hésitation qu'on tient à ce qu'elle ne soit pas infructueuse.

Pourtant il faut l'avouer, par ces appels aux efforts des particuliers, par ces moyens de persuasion pure, on n'arrivera point à des résultats aussi prompts que par un système un peu plus impératif; mais combien ne seront-ils pas plus durables et plus solides! On ne créera pas d'un seul coup, par un décret du Comité, autant de bibliothèques qu'il y a de communes dans le département (en supposant toutefois que la Société pût recueillir assez d'argent pour cela); les bibliothèques ne sortiront pas tout armées comme Minerve du cerveau de Jupiter; mais on déterminera, au moins dès la première année, la création spontanée d'un petit nombre de bibliothèques modèles dans les localités les plus favorables. Ces bibliothèques réussiront bien, parce qu'elles auront pour elles toutes les chances de succès, et ces succès mêmes sans mélange de revers deviendront pour les communes voisines un puissant encouragement, qui les poussera à l'imitation.

Toutefois, si le Comité se refuse à former lui-même les bibliothèques communales et à les fournir de livres de son choix, il ne faudrait pas croire qu'il restera inactif, et que son rôle se bornera à de stériles discussions. Il aura l'occasion de distribuer des volumes à titre d'encouragement aux bibliothèques qui se seront le plus distinguées. Les dons volontaires l'aideront beaucoup dans cette tâche.

Aujourd'hui déjà différentes personnes ont mis à la disposition du Comité un certain nombre d'ouvrages, chaque fois par 20 exemplaires, pour être donnés aux 20 premières bibliothèques communales du Haut-Rhin. Si 30 ou 40 personnes faisaient des libéralités pareilles, ce seraient 30 à 40 volumes que ces 20 bibliothèques pourraient recevoir sans qu'il leur en coûtât un centime, pas plus qu'à la Société. En outre, le Comité a obtenu des premiers éditeurs de Paris des réductions de 30 pour 100 sur tous les ouvrages qu'il leur demandera pour les bibliothèques communales. Il espère obtenir les mêmes faveurs en Allemagne; car les ouvrages allemands entreront naturellement pour une grande part dans les lectures de l'Alsace. Le Comité deviendra ainsi, par ces circonstances spéciales, l'intermédiaire naturel des communes et des maisons de librairie; et ce sera pour lui un excellent moyen d'être initié à ce qui se fait, et de surveiller les bibliothèques, sans qu'on puisse lui reprocher de vouloir s'imposer en quoi que ce soit.

En ne choisissant pas lui-même les livres, il évitera de blesser les susceptibilités religieuses ou politiques, et comme il est composé de personnes de différentes opinions, on sera sûr que l'harmonie ne sera pas troublée par des tiraillements en différents sens.

D'ailleurs, qu'on se rassure, si le Comité se renferme dans une réserve discrète, et tient à respecter la liberté de chacun, au point de s'interdire d'avoir un catalogue officiel et de le proposer, il n'impose pas la même réserve à ses membres; et il est loisible à chacun de faire individuellement, et en son propre nom, ce que le Comité refuse de faire officiellement et collectivement.

Non-seulement les membres du Comité ne se refuseront pas à aider de leurs conseils ou de leur expérience ceux qui s'adresseront à eux, mais ils se feront un vrai plaisir de se rendre ainsi directement et pratiquement utiles.

Si donc le Comité n'a pas son catalogue officiel à proposer aux bibliothèques naissantes, rien n'empêchera ces dernières d'avoir recours à certains catalogues particuliers que les membres du Comité pourront recommander en toute confiance. C'est ainsi qu'en ce moment même M. J. J. Bourcart fait imprimer le catalogue de la bibliothèque populaire qu'il a fondée à Guebwiller, et qui comprend 2000 volumes. C'est ainsi encore qu'on imprimera prochainement le catalogue de la bibliothèque communale qui se forme à Dornach, et d'autres encore. Dans quelques années, un grand nombre de catalogues pareils auront été publiés, et ils offriront l'avantage d'une grande variété, en même temps qu'ils seront éclos d'efforts spontanés. La création des bibliothèques en deviendra alors d'autant plus facile.

Et si le rôle du Comité devient ainsi plutôt consultatif qu'actif, il ne faudrait pas en conclure que ce rôle sera par cela même amoindri. Ne voit-on pas d'avance les heureux effets qui devront résulter de réunions périodiques où se rencontrent de tous les points du département les hommes qui prennent à cœur l'instruction du peuple, et dont plusieurs ont acquis une expérience pratique de la plus haute valeur?

Ne voit-on pas aussi qu'une émulation salutaire s'emparera de tous les esprits et que la liberté même que le Comité laisse à chacun d'agir à sa guise déterminera chez tous des efforts divers et des essais multipliés en tous sens, qu'une direction centrale imposant et répartissant les travaux ne pourrait jamais produire. La Société des bibliothèques communales du Haut-Rhin désire être pour les bibliothèques et pour l'instruction populaire en général, ce que la Société industrielle a été depuis l'origine pour nos différentes industries, c'est-à-dire un conseil, une autorité morale, une société d'étude, de discussion et d'encouragement. Elle aura ainsi un champ assez vaste pour satisfaire son ambition, et aujourd'hui déjà, comme premier résultat de ses efforts et de sa propagande, elle voit des sociétés semblables chercher à se constituer dans le Bas-Rhin, dans les Vosges, dans le Doubs et ailleurs encore. Nous faisons donc appel à tous ceux qui n'ont pas encore souscrit à cette œuvre éminemment utile, et nous leur rappelons qu'ils peuvent se faire inscrire soit chez les membres du Comité, soit au bureau de l'*Industriel alsacien*. Nous les prions même de se hâter, car les listes des membres fondateurs de la Société vont être publiées prochainement, et il serait désirable d'y voir figurer tous ceux qui s'intéressent quelque peu au bien-être et à l'avancement des classes populaires; nous pensons d'ailleurs que le nombre de 850 souscripteurs déjà atteint n'est pas une limite.

Nous profitons aussi de la même occasion pour recommander vivement à nos lecteurs un petit journal fort intéressant qui est publié depuis deux ans par M. **Bretegnier**, de Beutal (Doubs), près de Montbéliard, sous le titre de : *le Lecteur*, organe des bibliothèques populaires [1].

On y trouve une foule de renseignements précieux sur ce qui se fait pour l'instruction du peuple en France et dans les autres pays. Toutes les questions relatives aux bibliothèques et aux lectures populaires y sont traitées tour à tour, comme le font voir les titres suivants de quelques-uns des principaux articles déjà publiés :

Sur l'utilité des publications périodiques pour stimuler le goût de la lecture, et sur le principe de la non-gratuité. — Sur la Bibliothèque des amis de l'instruction établie à Paris par M. **Laboulaye**. — Lettre de M. **Jules Simon** sur les bibliothèques populaires. — Les bibliothèques populaires aux États-Unis. — Ce qu'il faut lire et comment on doit lire. — Du roman comme livre de bibliothèque populaire. — Littérature populaire étrangère. — Les bibliothèques en Algérie et en Australie. — L'instruction populaire en Prusse. — L'éducation populaire à l'Exposition de Londres. — Les bibliothèques des comices agricoles. — Du principe de l'instruction obligatoire. Enfin, on y trouve des articles critiques sur les principaux ouvrages nouveaux qui paraissent, et notamment sur ceux qui peuvent convenir au peuple. — Aussi ce journal a-t-il reçu une mention honorable à l'Exposition universelle de Londres de 1862.

On le voit donc, la question des bibliothèques populaires est à l'ordre du jour; jamais elle n'a été aussi pressante, ni aussi facile. Elle est un corollaire naturel et nécessaire de l'instruction primaire, dont l'utilité aujourd'hui n'est plus contestée que par les esprits chagrins et arriérés.

La statistique ne vient-elle pas, en effet, nous apprendre qu'en France, de 1829 à 1839, sur 81,800 criminels condamnés, 72,000 ne savaient ni lire ni écrire; qu'en 1858, sur 5,375 criminels, 4,454 étaient ignorants, et en 1859, sur 4,995, on comptait aussi jusqu'à 4,163 ignorants? Preuve admirable que l'instruction et l'éducation qu'elle amène avec elle adoucissent les mœurs et améliorent l'homme en élevant son intelligence! Tout ce qu'on donne aux appétits de l'esprit est enlevé aux appétits de la vie matérielle et à

---

[1] Ce recueil, qui ne paraissait d'abord qu'une fois tous les deux mois au prix de 1 fr. 50 c. par an va paraître tous les mois, à partir de 1864, au prix annuel de 2 fr. On peut s'abonner chez Risler libraire à Mulhouse.

l'oisiveté, « qui est la mère de tous les vices, » comme le dit un proverbe dont la véracité ne date pas d'aujourd'hui !

« Rien ne peut remplacer les livres, dit **Channing** dans son Discours sur l'éducation personnelle [1].

« Ce sont des amis qui nous encouragent, qui nous consolent dans la solitude, la maladie, l'affliction. La richesse des deux continents ne remplacerait pas le bien qu'ils procurent.

« C'est surtout par les livres que nous jouissons du commerce des esprits supérieurs, et cet inappréciable moyen de communication est à la portée de tout le monde. Dans les plus beaux livres, les grands hommes nous parlent, nous donnent leurs plus précieuses pensées et versent leur âme dans la nôtre. L'un des traits les plus intéressants de notre époque, c'est la multiplication des livres et leur propagation parmi toutes les classes de la société. Si, autrefois, leur prix élevé les réservait au petit nombre, aujourd'hui ils sont accessibles à tout le monde; et, de ce côté, s'opère dans la société un changement d'habitudes bien favorable à l'éducation du peuple. La propagation dans la société entière, de ces maîtres silencieux qu'on nomme les livres, produira de plus grands effets que les *canons rayés et les sabres-poignards*. Leur action pacifique remplacera les orages révolutionnaires.

« L'éducation ainsi répandue, en même temps qu'elle sera un bien inexprimable pour l'individu, donnera la paix et la stabilité aux nations. »

Qui oserait donc hésiter à se joindre à une œuvre aussi utile ! Qu'on se représente dans toutes les chaumières de nos villages ou dans les modestes logements de nos ouvriers le père de famille passant ses soirées d'hiver à faire aux siens d'intéressantes lectures, au lieu de les consumer comme aujourd'hui dans de stériles et frivoles bavardages. Qu'on se représente toutes ces populations devenues instruites et intelligentes, et qu'on se figure l'effet que produira sur les départements voisins et sur la France entière un spectacle aussi propre à exciter une louable émulation. Quel résultat propre à encourager et à récompenser ceux qui auront contribué à le produire !

CHARLES THIERRY-MIEG fils.

SOCIÉTÉ DES BIBLIOTHÈQUES COMMUNALES DU HAUT-RHIN.

Il n'y a que deux manières d'accomplir des réformes dans l'ordre social ou politique. La première est celle que pratique l'État, la seconde celle que pratiquent les citoyens. Dans l'une, on procède généralement par voie d'enquête, et l'on finit par un décret ou par une loi; dans l'autre, on procède par voie d'association : un homme d'initiative rassemble autour d'une idée un groupe qui constitue une mise en commun d'intelligence, d'argent et de bon vouloir; et ce groupe s'applique à faire entrer dans les faits l'idée dont il s'est constitué le patron. Dans les pays de liberté, en Angleterre, aux États-Unis, en Suisse, en Hollande, en Belgique, c'est ainsi que les grandes réformes sont nées, c'est ainsi qu'elles ont grandi, en luttant contre l'inertie, la routine, les préventions et les préjugés que rencontre toujours l'innovation. Qu'on se rappelle la façon dont la réforme commerciale a triomphé de l'autre côté du détroit, et celle tout opposée dont elle a été inaugurée dans notre pays. Il y a là un contraste à méditer, et qui mérite d'autant plus notre attention qu'il se reproduit, à divers degrés, en tout ce que nous accomplissons. *Tout par l'État, ou du moins avec l'assistance prépondérante de l'État :* c'est notre devise.

Les choses, de cette sorte, se font vite, et notre impatience aime la célérité. Du jour au lendemain, une réforme importante, que dis-je ? une révolution se trouve faite. Quel admirable résultat, et comme il est propre à convaincre de *leurs* erreurs les esprits chagrins qui ne savent pas se rendre à l'évidence, et qui chicanent encore misérablement sur les avantages de cette souveraine initiative du pouvoir !

[1] Œuvres sociales de **Channing**, publiées par **Éd. Laboulaye**.

Dans ce système, on voit s'opérer, comme à l'appel du machiniste, les changements de décors les plus inattendus et les plus complets. C'est une politique à tableaux, à sensation, bien faite pour un peuple qui ne déteste pas les spectacles, et qui, *né malin, créa le vaudeville.*

Un empire, une campagne de Crimée, une campagne d'Italie, une autre en Chine, en Cochinchine, au Mexique; une réforme profonde dans les douanes, conséquence d'un traité émané de la couronne; l'Université chaque jour remaniée, et toujours la même, un congrès proposé, et ce qui pourra s'ensuivre : tout cela et le reste, en dix ans, n'est-ce pas un témoignage que nous ne sommes pas inertes, et que les changements accomplis en haut laissent fort en arrière, pour le nombre et la célérité, les procédés si lents de l'initiative privée, les résultats acquis au prix de tant d'efforts et de durée par le concours des citoyens. Il semble étrange, au premier abord, qu'un peuple, inventeur de ce dicton : « *Le temps c'est de l'argent,* » se prive si gratuitement de nos procédés, beaucoup plus expéditifs que les siens. Ces insulaires, tant vantés pour leur sens politique, en sont encore à la diligence, quand nous autres nous usons de la locomotive, et que nous prenons des trains-poste.

Les résultats de notre politique sont brillants, éblouissants même; si éblouissants qu'ils peuvent aveugler. A quelle condition les obtient-on cependant? A la condition que les citoyens laisseront au pouvoir une force d'impulsion correspondante à leur importance. On les obtient en mettant dans le gouvernement un principe d'autorité capable d'engendrer, du jour au lendemain, de semblables conséquences. Tout effet se proportionne à sa cause, et la cause de pareils effets, c'est presque l'omnipotence du pouvoir central. Mais cette omnipotence, elle est faite de son contraire, qui serait la puissance et l'initiative des individus et des groupes

Où l'État prend tout, il ne reste rien à l'individu; où l'État prend beaucoup, il reste peu à l'individu. En France, l'État ne prend pas tout, mais il prend beaucoup; le cercle de ses attributions est moindre sans doute qu'en Turquie, il est moindre qu'en Russie, mais il dépasse largement celui de tout pays où la liberté et le régime constitutionnel sont établis. Nous marchons tout ensemble à la queue des États despotiques et à la queue des pays de liberté. Qu'on se rende donc un compte exact de ce que coûtent tant de merveilles réalisées par l'État, et qu'on sente le prix dont nous payons la baguette de magicien que nous avons mise en ses mains. C'est la baguette de Moïse dans le désert. Ses vertus sont faites de nos impuissances; elle nous délivre, mais elle nous lie; elle opère des miracles, mais elle nous interdit ceux de la volonté.

Un peuple ne vit que par la liberté, il n'est que par la liberté; et, si l'activité extrême de l'État a pour corollaire obligé la paralysie des volontés individuelles, nous admirerons moins les fruits de cette activité : ils nous sembleront moins savoureux, et le ver rongeur, le ver mortel, nous apparaîtra sous l'éclat de leur écorce.

Mais n'allons pas au pessimisme. Il y a encore en France, pour les citoyens, quelque chose à entreprendre. Si même on voulait y regarder de plus près, en maintes circonstances, il se trouverait que notre pouvoir d'agir dépasse encore de beaucoup notre vouloir. Rien n'empêche nombre d'améliorations de s'accomplir par le libre concours des citoyens, par la vertu des associations et la force des idées positives, des idées pratiques. Cependant nous n'usons guère de ce qui nous est laissé. On peut croire que ce système protecteur, en nous interdisant beaucoup de choses, a fini par nous décourager des quelques entreprises qu'il nous permettrait; qu'en pesant trop constamment sur nos volontés, il en a déprimé le ressort : de telle façon que c'est par une disposition acquise, invétérée d'abstention, d'inertie ou d'abandon due au régime en général, que nous ne faisons plus ce que ce régime nous permettrait en des cas particuliers. Tandis que l'État, en quelques décrets, abat des montagnes, nous trouvons fastidieux, mesquin, inutile souvent, de manier des grains de sable.

C'est pourtant avec des grains de sable que l'on construit. Décomposez la fortune d'un

Rothschild, vous la trouverez faite de centimes. Ne dit-on pas que cet immense univers est un océan d'atomes associés, groupés, organisés ? La commune est faite d'individus, les départements sont faits de communes, le pays est fait de départements. Supprimez l'individu, la particule irréductible, essentielle du corps social et politique, tout disparaît : vous ne pouvez constituer sans lui ces premiers groupes, ces premières molécules, qui s'appellent commune, arrondissement ou canton ; et sans la commune, l'arrondissement ou le canton, le département ou la province n'est rien qu'un nom. Et sans la province, où sera le pays ? Vous n'aurez plus qu'une capitale, une tête et pas de corps. Tout se réduira à des coups de dés sur un tapis étroit. Puissance de l'abstraction, où nous as-tu menés !

Les augures heureusement, c'est-à-dire les esprits, abondent moins dans ce sens. Les nouveaux indices sont plus favorables, et nous les recueillons avec soin partout où ils se manifestent.

En voici un qui est plus gros qu'il n'en a l'air. Il vient de se constituer sans fracas, dans un coin de la France, et par la rencontre de quelques citoyens, une entreprise vraiment libérale. C'est un germe de progrès et d'avenir recueilli par des esprits généreux et intelligents. Il s'agit de la création de « *bibliothèque communales.* » On sait que le mot a été mis en circulation naguère dans des circulaires ministérielles. Le mot appartient à ces circulaires. La chose appartient désormais, quant à ses commencements positifs, à quelques citoyens de l'Alsace, à la tête desquels s'est placé l'auteur de la *Bouchée du pain,* M. **Jean Macé.**

Répandre le goût de la lecture, tel est le moyen ; répandre l'instruction parmi le peuple des campagnes et des villes en excitant le goût de la lecture, tel est le but. La bibliothèque installée dans la commune fera honte à ceux qui ne voudront pas savoir lire. Elle sera le monument de leur incurie, le leur et celui de leurs enfants ! M. **Jean Macé** connaît le peuple, il connaît le paysan, l'artisan, l'ouvrier. Sa qualité d'instituteur primaire, son dévouement à la chose publique, sa pratique des campagnes et son zèle le qualifiaient mieux que personne pour être le parrain de cet enfant qui, nous l'espérons et nous y comptons, est destiné à croître et à se développer :

> Petit poisson deviendra grand,
> Pourvu que Dieu lui prête vie.

Dans la circonstance, Dieu c'est le gouvernement. Nous implorons cette providence nationale, afin qu'elle veuille ne pas trop se mêler de cette œuvre, et ne pas trop s'intéresser à son succès. C'est là tout ce que, pour notre part, nous oserions lui demander. L'entreprise est environnée de difficultés assez nombreuses pour qu'elle n'y ajoute pas les bienfaits de sa sollicitude administrative, et qu'elle laisse à l'association le soin d'aplanir un à un, pratiquement, sans hâte, les obstacles qu'elle pourra rencontrer. L'administration n'a pas coutume de dénouer, elle se règle sur Alexandre, ce qui est sans doute plus grand et plus glorieux. Mais ici, nous l'en supplions, qu'elle laisse les choses se former humblement, les difficultés se résoudre avec le secours du temps et de l'expérience ; qu'elle abandonne aux citoyens qui ont commencé l'entreprise, le soin et le mérite de la mener à bien, en montant les échelons qui mènent laborieusement du petit au grand, du moins au plus, du particulier au général.

L'Association s'est, dès l'origine, inspirée du meilleur esprit. Au lieu d'agir à son tour comme si elle était un petit gouvernement, elle a eu grand souci de se tenir à l'écart et de se borner à patronner, à avertir, à proposer des conseils et des exemples, au lieu de supplanter les efforts qui seraient faits sur place. Elle sait bien que toute chose viable naît à l'endroit qui la réclame, et que c'est là qu'elle se nourrit du besoin même qui la suscita, et qui peut la développer. Cette manière de voir, dont le sens a été nettement précisé dans une première réunion à Colmar, fait le plus grand honneur à la sagacité des membres de la Société :

« Avant toutes choses, dit le procès-verbal de la séance que nous avons sous les yeux, la Société a pour but, *non point de faire des bibliothèques communales, mais d'en faire faire.* La Société n'entend en aucune façon substituer son initiative à celle des communes; elle prêtera son concours à tous ceux qui voudront agir; elle n'agira pas en leur lieu et place. Que dans une commune il se forme une commission locale pour créer une bibliothèque, et que cette commission se mette en rapport avec l'Association, ce n'est que de cette manière que le but de l'Association pourra être atteint. C'est une œuvre de décentralisation ; ce n'est point une centralisation nouvelle. »

Voilà qui s'appelle parler, voilà qui s'appelle comprendre. Continuons :

« De même, l'Association « s'interdit tout achat direct et toute désignation officielle de livres; » article fondamental des statuts. Chaque commission locale se fournira de livres selon les besoins particuliers de sa commune. L'Association se contentera de mettre à la disposition de ses membres les divers catalogues contenant la liste des livres qui auront été achetés par les différentes communes, de manière à faciliter le travail de celles qui seront en train de créer des bibliothèques. Les conseils que les membres pourront être dans le cas de donner ne seront que des patronages essentiellement personnels. L'Association entend se constituer en dehors de toute opinion.

« Dans un grand nombre de communes, la langue allemande a encore le dessus, il ne s'agit pas de l'étouffer, et tout en cherchant à faire pénétrer partout une plus grande connaissance du français, il serait regrettable qu'on ne tînt pas compte de ce qui existe, et que, voulant vulgariser une langue, on arrivât à détruire l'autre. Les deux doivent marcher de front. »

Après que l'assemblée a approuvé les statuts, M. **Macé** donne lecture d'une lettre de l'instituteur de Sundhoffen, qui soulève une intéressante question. L'instituteur annonce qu'il a formé une petite bibliothèque communale de 60 volumes, lesquels ont été lus avec avidité, et littéralement enlevés par les habitants de la commune ; que, voyant cela, le pasteur a mis à sa disposition les 40 volumes composant sa bibliothèque paroissiale. Ce dernier fait, ainsi que le constate M. **Macé**, est important : cette adjonction de la bibliothèque paroissiale à la bibliothèque communale ne saurait être qu'un fait accidentel; il faut que les deux bibliothèques restent complètement séparées.

M. **Bretegnier,** pasteur à Bental, prend la parole pour développer cette idée :

Les bibliothèques paroissiales, nombreuses surtout dans les communes protestantes, rendent des services, mais elles ne contiennent pas tout ce que peuvent et doivent lire les habitants des communes rurales. Le sentiment religieux seul y est représenté; il faut autre chose encore à ceux qui lisent.

M. **Bretegnier** estime donc que les bibliothèques paroissiales et communales, nécessaires et utiles toutes les deux, devront se développer parallèlement, et rester essentiellement distinctes, de peur qu'un jour ou l'autre un conflit ne vienne à naître, conflit qui serait d'autant plus regrettable, que des questions de culte en seraient le motif. L'Association a son terrain bien nettement déterminé, sur lequel elle se développera : elle doit répandre l'instruction générale, des notions de morale générale, et activer le progrès dans toutes ses branches: mais elle réservera aux bibliothèques paroissiales le soin de satisfaire aux besoins religieux des habitants.

M. **Macé** ajoute que, à plusieurs reprises, des hommes auxquels il exposait ses plans lui ont répondu : « N'avons-nous pas déjà les bibliothèques paroissiales ? Vos bibliothèques communales feront double emploi. » Il faut que l'on sache bien et qu'on se pénètre de cette idée que les bibliothèques communales et les bibliothèques paroissiales marchent sur deux plans parallèles, qu'elles s'adressent à des besoins différents, qu'elles ne se confondront ni ne se feront concurrence.

MM. **Bavelier** et **Bader** ajoutent qu'il en est de même pour les bibliothèques scolaires, lesquelles, étant soumises à l'inspection académique, resteront bien distinctes également des bibliothèques communales.

Sur la demande de M. le pasteur **Bretegnier**, l'assemblée approuve le projet d'avoir des membres associés dans les autres départements. M. **Bretegnier**, qui dirige depuis deux ans un journal intitulé *le Lecteur*, et qui fait des efforts constants pour arriver à fonder des bibliothèques dans son rayon, annonce que dans le département du Doubs le mouvement du Haut-Rhin trouvera bientôt des imitateurs.

M. **Macé** soumet ensuite à l'assemblée des listes de souscription, dans le but de réunir des volumes à donner en prime aux 20 premières communes qui créeront des bibliothèques communales.

Voici les statuts de la Société dans la forme où ils ont été adoptés :

« L'Association a pour but principal de propager l'idée des bibliothèques communales dans le département du Haut-Rhin et de stimuler l'initiative locale dans toutes les communes où ses membres auront accès.

« La Société recueillera et publiera tous les ans les renseignements relatifs à ces bibliothèques, décernera des primes d'encouragement aux communes qui se seront le plus distinguées, et des récompenses honorifiques aux bibliothécaires qui auront montré le plus de zèle ; prendra en main la cause des bibliothèques dans les cas de contestations, et, subsidiairement, aidera à leur établissement par des dons d'argent, quand cela sera reconnu nécessaire.

« Elle s'interdit tout achat direct et toute désignation officielle de livres, voulant se tenir en dehors des préférences d'opinions et de librairies, ses membres se réservant d'aider de leurs conseils ceux qui s'adresseront à eux.

« Un Comité de vingt-quatre membres sera nommé dans la première réunion de la Société, et soumis tous les ans à la réélection par tiers, tirés au sort.

« Les membres sortants seront rééligibles. En cas de partage des voix, celle du président sera prépondérante.

« Il y aura une réunion annuelle de la Société, dont le jour sera fixé par le Comité, et une réunion mensuelle de son Comité.

« Chaque membre payera une cotisation annuelle de 5 fr. Elle sera recueillie dans chaque canton par un délégué de la Société, et versée par lui entre les mains du Comité, qui aura seul droit de disposer des fonds.

« Les bibliothécaires seront de droit membres de la Société. Ils seront dispensés de la cotisation en argent.

« Il sera rendu compte, en séance annuelle, de l'emploi des fonds et de la situation financière de la Société.

« La Société s'interdit toute intervention étrangère à la cause des bibliothèques communales, dans l'intérêt exclusif desquelles elle est fondée.

« Toute modification aux présents statuts ne pourra être proposée qu'en séance annuelle, après avoir été soumise au Comité dans sa précédente séance. »

La première réunion a eu lieu dans les salles de la Préfecture, et sous la présidence du préfet du Haut-Rhin, M. **Paul Odent**. C'était là en quelque sorte une dette de convenance que la Société acquittait, en retour de l'autorisation officielle. M. le préfet a eu le bon goût de se borner à une courte allocution, et puis il s'est mis à l'écart pour laisser les débats se produire du sein même de l'assemblée. Parmi les membres de celle-ci, nous avons salué de loin, avec un vif plaisir, des hommes que nous connaissons de longue date, que nous avons l'habitude de voir se produire dans le département en toutes les occasions où le progrès et la liberté ont quelque profit à recueillir : des hommes intelligents et dévoués, dont nous nous honorons de partager le patriotisme. Leur présence seule nous serait une garantie de la solidité de l'œuvre qui vient d'être fondée.

La Société, grâce au tact de M. le préfet, aura traversé les eaux administratives sans y rester. Nous lui souhaitons de prospères destins ; nous lui souhaitons de montrer que, dans notre pays, les citoyens sont encore capables de convaincre les sceptiques à la façon

du philosophe ancien dont on connaît l'à-propos. Tandis qu'on niait devant lui le mouvement, il ne répondit rien, se leva et marcha.

Les Sociétés pour la fondation de bibliothèques communales sont appelées à rendre
des services immédiats aux populations et au pays ; elles en rendront aussi de moins pro-
chains, qui auront cependant leur grande importance. Qu'elles soient bénies trois fois si
elles réussissent à faire entrer plus avant dans les esprits une vérité destinée, nous le
croyons, à devenir l'axiome fondamental de toute démocratie : le chemin du scrutin doit
passer par l'école primaire, et tout électeur, en échange de son droit de vote, doit à son
pays l'impôt élémentaire de l'esprit [1].

LOI SUR L'INSTRUCTION PUBLIQUE DU CANTON DE VAUD (SUISSE).

LIBERTÉ — ÉGALITÉ

TITRE PREMIER.

Instruction primaire.

**Article 5. L'instruction primaire est celle qui est indispensable à cha-
cun. Elle est obligatoire. Elle est donnée dans les écoles primaires [2].**

Art. 61. Les parents et les tuteurs d'enfants âgés de sept à seize ans sont tenus de les
envoyer aux écoles publiques primaires. L'âge de sept ans doit être révolu à une époque
de l'année fixée par le règlement.

Art. 62. L'instruction primaire obligatoire dure jusqu'à l'âge de seize ans. Les enfants
ne sont dispensés de l'obligation de fréquenter les écoles qu'après qu'ils ont subi un
examen de sortie à l'époque de l'année fixée par le règlement.

Art. 63. Les parents et les tuteurs sont libres de pourvoir à l'instruction de leurs enfants ou de leurs pupilles par tout autre moyen que la fréquentation de l'école primaire,
à condition qu'ils fassent constater que cette instruction est égale au moins à celle qui se
puise dans les écoles primaires.

La commission d'inspection s'assure que les parents et les tuteurs qui sont dans ce cas
remplissent l'obligation qui leur est imposée.

Art. 65. Le conseil de l'instruction publique, sur le préavis de la commission d'inspection, peut accorder aux écoliers qui ont acquis un degré suffisant de développement, ainsi
qu'à ceux dont les facultés intellectuelles sont telles qu'une plus longue fréquentation
devient inutile, la permission de sortir de l'école avant l'âge de seize ans.

**Art. 67. La commission d'inspection établit, chaque année, le rôle des
enfants qui doivent fréquenter l'école ; elle demande, à cet effet, les
renseignements nécessaires au dépositaire des registres de l'état civil
et à la municipalité.**

**Le rôle dressé, elle en donne avis aux parents et aux tuteurs, et leur
indique le jour de l'ouverture de l'école.**

Art. 68. La commission peut accorder des dispenses aux écoliers âgés de plus de douze
ans, dont le travail est nécessaire à leurs parents. — Ces dispositions ne peuvent être
données que depuis les examens du printemps, à la Saint-Martin, et seulement sous condition que ces écoliers fréquentent chaque semaine un nombre d'écoles déterminé par le
règlement.

L'une de ces écoles peut avoir lieu le dimanche.

[1] *Moniteur universel de France.*
[2] **1834. L'instruction primaire est obligatoire. Elle est donnée dans les
écoles primaires.**

Art. 73. La commission d'inspection des écoles fait citer devant elle, exhorte ou censure :

a. Les parents ou les tuteurs dont les enfants ou les pupilles ne vont pas à l'école, malgré l'avis qui leur est donné conformément à l'art. 67, et qui ne font pas constater, lorsqu'ils en sont requis, qu'ils pourvoient d'ailleurs à l'instruction de leurs enfants ou de leurs pupilles d'une manière suffisante, ou qu'ils ont obtenu une dispense.

b. Les parents ou tuteurs dont les enfants ou les pupilles continuent à négliger de fréquenter l'école, malgré les avertissements qui auraient été donnés à ceux-ci.

Art. 74. Si les parents ou les tuteurs ne paraissent pas à cette première citation, ils sont cités de nouveau.

Art. 75. En cas de non-comparution à la seconde citation, de persistance ou de récidive, la commission dénonce au préfet les parents ou les tuteurs négligents.

Art. 76. Le préfet fait citer à son audience, par l'intermédiaire du syndic de la commune, pour y être exhortés ou censurés, les parents ou les tuteurs qui lui sont dénoncés par la commission d'inspection, conformément à l'article précédent.

Les frais de notification sont à la charge des personnes citées.

Le préfet informe la commission du résultat de sa citation.

Art. 78. **Peuvent être condamnés à une amende qui n'excède pas quarante francs :**

a. Les parents ou les tuteurs qui, ayant été cités, n'ont paru ni devant la commission d'inspection, ni devant le préfet ;

b. Les parents ou les tuteurs qui, malgré les exhortations et les censures de la commission d'inspection et du préfet, ont persisté dans leur négligence, et dont les enfants ou les pupilles ont continué de manquer d'assiduité aux écoles.

Art. 83. Les enfants en apprentissage, en service ou en pension ne sont pas dispensés de la fréquentation des écoles, à moins qu'il ne soit pourvu à leur instruction d'une manière suffisante.

S'ils sont en apprentissage, en service ou en pension dans la commune du domicile de leurs parents ou de leurs tuteurs, ceux-ci sont responsables aux termes de la loi.

S'ils sont en apprentissage, en service ou en pension dans une autre commune du canton, les personnes chez lesquelles ils sont placés comme apprentis, domestiques ou pensionnaires représentent les parents ou tuteurs de l'enfant, et deviennent responsables devant la loi.

BLONDEAU (Ca.), Professeur de physique au lycée Laval.

> **Chimie mycodermique.** (*Moniteur scientif.*, 1863, t. V, p. 641 à 65, — p. 693 à 702.)

BOLLEY (Dʳ).

> Voyez *Exposition de Londres*, E.

BOUCHARD-HUZARD (Louis).

> **Société centrale d'agriculture de France.** Notice bibliographique sur les publications faites par cette Société pendant un siècle, depuis son origine, en 1761, jusqu'en 1862. In-8. Paris, 1863.

BOUCHERIE.

> **Conservation des bois** par des procédés d'injection. (*Monit. scientif.*, 1857, t. Iᵉʳ, p. 311.)
>
> ..... Quand la pénétration est faite par 1 kilogr. *sulfate de cuivre* pour 100 kilogr. d'eau, et que la filtration à travers le bois en a chassé la sève, dans ces conditions il résiste à toutes les altérations. Ce procédé est celui qui est suivi par les administrations des chemins de fer, et il offre ce grand avantage de permettre de substituer les bois tendres aux bois durs.

BOUILLET (N.).
Voyez *Dictionnaire*, D.

BOUILLET.
Dictionnaire universel des sciences, des lettres, des arts. 6° édit.; 2
vol. in-8, 1758 p. Paris, 1862.

BOUQUET.
Sels à base de protoxyde d'étain. (*Monit. scientif.*, 1858, t. I", p. 785.)
Sulfate d'étain. — Hyposulfate d'étain. — Tartrate d'étain. — Oxalate d'étain. — Oxalate
d'étain et de potasse. — Oxalate d'étain et d'ammoniaque. — Oxalate d'étain et de
soude.

BOUSSINGAULT.
Chimie agricole. Cours public au Conservatoire des arts et métiers à Paris, en 1863.

BOUTEL, DE MOUVEL..
Cours de chimie rédigé conformément aux derniers programmes de l'enseignement scientifique dans les lycées et à celui des baccalauréats ès sciences. 5° édit.;
in-18 jésus, 710 p., gravures nombreuses dans le texte. Paris, 1862.

BOUTRON et BOUDET.
Hydrométrie. Nouvelle méthode pour déterminer les proportions des matières en
dissolution dans les eaux de sources et de rivières. 3° édit.; in-8, 55 p., 8 planches.
Paris, 1862.

BRAUN.
Murexide. Fabrication en grand. (*Monit. scientif.*, 1860, t. II, p. 962.)

BREULIER et DESNOT-GARDISSAL.
Du régime de l'invention, à propos du nouveau projet de loi sur les brevets.
In-8, 160 p. Paris, 1862.

BREVETS D'INVENTION. Catalogue pour l'année 1863, n° 3 et 4, in-8, et années
précédentes.

BREVETS D'INVENTION. Description des machines et procédés pour lesquels les
brevets d'invention ont été pris sous le régime de la loi du 5 juillet 1845; publiés
par les ordres de M. le Ministre de l'agriculture, du commerce et des travaux publics. In-4, t. XLV. Paris, 1863.

BREVETS. Description de machines et procédés consignés dans les brevets d'invention,
de perfectionnements, et dont la durée est expirée, et dans ceux dont la déchéance
est prononcée. T. XCI, in-4, 596 p. et 26 planches. Paris, 1862.

BROQUETTE.
Laques (précipités) destinées à remplacer les extraits de matières colorantes em-
ployées jusqu'ici à l'impression des tissus de laine pure, laine et soie, et soie pure.
Brevet d'invention de quinze ans, pris le 17 juin 1847 par M. Broquette.
Observations sur ce brevet par M. **Persoz** (professeur de teinture et d'impression des
tissus au Conservatoire des arts et métiers). In-4, 56 p. Paris, juin 1853.
Brevet. — Application à l'impression des tissus de laine, laine-soie et soie, des précipités colorants insolubles connus sous le nom de *laques*, obtenus par la séparation d'une
matière colorante de sa décoction dans l'eau au moyen d'un ou plusieurs agents chimiques :
précipités pouvant, malgré leur insolubilité, se combiner aux tissus au moyen de la vapeur,
et pouvant, à cause de cette même insolubilité, recevoir un nouveau mode de vaporisation

plus rationnel que l'ancien, parce qu'il est une véritable teinture à la vapeur, et parce que *le tissu qu'on y expose est mouillé préalablement.*

..... En 1778, **Macquer**, dans son *Dictionnaire de chimie*, à l'article teinture, faisait déjà connaître la manière de former ces précipités.

..... **Jean-Michel Haussmann** (*Journal de chimie, d'histoire naturelle et des arts*, t. XLVIII, p. 114. Paris, 1709) a publié sur la fabrication et l'application des laques un mémoire étendu [1].

BUIGNET.

Physique. Cours public à l'École supérieure de pharmacie à Paris, en 1863.

BULLETIN DES SÉANCES DE LA SOCIÉTÉ D'AGRICULTURE de France, comptes rendus mensuels, Rédigé par M. **Payen**, secrétaire perpétuel. T. XVIII, en juillet 1863. Paris.

BULLETIN DE LA SOCIÉTÉ DE L'INDUSTRIE MINÉRALE. T. VIII, en 1863. Paris.

BULLETIN DE LA SOCIÉTÉ D'AGRICULTURE. Industrie, sciences et arts de la Lozère. T. XIV, en 1863. Mende.

BULLETIN DE LA SOCIÉTÉ INDUSTRIELLE D'AMIENS. T. II, 1er novembre 1863. In-8.

..... Notes sur l'Exposition universelle de Londres en 1862, p. 405 et suivantes. 1 pl. Note explicative sur les figures de la planche VI.

Figure 1re. *Banc à broches de* **J. Comb et Cie** (de Belfort). Cl. VII. Angleterre, n° 1491. *Poulie-cône différentiel à diamètre variable.*

Fig. 2. *Métier à filer le chanvre de* **Fairbairn et Cie** (de Leeds). Cl. VII. Angleterre, n° 1511.

Frein pour bobines.

DA [1] M. **Broquette,** ayant compris l'influence de l'humidité dans la vapeur d'eau employée à la fixation des couleurs des précipités (laques), a eu l'heureuse idée d'en régulariser l'effet par l'intervention d'un doublier très-humide qui est un véritable perfectionnement de *sine qua non* de réussite.

M. Broquette exploitait lui-même son brevet dans son établissement d'impression sur étoffes de laine dans les environs de Paris. Ses produits se distinguent par la pureté, l'éclat et la vivacité des couleurs, et surpassaient tout ce qui s'était produit jusqu'alors. — Un jour cet habile coloriste se présenta à l'établissement de M. Dollfus-Mieg et Cie, à Dornach, et, suivant conventions, des essais d'impression de laques furent entrepris. — Les dessins imprimés à la planche en objets détachés ne laissaient rien à désirer, mais les fonds unis étaient inégaux, on voyait les rapports de planches, inconvénient auquel on n'a jamais pu remédier, même inconvénient pour des bandes un peu larges. — Voyant qu'on allait renoncer à un arrangement avec l'inventeur, je me suis posé les deux questions :

1° La matière colorante des laques a-t-elle une affinité plus grande pour les matières textiles animales (laine, soie) que pour la base des laques (alumine, étain, etc.) ?

2° Les rapports d'inégalités d'impression disparaissent-ils par l'impression au rouleau ?

Pour résoudre ces deux questions, j'ai commencé par laver à grandes eaux froides, puis avec de l'eau à l'ébullition, les divers précipités, afin de ne laisser aucune trace de matières solubles. A de l'eau à l'ébullition on a ajouté de la laque lavée (neutre), on a introduit de l'étoffe de laine pure non mordancée et n'ayant subi d'autres préparations que le blanchiment, et la matière colorante s'est combinée parfaitement avec l'étoffe.

Un échantillon a été imprimé au rouleau ; réussite parfaite. Une portion de couleur fut aussitôt préparée pour imprimer une pièce entière. — Le contre-maître imprimeur dit : « Vos laques boucheront la gravure, jamais vous ne réussirez. » Je lui réponds : « L'inconnu, s'il réussit, est un progrès,... imprimons ! » — Après la vaporisage, l'impression était splendide, superbe sous tous les rapports. Par un air ambiant de — 15° (en plein hiver), on construisit un atelier pour les décoctions de matières tinctoriales et la fabrication des laques, et quinze jours plus tard, 40 à 60 pièces d'impressions au rouleau sur étoffes de laine en couleurs de laques partent pour Paris, et sont suivies de pareils envois journaliers pendant la saison de vente.

Fig. 3. *Banc à broches* de **Rieter** (de Winterthur). Cl. VII. Suisse, n° 63.
Enroulement spiral de la mèche.

Fig. 4. *Machine à enrouler les tissus*, système **J. Aspell et C**[ie], exposée par Tuer et Hall (de Bury, près Manchester). Cl. VII, Angleterre, n° 1537.
Enroulement rationnel du tissu.

Fig. 5. *Métier à tissus ouvrés* de **Dickinson et fils** (de Blackburn) Cl. VII. Angleterre, n° 1407.
Mouvement du lerdes des lames.

Fig. 6. *Métier à tissus ouvrés* de **G. Hodgson** (de Bradfort). Cl. VII. Angleterre.
Mouvement des lames.

Fig. 7 et 7 *bis*. *Mécanique d'armures pour tissus ouvrés*, système **Pastel**, exposé par Bruneaux, fils aîné de Rethel. Cl. VII. France, n° 1069.
Mécaniques d'armures.

BULLETIN DU MUSÉE DE L'INDUSTRIE. Publié sous la direction de la commission administrative. T. XLIV, en 1863. Bruxelles.

BUNSEN et **KIRCHHOFF.**
Tracé géographique des spectres de neuf métaux différents, potassium, cæsium, thallium, sodium, lithium, calcium, strontium, baryum. (*Monit. scientif.*, 1863, t. V, p. 618, 1 planche.)

BUNSEN (Robert) et **ROSCOE** (Henri-Enfield)
Recherches photochimiques. (*Monit. scientif.*, 1863, t. X, p. 281.)

BURDIN et **BOURGET.**
Machine à air chaud d'un nouveau système. (Acad. des sciences, 1863, séance du 6 avril.)

C

CALLIAS (de), à Nanterre.
Extraction de la fécule des marrons d'Inde. (*Monit. scientif.*, 1862, t. IV, p. 313.)

CALVERT (F. C.) et **JOHNSON** (Richard).
Alliages métalliques. (*Monit. scientif.*, 1863, t. V, p. 340.)

CALVERT (Crace) et **JOHNSON** (Richard).
Action de l'acide sulfurique sur le plomb. (*Monit. scientif.*, 1863, t. V, p. 290.)

CALVERT (Crace) et **JOHNSON** (Richard).
Conductibilité relative pour la chaleur des métaux et des alliages.
Traduction par **Charles Thierry-Mieg fils.** (*Monit. scientif.*, 1862, t. IV, p. 18, — p. 33, — p. 86, — p. 122, — p. 141. — Pesanteur spécifique des alliages, p. 253.)

CAOUTCHOUC. Industrie du caoutchouc, par **Émile Carrey.** (*Monit. scientif.*, 1857, t. Ier, p. 849.)
Lieux de provenance. — Arbre de production. — Extraction. — Préparation. — Prix et falsification.
— Travail du caoutchouc, par **Balard.** (*Monit. scientif.*, 1857, t. Ier, p. 856.)

CARRYLEA, de Philadelphie.
  Acide pierique et les pierates. *Silliman's American Journal*, novembre 1858. Répertoire de chimie pure. T. Ier, p. 227. (*Monit. scientif.*, 1859-1860, t. II, p. 281.)

CAVÉ (Madame E.).
  Le dessin sans maître. 4e édition, in-8. — Abrégé de la méthode Cavé. In-8. Paris

CHATEAU (Théodore).
  Traité complet des corps gras. In-18, 404 p. Paris, 1862.

CHATEAU (T.).
  Falsifications des corps gras en général et des huiles en particulier. Extrait des bulletins de la Société industrielle de Mulhouse. (*Monit. scientif.*, 1861, t. III, p. 503, — 1862, t. IV, p. 8.)

CHEMICAL NEWS par **William Crookes,** paraît à Londres chaque samedi. — C'est le journal le plus répandu qui traite les sujets de chimie, des manufactures, etc.

CHEVALIER.
  Pharmacie. Cours public à l'École supérieure de pharmacie à Paris, en 1863.

CHEVALIER (Michel).
  Industrie manufacturière en France. Suivie d'une note de M. A. P. de **Candolle,** sur le tableau de l'état physique et moral des ouvriers employés dans les manufactures de coton, de laine et de soie. Br. in-12, 56 p. Paris, 1841.

CHEVALIER (M.).
  L'industrie moderne, ses progrès et les conditions de sa puissance. In-8, 77 p. Paris, 1862.

CHEVREUL (E.), Professeur.
  Physique physiologique. Nouvelles expériences sur le principe du *contraste simultané des couleurs* et sur le principe de leur mélange, en réponse à un mémoire de M. **Plateau** sur un phénomène de couleurs juxtaposées, inséré dans les *Bulletins de l'Acad. roy. des sc. de Belgique,* 2e série, t. XVI. (Compte rendu des séances de l'Académie des sciences, t. LVII, n° 18, 2 novembre 1863, p. 713.)

CHEVREUL (E.).
  Vitraux colorés. Mémoire. (Compt. rend. Acad. sc., t. LVII, n° 16, 19 octobre 1863 p. 655.)

CHEVREUL (E.).
  Teinture. Recherches chimiques sur la teinture. 12e, 13e, 14e mémoires. In-4, 406 p. Paris, 1863.

CHEVREUL (E.).
  Rouges d'aniline. Opinion de M. Chevreul sur la propriété industrielle des rouges d'aniline. (*Monit. scientif.*, 1863, t. V, p. 216.)
  ..... M. **Renard,** qui a acheté son procédé d'un jeune chimiste, ne peut prétendre à avoir le droit de l'inventeur, de l'illustre **Hofmann** et une chose qui n'est pas la moins curieuse de cette affaire, et qui ne prouve pas en faveur des lumières du pays, c'est cette question : L'expérience d'**Hofmann,** telle qu'il l'a faite et racontée en 1858, permet-elle de faire du *rouge d'aniline?* Sans doute qu'en la posant, on met en doute la découverte, et que dès lors on peut conclure que le savant a cru voir du rouge, mais qu'en réalité **Renard** est le véritable inventeur du rouge matériel d'aniline! En défi-

nitive, la loi sur les brevets ne peut garantir que ce qu'il y a dans le brevet. Or le brevet
de **Renard** ne lui garantit que son procédé, et dès lors il n'a aucun droit pour poursuivre comme contrefacteurs des personnes qui préparent du rouge par un procédé différent de celui pour lequel il est breveté

Voilà une opinion qu'on trouvera peut-être trop explicite; mais cette affaire, dans un
pays qui se prétend si éclairé, avec ses écoles industrielles et ses professeurs, avec cette
nuée d'experts auxquels recourent sans cesse les tribunaux pour s'éclairer dans des
affaires d'invention dont les éléments sont en dehors de l'enseignement des écoles de
droit, est une des choses les plus tristes que je connaisse pour les amis de la vraie
science, du juste et de l'industrie.

Signé : E. Chevreul.

CHEVREUL (E.).
   Peinture à l'huile. Expériences. (*Monit. scientif.*, 1859-1860, t. II, p. 283. — *Annales de chimie et de physique.*)

CHEVREUL (E.).
   Recherches chimiques sur la teinture. Onzième mémoire de la théorie de
   la teinture. In-4, 400 p. Paris, 1862.

CHEVREUL (E.).
   Philosophie des sciences [1].
   Dans un appendice aux 12ᵉ, 13ᵉ et 14ᵉ mémoires que M. **Chevreul** a publiés sur la teinture, on trouve des considérations sur la philosophie des sciences qui méritent d'être
méditées par tous ceux qui s'occupent des méthodes par lesquelles l'homme arrive à des
connaissances nouvelles. L'auteur distingue la philosophie en *philosophie morale* et en
philosophie naturelle. Pour lui, la philosophie morale a donné tout ce qu'elle pouvait
donner; c'est à la philosophie naturelle que l'on doit dorénavant tous les progrès des
connaissances humaines. Il est utile de connaître les principes sur lesquels s'appuie l'illustre savant pour établir sa thèse. Nous ajouterons seulement qu'il n'a pas manqué de
faire suivre les principes d'un exemple. Il a choisi à cet effet les diverses applications à
la médecine que pourrait donner la méthode par lui employée pour rechercher la cause
des différences que présentent les eaux naturelles dont on fait usage en teinture.

Nous laissons de côté ces applications, mais nous mettons les principes généraux sous
les yeux de nos lecteurs.

J. A. Barral.

1° On s'étonne souvent de la grande différence d'opinion qui partage les hommes les
plus distingués dans des questions en dehors de la religion, de la politique et des intérêts
personnels; l'étonnement cesse lorsque, en en recherchant la cause, on vient à reconnaître combien diffèrent les points d'où l'on est parti respectivement pour raisonner.
C'est, je crois, le résultat auquel on arrive quand on remonte à la cause des opinions
diverses qui règnent sur le genre des relations que peuvent avoir les sciences positives
avec ce qu'on appelle communément la philosophie.

2° La plupart des savants qui se sont occupés de la culture des sciences exactes avec
assez de succès pour s'illustrer et attacher leur nom à des découvertes, accordent une
faible part à l'intervention de la philosophie dans les recherches de leur ressort, sachant

---

DA [1] Ex-préparateur adjoint du Cours de chimie de l'immortel **Vauquelin**, professé en 1813 par
l'illustre M. **Chevreul**, je transcris comme matériaux pour la coloration des étoffes la *Philosophie des
sciences*, que M. **Barral** a insérée dans la *Presse scientifique des deux Mondes*, revue universelle
des sciences et de l'industrie ; année 1863, t. II, p. 618.

Je en recomman de la lecture à mes fils, et à mes neveux, et aux amis coloristes qui mettent la main à
la pâte colorante pour illustrer les étoffes.

comment leurs yeux se sont ouverts devant l'inconnu, comment ils ont fait leurs découvertes, et sachant encore qu'aucune règle, qu'aucune formule émanée de la philosophie n'a jamais servi de fil conducteur pour faire trouver une vérité du domaine des sciences qu'ils cultivent.

3° D'un autre côté, que l'on demande à beaucoup de personnes occupées principalement de philosophie, quelle est leur opinion sur l'importance des sciences positives, généralement la réponse sera peu favorable, et la prévention de quelques-unes ira jusqu'à prétendre qu'entre la philosophie et les sciences positives la différence est aussi grande que l'est l'importance relative des objets dont elles s'occupent respectivement ; la philosophie se consacre aux sujets les plus élevés, à la connaissance de Dieu, de l'âme, de l'esprit, de l'intelligence ; tandis que les sciences sont restreintes à l'étude de la seule matière.

4° En cherchant la source d'une opinion dont ces personnes ne se rendent pas toujours compte à elles-mêmes, avec quelque réflexion on la découvre bientôt. En effet, la philosophie chez les anciens, et particulièrement chez les Grecs, renfermait toutes les connaissances humaines de l'ordre le plus élevé, mais à des états bien divers de développement ; les unes, comme les mathématiques, avaient déjà le caractère scientifique, lorsque les autres, comme la physique et la chimie, n'y existaient, pour ainsi dire, qu'à l'état de germe plus ou moins latent. Au point de vue de la science du raisonnement, que représentait donc cette philosophie ancienne ? Elle était l'ensemble de toutes les connaissances que l'homme peut acquérir par la réflexion que provoque la simple observation des phénomènes du monde moral et du monde physique.

5° Or, parmi ces connaissances, celles qui se rapportent à la grandeur, soit continue comme l'espace, soit discontinue comme le nombre, connaissances qui n'ont besoin, en définitive, que de quelques données empruntées au monde physique, ont pu revêtir, dès cette époque reculée, d'après un raisonnement sévère, le caractère scientifique dont sont empreintes incontestablement les œuvres d'**Euclide** et d'**Archimède**. Mais, quand il s'agit de la physique, et à plus forte raison de la chimie, en un mot, des connaissances modernes dont la qualification d'expérimentales est inséparable, il ne faut plus parler de la philosophie ancienne. Certes, je ne dirai pas que l'expérience fût absolument étrangère aux anciens, car ils n'ont pu exécuter plus d'une machine ingénieuse sans y recourir ; mais je veux dire que dans leurs ouvrages de philosophie on ne voit pas qu'ils aient institué aucun système d'expériences propres à résoudre des questions du ressort de la physique et de la chimie ; et l'on s'explique d'ailleurs ce fait en se reportant à l'état de leur civilisation et à la constitution de leur société. L'antiquité comme le moyen âge faisaient peu de cas des arts que nous appelons aujourd'hui mécaniques, physiques et chimiques ; ceux qui les pratiquaient étaient souvent des esclaves. Les philosophes, en dédaignant ces arts et les ouvriers, se trouvaient par là même réduits à l'impossibilité de profiter des moyens qui, dans les temps actuels, exercent pourtant une si grande influence sur les progrès des sciences d'observation et d'expérience, par les instruments de précision de tout genre qu'une industrie perfectionnée fournit à toutes les classes de la société moderne.

6° Enfin le principe d'autorité, si puissant dans chaque école de philosophie, tendait à restreindre l'enseignement au cercle parfaitement circonscrit des idées du maître, et je reconnais que, si la Grèce n'eût formé qu'un seul État, ne comptant qu'un seul enseignement, qu'un seul système de philosophie, jamais cette nation n'aurait exercé l'influence qu'elle a eue sur la civilisation moderne. Mais, tant qu'elle fut florissante et maîtresse d'elle-même, elle se composait d'États indépendants où tous les systèmes de philosophie pouvaient avoir leur organe, et c'est grâce à cette indépendance de la pensée et à l'heureuse organisation de ses peuples que la Grèce offre au monde intellectuel des modèles accomplis dans les branches des connaissances humaines accessibles au pur raisonnement, aussi bien que dans les lettres et les arts.

7° Mais, je le répète, si la philosophie trouvait dans l'indépendance des États, en lesquels la Grèce était divisée et subdivisée, la liberté de l'enseignement de tout système, cet enseignement, quel qu'en fût l'objet, affectait la forme dogmatique; le principe de l'autorité régnait donc sur tous les élèves qui voulaient s'instruire de la doctrine d'un maître; et dans les discussions auxquelles diverses doctrines pouvaient donner lieu, le raisonnement seul parlait à l'exclusion de l'expérience. Si, dans ces écoles, il existait des sciences de pur raisonnement, comme les mathématiques, il existait aussi des enseignements incapables de se prêter à des démonstrations rigoureuses, mais entretenant cependant l'esprit des idées les plus élevées concernant la cosmogonie, la constitution de la matière, la nature morale de l'homme, la législation et la nature divine.

8° Telles étaient donc la grandeur et l'étendue du champ que cultivait la philosophie grecque.

9° Quelle fut et quelle dut être la conséquence d'un tel état de choses à mesure que le temps apporta de nouvelles connaissances à la société, que les branches de la philosophie, sorties d'un même tronc, s'étendirent en se ramifiant elles-mêmes de plus en plus, et qu'il apparut de nouvelles branches que ne virent pas ceux qui, dans l'origine, avaient cultivé l'arbre philosophique de la Grèce? C'est que tant de faits s'accumulèrent, et un trop grand nombre se coordonnèrent en groupes divers, pour rester unis désormais, de manière à maintenir cet arbre allégorique représentant les connaissances de la philosophie grecque.

10° La philosophie grecque s'est donc appauvrie par le fait même du progrès des connaissances, et aussi à cause de la faiblesse de l'esprit qui ne permet à l'homme le mieux organisé pour apprendre de ne saisir et de n'approfondir qu'une faible fraction du savoir auquel arrive la science humaine, embrassant toutes les vérités acquises par l'ensemble des individus composant le genre humain.

11° La philosophie grecque, en perdant les mathématiques, fut privée de la seule de ses connaissances qui montre le raisonnement dans la plénitude de sa force, parce qu'elle le montre dans ce qui est essentiellement vrai, et comme l'instrument unique capable de formuler des théorèmes admirables, parce qu'ils sont incontestables.

12° La philosophie grecque perdit beaucoup par l'établissement du christianisme, puisque des opinions, des raisonnements, des doctrines même, qui avaient contribué beaucoup à en rehausser l'éclat, cessèrent de lui appartenir, du moins exclusivement, en passant dans la religion prêchée par les apôtres et soutenue de l'esprit et de l'éloquence des Pères des Églises grecque et latine.

13° En tenant compte maintenant de la cosmogonie, de la physique, de la chimie, de l'histoire de la nature morte et de la nature animée, qui se sont développées en dehors de la philosophie actuelle, son cercle s'est resserré comparativement à ce qu'il était dans l'antiquité.

Car il est réduit aujourd'hui à quatre parties appelées :

Psychologie,

Logique,

Morale (proprement dite),

Théologie naturelle

14° Sans entrer maintenant dans aucun examen critique des quatre branches de cette philosophie, je la qualifierai de morale, afin de la distinguer de la philosophie que je qualifierai de naturelle, pour éviter la confusion et prévenir tout malentendu.

La *philosophie morale*, véritable fille de la philosophie ancienne, procède de la méthode *à priori;*

Elle procède d'axiomes et de principes posés d'avance, dont elle déduit des conséquences ;

Elle est donc essentiellement dogmatique.

La *philosophie naturelle*, d'origine tout à fait moderne, procède, au contraire, de la méthode *à posteriori*.

Quand elle part, comme la précédente, d'axiomes et de principes, il existe une différence extrême entre elles deux relativement à ces principes.

Les principes d'usage dans la méthode *à priori* peuvent être vrais, mais ils peuvent ne pas l'être, et celui qui en fait usage n'est point obligé d'en démontrer la justesse avant d'y recourir.

Les principes, dans la méthode *à posteriori*, ne sont reçus qu'à la condition d'avoir été démontrés vrais; ils diffèrent donc extrêmement des principes usités dans la méthode *à priori*, qui peuvent ne pas l'être, comme je viens de le dire.

15° Maintenant j'ajouterai que le critérium de la méthode *à posteriori* est l'expérience, et que, pour bien comprendre la définition de cette méthode, il faut suivre ce raisonnement :

L'esprit observe un phénomène ;

Il en recherche la cause immédiate ;

Puis il soumet son raisonnement à l'expérience pour en contrôler la justesse.

Et c'est parce que l'expérience est ainsi, en définitive, le critérium, le contrôle de ce que l'instruction a déduit de l'observation d'un phénomène, que je nomme expérimentale la méthode *à posteriori* ainsi définie.

16° C'est donc la différence de la méthode qui distingue la philosophie que je qualifie de morale, de la philosophie que je qualifie de naturelle; et, une fois cette différence nettement posée, on comprend très-bien en quoi les savants qui procèdent, en philosophie naturelle, du phénomène observé à la recherche de sa cause immédiate, se distinguent des philosophes proprement dits, partant d'un principe vrai, suivant eux, mais qui, en réalité, peut ne pas l'être. J'ai hâte de dire que je restreins la comparaison à des questions qui sont en dehors de l'existence de Dieu et de l'existence de l'âme, et même en dehors des principes de la morale, parce que je ne comprends pas la discussion sur des sujets que je considère comme les bases des sociétés humaines, et que je respecte également la liberté et la tolérance, mots qui, à mon sens, n'expriment pas deux idées indépendantes, mais deux idées relatives, dont l'une, la liberté, doit toujours avoir pour conséquence nécessaire, dans la pensée de celui qui l'invoque, l'idée de tolérance.

17° Je me résume donc en restreignant l'enseignement de la philosophie morale à traiter de l'existence de Dieu et de l'âme, et à traiter de la morale et des sociétés humaines envisagées au point de vue du droit.

18° Quant à l'étude des phénomènes de l'intelligence, de l'esprit humain, de ce que plusieurs auteurs appellent la psychologie, elle appartient à la méthode *à posteriori*, sans que personne soit fondé à dire que ma proposition émane du matérialisme; car l'étude dont je parle, bornée à chercher la cause immédiate d'un phénomène relatif à l'intelligence, n'ira jamais à nier l'existence de l'âme, de l'esprit, qui pourra être la cause éloignée, mais qui ne sera jamais la cause prochaine cherchée des phénomènes soumis à l'examen. Peut-être même trouvera-t-on que tel phénomène attribué à l'âme, à l'esprit, en sera indépendant; mais, évidemment, si l'on arrive à une telle conclusion, cette conclusion ne sera pas une preuve de la non-existence de l'âme. Enfin, pour prévenir toute attaque contre l'opinion que j'émets, je demande si l'étude des phénomènes de l'instinct des animaux n'appartient pas à la méthode *à posteriori*, et si ces phénomènes constatés par elle, et parfaitement distingués des phénomènes de l'intelligence de l'homme, ne conduisent pas à la conclusion que l'instinct est une des preuves les plus frappantes que l'étude du monde vivant, faite d'après la méthode que je préconise, a fournies à la philosophie morale en faveur de l'harmonie du monde et de l'existence de Dieu.

19° Quant à la logique, elle ne me paraît pas devoir rester à toujours dans la philosophie morale; une partie appartient déjà à la grammaire, et le reste rentrera dans une science qui n'est point encore formulée, mais qui sera comprise un jour dans la philosophie naturelle. C'est précisément des matériaux de cette catégorie que je veux parler, matériaux que chaque science spéciale prépare actuellement. Les moins complexes d'entre eux sont les méthodes immédiates de chaque science, et l'ensemble de ces méthodes compose la philosophie de cette science spéciale; maintenant supposez toutes les philosophies spéciales réunies, et vous aurez une science nouvelle qui sera la véritable histoire de l'esprit humain, puisqu'elle comprendra l'ensemble de tous les procédés employés par l'homme pour connaître d'une manière positive le monde où il vit.

La science nouvelle témoignera de la faiblesse de l'esprit humain dans l'individu, en montrant, comme conséquences, et la division de la science et le développement de chacune de ses branches par les efforts de tous les esprits distingués qui se sont voués à sa culture.

20° En définitive, la philosophie morale est restreinte, selon moi, à des connaissances dogmatiques qui ont donné tout ce qu'elles pouraient donner au savoir de l'homme.

Si elles sont susceptibles de recevoir de nouvelles notions à l'appui de l'existence de Dieu, de l'existence de l'âme et de la nécessité de la morale, ces notions s'ajouteront à celles que nous possédons, sans qu'on soit autorisé à dire qu'elles manquaient encore pour prouver l'existence de Dieu, l'existence de l'âme et la nécessité de la morale.

Et si ces notions ont réellement quelque importance, leur origine se rattachera à la philosophie naturelle; je conclus enfin qu'à la culture des sciences de son domaine appartient désormais le progrès des connaissances humaines.

21° La division des sciences, nécessité de la faiblesse de l'esprit humain, ai-je dit, s'est manifestée avec le temps à mesure de l'accroissement et de l'étendue et du nombre des connaissances.

Les sciences ont toutes été dogmatiques à leur origine, mais le plus grand nombre, celles dont le but a été de connaître le monde physique, n'ont acquis le caractère scientifique qu'après avoir été soumises à l'expérience.

Les sciences spéciales, nécessité de la division du savoir humain, sont douées chacune d'une philosophie spéciale, comprenant les diverses méthodes de raisonnement employées par elles pour atteindre le but vers lequel tend la science dont relève cette méthode spéciale.

22° Je me représente chaque science spéciale sous la forme allégorique d'une branche sortant d'un tronc, représentant le savoir humain.

Chaque branche se divise en rameaux, dont chacun représente une méthode, et l'ensemble des rameaux et la branche à laquelle ils s'unissent représentent la philosophie de a science, que cette branche représente elle-même.

Voilà l'image à laquelle je m'arrêterai dans ce que je vais dire.

Je laisse donc de côté la manière dont les méthodes représentées par les rameaux se fondent dans la branche, de manière à constituer une philosophie spéciale.

Je laisse de côté, à *fortiori*, la question de savoir comment toutes les branches sorties du tronc, représentant le savoir humain, s'unissent, s'anastomosent, se fondent enfin pour constituer une philosophie générale, qui, si elle existait, serait la véritable histoire de l'intelligence, puisque, en définitive, en partant successivement de tous les rameaux de chaque branche pour pénétrer dans le tronc, on se représenterait comment tous les efforts individuels de l'intelligence viendraient converger ensemble et constituer ainsi l'esprit humain dans son expression la plus générale.

C'est en partant des derniers rameaux de chaque branche qu'on voit l'analyse, origine première de la division des sciences, s'alliant de plus en plus avec la synthèse, pour constituer dans une même branche la philosophie de la science représentée par cette branche, et c'est en suivant la prolongation des branches à leur point de rencontre que l'on se représente la convergence, l'union, la synthèse de toutes les philosophies spéciales constituant la philosophie naturelle.

Sans m'expliquer sur la manière de concevoir ces synthèses, je me prononce contre l'arbre de **Bacon**, où l'entendement humain est représenté par un tronc, duquel sortent trois branches, dont l'une est la mémoire, correspondant à l'histoire; l'autre, la raison, correspondant à la philosophie; et la troisième, l'imagination, correspondant à la poésie. En un mot, ces grandes facultés de notre esprit, la mémoire, la raison et l'imagination sont isolées, dans l'arbre de Bacon, lorsque toutes les trois coexistent dans toute œuvre un peu distinguée de notre esprit, et enfin ce tronc de l'arbre représentant l'entendement montre trois branches simplement juxtaposées comme le sont trois baguettes d'un faisceau qu'un lien extérieur réunit [1].

23° Au point de vue de la philosophie naturelle, si les sciences ont de l'importance, c'est donc assurément dans leurs méthodes respectives; car reconnaître en fait la diversité spécifique de chacune d'elles, c'est admettre comme conséquence qu'à cette spécialité correspond une philosophie spéciale, laquelle est l'expression générale de l'esprit d'une catégorie de savants qui se sont voués à la culture de cette science, une des branches en lesquelles se ramifie le savoir humain ; et c'est admettre encore que la coordination de l'ensemble des philosophies spéciales de toutes les sciences constitue une philosophie générale, qui est la véritable histoire de l'intelligence.

24° Une philosophie spéciale se compose donc elle-même de toutes les méthodes que la science spéciale, à laquelle se rapporte cette philosophie, emploie pour découvrir les vérités du ressort de cette science. Les méthodes sont donc les expressions les plus élevées de chacun des rameaux d'une même science, et l'ensemble de ces méthodes constitue la philosophie de cette science.

E. CHEVREUL,
Membre de l'Institut.

CHEVREUL et PERSOZ.
Coloration industrielle.

Les quatre premiers volumes de la *Coloration industrielle*, formant une véritable encyclopédie des connaissances utiles à l'art de la teinture, et renfermant tous les cours de teinture de la manufacture des Gobelins et du Conservatoire des arts et métiers, professés depuis quatre ans par MM. **Chevreul** et **Persoz**, sont en vente aux bureaux du journal, rue des Halles, 5. Cette publication appartient, on le sait, à l'ancien *Musée des sciences*, dont elle était une annexe. Paris, 1861.

CHIMIE [1]. École professionnelle de Mulhouse. Enseignement pratique de la chimie appliquée à l'industrie des étoffes colorées et imprimées.

..... On sait qu'à l'École professionnelle de Mulhouse il existe un laboratoire de chimie parfaitement organisé, dans lequel, sous l'habile direction de M. le professeur **Schützenberger**, les élèves de cet établissement peuvent acquérir une connaissance approfondie de la chimie scientifique, et se préparer aux diverses industries dont elle est la base. Un cours spécial sur les matières colorantes était professé déjà depuis plusieurs années dans cette école en faveur des jeunes gens qui se destinaient à la teinture et à l'impression des étoffes. Mais des améliorations importantes dans la disposition matérielle du laboratoire, et le secours puissant d'une maison de premier ordre, dont le chef, M. **Jean Dollfus**, vient d'être nommé maire de Mulhouse, vont donner à cet enseignement technique de nouveaux développements et un cachet particulier.— La fabrique d'impressions de MM. **Dollfus-Mieg et C**[ie] a récemment ouvert aux élèves chimistes de l'École de Mulhouse l'accès de ses ateliers, dans lesquels ils sont conduits par leur professeur aussi souvent que le demandent les besoins de cet enseignement spécial. Durant ces visites fréquentes, les chimistes de la maison donnent à ces jeunes gens les explications les plus détaillées sur les divers procédés de fabrication. Ils poussent même la complaisance jusqu'à venir presque journellement dans le laboratoire de l'école pour enseigner aux élèves les modes d'application des couleurs, leur transmettre ce coup de main du praticien dans lequel l'homme du métier dépassera toujours le plus habile et le plus savant des

[1] Voir mes Lettres à M. Villemain, page 167. Paris, Garnier frères, rue des Saints-Pères, 6.

DA [2] Extrait de *l'Enseignement professionnel*, revue scientifique et industrielle; n° 29, 15 décembre 1863.

professeurs, et vérifier enfin, au point de vue industriel, leurs préparations tinctoriales. Ainsi, tout en restant à la disposition des élèves ordinaires de l'École professionnelle, et sans rien perdre de son caractère scientifique et de technologie générale, ce laboratoire devient une véritable école spéciale de chimie appliquée à l'industrie des impressions. Les jeunes gens, ayant dépassé l'âge de l'instruction secondaire et possédant des connaissances générales suffisantes, peuvent être admis au laboratoire soit comme élèves internes, soit comme externes, et consacrer tout leur temps aux études chimiques. Un assez grand nombre de ces jeunes gens, partagés en deux années d'études, suivent dès à présent les travaux du laboratoire comme élèves spéciaux de chimie. Nous ne doutons pas que, sous l'influence de ces mesures si avantageuses, ce nombre ne s'accroisse rapidement. De la France et de l'étranger on ira à Mulhouse apprendre l'art de colorer les étoffes, comme on s'y rend déjà pour suivre les cours de l'École de tissage mécanique, ou pour apprendre les langues vivantes et les sciences appliquées à l'École professionnelle. N'oublions pas de dire que les jeunes gens qui possèdent déjà des notions suffisantes de chimie générale, et qui ont manipulé dans d'autres laboratoires, peuvent être admis directement au cour de seconde année et à l'étude de la fabrication des étoffes imprimées.

CHROMATE D'AMMONIAQUE. Bichromate d'ammoniaque préparé d'après les procédés brevetés de **Poussier.** (*Monit. scientif.*, 1862, t. IV, p. 405.)

..... Au point de vue industriel, le bichromate d'ammoniaque présente dans l'emploi une économie de 15 pour 100 sur le bichromate de potasse. Quant à la fabrication en grand, **Poussier**, dans une seule opération, en a produit 800 kilogrammes, et le prix de ce sel permet de lutter avec les fabricants de chromate de potasse; c'est donc un produit qui mérite toute l'attention des industriels.

CIMEG (J.).
Argenture du verre et autres surfaces. (*Monit. scientif.*, 1863, t. V, p. 100.)

CLAUDEL.
Aide-Mémoire des ingénieurs. 5ᵉ édition; in-8, 919 pages. Paris, 1863.

LA COLORATION INDUSTRIELLE. Journal consacré à la couleur.

COMMERCE ET INDUSTRIE. Rapport général de la situation en 1862. Chambre de commerce de Verviers. Verviers, 1862. In-8, 67 p.

CONGRÈS SCIENTIFIQUE DE FRANCE. La première session du congrès scientifique de France a eu lieu à Caen, en 1832, — la deuxième réunion à Strasbourg, en 1842, etc. — Publication de ces congrès.

CORNE et DEMEAUX.
Mélange désinfectant du plâtre et du koaltar. Pour les plaies et ulcères [1]. (*Monit. scientif.*, 1859-1860, t. II, p. 207. — Acad. des sc., séance du 25 juillet 1859.)

CORNELIUS (C. S.).
Voyez P, *Physikalisches Lexikon.*

COSMOS. Revue encyclopédique hebdomadaire des progrès des sciences et de leurs applications aux arts et à l'industrie. En 1863, 22ᵉ année, 23ᵉ volume. Paris.

COURRIER DES SCIENCES et de l'industrie. Revue hebdomadaire sous la direction de **Victor Meunier.** Nouvelle série. Paris, 1863.

DA [1] Certes, ce mélange désinfectant ne fait pas partie des matériaux pour la coloration des étoffes, et je n'insère ce paragraphe que pour le signaler aux médecins et aux chirurgiens.

COURRIER DES SCIENCES, de l'industrie et de l'agriculture. Revue hebdomadaire universelle. Organe du mouvement et des intérêts des sciences en province,
publiée par **Victor Meunier** avec un grand nombre de collaborateurs. Nouvelle
série. T. 1er, en 1863.

COURS PUBLICS DES ÉCOLES ET FACULTÉS à Paris, en 1863.
  Becquerel (E.), Physique appliquée aux arts. (Conservatoire des Arts et Mé iers.)
  Peligot (E.), Chimie appliquée aux arts. (Cons. Arts et Mét.)
  Payen. Chimie appliquée à l'industrie. (C. A. M.)
  Persoz. Teinture, apprêt et impression des tissus. (C. A. M.)
  Moll. Agriculture. (C. A. M.)
  Boussingault. Chimie agricole. (C. A. M.)
  Chevallier. Pharmacie. (École supérieure de Pharmacie.)
  Valenciennes. Zoologie. (É. s. de Ph.)
  Bulguet. Physique. (É. s. de Ph.)
  Becquerel. Physique appliquée. (Muséum d'histoire naturelle.)
  Archiac (d'). Paléontologie. (M. h. n.)
  Duméril (A.), Zoologie. (M. h. n.)
  Puiseux. Astronomie. (Faculté des sciences à la Sorbonne.)
  Balard. Chimie. (F. d. s. S.)
  Delafosse. Minéralogie. (F. d. s. S.)
  Gavarret (Dr), Physique médicale. (Faculté de médecine.)
  Wurtz. Chimie médicale. (F. de méd.)
  Hiffelsheim. Électricité médica'e. (S. de méd.)

CREUZBOURG.
  Ciments et mastics. (*Monit. scientif.*, 1863, t. IV, p. 783.)

CROOKES.
  Découverte du thallium en avril et mai 1861. (*Monit. scientif.*, 1863, t. V, p. 100
  et p. 580.)

CROOKES (W.).
  Thallium. (*Monit. scientif.*, 1863, t. V, p. 268.)

CUYPER (Ch. de).
  Revue universelle des mines, de la métallurgie, des travaux publics, des sciences
  et des arts, appliqués à l'industrie. 7e année en 1863. Paris et Liége.

D

DAGUIN (P. A.), Professeur de physique à la Faculté des sciences de Toulouse.
  Traité élémentaire de physique théorique et expérimentale avec les applications à la météorologie et aux arts industriels. 2e édit.; 4 vol. in-8, grand nombre de
figures intercalées dans le texte. 1861-1862. Paris et Toulouse.
  ..... L'auteur de ce traité s'est toujours attaché à faire ressortir le côté historique de
tous les grands problèmes, et il s'est acquitté de cette tâche avec beaucoup d'impartialité,
fidèle à ce principe que l'esprit de nationalité doit être banni de la science...
  ..... Un autre mérite très-grand du traité de physique de M. **Daguin** consiste dans
la manière consciencieuse et détaillée dont il rend compte des expériences les plus essen-

tic.les, et qui dispense très-souvent de recourir aux mémoires originaux où elles ont été d'abord publiées.

..... La table alphabétique des matières, qui termine le quatrième volume, rend l'usage de ce livre facile et commode, et lui donne tous les avantages d'un dictionnaire de physique.

DALE (John).

Matières colorantes. Nouvelle méthode de leur préparation propre à la teinture des étoffes, des tissus textiles, etc. (*Monit. scientif.*, 1863, t. III, p. 64.)

Cette invention, brevetée par son auteur, est fondée sur l'extraction des matières colorantes des bois de teinture au moyen de solutions alcalines et leur précipitation par les acides.

DEBRAY (H.), Professeur de physique au lycée Charlemagne.

Principales sources de la lumière. Mémoire inséré dans le compte rendu de la 6e séance publique annuelle, 16 avril 1863, de la Société de secours des amis des sciences, fondée le 5 mars 1857 par L. J. Thénard. In-8. Paris, 1863.

DEHÉRAIN.

Progrès des sciences en 1862. (*Annuaire scientifique*, 2e année; in-8, 400 p. Paris, 1863.)

DEHÉRAIN.

Annuaire scientifique. In-18, 416 p. Paris, 1862.

DELAUNAY.

Cours élémentaire de mécanique théorique et pratique. 3e édit.; in-8, 571 p., fig. dans le texte. Paris, 1862.

— **Traité de mécanique rationnelle.** 3e édit.; in-8, 571 p., fig. dans le texte. Paris, 1862.

DELEUIL., Opticien.

Notice historique sur son établissement d'instruments de physique, d'optique, de chimie et de mathématiques. In-8, 52 p. Paris, 1862.

DELVAUX (G.).

Rouge d'aniline. (*Monit. scientif.*, 1863, t. V, p. 243.)

DESCHAMPS, d'Avallon.

Manuel pratique d'analyse chimique. 2 vol. in-8, 80 fig. Paris, 1850.

DICTIONNAIRE D'HISTOIRE ET DE GÉOGRAPHIE. Par M. **Bouillet.** In-8 à 2 colonnes, 1912 p. et supplément de 110 p. Paris, 1860.

DICTIONNAIRE UNIVERSEL DES SCIENCES, des lettres et des arts. Par M. **Bouillet.** 6e édit.; 2 vol. in-8, 1758 p. Paris, 1862.

DICTIONNAIRE UNIVERSEL DES CONTEMPORAINS, contenant toutes les personnes notables de la France et des pays étrangers. Grand in-8 à 2 colonnes, 1800 p. Paris, 1858.

DICTIONNAIRE UNIVERSEL DE LA VIE PRATIQUE à la ville et à la campagne. Rédigé avec la collaboration d'auteurs spéciaux par **G. Belèze.** 2e édit.; in-8, 1872 p. Paris, 1862.

1° Religion et éducation.

2° Législation et administration.

3° Finances.
4° Industrie et commerce.
5° Économie domestique.
6° Économie rurale.
7° Exercices de corps et jeux de société.

DOLLFUS (Jean), père.

Douanes. Communication faite à la Société industrielle de Mulhouse, dans la séance du 20 février 1851, par **Jean Dollfus** père, sur l'opportunité d'une réforme dans le système protecteur des douanes, particulièrement en ce qui concerne l'industrie cotonnière. (Imprimé pour la discussion par ordre de la Société industrielle [1].)

DOLLFUS (Jean), père.

Industrie cotonnière [2]. De ses progrès, de son rôle à l'Exposition universelle (1855), des causes qui entravent, en France, son libre développement et ses moyens d'accroître notre production et notre consommation. 1 br. in-8, 20 p. Paris, 1855. Napoléon Chaix et Cⁱᵉ, rue Bergère, n° 20.

I

Parmi les plus puissantes industries dont les produits sont exposés à la curiosité publique dans le palais des Champs-Élysées, apparaît en première ligne l'industrie cotonnière. Elle dépasse, par l'extrême bon marché de ses produits, par leur grande variété, par les facilités que lui donne l'emploi puissant des moyens mécaniques, les deux autres industries qui opèrent sur la soie et la laine, ces deux rivales du coton.

Voici en effet à quels chiffres est évaluée aujourd'hui la consommation du coton en laine et quelle est la valeur totale créée annuellement par ceux qui le mettent en œuvre.

La production du coton en laine atteint environ 4 millions de balles par an, soit 800 millions de kilogrammes, dont la valeur dépasse 1 milliard de francs. Ce n'est pas trop que de tripler ce résultat pour estimer la plus-value donnée au coton par les diverses manutentions qu'il subit dans les établissements de filature, de tissage, de teinture ou d'impression : en ajoutant cette plus-value de 3 milliards de francs au prix de la matière première, on arrive à ce chiffre vraiment étonnant de 4 milliards par an pour représenter la valeur totale des produits de l'industrie cotonnière.

Malgré le haut prix de la soie, la production totale des articles dans lesquels domine cette riche matière reste bien loin d'un chiffre aussi élevé. La France est le pays du monde où ces articles se fabriquent en plus grande quantité, et les statistiques les plus récentes et les plus exactes n'élèvent pas notre production à une valeur de plus de 375 millions par an. L'Angleterre, la Suisse, le Zollverein, l'Autriche, la Russie et la Chine complètent à peine un milliard.

Plus difficile est à préciser la production totale de la laine, dont s'occupent presque tous les peuples, quel que soit leur degré d'avancement, et qui est loin de s'accomplir exclusivement dans des établissements manufacturiers. Néanmoins, en réunissant les chiffres afférents aux pays dont les populations sont plus spécialement adonnées à ce genre de travail, on n'arrive pas encore à un total de 3 milliards et demi.

La supériorité, quant à la somme totale des valeurs produites, reste donc incontestablement acquise au coton, et si l'on songe que rien, dans le cours naturel des choses, ne paraît devoir s'opposer à la préférence que ne cesse de lui accorder le goût des consommateurs, il est raisonnable de regarder l'industrie qui le met en œuvre comme la plus considérable parmi celles qui opèrent sur les matières textiles.

D.A [1] Ce mémoire est inséré dans nos *Matériaux*, t. II.
D.A [2] Ce mémoire a été publié par le *Journal des Débats*, 24 juillet et 13 août 1855.

La production des 4 millions de balles se trouve répartie à peu près comme il suit : États-Unis, 3 millions à 3 millions 200,000 balles; Brésil, 125,000; Égypte, 150,000; Indes orientales, 350,000 à 400,000.

Le surplus est récolté dans l'Asie Mineure, le Pérou, les Indes occidentales, le royaume de Naples et quelques autres contrées. Jusqu'à ce jour, l'Algérie n'a produit que de faibles quantités; mais le moment est sans doute déjà proche où cette colonie apportera en coton longue soie un appoint important à la production du globe.

Si l'on recherche quelle était la quantité de coton produite à la fin du siècle dernier, on voit qu'elle ne dépassait pas 125,000 balles, c'est-à-dire que la consommation à cette époque en absorbait trente-deux fois moins qu'elle n'en absorbe aujourd'hui. L'Europe alors ne manufacturait pas la plus grande partie du coton cultivé, et c'est de l'Inde que venaient la plupart des tissus de ce genre que notre population appropriait à son usage.

Qui a pu déterminer en peu de temps d'aussi remarquables progrès? Comment une matière presque dédaignée est-elle devenue dans un si court espace de temps l'objet d'une faveur générale, la base du plus important trafic du monde? C'est l'œuvre de ces nombreuses découvertes modernes qui, en substituant des moyens mécaniques aux procédés grossiers et coûteux du travail ancien, ont permis de livrer les produits fabriqués à des prix accessibles à toutes les bourses.

Le signal fut donné en 1767 par **Arkwright** et **Hargreaves**, auxquels la civilisation est redevable des premières machines à filer; leurs succès encouragèrent les esprits inventeurs, et de perfectionnement en perfectionnement la filature arriva, huit ans après, à trouver dans le mull-jenny de **Samuel Crompton** l'instrument essentiel de sa fabrication. Les premières machines d'**Arkwright** ne dépassaient pas vingt broches; elles sont aujourd'hui si perfectionnées que trois personnes suffisent pour achever l'ouvrage qu'effectuaient autrefois quatre à cinq cents fileuses à la main. Cependant les découvertes qui avaient été faites de l'autre côté de la Manche mirent bien du temps alors à s'introduire sur le continent. Les Anglais cherchèrent à s'opposer à l'exportation des nouvelles machines par les peines les plus sévères; leur législation menaçait même « de la mort, » dans les premiers temps, quiconque en aurait livré le dessin à l'étranger. C'est à Gand que les premiers métiers à filer ont été mis en activité sur le continent par **Bauwens**. Quelques filatures furent créées à Paris et dans le département du Nord à la fin du siècle dernier et au commencement de celui-ci, et l'honneur de leur fondation revient en grande partie à **Richard Lenoir**. En Alsace, le premier établissement de ce genre date de 1803 et est dû à *la maison de Wesserling*. Ceux de Rouen ne furent créés qu'un peu plus tard.

Les autres pays où cette grande industrie s'exerce aujourd'hui ont suivi l'exemple de la France, comme elle-même avait marché sur les traces de l'Angleterre. La Suisse, l'Allemagne, l'Autriche, la Russie, le Piémont, l'Espagne, le royaume de Naples, ont successivement fondé dans leur sein des filatures de coton. Les derniers entrés en lice sont les États-Unis; la fondation des premiers établissements ne remonte pas au delà de 1824; mais, dans cette branche de travail comme dans toutes les autres, ils ont marché avec une extrême rapidité, et dès aujourd'hui c'est le pays, après l'Angleterre, qui consomme la plus grande quantité de matière première pour ses fabriques.

Les progrès du tissage ont été moins rapides que ceux de la filature; on compte bien, vers la fin du dix-huitième siècle, en Angleterre plusieurs tentatives de tissage mécanique, mais aucune ne réussit complétement. Les premières machines qui aient réellement atteint le but ne furent guère établies qu'en 1810; elles ne furent introduites en France que vers 1820. Aujourd'hui les étoffes les plus fines peuvent être tissées mécaniquement. On rencontre à notre Exposition de cette année des mousselines faites avec des filés dont 500,000 mètres ne pèsent qu'un demi-kilogramme.

Comme le tissage, l'impression des étoffes de coton est originaire de l'Inde; elle fut de là rapportée en Angleterre, où, dès l'année 1700, quelques établissements furent fondés dans les environs de Londres pour la fabrication des toiles imprimées; mais leurs progrès ne furent pas rapides tant que les procédés mécaniques leur firent défaut : en 1750, leur production totale n'était encore que de 50,000 pièces par an. Cette branche d'industrie ne devait entrer dans sa période vraiment ascendante que quatorze ans plus tard, en 1764, lorsque **Clayton** alla s'établir dans la région du Lancashire, où presque toute cette fabrication se trouve aujourd'hui concentrée.

En France, la production de la toile imprimée date de 1710. C'est l'année où les **Kœchlin**, et peu d'années après, les **Dollfus** créèrent à Mulhouse les établissements qui donnèrent le branle à cette activité manufacturière qui s'est depuis toujours perpétuée en Alsace. On y fabriquait déjà, avant la fin du siècle dernier, de très-remarquables produits. **Oberkampf** entreprit aussi à Jouy ce même genre de fabrication; mais les quantités produites restèrent pendant longtemps peu considérables, parce que le travail s'effectuait généralement à la main et à des prix très-élevés. Enfin, on apprit à imprimer par des procédés mécaniques, à l'aide de cylindres gravés. Les premières machines, les plus imparfaites, remontent à 1785; elles ne permettaient d'employer qu'une couleur à la fois, tandis qu'aujourd'hui on réussit à en employer jusqu'à treize ensemble, et qu'on parvient à faire avec une machine autant de travail en un jour qu'en faisaient autrefois cinq cents ouvriers imprimant à la main.

Tous ces procédés, inventés successivement dans la filature, dans le tissage, dans l'impression, ont eu sur les prix de ces étoffes une immense influence. La diminution de prix due à ces remarquables découvertes est telle qu'on achète aujourd'hui (1855) de 60 c. à 70 c. le mètre des étoffes imprimées qui coûtaient, il y a trente ans environ, 3 fr. à 3 fr. 50 c., et au commencement du siècle jusqu'à 7 fr. et 8 fr. Devant un tel résultat, on conçoit que l'Angleterre, qui ne produisait en 1750 que 50,000 pièces, et environ 1 million à la fin du siècle dernier, arrive aujourd'hui à produire par an plus de 20 millions de pièces, soit plus de 500 millions de mètres; que la France dépasse pour sa part une production de plus de 160 millions de mètres, et que l'Allemagne, l'Autriche, la Russie, la Suisse, l'Espagne et les États-Unis livrent aussi, chacune de leur côté, à la consommation des quantités considérables.

Nous avons insisté sur les progrès dus à l'invention et au perfectionnement des moyens mécaniques qui ont contribué si efficacement à abaisser les prix et à développer la consommation, et qui ont permis de fabriquer avec une si grande précision. Un hommage semblable doit être rendu aux arts chimiques; c'est à eux, en effet, que nous sommes redevables de l'éclat de nos belles couleurs, de leur fabrication à meilleur compte et de la rapidité avec laquelle s'accomplissent aujourd'hui les travaux de la production, autrefois si longs et si difficiles. Depuis le règne de Napoléon, ils ont fait d'immenses progrès, grâce aux travaux de nos grands chimistes, et ils rendent journellement les plus grands services aux branches les plus importantes de l'industrie cotonnière.

Lorsque, dans les galeries de l'Exposition universelle, on recherche et on examine avec soin tous les produits qui relèvent de l'industrie dont nous nous occupons, on ne sait ce qu'il faut le plus admirer, ou de la perfection avec laquelle sont exécutés quelques-uns d'entre eux, ou de la variété même qu'ils présentent dans leur ensemble. À côtés des filés les plus fins et les plus soyeux se rencontrent de magnifiques broderies, des tulles enrichis des dessins les plus riches et les plus exquis, des mousselines d'une extrême délicatesse, des tissus blancs de toute espèce, depuis les sortes les plus grossières jusqu'aux qualités les plus fines; puis enfin des étoffes teintes ou imprimées, parées des couleurs les plus vives, des nuances les plus pures et les plus recherchées.

L'exposition des filés est complète; tous les numéros y figurent, depuis les plus gros jusqu'aux plus fins qui aient pu encore être exécutés par le génie de l'homme. Il y en a d'une finesse si grande, qu'il en faudrait deux millions de mètres pour peser un kilogramme. Quelques-unes sont faits avec du coton de l'Algérie, et la finesse en est généralement remarquable. Les fils à coudre de toutes formes et en toutes couleurs méritent de fixer l'attention des connaisseurs.

Les filés fins dans les numéros élevés constituent la matière première d'une industrie importante, celle des tulles, qu'autrefois l'Angleterre possédait exclusivement, et que depuis nous lui avons disputée avec succès. Son siége principal en France est à Calais, et elle nourrit aujourd'hui une nombreuse population dont elle a créé la richesse et la prospérité. Son grand développement ne date que de 1834; avant cette époque, en effet, les filés qu'elle emploie étaient prohibés, et comme nos filateurs ne les fabriquaient pas couramment, ou qu'ils les fabriquaient beaucoup plus mal que leurs voisins d'Angleterre, le développement de cette industrie se trouvait compromis par le fait même de notre législation douanière. Il fut décidé en 1834 que les fils de coton étrangers pourraient être introduits en France avec un droit élevé qui correspondait alors à 20 pour 100. Le résultat de ce décret fut d'assurer au Trésor pendant quelques années le payement d'environ 1 million par an que l'on payait auparavant à la contrebande, puis de stimuler les filateurs, qui bientôt luttèrent avantageusement contre la production anglaise, au point de borner dans ces dernières années l'importation des filés fins à environ 30,000 kilog., ce qui ne constitue pas la production annuelle d'une filature de 30,000 broches. Les fabricants de Calais déclarent aujourd'hui que ce que la France fait le mieux, ce sont précisément les numéros qui ne sont pas prohibés, quoiqu'ils soient les plus difficiles à faire. Quant aux autres, il suffit que sur le marché français ils soient un peu demandés pour qu'immédiatement on ait peine à en trouver de bonne qualité. Comme il arrive toujours quand on supprime un privilége, les filateurs publièrent, lors de la levée de la prohibition en 1834, *que leur ruine était inévitable*; mais les faits ont prouvé combien ces craintes exagérées avaient peu de fondement, et il est unanimement reconnu aujourd'hui que le seul effet de la mesure fut de ralentir pendant deux ans la production en France.

Deux autres industries non moins riches, non moins fécondes que celle des tulles, reposent aussi sur l'emploi des filés fins; ce sont les *broderies et les mousselines*.

Les broderies étonnent tous les visiteurs par la richesse et par le goût exquis de leurs dessins. La Suisse surtout se distingue entre tous les pays dans cette spécialité; son exposition est des plus complètes. Elle a le don de captiver l'attention de toutes les dames et de leur inspirer des désirs qu'elles pourront difficilement satisfaire, car l'extrême rigidité de nos lois douanières prohibe ces beaux produits, et la fraude seule peut les introduire en France. Quel supplice de Tantale que d'exposer publiquement à l'admiration de tous ce dont la loi interdit l'usage avec sévérité.

Les mousselines se fabriquent avec une grande perfection en France, en Angleterre et en Suisse; cette industrie est surtout arrivée à *Tarare* à un grand développement; cependant le tissage ne s'y est encore fait jusqu'ici qu'à la main, tandis que certains établissements de l'Alsace emploient déjà le tissage mécanique pour des tissus très-fins et très-légers. Quelques pièces envoyées par eux à l'Exposition décideront peut-être les fabricants de Tarare à abandonner ces anciens moyens qu'ils semblent avoir conservés déjà trop longtemps pour quelques articles de leur fabrication.

L'exposition des tissus blancs renferme les étoffes les plus diverses; des tissus unis dont les prix commencent à 20 cent. et s'élèvent jusqu'à 3 et 4 francs le mètre, et des tissus façonnés, qui présentent, grâce à l'ingénieux mécanisme inventé par **Jacquart**, les formes les plus variées que la mode réclame impérieusement chaque année. Saint-Quentin et l'Alsace sont les deux centres industriels voués le plus spécialement en France à ces sortes de tissus; nos départements de l'Est ont, pour développer leur fabrication, l'avantage spécial de posséder la main-d'œuvre à plus bas prix et d'avoir à leur disposition des forces hydrauliques très-abondantes. Rouen excelle à fabriquer des calicots ordinaires; la plus grande partie en est destinée à l'impression, le reste est envoyé en Algérie, où la consommation ne cesse de grandir et de prendre chaque jour de plus importantes proportions. On en jugera par le chiffre suivant : cette colonie absorbe aujourd'hui plus de 3 millions de kilogrammes de tissus divers par an. *Lille, Roubaix* et toute l'industrie du département du Nord ne fabriquent pas de calicots; ils appliquent leur activité moins à produire des tissus de pur coton qu'à créer des *étoffes mélangées de coton et d'autres matières.* Spécialement, la ville de Lille doit plutôt être considérée comme un centre de filature pour les numéros élevés que consomment Saint-Quentin, Calais et Tarare, que comme le siége d'une fabrication considérable de tissus de coton.

Quelque développée que soit en France l'industrie du tissage, nous n'avons pas jusqu'ici sur les marchés étrangers lutté contre les tissus en coton blancs et écrus de l'Angleterre; notre exportation pour ces articles se réduit ordinairement, sur les marchés libres de concurrence, à fort peu de chose, et, sans la concurrence des États-Unis, les Anglais pourraient presque se flatter d'en posséder entièrement le monopole. Ils doivent en partie cet avantage à l'habileté avec laquelle ils savent préparer leur étoffes façonnées et unies, leur donner de l'apparence et les livrer en même temps à bon marché. Souvent l'apprêt supplée à la force du tissu et à sa valeur réelle, mais il est si parfait que le meilleur connaisseur espère trouver dans une étoffe à très-bas prix autant de durée que dans nos étoffes corsées et plus chères.

Nous avons à regretter de ne pouvoir juger à notre Exposition des progrès de l'industrie cotonnière des États-Unis; ils ne nous ont envoyé que de très-rares échantillons, qui ne permettent pas d'apprécier le degré de force auquel ils sont arrivés. On sait seulement qu'ils fabriquent beaucoup de tissus de coton, qu'ils n'exportent que les qualités les plus ordinaires, les sortes qui consomment le plus de matière, et que jusqu'ici leur exportation s'est presque exclusivement bornée à la Chine.

Les étoffes imprimées couronnent dignement cette nomenclature des intéressants produits que l'industrie cotonnière a déployés dans le palais des Champs-Élysées; mais avant d'en dire un mot il convient de parler des fils et tissus teints, dont de nombreux spécimens sont exposés. L'Angleterre, la Suisse, l'Allemagne et l'Autriche ont envoyé beaucoup de filés de coton teints; il y a surtout des échantillons en grande quantité de filés teints en couleur *rouge Andrinople ou de Turquie.* Cette fabrication spéciale, qui trouve un immense débouché dans l'Inde, a pour principal siége la ville d'Elberfeld. On y envoie d'Angleterre de grandes masses de filés anglais qui y reçoivent la teinture, et qui sont en suite réexportés sans avoir payé aucun droit d'importation. Depuis quelque temps le gouv⋅⋅⋅ ent a accordé aux teinturiers français la même facilité dont jouissent les industri⋅⋅⋅ mands, et ils ont pu dès lors établir à leur profit avec l'étranger des relations que ⋅ temps resserrera. Ils font entrer des filés anglais quand les prix des nôtres sont trop élevés, et, lorsqu'ils ne diffèrent pas trop, ils achètent sur notre marché. Auparavant, quand ils n'avaient aucun contre-poids à opposer aux exigences de nos filateurs, il leur fallait négliger le débouché qui s'ouvrait devant eux. Ce sont des quantités considérables de filés qu'achètent aujourd'hui les teinturiers de Bar-le-Duc et de Rouen; aussi, loin de se plaindre, la filature n'a qu'à s'en féliciter; de nouveaux acheteurs lui ont été créés. De ce fait important ressort aussi la preuve de la supériorité de nos teinturiers; malgré l'accroissement des frais résultant du double transport des matières, ils font désirer par l'étranger leur main-d'œuvre et leur façon, et le forcent à recourir à leur industrie.

Pour ce qui concerne les tissus teints, l'Angleterre, la Suisse et la France brillent également à l'Exposition. La Suisse et l'Angleterre excellent à produire ce genre d'étoffes à bas prix. Rouen aussi, relativement à ses conditions spéciales de production, fabrique à des prix fort raisonnables et avec grand succès; mais ceux de ces tissus qui se distinguent particulièrement par le goût et la finesse, proviennent de Sainte-Marie-aux-Mines et de Roubaix. Ces villes manufacturières ont exposé en étoffes de coton pur et mélangé des échantillons dignes d'être observés avec la plus grande attention. Combien il est à regretter que Sainte-Marie, qui fabriquait plus particulièrement les étoffes teintes en pur coton, ait dû restreindre, en raison du haut prix des filés, l'exportation si considérable qu'elle avait entreprise autrefois avec tant de succès! Mais pendant quelques années elle n'a pu se procurer les filés qu'à des conditions qui ne lui permettaient pas de lutter sur les marchés du dehors avec les producteurs étrangers, et depuis les acheteurs ont pris d'autres habitudes ; les ramener est aujourd'hui fort difficile.

Il ne nous reste plus enfin qu'à parler des toiles imprimées ; quand on a vu les étalages de Mulhouse, de Manchester, de Glasgow et de Rouen, on ne peut douter du rôle important que joue cette branche de travail dans l'industrie cotonnière. Nulle autre branche n'offre des produits plus considérables et plus variés et n'a pris de plus grand développement. Tel fabricant produit aujourd'hui chaque année plus de mille dessins, variés chacun à l'infini, qu'il applique successivement sur tous les genres de tissus, tandis qu'autrefois il bornait son ambition à imprimer des étoffes ordinaires en coton. La France et l'Angleterre ne sont pas les seuls pays où se fabriquent les toiles imprimées ; on en fait aussi en Suisse, en Allemagne, en Autriche, en Russie, en Espagne, aux États-Unis et un peu dans le royaume de Naples ; mais de beaucoup les étalages de France et d'Angleterre sont les plus complets.

Les manufacturiers de Manchester et ceux de l'Écosse ont exposé un grand nombre d'impressions sur tous les genres de tissus possibles ; dans l'exposition du comté de Manchester, il y a des spécimens de fabrication qui nous étaient jusqu'ici tout à fait inconnus, puisque nous n'admettons pas en France de produits étrangers en coton ; on y remarque quelques belles mousselines imprimées. Les dessins de vente courante sont parfaitement bien fabriqués ; certains articles ne se font pas aussi bien dans notre pays. La gravure du dessin en Angleterre est plus variée que chez nous, et elle est même supérieure dans certains cas. Ce qui distingue l'Angleterre, c'est toujours le bon marché de ses produits, et sa supériorité sous ce rapport tient à des causes sur lesquelles nous aurons occasion de revenir. Nous avons trouvé l'industrie anglaise fort avancée dans l'art d'imprimer mécaniquement un très-grand nombre de couleurs à la fois. Il y a des impressions et des meubles riches qui se vendent à des prix extrêmement bas et qui, parfaitement bien fabriqués, ne peuvent être livrés dans de pareilles conditions que parce qu'ils sont destinés à la consommation du monde entier.

La Suisse produisait autrefois beaucoup de toiles imprimées ; mais, devant la concurrence redoutable de la France et de l'Angleterre, la fabrication des articles qui se font mécaniquement y diminue chaque année. Au contraire, elle conserve avec soin les genres qu'on imprime à la main. C'est ainsi qu'une maison de Glaris a exposé un article très-remarquable ; ce sont des mouchoirs imprimés à beaucoup de couleurs, recherchés en Turquie comme mouchoirs de tête, et dont il se fait une si grande consommation, que chaque année le canton de Glaris en vend pour plusieurs millions de francs. Grâce au bon marché de la main-d'œuvre, la Suisse est sans rivale pour cette fabrication spéciale. Elle a exposé aussi beaucoup de tissus, dits à fond rouge turc, dont elle dispute la production à l'Angleterre, après l'avoir enlevée à la France. Ce genre de tissus était autrefois très-recherché en Europe ; l'Inde seule continue aujourd'hui à en demander considérablement. C'est en France qu'il a pris naissance. Il y a trente ans, nous en exportions annuellement pour plus de six millions de francs. Les droits que nous payons à l'entrée sur les diverses matières qui servent à la fabrication de cet article, le haut prix auquel il faut payer par moments les filés, nous ont forcés d'abandonner à nos voisins un débouché que nous avions ouvert pour eux. C'est une belle industrie à laquelle un système douanier moins restrictif donnerait un nouvel essor.

Des toiles imprimées de bonne qualité et bien fabriquées ont été exposées par l'Allemagne et par l'Autriche. On ne saurait en dire autant de l'Espagne ; en visitant ses produits, on reconnaît sans peine que la concurrence étrangère n'est pas appelée à y stimuler le progrès : parmi les pays qui travaillent le coton, c'est sans aucun doute le plus arriéré.

Nos impressions françaises occupent au contraire un rang bien élevé dans l'Exposition universelle. Mulhouse et Rouen ne craignent point le parallèle avec Glasgow et Manchester. Il ne nous appartient pas, à nous personnellement, d'en dire trop de bien ; mais il nous semble que les progrès réalisés en France dans ces dernières années ne laissen rien à désirer. Mulhouse fabrique bien tous les articles ; les plus riches comme les plus simples sont traités par elle avec la même perfection ; l'exposition des articles de la maison de Wesserling se distingue surtout par la richesse des dessins et par leur bon goût ; celle de quelques fabricants de Mulhouse a pour cachet plus spécial l'élégance, la simplicité des dessins et le choix parfait des nuances. Ce ne sont pas seulement de belles étoffes en jaconas, organdi ou percale que l'Alsace a exposées, mais aussi des impressions sur des étoffes de laine et de soie ; on peut voir également dans son étalage des tissus qui s'adressent plus spécialement à la vente d'exportation, dont les prix sont modérés, et qui, aujourd'hui qu'il n'y a pas une différence considérable entre le prix des filés anglai et français, peuvent lutter, sans trop de désavantage, pour le bon marché, avec les produits de Manchester et de Glasgow. Enfin, parmi les tissus français imprimés, on ne peut passer sous silence les étoffes pour meubles ; toutes les couleurs en sont fort belles et d'une solidité parfaite ; les dessins sont de véritables chefs-d'œuvre de peinture. Plus spécialement encore que l'exposition de Mulhouse, celle de Rouen se distingue par le bon marché de ses produits : c'est que Rouen travaille spécialement pour la classe la moins aisée de la population, celle qui regarde plus au prix qu'à l'élégance. On ne saurait trop louer cette cité manufacturière dans ses étoffes pour robes, pour cravates et pour meubles, d'être parvenue à fabriquer si bien, alors qu'elle vend à si bas prix.

Il nous sera permis sans doute, après avoir signalé tous ces produits si variés de l'industrie cotonnière, de résumer les points de vue principaux qui ressortent pour l'observateur de leur examen.

Et d'abord, pour ce qui concerne la qualité, il est certain que la France, l'Angleterre , l'Allemagne et la Suisse fabriquent toutes aujourd'hui les articles de grande consommation avec une perfection presque égale. Longtemps nous avons été inférieurs à l'Angleterre pour la bonne qualité des filés de coton. Aujourd'hui les premiers filateurs anglais sont obligés de déclarer que nous sommes parvenus à leur niveau, et que les numéros même les plus élevés se filent en France aussi bien qu'en Angleterre. Le tissage mécanique fait chaque jour chez nous de nouveaux progrès ; depuis plusieurs années, l'Alsace tisse mécaniquement des étoffes faites avec des filés très-fins, et réussit admirablement dans cette œuvre difficile. Les jaconas, les mousselines, les percales, les calicots sont aussi bien fabriqués à Rouen, à Saint-Quentin et en Alsace que partout ailleurs ; no tulles et nos broderies peuvent entrer en ligne, pour la beauté du dessin et la perfection du travail, avec ce qui se fait partout ailleurs. Enfin le goût et souvent les couleurs donnent à nos étoffes teintes et imprimées un éclat spécial que les pays étrangers sont impuissants à s'approprier.

Voilà pour la qualité ; les résultats en ce qui concerne la quantité ne sont pas auss favorables. Notre production est bien loin d'égaler celle de l'Angleterre : tandis que la Grande-Bretagne met en œuvre 40,000 balles de coton par semaine, la France en consomme à peine 8,000 ; nous restons donc sous ce rapport dans une infériorité notable, en face de laquelle nous ne pouvons rester inactifs, et contre laquelle il est de notre devoir de réagir courageusement.

Si l'on se demande comment, lorsque notre fabrication est toujours égale et souven supérieure, il existe toujours une si grande disproportion dans la production, on reconnaît de suite qu'elle a souvent son origine dans la cherté de nos produits. Recherchons donc quelles sont les causes qui enchérissent notre production. Cette recherche sera l'objet d'un second chapitre dans lequel nous examinerons aussi les moyens de combattre ces causes, d'en atténuer les fâcheux effets, et d'arriver à la fois à une production et à une consommation plus considérables.

II

Nous nous sommes appliqué précédemment à rechercher quel rang occupait l'industrie cotonnière parmi les grandes productions qui fournissent le travail aux sociétés modernes, à examiner les causes diverses auxquelles doivent être attribués les progrès que cette industrie a réalisés depuis le commencement du siècle, à signaler enfin les côtés par lesquels la France brille à l'Exposition universelle dans le concours spécial des produits fabriqués avec le coton, et ceux par où elle laisse à désirer et cède encore le pas aux autres nations dont la rivalité lui est le plus redoutable. Cette recherche, ces examens comparatifs, nous ont amené à la conclusion suivante : que la fabrication a atteint en France un degré de perfection que les autres nations ne dépassent pas, mais que les prix restent dans notre pays généralement plus élevés, et qu'ils y sont un obstacle à une plus grande consommation, à une production plus considérable, au développement du travail national. Il s'agit pour nous aujourd'hui d'approfondir les causes qui font renchérir les prix en France; et si nous en rencontrons quelques-unes qui ne proviennent pas de circonstances naturelles, d'indiquer par quels moyens on pourrait les faire disparaître et détruire leur funeste influence.

La production à bon marché est soumise à des conditions essentielles sans lesquelles elle ne saurait se développer dans aucun pays. Il faut surtout que les approvisionnements de toutes les matières employées dans la fabrication puissent s'effectuer à bon compte et ne soient point grevés de taxes qui en élèvent le prix. Pour une industrie qui ne s'adresse qu'à la consommation intérieure, ces conditions sont déjà nécessaires; elles deviennent d'une nécessité absolue pour celle qui a besoin de demander aux marchés étrangers une partie de ses débouchés. Pour celle-là il est indispensable de faire disparaître toutes les entraves qui gênent la production : les maintenir, c'est garder un obstacle permanent et infranchissable à tout développement sérieux; les briser, c'est, pour une administration qui aspire à rendre le pays florissant et prospère, remplir un devoir impérieux et sacré.

Or, depuis longues années, la France a fait beaucoup de sacrifices pour encourager ces diverses industries; elle n'a pas craint de les protéger presque toutes par la prohibition absolue ou par des droits prohibitifs, même les articles peu manufacturés, comme les filés de coton, les produits chimiques et beaucoup d'autres, contrariant ainsi volontiers et de parti pris l'essor des industries nombreuses et importantes qui emploient ces produits comme matières premières. Mais aujourd'hui que nous sommes arrivés à une grande perfection, convient-il de continuer un système aussi exclusif? Est-ce celui qui permet de développer davantage le travail en France? Pour notre part, nous croyons que depuis longtemps déjà une telle rigueur est nuisible, et que la France aurait tout à gagner à entrer dans une voie de protection modérée. L'arrivée des produits étrangers sur nos marchés tempérerait des prix trop élevés, et contribuerait, pour les articles que nous ne fabriquons pas ou que nous fabriquons en petite quantité encore ou avec infériorité, à stimuler nos fabricants, ce qui imprimerait une nouvelle activité à la production nationale.

Le système prohibitif, en ce qui concerne l'industrie cotonnière, s'étend non-seulement aux produits très-manufacturés, mais encore, comme nous venons de le dire, à ceux qui forment la matière d'un très-grand nombre de fabrications. Ainsi, on ne permet pas à ceux qui tissent, impriment ou teignent, aux manufacturiers de Calais, de Tarare, de Troyes, d'employer d'autres filés que ceux qui sont fabriqués en France, quelque élevé d'ailleurs qu'en soit le prix et quelque difficulté qu'on ait à s'en procurer par moments, sauf pourtant quelques filés très-fins dont les droits, autrefois simplement protecteurs, sont devenus aujourd'hui à peu près prohibitifs. Il faut aussi renoncer à faire venir de l'étranger les produits chimiques ou agricoles nécessaires à ces diverses industries, les importations à l'aide desquelles on pourrait tempérer les prix établis par nos productions étant soumises à des droits trop élevés. Le coton en laine ne peut être acheté ailleurs qu'en France, car nos ports sont protégés contre la concurrence étrangère par des droits différentiels qu'on peut regarder comme prohibitifs. Si nous achetons certains articles indispensables à notre fabrication, tels que les gommes, les indigos, les cochenilles, nous avons à payer de gros droits fiscaux qu'on ne nous rembourse pas quand nous allons concourir sur les marchés étrangers avec des fabricants anglais et suisses, qui reçoivent ces mêmes articles en entière franchise. Découvre-t-on en pays étranger un nouveau produit dont l'application nous mettrait à même de fabriquer mieux ou à meilleur marché, il nous faut y renoncer, car il est frappé de prohibition, et le tarif n'admet à aucun prix tous les produits chimiques nouveaux non dénommés. Les fabriques de toiles imprimées emploient enfin aujourd'hui en grande quantité les rouleaux en cuivre, et les établissements les plus importants dépensent, pour cet objet seulement, 100,000 francs de plus que leurs concurrents étrangers, sans qu'aucun intérêt un peu considérable milite en faveur des dispositions qui produisent ce résultat.

Voilà, certes, sans compter nos désavantages naturels, tels que la cherté de la houille, celle du fer, le prix des transports, des conditions bien onéreuses pour notre industrie surtout quand il s'agit pour elle de lutter sur les marchés extérieurs. Et cependant, malgré ces mille entraves, nous exportons pour 30 millions de tissus de coton par an sur les divers marchés du monde; nous envoyons au dehors non-seulement des articles de haute nouveauté, mais des étoffes à bas prix, des tissus imprimés de 55 à 60 centimes le mètre. Dès lors, n'est-il pas de la dernière évidence que, le jour où ces restrictions seraient levées, la production prendrait des proportions jusqu'ici inconnues, et que notre lutte avec l'étranger deviendrait plus facile, deviendrait victorieuse? Précisons donc les points spéciaux de notre régime douanier qui demandent une réforme immédiate.

Quel a été le but du législateur en protégeant les filatures par la prohibition contre toute concurrence étrangère? Il a voulu leur laisser le temps de se constituer, de s'asseoir solidement, et d'apprendre à fabriquer aussi bien que l'étranger : or, ce but est aujourd'hui atteint; les filés se fabriquent en France aussi bien que partout ailleurs, et si nos filatures ne sont pas aujourd'hui toutes dans les meilleures conditions possibles, c'est précisément parce que, grâce au système prohibitif, elles donnent, avec une organisation imparfaite, de trop grands bénéfices, et qu'elles n'ont pas été dans la nécessité, pour avoir du profit, de modifier leur système de fabrication. Nous ne verrons se généraliser le *selfactor*, les nouvelles machines économiques de filatures, bien qu'avec leur secours on accroisse notablement le profit, que quand le privilège de la prohibition n'existera plus[1].

Produits par 70,000 fileurs, les filés sont manufacturés par 500,000 à 600,000 ouvriers tisseurs, blanchisseurs, teinturiers, imprimeurs, brodeurs. La plus grande masse des ouvriers occupés par l'industrie cotonnière est donc intéressée au bon marché et à l'abondance des filés; rien pourtant ne permet aujourd'hui d'en tempérer les prix et d'en combattre la rareté. Pour créer une filature produisant pour un million de francs de filés par an, il faut dépenser pareille somme environ en bâtiments et en machines, tandis que le tissage mécanique, pour une production de cette importance, immobilise à peine le tiers de cette somme. Dans le tissage à bras et beaucoup d'autres branches de l'industrie cotonnière, les frais de premier établissement sont insignifiants. Une fabrique de toiles imprimées, en augmentant son matériel de 100,000 à 150,000 fr., peut ajouter à l'importance de sa production annuelle quelques millions de francs. Une grande et facile concurrence existe donc bien plus dans toutes les autres branches de l'industrie cotonnière que dans la filature. L'activité de ces autres branches a même parfois rendu les

---

[1] Une maison d'Alsace, qui a remplacé il y a trois ans ses mauvais métiers à filer, datant de 1812, par ces nouvelles machines, a pu vendre à bon prix ce vieux matériel, et a pu procurer encore d'importants bénéfices à ceux qui l'ont acquis.

filés assez rares pour les élever en France à un prix de 20 à 25 p. 100 supérieur au prix de l'Angleterre et pour assurer à nos filateurs des bénéfice de plus de 30 p. 100. Comment, avec de pareilles différences de prix dans les filés, matière première des tissus, une exportation régulière, constante et considérable, en articles de vente courante surtout, serait-elle possible? Les acheteurs ont leurs habitudes, et pour les attirer sur nos marchés, il ne suffit pas d'être par moment en mesure de leur vendre à des prix modérés, il faut être à même en tout temps de leur offrir un approvisionnement régulier à des conditions raisonnables; sinon ils s'adresseront ailleurs.

Et pour la consommation intérieure aussi, croit-on que de hauts prix pour les filés ne nuisent pas au développement de toutes les industries dont ils forment la matière première? Les articles de coton deviennent de plus en plus le vêtement des classes les moins aisées; ils leur sont presque aussi nécessaires que le pain. De même qu'il faut se nourrir, il faut aussi se vêtir, et puisque on ouvre les barrières quand les blés font défaut pour la nourriture, pourquoi ne les ouvrirait-on pas de même quand les filés manquent pour le vêtement?

Il faut absolument que cette matière soit abondante, et, lorsque, par une circonstance ou par une autre, elle cesse de l'être chez nous, il faut qu'on puisse s'en procurer facilement en recourant à l'étranger.

Une autre cause d'enchérissement pèse sur l'industrie du coton tout entière, sans distinction d'aucune branche spéciale : c'est la défense d'acheter le coton en laine, et tous les produits exotiques en si grand nombre servant à la teinture, ailleurs que dans les pays de production ou dans les ports de France, à moins de payer une surtaxe qui, pour les neuf dixièmes des cotons employés, équivaut ordinairement de 8 à 10 p. 100. L'effet de cette surtaxe est d'enlever aux filateurs toute garantie contre l'élévation des prix dans es moments où les cotons sont peu abondants dans nos ports. L'Angleterre peut venir puiser des cotons chez nous quand nos prix sont plus bas que les siens, la surtaxe nous enlève la faculté d'user de la réciprocité.

Le prix auquel on paye en France les matières tinctoriales et chimiques vient donner une explication nouvelle de la cherté de notre production. Nous sommes à ce sujet dans de tout autres conditions que l'Allemagne, l'Angleterre et la Suisse, qui jouissent sous ce rapport d'une législation douanière extrêmement libérale. Celle qui nous régit, loin de tendre à développer notre travail, semble au contraire particulièrement combinée pour ' arrêter, et donne une véritable prime à l'industrie étrangère.

Nous payons sur certains de ces articles des droits purement fiscaux, pour la plupart très-lourds, qui ne nous sont jamais remboursés quand nous exportons des produits où ils ont été employés, par suite de la difficulté d'en évaluer exactement l'importance proportionnellement aux produits manufacturés. On a frappé de droits prohibitifs certains produits chimiques qu'on devrait chercher à procurer à bas prix à l'industrie française et qui se fabriqueraient à bas prix chez nous si les producteurs étaient stimulés par la concurrence étrangère. On protége de cette façon exorbitante, même des produits dont la fabrication demande très-peu de main-d'œuvre et par conséquent représente très-peu de travail national. Ainsi l'acide sulfurique, qui coûte en moyenne, en Alsace, 16 fr. les 100 kilogr., paye 41 fr. de droit d'entrée par navire français, cinquième non compris; acide muriatique, qui vaut 15 fr., en paye 02; l'outremer, qui vaut un peu plus de 3 fr. le kilog., paye 6 fr. Pour le sel de soude, la soude caustique, le droit dépasse de près de 100 p. % la valeur commerciale de ces diverses substances. Beaucoup de ces produits ne peuvent entrer par les frontières de terre ou y payent un droit différentiel plus élevé. Ces protections, infiniment trop considérables, n'ont sans doute pas empêché de produire à bon compte, à la longue, plusieurs de ces articles, et ainsi pour beaucoup d'entre eux les prix ne changeraient pas considérablement avec un affranchissement complet; mais les chiffres que nous citons ne témoignent-ils pas jusqu'à la dernière évidence que la douane est restée trop stationnaire, et qu'une œuvre qui, chaque année, devrait être révisée, l'est beaucoup trop rarement? D'ailleurs, nos fabricants de produits chimiques n'en demandent pas le maintien, ceux d'Alsace réclament même avec nous les tarifs libéraux.

Nous avons dit que la prohibition absolue dont sont frappés les produits chimiques non dénommés nous mettait dans des conditions d'infériorité ; voici quelques-uns de ces produits dont la loi se trouve ainsi interdire l'entrée : l'acide pyroligneux, le chlorure de chaux, la magnésie calcinée, le nitrate de plomb, le pyrolignite de fer, de plomb; j'en pourrais citer cent autres. Tous ces produits non dénommés sont pourtant d'un emploi journalier. Et pourquoi se trouvent-ils prohibés, sinon parce que, lorsque le tarif fut fait, on ne pensa pas à les y inscrire? On ne les employait pas alors. Et puis faut-il, lorsque l'Angleterre, l'Allemagne, la Suisse, la Belgique viennent de conquérir un nouvel agent chimique, que l'usage en soit interdit à nos industriels jusqu'à ce qu'il ait plu à un producteur français d'en entreprendre la fabrication ?

Certains tissus de grande consommation sont fabriqués par l'Angleterre avec une supériorité marquée, à l'aide des garances de Smyrne que nous ne pouvons acheter parce qu'elles sont frappées d'un droit qui généralement équivaut à plus d'un tiers de la valeur. Pourquoi ce droit? Pour protéger la culture de la garance? Mais quels besoins nos cultivateurs ont-ils de cette protection, puisque Avignon exporte chaque année une grande partie de ses produits ? N'est-ce pas gratuitement et de gaieté de cœur nous placer nous-mêmes vis-à-vis de nos concurrents dans une situation inférieure ?

L'examen de toutes les causes d'enchérissement que nous avons énumérées a, nous l'espérons, complétement démontré la nécessité de modifications nombreuses à notre régime douanier. Quelles seront ces modifications? Il en est sur lesquelles on est assez généralement d'accord. Ainsi le Havre lui-même demande aujourd'hui que les surtaxes qui atteignent les matières venant des entrepôts étrangers ou sous pavillon tiers soient diminuées; la suppression des droits sur les matières tinctoriales, un abaissement considérable de ceux qui pèsent sur les produits chimiques, une taxation libérale pour les produits non dénommés, ne peuvent trouver d'adversaires sérieux.

Mais il est un point, et c'est le plus essentiel, sur lequel il existe encore une forte divergence : nous voulons parler des droits sur les filés. Jusqu'à ces derniers temps, la filature avait toujours demandé le maintien de la prohibition, prétendant que ce régime seul pouvait la protéger suffisamment. Elle est moins exigeante aujourd'hui ; elle demande cependant encore une protection qui, nous le démontrerons, équivaudrait absolument au maintien de la prohibition. En décembre 1853, lors de la dernière enquête, elle s'est accordée à vouloir que les filés étrangers ne fussent pas admis en France à moins de payer un droit équivalent à 30 p. 100 de la valeur; or, ce droit, pour les trois quarts des filés, serait, en faveur du travail de la filature, une protection de 100 p. 100. Les filés les plus employés valent généralement en France aujourd'hui de 2 fr. 80 c. à 2 fr. 90 c. le kilog.; dans ce prix, la valeur du coton entre en ce moment pour 1 fr. 60 c. à 1 fr. 80 c. , et le prix de l'opération de la filature ne s'élève en général que de 1 fr. à 1 fr. 10 c.; un droit de 30 p. 100 sur la valeur totale donnant une protection de 85 à 90 c., ce serait donc 85 p. c. sur la fabrication même des filés, à quoi s'ajouteraient les frais nécessaires pour faire venir les filés anglais sur nos marchés, soit environ 16 c. pour Rouen et 24 c. pour Mulhouse par kilogramme.

Le droit de 30 p. 100 équivaudrait donc à une prohibition complète et serait la continuation pure et simple du mal qu'il s'agit aujourd'hui de détruire. Nous demandons, pour notre part, qu'il soit limité à 15 p. 100 pour les numéros les plus employés, pour lesquels les frais de commission, de transport et d'emballage constituent, comme on l'a vu, un chiffre de protection déjà élevé. Les numéros plus fins pourraient être taxés à 20 p. 100. Ce droit, plus élevé pour les numéros fins, n'aurait pas de bien fâcheuses conséquences pour les industries employant ces sortes de filés, parce que les prix s'en modéreraient toujours plus facilement, même sans la concurrence étrangère. En résumé, pour

les filés les plus employés, c'est-à-dire jusqu'au numéro 40 environ, une taxe uniforme
de 40 c. par kilogramme, à laquelle on ajouterait 25 c. pour l'équivalent du droit sur le
coton en laine, déchet compris, serait très-amplement suffisante ; elle représenterait plus
de 50 p. 100 sur les prix de fabrication, et mettrait dans tous les temps nos filatures à
l'abri d'une concurrence dangereuse. C'est encore, sans contredit, une très-grande protection ; mais je crois devoir la demander aussi forte, afin d'être bien à l'abri du reproche de ne pas ménager la transition.

Avons-nous besoin de dire que la levée de la prohibition sur les filés aurait nécessairement pour corollaire une levée analogue sur tous les articles de coton ? Aucun ne resterait prohibé, et les droits pourraient être modestes.

En France, depuis longtemps, le tissage, soit en blanc ou en couleur, s'exécute à des
conditions modérées, et il ne serait pas fondé à réclamer une protection bien forte. Nous
avons sous les yeux des étoffes imprimées d'Angleterre et de France dont le tissu écru
coûte en ce moment 31 à 35 centimes le mètre en Alsace, et 99 centimes en Angleterre.
C'est une différence de 5 à 6 centimes ; mais il faut déduire du prix français 2 centimes 1/2
qui représentent les droits payés en France sur le coton en laine. La différence se trouve
donc réduite de 2 centimes 1/2 à 3 centimes 1/2, soit 8 p. 100. Elle disparaîtrait à peu près
entièrement si l'on avait à expédier aujourd'hui en Alsace des calicots anglais pour les y
imprimer en concurrence avec les nôtres. Ce qui précède concerne les tissus communs ;
quant aux produits chers, qui se distinguent par le goût, par l'art avec lequel ils sont
fabriqués, nous sommes assez haut placés en France pour ne pas redouter la concurrence
étrangère, et nous saurons parfaitement nous contenter d'une protection très-modérée.

La plupart des toiles imprimées, sans en excepter celles qui sont les plus communes et
de la vente la plus courante, qu'on voit à l'Exposition dans les étalages des étrangers nos
concurrents, pourraient être fabriquées pour l'exportation, par parties considérables, à
Rouen et en Alsace, à des prix ne dépassant pas de 10 p. 100 la cote de Manchester. Que
faut-il de plus pour indiquer le rôle que jouerait l'industrie française sous un autre
régime où elle aurait pour la production cent facilités dont elle est privée aujourd'hui ?
Il ressort aussi de là que déjà le droit protecteur de 10 p. 100 serait plus que suffisant, car
il faudrait rabattre de ce taux divers frais qu'entraîne l'achat à l'étranger. Au lieu de
10 p. 100, qu'on adopte, en commençant, le double, afin de ménager la transition et de ne
pas effaroucher les esprits timides. Nous ne nous en plaindrons pas ; mais il ne faut pas
que les changements qu'on fera soient illusoires.

Il nous reste à indiquer en quelques mots les heureux résultats que produiraient ces
modifications à l'excès de protection.

Le premier et le plus intéressant serait de développer nos exportations en articles de
coton, de nous faciliter l'ouverture de nouveaux débouchés, et de nous permettre de recon-
quérir ceux que nous avons perdus.

Dans l'état actuel, pour la branche de l'industrie cotonnière qui exporte le plus, celle
des toiles imprimées, il n'y a que les établissements possédant à la fois des filatures et des
tissages qui soient en situation d'établir au dehors quelques relations suivies et un peu
considérables. Exposés à des fluctuations incessantes dans les prix des filés, nos autres
fabricants ne peuvent, comme ils le voudraient, solliciter la vente extérieure ; mais sous
le régime plus libéral que nous recommandons, un plus grand nombre de maisons pourraient y participer, et puisque nous n'exportons en articles de coton qu'une valeur réelle
de 50 millions par an, tandis que l'exportation anglaise pour les tissus imprimés seulement est de 150 millions de francs, c'est-à-dire cinq fois plus considérable, quelle marge
n'avons-nous pas pour les progrès à réaliser, pour les conquêtes à faire ? Il importe de
remarquer que les tissus de coton que la France exporte sont surtout des articles auxquels nous pouvons donner un mérite spécial par notre goût et nos belles couleurs, car
les Anglais se servent autant qu'ils le peuvent de dessins d'origine française ; et puis,
comme nous l'avons déjà démontré, leur fabrication est souvent inférieure à la nôtre.

Il est sans doute inutile de faire observer que l'accroissement de nos exportations en articles de coton entraînerait comme conséquence infaillible un plus grand développement de notre marine, et contribuerait à entretenir ou pour mieux dire, qu'il susciterait cette navigation à vapeur transatlantique sans laquelle notre industrie ne peut envoyer à temps sur les marchés lointains ses articles de haute nouveauté, et se voit presque toujours devancée par l'Angleterre, qui lui emprunte la plus grande partie de ses dessins. Mais ce qu'on ne saurait trop redire, c'est que les crises étant moins à craindre avec des débouchés plus variés, l'industrie cotonnière trouverait une source nouvelle de prospérité et de sécurité dans ces nouvelles conditions d'existence. Les relations bien plus régulières qu'elle s'ouvrirait au dehors, et la facilité dont elle jouirait d'envoyer tantôt dans un pays et tantôt dans un autre ses articles, auraient pour elle des conséquences heureuses de diverses sortes. Notre industrie cotonnière ne serait jamais exposée à des secousses semblables à celle de 1848, alors que nos fabricants, n'ayant pas de relations établies au dehors d'une manière régulière, durent, pour écouler leurs marchandises, subir la cruelle nécessité de vendre pendant quelque temps au-dessous des prix de leurs concurrents étrangers.

Ce sont d'ailleurs toujours des produits ayant subi beaucoup de façon que nous exporterons, obligés, comme nous le serons sans doute, de laisser aux Anglais presque toujours l'exportation des filés, des articles écrus ou blancs, au moins de ceux de grande consommation, et de nous réserver les mousselines, les tulles, les étoffes en couleurs et les toiles imprimées. Mais des deux lots celui-ci ne saurait être réputé le pire, puisqu'il y entrerait une somme infiniment plus grande de travail national. Dans l'état actuel, si l'on recherche dans la valeur totale des tissus que nous exportons la part des matières exotiques qui ont servi à les fabriquer, on trouve qu'elle n'en forme pas la cinquième partie. Les quatre autres cinquièmes représentent le travail d'un grand nombre d'ateliers de construction, de dessin, de gravure, indépendamment d'une notable quantité de travail en filature, tissage, impression et blanchiment; ou encore c'est le fructueux emploi de nos houilles, de notre garance et de beaucoup d'autres produits de notre sol. En supposant qu'avec la levée de la prohibition et l'adoption des droits que nous avons recommandés, les bénéfices des filateurs soient un peu amoindris dans certaines périodes, ils deviendront plus réguliers et plus stables; nous verrons alors, à l'instar de ce qui se passe en Allemagne, l'esprit d'association s'occuper de la fondation de grandes filatures, sans se laisser effrayer, comme il l'a fait jusqu'à ce jour chez nous, par la marche irrégulière de cette industrie.

Toutes les fabriques qui emploient les filés comme matières premières, confiantes dans leur approvisionnement futur, ne craindront pas de se développer davantage ; les crises seront moins fréquentes, moins considérables ; la spéculation n'exercera plus une influence aussi dangereuse ; la consommation tout entière pourra bénéficier plus promptement des nouvelles découvertes de l'art et de la science modernes ; la France reprendra possession de ces productions spéciales dans lesquelles elle excellait jadis, et qui aujourd'hui ont émigré en Suisse et en Angleterre, où elles entretiennent un nombre considérable de bras.

Je viens de nommer la spéculation. C'est qu'un des grands inconvénients, en effet, du système prohibitif consiste dans la facilité avec laquelle il permet que celle-ci opère sur tous les articles nécessaires à notre consommation, lorsqu'ils sont peu abondants sur le marché. Qu'importent l'état des marchés étrangers et les approvisionnements qu'ils présentent, quand on est séparé par une muraille à pic? De véritables accaparements ont réellement eu lieu de cette manière. C'est ainsi qu'une seule maison a pu, il y a quelques années, habilement acheter à peu près tous les tissus servant à l'impression, et produire sur cet article une hausse de 50 p. 100. On conçoit facilement la perturbation que de semblables opérations jettent dans les affaires. Une spéculation analogue s'exerce fréquemment sur les cotons en laine et d'autres produits exotiques. Pour que le remède au mal soit efficace, il faut non-seulement que la prohibition soit levée, mais que le droit qui la remplace soit modéré.

Enfin, en ouvrant les portes de la France aux produits étrangers, le gouvernement pourra stipuler pour notre industrie certaines compensations qu'il ne peut réclamer aujourd'hui qu'il n'a rien à offrir en échange. C'est ainsi qu'il obtiendra sans doute de l'Angleterre une convention relative à nos dessins de fabrique. Beaucoup de ces dessins peuvent être considérés comme des ouvrages d'art, et mériteraient d'être protégés contre la contrefaçon et la copie, aussi bien que les œuvres d'esprit pour lesquelles des traités internationaux ont été récemment conclus.

Certes, voilà bien des résultats, bien des avantages, tous incontestables et d'une réalisation immédiate; mais y a-t-il du moins des dangers sérieux à courir? On en chercherait en vain.

Notre filature de lin n'a pas eu besoin de la prohibition pour prospérer; un simple droit de 15 p. 100 l'a garantie suffisamment contre les filés de lin belges, qui peuvent être assimilés pour le prix de revient aux filés de lin anglais, puisqu'ils s'exportent sur les marchés de libre commerce. En outre, sous l'égide de ce faible droit, elle s'est développée beaucoup plus que notre filature de coton, qui, bien que placée dans des conditions à peu près semblables pour la houille et le fer, a toujours été spécialement protégée par la prohibition. En vingt ou vingt-cinq ans, on a établi en France, dans nos filatures de lin, 500,000 broches; et comme l'Angleterre n'en compte que 1,400,000, notre production en fils de lin n'est que des deux tiers inférieure à celle des Anglais, tandis qu'en filés de coton elle reste des 4/5e environ inférieure à la production anglaise.

En 1834, la prohibition a été levée sur les filés fins de coton sans qu'il en soit résulté aucun inconvénient pour notre filature. Au contraire, elle s'est développée dans la fabrication spéciale de ces numéros; et si l'intention alors manifestée de marcher en avant, en les affranchissant tous, avait été suivie d'exécution, nul doute que l'industrie tout entière de la filature n'aurait acquis un bien plus grand développement.

Qui oserait ensuite soutenir que la filature du coton en France ait moins de ressources, d'habileté et d'éléments de vitalité que dans les États du Zollverein? Or, dans ces États, elle n'est protégée que par un simple droit, équivalant, pour les numéros les plus employés, à un droit de 7 p. 100 au plus, et il n'est pas de contrée en Europe où elle ait pris dans ces derniers temps un plus grand essor. Nous avons montré dans une brochure à laquelle nous prenons la liberté de renvoyer le lecteur[1], en prenant pour base les importations respectives du coton en laine de 1841 à 1852, que la consommation du coton en laine doublait en Allemagne dans l'espace de quinze ans, tandis qu'en France elle ne doublait que dans l'espace d'un siècle. Pourquoi donc un droit de 15 p. 100, en France, produirait-il un effet désastreux que n'a pu causer un droit de 7 p. 100 en Allemagne?

C'en est assez pour établir qu'en modifiant, comme nous l'avons demandé, notre législation douanière, on ne ferait courir à notre industrie aucun danger sérieux. Qu'on se hâte donc de la gratifier d'un système douanier plus libéral. Plus de vingt années se sont écoulées depuis qu'un changement de système a été réclamé par la chambre de commerce de Mulhouse et par le jury départemental du Haut-Rhin; des manufacturiers considérables, des fabricants de produits chimiques, d'importants constructeurs de machines, Calais et Tarare le réclament comme nous. Si l'on pouvait encore douter, après l'exposition de Londres, du rang élevé auquel notre industrie cotonnière est parvenue, l'exposition de cette année a dû lever toutes les incertitudes. Elle prouve que nous sommes en état, avec une faible protection, de soutenir la lutte contre l'étranger. Elle doit donc inaugurer une nouvelle législation qui nous appellera à de nouveaux succès et à une plus grande prospérité.

Jean Dollfus, père.

[1] *Plus de prohibition sur les filés de coton*, par M. **Jean Dollfus**. 1834. Capelle, éditeur.

DRION et **FERNET.**
Traité de physique élémentaire, suivi de problèmes. 2ᵉ édit.; in-12, 874 p., 661 figures dans le texte. Paris, 1862.

DUHAMEL.
Cours de mécanique. 2 vol., planches. Paris, 1862.

DUPREY (F.).
Eau oxygénée pure. Sa préparation. (Acad. des sc., séance du 10 novembre 1862.)
..... L'eau oxygénée décolore les principes colorants d'origine organique à la manière de l'eau de chlore, mais plus lentement.

DUSSAUCE (H.).
Rouge indien, couleur nouvelle. (*Monit. scientif.*, 1861, t. III, p. 485.)
..... La préparation de cette couleur rouge est très-simple : On prend du bois de santal rouge en poudre et on l'épuise complétement par l'alcool. Dans cette solution alcoolique on verse de l'oxyde de plomb hydraté en excès et on recueille sur un filtre le précipité qui se forme; on le lave avec de l'alcool et on le fait sécher. En cet état on le dissout dans l'acide acétique et on étend cette dissolution avec un excès d'eau. La matière colorante, qui est insoluble dans ce liquide, se précipite, tandis que l'acétate de plomb reste en solution et peut reservir pour former de nouveau de l'oxyde de plomb. On lave alors avec soin le précipité et on le fait sécher à une douce température. Cette couleur est de la *santaline pure;* son prix ne s'élèvera guère qu'à 10 fr. le kilogr.

DUVAL. (Jours).
Économiste français, paraissant deux fois par mois. 2ᵉ année. Paris, 1863.

E

EBELMEN.
Recueil de ses travaux scientifiques. 2 vol. et un demi-vol. contenant la notice de **Chevreul** sur l'espèce en chimie, en minéralogie, en géologie. Paris, 1861.

ÉCONOMISTE FRANÇAIS, paraissant deux fois par semaine, sous la direction de **Jules Duval.** 2ᵉ année. Paris, 1863.

ENCRE A ÉCRIRE. Faites infuser de la noix de galle noire première qualité dans l'eau ordinaire, ajoutez-y de la gomme en morceaux, et après dissolution de la quantité de gomme voulue, jetez dans le liquide un paquet de pointes en fil de fer bien décapées et dégraissées ou de la limaille ou tournure de fer bien propre. — Cette encre a l'avantage sur celle au sulfate de fer de ne pas contenir un excès de ce métal qui la fait jaunir après un certain temps, et d'attaquer beaucoup moins les plumes métalliques. **J. Grézely.** (*Monit. scientif.*, 1857, t. Iᵉʳ, p. 795.)

ENGINEER (the). Publication hebdomadaire in-fol. Planches et clichés nombreux. Octobre 1863, vol. XVI, nᵒ 409.

ENSEIGNEMENT PROFESSIONNEL. Revue scientifique et industrielle. Cours publics. Chronique des arts et métiers. Biographies. Paraissant le 1ᵉʳ et le 15 du mois. In-4, 2ᵉ année. 1863. Paris. Rédacteur en chef, **Charles Gaumont.**

EXPOSITION UNIVERSELLE DE LONDRES (1862). Produits chimiques industriels, classe II, section A. (Voyez **Hofmann**, auteurs H.)

EXPOSITION UNIVERSELLE DE LONDRES (1862). Considérations générales par **E. Kopp**. (*Monit. scientif.*, 1863, t. V. p. 16.)

EXPOSITION UNIVERSELLE DE LONDRES (1862). Rapports des membres de la section française du jury international sur l'ensemble de l'Exposition, publiés sous la direction de **Michel Chevalier**. 6 vol. in-8, Paris, 1862.

EXPOSITION UNIVERSELLE DE LONDRES (1862). Récompenses décernées par le gouvernement français aux membres de la section française du jury international et aux exposants qui ont obtenu des médailles à cette Exposition. (*Monit. scientif.*, t. V, p. 81. Paris, 1863.)

EXPOSITION UNIVERSELLE DE LONDRES (1862). Rapport sur la teinture et l'impression des tissus exposés dans la classe XXIII. par **Crace-Calvert**. (*Monit. scientif.*, 1863, t. V, p. 41.)

1. **Teinture.** — Rouges, violets et bleus d'*aniline*. — *Erythrobenzine*. — *Phosphéine* jaune (chrysalinine). — *Regina purple* (violet d'aniline). — *Acide picrique*, préparé par l'action de l'acide nitrique sur le phénol. Cette brillante teinture jaune était déjà connue en 1851. — *Bleus d'aniline et d'azuline*. — *Verts* par l'acide picrique et sulfate d'indigo très-pur. — *Orseille*. — *Pourpre française*. — *Murexide ou pourpre romaine*. — *Lokao ou vert de Chine*. — *Carmin de pourpre*. — Noir sur soie par le *henné* des Arabes.

2. **Impression sur tissus.** — *Albumine d'œufs*. — *Albumine du sang*. — *Caséine du lait* nommée *lactarine*. — *Gluten* des céréales (1859). — *Vert Guignet* (breveté en 1859). C'est un hydrate d'oxyde de chrome ($C^2O^3 + 3HO$), préparé en calcinant 3 parties d'acide borique avec 1 de bichromate de potasse. — *Vert* préparé par **Arnaudon**, en calcinant du bichromate avec du phosphate d'ammoniaque. — *Fuchsine* (1859). — *Roséine*. — *Azaléine*. — *Rouges d'aniline*.

— *Gluten des céréales* dissous dans des alcalis faibles, employé en place d'albumine ou de lactarine, en mai 1859, par **Walter Crum**. — *Gluten* dissous dans un acide faible employé par **Scheurer-Roth** (1859). — *Savon à base de p'omb*, proposé par la Dalmarnock Printing compagny pour fixer les couleurs dérivées du goudron. — Dans les premiers mois de 1860, les imprimeurs réussirent à imprimer et à fixer des couleurs d'aniline simultanément avec le mordant animal et mélangées avec lui, au lieu d'imprimer d'abord le mordant, de le fixer et de le teindre ensuite dans un bain de teinture. Ils obtinrent ainsi la possibilité d'imprimer à la fois une grande variété de couleurs sur la même pièce, en même temps qu'ils réalisèrent une notable économie, les opérations devenant plus simples et plus rapides.

— *Tannin*. **Calvert** et **Lowe**, ayant déjà observé en 1856 que le tannin précipitait certaines couleurs du goudron, constatèrent, vers la fin de 1859, qu'en imprimant et vaporisant le tannin sur toile préparée, il se trouvait fixé et pouvait servir de mordant pour les couleurs d'aniline.

Mais ce ne fut qu'en 1860 que cette observation reçut une application industrielle par **Gratrix** (et **E. K. Javal** ; les violets d'aniline ainsi fixés résistent mieux au savon que ceux fixés à l'albumine, mais par contre ils résistent moins bien à l'action de la lumière. — Le procédé conseillé par **Gratrix** consiste à étanner la toile (comme cela a lieu généralement pour les couleurs vapeur) et à imprimer ensuite le tannin épaissi; on vaporise, ce qui fixe le tannin ; ou bouse, on lave et on teint dans un bain de violet d'aniline légèrement acidifié avec de l'acide acétique. On en élève graduellement la température jusqu'à l'ébullition, et la couleur, se combinant au tannin, produit les dessins; le fond blanc étant un peu sali, on passe les pièces dans une eau acidulée ou à travers une solution faible de chlorure de soude, telle qu'elle est employée par les teinturiers en garancine. — *Tartre émétique*. En 1861, **Nathaniel Lloyd** et **E. G. Dale** préconisèrent son emploi pour la fixation des violets d'aniline. — *Émeraldine*. Couleur verte d'aniline. En 1860, **Calvert, Clift** et **Lowe** firent connaître un procédé très-facile et très-pratique pour obtenir un vert par l'aniline sous l'influence de certains agents oxydants qu'ils nommèrent *éméraldine* sur coton.

Il consiste à imprimer une solution épaissie et acide d'hydrochlorate d'aniline sur du calicot foulardé en solution de chlorate de potasse, et au bout de quelques heures il s'y produit des dessins d'un beau vert clair qu'on n'a plus qu'à laver. — Si le tissu ainsi imprimé en vert est passé en solution de bichromate de potasse, le vert se change en bleu indigo foncé. La production directe de cette couleur sur toile au moyen de l'aniline est très-importante et conduira probablement à la production semblable des autres couleurs d'aniline, ce qui dispenserait de les préparer préalablement. On éviterait ainsi les grandes pertes d'aniline qu'entraîne la fabrication des matières colorantes qui en dérivent, et on obtiendrait en outre une notable économie de mordants fixants...

Une méthode d'application très-intéressante et précieuse d'appliquer les couleurs d'aniline sur tissus a été inventée par **Onfroy,** de Paris. Il imprime des rouges, violet et bleu d'aniline sur un fond de couleur solide noire ou brune, pour l'obtention de laquelle on avait fait usage d'acide gallique au lieu de tannin : la conséquence en est que la couleur noire ou brune est plus facilement réduite et rongée, de manière qu'en ajoutant aux couleurs d'aniline mélangées de mordant animal un composé acide et rongeant, tel que l'acide oxalique, le fond noir et brun disparaît et les couleurs d'aniline sont fixées et apparaissent avec toute leur pureté. — Au même fabricant on est redevable de deux autres inventions mécaniques, dont l'un est le *tireur mécanique*[1] et l'autre le *résiste tambour.*

Couleurs vapeur.

Genres garancés.

..... La bouse de vache pour la fixation des mordants a été remplacée par : les phosphates doubles de soude et de chaux, par l'arsénite ou l'arséniate de soude, ou le silicate de soude...

On désigne par « *ageing* », maturation ou oxydation des mordants, l'opération par laquelle ces derniers, après avoir été appliqués sur calicot, sont placés dans des circonstances favorables pour pénétrer la fibre textile, s'incorporer et se combiner avec elle. C'est ainsi qu'on a trouvé nécessaire d'étendre les pièces mordancées pour les soumettre pendant plusieurs jours à l'action de l'atmosphère dans le local de l'étendage ou d'oxydation et de maturation des mordants : l'objet de cette pratique est de faire dégager et évaporer l'acide acétique du sulfate-acétate d'alumine et de l'acétate de fer, et de faire passer l'oxyde ferreux à l'état d'oxyde ferrique.

On croyait depuis longtemps que l'oxygène était le seul agent actif pendant cette phase de la fabrication, et quoique quelques imprimeurs eussent observé que l'humidité facilitait la réaction, on n'y avait pas attaché une importance suffisante[2] jusqu'à ce que **John Thom** eût indiqué d'une manière spéciale la coopération de l'humidité comme un agent des plus importants dans les phénomènes d'oxydation ou « *d'ageing.* »

..... **Walter Crum,** dans son établissement à Thornliebank (Écosse), en 1856, a fait passer les pièces imprimées à travers un local chaud et humide, sur des rouleaux en métal. — Ce procédé est généralement adopté par les fabricants anglais.

DA [1] La Société industrielle de Mulhouse a signalé et décrit un tireur mécanique très-pratique, bien antérieurement à l'époque de la citation de cette invention.

DA [2] Plusieurs années avant que **John Thom** signalât d'une manière spéciale la coopération de l'humidité comme agent des plus importants dans le phénomène de la fixation des mordants, **Dollfus-Ausset** avait construit dans l'établissement de Dollfus-Mieg et Cᵉ un étendage spécial pour la fixation des mordants avant la teinture. Le local était chauffé par un grand fourneau en fonte, surmonté d'une chaudière contenant de l'eau. L'évaporation de l'eau était en raison du calorique dégagé par les surfaces de chauffe, et par ce moyen l'humidité relative de l'air du local était parfaitement réglée dans toutes les saisons et les résultats obtenus très-satisfaisants.

Garanceux par **Léonard Schwartz**, en 1843 [1].

Garancine. L'usage s'en est beaucoup répandu depuis 1851.

Alizarine commerciale par **Pincoff et Schunke**, en 1853. — **Higgins** a découvert récemment une autre méthode de cette préparation. Il fait bouillir de la garancine avec du carbonate de soude et un peu d'ammoniaque.

Fleur de garance par **Julian** et **Roquer**, en 1859. — 100 parties de fleur teignent aussi fortement que 200 parties de garance pulvérisée.

Purpurine et alizarine verte par **Schaaf** et **Lauth**.

Teinture en rouge d'Andrinople unie ou avec des dessins imprimés par **Montheith et Cie**.

Anotype, procédé qui consiste dans l'application de la photographie à la gravure de plaques de zinc, au moyen desquelles on obtient des imitations de dentelles sur tissus. —

EXPOSITION UNIVERSELLE, 1855.

Rapport des produits chimiques par **Wurtz**. (*Monit. scientif.*, 1859-1860, t. II, p. 137.)

EXPOSITION UNIVERSELLE DE LONDRES (1862). Médailles et mentions honorables décernées par le jury international de Londres, le 11 juillet 1862, au palais de l'Exposition. (*Monit. scientif.*, 1862, t. IV, p. 497 à 525.)

EXPOSITION UNIVERSELLE DE LONDRES (1851). Rapports sur la teinture et impression, par **Persoz**. Partie chimique. (*Monit. scientif.*, 1857, t. Ier, p. 401.)

HISTORIQUE.

1770 à 1800. **Jean-Michel Haussmann** a publié des observations ou des mémoires sur la garance, l'indigo, l'orcanette; sur la formation des laques et leur application, sur la nature des mordants d'alumine, de fer et d'étain; sur l'ordre de tendance des matières colorantes par ces mêmes agents fixateurs.

Au commencement de notre siècle, il faisait la découverte :

1° *Enlevage blanc* sur mordant d'alumine et de fer, au moyen des acides oxalique et tartrique.

2° Belles *couleurs d'application* préparées au moyen du sel d'étain.

3° Enlevages colorés désignés sous le nom de *couleurs absorbantes*.

4° Application du *bleu de Prusse* en le formant directement sur toile.

5° Emploi du *sulfate d'indigo* pour le vert pistache ou de Saxe.

6° Préparation du *nitrate de fer* pour le noir d'application.

Aluminate de potasse. Recommandé par **J. M. Haussmann**, en 1800.

Stannate de potasse ou de soude. Recommandé par **J. M. Haussmann. Proust** a fait connaître la préparation et la composition; et les Anglais furent les premiers à l'employer industriellement pour mordancer leurs toiles, en 1814.

OXYDE DE FER.

J. M. Haussmann a indiqué l'usage du *chlorure ferreux* pour obtenir sur calicot une belle nuance abricot, qu'il employait seule ou qu'il combinait avec le bleu d'indigo pour en faire des fonds vert-myrte, dans lesquels, au moyen de réserves et d'enlevages, on obtenait sur le fond des sujets bleus, blancs et abricot.

Lefèvre, en 1826, s'est beaucoup servi des dissolutions de *nitro-sulfate de fer* pour

---

[1] **Charles Kœchlin**, frère de Daniel Kœchlin Schouch, associé de l'établissement de Cosmanos (Bohème), est l'inventeur du *garanceux*. Cette invention date de 1815. Les résidus de garance, sortant des cuves de teinture, étaient traités par l'acide sulfurique étendu.

produire un genre dit *arenturine*, avec un mordant d'alumine et de fer, teint en garance et en quercitron.

MANGANÈSE.

On a appliqué, pour la première fois, en 1815, dans l'établissement de **Hartmann et fils**, à Munster (Haut-Rhin), le sulfate ou le chlorure de manganèse, résidu de la préparation du chlore à la production et à la fixation sur le calicot d'uu couleur brune, désignée en France sous le nom de *bistre*, et en Angleterre sous celui de *french-brown*. — Le dernier et le plus remarquable perfectionnement que la fabrication du genre bistre ait reçu, a été réalisé dans l'établissement de **Jean Schlumberger jeune**, à Thann (Haut-Rhin), en 1853, où l'on a entrepris avec succès la fabrication de fonds bistres cuvés, genre désigné sous le nom de *lapis fond bistre*, c'est-à-dire fond noir avec sujet bistre, bleu, blanc, s'encadrant rigoureusement les uns dans les autres.

CHROME.

Vauquelin, analysant le plomb rouge de Sibérie, y découvrit le chrome.

Lassaigne, en 1819, découvrit que le jaune de chrome (chromate de plomb) pourrait servir à teindre en jaune pur d'une manière solide.

D. Kœchlin-Schouch appliqua ce même jaune avec autant d'habileté que de bonheur à l'impression des étoffes : il en fit un jaune enlevage sur fond rouge, puce et violet. Ce genre fut appelé *aladin*.

En 1827, le chromate de potasse intervint dans l'une des belles applications de la chimie à l'impression. On eut l'idée, en Angleterre, de foularder en chromate de potasse des pièces teintes en bleu de cuve, et d'y imprimer ensuite de l'acide oxalique ; toutes les parties touchées par cet acide mettant en liberté l'acide chromique, celui-ci oxyde l'indigo et laisse apparaître le blanc du tissu. Ce genre, sujet blanc sur fond bleu, se faisait depuis longtemps par le moyen des réserves ; mais le nouveau mode d'enlevage a eu sur l'ancien l'avantage de se prêter à la formation de fonds verts avec enlevage blanc. — En effet, en plaquant les pièces en chromate de potasse mordancées préalablement à l'acétate d'alumine (et fixé) et en rongeant avec l'acide oxalique, on reproduit encore des sujets blancs sur un fond bleu ; mais l'alumine qui n'a pas été touchée par l'acide reste fixée au tissu ; il suffit, après avoir dégorgé les pièces, de les teindre en quercitron ou en gaude pour obtenir un beau fond vert. Ce genre fond vert, à base de jaune végétal, devait conduire naturellement à la découverte d'un vert à base de jaune de chrome. On vit donc bientôt apparaître des verts ayant pour base ce jaune et ne différant des précédents que par la nuance et quelquefois par la présence du bleu. Ils furent désignés sous le nom de *verts au plombate*, et ne tardèrent pas à être importés d'Angleterre en France, où M. **D. Kœchlin-Schouch** a aussitôt donné de l'extension à ce genre en réalisant sur des fonds blancs garancés des fonds *soubassements* verts au plombate. La découverte de ce vert fit voir qu'un sel à base de plomb soluble ou insoluble, traité par l'hydrate calcique en présence de l'eau, donnait lieu à une dissolution plombifère, dite *bain au plombate*, dans laquelle il suffisait d'immerger les calicots pour les charger d'oxyde plombique, lequel passe au jaune dans une solution de chromate de potasse. Un peu plus tard, on faisait intervenir le jaune et l'orange de chrome réserve, comme couleur d'enluminage, dans la fabrication des gros bleus cuvés, genre **Walter Crum**.

En 1832, M. **Camille Kœchlin** appliquait l'oxyde chromique sur les étoffes, et dotait la teinture et l'impression de la couleur la plus solide, le *gris de chrome*, dont **Courez** a fait ensuite le vert d'*oxyde de chrome* par l'intervention d'une certaine quantité d'acide arsénique ; mais l'oxyde chromique, étant isomorphe avec les oxydes aluminique et ferrique, qui sont des mordants énergiques, fut employé à son tour comme mordant, et permet de composer des couleurs particulières avec la garance, la cochenille, les bois, etc.

Une des applications importantes du chrome est, sans contredit, celle que l'on fait de son acide libre ou combiné pour oxyder et fixer les matières colorantes des bois, les substances astringentes, comme le cachou, etc., sur les diverses fibres textiles.

Le campêche est, de toutes les matières tinctoriales, le plus riche par l'éclat, la pureté et le nombre des nuances qu'elle peut produire ; mais aussi il n'en est pas de plus altérable à l'influence des agents qui détruisent les couleurs, comme l'air, le soleil, le savon, etc.; et cependant, par l'emploi du bichromate potassique, les imprimeurs et les teinturiers ont pu faire sur la laine, sur soie et sur coton, avec le campêche seul, un noir pur plus solide qu'aucun de ceux employés jusqu'ici.

Dès lors, toutes les couleurs qui réclamaient l'intervention de l'oxygène pour se fixer à l'étoffe ont été traitées de la même manière. Enfin, on a fait servir l'action oxydante du chromate pour teindre simultanément des tissus de fibres diverses ayant d'inégales affinités pour les matières colorantes, et pour obtenir des effets de contraste.

BLEU DE PRUSSE.

Cette couleur, ainsi que nous l'avons dit, a été appliquée pour la première fois sur le coton par M. **J. M. Haussmann** de deux manières différentes :

1° Par teinture, en fixant d'abord un mordant de fer que l'on teignait ensuite dans un bain faible de prussiate de potasse légèrement acidulé;

2° Par application, en dissolvant dans une solution acide de chlorure stanneux le bleu de Prusse préalablement préparé et lavé. Par le premier mode, on obtenait des bleus qui avaient une grande tendance à passer au vert, tandis que, par le second, la nuance conservait sa pureté.

Bien des années s'écoulèrent avant qu'on pût obtenir par les cyanures ces nuances si intenses, si riches et si pures que nous savons fixer aujourd'hui sur toute espèce de tissus par teinture et par impression.

Vers 1836, on teignit, dans les environs de Paris, des étoffes de laine en un bleu dont la nuance pure contrastait avec celle des bleus jusqu'alors connus, et qui s'en distinguait chimiquement par la présence de l'étain comme principe constituant. C'était le *bleu de France*, que les imprimeurs s'efforcèrent aussitôt de reproduire directement par impression. Un contre-maître de Saint-Denis, nommé **Petit**, qui travaillait dans la manufacture de M. **Paul Godefroy**, fut le premier à réussir dans ces tentatives; il céda son procédé à plusieurs manufacturiers, et, depuis, le bleu de France fut successivement appliqué sur soie, coton, chaîne coton, et enfin dans toutes les branches de la teinture. On obtient toujours ce bleu par la décomposition du cyanure jaune ou du cyanure rouge, selon la nature de la fibre, à l'aide d'un acide ou d'un sel acide tels que l'acide tartrique ou le bisulfate potassique, mis en présence d'un composé à base d'étain.

Par ces bleus combinés aux différents jaunes, on a obtenu des verts dont les nuances ne laissent rien à désirer.

OUTREMER.

M. **Guimet**, en découvrant le bleu d'outremer, croyait servir exclusivement les besoins de la peinture; mais bientôt cette couleur si brillante servit principalement aux imprimeurs sur étoffes. En 1834, MM. **Blondin**, imprimeurs à la Glacière (près Paris), commencèrent à l'appliquer, en la rendant adhérente à l'étoffe au moyen du blanc d'œuf. Pendant dix ans, c'est-à-dire jusqu'en 1844, ils imprimèrent seuls et avec le plus grand secret en bleu d'outremer une foule d'articles cravates, mouchoirs et nouveautés qui eurent une très-grande vogue.

Parmi les produits de l'Exposition de 1844 se trouvaient plusieurs coupes de mousseline imprimée au bleu d'outremer, par M. **Broquette**, qui attirèrent vivement l'attention des connaisseurs par leur nuance et leur mode d'impression (*frappée*), d'où ressortait des effets de contraste de tons remarquables.

MM. **Dollfus-Mieg et C⁰** entreprirent aussitôt cette fabrication, et, grâce aux moyens puissants dont ils disposaient, ils purent imprimer en quelques mois un nombre considérable de pièces mousseline et jaconas fonds blancs avec admirables dessins bleu d'outremer, qu'ils vendirent sur tous les marchés du monde. A partir de cette époque, le bleu d'outremer, introduit successivement dans l'impression de tous les genres de tissus, n'a pas cessé d'être employé, et son application a donné naissance en France à plusieurs industries ayant pour objet ou d'extraire en grand l'albumine du blanc d'œuf et du sérum du sang, ou de traiter par différents procédés de lait, le gluten, les cartilages des poissons, toutes les matières enfin capables de remplacer l'albumine pour fixer mécaniquement les couleurs sur les tissus.

INDIGO.

Les découvertes faites depuis le commencement de ce siècle touchant les applications de l'indigo, ont presque toutes pris naissance dans les ateliers d'impression.

En 1808, **Widmer**, de Jouy, fit la découverte d'un vert remarquable par sa grande solidité, et ayant pour base l'oxyde stanneux, qui teint en jaune sur bleu avec la gaude ou le quercitron, et qui donne ce *vert* dit *faïencé*, par analogie avec le bleu du même nom.

La même année MM. **Hartmann** recevaient d'Angleterre, sans désignation, un échantillon informe, d'un bleu très-sale, dans lequel se trouvaient imprimés des sujets de couleur orange garancé, parfaitement encadrés dans le bleu du fond. Ce genre, désigné sous le nom de *lapis*, fut immédiatement reproduit par eux au moyen de l'impression de *mordants réserve*, sous bleu de cuve que l'on teignait en garance.

L'année suivante, M. **D. Kœchlin-Schouch** perfectionna le genre lapis au point d'en faire un des articles les plus riches qu'on connût alors, et le succès fut immense.

L'invention de M. **D. Kœchlin-Schouch** consiste dans l'idée de produire sur les mordants employés des effets de réserve semblables à ceux que l'on produisait primitivement sous le bleu.

La fabrication des lapis peut être considérée comme l'initiation la plus directe à tous les artifices de l'impression.

Après M. **D. Kœchlin-Schouch**, qui l'a créé, il faut citer M. **Thompson**, de Primerose, qui n'a pas cessé de l'exploiter et de le perfectionner pendant trente ans. Aujourd'hui ces lapis ne sont fabriqués que dans quelques localités pour l'exportation du Levant. Ainsi, à Moscou et à Glaris, on imprime des mouchoirs, des châles et des robes de chambre, genre lapis, dessins cachemires riches, qui se vendent surtout en Perse et aux environs de Constantinople.

En 1845, les lapis reparurent avec le caractère qu'ils avaient d'abord, c'est-à-dire fond bleu pur ou vert avec dessin orange; mais on les obtenait d'une manière diamétralement opposée, qui fait honneur à son inventeur, fabricant rouennais.

Ce nouveau genre est connu sous le nom de *lapis enlevage*, par opposition au lapis primitif obtenu par des mordants réserve. Voici, en deux mots, en quoi consiste la fabrication. On teint en bleu uni à la nuance voulue; on foularde le tissu dans un bain de chromate de potasse, puis on imprime un mordant d'alumine chargé d'acide oxalique. Sur tous les points touchés par ce mordant, de l'acide chromique mis en liberté détruit le bleu; l'alumine s'y substitue et n'exige plus, pour être fixée, que l'intervention de l'ammoniaque comme base saturante. On dégorge ensuite et l'on teint en garance.

Pendant bien des années, les manufacturiers ont exploité, comme nous l'avons vu, les bleus et verts faïencés et de pinceau, qui ne pouvaient s'appliquer que sur un fond blanc, et dont la fabrication était à la fois difficile et onéreuse.

En 1825-1826, on découvrit simultanément en France et en Angleterre, ainsi que tout nous porte à le croire, un bleu et un vert d'application solides qui furent employés comme couleur d'enluminage (*rentrure*) dans les articles perses garancés.

Le mérite de ces couleurs, c'est d'être solides, et de pouvoir être appliquées à la planche ou au rouleau sur fonds blancs ou sur fonds garancés; dans ce dernier cas, elles sont dites *couleurs rentrure*. Pour les fixer, on précipite l'indigo d'une cuve au moyen du sel d'étain seul ou mélangé d'acide chlorhydrique. Le précipité obtenu, après avoir été lavé, est épaissi et imprimé seul, ou bien, si l'on veut obtenir le vert, avec addition d'un sel de plomb.

Après l'impression, on passe le tissu dans un bain de chaux, qui rend l'indigo soluble et lui permet de pénétrer dans les pores de la fibre, où il ne reste plus qu'à l'oxyder. Cette opération achevée, on passe en chromate de potasse, s'il s'agit de produire du vert.

L'article enlevage blanc sur bleu et vert, dont nous avons parlé à l'occasion du chrome, a été l'objet d'améliorations importantes faites à Rouen, où certains fabricants ont tellement perfectionné ce genre qu'ils se le sont pour ainsi dire approprié. Ils ont non-seulement obtenu une grande économie dans les frais de teinture, mais encore donné au bleu d'indigo, par des passages à la chaux, une vivacité qu'on ne connaissait pas à cette matière colorante. Enfin, ils ont perfectionné les procédés d'impression, et ils ont fait, des fonds bleus et verts enlevage, un article classique dans la fabrication duquel s'est particulièrement distingué M. **Köttinger.**

GARANCE.

Un des plus beaux résultats obtenus par l'emploi de la garance, c'est l'article mérinos fond rouge (turc Andrinople), sur lequel on imprimait des palmettes en noir d'application, et qui fut livré à la consommation en 1810, par la maison **Nicolas Köchlin.**

Un peu plus tard, à la suite d'un de ces travaux qui suffisent à fonder la réputation d'un homme, ce genre fut métamorphosé par M. **D. Köchlin-Schouch,** qui constata l'action remarquable du chlorure de chaux sur les tissus teints en couleurs garancées, et qui inventa la cuve décolorante avec toutes ses applications. Il fit voir qu'en imprimant sur une toile teinte en rouge turc, de l'acide tartrique, seul ou mélangé de couleurs inaltérables au chlore, et en passant cette toile dans une cuve remplie de chlorure de chaux avec excès de base, toutes les parties rouges recouvertes d'acide passaient au blanc, tandis que les autres restaient intactes. C'est ainsi qu'il créa le genre fond rouge (Andrinople) avec impression de sujet blanc, bleu et autres couleurs d'enluminage.

Cet article, dit mérinos riche, parce qu'il était produit sur aunage, mouchoirs, châles et tentures, avec dessins imitation cachemire, s'est vendu pendant plusieurs années à raison de 9 francs l'aune, et de 60 francs les châles 6/4.

Malgré son immense succès, qui n'a pas duré moins de vingt-cinq ans, ce genre est presque complétement tombé en France; mais il est encore une source de bénéfices considérables, comme article d'exportation, pour l'Angletere, la Suisse, l'Autriche, la Prusse et la Russie, où il n'a pas cessé d'être fabriqué depuis son apparition.

Les fabricants de la Suisse et des bords du Rhin n'ont rien changé en ce qui touche à l'exécution, M. **D. Köchlin-Schouch** n'ayant rien laissé à faire à cet égard; mais ils ont introduit dans l'huilage des pièces et dans l'emploi de la garance quelques améliorations qui ont réduit de beaucoup les frais de fabrication, ce qui leur permet de lutter avec leurs concurrents sur les marchés étrangers.

La fabrication du rouge turc, importée en Angleterre par plusieurs Français, a été poussée, par rapport à la vivacité des nuances, aux dernières limites de la perfection par **K. Steiner,** établi depuis 1814 aux environs de Manchester. En effet, il n'y a de comparable aujourd'hui à ces produits remarquables que ceux de M. **Ch. Steiner,** de

Ribeauvillé (Haut-Rhin), qui travaille d'après le procédé dont son oncle est l'inventeur.

Aussitôt après la découverte du jaune de chrome, on fit usage de la cuve décolorante pour imprimer des enlevages jaunes de chrome sur fonds ou mi-fonds rouge, rose, violet et lilas garancés. C'est l'ancien genre aladin, qui, depuis quinze ans, n'est presque plus exploité chez nous, tandis qu'en Angleterre il est encore un précieux article d'exportation.

A part le rouge turc, il ne s'était rien fait d'important de 1810 à 1822 dans l'application de la garance. Toutefois, durant cette période, la maison de Wesserling produisait au rouleau des rouges et des violets de toute beauté, qui, ne pouvant être imités, les roses surtout, furent désignés dans le commerce sous le titre de rouge et rose de Wesserling. Ce succès tenait à un traitement particulier apparemment analogue à celui dont faisait usage **Haussmann** dans la fabrication de ses beaux rouges et roses à la planche.

La fixation des rouges et des roses garancés ayant reçu de grandes améliorations, celle des violets devait s'en ressentir. Certaines maisons de la Suisse, de l'Alsace, de la Belgique et de l'Angleterre livrèrent, pendant quelques années, à la consommation des genres violets, doubles violets et lilas au rouleau, remarquables par une pureté de coloris qui leur assurait une espèce de privilége sur les marchés européens. Aujourd'hui encore la maison **Thomas Hoyle**, en Angleterre, fabrique des genres violets garancés avec une supériorité incontestable. Le procédé suivi dans cet établissement ne diffère surtout des procédés français que par l'emploi exclusif des *garances de Chypre*, dont les fabricants anglais qui cherchent à imiter les violets de la maison **Thomas Hoyle**, font également usage. La nature de la garance paraît, en effet, exercer une grande influence sur la pureté du violet[1], et ce qui vient à l'appui de cette observation, c'est que *la fleur de garance donne de plus beaux violets que la racine même qui a servi à la préparer*.

Les améliorations dont nous constatons les avantages se sont particulièrement fait sentir dans la fabrication des articles perses, pour meubles, dont M. **Édouard Schwartz** et M. **Japuis**, *de Claye*, se sont assuré le monopole par le cachet de perfection attaché à leurs produits.

A partir de 1826, il y eut plusieurs travaux entrepris sur la garance. Les plus importants pour la teinture et l'impression sont dus à des chimistes français. MM. **Robiquet et Colin** découvrirent l'alizarine. La même année, MM. **Gauthier de Claubry et Persoz** retirèrent de la garance deux matières colorantes, l'une rouge et l'autre rose. Après avoir constaté que l'acide sulfurique concentré peut dissoudre la matière colorante de la garance sans l'altérer, ils proposèrent un procédé de purification fondé sur l'action de cet agent.

En 1827, MM. **Robiquet et Lagier** indiquèrent l'emploi du charbon sulfurique pour remplacer la garance.

Les membres de la Société industrielle de Mulhouse portaient le plus vif intérêt à toutes ces recherches. Plusieurs d'entre eux, notamment MM. **D. Koechlin-Schouch, Henri Schlumberger** et **Éd. Schwartz**, étudièrent d'une manière suivie les produits retirés de la précieuse racine. Plus de dix ans s'écoulèrent avant que l'industrie pût tirer parti des observations fournies par la science; et cependant M. **Thillaye**, dans son *Manuel du fabricant d'indiennes* (Paris, 1834, page 33), disait : « Le moyen proposé par MM. **Gauthier de Claubry** et **Persoz** pour séparer la matière mucilagineuse

DA [1] Il me souvient que mon fils **Daniel**, qui a passé plusieurs mois dans l'établissement de MM. **Thomas Hoyle**, *calico printers* à Manchester, et a étudié la fabrication des violets garancés, me transmettait les procédés (ayant soin de mettre les points sur les *i*). J'exécutais ponctuellement, et les résultats n'étant pas satisfaisants, je lui ai envoyé en Angleterre des coupons d'étoffe imprimés prêts à passer en garance. Après teinture, les échantillons, à leur retour, ne laissèrent rien à désirer et les doubles que je teignais étaient très-inférieurs en éclat. — En réponse, je donne ordre de m'adresser sans retard quelques kilogrammes de garance de même qualité que celle qui a servi à leur teinture, et les résultats étaient des plus satisfaisants.

et sucrée de la gomme peut recevoir une utile application dans la teinture des indiennes. Des essais que nous avons faits en grand nous ont fourni des résultats assez satisfaisants pour rappeler l'attention des fabricants sur cette manière d'opérer le garançage.

Les efforts persévérants de **Logler**, et les sacrifices considérables qu'il fit pour amener l'adoption, par l'industrie, de sa garancine, obtenue par l'action de l'acide sulfurique sur la garance, furent couronnés enfin d'un plein succès, mais le mérite de cette amélioration revient en grande partie aux fabricants de la Seine-Inférieure, qui ont créé le genre *garancine*, aussi distinct des articles fonds blancs garancés que ceux-ci le sont du lapis.

Parmi les fabricants qui ont participé à la création de ce nouveau genre, essentiellement français, il faut citer MM. **Girard, Schlumberger-Bourf** et **Barbet**, pour la Seine-Inférieure, **D. Schlumberger** (de Mulhouse), **D. Eck** (de Cernay), et **Jean Schlumberger jeune** (de Thann), pour l'Alsace.

Depuis l'année 1830, où le genre garancine a été définitivement adopté, la fabrication s'en est répandue dans toutes les parties du monde. Il s'ensuivit une double source de richesse pour notre industrie. D'une part, nos commerçants trouvèrent dans les toiles imprimées teintes en garancine de précieux articles d'exportation ; de l'autre, nos fabricants de garance d'Avignon purent livrer à la consommation de toutes les manufactures du monde un produit qu'ils avaient été les premiers à préparer.

L'article garancine, pour les dessins duquel on associa d'abord le noir, l'orange, le violet et le puce, s'améliora progressivement ; on réunit à ces couleurs le cachou, le jaune à la graine de Perse, tout en obtenant des teintes de plus en plus pures, surtout pour les violets.

Après dix ans d'exploitation, deux perfectionnements importants s'introduisirent dans cette fabrication : l'un fut l'intervention du chlorate de potasse pour oxyder le noir, le puce et le violet, ce qui permit d'imprimer et de teindre presque immédiatement, au lieu d'être obligé d'exposer préalablement les pièces dans l'étendage pendant deux ou trois jours ; l'autre fut l'application du chlore au blanchiment des tissus après la teinture. Le genre garancine ne supportant pas les avivages, on ne pouvait faire subir aux pièces sortant du bain de teinture qu'un simple passage *au son*, souvent insuffisant pour ramener le blanc à son état primitif. Ce passage au son a été remplacé par un traitement au chlore faible ; mais, au lieu de faire agir cet agent à la manière ordinaire par immersion, on l'imprime soit à l'endroit, soit à l'envers de l'étoffe, ou même des deux côtés : il suffit de chauffer les pièces ainsi imprégnées de chlore pour voir reparaître le blanc dans toute sa pureté.

C'est une des améliorations les plus utiles introduites dans l'impression durant ces dernières années. L'Alsace a été la première à l'adopter en 1848-1849. Après la garancine, on a fait usage du *garanceux* ou garancine faite avec le résidu de teintures en garance, et tout récemment on a commencé à s'en servir pour la teinture des étoffes imprimées ; enfin l'on a encore recours à la fleur et au carmin de garance. Le premier de ces produits est de la garance lavée à l'eau froide, après ou avant la fermentation alcoolique, ce qui permet de retirer huit à neuf litres d'alcool pour 100 kilog. de garance ; le second s'obtient en traitant cette même fleur de garance par l'acide sulfurique, qui attaque le ligneux et met la matière colorante en liberté avec toutes ses propriétés, pourvu qu'on prévienne toute élévation de température.

CARTHAME.

Rien n'a été changé au procédé employé, depuis plus de deux siècles, par les Chinois pour teindre en carthame ; les rouges même qu'ils obtiennent du carthame résistent mieux à l'action de l'air que ceux que nous teignons nous-mêmes.

La seule particularité que nous ayons à relater, c'est la fabrication de ces fonds unis roses sur lesquels MM. **Hartmann** (de Munster) ont imprimé, en 1814, du chlorure de chaux au rouleau, pour produire des dessins enlevage blanc d'un très-heureux effet.

CACHOU.

Le cachou, suc épaissi de plusieurs plantes de la famille des légumineuses, est employé, depuis des siècles, en Chine et dans l'Inde, pour colorer en noir des tissus préalablement teints en bleu de cuve.

Des recettes de fabrication très-anciennes constatent que des imprimeurs en firent usage en Europe à la fin du siècle dernier. Cependant, quoique ce produit fût assez répandu dans le commerce pour l'usage médical et cosmétique, ce n'est qu'en 1830 qu'on l'admit de nouveau dans les ateliers d'impression. MM. **Barbet** (de Jouy) exploitèrent pendant deux ans, à l'insu de presque tous leurs concurrents, des articles cachou dont la fabrication excita un vif intérêt et ne tarda pas à être introduite en Alsace par **Jean Schlumberger jeune**.

En 1833, cette intéressante matière tinctoriale, négligée jusque-là, devint l'un des plus puissants auxiliaires du fabricant; car le cachou est employé pur ou mélangé comme couleur d'enluminage, attendu qu'on peut l'imprimer et le fixer en même temps que les mordants et qu'il passe comme eux à la teinture et aux avivages. Les observations que l'on fit sur les propriétés du cachou s'appliquèrent bientôt à ses congénères.

En imprimant du chromate de potasse sur des sujets cachou, on oxyde le cachou et l'on double la nuance sur les points touchés. C'est en provoquant des actions de cette nature sur le cachou et sur les matières de son espèce, que l'on a créé les genres (*couleurs contrastées*) dans lesquels ur. dessin sur fond blanc est coupé par une impression soit de chromate de potasse, soit de toute autre matière capable de doubler l'intensité de la nuance et de produire un contraste de ton.

Le cachou, par l'étude qu'en ont faite nos fabricants français, est devenu une substance tinctoriale tellement importante, qu'on peut la placer au même rang que la garance, l'indigo et la cochenille.

Enfin, les applications si remarquables et si nombreuses de ce précieux suc épaissi ont eu pour résultat la fabrication et l'emploi de nouveaux extraits, tels que les extraits de chêne, de châtaignier, de bouleau, de pin, d'aloès, etc., qui ont la propriété de colorer les tissus, tant par les matières astringentes qu'ils renferment, que par les principes colorants qui en font la base.

DE LA COCHENILLE, DES BOIS DE TEINTURE ET AUTRES MATIÈRES COLORANTES.

Les progrès accomplis dans cette branche sont de deux ordres : c'est, d'une part, la découverte de procédés propres à l'extraction, à la purification et la concentration de ces matières tinctoriales; d'une autre part, la connaissance de nouveaux modes de fixation de principes colorants que renferment ces matières premières, c'est-à-dire le fixage des couleurs à la vapeur.

EXTRAITS ET LAQUES POUR L'IMPRESSION DES TISSUS.

Il y a environ vingt ans que les imprimeurs sur tissus demandaient en xore au commerce les bois de teinture nécessaires à leur consommation. Ces bois, une fois introduits dans leurs ateliers, y étaient divisés plus ou moins bien par des instruments tranchants, puis soumis à l'action de l'eau chaude, qui, par des opérations réitérées et successives, enlevait aux bois leur principe colorant, et formait des bains colorés, vulgairement désignés sous le nom de *décoctions*. Ces opérations, peu à peu abandonnées par les imprimeurs, ont fini par constituer, depuis 1836, au dehors des ateliers d'impression, une véritable industrie, ayant pour objet l'extraction et la concentration des matières colorantes sous un petit volume. MM. **Meinsonnier**, **Panay**, **Michel** et **Grainger**, ont établi en France et à l'étranger des usines où l'on prépare, sur une grande échelle, les extraits de la plupart des substances tinctoriales.

Mais, à mesure que l'art de l'impression se perfectionnait, le manufacturier sentait de plus en plus le besoin d'avoir à sa disposition des produits très-purs, d'une composition constante et en quantités convenables; ce besoin a été particulièrement compris par M. **Pommier**, qui s'est livré avec beaucoup de succès à la fabrication et à la purification du carmin d'indigo; à la formation et à la concentration de la matière colorante de l'orseille; à la préparation de la cochenille ammoniacale, et enfin à la fabrication industrielle des laques, produits par des procédés identiques à ceux qu'avait généreusement fait connaître, en 1799, M. J. **Haussmann**, mais qui n'avaient été employés jusque-là que dans les ateliers d'impression. Cette fabrication des laques, où la matière colorante se trouve dans un état plus pur et plus convenable pour sa conservation qu'à l'état d'extrait, est devenue une branche d'industrie assez importante pour ceux qui savent les obtenir dans l'état où on les applique avec avantage sur le tissu. On arrive toujours à ce résultat orsque, dans leur préparation, on présente au principe colorant qui doit les engendrer, non pas un oxyde pur, attendu que celui-ci est exposé à passer à l'état insoluble, mais un oxyde qui retient une certaine quantité d'acide, c'est-à-dire un sous-sel. Quand une laque est ainsi formée, il suffit de l'intervention d'une faible proportion d'un acide ou d'un sel acide pour la faire passer à l'état soluble et lui permettre de pénétrer dans les pores du tissu pour s'y fixer.

COULEURS VAPEUR.

Dès le commencement de ce siècle, des fabricants anglais, et surtout des écossais, mordançaient leurs calicots en stannate de potasse ou en acétate d'alumine, et imprimaient sur ces toiles des décoctions de ces matières colorantes; mais les genres d'impression qu'ils produisaient, de même que ceux de nos fabricants français qui voulurent les imiter, étaient plutôt faits pour jeter un discrédit sur cette fabrication que pour l'accréditer.

En 1815, la maison **Dollfus-Mieg et C**ie imprimait des couleurs vapeur sur laine; mais, comme les tissus faisaient défaut à cette époque, ce nouveau genre d'impression ne put prendre alors à Mulhouse. M. **Georges Dollfus**, qui avait participé à ces premiers essais, les continua avec un nommé **Loffet**, à qui, en 1819, le jury de l'exposition accorda une récompense pour ses impressions vapeur sur laine, dessins cachemire; d'autre part, la maison **Haussmann** recevait, à la même époque, une mention pour ses impressions sur soie avec couleurs fixées à la vapeur.

Plusieurs années s'écoulèrent sans que ce genre de fabrication acquît beaucoup d'importance, parce que les tissus de laine étaient d'un prix trop élevé, et que tous ceux que l'on fabriquait alors étaient tissés en vue de la teinture.

Dès que l'on comprit les avantages qu'il y avait à imiter, par l'action de la planche gravée, les effets que l'on réalisait lentement et d'une manière dispendieuse par le métier Jacquard, on fabriqua, en vue des besoins de l'impression, une grande variété de tissus unis ou façonnés à une ou plusieurs fibres, dont s'emparèrent aussitôt les imprimeurs sur étoffes.

En 1827, un Suisse, nommé **Bossard**, fonda à Saint-Denis, conjointement avec un graveur nommé **Keller**, un petit établissement pour l'impression des laines. Plus tard, lorsqu'il se fut associé à **Despruneaux**, son établissement devint un des plus importants des environs de Paris, où l'on vit successivement se former les ateliers d'impression de MM. **Paul et Léon Godefroy**, **Michel**, **Despouilly**, **Broquette**, **Guillaume**, **Delamoricière**, **Choquel** et **Guillaume**.

M. E. **Schwartz** avait, dès 1834, introduit à Mulhouse l'impression sur laine des couleurs vapeur pour meubles. En 1830, tous les fabricants de l'Alsace, pleins de confiance dans l'avenir de cette nouvelle industrie, y appliquèrent leur capitaux et leur expérience. Ils se sont, en quelques années, approprié cette fabrication, au point de faire perdre aux établissements des environs de Paris une partie de leur ancienne importance.

Ces impressions vapeur sur laine ayant un très-grand succès, on chercha naturellement à les reproduire sur des tissus moins chers.

Les Anglais tissèrent à cet effet des mousselines laine, chaîne coton, qu'ils imprimèrent avec beaucoup de succès. A présent encore leur supériorité sur nous, dans ce genre, est incontestable. Une seule maison des environs de Manchester a imprimé, par semaine, de six à sept mille pièces de mousseline, chaîne coton. En 1840, la maison **Hœrth Steinbach** métamorphosa la fabrication des genres vapeur sur calicot; car leurs nouveaux produits sortaient complétement de la catégorie de ceux qu'on avait obtenus jusque-là.

Ils avaient substitué à ces couleurs vapeur maigres, pâles et altérables à l'influence des agents les moins énergiques, des nuances vives et nourries qui, jusqu'à un certain point, avaient le brillant de celles que l'on fixe sur la laine.

Ainsi, si nous ne pouvons disputer à nos voisins l'idée d'avoir les premiers fixé les couleurs par la vapeur, c'est au moins à nos fabricants que revient le mérite de la création des genres vapeur, tels qu'ils s'exécutent actuellement sur laine, mi-laine, soie et coton, dans toutes les parties du monde.

ÉPAISSISSAGE DES COULEURS.

Au commencement de ce siècle, les imprimeurs ne savaient employer que l'amidon, la farine, les gommes Sénégal et adragante pour épaissir les mordants et les couleurs.

Mais **Bouillon-Lagrange**, faisant connaître la préparation et l'application des amidons grillés, et les chimistes contemporains découvrant la dextrine, il a été satisfait à tous les besoins, en ce qui concerne l'épaississage des couleurs, surtout depuis que l'on a posé les règles d'après lesquelles on doit faire usage de ces épaississants.

BLANCHIMENT.

A une exception près, les agents que l'on emploie aujourd'hui pour le blanchiment des toiles sont les mêmes que ceux dont on faisait usage il y a cinquante ans, c'est-à-dire au moment où **Berthollet** immortalisait son nom en faisant connaître les applications que l'on pouvait faire du pouvoir décolorant du chlore au blanchiment des tissus.

Comme on se sert encore aujourd'hui de soude, des chlorures de *chaux*, de *soude* ou de *potasse*, des acides sulfurique et chlorhydrique, et, dans certains cas, de savon, on en pourrait conclure qu'il n'y a pas eu progrès dans cette branche de l'impression, et cependant, empressons-nous de le dire, aucun n'a subi de plus utiles améliorations :

1° Par rapport à la dépense, car ce qui coûtait 5 francs de blanchiment revient à peine, à présent, à 35 centimes;

2° Par rapport à la durée des opérations, puisqu'on réalise aujourd'hui en dix-huit ou vingt-quatre heures ce qu'on faisait en un mois;

3° Par rapport à la main-d'œuvre, car anciennement il fallait des ouvriers pour introduire les pièces dans les appareils à lessiver, pour les en retirer, les battre et les diriger, etc.; enfin, dix ou quinze manœuvres étaient employés là où un seul, deux au plus, suffisent à présent à l'aide du système continu pratiqué pour la première fois en France par **J. Fries**, de Guebwiller (Haut-Rhin); d'après ce système, les pièces sortant de la chaudière à lessiver passent mécaniquement à travers tous les appareils où elles doivent être dégorgées, blanchies et séchées;

4° Enfin, par rapport à la pureté du blanc, car aujourd'hui on obtient des blancs d'impression qui peuvent passer dans un bain de garance et en ressortir aussi purs qu'ils y étaient entrés.

Nous devons ces progrès à l'introduction des machines à dégorger, des appareils à lessiver, et en même temps au puissant concours de la chimie.

Dès le commencement de ce siècle, on avait préconisé l'emploi de la chaux dans les lessives; mais, comme elle avait donné lieu à plusieurs accidents, elle était universellement repoussée. Cependant, M. **Dann**, de Boston, ayant essayé l'emploi de la chaux, et obtenu de très-beaux résultats, publia un mémoire sur ces expériences. A cette occasion, la Société industrielle de Mulhouse chargea une commission de faire, sur ce travail, un rapport. M. **Édouard Schwartz** eut l'occasion de constater ce fait remarquable, qu'un tissu de coton peut être chauffé dans un lait de chaux, sans éprouver la moindre altération, pourvu qu'il soit à l'abri du contact de l'air. Ainsi, un morceau de calicot à moitié plongé dans un bain de chaux bouillant s'altérera uniquement sur les parties qui sont à la fois en contact avec la chaux et avec l'air.

L'introduction de la chaux dans le blanchiment produisit une véritable révolution dans cette branche de l'impression. En remontant à la cause des heureux effets qu'on dut à l'emploi de cet alcali, on trouva qu'il saponifiait mieux les corps gras et résineux, et l'on comprit bien alors qu'avant d'avoir recours à l'agent décolorant, il fallait enlever toute la graisse et toute la résine contenues dans les fibres textiles. C'est pour atteindre ce but qu'on a récemment introduit de la *résine* dans la première lessive de soude qui succède à la lessive de chaux. Cette application de la résine, nouvelle dans l'industrie, est, au contraire, très-ancienne dans l'économie domestique[1].

A quelques exceptions près, toutes les nations avaient envoyé à l'Exposition leur contingent en articles de teinture.

EXPOSITION DE LONDRES (1862). Catalogue des produits de l'Empire français à l'Exposition universelle. In-8, 500 p. 1862.

— Catalogue des produits des colonies françaises. In-8, 108 p. 1862.

EXPOSITION DE LONDRES (1862). (*Monit. scientif.*, 1862. T. IV, p. 345 : Coup d'œil général; — p. 400 : Couleurs dérivées de l'aniline. — T. IV, p. 428 : Partie chimique.)

EXPOSITION INTERNATIONALE DE LONDRES (1862).

Teinture et Impression. Progrès les plus saillants et les plus caractéristiques, par le D' **Bolley**, professeur de chimie appliquée à l'École polytechnique (Suisse). (*Monit. scientif.*, 1862, t. IV, p. 713.)

Pantographe. Machine à graver les rouleaux.

Machine magnéto-électrique pour graver les rouleaux.

Brosse à couleur mécanique pour châssis d'impression par **Onfroy et C**[ie]. Paris. N° 1061. Inventée et brevetée par **Walch.**

Châssis à compartiments pour imprimer à la planche plusieurs couleurs.

Moyen mécanique pour impression au rouleau de réserves blanches. Cl. 23, n° 2253.

Au lieu de réserves chimiques, ou en général de ces réserves épaisses et grasses (qui agissent, pour ainsi dire, mécaniquement pour conserver le blanc sur les tissus de soie et de laine), la maison **Onfroy et C**[ie], Paris, emploie pour l'impression ou rouleau un moyen mécanique qui fonctionne d'une manière irréprochable. Il consiste en un carton découpé à l'emporte-pièce, c'est-à-dire percé à jour aux endroits qui doivent rester blancs. Ce carton forme un cylindre creux dont on recouvre le cylindre presseur de la

DA [1] En 1816, dans une course dans le Haut-Rhin, en prenant gîte la nuit dans un village des environs d'Altkirch, j'ai vu la femme de ménage ajouter de la résine de pin à de la lessive de cendre pour lessiver le linge. — Depuis des temps immémoriaux on ajoute de la résine à la lessive, me dit-elle, et le linge n'en est que plus blanc.

machine à imprimer à rouleaux, de sorte que pendant le travail de la machine le tissu porte à faux aux endroits qui sont percés à jour (faisant abstraction du drap doublier). Il en résulte que le rouleau gravé n'agit pas sur ces endroits.

Pourpra française. — *Vert chinois.* — *Murexide.* — *Vert Guignet* (vert de chrome). — *Violets et rouges d'aniline* (magenta, solferino, roséine, fuchsine, azaléine, roséolane, mauve, indisine, etc.). — *Bleus d'aniline, de chinoline, l'azuline* qu'on suppose être un bleu tiré du phénol. Les nouveaux produits de la garance, les *fleurs de garance, l'alizarine* (dans le sens technique et ne devant pas être confondue avec le rouge de garance pur) ou *pincoffine,* les matières tinctoriales pures de la garance, *l'alizarine verte,* la *purpurine.* — D'après M. E. **Kopp,** la force tinctoriale de la *purpurine* est égale à environ 50 à 55 fois et celle de *l'alizarine verte* à environ 18 à 20 fois celle de la garance.

Préparation d'aniline. Nitrate de rosaniline. Acétate de rosaniline. Leukaniline. Pourpre indisine. Bleu de Paris. — *Bleu lumière* (bleu d'aniline) par **Müller et Cⁱᵉ,** à Bâle. — *Érythrobenzine.* — *Azuline.* — *Bleu chinoline.*

Teinture. *Rouge d'Andrinople.* Dans le département russe se trouvaient exposées des toiles teintes en rouge turc très-brillant par les garances du sud de la Russie, désignées sous le nom de *garance de Marena.*

Impressions des tissus. Procédés pour la fixation des couleurs d'aniline. — Procédé **Lightfoot,** brevet du 25 février 1860. Imprégner les pièces avec des décoctions de tannin et les teindre ensuite dans des solutions de couleurs d'aniline. — **Gratrix,** à Sallard, et **Javal,** à Thann (Haut-Rhin), prirent, le 25 février 1860, un brevet pour deux procédés complètement différents l'un de l'autre. L'un consiste dans la préparation de la matière colorante par l'acide tannique, le précipité étant recueilli, lavé et même dessiché : on en opère ensuite la solution dans l'acide acétique, l'alcool, l'esprit de bois, etc., puis l'épaississement par la gomme et enfin l'impression. Les pièces sont préalablement mordancées avec du stannate de soude et vaporisées après l'impression. — Le second procédé est le suivant : Mordançage par le stannate de soude, impression de l'acide tannique épaissi par la gomme, vaporisage et dégorgeage, passage dans une solution de verre soluble et teinture dans une solution de matières colorantes légèrement acide et chauffée à 60° C. Par le passage dans des bains acidulés, puis traitement par le savon et le son, le fond, légèrement coloré, redevient de nouveau blanc. **Lloyd et Dale** apportèrent les modifications suivantes à ce procédé : Ils mélangent de l'eau de gomme avec de l'acide tannique, ajoutent la matière colorante en proportions suffisantes, vaporisent et passent ensuite par une solution d'émétique, et teignent ensuite dans un bain de matières colorantes légèrement acide en élevant graduellement la température. On blanchit le fond par lavage et passage par des bains de chlorure de chaux et de savon très-faibles. — La méthode de **John** et **Thomas Miller,** à Dalmarnoch, brevetée le 18 mars 1861, en Angleterre, diffère un peu de la précédente. Ils extraient les noix de galle par l'acide acétique, mordancent les pièces dans la solution limpide délayée par de l'eau, et sèchent. La couleur d'impression se compose soit d'une solution d'acide acétique, soit d'une solution de stannate de soude additionnée d'acide tartrique, de gomme et de matières colorantes d'aniline. Après l'impression vient le vaporisage. — Les mêmes fabricants brevetés emploient encore le procédé suivant et différent du précédent : On passe les pièces par une solution de savon, on décompose le savon adhérent par l'acide sulfurique étendu, pour fixer une couche d'acide gras, on imprime ensuite un mélange de couleur d'aniline avec une solution de gomme et d'acétate de plomb, et on vaporise. Ce dernier procédé, employé également avec les modifications nécessaires pour la teinture proprement dite en couleurs d'aniline, est décidément le moins recommandable...

EXPOSITION INTERNATIONALE DE LONDRES (1862). Produits chimiques industriels (classe II, section A), par **A. W. Hofmann.** (*Moniteur scientif.,* 1863, 15 décembre, p. 943. — 1863, février, p. 97.

F

FERGUSON.
Histoire du tulle et des dentelles mécaniques en Angleterre et en France. In-18,
310 p., planches. Paris, 1862.

FIGUIER (Louis).
L'année scientifique et industrielle.
Voyez A, *Année scientifique*. Détail des chapitres.

FIGUIER (L.).
Les grandes inventions anciennes et modernes dans les sciences, l'industrie et
les arts. In-8, 451 p., illustrations nombreuses. Paris, 1861.
Imprimerie. — Gravure. — Lithographie. — Poudre à canon. — Boussole. — Papier. —
Horloges et montres. — Porcelaine et poteries. — Verre. — Lunettes d'approche. —
Télescope. — Microscope. — Baromètre. — Thermomètre. — Vapeur. — Électricité.
— Éclairages. — Aérostats. — Puits artésiens. — Ponts suspendus. — Métier Jacquard.
— Photographie. — Stéréoscope. — Drainage.

FIGUIER (L.).
Année scientifique et industrielle. 4º année, 1860. In-12, 519 p. Paris, 1860.

FIGUIER (L.).
Histoire du merveilleux dans les temps modernes. Forme le 4º volume dont les
deux premiers ont paru. Paris, 1860.

FIGUIER (L.).
Exposition et histoire des principales découvertes scientifiques modernes. In-18, 440 p. Paris, 1862.

FOL (F.).
Acide xanto-phénique. (*Monit. scientif.*, 1863, t. V, p. 27.)
Formule C^{13}H^{4}O^4.

FORDOS et **GÉLIS.**
Antichlore. (*Monit. scientif.*, 1860, t. II, p. 885.)
Hyposulfite de soude détruit une quantité de chlore considérable. — Pour reconnaître
la nécessité de l'emploi de l'antichlore, on prépare une liqueur d'épreuve :

    Amidon. . . . . 10 grammes.
    Iodure de potassium. 10   —
    Eau. 500   —

Cette liqueur s'altère promptement, et il faudra la préparer chaque fois qu'on en
aura besoin.
Chaque fois qu'on mettra quelques gouttes de cette liqueur en contact avec une substance quelconque, contenant du chlore à l'état de liberté, il y aura une coloration bleue.

FOURNIER.
Gaz d'éclairage. Procédé nouveau pour révéler les fuites de gaz dans les appareils
d'éclairage et de chauffage. In-4, 24 p., 1 pl. Paris, 1862.

FREMY (E.).

Sels de chrome. (*Monit. scientif.*, 1860, t. II, p. 500.)

Modification que la chaleur fait éprouver aux sesquioxydes de chrome et aux sels de chrome violets. — Composés amido-chromiques. — Produits qui résultent de la décomposition des corps amido-chromiques.

FREMY (E.).

Gommes. (*Moniteur scientif.*, 1860, t. II, p. 527. Académie des sciences, séance du 30 janvier 1860.)

Ce mémoire sur les gommes est résumé par l'auteur dans les propositions suivantes :

1° La gomme arabique n'est pas un principe immédiat neutre ; on doit la considérer comme résultant de la combinaison de la chaux avec un acide très-faible, soluble dans l'eau, que je nomme *acide gommique*.

2° Cet acide peut éprouver une modification isomérique et devenir insoluble, soit par l'action de la chaleur, soit sous l'influence de l'acide sulfurique concentré. J'ai donné à ce composé insoluble le nom d'*acide métagommique*.

3° Ses bases, et principalement la chaux, transforment cet acide insoluble en *gommate de chaux*, qui présente tous les caractères chimiques de la gomme arabique.

4° Le composé calcaire soluble qui forme la gomme ordinaire peut éprouver aussi par la chaleur une modification isomérique, comme **Gélis** l'a démontré, se transformer en un corps insoluble qui est le *métagomme de chaux*; cette substance insoluble reprend de la solubilité par l'action de l'eau bouillante, ou sous l'influence de la végétation ; elle existe dans l'organisation végétale ; c'est elle qui forme la partie gélatineuse de certaines gommes comme celles du cerisier; on la trouve dans le tissu ligneux et dans le péricarpe charnu de quelques fruits; sa modification isomérique peut rendre compte de la production des gommes solubles.

5° Il existe dans l'organisation végétale plusieurs corps gélatineux insolubles qui, par leurs transformations, produisent des gommes différentes : ainsi la partie insoluble de la gomme de Bassora, modifiée par l'action des alcalis, donne une gomme qui ne doit pas être confondue avec la gomme arabique. Les réactifs établissent entre ces deux corps des différences tranchées.

6° Lorsqu'on voit avec quelle facilité la gomme et ses dérivés peuvent, en éprouvant une modification, se transformer en substances insolubles, on peut espérer que l'industrie, profitant de ces indications et les rendant pratiques, *pourra un jour donner facilement de l'insolubilité à la gomme et l'employer, comme l'albumine, à la fixation des couleurs insolubles.*

FROID ARTIFICIEL. (*Monit. scientif.*, 1857, t. Iᵉʳ, p. 480.)

.... Eau, 1 p.
Nitrate d'ammoniaque, 1 p. } + 10° à — 16°.

.... Neige, 4 p.
Potasse, 3 p. } 0 à — 28°.

FYFE (Andrew).

Valeur relative des différentes qualités de houille au point de vue de la fabrication du gaz, etc. (*Monit. scientif.*, 1857, t. Iᵉʳ, p. 113, etc. ; — p. 145, etc.)

G

GAINE (E.).
Papier parchemin. (*Monit. scientif.*, 1857, t. Ier, p. 598.)
...... On prend du papier non collé, on le plonge dans un mélange formé d'environ
parties égales de poids d'acide sulfurique et d'eau, on le retire immédiatement et on le
lave dans l'eau ordinaire. Dès ce moment, le papier ne boit plus et peut supporter l'écriture, et, de plus, il prend une ténacité telle qu'une bande annulaire de 2 centimètres de
largeur supporte sans se rompre de 30 à 50 kilogr., tandis qu'une bande annulaire de
parchemin de même dimension et même poids supporte à peine 25 kilogr.

GAUDRY (Jules).
Traité élémentaire et pratique de l'installation, de la conduite et de l'entre-
tien des machines à vapeur. T. II et III, in-8, 738 p , 9 pl. Paris, 1863.

GAUTIER DE CLAUBRY (H.).
Oseille. Sa préparation. (*Monit. scientif.*, 1861, t. III, p. 650.)

GAVARRET (D^r).
Physique médicale. Cours public à la Faculté de médecine à Paris, en 1863

GÉRANDO (Baron de), Membre de l'Institut.
Bienfaisance publique. 4 vol. in-8. Paris, 1841.

DIVISION DE L'OUVRAGE.

INTRODUCTION, comprenant un savant résumé historique et bibliographique.

Ire PARTIE. — DE L'INDIGENCE DANS SES RAPPORTS AVEC L'ÉCONOMIE SOCIALE. — *Livre I.* De l'indigence. — *Livre II.* Des causes de l'indigence. — *Livre III.* Des devoirs imposés à la
bienfaisance publique.

IIe PARTIE. — DES INSTITUTIONS DESTINÉES A PRÉVENIR L'INDIGENCE. — *Livre I.* Des institutions relatives à l'éducation des pauvres. — *Livre II.* Des institutions de prévoyance.
— *Livre III.* Des moyens généraux propres à améliorer la condition des classes
malaisées.

IIIe PARTIE. — DES SECOURS PUBLICS. — *Livre I.* Des moyens de procurer aux indigents
une occupation utile. — *Livre II.* Des secours à domicile. — *Livre III.* De l'hospitalité publique.

IVe PARTIE. — DES RÈGLES GÉNÉRALES DE LA BIENFAISANCE PUBLIQUE CONSIDÉRÉES DANS LEUR
ENSEMBLE. — *Livre I.* Des lois sur les pauvres. — Des origines de cette législation. —
De cette législation dans l'Europe moderne. — Des conditions d'une bonne législation
sur les pauvres. — *Livre II.* De l'administration des secours publics. — Conditions
d'un bon système de secours. — De l'organisation des secours publics. — Conclusion.

GIFFARD.
Alimentateur ou injecteur automatique des chaudières à vapeur. (*Monit.
scientif.*, 1860, t. II, p. 594.)

GIORDANO (J.).
Bathomètre ou mieux Bathoréomètre. Comptes rendus. (Acad. sc., t. LVII, n° 14,
5 octobre 1863.)

..... Instrument de précision destiné à mesurer des épaisseurs très-minces au moyen d'un circuit électrique fermé sous certaines conditions.

..... L'exactitude des mesures bathométriques est tellement exacte qu'en mesurant dix fois la même petite épaisseur, on obtient absolument le même résultat avec une différence toujours inférieure à un millième de millimètre.

..... L'épaisseur moyenne d'un fil du ver à soie est $0^{mm},014$, celle du fil de l'araignée *tegenaria perfida*, que l'on tend aux foyers des lunettes, est $0^{mm},037$.

Les cheveux de dix individus adultes donnent des épaisseurs comprises entre $0^{mm},045$ et $0^{mm},051$; ceux d'un enfant de dix jours, $0^{mm},009$; ceux de deux jeunes garçons abyssins élevés dans le collège de Naples, âgés l'un de quatre ans, l'autre de vingt ans, ont donné $0^{mm},087$ et $0^{mm},108$. Une goutte d'eau potable laisse une tache dont l'épaisseur, bien des fois moindre qu'un millième de millimètre, peut être déterminée par le bathoréomètre.

GOMMES. — M. Peluuze communique, au nom de M. Géllu, une note curieuse et importante sur la *transformation des gommes solubles en gommes insolubles*. La gomme arabique ou de Sénégal en poudre chauffée jusqu'à 120° C. est toujours soluble dans l'eau, mais si cette température est dépassée et portée à 150°, ou si elle est seulement continuée pendant longtemps, la presque totalité de la gomme perd sa solubilité et se transforme en une matière mucilagineuse insoluble dans l'eau froide. (*Moniteur scientif.*, 1857, t. Ier, p. 308.)

GONSAGR (William).
History of the soda Manufacture. Travail lu à la section chimique de l'Association britannique pour l'avancement de la science, au congrès tenu à Manchester, septembre 1861. Liverpool, 1861.

GREVILLE (William).
Nouvelle couleur pourpre et nouvelle couleur bleue, solubles dans l'alcool. (*Moniteur scientif.*, 1860, t. II, p. 1001.)

GRIMAUD (G.), de Caux.
Eaux publiques et leur application aux besoins des grandes villes, des communes et des habitations rurales; principes fondamentaux concernant la recherche et l'aménagement de l'eau dans tous les pays, la détermination de ses qualités, sa conservation et sa distribution. Paris, 1863.

GUICHARD (Pierre), Élève en pharmacie.
Propriétés chimiques et physiques des corps. (*Monit. scientif.*, 1862, t. IV, p. 82.)

GUIGNET.
Oxyde de chrome. Variété. (*Monit. scientif.*, 1850-1860, t. II, p. 188.)
Le vert **Guignet** est aujourd'hui fabriqué par **Kestner**, à Thann. — Sa solidité est à toute épreuve et il s'imprime, comme l'outremer, à l'albumine.

H

HERZEL.
Nouvelle méthode à calquer. (*Monit. scientif.*, 1857, t. Ier, p. 391.)
Les méthodes à calquer employées jusqu'à présent donnent assez d'embarras. Par la

nouvelle méthode on peut reproduire directement sur un papier blanc opaque en lui-même (que ce soit du papier à lettre, à dessin ou du papier ordinaire) un dessin, une figure, de l'écriture, ou une peinture, non-seulement avec un crayon, mais tout aussi facilement avec de l'encre, de l'encre de Chine ou avec des couleurs à l'eau. Cette méthode est très-simple et susceptible d'être employée de diverses manières.

On couche le papier sur lequel on veut reproduire le dessin sur l'original qu'on veut calquer, et l'on frotte le papier supérieur avec du coton trempé dans de la *benzine* pure (qui est un des principes composants les plus volatiles et les plus légers de l'huile de goudron). Les parties frottées du papier, en recevant par le coton la benzine dans leurs pores, deviennent par là aussi transparentes que le meilleur papier huilé ou papier à calquer, de sorte qu'on reconnaît assez distinctement, pour pouvoir le calquer, le dessin le plus fin situé sur la feuille inférieure; celle-ci ne souffre aucunement par ce procédé; le papier ne devient ni chiffonné, ni ondulé, mais reste parfaitement lisse et uni. Le papier entièrement humecté de cette manière avec de la benzine est également bon pour le dessin ou la peinture, que ce soit avec du crayon, de l'encre ou de l'encre de Chine, ou des couleurs à l'eau, sans que, par exemple, l'encre de Chine coule le moins du monde. Cependant les traits faits au crayon, à l'encre ou à l'encre de Chine se fixent sur le papier enduit de benzine plus solidement que sur le papier ordinaire, et même des traits au crayon, tirés très-délicatement, ne se laissent plus enlever que très-difficilement avec la gomme élastique. — Veut-on calquer un original plus grand, on n'humecte que peu à peu et à mesure que le travail avance le papier avec la benzine; pendant que l'on calque, le papier devrait-il devenir trouble à la place fraîchement humectée, avant qu'on n'ait entièrement terminé, on n'a qu'à y remettre un peu de benzine fraîche. Après l'achèvement de l'ouvrage, on abandonne le papier; la benzine se volatilise très-rapide-ment, et le papier redevient au fur et à mesure aussi blanc et opaque qu'il l'avait été, sans qu'on y remarque des taches ou de l'odeur, pourvu qu'on ait employé de la benzine bien purifiée et fraîchement distillée. La benzine n'a d'ailleurs pas une odeur très-désagréable et elle n'exerce aucune influence pernicieuse sur la santé de celui qui calque.

DIFFELSTEIN.
   Électricité médicale. Cours public à la Faculté de médecine à Paris, en 1863.

HIRN, ou *Logelbach* (près Colmar).
   Théorie mécanique de la chaleur. In-8, 64 pages. (Extrait du *Cosmos*). Paris 1863.

HIRN.
   Théorie mécanique de la chaleur. Théorie analytique et expérimentale. In-8, 465 p., 2 pl. Paris, 1862.

HOFMANN (A. W.).
   Bleu d'aniline. (Académie des sciences, séance du 18 mai 1863.)
   ..... Le bleu d'aniline est la *rosaniline triphénylique*; une molécule de *rosaniline* et trois molécules d'*aniline* renferment les éléments d'une molécule de *bleu d'aniline* et trois d'*ammoniaque*.

HOFMANN (A. W.).
   Couleurs violet et rouge d'aniline. Leçon faite le 11 avril 1862, à l'amphi-théâtre de l'Institution royale de la Grande-Bretagne. (*Monit. scientif.*, 1862, t. IV, p. 577 à 590.)

INTRODUCTION PAR M. E. KOPP.

Nous pensons faire une chose agréable aux lecteurs du *Moniteur scientifique* en leur donnant non pas simplement un extrait, mais la traduction de la leçon faite par le célèbre président de la Société chimique de Londres.

Indépendamment de l'intérêt d'actualité qui se rattache au sujet de cette brillante leçon, sur les dérivés colorés de l'*aniline*, dans laquelle M. **Hofmann** a su condenser en quelques pages l'état actuel de nos connaissances sur la formation, la préparation et les propriétés de ces magnifiques matières colorantes, nous ne pouvons nous empêcher d'attirer l'attention sur la manière à la fois simple, nette, concise et cependant extrêmement compréhensible, avec laquelle ce professeur éminent a saisi cette occasion pour exposer, devant un auditoire des plus distingués, les bases fondamentales de la théorie chimique actuelle.

Cette exposition a été faite avec une clarté et une méthode admirables, et les réflexions philosophiques si justes et si larges, si dignes du véritable savant, par lesquelles M. **Hofmann**, en terminant, a stigmatisé avec tant d'à-propos les tendances par trop utilitaires de notre époque, n'ont pas peu contribué à rehausser le mérite de cette leçon remarquable sous tant de rapports.

E. Kopp.

SUR LES COULEURS MAUVE ET MAGENTA.

Mesdames et Messieurs,

Tout le monde connaît ce fait, que les belles matières colorantes désignées par ces noms de fantaisie dérivent de la houille ; mais bien des personnes ignorent peut-être par quels moyens cette transformation est accomplie, et c'est à elles que je m'adresse ce soir.

Pour que la houille se convertisse en matière colorante, il faut qu'elle passe par différents états transitoires, dont chacun réclame pour un instant notre attention.

Le but de notre leçon est d'indiquer la voie à suivre pour arriver de la houille à la couleur. Je l'avoue de suite : cette voie est assez longue; nous aurons à traverser des contrées rudes et abruptes, et de temps à autre nous rencontrerons des terrains qui, surtout pour les dames, ne se recommanderont guère sous le rapport de la suavité et du parfum de l'odeur qu'ils exhalent; mais, dans de pareils cas, nous accélérerons nos pas, et j'ose espérer que nous arriverons au terme de notre voyage sans avoir eu à supporter trop de désagréments.

Coloration et *lumière* sont intimement associés. *Sans lumière, il n'y a pas de couleur;* et cela est doublement vrai lorsqu'il s'agit des matières colorantes dérivées de la houille; car c'est à l'introduction de l'éclairage de nos rues et de nos habitations par le gaz de la houille que nous sommes redevables de l'acquisition de ces matières colorantes.

Une pareille assertion peut paraître étrange, si l'on considère que nous sommes en possession du gaz de l'éclairage depuis près d'un demi-siècle, tandis que la *transformation de la houille en couleur* ne s'est accomplie que très-récemment, et pour ainsi dire sous nos yeux.

Mais on le comprendra en apprenant que ces *rouge* et *violet* sont obtenus au moyen d'un produit secondaire, qui prend naissance dans l'acte de la fabrication du gaz, produit qui a été longtemps employé à divers usages peu importants, et qui, seulement dans ces dernières années, a été reconnu, par suite des recherches des chimistes, pour être une mine inépuisable de richesse et d'intérêt.

Le point de départ pour la production des *couleurs maure* et *magenta* est donc la fabrication du gaz à la houille; mais cette préparation est si connue qu'il est inutile de s'y arrêter.

Vous vous rappellerez les principales circonstances de la distillation de la houille en jetant les yeux sur ces deux grands tableaux, représentant les « *Fours à cornue* » et les « *Condenseurs* » d'une usine à gaz.

Vous voyez comme la houille est chauffée dans d'énormes cornues, dont il y a généralement 5 à 7 dans un même four.

Le gaz, dégagé des cornues, montre dans des tuyaux verticaux dont les extrémités se recourbent pour plonger dans un grand tuyau horizontal, le barillet, à moitié rempli d'eau, dans lequel se condensent des quantités considérables de matières goudronneuses et huileuses.

Le gaz, ainsi purifié, passe à travers les condenseurs, immenses tubes verticaux en fonte, refroidis constamment à l'extérieur par un courant d'eau froide. Dans ces condenseurs il se dépose une nouvelle quantité de matières huileuses, qui se rassemblent en même temps que celles du barillet dans des citernes disposées pour cet usage.

Le gaz, après avoir traversé les condenseurs, passe par une série d'autres appareils purificateurs avant de se rendre dans les tuyaux ou conduits de distribution; mais nous n'avons pas à nous en occuper, comme étant étrangers à notre sujet.

(Les différents phénomènes de la distillation de la houille étaient démontrés devant l'auditoire par une expérience faite sur une petite échelle.)

En définitive, la houille est décomposée en *gaz*, en *produits huileux* et en un résidu non volatil, le *coke*, qui reste dans les cornues.

Ce sont les *produits huileux*, constituant le goudron de houille, qui doivent attirer toute notre attention.

Je considère ce *goudron* (dont on place un large échantillon sur la table) comme une des matières les plus intéressantes et les plus prodigieuses de la chimie. C'est là un point de vue peut-être un peu exclusif; mais ayant consacré beaucoup de temps à l'examen de ce produit, dans les premières années de mes études chimiques, je l'ai pris, pour ainsi dire, en affection.

Du reste, on ne peut manquer d'apprécier l'intérêt que le goudron de houille doit présenter aux chimistes, en examinant le tableau sur lequel j'ai essayé d'arranger d'une manière synoptique les nombreuses substances qu'on en a isolées.

PRODUITS DE LA DISTILLATION DE LA HOUILLE.

NOMS.	FORMULES [1].	POINT D'ÉBULLITION.
Hydrogène........................	HH	
Gaz des marais, ou hydrure de méthyle..	CH^3H	
Hydrure de hexyle.................	$C^6H^{14}H$	
Hydrure d'octyle.................	C^8,H^{17},H	
Hydrure de décyle.................	$C^{16}H^{21},H$	
Gaz oléfiant, ou éthylène..............	C^4H^4	
Propylène, ou tétrylène..............	C^6H^6	
Caproylène, ou hexylène.............	C^7H^{14}	55°
Œnanthylène, ou heptylène...........	C^7H^{14}	
Paraffine..................	C^6H^{6+2}	
Acétylène,.................	C^4H^2	
Benzol, ou benzine.............	$C^{12}H^6$	80°
Parabenzol.................	C^6H^6	
Toluol.................	C^7H^8	114°
Xylol.................	C^8H^{10}	126°
Cumol.................	C^9H^{12}	150°
Cymol.................	$C^{10}H^{14}$	175°

[1] Les équivalents employés sont : $H = 1$; $O = 16$; $S = 32$; $C = 12$; $N = 14$; $Cl = 35,5$, etc.

NOMS.	FORMULES.	POINT d'ébullition.
Naphtaline..	$C^{20}H^8$	218°
Paranaphtaline, ou anthracène..	$C^{30}H^{12}$	
Chrysène.	$C^{40}H^8$ (?)	
Pyrène.	$C^{30}H^8$	
Euplone..	(?)	
Eau..	$\left\{ {H \atop H} \right\}\, O$	100°
Hydrogène sulfuré..	$\left\{ {H \atop H} \right\}\, S$	
Acide hydrosulfocyanique..	$\left\{ {H \atop (CN)} \right\}\, S$	
Oxyde de carbone.	CO	
Acide carbonique..	CO^2	
Sulfure de carbone.	CS^2	47°
Acide sulfureux anhydre.	SO^2	10°
Acide acétique..	$\left\{ {H \atop (C^4H^3O)} \right\}\, O$	120°
Acide phénique, alcool phénique, phénol..	$\left\{ {H \atop (C^6H^5)} \right\}\, O$	188°
Acide crésylique, alcool crésylique, crésol.	$\left\{ {H \atop (C^7H^7)} \right\}\, O$	205°
Acide phlorylique, alcool phlorylique, phlorol.	$\left\{ {H \atop (C^8H^9)} \right\}\, O$	
Acide rosolique.	(?)	
Acide brunolique.	(?)	
Ammoniaque.	$\left\{ {H \atop H \atop H} \right\}\, N$	33°
Aniline.	$\left\{ {C^6H^5 \atop H \atop H} \right\}\, N$	182°
Cospitine.	$(C^8H^{13})''' N$	96°
Pyridine.	$(C^5H^5)''' N$	115°
Picoline..	$(C^6H^7)''' N$	134°
Lutidine.	$(C^7H^9)''' N$	154°
Collidine.	$(C^8H^{11})''' N$	179°
Parvoline.	$(C^9H^{13})''' N$	189°
Coridine..	$(C^{10}H^{15})''' N$	211°
Rubidine.	$(C^{11}H^{17})''' N$	230°
Viridine.	$(C^{13}H^{19})''' N$	251°
Chinoline, ou leucoline.	C^9H^7N	235°
Lépidine..	$C^{10}H^9N$	266°
Cryptidine	$C^{12}H^{11}N$	
Pyrrol.	C^8H^5N (?)	173°
Acide hydrocyanique.	HCN	26°,5

C'est là une liste assez formidable de substances ; leurs noms ne sont pas toujours très-doux et mélodieux à prononcer, quoique à la vérité ils puissent être considérés comme tels, si on les compare aux dénominations que les chimistes se sont vus dans la douloureuse nécessité d'infliger et d'appliquer, dans ces derniers temps, à bien des composés qu'ils ont découverts.

Mais rassurez-vous, nous n'aurons pas à nous occuper spécialement de la plupart des substances inscrites sur le tableau. Beaucoup d'entre elles sont cependant très-intéressantes sous plus d'un rapport, surtout si on les considère au point de vue purement scientifique ; mais pour l'objet que nous avons en vue elles n'ont aucune importance, et nous les passerons sous silence.

En réalité, les seuls dérivés du goudron qui réclament notre attention, à cause de leur relation avec les couleurs mauve et magenta, ce sont le *benzol*, le *phénol* et l'*aniline*.

Ceux-ci méritent d'être examinés un peu plus en détail.

Mais avant d'aller plus loin, vous êtes en droit de vous attendre à ce que je cherche à vous expliquer la nature de la réaction qui permet à la houille de donner naissance à une si grande variété de substances.

Si je vous disais simplement que la houille est composée de *carbone, hydrogène, azote, oxygène* et *soufre* (en négligeant les cendres), et qu'elle peut être considérée comme une espèce de magasin de ces différents éléments qui, ensuite sous l'influence de la chaleur, sont capables de se combiner dans une infinité de formes et de proportions, je ne vous aurais pas appris grand'chose ; j'essayerai donc de vous donner une idée plus précise des réactions qui se passent pendant la distillation sèche de la houille.

Mais pour y arriver, qu'il me soit permis de rappeler quelques-uns des résultats généraux qui ont été la conquête des recherches des chimistes pendant ces dernières dix années, quoique ces résultats, de primo abord, puissent paraître fort étrangers à la question des *rouge* et *violet* d'aniline.

Le nombre presque infini de substances minérales, végétales et animales, qui constituent notre globe, peut être ramené, malgré la variété de leur composition, à un nombre très-restreint de types de construction.

Les chimistes sont maintenant assez d'accord sur ce point, quoique le nombre exact de ces types, et même le choix des composés à considérer comme types soient encore l'objet de discussions.

Quel que soit d'ailleurs le point de vue particulier des différentes écoles chimiques, le nombre des types est toujours très-restreint, et parmi eux figurent presque invariablement l'*hydrogène*, l'*eau* et l'*ammoniaque*.

Le sens attaché par les chimistes au mot type sera peut-être plus facile à saisir, en jetant un coup d'œil sur ces trois modèles que j'ai fait construire à cet effet, et que j'appellerai, pour abréger, des moules-types [1].

Les chimistes admettent que la plus minime particule d'hydrogène qui peut exister à l'état libre, ou, pour me servir du langage chimique, que la molécule d'hydrogène est formée de deux atomes d'hydrogène.

---

[1] Ces moules-types consistaient essentiellement en cadres en fil de fer, représentant les arêtes de cubes, associés par deux, trois ou quatre, d'après les dessins suivants :

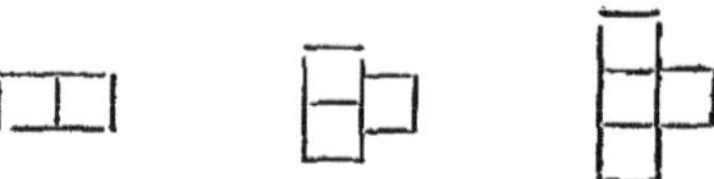

Ces cadres pouvaient recevoir des cubes en bois ou en zinc, diversement coloriés et étiquetés, qui représentaient des atomes simples ou composés.

Le premier de nos moules-types, en recevant un atome (1 volume) d'hydrogène, associé avec un autre atome (1 volume) d'hydrogène, représente la molécule d'hydrogène.

$$\boxed{\text{H}}\,\boxed{\text{H}}$$

Dans l'eau, comme vous le savez, nous avons deux atomes (2 volumes) d'hydrogène, associés avec un atome (1 volume) d'oxygène. C'est ce qui est rappelé aux yeux par notre second moule-type, qui représente la molécule d'eau.

$$\begin{array}{c}\boxed{\text{H}}\\[-2pt]\boxed{\text{H}}\end{array}\ \boxed{\text{O}}$$

Dans l'ammoniaque nous avons trois atomes (3 volumes) d'hydrogène, combinés avec un atome (1 volume) d'azote, de manière à former une agrégation qui, dans notre troisième moule-type, représente la molécule d'ammoniaque :

$$\begin{array}{c}\boxed{\text{H}}\\[-2pt]\boxed{\text{H}}\\[-2pt]\boxed{\text{H}}\end{array}\ \boxed{\text{N}}$$

Rien n'est maintenant plus facile que de suivre la manière dont d'autres substances dérivent de l'hydrogène, de l'eau et de l'ammoniaque.

Nous n'avons qu'à enlever de chacun de nos trois moules-types : du premier, un atome d'hydrogène; du second, un atome d'oxygène; du troisième, un atome d'azote, et de les remplacer respectivement par un atome de chlore, de soufre et de phosphore, et nous aurons converti de la manière la plus facile et la plus compréhensible :

L'hydrogène en acide hydrochlorique :

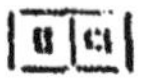

$$\boxed{\text{H}}\,\boxed{\text{Cl}}$$

L'eau en hydrogène sulfuré :

$$\begin{array}{c}\boxed{\text{H}}\\[-2pt]\boxed{\text{H}}\end{array}\ \boxed{\text{S}}$$

L'ammoniaque en hydrogène phosphoré :

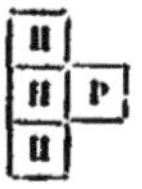

$$\begin{array}{c}\boxed{\text{H}}\\[-2pt]\boxed{\text{H}}\\[-2pt]\boxed{\text{H}}\end{array}\ \boxed{\text{P}}$$

Nous observons que les molécules d'acide chlorhydrique, d'hydrogène sulfuré et d'hydrogène phosphoré renferment le même nombre d'atomes que les molécules d'hydrogène, d'eau et d'ammoniaque.

Nous indiquons par là que l'acide chlorhydrique appartient au type hydrogène, l'hydrogène sulfuré au type eau, l'hydrogène phosphoré au type ammoniaque.

Les trois nouveaux composés que nous venons de citer ont été formés par la substitution d'atomes simples; mais nos moules-types peuvent recevoir des atomes composés avec la même facilité.

Prenons pour exemple l'atome composé *éthyle*, contenant 2 atomes de carbone et

3 atomes d'hydrogène ($C^2H^4 = E$), corps bien connu des membres de l'Institution royale.

En insérant 1 ou 2 atomes d'éthyle dans le moule-type hydrogène, je donne naissance aux molécules :

Éthylure d'hydrogène . . ⊡ E ⎪ H ⊡

et éthylure d'éthyle . . . ⊡ E ⎪ E ⊡ (éthyle libre).

De même, en introduisant 1 ou 2 atomes d'éthyle dans le type eau, je convertis la molécule d'eau en molécules des deux eaux éthylées, qui sont :

L'alcool . . . ⊡ E / H ⎪ O ⊡ et l'éther . . . ⊡ E / E ⎪ O ⊡

Enfin, en remplaçant dans le type ammoniaque 1, ou 2, ou 3 atomes d'hydrogène par 1, ou 2 ou 3 atomes d'éthyle, je provoque la formation des molécules des trois *ammoniaques éthylées*, qui sont :

L'éthylamine ⊡ E / H / H ⎪ N ⊡, la diéthylamine ⊡ E / E / H ⎪ N ⊡, la triéthylamine ⊡ E / E / E ⎪ N ⊡.

Au risque d'abuser de votre patience, je répéterai ces substitutions avec un autre atome composé, d'une composition différente de celle de l'éthyle.

Voici des cubes colorés en violet, dont chacun représente un atome composé, formé de 6 atomes de carbone et de 5 d'hydrogène ($C^6H^5 = Ph$), que les chimistes nomment *phényle*.

Insérons dans chacun de nos moules-types 1 atome de phényle, et nous obtiendrons :

Le phénylure d'hydrogène ou *benzol* . . . . . ⊡ Ph ⎪ H ⊡

L'eau phénylée, *phénol* . . . . ⊡ Ph / H ⎪ O ⊡

L'ammoniaque phénylée, *aniline* . . . . . . ⊡ Ph / H / H ⎪ N ⊡

composés dont nous avons déjà signalé l'existence dans le goudron de houille. (De larges échantillons de ces substances furent exposés sur la table.)

Mais il est temps de revenir à notre point de départ.

Quelle relation y a-t-il entre la distillation de la houille et la connaissance de ces types ? Comment peuvent-ils servir à expliquer la formation des nombreux composés qui prennent naissance dans cette opération ?

Dans la houille nous avons les éléments des trois types : hydrogène, eau et ammoniaque, et, en réalité, ils se produisent en quantités très-appréciables pendant toute la durée de la distillation.

La proportion d'hydrogène libre est généralement assez faible, et, à cause de son ménage avec l'hydrogène protocarboné, sa présence n'est pas facile à démontrer expérimentalement.

Mais, par contre, l'eau et l'ammoniaque se produisent en grande quantité, et rien n'est plus aisé que de constater leur présence.

Dans notre expérience de distillation de houille, nous voyons que le goudron condensé est recouvert d'une couche d'eau, et nous n'avons qu'à y introduire un papier à réactif pour constater la présence d'une forte proportion d'ammoniaque.

Tenons maintenant compte de ce fait, que nos types sont engendrés par la houille en présence d'un grand excès de carbone et d'hydrogène, deux élémens qui, sous l'influence de la chaleur, peuvent se combiner en un nombre presque illimité de proportions et donner naissance à des hydrocarbures ou atomes composés semblables à l'éthyle et au phényle; rappelons-nous encore que ces atomes sont capables de déplacer, soit partiellement, soit complètement, l'hydrogène de nos types, et l'on pourra déterminer d'avance, sans difficulté, le nombre des composés qui pourront prendre naissance dans l'aréo de la distillation de la houille; je dis à dessein : qui pourront prendre naissance, car le tableau cité plus haut n'indique que les composés déjà isolés, et chaque jour nous en fait connaître de nouveaux.

Il est d'ailleurs évident que la nature des atomes composés qui sont engendrés doit dépendre, dans une certaine mesure, de la composition de la houille soumise à la distillation.

Cette composition est sujette à des variations assez considérables, comme cela résulte de l'inspection du tableau suivant :

ANALYSE DE DIFFÉRENTES ESPÈCES DE HOUILLE.

LIEU DE PROVENANCE DES HOUILLES.	100 PARTIES DE HOUILLE SÈCHE						
	CONTIENT :					LAISSENT POUR 100 DE COKE	
	Carbone.	Hydrogène.	Azote.	Soufre.	Oxygène.	Cendres.	Coke.
Anthracite, pays de Galles.	91.41	3.53	0.21	0.79	2.18	1 51	93.20
— — —	90.52	4.28	0.83	0.91	2.97	1.04	93.10
Houille grasse collante, Newcastle.	81.41	5.83	2.05	0.75	7.91	2.07	66.70
Cannel-coal, Wigan.	80.67	5.55	2.18	1.50	8.09	2.70	60.38
Houille de Wolverhampton	78.57	5.29	1.84	0 39	12.88	10.30	57.21
— de Walsend, Elgin.	76 00	5.22	1.11	1.53	5.05	10.70	58.40
— de St-Helen's, Lancashire.	75.80	5.21	1.12	0 90	11.89	5.17	65.50
Lignite de Methill.	65.96	7.73	0.90	0.75	9.27	15.52	»
— de Bohême.	55.59	4.10		19.06		11.19	»

On y remarque que le carbone, dans les différentes espèces de combustibles minéraux, peut varier de plus de 30 pour 100, s'élevant jusqu'à 91,4 dans l'anthracité de la principauté de Galles, et descendant jusqu'à 55,5 dans le lignite de Bohême.

De semblables variations, quoique moins frappantes, se rencontrent également à l'égard des autres principes constituants.

Si, en outre, on tient compte de ce que la nature des atomes composés, qui prennent naissance dans l'opération de la distillation de la houille, est également influencée par la température, qui oscille fréquemment entre des limites très-distantes, on ne peut s'empêcher de reconnaître que la distillation sèche de la houille doit constituer une source presque inépuisable de combinaisons chimiques les plus variées.

La séparation des diverses substances renfermées dans un mélange aussi complexe que l'est le goudron de houille paraît présenter, de prime abord, des obstacles presque insurmontables, quoique les principes qui servent de guide à une pareille séparation soient d'une grande simplicité.

Observons d'abord que les divers composés présentent des points d'ébullition très-différents, de manière qu'on peut, jusqu'à un certain point, en opérer la séparation par une distillation fractionnée.

On trouve des moyens additionnels de purification dans la manière dont se comportent ces substances sous l'influence des réactifs chimiques.

Sous ce rapport, il serait impossible de citer un exemple plus instructif que celui offert par les trois principes constituants du goudron, déjà plusieurs fois cités en présence des acides et alcalis.

Benzol, phénol et aniline peuvent être facilement séparés par l'intervention de ces réactifs.

Pour le démontrer, nous n'avons qu'à verser dans deux éprouvettes à pied, jusqu'à une certaine hauteur, du benzol : dans deux autres du phénol, dans deux autres de l'aniline, et traiter chacune de ces substances dans l'une des éprouvettes par un acide, dans l'autre par un alcali, et, pour bien les distinguer, nous ajouterons partout quelques gouttes de teinture de tournesol.

Le *benzol*, hydrocarbure neutre, insoluble aussi bien dans les acides que dans les alcalis, surnage dans les deux éprouvettes. Le *phénol*, étant un dérivé acide de l'eau, n'éprouve aucune action de la part de l'acide, mais se dissout facilement dans l'alcali ; enfin l'*aniline*, étant un dérivé bien défini de l'ammoniaque et par conséquent un corps alcalin, résiste à l'action de l'alcali, mais forme une solution parfaite avec l'acide.

Chacune de ces trois substances extraites du goudron de houille, et dont les échantillons caractéristiques sont exposés sur la table, a reçu des applications importantes dans les arts et manufactures.

Le *benzol* (la *benzine*) est le meilleur dissolvant du caoutchouc ; on s'en sert fréquemment dans l'économie domestique pour enlever des taches d'huile et de graisse.

Le *phénol*, traité par l'acide nitrique, se transforme en une belle matière colorante jaune, dont le nom chimique est celui d'*acide carbazotique* ou *picrique* ; mais peut-être l'intérêt pratique qui se rattache au phénol sera-t-il apprécié d'une manière plus particulière, en rappelant que ce corps présente la plus grande analogie avec la créosote, substance malheureusement trop bien connue par bien des personnes, et qu'en fait la majeure partie de la créosote du commerce n'est autre chose que du phénol.

Enfin, l'*aniline* est la matière première des *couleurs mauve* et *magenta*, et réclame maintenant notre attention toute particulière.

La proportion d'aniline qui se rencontre dans le goudron de houille est assez limitée. Elle ne suffirait pas pour permettre la préparation ou l'extraction de ce corps sur une échelle un peu considérable ; mais heureusement les chimistes ont à leur disposition une série de procédés au moyen desquels l'aniline peut être obtenue en quantités aussi grandes qu'on puisse le désirer.

Le benzol ou hydrure de phényle (phénylure d'hydrogène) peut être facilement transformé en aniline, l'ammoniaque phénylée.

Démontrons cette transformation par l'expérience.

Le benzol est aisément attaqué par l'acide nitrique fumant ; il s'y dissout en donnant naissance à une liqueur d'un rouge foncé ; par l'addition d'eau à cette liqueur, on précipite une huile jaune lourde qui se rassemble au fond du vase, et qui est toute différente du benzol, lequel nage à la surface de l'eau.

Cette réaction deviendra plus intelligible, si je rappelle que l'acide nitrique, en nous reportant à nos types, doit être considéré comme appartenant au type eau ; c'est de l'eau dans laquelle 1 atome simple d'hydrogène a été remplacé par 1 atome composé, formé d'azote et d'oxygène, et qui est représenté par la formule NO^4.

$$\text{Eau} = \begin{matrix} H \\ H \end{matrix} \Big\} O \qquad \text{Acide nitrique} = \begin{matrix} NO^4 \\ H \end{matrix} \Big\} O$$

Faisons remarquer, en passant, que la chimie moderne se rapproche de nouveau des conceptions de périodes antérieures qui, dans le nom d'eau-forte, donné à l'acide nitrique, paraîtraient avoir pressenti jusqu'à un certain degré de nos théories nouvelles.

Lorsque l'acide nitrique réagit sur le benzol, il y a échange entre l'atome simple de ce dernier et l'atome composé du premier, d'où résultent, d'un côté, de l'eau, et de l'autre, le nitro-benzol (nitro-benzine), qui n'est autre chose que l'huile lourde que nous venons de préparer :

$$(C^6H^5)\,H + \begin{matrix} NO^4 \\ H \end{matrix}\Big\}O = (C^6H^5)\,(NO^4) + \begin{matrix} H \\ H \end{matrix}\Big\}O$$

Benzol.   Acide nitrique.   Nitrobenzol.   Eau.

La transformation du benzol en nitro-benzol, découverte par **Mitscherlich,** n'est qu'une opération préparatoire pour la production de l'aniline.

Le procédé pour convertir le nitrobenzol en aniline fut découvert par **Zinin.** Il consiste à soumettre le nitro-benzol à l'action de l'hydrogène naissant. Sous l'influence de cet agent, l'atome composé NO^4, qui, dans le nitro-benzol, est combiné avec le phényle, est décomposé ; son oxygène est converti en eau, et le résidu d'azote et de phényle s'assimile la quantité d'hydrogène nécessaire pour donner naissance à l'ammoniaque phénylée ou à l'aniline :

$$(C^6H^5)\,NO^4 + HH + HH + HH = \begin{matrix} H \\ H \end{matrix}\Big\}O + \begin{matrix} H \\ H \end{matrix}\Big\}O + \begin{matrix} (C^6H^5) \\ H \\ H \end{matrix}\Big\}N$$

Nitro-benzol.   Hydrogène.   Eau.   Eau.   Aniline.

L'hydrogène nécessaire à cette transformation peut être fourni par une grande variété de réactions.

L'un des procédés les plus commodes est celui proposé par M. **Béchamp;** il consiste à soumettre le nitro-benzol à l'action du fer métallique, sous l'influence de l'acide acétique.

En mélangeant ces trois corps dans une cornue et chauffant légèrement, nous observons qu'il s'établit presque immédiatement une réaction extrêmement énergique. Dépêchons-nous de mettre la cornue en communication avec cet appareil condenseur; quoiqu'on ait cessé de chauffer, la réaction continue, et une quantité considérable d'eau recouvrant une couche huileuse s'est déjà accumulée dans le récipient. Le liquide huileux est l'aniline.

Nous pouvons le caractériser immédiatement par la réaction particulière qu'il présente au contact du chlorure de chaux. En versant une seule goutte de notre produit condensé dans ce bocal renfermant une solution de chlorure de chaux, une magnifique coloration pourpre violacée se diffuse presque instantanément sous forme de nuage coloré dans toute la masse du liquide.

Vous voyez que nous approchons du sujet de notre leçon. Cette coloration superbe que produit l'aniline au contact du chlorure de chaux est connue depuis longtemps. Une solution de ce dernier composé a été toujours employée comme réactif pour déceler la présence de l'aniline, et c'est même par cette réaction colorée qu'on a reconnu et constaté dès l'origine l'existence de l'aniline dans le goudron de houille; de là même le nom de kyanol (huile devenant bleue), qui a été appliqué au commencement à l'aniline du goudron.

Plusieurs autres agents oxydants, comme par exemple l'acide chromique, étaient aussi connus pour donner naissance à des composés colorés lorsqu'on les mettait en contact avec l'aniline.

Mais toutes les matières colorées ainsi obtenues ne présentaient qu'un caractère essentiellement éphémère.

Vous voyez que le nuage violet que nous avions obtenu avec le chlorure de chaux a déjà perdu sa belle nuance pour se convertir en un précipité rougeâtre sale.

Ce fut M. **W. Perkin** qui eut le premier l'idée heureuse d'approfondir les circonstances dans lesquelles cette belle matière violette pourrait être préparée sous une forme plus stable et recevoir des applications dans la teinture et l'impression.

Il fut assez heureux pour isoler cette matière colorante, en soumettant l'aniline, dans des conditions particulières et bien déterminées, à l'action du bichromate de potasse et de l'acide sulfurique.

Nous avons donc tracé pas à pas le développement successif de cette branche nouvelle et importante des industries chimiques.

Je suis redevable à l'obligeance de mon ami M. **Perkin** de pouvoir vous montrer des échantillons magnifiques de son violet d'aniline ou mauve, à l'état sec et en dissolution. Ce cylindre brun, possédant un reflet cuivré remarquable, est le violet sec et solide ; son pouvoir tinctorial extraordinaire sera facilement apprécié, en apprenant que la solution que voici, d'un violet superbe, ne contient pas plus de 1/10 de grain de mauve par gallon d'alcool (3 milligrammes par 4 litres 1/2). Une comparaison rendra sensible la grande valeur commerciale de ce produit à l'état sec. Lorsqu'il est pur, il vaut son poids de platine métallique, et est vendu au même prix.

La nature chimique de la couleur mauve ou du violet d'aniline est encore fort peu connue ; sa composition ne paraît pas encore avoir été établie exactement, et à plus forte raison la manière dont cette matière colorante prend naissance, et le procédé par lequel elle est formée sont encore complétement inconnus et inexpliqués.

Le nom de magenta est un des noms de fantaisie qu'on a donnés à ce rouge splendide auquel l'aniline donne également naissance par l'action d'agents oxydants. C'est en faisant des recherches purement scientifiques et plus particulièrement en étudiant l'action du tétrachlorure de carbone sur l'aniline, qu'on observa pour la première fois cette substance. Le mérite d'avoir le premier obtenu cette substance sur une plus grande échelle appartient à un chimiste français, M. **Verguin** ; il la produisit par l'action du tétrachlorure d'étain sur l'aniline. On suggéra par la suite beaucoup d'autres procédés, parmi lesquels on peut mentionner le traitement de l'aniline par des chlorures ou nitrates mercuriques, par l'acide arsénique et par bien d'autres substances. La couleur magenta, souvent appelée fuchsine, roséine, etc., devint bientôt un article d'une grande consommation. Cette nouvelle branche d'industrie reçut une forte impulsion en France par MM. **Renard et Frank**, qui les premiers fabriquèrent et exploitèrent commercialement ce nouvel article ; bientôt après, dans ce pays, MM. **Simpson, Maule et Nicholson** entreprirent avec beaucoup d'ardeur la fabrication de cette magnifique matière tinctoriale, dont la production a déjà atteint des proportions colossales. Le mérite d'avoir porté cette nouvelle industrie à un degré de perfection inconnu auparavant, appartien plus particulièrement à M. **E. C. Nicholson**.

Avant d'aller plus loin, laissez-moi vous montrer par des expériences la formation de la couleur magenta. Parmi les nombreux procédés que je pourrais adopter dans ce but je choisirai l'action du sublimé corrosif sur l'aniline, non pas parce que je considère ce procédé comme étant supérieur aux autres, — il est même en réalité un des procédés les moins avantageux, — mais parce qu'il est peut-être celui qui se prête le mieux à des expériences faites pendant un cours.

La poudre blanche que voici est du chlorure mercurique (sublimé corrosif); je mélange une faible portion de ce sel dans un tube d'essai avec de l'aniline parfaitement incolore. Nous allons remuer le mélange avec une baguette en verre jusqu'à ce qu'il soit transformé en une pâte liquide parfaitement homogène. Cette pâte est encore incolore, mais en la chauffant doucement au-dessus d'un bec de gaz, elle se convertit instantanément en un rouge splendide de la plus grande intensité, puisqu'une seule goutte de ce liquide peut colorer fortement un grand bocal rempli d'alcool.

Tous les procédés qui convertissent l'aniline en matière colorante donnent naissance à un nombre considérable de produits secondaires qu'il est assez difficile de séparer du produit principal de la réaction. Ces difficultés ont été parfaitement vaincues par M. **Nicholson**, qui a réussi à obtenir la magenta dans un état de pureté absolue. C'est ainsi que les chimistes ont été mis à même de pouvoir analyser cette substance, et de soulever au moins un coin du voile qui recouvre encore la formation mystérieuse des dérivés colorés de l'aniline.

A l'état pur, le rouge d'aniline est un beau corps cristallin, et, ce qui est assez remarquable, parfaitement incolore, ou seulement légèrement teinté, représenté par la formule :

$$C^{60}H^{58}O = C^{60}H^{58}, HO.$$

La rosaniline (c'est le nom par lequel les chimistes désignent le corps incolore) est une base ou un dérivé ammoniacal, qui forme une série de sels de toute beauté. Avec de l'acide hydrochlorique, par exemple, il produit un beau sel cristallin de la formule :

$$C^{60}H^{58}, HCl.$$

C'est dans cet état de combinaison saline que la rosaniline agit comme une matière tinctoriale rouge. — Jetons dans cette capsule en porcelaine quelques cristaux de rosaniline, qu'on a de la peine à distinguer à une certaine distance; je verse sur ces cristaux une faible quantité d'acide acétique, et en chauffant la capsule avec précaution, la couleur rouge apparaît instantanément. C'est seulement à l'état de solution que même les sels de rosaniline sont colorés en rouge; en évaporant lentement leur solution, la couleur rouge disparaît entièrement, et il reste une magnifique substance cristalline verte, offrant d'une manière extraordinaire le beau lustre métallique qui distingue les ailes du scarabée d'or. Mon ami, M. **Nicholson**, m'a permis de placer devant vous non-seulement tous les produits compris dans la fabrication de l'aniline et des teintures d'aniline, mais encore les plus belles séries de sels de rosaniline qu'on ait jamais produites; non content de ce déploiement de richesses, il fut assez obligeant pour nous envoyer un échantillon d'acétate de rosaniline comme aucun mortel n'en avait encore vu. Cet échantillon peut littéralement être appelé la couronne de magenta [1]. Les couronnes sont toujours des objets très-coûteux, et souvent la dépense et la peine qu'on se donne pour les obtenir sont plus grandes que leur valeur réelle. Cette remarque s'applique jusqu'à un certain point à la couronne de magenta. Pour la satisfaction de ceux qui aiment les grands chiffres, — et lequel parmi nous n'est pas un peu sujet à cette faiblesse? — je dirai que la couronne a cristallisé dans un vase contenant une solution de rouge d'aniline pour une valeur de 8,000 liv. st. (200,000 fr.) au moins, et que la couronne elle-même vaut plus de 100 liv. st. (2,500 fr).

Vous ayant expliqué maintenant les différentes phases de transition à travers lesquelles passe la houille avant qu'elle se transforme, soit en mauve, soit en magenta, vous éprou-

---

Une agrégation immense de cristaux octaédriques du vert le plus brillant, dont quelques-uns présentaient plus d'un pouce (3 centimètres) de diamètre, et qui s'étaient déposés sur de forts fils métalliques présentant la forme d'une couronne très-élégante, fut placée sous les yeux de l'auditoire.

verez peut-être quelque intérêt à connaître la proportion qui existe entre la matière colorante achevée et la houille dont elle dérive. Une collection d'échantillons, due également à l'obligeance de M. Nicholson, sera très-instructive sous ce rapport. Remarquez qu'un grand bloc de houille, ne pesant pas moins de 100 livres, outre la série : les flacons qui suivent contiennent le goudron de houille, naphte, benzol, nitro-benzol et aniline, qu'on obtient successivement de 100 livres de houille. Remarquez combien ils diminuent de volume graduellement, et combien petit, je pourrais presque dire imperceptible, nous apparaît le volume de magenta obtenu finalement ; mais regardez la masse de laine que cette petite quantité peut teindre. Cette masse représente approximativement le même volume que le bloc de houille qui nous a servi de point de départ. Cette comparaison démontrera peut-être suffisamment la puissance tinctoriale extraordinaire que possède cette classe de matières colorantes ; mais une expérience très-simple pourra peut-être vous en transmettre l'idée d'une manière plus frappante. Le papier blanc qui recouvre ce grand cadre a été saupoudré avec une très-petite quantité de mauve ; un second a été traité de la même manière avec de la magenta. La quantité de matière colorante est si insignifiante, que le papier a conservé sa couleur blanche originale ; mais remarquez quel changement s'opère si je lance un flot d'alcool contre ces carrés, immédiatement le tendre violet de la mauve se développe sur l'un d'eux, tandis que l'autre revêt les plus brillantes nuances du rouge magenta.

Nous allons maintenant démontrer expérimentalement le mode de teinture. A cet effet, j'introduis de la soie et de la laine tissées et non tissées, l'une à la suite de l'autre, dans des solutions de mauve, de magenta, et finalement dans une pourpre splendide et nouvelle, préparée récemment par M. Nicholson. Remarquez la facilité extraordinaire avec laquelle les couleurs dérivées du goudron de houille se fixent sur la laine et sur la soie. Ces matières textiles n'exigent aucune préparation antérieure, puisqu'en effet elles se teignent simplement en les plongeant dans le bain tinctorial, sans l'aide d'aucun mordant. La soie et la laine sont des substances animales ; les matières végétales, comme par exemple le coton et le lin, sont à peine affectées par ces matières colorantes, à moins qu'elles n'aient été soumises préalablement à un traitement spécial. Ce fait se prouve admirablement en teignant des toiles de lin sur lesquelles on a brodé des ornements en lacets de soie. Ces articles, lorsqu'on les retire du bain, paraissent être teints uniformément ; mais en lavant d'abord dans de l'eau pure et puis dans de l'ammoniaque délayée, la couleur disparaît rapidement de la toile de lin, pour laisser subsister teinte, en brillantes couleurs la broderie en soie.

Cette prédilection extraordinaire des couleurs d'aniline pour les substances animales s'illustre encore d'une manière plus frappante par l'état de mes mains, qui, grâce aux expériences que je viens de faire, ont acquis une teinte qui rappelle tout à fait magenta. Heureusement les matières colorantes provenant du goudron de houille ne résistent pas à l'action des hypochlorites, et, pour rendre à mes mains leur nuance naturelle, je n'ai qu'à les plonger dans une solution de chlorure de chaux.

Déjà, comme vous le voyez, la teinte rouge a disparu de mes mains ; mais avec la couleur, je crains que mon temps ne se soit aussi enfui. Je vais m'efforcer d'arriver à une conclusion. J'ai rempli, dans une certaine mesure, la promesse que je vous avais faite en commençant cette leçon. Nous avons traversé ensemble le vaste champ qui s'étend entre la houille et la matière colorante. Je sens profondément toute mon insuffisance dans mes fonctions de guide ; mais j'ose espérer que l'intérêt puissant qui s'attache aux domaines que nous avons parcourus et explorés ensemble, du moins jusqu'à un certain point, formera une compensation à tout ce qu'il a pu y avoir d'imparfait dans mes explications. Permettez-moi de penser que vous quitterez ce soir l'Institution royale avec l'impression que ressentent ceux qui ont voyagé en semblable association à travers une contrée délicieuse. — Le guide est oublié : — mais les impressions et émotions produites par les beautés du paysage persistent et restent gravées dans la mémoire.

Étant arrivé à ce point, vous pensez sans doute qu'il est grandement temps de vous saluer respectueusement ; mais je me hasarde, même à une heure aussi indue, de m'arrêter un moment à la morale de l'histoire que je viens de vous conter, quoique vous vous sentiez peut être disposés à trouver mon histoire déjà suffisamment colorée.

ÉCHANTILLONS DES TISSUS TEINTS EN COULEURS D'ANILINE [1].

Violet d'aniline. — rouge d'aniline. — bleu d'aniline.

La matière que nous avons dû condenser, nous pourrions presque dire forcer, dans le court espace d'une heure, est en réalité accablante ; et tandis que nous expliquions la formation des diverses substances que nous devions décrire, tandis que nous démontrions leurs propriétés par quelques expériences, nous avons à peine eu le temps de jeter un coup d'œil sur la partie historique de notre sujet. Son histoire n'est cependant pas dénuée d'intérêt. Vous comprenez facilement qu'une branche d'industrie comme celle que nous nous sommes efforcé d'esquisser n'a pu guère surgir comme Minerve de la tête de Jupiter. — Elle n'est point une soudaine inspiration heureusement réalisée. Le temps, le travail, les pensées d'une légion d'expérimentateurs furent nécessaires pour accomplir une œuvre aussi remarquable. Vous ne pouvez vous attendre à cette heure que je fasse l'examen minutieux de cette partie de mon sujet, mais nous ne nous séparerons pas sans faire allusion à certains faits, qui ne manqueront pas de captiver l'intérêt le plus vif des membres de cette institution. Permettez-moi donc de vous informer que les couleurs de mauve et magenta sont essentiellement des couleurs de l'institution royale ; la base de cette nouvelle industrie fut posée dans la rue d'Albemarle [2]. Le benzol, que nous avons si souvent nommé, le benzol, qui peut être considéré comme la matière première, capable, sous l'influence d'agents chimiques, de revêtir des formes si étonnantes ; — le benzol est une des découvertes de notre grand maître, et, j'ose ajouter, de notre excellent et bienveillant ami M. **Faraday**. Ce volume : *Les transactions philosophiques pour l'année 1825*, contient la description de ses expériences. En 1825, il y a trente-sept ans, le laboratoire de l'institution royale fut témoin de la naissance de ce corps remarquable. Hier, sous les auspices de M. **Anderson**, j'ai envahi ce même laboratoire ; on a fait une recherche active, et je vous présente ici, comme résultat et trophée de notre expédition, l'échantillon original du premier benzol, préparé par M. **Faraday**. En vous rappelant ainsi un des premiers travaux de M. Faraday, travail qui, par suite du nombre, de l'étendue et de l'importance de ses découvertes postérieures, paraît presque avoir échappé à sa mémoire, comme une tradition des temps passés, — nous avons ouvert une page importante dans

[1] Ces échantillons sont dus à l'obligeance de M. **Camille Koechlin**, de Mulhouse ; nous saisissons cette occasion pour remercier vivement ce chimiste distingué du concours empressé et bienveillant que nous avons toujours trouvé auprès de lui lorsqu'il s'agit de questions d'applications de la chimie à l'industrie.   E. Kopp.

[2] Le local de l'institution royale est dans Albemarle Street.

la glorieuse histoire de l'Institution royale. Le benzol nous a fourni la mauve et la magenta, mais il a fait bien plus encore. Depuis que la chimie a été dotée de ce corps remarquable, le benzol a contribué à l'établissement de plusieurs des théories les plus importantes de notre science. Entre les mains des **Mitscherlich, Zinin, Gerhardt** et **Laurent;** entre les mains de **Charles Mansfield** — que ses amis n'oublieront jamais — et de beaucoup d'autres, le benzol a été un puissant levier pour le progrès de la science chimique. Le benzol et ses dérivés forment un des chapitres les plus intéressants de la chimie organique, dont les progrès sont intimement liés à l'histoire de ce composé.

Mais, direz-vous, qu'a de commun l'histoire du benzol avec la morale de mauve et magenta ? Demandez-le à M. **Faraday,** mesdames et messieurs ; demandez-lui quel était son but, lorsque en 1825 il examina le benzol. Je n'ai peut-être pas le droit de répondre à cette question en présence de M. **Faraday ;** cependant j'ose dire que nous devons cette découverte remarquable à la jouissance pure qu'il éprouvait à rechercher la vérité. Ses successeurs continuèrent son œuvre dans le même esprit. Patiemment ils firent jaillir un fait après l'autre ; ils enregistrèrent observation sur observation ; c'était un travail fait avec amour, en vue de la recherche et du triomphe de la vérité ; enfin, grâce aux efforts réunis de tant d'ardents travailleurs, dirigés d'année en année dans la même voie, l'histoire chimique du benzol et de ses dérivés a été tracée. La base scientifique ayant été ainsi posée, le temps de l'application était arrivé, et d'un bond, si nous pouvons nous exprimer ainsi, ces substances, jusqu'alors la propriété exclusive du philosophe, apparurent sur le marché de la vie.

Avons-nous besoin d'en dire davantage ? La morale de mauve et magenta est assez transparente. Nous le lisons dans vos yeux — nous nous comprenons. A l'avenir, quand un chimiste de vos amis, rempli d'enthousiasme, vous montrera et vous expliquera son composé nouvellement découvert, vous ne refroidirez pas sa noble ardeur en lui posant cette question des plus terribles : « Quel en est l'emploi ? Votre composé blanchira-t-il ou teindra-t-il ? Cela peut-il servir à se raser ? Peut-on l'employer pour remplacer le cuir ? » Laissez-le travailler tranquillement à son œuvre. La teinture, la mousse, le cuir apparaîtront en temps et lieu. Laissez-lui, nous vous le répétons, accomplir sa tâche. Laissez-le se livrer à la recherche de la vérité, — de la vérité pure et simple, — de la vérité non pour l'amour de la mauve, non pour l'amour de la magenta, — laissez-lui rechercher et poursuivre la vérité pour l'amour de la vérité !

HOFMANN.

HOFMANN (A. W.).

Aniline. Sa transformation en acide benzoïque. (Acad. des sciences, séance du 1er décembre 1862. *Monit. scientif.,* 1862, t. IV, p. 800.)

HOFMANN (A. W.), Professeur de chimie, directeur du Collège royal de chimie, président de la Société chimique de Londres, membre de la Société royale de Londres, membre correspondant de l'Institut de France, etc.

Exposition internationale de Londres en 1862. Rapport sur les produits chimiques industriels (classe II, section A). (*Monit. scientif.,* 1863, t. V. p. 361 à 378, — 401 à 412, — 411 à 457, — 521 à 530, — 561 à 570, — 601 à 612, — 709 à 772, 863 à 872.)

..... Dans ce numéro, t. V, 1863, 15 mai, 154e livraison, du *Moniteur scientifique,* nous commençons la publication de la traduction du Rapport de M. **Hofmann,** véritable monument de science et d'érudition...

Le Rapport de l'éminent chimiste anglais pourrait être intitulé à juste titre : *Histoire des progrès de la chimie industrielle pendant les années* 1851 à 1862 (dix ans).... — Son Rapport vient compléter de la manière la plus heureuse les travaux remarquables rédigés par MM. **Balard, Wurtz, Decaux,** etc., et consignés dans le rapport officiel de la Commission impériale française de l'Exposition universelle de Londres en 1862...

M. **Hofmann** a bien voulu nous communiquer les épreuves de son travail et a eu la bonté de revoir lui-même avant le tirage les bons à tirer que nous remettons à l'imprimerie. Les lecteurs du *Moniteur scientifique* auront donc dans sa fidélité la plus scrupuleuse le travail de notre illustre ami, que nous ne pouvons trop remercier de l'indulgence qu'il met à corriger toutes les fautes qui nous échappent. (E. Kopp.)

OBSERVATIONS PRÉLIMINAIRES.

Acide sulfurique. Sa fabrication sur une grande échelle date de 1749, époque à laquelle le docteur **Roebuck**, de Birmingham, construisit sa première chambre de plomb à Preston-Pans, en Écosse.

Soude. Sa fabrication au moyen du sel commun, découverte de **Leblanc**, date de la fin du siècle passé. C'est en 1823 seulement, grâce aux efforts de **James Musprat**, de Liverpool, que cette branche importante de l'industrie commença à être exploitée en grand en Angleterre.

Chlorure de chaux. Sa fabrication fondée en 1799, par **Charles Tennant**, de Glascow.

Hyposulfite de soude. Depuis la découverte de la daguerréotypie et des procédés photographiques, ce sel est devenu une fabrication industrielle.

Hyposulfite de chaux.

Hyposulfite d'alumine, de fer et de chrome proposé comme mordant par **Kopp.**

Acide chlorhydrique.

Chlorure de chaux.

Composés potassiques et sodiques.

Guano. Humboldt apporta, en 1804, les premiers échantillons de *guano* du Pérou en Europe. Il le décrit comme un dépôt formé par les excréments d'oiseaux se nourrissant de poissons. — Il est probable que le guano se compose rarement exclusivement de matières excrémentielles; c'est plutôt un mélange à proportions variables d'excréments et de carcasses de phoques, de pingouins, de pétrels et d'autres tribus produisant du guano. Les couches épaisses de guano, s'élevant en certains endroits à une hauteur de 100 mètres au-dessus du niveau de la mer, sont, sans aucun doute, les régions où ces tribus vivent et se multiplient, et sont par conséquent le résultat des dépôts d'une partie au moins de leurs déjections. Mais ces solitudes sont aussi les retraites que ces créatures choisissent pour mourir; leurs cimetières, pour ainsi dire, où s'entassent couches sur couches les carcasses d'innombrables générations successives.

Iode.

Brome.

HOFMANN (A. W.).
  Formamide. (Acad. des sciences, séance du 23 février 1863. *Monit. scientif.*, 1863, t. V, p. 201.)

HOFMANN (A. W.).
  Chrysaniline. Matière jaune dérivée du goudron. (Acad. des sc., séance du 8 décembre 1862. *Monit. scientif.*, 1863, t. V, p. 1re.)

Chrysaniline	$C^{40}H^{17}N^3$.
Rosaniline	$C^{20}H^{19}N^3$.
Leucaniline	$C^{40}H^{21}N^3$.

HOFMANN (A. W.).
  Cyanine. (*Monit. scientif.*, 1863, t. V, p. 5.)

HOFMANN (A. W.).
  Paraniline est le produit de l'action de la chaleur sur l'aniline. (*Monit. scientif.*, 1863, t. IV, p. 808.)

HOMBERG.

Blanchissage. Grand in-10, 48 p., 1862.

HOOIBRENCK (Daniel).

Fécondation artificielle des céréales. (*Monit. scientif.*, 1863, t. V, p. 772.)

HUNT.

Gomme ou dextrine. Nouveau procédé de fabrication au moyen de substances amylacées. (*Monit. scientif.*, 1860, t. II, p. 893.)

La caséine, le gluten, ou l'amidon, grillés ou desséchés, deviennent solubles dans l'eau, en faisant réagir de *l'acide lactique* étendu. Cette réaction est exploitée industriellement par **Pochin et Wooley** pour la préparation d'une nouvelle espèce de *leiogomme* ou amidon grillé.

Cette matière est blanche, soluble dans l'eau, neutre, plus épaississante que l'amidon torréfié ordinaire. Au lieu d'acide lactique, on emploie le petit lait ou le lait caillé. Les substances amylacées ou féculacées, étant desséchées, sont mélangées avec le petit lait dans les proportions suivantes :

1,000 kilogr. de farine de blé pour

272 kilogr. de petit lait, si l'on veut produire une dextrine peu colorée, ou

123 litres, si la dextrine doit rester brune.

Après avoir fait un mélange exact, on le fait passer à travers un tamis assez fin. La matière est ensuite amenée à siccité au bain-marie jusqu'à ce qu'elle ait acquis la nuance désirée.

HUILE DE LAURIER est un préservatif contre les mouches. (*Monit. scientif.*, 1857, t. 1er, p. 502.)

HYDROTHÉRAPIE. (*Monit. scientif.*, 1861, t. III; p. 419, — 440 [1].)

HYGIÈNE PUBLIQUE et salubrité de la ville de Paris, 1819 à 1858 inclusivement. Rapport de **A. Trébuchet.** (*Monit. scientif.*, 1861, t. III, p. 361, — 412, — 441, — 466, — 499, — 543, — 558, — 612.)

Habitations. — Peinture. — Enduits hydrofuges. — Chauffage et ventilation. — Sous-sols des églises. — Cités ouvrières. — Crèches. — Visite des prisons. — Service médical des théâtres. — Marchés de la Vallée et du Temple. — Bains publics. — Vidanges et désinfection des fosses d'aisances. — Liqueurs désinfectantes. — Fabriques d'engrais. — Insalubrité de la voie publique. — Maladies professionnelles. — Boulangerie. — Emploi de la viande de cheval dans l'alimentation. — Viandes signalées comme étant impropres à l'alimentation. — Cafés. — Chicorée. — Chocolats. — Conservation des viandes. — Boissons. — Falsification du lait. — Eau. — Accidents causés par les sels de plomb et de cuivre. — Secours aux noyés, asphyxiés ou blessés — Instructions sur les secours à donner aux noyés et asphyxiés. — Remarques générales. — Asphyxiés par submersion (noyés). — Règles à suivre par ceux qui repêchent un noyé. — Soins à donner lorsque le noyé est arrivé au dépôt de secours médicaux. — Asphyxiés par les gaz méphitiques. — Asphyxiés par la foudre. — Asphyxiés par le froid. — Asphyxiés par strangulation en suspension (pendaison). — Asphyxiés par la chaleur. — Instruction sur les secours à donner aux blessés. — Inhumations précipitées. — Embaumements. — Transport des cadavres. — Amphithéâtre d'anatomie. — Morgue. — Cimetières. — Statistique des décès. — Épidémies. — Maladies contagieuses. — Épizooties. — Appendice.

---

[1] Ce mémoire sera lu avec intérêt par les docteurs médecins.

I

INVENTION (L'). Ce journal, fondé par M. **Giardinni**, n'invente pas souvent, mais il raconte bien ce qu'il trouve dans les journaux consacrés à l'industrie. Il a une partie importante pour les industriels, c'est la jurisprudence des brevets. Il rend compte des arrêts rendus dans les procès en contrefaçon.

J

JACOB.
Méthodes employées dans l'opération du dégraissage. (*Monit. scientif.*, 1857, t. Ier, p. 502.)

JAMIN.
Cours de physique de l'École polytechnique. 2e édit.; t. Ier, illustré de 270 figures et 1 planche sur acier; in-8, 552 p. Paris, 1863.

JEAN (Ferdinand).
Matière colorante du *Brassica purpurea* (chou rouge). (*Moniteur scientif.*, 1863, t. V, p. 617.)

JOHNSON (J. H.), à Londres.
Couleurs pour la teinture. Nouvelle manière pour les produire. (Brevet). (*Monit. scientif.*, 1861, t. III, p. 63.)

JOURNAL D'AGRICULTURE PRATIQUE ou *la Feuille du Cultivateur*. Publication hebdomadaire in-8. T. VI, en septembre 1843. Bruxelles.

JOURNAL DE L'ÉCLAIRAGE AU GAZ, du service des eaux et de la salubrité publique. 12e année. Paris, 1863.

JOURNAL DES FABRICANTS DE PAPIER, fondé par **Louis Piette,** paraissant deux fois par semaine. IXe année. Paris, 1863.

JOURNAL OF THE SOCIETY OF ARTS and the Institutions in Union. Grand in-8, en 1863, vol. XI. Londres. Hebdomadaire, 8 pages d'impr.

JOURNAL DE L'ÉCOLE IMPÉRIALE POLYTECHNIQUE. 30e cahier, tome XXVII, in-4, 230 p. et 6 pl. Paris, 1863.

JOURNAL DES SAVANTS. Paris.

JUSSIEU (de).
Cours d'histoire naturelle. Botanique. 9e édit.; in-12, 500 pages, 812 figures. Paris, 1862.

K

KOECHLIN (Camill).
Question du rouge d'aniline. (*Monit. scientif.*, 1803, t. V, p. 41.)
Lettre adressée au Dr Quesneville.

KOECHLIN (C.).
Rouge d'aniline devant la justice. (*Monit. scien'if.*, 1803, t. IV, p. 170.)

KOECHLIN (C.).
Question de l'aniline. (*Monit. scientif.*, 1801, t. III, p. 230.)

KOECHLIN (Horace).
Dalléochine, ou vert de quinine. (*Monit. scientif.*, 1803, t. IV, p. 99.)
. ... Sa dissolution alcoolique étendue d'eau, teint la soie en vert; elle teint aussi
la laine, le coton mordancé en albumine, et peut se fixer sur coton en épaississant à
l'albumine et vaporisant.

KOECHLIN, de Mulhouse.
Extrait de garance exempt de tout ligneux et rendant en teinture des nuances aussi
vives que la garance elle-même. (*Brevets d'invention*, t. XXIV. — *Monit. scientif*,
1859-1800, t. II, p. 228.).

KOPP (E.).
Huiles minérales, artificielles et naturelles. (*Monit. scientif.*, t. IV, p. 750,
1803; — t. V. p. 571, 1803.)

KOPP (E.).
Noir d'aniline. (*Monit. scientif.*, 1803, t. V, p. 530.)

KOPP (E.).
Voyez V, *Verre soluble*.

KOPP (E.).
Hyposulfites. Pour la préparation de mordants et des couleurs vapeur. (*Moniteur
scientif.*, 1859-1860, t. II, p. 65.)
Hyposulfite d'alumine. — Hyposulfite de fer. — Hyposulfite de chrome. — Hyposulfite
d'étain.

KOPP (E.).
Vermillon d'antimoine (sulfure d'antimoine). (*Monit. scientif.*, 1859-1800, t. II,
p. 113.)
Chlorure d'antimoine. — Hyposulfite de chaux. — Vermillon d'antimoine.

KOPP (E.).
Murexide. Sa préparation et son emploi comme matière colorante. (*Monit. scientif.*,
1859-186', t. II, p. 203.)
Préparation de l'acide urique. — Préparation de la murexide. — Teinture de la soie
d'après **Depouilly.** — Impression de la murexide sur coton, d'après le procédé de
Lauth. — Application de la murexide sur laine et sur coton. — Impressions pourpres et roses de murexide par **Dollfus-Mieg et C**ie.

KOPP (É.).

Préparation des matières colorantes artificielles avec les produits retirés du goudron. (*Moult. scientif.*, 1860, t. II, p. 817, — p. 849, — p. 969, — p. 993 o p. 1019.)

..... Procédé de **Perkin.** Préparation du violet d'aniline. Brevet, 2 février 1857.

..... Procédé de **Franc et Renard.** Préparation de la fuchsine. Brevet, 8 avril 1859.

. ... Procédé de **Gerber-Keller.** Préparation de l'araléine. Brevet, 29 octobre 1859.

..... Procédé de **Girard et Delaire.** Préparation de la matière colorante rouge. Brevet, mai 1860.

.. .. Procédé de **Depouilly et Lauth.** Produits colorés dérivés de l'aniline. Brevet, 27 juin 1860.

.. . Procédé de **Beale et Kirkham.** (*London Journal of Arts*, déc. 1859, p. 357.)

..... Procédé de **May.** Harmaline. (*London Journal of Arts*, janv. 1860, p. 22.)

..... Procédé de **Williams.** (*Repertory of Patent Invent.*, janvier 18.0, p. 70. Aniléine.)

..... Procédé par **Price.** Violine, purpurine, roséline. (*Dingler's polytechn. Journ.*, t. CIV, p. 300.)

..... Matière colorante rouge par l'action du furfurol sur l'aniline, par **Jules Persoz.** (*Répertoire de chimie appliquée*, juillet 1860, p. 220.)

..... Matière colorante rouge par l'action de composés amylitiques sur l'aniline, par **C. Williams.** (*Repertory of Patent Invent.*, janv. 1860, p. 70. — *Dingler's polyt. Journ.*, t. CIV, p. 208.)

..... Matière colorante rouge par la distillation sèche des quinquinas. **Grabe.**

..... Matière colorante rouge dérivée de l'acide nitrocinnamique, par **Jules Persoz.** (*Répert. de chimie appl.*, 1860, p. 103.)

..... Pourpre française...

..... Application de la pourpre française pour l'impression de couleur vapeur sur laine et soie.

..... Purification de l'araléine et de la fuchsine, par **Schneider.** (*Bulletin de la Société industrielle* de Mulhouse.)

..... Préparation du bleu de chinoline par **G. Williams.** (*Chemic. News*, t. II, n° 46, oct., p. 210.)

1861. T. III, p. 25, — p. 73.

..... Notice sur le rouge d'aniline, lue à la Société industrielle de Mulhouse, le 31 octobre 1860, par **Gerber-Keller.**

..... Jaune d'aniline (*acide picrique*).

..... Bruns d'aniline.

..... Bleus et verts d'aniline.

..... Violets d'aniline.

1861. T. III, p. 241. — Dérivés colorés de la naphtylamine. —

1861. T. III, p. 249. — Mode et formation, propriétés, composition des couleurs d'aniline. — Bleu d'aniline. — Action des nitrates mercureux et mercurique sur la naphtylamine, par **Ch. du Wildes.**

1861. T. III, p. 280. — Rouge d'aniline. — Rouges d'aniline nitrés. — Azaléines. — Nouveau bleu de Mulhouse. —

1861. T. III, p. 329. — Application des rouges et violets d'aniline. — Matières colorantes dérivées de la méthylaniline, par **Ch. Lauth.** — Action de l'acide iodique sur l'aniline, par **Ch. Lauth.** — Nouveaux dérivés colorés de l'aniline, résultant de la réaction de l'aldéhyde sur le rouge d'aniline, par **Ch. Lauth.**

1861. T. III, p. 428. — Dérivés de la naphtaline. — Préparation et purification. — Série et combinaisons naphtaliques. —

SÉRIE PHÉNIQUE.		SÉRIE NAPHTALINIQUE.	
Benzine ou hydrure de phényle,	$C^{12}H^6$.	Naphtaline,	$C^{20}H^8$.
Trichlorobenzine	$C^{12}H^3Cl^3$.	Trichloronaphtaline,	$C^{20}H^5Cl^3$.
Nitro-benzine,	$C^{12}H^5(NO^4)$.	Nitronaphtaline,	$C^{20}H^7.NO^4$.
Dinitro-benzine,	$C^{12}H^4(NO^4)^2$.	Dinitronaphtaline,	$C^{20}H^6(NO^4)^2$.
Aniline, ou phénylamine,	$C^{12}H^7N$.	Naphtylamine,	$C^{20}H^9N$.
Nitraniline,	$C^{12}H^6(NO^4)N$.	Nitronaphtylamine,	$C^{20}H^8(NO^4)N$.
Azophénylamine, ou semiben-zidine,	$C^{12}H^6N^2$.	Azonaphtylamine, ou seminaphta-lidine,	$C^{20}H^8N^2$.
Dinitraline,	$C^{12}H^4(NO^4)N^2$.	Dinitronaphtylamine,	?
Nitrazophénylamine,	$C^{12}H^4(NO^4)N^4$.	Nitrazonaphtylamine,	?
Aniléine, ou violet d'aniline.		Naphtaméine,	?
Acide sulfobenzidique,	$C^{12}H^6S^2O^6$.	Acide sulfonaphtalique,	$C^{20}H^7S^2O^6$.
Sulfobenzide,	$(C^{12}H^5SO^4)^2$.	Sulfonaphtalide,	$(C^{20}H^5SO^4)^2$.
Nitrosophényline,	$C^{12}H^5N^2O^4$.	Nitrosonaphtaline,	$C^{20}H^8N^2O^4$.
Etc.		Etc.	

1861. T. III, p. 561. — Naphtaméines. — Propriétés du rouge de naphtylamine. — Nitrosonaphtyline ($C^{20}H^8N^2O^4$).

1861. T. III, p. 600. — Naphtaméines. — Applications. — Dinitronaphtaline $C^{20}H^6N^2O^8 =$ $C^{20}H^6(NO^4)^2$.

1861. T. III, p. 639. — Naphtazarine $C^{14}H^4O^2$. — Azonaphtylamine ($C^{20}H^{10}N^4$). — Trinitronaphtaline.

1862. T. IV, p. 90. — Addition au bleu d'aniline. — Composition du bleu d'aniline obtenu par la transformation du rouge d'aniline au moyen de l'aldéhyde. — Couleurs déri-vées du phénol. — Acide phénique $C^{12}H^6O^2$. — Propriétés du phénol.

1862. T. IV, p. 116. — Liquide bleu. — Matière colorante vert émeraude. — Matière colorante rouge. — Acide rosalique $C^{12}H^6O^3$.

1862. T. IV, p. 169. — Recherches sur les matières colorantes dérivées de l'aniline, par **A. W. Hofmann.** — Rosaniline. — Ses sels. — Chlorures de rosaniline. — Sulfate. — Oxalate. — Acétate. — Formiate. — Action des agents réducteurs sur la rosa-line. — Chlorure de leucaniline. — Nitrate. — Sel platinique de leucaniline. — Le rouge d'aniline devant la justice, par **Camille Kœchlin.**

1862. T. IV, p. 219.

	EN 100 PARTIES.		
	Carbone.	Hydrogène.	Azote.
Rosaniline hydratée $C^{40}H^{24}N^3O^2$	75.23	6.58	13.13
Nitrate de rosaniline $C^{40}H^{20}N^4O^9$	65.03	5.49	15.38
Chlorure de rosaniline $C^{40}H^{20}N^3Cl^3$	71.11	5.92	12.41

1862. T. IV, p. 304. — Dérivés nitrés du phénol. — Acide mononitrophénique, ni-trophénol, acide nitrophénique. — Nitrophénol $C^{12}H^5(NO^4)O^2$. — Acide bichloro-nitrophénique $C^{12}H^3Cl^2(NO^4)O^2$. — Acide dinitrophénique. — Acide nitrophénisique $C^{12}H^4N^2O^{10} = C^{12}H^4(NO^4)^2O^2$. — Diazodinitrophénol $C^{12}H^4N^4O^{10} + HO$. — Acide dini-trophénique $C^{12}H^4N^2O^{10} + 2N + 2O$. — Acide trinitrophénique, acide nitrophénisi-que, acide picrique. — Acide picrique $C^{12}H^3N^3O^{14} = C^{12}H^3(NO^4)^3O^2$. — Propriétés de l'acide picrique. Son pouvoir tinctorial est extraordinaire.

1862 T. IV, p. 416. — Emploi de l'acide picrique en teinture. —

L'acide picrique sert pour la teinture de la laine et de la soie en jaune, qui se distingue par une grande pureté de nuance.

Pour cette application il n'est nullement nécessaire d'opérer avec un acide picrique chimiquement pur; il suffit qu'il soit exempt de matières goudronneuses ou résineuses. — En effet, il existe, outre les combinaisons nitrées du phénol, qui, de même que l'acide picrique, ont la propriété de teindre en jaune les tissus d'origine animale.

Ainsi, l'acide picrique impur, obtenu par l'oxydation de l'huile lourde du goudron, riche en phénol et en crésyl, peut parfaitement servir, s'il est complétement soluble dans l'eau acidulée d'acide sulfurique, ou, du moins, si, en filtrant, il ne reste qu'une minime quantité de matière jaune résineuse sur le filtre. (Ces matières jaunes sont généralement des corps nitrés neutres, solubles dans une eau fortement acidulée d'acide nitrique, mais insolubles ou excessivement peu solubles dans de l'eau pure ou dans de l'eau acidulée d'acide sulfurique.) Souvent l'acide picrique commercial contient des corps qu'on y introduit frauduleusement, comme, par exemple, du nitre, du sulfate de soude, du sucre, de l'acide oxalique. Ce dernier acide peut cependant s'y rencontrer naturellement et provenir de l'oxydation très-avancée de matières goudronneuses par l'acide nitrique. On le reconnaît facilement par le précipité formé dans une solution aqueuse étendue d'acide picrique en y ajoutant de l'eau de chaux. — (WINCKLER, *Polyt. Centralb.*, 1858, p. 1400.)

La teinture avec l'acide picrique est des plus faciles.

On dissout l'acide dans de l'eau tiède, en quantité plus ou moins grande, suivant l'intensité de la nuance jaune que l'on veut produire. — Il n'en faut pas une quantité relativement considérable, puisque 1 gramme d'acide picrique suffit pour teindre en jaune assez foncé près de 1 kilogr. de soie.

On teint la soie à 30—40° C., sans la mordancer et sans laver après la teinture. On obtient des nuances depuis le jaune paille jusqu'au jaune citron et jaune mais. — De la soie douce et cuite devient un peu plus dure et roide après la teinture en acide picrique.

Le jaune d'acide picrique résiste très-bien à l'air et à la lumière; un peu moins bien au lessivage

La laine se teint également très-facilement à chaud et à froid avec l'acide picrique; souvent on la mordance avec de l'alun et du tartre; la teinte jaune est alors plus solide.

Le coton ne se teint pas du tout dans la solution aqueuse d'acide picrique, à moins qu'il n'ait été animalisé préalablement, par exemple, avec de l'albumine, du tannate, de la gélatine, de la caséogomme, etc.

En associant à l'acide picrique du carmin d'indigo, on obtient des verts extrêmement purs et brillants sur laine et sur soie.

Une solution assez concentrée de ces deux substances constitue une encre verte très-belle.

En imprimant sur des étoffes teintes en jaune picrique du chlorure stanneux ou du chlorure ferreux et un alcali, il y a transformation de la coloration jaune en coloration rouge (formation d'acide picramique ou nitrohématique) qui disparaît en lavant, en laissant l'étoffe décolorée et blanche.

La facilité avec laquelle l'acide picrique teint la laine et la soie, sans affecter le coton, a été utilisée pour reconnaître les fils et les tissus mélangés. On n'a qu'à les plonger pendant 5 à 10 minutes dans une dissolution d'acide, ou même seulement à y faire tomber une goutte de solution picrique, puis laver et exprimer. Tous les fils de laine et de soie seront teints en jaune, tandis que les fils de coton et de lin seront restés parfaitement blancs. — (POHL, *Polyt. Notizbl.*, VIII, p. 201.)

— Transformation de l'acide picrique en d'autres matières colorantes. — Purpurate de potasse ($C^{16}H^4N^5O^{11}$,KO). Possède une grande force colorante. La solution aqueuse est d'une très-belle teinte pourpre. — Purpurate ammonique; murexide $C^{16}H^5N^6O^{11}$ = $C^{16}H^4N^5O^{11}$ + NH^3,HO. Se dissout complétement dans l'eau bouillante en une couleur pourpre magnifique des plus intenses. — Purpurate barytique. — Purpurate calcique $C^{16}H^4N^5O^{11}$,CaO + 3 eq. — Acide dinitro-chlorophénique $C^{12}H^2Cl(NO^4)^2,O^2$.— Acide amido-nitrochlorophénique $C^{12}H^2N^2ClO^6$ = $C^{12}H^3(NO^4)(NH^2)ClO^2$.

1862, T. IV, p. 501. — Acide binitrophénique $C^{12}H^4(NO^4)^2O^2$. — Acide nitrophénamique $C^{12}H^4(NO^4)^2O^2$ + 6HS.— Acide aminitrophénylique $C^{12}H^4(NO^4)(NH^2)O^2$ + HO + GS.— Acide nitropicrique $C^{12}H^3(NO^4)^3O^2$. — Acide picramique $C^{12}H^3(NO^4)^2,NH^2,O^2$ — Acide trinitrophénique $C^{12}H^4(NO^4)^2O^2$ + 6HS. — Acide picramique $C^{12}H^3(NO^4)^2(NH^2)O^2$ + 4HO

+ 68. — Picramate ammonique. — Picramate potassique. — Picramate barytique. — Picramate de plomb. — Chrysaniline $C^{40}H^{17}N^3$, — Rosaniline $C^{40}H^{19}N^3$, — Leucaniline $C^{40}H^{21}N^3$.

..... Les matières colorantes artificielles dérivées du goudron offrent peut-être l'exemple le plus frappant des services éminents que la chimie est appelée de plus en plus à rendre à l'industrie. — On peut dire que, grâce à elle, nous assistons à une révolution complète dans les conditions fondamentales des grandes industries de la teinture et des étoffes imprimées.

Il est à prévoir que les matières colorantes artificielles tendront de plus en plus à se substituer aux matières colorantes naturelles, et provoqueront des changements extrêmement importants non-seulement dans les procédés manufacturiers, mais encore dans les conditions commerciales et agricoles d'un grand nombre de pays.

Le goudron est encore loin d'avoir dit son dernier mot dans cette question importante ; car, comme l'a si bien exprimé M. **Hofmann** dans sa brillante leçon sur les couleurs mauve et magenta, *le goudron de houille est une mine presque inépuisable de découvertes scientifiques et industrielles.* — Nous ajouterons que cela doit nous stimuler à donner le plus d'extension possible à l'exploitation de nos richesses houillères, car il devient plus que jamais nécessaire que la France ne reste pas dans un trop grand état d'infériorité vis-à-vis de l'Angleterre dans la production d'une matière dont l'époque actuelle a démontré sous un tout nouveau aspect quels éléments de richesse, de prospérité et de puissance elle renferme.

E. KOPP.

KOPP (E.).

Garance d'Alsace. (*Monit. scientif.*, 1861, t. III, p. 140.)

..... Traitement de la garance. — Lavage de la garance à l'eau chargée d'acide sulfureux. — Préparation de la purpurine et de l'alizarine verte. — Propriétés de la purpurine et de l'alizarine verte. — Eaux mères de l'alizarine verte. — Lavage de la garance à l'eau pure. — Préparation de la laque calcaire violette et d'alizarine jaune. — Modification du traitement pour éviter la formation d'alizarine verte et pour l'obtenir à l'état jaune. —

KRAFT (Léon) et **TESSIÉ DU MOTTAY.**

Saponification des corps gras au moyen du chlorure de zinc. (*Monit. scientif.*, 1859-1860, t. II, p. 204. — Comptes rendus, 21 fév. 1859, p. 410.)

KUHLMANN (F.).

Conservation des matériaux de construction. (*Monit. scientif.*, 1863, t. V, p. 633.)

..... L'expédient qui m'a le mieux réussi, pour les murailles de briques en particulier, consiste à enlever tout l'enduit ou plâtrage, à gratter profondément les joints en mortier, et, après avoir chauffé par l'approche d'une grille mobile chargée de coke en combustion les parties du mur à protéger contre une altération ultérieure, à les imbiber, au moyen d'une brosse ou par injection, de *brai* provenant de la distillation de la houille et appliqué aussi chaud que possible. — Après le refroidissement, les parties de mur revêtues de *brai* peuvent être recouvertes d'un nouveau plâtrage qui adhère parfaitement bien et auquel la silicatisation assure les meilleures conditions de dureté et d'inaltérabilité.

KUHLMANN (F.).

Procédés de silicatisation. (*Monit. scientif.*, 1859-1860, t. II, p. 89.)

Théorie des chaux hydrauliques. — Silicatisation. — Mode d'application. — Teinture des pierres. — Peinture siliceuse. — Nouvelle base blanche. — Bases colorées sur bois, sur verre, sur papier, sur étoffe, impression et apprêts. — Distribution de brochures. — Considérations géologiques.

KUHLMANN (F.).
Fixation des couleurs dans la teinture. (*Monit. scientif.*, 1859-1860, t. II, p. 285.)

KUHLMANN (F.).
Baryte. Substitution des sels de baryte aux sels de potasse dans la teinture et l'impression. (*Monit. scientif.*, 1862, t. IV, p. 9.)

..... Substituer l'acétate de baryte à l'acétate de plomb pour faire de l'acétate d'alumine par double composition.

L.

LABARCHE.
Arts et métiers, ou les curieux secrets. Nouv. édit.; in-12, 239 p. Tours, 1862

LA BLANCHÈRE (de).
Répertoire encyclopédique de photographie, comprenant par ordre alphabétique tout ce qui a paru et paraît en France depuis la découverte de **Niepce** et **Daguerre,** etc. 2 vol. in-8, 1008 p. Paris, 1863.

LAURENT (F.) et **CASTHELAZ.**
Violet d'aniline. Sommaire des opérations que doivent subir la houille et ses dérivés pour arriver au violet d'aniline. (*Monit. scientif.*, 1859-1860, t. II, p. 401.)

LAVOISIER.
Ses œuvres publiées par les soins de Son Exc. le Ministre de l'instruction publique. T. II : *Mémoires de chimie et de physique.* In-4, 832 p. Paris, 1862.

LAVOISIER.
Analyse des travaux de Lavoisier, par **Hoefer.** (*Monit. scientif.*, 1859-1860, t. Ier, p. 409.)

LEDUC (Saint-Germain).
Voyez A. **Arkwright.**

LEMAIRE.
Tissus rendus inflammables. (Acad. des sciences, séance du 16 mars 1863.)

LEMAIRE (Dr Jules).
Acide phénique. De son action sur les végétaux, les animaux, les ferments, les vernis, les virus, les miasmes, et ses applications à l'industrie, à l'hygiène, à la thérapeutique et aux sciences anatomiques. (*Monit. scientif.*, 1863, t. V, p. 321.)

LEREBOULLET.
Résumé des travaux de la Société des sciences naturelles de Strasbourg (1858 à 1861). In-4, 38 p. Strasbourg, 1862.

LIEBIG (Justus).
Agriculture vampire. (*Monit. scientif.*, 1863, t. V, p. 103.)

..... Agriculture vampire. Agriculture épuisante, ou mieux dévastatrice, ou mieux encore de vol (en allemand, *Raubbau*)

LIEBIG (J.).

Chimie appliquée à l'agriculture. (*Monit. scientif.*, 1862, t. IV, p. 215.)

..... Si les populations ne sont pas préparées par l'éducation à recevoir les enseignements de la science, à faire des essais pour adopter ce qu'il y a de mieux, alors tous les efforts échoueront pour rendre ces enseignements d'une utilité générale ; les populations les repoussent comme quelque chose qui leur est étranger. — Si, dans le pays, la science allait de maison en maison offrir ses services, celui qui en aurait le plus besoin, dans sa déraison, lui fermerait sa porte. Il dirait qu'il ne demande pas son aide, qu'elle lui est importune, qu'il a de l'instruction de reste, que ce sont d'autres choses qui lui manquent. — On a assez souvent vu que des cultivateurs refusaient de faire sur leurs terres des essais pour s'assurer de l'efficacité d'engrais artificiels que les Sociétés d'agriculture leur offraient à moitié du prix du commerce. Ils voulaient les avoir pour rien et être encore remerciés de ce qu'ils voulaient bien les accepter, et lorsque enfin on les leur donnait gratis, ils n'en faisaient pas usage [1].

La plus puissante action de la science sur la vie et l'esprit des hommes est si lente, si exempte de tout bruit et si peu apparente aux yeux, qu'il est tout à fait impossible à un observateur superficiel de voir comment elle agit et si même elle agit ; mais celui qui voit le fond des choses sait que de notre temps aucun progrès dans le monde n'est possible sans la science, et que le reproche qu'elle n'est pas d'une utilité générale doit s'adresser aux populations et non pas aux hommes de science, qui, chacun à sa manière, poursuivent leur but sans se laisser détourner de leur route, et sans se préoccuper de l'utilité future qu'auront leurs travaux, non pour eux-mêmes, non pour un pays, mais pour toute l'espèce humaine.

Munich, 23 novembre 1861.

Baron Justus Liebig,
Président de l'Académie des sciences de Munich, etc.

LIGHTFOOT (John).

Réactif pour les corps gras.

..... Lorsqu'on coupe ou déchire du camphre en petits morceaux, sans y toucher avec les doigts, et qu'on jette ceux-ci dans un verre d'eau très-propre, on observe immédiatement des mouvements rapides très-variés qui agitent les petits flottants de camphre. — Si, tandis que la rotation du camphre a lieu, on touche la surface de l'eau avec la plus minime parcelle d'un corps gras, alors, comme par enchantement, tout s'arrête, et on peut observer même une répulsion distincte entre le corps gras et les morceaux de camphre.

La délicatesse de cette réaction est si grande qu'une aiguille propre qui aurait touché la chevelure, le nez ou le front de l'observateur, se charge d'une portion de graisse suffisante pour arrêter cette rotation.

M

MAGASIN PITTORESQUE. Publications. 31ᵉ année ; in-4. Paris, 1863.

MALAGUTI.

Chimie appliquée à l'agriculture. Précis des leçons professées depuis 1852

[1] Le cultivateur est généralement routinier et méfiant de toute amélioration qui ne lui a pas été transmise par ses prédécesseurs, cultivateurs de la localité. — Les engrais artificiels sont pour lui chimères. — Il y a peu d'années, dans certaines localité de notre patrie (la France), les cultivateurs étaient autorisés à enlever gratis les engrais naturels dans les casernes de cavalerie, pour fumer leurs champs. De cette faveur ils n'ont pas profité, et l'enlèvement de ces engrais précieux se faisait au compte de l'État.

jusqu'à 1862 sur différents sujets d'agriculture, T. Ier et II, in-18, 910 p. Paris, 1862.

MARLÈS (DE).
Les Cent Merveilles des sciences et arts. In-18, 210 p. et gravures; 6e édit. Tours, 1863.

MAUDET, Pharmacien à Tarare.
Parement soluble pour la fabrication de la mousseline. (*Monit. scientifique*, 1862, t. IV, p. 203.)

..... Dès 1841, M. **Maudet** avait eu la pensée d'employer la glycérine dans le tissage des étoffes de coton; mais ce ne fut qu'en 1858, lorsque le prix de la glycérine fut abordable, qu'il prépara en grand l'encollage qu'il appelle *glycéravelle* et dont voici la composition :

        Dextrine blanche soluble très-adhésive. . . . . 500 grammes.
        Glycérine blanche à 28°. 1,500   —
        Sulfate d'alumine. 100   —
        Eau de rivière. 3,000   —

La dextrine est ajoutée peu à peu à l'eau bouillante; après quelques minutes d'ébullition, on retire le liquide du feu pour y faire dissoudre le sulfate d'alumine et y mélanger la glycérine. Après refroidissement, on met en bouteilles et on conserve pour l'usage. 150 grammes de cette préparation ajoutés à 250 grammes de gélatine préalablement dissoute dans 5 litres d'eau, et qui constitue le parement ordinaire des tisseurs en mousseline de Tarare, permettant à ceux-ci d'opérer la fabrication de 100 mètres de tissus dans les étages supérieurs d'une maison et en toutes saisons.

MAURISSET (LOUIS-THÉODORE).
Gravure chromatique sur ivoire, ou nouveau procédé pour obtenir des dessins de couleurs variées, en creux et en relief au moyen d'acide colorant. (*Moniteur scientif.*, 1862, t. IV, p. 417.)

MASSON fils.
Baccalauréat ès sciences. 3 vol. 1838 figures sur bois intercalées dans le texte. Paris, Victor Masson et fils. 1863.

..... Chaque partie des connaissances exigées pour l'examen du baccalauréat ès sciences a été confiée à un professeur spécial de l'Université. Ce sont donc dix professeurs d'une habileté dans l'enseignement reconnue et méritée qui ont concouru à la rédaction de ce manuel. Ce sera le *Livre des dix*.

Ier vol. — Littérature. — Philosophie. — Logique. — Histoire de France. — Géographie. — 1 vol., 800 p., 116 fig.

IIe vol. — Arithmétique. — Algèbre. — Géométrie et trigonométrie. — Applications de la géométrie et cosmographie, et la mécanique. — 1 vol. de 1000 p., 888 fig.

IIIe vol. — Physique. — Chimie. — Histoire naturelle. — 1 vol., 1000 p., 834 fig.

MAYHEW.
Merveilles de la science, ou le jeune H. Davy à la recherche de la lampe de sûreté, traduit de l'anglais. 2 vol. in-18, 527 p. et gravures. Paris, 1862.

MÉMOIRES de l'Académie des sciences de l'Institut de France. T. XXVI, in-4, 986 p., 5 pl. Paris, 1862.

MÈNE (Ch.).
Bulletin du Laboratoire de chimie scientifique et industrielle. In-8. Lyon, 1863

MEUNIER (Victor).

Courrier des sciences et de l'industrie. Revue hebdomadaire. Nouvelle série. Paris, 1863.

MILLON (E.) et **COMMAILLE** (A.).

Cuivre. Sa purification. (*Monit. scientif.*, 1863, t. V, p. 631.)

MOIGNO, Abbé.

Les Mondes. Revue hebdomadaire des sciences et de leurs applications aux arts et à l'industrie, 1re année. Paris, 1863.

MOLL.

Agriculture. Cours public au Conservatoire des arts et métiers, à Paris, en 1863.

MONDES (Les). Revue hebdomadaire des sciences et de l'industrie, par l'abbé **Moigno**, 1re année. Paris, 1863.

MONITEUR INDUSTRIEL. Agriculture. — Commerce. — Questions économiques. — Chemins de fer. — Entreprises industrielles et financières. — Parait deux fois par semaine. 32e année en 1863.

MONITEUR SCIENTIFIQUE. Journal des sciences pures et appliquées, spécialement consacré aux chimistes et aux manufacturiers, par le Dr **Quesneville**, chimiste manufacturier. Faisant suite à la *Revue scientifique* et aux *Secrets des Arts* du même auteur. T. V en 1863, in-4. Paris.

Le *Moniteur scientifique* paraît le 1er et le 15 de chaque mois et forme 1 vol. de 8 à 900 p. par an.

Comptes rendus de l'Académie des sciences. — Comptes rendus des Expositions. — Travaux de chimie et physique. — Mémoires divers. — Bibliographie scientifique. — Brevets d'invention. — Photographie, ses progrès, etc., etc.

MORIN (Anro.).

Mécanique pratique des machines et appareils destinés à l'élévation des eaux. In-8, 327 p. et 9 pl. Paris, 1863.

MORIN (A.).

Hygiène publique. Assainissement de l'air par la vaporisation de l'eau. (Comptes rendus, Acad. sc., t. LVII, n° 18, 2 novembre 1863, p. 720.)

MORIN (A.).

Résistance des matériaux. 3e édit.; 2 vol. in-8, 851 p., 9 pl. Paris, 1862.

MORIN et **TRESCA.**

Machines à vapeur. T. Ier. Production de la vapeur. In-8, 566 p., 9 pl. Paris, 1863.

MORVAN.

Nouveau mode de reproduction, à l'aide de la lumière, de toute espèce de dessins gravés, imprimés, photographiés, etc.

Compte rendu, Acad. des sciences, séance du 20 juillet 1863. (*Monit. scientif.*, 1863, t. V, p. 504.)

..... Sur une pierre à lithographier, préalablement enduite, dans un lieu obscur, d'un vernis composé d'*albumine* et de *bichromate d'ammoniaque*, je place le recto de l'image à reproduire, que cette image soit sur verre, sur toile ou sur papier. Cela fait, j'expose ma pierre à l'action de la lumière de 30 secondes à 2 ou 3 minutes seulement, si elle est au soleil; de 10 à 25 minutes au plus, si elle est à l'ombre. Au bout de ce peu de temps, j'enlève l'image et je lave ma pierre d'abord à l'eau de savon, puis à l'eau pure.

et immédiatement je l'encre avec le rouleau d'imprimerie. Le dessin est déjà fixé, car l'image commence à se révéler en noir sur fond bleu.

Alors je gomme, je laisse sécher quelques minutes, et l'opération est terminée ; on peut mettre sous presse et tirer.... On comprend que la lumière a fixé le vernis et l'a rendu insoluble partout où elle a frappé ; mais qu'au contraire toutes les parties de la pierre ombragées par l'image sont restées solubles, conséquemment attaquables par la soude et par l'acide, outre qu'elles retiennent la substance du savon. L'action produite ici sur la pierre tient à la fois de la gravure et de la lithographie.

MUSCHAMP.

   Papiers, étoffes imperméables. Préparation. (*Polyt. Centralblatt*, 1857, p. 470. — *Monit. scientif.*, 1857, 1er vol., p. 860.)

   ..... On dissout 750 grammes d'alun dans 10 litres d'eau. Dans un autre vase on dissout 125 grammes de savon et 38 grammes de borax (ce dernier peut à la rigueur être laissé de côté) dans la quantité nécessaire d'eau chaude; enfin on fait une troisième solution de 64 grammes de gomme arabique et de 190 grammes de gélatine; on réunit les trois solutions en les mélangeant bien et en entretenant le mélange un peu chaud. — On imprègne le papier ou les étoffes de ce liquide et on sèche.

MUSCULUS (F.).

   Transformation de l'amidon en dextrine et en glucose. (Acad. des sc., séance du 27 janvier 1862. — *Monit. scientif.*, 1862, t. IV, p. 150.)

N

NOIROT (A.).

   Revue du monde colonial, organe des intérêts agricoles, industriels, commerciaux, maritimes, scientifiques et littéraires des deux mondes. Publication mensuelle, in-8; planches et clichés; 2e série, 5e année. Paris, 1863.

O

OFFICINE, ou Répertoire général de pharmacie pratique, contenant :
   1° Dispensaire pharmaceutique.
   2° Pharmacie légale.
   3° Appendice pharmaceutique.
   4° Tarif général de pharmacie et des branches accessoires, par **Dorvault.** 5e édition; in-8, 1095 p., clichés. Paris, 1858.

— — **Revue pharmaceutique,** supplément annuel à *l'Officine*. Recueil paraissant chaque année en janvier, et présentant le résumé complet de tout ce que les journaux spéciaux ont publié d'intéressant pour les médecins, les pharmaciens, pendant l'année qui finit, en pharmacie, technologie, physiologie, thérapeutique, histoire naturelle, toxicologie, hygiène, économie industrielle et domestique, et tenant ainsi *l'Officine* au niveau des connaissances utiles. In-8. Paris, annuellement.

ORDWAY.

Verre soluble. Observations pratiques. (*Monit. scientif.*, 1863, t. V, p. 20; — t. V, p 200.)

OUTREMER ARTIFICIEL. (*Monit. scientif.*, 1857, t. I⁰ʳ, p. 800.)

... , Tessnert, en 1814, trouva le premier qu'il se forme de l'outremer dans les fours à soude. — **Kuhlmann** découvrit qu'il s'en produit dans les fours à calcination de sulfate de soude. — **Vauquelin** démontra l'identité de cet outremer avec la *lasu-lite*, et obtint le premier la possibilité de le faire de toutes pièces (1814).

Guimet, ancien élève de l'École polytechnique, découvrit un procédé pour fabriquer artificiellement de l'outremer et en fit l'annonce à l'Académie des sciences de l'Institut de France, au mois de janvier 1828. La découverte de M. **Guimet** était à peine connue, que M. **Christian Gmelin,** professeur de chimie à Tubingue, en réclama la priorité, et fit connaître immédiatement un procédé de fabrication. — M. **Guimet** livra immédiatement au commerce de l'outremer extra-fin au prix de 600 fr. le kil.-gr. En 1830, il était de 320 fr. le kilogr. En 1831, de 30 à 40 fr... En 1838, 9 fr. 25 c., — en 1850, 8 fr., — en 1860, 2 fr. 75 c., — en 1862, 2 fr. 75 c.

OUTREMER. Fabrication industrielle, par **Édouard Cartmantran,** chimiste de la manufacture d'acide acétique de MM. Rocques et Bourgeois, à Ivry (Seine), ex-pré-parateur à l'École polytechnique. (*Monit. scientif.*, 1862, t. IV, p. 105.)

P

PARAFFINE. Son histoire industrielle. (*Monit. scientif.*, 1861, t. III, p. 505.)

PARIZET.

Histoire de la soie. In-8, 272 p., 1 carte. Paris, 1862.

PARVILLE (Henri de).

Causeries scientifiques. Découvertes et inventions. Progrès de la science et de l'industrie en 1862-1863. 2 vol. gr. in-18. Paris, 1863.

PASTEUR (L.).

Putréfaction. (*Monit. scientif.*, novembre 1863, t. V, p. 820.)

PAYEN.

Bulletin des séances de la Société d'agriculture de France. Comptes rendus mensuels.

PAYEN.

Chimie appliquée à l'industrie. Cours public au Conservatoire des arts et métiers à Paris, en 1863.

PAYEN (A.).

Précis de chimie industrielle. 4ᵉ édit., 1859-1860; 2 vol. in-8, dessins inter-calés dans le texte et atlas de 56 planches gravées sur acier. Paris, 1860.

PELIGOT (E.).

Chimie appliquée aux arts. Cours public au Conservatoire des arts et métiers à Paris, en 1863.

PELOUZE et FREMY.

  Traité de chimie générale, analytique, industrielle et agricole. 3ᵉ édit. T. II:
Chimie inorganique. In-8, 1044 p. Paris, 1869.

PERSOZ.

  Teinture, apprêt et impression des tissus. Cours public au Conservatoire
des arts et métiers à Paris, en 1863.

PHOTOGRAPHIES. — *Early sun-pictures* [1].
  (*The Art-Journal,* January 1864, nᵒ XXV, p. 27.)

A discovery of no little interest in the annals of Science, as applied to the Fine Arts, has
recently been made by Mr. **Smith,** the Curator of the Museum of Patents and Inventions
at South Kensington. It is nothing less than proof of the perfection, a century and a half
ago, of a means of reproducing works of Art by aid of the camera and sunlight, similar
to the *daguerrotypes* and *photographs* of our own time. The prints and plates, as well as
documentary evidence of a most conclusive kind, are in the possession of Mr. **Smith** at
the Museum.

A Society of scientific men, known as « *the Lunar Society* » met to communicate their
researches at the house of **Matthew Boulton,** at Soho, when that distinguished ma-
nufacturer was supported by such men as **James Watt, Josiah Wedgwood,**
Dʳ **Parr,** Dʳ **Priestly,** Sir **Joseph Banks,** Dʳ **Solander,** and the *elite* of the
scientific world. Their experiments on light led, doubtless, to this mode of artificial pro-
ducing reflected pictures, but the pratical use of the discovery seems to have been in the
hands of an artist, **Francis Eginton,** who was in the employ of **Boulton.** It is
certain that they made and sold copies of pictures by the dozen, at very low prices, and
that they were occasionally used to decorate japanned articles, as well as to be worked
up into oil paintings. By the mere accident of total neglect some of these old pictures
have survived. They are copies of works by **Murillo, West, Angelica Kaufmann,**
and others, and have all the appearance of photographic transfers to paper. It must be
noted that the paper is of the old manufacture of Wathman's mills, the present proprie-
tors stating that no such paper has been made there for the last hundred years. The
pictures are all reversed from the originals, hence the action of all the figures is left-
handed; the surfaces of some are covered with minute spots similar to those which occasionally disfigure photographs; the monochrome and the colour in no instance seem to
sink into the paper, but may by readely wiped off the surface by a damp finger, and they
are protected by a varnish which appears to be white of egg. Fortunately Mr **Smith**
obtained a duplicate of one subject which is so minute in its similarity as to be sufficient
to prove that the process (whatever it was) was strictly a mechanical one.

The uses of cameras, the production of cheap pictures, and the possession of a important secret, is all proved by documentary evidence from the Soho works. — What then
is the secret of its total cessation, and the oblivion to which its history is subjected? It
appears to be simply this, that artists and Art-manufacturers were alarmed at the success
of a process that threatened to underwork or revolutionise their business; that **Eginton**
applied for a government pension « for the art of copying pictures called polygraphic; »
that **Boulton** objected to such grant, as he was in his pay; and the various jealousies
and clashing interests led to the discontinuance of the process soon after 1780, when it
was in full activity. **Eginton** died, in his sixtyeight year, in 1805.

The silver-plate pictures appear to have been produced about 1791 They have the
entire appearance of faded daguerreotypes, and represent the front of the old establish-

DA [1] Je transcris la découverte du daguerréotype et de la photographie dans le siècle passé, en
Angleterre, sans en faire la traduction, et telle qu'elle se trouve dans le *Art-Journal.*

ment at Soho as it appeared before the alterations made in it about that time. — It is
matter of history that the **Wedgwoods** speculated largely in experiments on light, in
conjuction with **Davy**, but they failed in fixing the reflected pictures obtained by this
means. The process they used was the laying nitrate of silver on paper, and obtaining,
by means of the solar ray in a camera, a reflection upon its surface, but the image soon
faded on exposure to light, and the experiments were discontinued. — It is curious,
however, to note that the process was experimented upon by members of the familly
until a comparatively recent period, and that there are in existence « nature-printed »
ferns, by Miss **Wilkinson**, a near relative of **Matthew Boulton**, identical with photo-
graphy in the brown discolouration of the prepared paper, except in such places as have
been covered by the object to be delineated.

There cannot be a doubt, therefore, that curious and important experiments in Sunipic-
turing ware made by **Boulton**, **Watt**, **Davy** and others, very many years ago, and
that a mechanical art of remarkable kind was absolutely perfected at Soho. The whole
history of the work is, however, involved in obscurity, and that obscurity has been pur-
posely made by the evasion of evidence in books etc., for some reason yet unexplained.

PHOTOGRAPHIE.

..... Reproduction photographique des couleurs naturelles par **Niepce de Saint-
Victor**. — Nouveaux papiers pour le tirage des positifs. — Emploi des sulfo-cya-
nures pour le fixage. — Recherches de l'instantanéité sur les clichés. — Augmentation de la rapidité des procédés à sec; emploi de l'ammoniaque par **Russel**; emploi
des bromures par **Sutton** et par **Russel**. — Collodion sec par **Jeanrenaud**. —
Ouverture de l'Exposition de photographie au palais de l'Industrie.

(*Monit. scientif.*, 1863, t. V, p. 390.)

PHOTOGRAPHIE. (*Monit. scientif.*, 1857, t. Ier, p. 815.)
Annales de la photographie par **A. Belloc**. 1 vol. in-8. Paris, 1857.

LES QUATRE BRANCHES DE LA PHOTOGRAPHIE.

1. Daguerréotype.

Le premier germe de la photographie date de 1765, lorsque **Scheele** découvrit que
l'argent corné, la lune cornée des vieux alchimistes, le chlorure d'argent fondu des chimistes modernes jouissait de la propriété de noircir à la lumière, et cela d'autant plus
vite que les rayons qui les frappaient étaient plus intenses. Le sol où ce genre pouvait
éclore se trouvait déjà prêt depuis que **Léonard de Vinci** et **J. B. Porta** avaient
inventé la chambre noire. — Cependant la photographie ne commença à germer que vers
la fin du dix-huitième siècle, dans les salles mêmes du Conservatoire de Paris, lorsque le
célèbre expérimenteur **Charles** s'avisa de produire des silhouettes sur du papier lavé
au nitrate d'argent, en l'exposant à la lumière dans des conditions voulues pour qu'il s'y
produisît des images.

En 1802, l'illustre **Davy** publia, en commun avec **Wedgwood**, la note si curieuse
qui a pour titre : *Description d'un procédé pour copier des peintures sur verre et pour
faire des silhouettes par l'action de la lumière sur le nitrate d'argent ;* note où l'on rencontre ce passage mémorable : « On a essayé aussi de copier des paysages avec la lumière
« de la chambre obscure;.... elle est trop faible, mais on peut, à l'aide du microscope,
« faire copier sans difficulté, sur du papier préparé, les images des objets. »

En 1803, le docteur **Thomas Young** faisait des expériences de photographie, lorsqu'il étudiait et déterminait la position et la largeur des bandes ou des anneaux d'inter-
férence des rayons invisibles, comme l'ont fait, cinquante ans plus tard, MM. **Becquerel**,
Crookes, **Stockes**, etc

Malgré tous ces essais, la photographie ne commença à vivre réellement et à prendre corps qu'en 1827, lorsque **Joseph-Nicéphore Niepce** parvint définitivement à développer, sur des écrans métalliques préparés au baume de Judée, les images de la chambre noire, que l'essence de lavande faisait apparaître et fixait. — Le traité, signé le 14 décembre 1829, entre **Niepce et Daguerre,** qui dit expressément que leur association a pour but le perfectionnement de la découverte faite par Niepce, est formulé en ces termes : « Fixer par un moyen nouveau, sans avoir recours au dessinateur, les vues qu'offre la nature ; ce nouveau moyen consiste dans la reproduction spontanée des images reçues dans la chambre noire ; de nombreux essais constatent la découverte. » Ce même traité prouve jusqu'à l'évidence qu'à cette époque Daguerre ne possédait et ne donnait à la Société que *le principe sur lequel repose le perfectionnement qu'il a apporté à la chambre noire.* La photographie eut enfin sa réalisation complète le 1er décembre 1837, quand Daguerre eut résolu le magnifique problème de la fixation des images formées au foyer des lentilles, et arraché à Niepce fils ce cri d'admiration : « Quelle différence entre « le procédé que vous employez et celui avec lequel je travaille ; tandis qu'il me fallait « presque une journée pour faire une épreuve, il vous faut quatre minutes, quel avan- « tage énorme ! » Pourquoi faut-il que cette admirable découverte de l'influence qu'exercent les vapeurs de mercure pour faire apparaître l'image latente sur la couche d'iodure, découverte qui n'est en réalité qu'un perfectionnement de la méthode Niepce, ait amené la clause lamentable du nouveau traité signé entre Daguerre et Niepce fils : « *Le procédé inventé par Joseph-Nicéphore Niepce… et perfectionné par Louis-Jacques-Mandé Daguerre, portera le nom seul de Daguerre !* » Le monde entier a cru ainsi, et bien à tort, que Daguerre avait le premier reproduit spontanément par l'action de la lumière, avec les dégradations de ton qui vont du blanc au noir, les images de la chambre noire.

Niepce avait créé la photographie proprement dite ; **Daguerre** venait d'en découvrir une application.....

2. *Talbotype.*

L'inventeur, aujourd'hui incontestable, de la photographie sur papier, c'est **Fox Talbot.**

..... Cinq mois avant la divulgation des procédés de Daguerre, Talbot publia dans le *Philosophical Magazine* la série complète de ses manipulations, et présenta en même temps à 'a Société royale de Londres une collection nombreuse et variée de dessins photographiques : emploi de l'iodure de potassium comme corps générateur, de l'acéto-nitrate d'argent comme agent sensibilisateur, de l'acide gallique comme agent révélateur, de l'hyposulfite de soude comme agent fixateur, etc.

3. *Niepcotype.*

En 1847, **Niepce de Saint-Victor,** neveu du grand Niepce, eut l'heureuse idée de substituer le verre au papier dans la production des épreuves négatives, et créa la photographie sur verre.

4. *Archéotypie.*

Vers la fin de 1850, **G. Legray,** dans son *Traité pratique de photographie,* parla le premier du *collodion* (ou dissolution de coton-poudre) comme pouvant être substitué et ayant été substitué par lui à l'albumine, avec de grands avantages, au point de vue surtout de la formation rapide de l'image...

En janvier 1851, **Bingham** remplaça aussi l'albumine par le collodion, et fit avec **Cundell** des expériences complétement satisfaisantes.

En mai 1853, **Lemercier, Lerebours** et **Bareswill** firent connaître le procédé de photographie sur pierre lithographique qu'ils avaient découvert en juin 1852, qui consiste essentiellemen* à recouvrir la pierre d'un vernis impressionnable, vernis au bitume de Judée, par exemple, à y imprimer l'image par l'action de la lumière à travers un négatif, sur verre ou sur papier, à dissoudre le vernis impressionné par l'éther sulfurique, et à traiter l'image comme un dessin lithographique ordinaire. — C'est, au fond, le procédé de gravure *héliographique* inventé par **Niepce.**

En mai 1850, **Fox Talbot** publia son procédé de gravure photographique sur acier, qui consiste à recouvrir la plaque d'une couche formée de gélatine et de bichromate de potasse, à l'exposer à la lumière recouverte de l'objet que l'on veut graver, à faire mordre l'image ainsi obtenue par une solution saturée de bichlorure de platine.

Quelques jours après cette publication, **Niepce de Saint-Victor et Lemaître,** reprenant, pour l'appliquer à l'acier, la méthode de **Joseph-Nicéphore Niepce,** obtinrent des résultats bien meilleurs, et par la substitution à l'essence de lavande d'un vernis ayant pour base la benzine, qui permet de donner des résultats excellents...

PHOTOGRAPHIE.
> **Niepce de Saint-Victor,** dans la séance de l'Acad. des sc., 11 avril 1859, communique une note sur un procédé pour obtenir des épreuves photographiques de couleur rouge, verte, violette ou bleue. (*Monit. scientif.*, 1859-1860, t. II, p. 181.)

PHYSIKALISCHES LEXIKON. Encyclopädie der Physik und ihrer Hilfswissenschaften : der Technologie, Chemie, Meteorologie, Geographie, Geologie, Astronomie, Physiologie, etc., nach dem Grade ihrer Verwandtschaft mit der Physik ; 2me édition ; par le Dr **Oswald Marbach** et **C. S. Cornelius.** 6 vol. gr. in-8. Leipzig, 1840-1859.

PHYSICAL AND MORAL CONDITION of the Children and Young Persons employed in Mines and Manufactures. In-8, p. 207. Londres, 1845.

PIETTE (Louis).
> **Journal des fabricants de papier.** Paraissant deux fois par semaine. Paris, 1863, 9e année.

PIERRE.
> **Exercices sur la physique.** In-8, 275 p. 1802.

PONCELET.
> **Applications d'analyse et de géométrie** qui ont servi, en 1822, de principal fondement au traité des propriétés projectives des figures. In-8, 576 p. Paris, 1862.

POUCHET, Correspondant de l'Académie des sciences.
> **Phénomènes biologiques des fermentations.** (*Monit. scientif.*, 1863, t. IV, p. 345.)

POUILLET.
> **Pèse-acides et pèse-sels.** Nouvelle manière de les graduer. (Académie des sciences, du 11 mai 1863. *Monit. scientif.*, 1863, t. V, p. 423.)

POULAIN, Capitaine, ex-chef du génie à Gorée.
> **Coton.** Production du coton dans les colonies françaises. Paris, 1863.

PRODUITS CHIMIQUES. Leur fabrication dans le Lancashire méridional (Angleterre). (*Monit. scientif.*, 1862, t. IV, p. 554.)

Acide sulfurique, 700 tonnes par semaine, non compris ce qui est employé dans la fabrication du sel de soude.

Soude (1861), par semaine. . . . . 2000 tonnes.
Chlorure de chaux, par semaine. . . . . 155 —

Chlorate de potasse. . . . .   5 tonnes.
Hyposulfite de soude.   3   —
Silicate de soude. . . . .   10 —
Arséniate de soude. . . . .   12 —
Bichromate de potasse . . . .   11 —
Prussiate de potasse jaune.   5   —
Prussiate de potasse rouge.   1   —
Superphosphate de chaux. . . . .   600 —
   (Emploi en agriculture.)
Alun . . . .   220 —
Sulfate de fer. . . . .   80 —
Acide pyroligneux. . . . .   510 hectolitres.
Pyrolignite d'alumine. . . . .   510 —
Pyrolignite de fer. . . . .   270 —
Chlorures d'étain. . . . .   10 tonnes.
Stannate de soude. . . . .   ?   —
Sulfate de baryte.   2   —
Acide nitrique. . . . .   48 —
Acide oxalique.   0   —
   En 1851, il coûtait . . fr. 5,69 le kilogr.
   En 1862, le prix est de.   1,80   —
Amidon. . . . .   20 —
Gomme artificielle . . . .   39 —
Résine purifiée. . . . .   60 —
Désinfectants. . . . .   ?   —

M. **Mac-Dougall** fabrique, près de Oldham, une poudre désinfectante, dans laquelle on utilise les propriétés de l'acide carbolique (acide phénique) et de l'acide sulfureux. On prépare aussi un liquide avec l'acide phénique et l'eau de chaux, qui sert à empêcher la décomposition qui s'effectue dans les égouts. On peut ainsi désinfecter des villes entières, en empêchant la production des gaz dans les eaux des égouts ou dans les amas d'excréments d'animaux.

La poudre désinfectante de Mac-Dougall n'est simplement qu'un mélange de sulfate de chaux et de magnésie avec des phénates de mêmes bases. On prépare les phénates de chaux et de magnésie en faisant bouillir l'acide phénique pendant longtemps avec ces bases à l'état caustique. La solution est de l'acide phénique dissous dans l'eau de chaux. Cette poudre est entièrement foisonnante : 1/1250° ou 1/1000°, ajouté à l'eau d'un égout qu'il s'agit de désinfecter, est suffisant.

Matières colorantes organiques. — La quantité de bois de teinture (campêche, bois rouge, écorce de quercitron, etc., etc.) consommée par semaine par les teinturiers de ce district est de 3 à 400 *tonnes par semaine*. Les imprimeurs en consomment environ 60 *tonnes*. 150 à 200 *tonnes* sont converties en extraits pendant le même temps. 150 *tonnes de garance* sont consommées par semaine en dehors de ce qui sert à faire de la garancine, etc.

La chimie des matières colorantes est encore dans son enfance. Cependant, des travaux pratiques ont eu lieu. On doit citer particulièrement l'invention des couleurs à la vapeur, la préparation des extraits de bois colorants, la fixation des couleurs insolubles au moyen de l'albumine, l'introduction de matières colorantes artificielles, comme la murexide, et les couleurs nombreuses dérivées de l'aniline.

Indigo. A l'exception d'un nouveau procédé employé pour réduire l'indigo au moyen de métaux finement divisés, et breveté en faveur de **Léonhard**, nous n'en connaissons pas.

Garance. La garance joue un rôle moins important dans la teinture, bien qu'elle soit employée à former les couleurs, rouges, pourpres et noires, des plus durables (persistantes). — Les nombreux perfectionnements proposés pour les procédés de teinture peuvent se diviser en deux classes : ceux ayant pour but d'utiliser la plus grande quantité possible de matière colorante, et ceux tendant à produire des couleurs plus belles. Le premier but semble atteint en convertissant la garance en garancine par l'action d'un acide, et ce moyen se généralise de plus en plus. La quantité de garancine produite par le district du Lancashire méridional est d'environ 1800 *tonnes par an*.

La plus belle des inventions de la seconde catégorie est peut-être celle de MM. **Pincoffs** et **Schunk** (1855). Il est bien reconnu que, pour la production des dessins les plus fins et les plus délicats des couleurs de garance, comme le rose et le lilas dans les fabriques d'étoffes colorées, il est nécessaire de soumettre les couleurs garancées à des passages en acide et en savon, et par cette raison on doit toujours employer un excès de matières colorantes. — Il est évident que, si l'on pouvait éloigner ou détruire les impuretés (résine, pectine, etc.) qui accompagnent la matière colorante, les opérations consécutives pourraient être ou abrégées ou même supprimées. Or, l'invention dont nous parlons consiste à soumettre la garancine, tandis qu'elle est humide, à l'influence d'une température élevée, dans des vases clos (ou, ce qui revient au même, dans une atmosphère de vapeur comprimée) pour plusieurs heures. La garancine ainsi obtenue est appelée *alizarine commerciale;* elle est fabriquée sur une large échelle par MM. **Pincoffs et Ce**, depuis 1855. — Dans le Lancashire et en Écosse on a teint avec cette alizarine plus de 3 millions de pièces de calicot.

M. **Higgin** prépare l'*alizarine commerciale* en faisant bouillir la garancine avec de l'eau, du carbonate de soude et un peu d'ammoniaque. Une courte ébullition donne une garancine convenable pour teindre en pourpre, et trois ou quatre heures d'ébullition donnent l'alizarine.

M. **E. Kopp** a breveté des procédés pour obtenir du premier jet les matières colorantes pures et cristallisées de la garance. Son mémoire, que l'on trouve dans le *Moniteur scientifique* (livraison CII, numéro du 15 mars 1861), repose sur l'action de l'acide sulfureux sur la garance, et si ses procédés sont montés en grand par des manufacturiers intelligents, nul doute qu'ils ne soient appelés à faire révolution dans la manière d'employer la garance.

Nous devons citer encore l'invention de MM. **Roberts, Dale et Ce** pour la préparation des laques [1]. On les a longtemps préparées à base d'alumine avec les bois de teinture; mais elles avaient plusieurs inconvénients qui limitaient leur usage en pratique. Elles n'étaient pas stables; elles avaient peu de corps, étaient gélatineuses, et, par conséquent se fendillaient en séchant. **Roberts, Dale et Ce** emploient maintenant l'oxyde d'étain au lieu d'alumine, et produisent des laques qui sont très-stables et d'une très-belle couleur. C'est surtout pour la fabrication du papier peint, façon tontisse, qui est une imitation excellente du papier tontisse ou velouté, qu'on emploie de grandes quantités.

Pour faire une laque écarlate de santal (la matière colorante de ce bois est à peine soluble dans l'eau), le bois est simplement traité avec de l'eau bouillante, à laquelle on ajoute la quantité voulue d'oxyde d'étain. L'eau bouillante dissout une petite quantité de matière colorante, qui est aussitôt précipitée par l'oxyde d'étain, et alors une nouvelle quantité de matière colorante passe dans la solution, qui est de nouveau précipitée, et ainsi de suite jusqu'à ce que le bois soit entièrement épuisé. On laisse alors le liquide reposer; le bois tombe au fond; on décante le lait surnageant; on le passe à travers un tamis et on laisse déposer la laque. On la comprime et on la livre au commerce. Cette maison produit 2 *tonnes* par semaine de cette laque au prix de 8 fr. par livre.

DA [1] L'auteur de ce mémoire cite **Roberts, Dale et Ce** comme inventeurs de la préparation des laques par l'oxyde d'étain. Voyez II, **Haussmann** (Jean-Michel). A la fin du siècle passé, cet éminent chimiste et coloriste a inventé, préparé et appliqué sur étoffes les laques par l'oxyde d'étain.

Murexide. Voici sa préparation. Le guano est d'abord traité avec un acide dilué, dans
le but de décomposer les sels ammoniacaux qu'il contient. Le résidu laissé par l'acide
est traité par de la soude caustique pour dissoudre l'acide urique, et la solution décantée
de la portion insoluble (qui est composée de phosphate, de sable, etc.) est sursaturée avec
de l'acide muriatique (chlorhydrique). L'acide urique précipité est retenu sur un filtre,
lavé et séché; il est alors sous la forme d'une poudre cristalline brune. On traite ensuite
l'acide urique avec de l'acide nitrique (azotique). On met une certaine quantité de ce dernier dans des vases de la capacité de 5 litres qui sont maintenus dans l'eau, afin d'avoir
toujours une température basse. On introduit alors dans chaque pot un certain poids
d'acide urique, mais très-lentement. Après dix heures, la liqueur, d'une couleur brun
foncé, est généralement couverte d'une croûte d'alloxane ou d'alloxantine. Le procédé ne
réussit même pas bien lorsqu'on ne rencontre pas ces deux substances. La liqueur est
alors transvasée dans un vase émaillé, diluée avec de l'eau mêlée avec un excès de carbonate d'ammoniaque, dans le but de produire la murexide ou purpurate d'ammoniaque.
Cependant, en général, on se sert de carbonate de soude et, dans ce cas, le produit est du
purpurate de soude. Le précipité est jeté sur un filtre, lavé et séché. Il apparaît comme
une poudre amorphe couleur puce. La quantité fabriquée par **Rumney**, de Manchester,
était autrefois de 12 quintaux par semaine, pour laquelle il fallait 12 tonnes de guano.
Le prix était d'abord de 80 fr. le kilogr.; maintenant (1862) il est tombé à 45 fr. Les
tissus de coton sont imprimés au moyen du nitrate de plomb, employé comme dissolvant
de la murexide, et sont ensuite passés dans un bain de sublimé. D'après le procédé de
MM. **Depouilly frères** et **Ch. Lauth**, on emploie aussi d'autres méthodes, mais elles
sont toutes basées sur l'usage des sels de plomb et de mercure. (Voir d'autres détails, *Monit.
scientif.*, 15 juillet 1859, livraison LXIIe, p. 203 à 272.)

Couleurs tirées de l'aniline. — Le procédé ordinaire pour obtenir le pourpre
d'aniline, appelé mauve, consiste à soumettre les sels d'aniline dissous dans l'eau à
l'action des agents oxydants, tels que les chromates, les permanganates, ou les peroxydes
de manganèse et de plomb. A ces procédés nous devons en ajouter un autre inventé par
MM. **Dale et Caro** et pratiqué en grand par MM. **Roberts, Dale et Cie**. Il est basé
sur ce fait que les sels d'aniline, lorsqu'ils sont chauffés avec une solution de perchlorure
de cuivre, se réduisent complétement à l'état de protochlorure, avec formation d'un précipité noir qui contient le pourpre d'aniline. MM. **Dale et Caro** dissolvent 1 équivalent
de sel neutre d'aniline dans l'eau et font bouillir cette solution pendant plusieurs heures
avec un mélange de sels de cuivre et de chlorures alcalins correspondant à 6 équivalents
de perchlorure de cuivre. Lorsque la réaction est complète, le mélange est filtré, le
précipité noir bien lavé et séché, et ensuite traité à plusieurs reprises avec de l'alcool
dilué pour dissoudre les matières colorantes qu'il contient. Ces industriels ont aussi produit des rouges d'aniline en chauffant de l'hydrochlorate d'aniline anhydre avec du
nitrate de plomb à 360° Fahrenheit (182° C.). Le produit de cette réaction est une masse de
couleur bronze, friable, qui contient le rouge d'aniline et souvent aussi le pourpre. L'eau
bouillante extrait les matières colorantes rouges et les sépare des teintes pourpres, lesquelles, après quelques purifications, peuvent remplacer le mauve.

Mentionnons encore le moyen proposé par M. **Dale** jeune pour fixer sur coton ces matières colorantes. Ses tissus sont préparés avec une solution de matière colorante et de
tannin, et sont ensuite passés dans un bain de tartre émétique. L'affinité de ces substances par l'antimoine détermine leur fixage.

PROGRÈS PAR LA SCIENCE. Revue internationale des Académies, des Sociétés
industrielles, des sciences, des livres et des Congrès. Paraissant quatre fois par semaine.
Bruxelles et Paris, 1863, première année.

Q

QUESNEVILLE (D').
Voyez M, Moniteur scientifique.

R

BADAU (Acouvre).
Spectre solaire. Exposé des recherches modernes sur le spectre de la lumière, sur l'analyse optochimique, etc. Planche coloriée du spectre solaire et des spectres du potassium, sodium, lithium, strontium, calcium, baryum, cæsium, rubidium. Paris, 1863.

RAMBOSSON.
Science populaire, ou Revue du progrès des connaissances et de leurs applications aux arts et à l'industrie. In-18, 502 p. Paris, 1863.

READ HOLLIDAY, Chimiste à Huddersfield (Angleterre).
Acide phénique, benzine, benzole, nitrobenzine, aniline, couleurs d'aniline et tous les produits des goudrons. L'importance énorme de ses fabriques, au nombre de huit pour l'Angleterre, met cette maison à même de fournir le commerce à des prix exceptionnels de bon marché. (*Monit. scientif.*, 1863, t. ‹, p. 831.)

RECETTES ET PROCÉDÉS.
Empesage du linge. Dans les États-Unis du Nord, les blanchisseuses empèsent le linge de la manière suivante : Dans l'empois récemment préparé et encore très-chaud elles plongent une bougie de spermaceti pur ou d'acide stéarique, et remuent la masse jusqu'à ce qu'une quantité suffisante de bougie se soit dissoute et mélangée avec l'empois. — Pour 1 litre d'empois, 6 à 8 centimètres de bougie. Le linge empesé avec cette composition et repassé avec un fer chaud bien lisse, acquiert un brillant et un poli extraordinaires ; il est devenu moins rude et plus lisse, sans avoir perdu de sa roideur, et la poussière ne s'y attache que difficilement. (*Monit. scientif.*, 1857, t. I, p. 301.)

RECETTES ET PROCÉDÉS.
Procédé pour argenter les objets faits de substances animales, végétales ou minérales. (*Monit. scientif.*, 1859-1860, t. II, p. 127.)

RECETTES ET PROCÉDÉS.
Rouge à polir. Oxyde de fer. (*Monit. scientif.*, 1859-1860, t. II, p. 203.)
Oxyde de fer pur impalpable. Précipiter une dissolution de protosulfate de fer par une dissolution d'oxalate de potasse (sel d'oseille); le précipité jaune est mis sur un filtre, lavé à l'eau froide, séché à l'étuve, puis calciné dans une poêle ou marmite en fonte au contact de l'air, afin de ne pas obtenir de fer métallique. Le résidu est une poudre si fine qu'on ne pourrait l'obtenir ainsi par aucun procédé physique.
DA. Il peut servir à l'impression épaissi à l'albumine.

RECETTES ET PROCÉDÉS.

Colle forte liquide. (*Monit. scientif.*, 1859-1800, t. II, p 300.)

Colle très-forte, pouvant s'employer à froid. — 1 kilogr. colle forte de Cologne, première qualité, dissoudra au bain-marie dans 1 litre d'eau. Après dissolution complète, ajouter 200 grammes acide nitrique à 30° B., et conserver dans des pots.

RECETTES ET PROCÉDÉS.

Imperméabilisation des tissus. (*Monit. scientif.*, 1859-1800, t. II, p. 351.)

5'0 grammes de gélatine, 500 grammes de savon neutre de suif; fondre dans 17 litres d'eau bouillante, et l'on ajoute par petites portions 750 grammes d'alun; on prolonge l'ébullition pendant 15 minutes. On attend que le liquide laiteux ainsi obtenu soit refroidi à 50° C., et l'on y plonge le tissu qu'on laisse bien se pénétrer. On le retire, on le fait égoutter et on le suspend pour le faire sécher complètement, ou le lave avec soin; on le sèche de nouveau et on le passe à la calandre. — Il importe d'observer que le savon employé doit être du savon de suif.

RECETTES ET PROCÉDÉS.

Laque de garnace, par Kbittel. (*Monit. scientif.*, 1859-1800, t. II, p. 392.)

RECETTES ET PROCÉDÉS.

Teinture en bleu par le campêche. (*Monit. scientif.*, 1859-1860, t. II, p. 272.)

300 litres d'extrait liquide de campêche à 2° B.; on ajoute 1,500 grammes de bichromate de potasse préalablement dissous dans de l'eau additionnée de 5,500 grammes d'acide chlorhydrique à 22° B. On plonge les toiles ou les écheveaux de fil de coton dans la liqueur, et on élève la température peu à peu à l'ébullition et on lave.

On peut aussi commencer par préparer un mordant de chrome en dissolvant 1 kilogr. de bichromate de potasse dans l'eau, ajoutant un kilogr. d'acide sulfurique et ensuite, peu à peu, une quantité suffisante de mélasse ou de dextrine pour désoxyder l'acide chromique. Dans ce liquide suffisamment étendu d'eau, on mordance la toile à chaud et on la teint en campêche, ou bien on ajoute le mordant au bain de teinture et l'on y plonge la toile, en élevant peu à peu la température jusqu'à 90 à 95° C. Pour teindre 50 à 60 kilogr. de coton, on emploie la décoction d'un poids égal de bois de campêche et le mordant de chrome résultant de la réduction de 67 grammes de bichromate de potasse.

La couleur est assez solide et résiste assez bien aux acides et alcalis faibles. (*Répertoire de chimie pratique*, t. I", p. 225.)

RECETTES ET PROCÉDÉS.

Brûlures. Sous-nitrate de potasse. (*Monit. scientif.*, 1860, t. II, p. 895.)

Comme remède contre les brûlures, beaucoup de praticiens s'en tiennent encore au liniment *oléo-calcaire* (eau de chaux et huile de lin ou d'olive, parties égales). M. Velpeau traitait aussi les brûlures par ce moyen, mais depuis l'emploi des poudres désinfectantes, il a expérimenté à ce titre la poudre de sous-nitrate de bismuth, et il a vu que ce sel était le topique le plus doux et le plus convenable sous tous les rapports qu'on pût employer contre la brûlure.

RECETTES ET PROCÉDÉS.

Encre pour écrire sur les étiquettes de zinc. (*Monit. scientif.*, 1859-1860, t. II, p. 406.)

10 grammes d'acétate de cuivre cristallisé, 10 grammes de sel ammoniac, 100 grammes d'eau et 2 grammes de noir de Paris broyé très-fin.

RECETTES ET PROCÉDÉS.

Imperméabilisation des tissus, par **Fritz-Sollier.** (*Monit. scientif.*, 1857, t. Ier, p. 817.)

Par l'action de l'acide azotique sur l'huile de lin lithargirée, Fritz-Sollier, en 1851, prépare un enduit susceptible de rivaliser avec le caoutchouc dans ses applications. Il s'applique sur les étoffes, le bois, la pierre, le fer et d'autres métaux. Il adhère à tous les tissus, sans les pénétrer ou les altérer.

La Société d'encouragement a décerné une médaille d'or à l'inventeur de ce procédé.

RECETTES ET PROCÉDÉS.

Charbon de bois. Son application à la purification hygiénique de l'air, par **Stenhouse.** (*Monit. scientif.*, 1857, t. Ier, p. 817.)

Filtre à air propre à désinfecter ce fluide élastique. Il consiste en une couche mince de charbon pulvérisé, enfermée entre deux toiles métalliques. Un de ces appareils a été établi dans la salle d'audience à Mansion-House (Londres), où l'air puisé dans une rue fort étroite était tellement vicié par des émanations provenant de plusieurs causes voisines d'infection, que l'on s'en plaignait généralement. Depuis que l'air du ventilateur est forcé de traverser le filtre, l'atmosphère de la salle est complétement purifiée. Ce filtre fonctionne parfaitement depuis huit mois, il n'a exigé depuis aucun travail, pas même le renouvellement du charbon. Cet appareil, continue l'auteur, peut donc être extrêmement utile dans une infinité de circonstances, par exemple pour assainir l'air des lieux d'aisances, des arrière-cours, des salles d'hospices et des ruelles infectes des villes, etc.

RECETTES ET PROCÉDÉS.

Moyen d'éteindre promptement la houille enflammée. (*Monit. scientif.*, 1861, t. III, p. 632.)

3 kilogr. de sel marin, 4 kilogr. de cendres de tourbe ou de bois, 500 grammes de sulfate de zinc, dans un vase contenant environ 150 litres d'eau. Quand on veut se servir de ce liquide, on l'agite et on jette sur le feu, qui s'éteint subitement.

RECETTES ET PROCÉDÉS.

Transport de gravures sur verre. Un procédé a été breveté par **J. Napier** pour obtenir sur verre l'image d'une gravure et d'un dessin fait à la main. Dans ce dernier cas, c'est de l'encre d'imprimerie que l'on emploie. On colle alors le dessin sur la plaque de verre au moyen de l'empois ordinaire et de sorte que l'encre soit contre le verre; on doit éviter qu'il existe des bulles d'air entre le papier et la plaque. Quand le tout est sec, on verse sur le papier de l'acide fluorhydrique d'une densité de 1°,14, qu'on laisse agir pendant trois minutes. On enlève alors le papier par le lavage, et le verre se trouve partout entamé par l'acide, excepté là où il a été protégé par l'encre d'imprimerie, qui forme l'image. Le dessin est donc gravé sur le verre. Ce procédé est plus satisfaisant lorsque le verre sur lequel on opère a été verni ou dépoli finement. Dans ce cas, l'image obtenue se voit en relief.

RECETTES ET PROCÉDÉS.

Moyen de conserver les fleurs naturelles cueillies. (*Monit. scientif.*, 1861, t. II, p. 805.)

Introduire une cuillerée plus ou moins grande de *poudre de charbon* dans l'eau que contient le vase destiné à recevoir la fleur ou la branche cueillie, et y placer celle-ci de manière, bien entendu, que l'extrémité inférieure plonge dans le liquide. Les plantes se conservent sans altération sensible au moins aussi longtemps que dans leur condition naturelle.

RECETTES ET PROCÉDÉS.

Coton-poudre pour la filtration des acides énergiques, par M. Boet-tger. (*Monit. scientif.*, 1860, t. II, p. 017.)

RECETTES ET PROCÉDÉS.

Enduit préservatif pour les objets en fer et en acier, par A. Vogel. (*Moniteur scientif.*, 1862, t. III, p. 127.)

1 partie de cire blanche, 15 parties de benzine, dissolution à froid, et appliquer également au pinceau. Cet enduit est élastique et ne crevasse pas.

RECETTES ET PROCÉDÉS.

Vernis incolore au caoutchouc, par Bolley. (*Monit. scientif.*, 1861, t. III, p. 137.)

Faire digérer du caoutchouc coupé en morceaux avec la benzine à la température ordinaire et en agitant fréquemment; le caoutchouc gélatineux se dissout en grande partie; la liqueur est moins fluide que la benzine, et en la laissant déposer on peut l'obtenir parfaitement limpide. La matière floconneuse insoluble se sépare en passant la solution à travers une toile fine avec pression. Ce vernis peut être mélangé avec les vernis gras ou à l'essence.

RECETTES ET PROCÉDÉS. Emploi de l'*extrait de campêche* comme désinfectant des plaies gangréneuses, putrides, etc., par T. P. Desmartis. Pommade composée de parties égales d'extrait de campêche (*Hæmatoxylum campechianum*) et d'axonge. On peut encore l'employer en poudre et en lotion; il est antiputride, antiseptique. Acad. des sc., séance du 19 mai 1862. (*Monit. scientif.*, 1862, t. IV, p. 303.)

RECETTES ET PROCÉDÉS.

Encre verte. Une solution assez concentrée d'acide pierique et de carmin d'indigo constitue une encre verte très-belle.

RECETTES ET PROCÉDÉS.

Emploi de l'acide pierique pour reconnaître les fils et tissus mélangés. — On n'a qu'à les plonger pendant 5 à 10 minutes dans une dissolution d'acide pierique, ou seulement à y faire tomber une goutte de solution, puis laver et exprimer. Tous les fils de laine et de soie seront teints en jaune, tandis que les fils de coton et de lin seront restés parfaitement blancs. (Pohl, *Polyt. Notizb.* VIII, p. 231. — *Monit. scientif.*, 1863, t. IV, p. 417.)

RECETTES ET PROCÉDÉS.

Filtrage et purification des eaux par la chaux. (*Monit. scientif.*, 1861, t. III, p. 272.)

RECETTES ET PROCÉDÉS.

Moyen de prévenir la pourriture du bois. (*Monit. scientif*, 1861, t. III, p. 487.)

..... 50 parties de résine, 40 parties de craie finement pulvérisée, 300 parties de sable fin, 4 parties d'huile de lin, 1 partie d'oxyde rouge naturel de cuivre et 1 partie d'acide sulfurique. On fait d'abord chauffer la résine, la craie, le sable et l'huile de lin dans une chaudière en fer, puis on ajoute l'oxyde et l'acide sulfurique avec précaution [1]. On mêle soigneusement, puis on applique avec un fort-pinceau la composition encore chaude. Si on trouve qu'elle ne soit pas assez fluide, on l'étend avec

---

[1] On peut remplacer l'oxyde de cuivre et l'acide sulfurique par 2 parties de sulfate de cuivre sec.

un peu d'huile de lin. Cet enduit, lorsqu'il est refroidi et sec, forme un vernis qui
la dureté de la pierre.

RECETTES ET PROCÉDÉS.
  Imperméabilité des tissus. (*Monit. scientif.*, 1862, t. IV, p. 30.)
  ..... On fait un mélange de collodion et d'huile de ricin ou toute autre, telle que
l'huile d'œillette, de lin, d'olive, de colza. Ce mélange est étendu sur des plaques
ou cylindres de métal ou de verre, et, avant qu'il prenne consistance, on étend
dessus le tissu et on l'enlève un instant après, de manière qu'il en emporte une
légère couche. Puis l'étoffe est soumise à une température un peu élevée, il se forme
sur l'étoffe une sorte de glacis léger.

RECETTES ET PROCÉDÉS.
  Flacons à lessive caustique. (*Monit. scientif.*, 1862, t. IV, p. 32.)
  ..... Les bouchons à l'émeri de ces flacons s'incrustent rapidement. La *paraffine* convient sous tous les rapports, parce que la lessive est sans action sur elle, et qu'elle
lubrifie parfaitement les surfaces en contact.

RECETTES ET PROCÉDÉS.
  Nouvelle colle pour les papiers de tenture, et notamment pour les papiers
de dessous, par **Löffe.** (*Monit. scientif.*, 1862, t. IV, p. 330.)
  ..... 18 parties de terre bolaire que l'on délaye dans une suffisante quantité d'eau ;
on décante et l'on verse sur la terre reposée 1 1/4 parties de colle forte fondue à
part dans de l'eau et 2 parties de plâtre ; on mêle bien, puis, avec une brosse, on
fait passer le tout dans un tamis. On l'étend ensuite avec de l'eau, et il est alors
propre pour l'emploi.

REVUE DES SOCIÉTÉS SAVANTES, Sciences, mathématiques, physiques et
naturelles. Paris, 1863.

REVUE DES SOCIÉTÉS SAVANTES DES DÉPARTEMENTS, publiée sous
les auspices du Ministre de l'instruction publique. Paraît par livraisons mensuelles.
3ᵉ série, t. II en 1863. Paris.

REVUE UNIVERSELLE DES MINES, de la métallurgie, des travaux publics, des
sciences et des arts appliqués à l'industrie, sous la direction de **Ch. de Cuyper.**
7ᵉ année en 1862. Paris et Liége.

REVUE DU MONDE COLONIAL, Organe des intérêts commerciaux, maritimes,
scientifiques et littéraires des deux mondes. Publiée sous la direction de **A. Noirot.** Mensuel. In-8, planches et clichés. 2ᵉ série, 5ᵉ année. Paris, 1863.

REVUE SCIENTIFIQUE ITALIENNE. 1ʳᵉ année, 1862 ; in-18. Milan, 1863. Paris,
Savy.

REVUE DES COURS SCIENTIFIQUES. Physique, — Chimie, — Zoologie, —
Botanique, — Anatomie, — Physiologie, — Géologie, — Paléontologie, — Médecine.—
Paraissant le samedi de chaque semaine, composé de 12 pages in-4, à 2 colonnes.

RIFFAULT, VERGNAUD et **TOUSSAIN.**
  Manuel du fabricant de couleurs et de vernis. Nouvelle édition ;2 vol.
in-18, 830 p. (Manuels Roret.) Paris, 1862.

BIOT, à Marseille.

Nouvelle fabrication de savon. (*Monit. scientif.*, 1863, t. V, p. 433.)

ROBERT.

Teinture, blanchissage, dégraissage. Méthode simple. In-8, 59 p. Paris, 1862.

RODINET.

Congélation des eaux potables. Acad. des sc., séance du 12 mai 1862. (*Monit. scientif.*, 1862, t. IV, p. 368.)

..... Dans la congélation des eaux, la petite quantité de sels calcaires et magnésiens qu'elles contiennent est éliminée de la même façon que les sels plus solubles dissous dans l'eau de la mer ou toute autre dissolution saline artificielle. La pureté de l'eau obtenue par la liquéfaction de cette glace paraît être telle, qu'on pourrait l'employer dans beaucoup de cas comme l'eau distillée, du moins lorsque la congélation a eu lieu avec des circonstances favorables. Je joins ici le tableau des expériences que j'ai pu faire depuis le 21 janvier 1862, et dans le détail desquelles il m'a paru inutile d'entrer.

ESSAIS FAITS SUR LES EAUX DE GLACE AVEC LA LIQUEUR ET L'APPAREIL HYDROTIMÉTRIQUE.

DATES des expériences.	ORIGINE DE L'EAU OU DE LA GLACE.	TITRE	
		DE L'EAU BRUTE.	DE L'EAU DE GLACE.
21 janvier 1862.	Grand lac du bois de Boulogne..	30°,03	0°,00
31 janvier 1862.	Ourcq ; congélation artificielle.	29°,14	6°,58
31 janvier 1862.	Puits de Paris, *idem*..	112°,80	31°,00
Idem.	Puits de Reims, *idem*.	77°,03	36°,66
3 février 1862.	Glacières de la ville.	30°,03	6°,00
8 février 1862.	Neige recueillie à Paris..		3°,97
Idem.	Ourcq ; congélation dans un plat. . . .	29°,14	2°,58
Idem.	Puits de Paris, *idem*. . . •	112°,80	13°,61
10 février 1862.	Stalactites de glace ; place Dauphine. . .	33°,84	4°,23
Idem.	Bassin des Tuileries.		1°,88
14 février 1862.	Bassins de Chaillot.	11°,28	1°,12
16 février 1862.	Écluse de la Monnaie.	18°,93	1°,17
5 mars 1862.	Fontaine de la place Saint-Sulpice. . . .	26°,00	0°,47
Idem.	Bornes-fontaines.	26°,00	1°,17
Idem.	Fontaine de la place Saint-Sulpice.. . .	33°,84	2°,20

ROBLET.

La vérité dans les sciences physiques. In-8, 58 p. Épinal, 1863.

ROHRER, Docteur.

Regentropfen und Schneeflocken. In-8, 21 p. Vienne, 1850.

ROSE (Henri).

Traité complet de chimie analytique. Édition française originale. 2 vol. gr. in-8, avec figures.
Analyse qualitative, 1 vol., 1072 p. Paris, 1860.
Analyse quantitative, 1 vol., 1256 p. Paris, 1862.

ROTH (Jules), de Mulhouse.

Pyroléines, ou huiles inoxydables pour le graissage des machines. (*Monit. scientif.*, 1861, t. III, p. 21 ; — p. 27.

ROUGE D'ANILINE. Appréciation de divers brevets pris en France pour divers
procédés conduisant à l'obtention du rouge d'aniline. (*Monit. scientif.*, 1863, t. V,
p. 170.)

ROUGE D'ANILINE. Revendication en faveur du rouge d'aniline par la Société industrielle de Mulhouse. (*Monit. scientif.*, 1862, t. IV, p. 705, 1 pl.)
Lettre de **Dollfus-Mieg et C⁰.** — **Steinbach-Kœchlin et C¹⁰.** — **Kœchlin
frères.** Séance du 29 octobre 1862.
Comité de chimie. Procès-verbal du 8 octobre 1802.

ROUGE D'ANILINE.
Voyez II, **Hofmann.**

ROUSSIN (Z.).
Binitronaphtaline. Dérivés colorés. (*Monit. scientif.*, 1861, t. III, p. 393.)

ROUSSIN (Z.).
Alizarine artificielle. (*Monit. scientif.*, 1861, t. III, p. 204.)

RUNGE (D' F. F.), Professeur de technologie à Oranienbourg.
Couleurs dérivées du goudron de houille. Note pour servir à l'histoire des
découvertes scientifiques. (*Monit. scientif.*, 1863, t. V, p. 533.)
Avant de se séparer, nous apprend M. **Runge,** le jury de l'Exposition de Londres de
1862 lui a accordé, à l'unanimité, une médaille de mérite, en souvenir de ses découvertes
méconnues, quand il les a publiées, et qui, aujourd'hui, reçoivent un éclatant témoignage
de leur valeur.

C'est pour expliquer la distinction dont il a été l'objet que M. Runge a écrit ce court
historique dans cette lettre qu'il a distribuée à ses amis et à tous ceux qu'il a pensé que
cet historique intéresserait. Cette notice n'a donc été publiée dans aucun recueil, c'est
une simple feuille volante en langue allemande que nous avons reçue ces jours-ci et que
nous avons prié M. **Badau** de vouloir bien nous traduire religieusement, désirant par
cette publication témoigner de notre sympathie pour l'auteur, que nous nous rappelons
fort bien avoir vu à Paris plusieurs fois en 1823, alors que, plein d'ardeur pour les
sciences, et pour la chimie en particulier, il venait puiser, auprès des savants de notre
pays, ce feu sacré que la France seule sait donner.

D' Quesneville.

Sachant que l'effet ordinaire du chlore sur les substances d'origine végétale ou animale
est d'en détruire les couleurs, ou de les blanchir, je ne fus pas médiocrement surpris en
rencontrant pour la première fois un corps sur lequel le chlore agissait comme *chroma-
togène,* en donnant naissance à une véritable matière colorante.

C'est ce qui m'arriva avec l'*huile de goudron de houille,* que j'essayai de débarrasser de
son odeur désagréable en l'agitant avec une solution de chlorure de chaux (hypochlorite
de chaux). L'odeur resta; mais la solution limpide de chlorure de chaux, qui se déposa
quand le mélange eut été quelque temps en repos, prit, à mon grand étonnement,
une *teinte vigoureuse bleu foncé,* celle de l'ammoniure de cuivre.

C'était un indice de l'existence d'un principe nouveau, encore inconnu. Ayant poursuivi
mes recherches, je trouvai que cette substance pouvait s'extraire de l'*huile de goudron*
au moyen des acides; qu'étant isolée, elle prenait la forme d'un liquide incolore huileux,
mais doué de propriétés basiques et donnant, avec les acides, des sels blancs qui tous,
sous l'action d'une solution de chlorure de chaux, *se coloraient toujours en violet.* C'est
pour cette raison que je donnai le nom de *kyanol* (*Blau-Oehl*) à ce principe, dont je décrivis
les principales propriétés chimiques dans les *Annales de Poggendorff.* Je n'en citerai que
les suivantes, comme nous intéressant plus particulièrement : Le chlorure de chaux trans-

forme le kyanol en un *acide rouge* qui se combine avec certaines bases, en donnant naissance à une *couleur bleue*. C'est ainsi que la solution de chlorure de chaux a pour effet,
comme nous l'avons déjà dit, de produire avec le kyanol un *violet magnifique*, qui, sous
l'action des acides, passe au *ponceau*.

D'autres chlorures produisent avec le kyanol des couleurs différentes. Ainsi, lorsqu'on
ajoute du chlorure de cuivre au nitrate du kyanol, sur une plaque de porcelaine chauffée
à 100° centigrade, on voit naître une couleur *vert foncé* tournant au noir. La matière
colorante contenue dans cette combinaison diffère essentiellement de celle dont il vient
d'être question.

L'action du chlorure d'or est encore plus frappante. Sur une plaque de porcelaine à
100° centigrade, enduite de chlorure d'or, une goutte de kyanol aqueux produit instantanément une tache *pourprée* à bords bleus. Une solution de chlorure d'or étant chauffée
avec un excès d'une solution aqueuse de kyanol, il se forme un liquide *rouge de pourpre*,
que les bases ne colorent pas en *bleu*. Le principe colorant est donc encore ici différent
de celui qui se forme sous l'action du chlorure de chaux.

Mais le chlorure et ses combinaisons ne sont pas les seuls agents qui puissent transformer le kyanol; les combinaisons de l'oxygène produisent aussi cet effet. C'est surtout
l'acide chromique dont l'action est très-remarquable. Une goutte d'une solution hydrochlorique de kyanol, placée sur une plaque de porcelaine à 100°, enduite de chromate
rouge de potasse, produit une *tache très-noire* qui renferme un principe colorant *rouge*.

L'hydrochlorate de kyanol, étant imprimé sur du coton coloré par le chromate de
plomb, produit, dans l'espace de douze heures, des dessins *verts* qui résistent au lavage.

Même sans avoir subi préalablement l'action du chlore ou de l'oxygène, le kyanol peut
produire des couleurs avec le concours d'un acide, mais seulement sur certaines substances déterminées. Ainsi, on avait versé par mégarde un peu d'une solution d'oxalate
de kyanol sur divers morceaux de bois et d'étoffe. La plupart de ces objets ne se mon-
traient que simplement mouillés, mais je vis avec étonnement que le bois de pin et la
moelle de sureau avaient pris une couleur *jaune foncé*. Le papier, la toile, le coton, la soie
et divers bois étaient restés incolores.

En examinant la cause de la coloration du bois de pin, je trouvai qu'elle réside
dans un principe particulier contenu dans ce bois. Comme très-digne d'attention, je
dois faire remarquer que cette combinaison jaune du kyanol n'est point blanchie par
le chlore, et que sa vertu colorante est telle que 20 pieds carrés de bois de pin
furent colorés en *jaune foncé* par 1 grain (60 milligrammes) d'oxalate de kyanol. C'est ce
qui a été constaté par l'expérience suivante : 1 grain d'oxalate de kyanol fut dissous
dans 800 grains d'eau; puis on y introduisit 1000 grains de copeaux très-fins, et on les
vit se teindre en *jaune foncé*. Or, 1 pied carré de ces copeaux ne pesant pas plus de
100 grains, on en avait donc teint des deux côtés environ 10 pieds carrés avec 1 grain
d'oxalate de kyanol.

J'ai publié ces faits remarquables avec une série d'autres relatifs à l'acide carbolique
(acide phénique) et à divers principes découverts par moi dans le goudron de houille,
aus les *Annales de Poggendorff*, année 1834. Ils étaient assez frappants pour exciter
une certaine sensation parmi les chimistes; mais la plupart refusèrent d'y croire.
M. **Reichenbach**, en Moravie, chimiste de mérite, à qui nous devons la découverte du
créosote et de la *paraffine*, se laissa aller, dans son zèle aveugle, jusqu'à imprimer un
grand mémoire où il prétendait prouver la nullité de mes découvertes. Je ne me fis pas
faute de lui répondre comme il fallait. Mais tout cela n'aboutit à rien, et je ne réussis pas
alors à faire accepter mes idées par le public.

Enfin, dix ans plus tard, M. **A. W. Hoffmann** vint prouver, dans un écrit intitulé :
Annalyse chimique des bases organiques contenues dans l'huile de goudron de houille
(Giessen, 1843), que toutes mes observations relatives à ce nouveau principe colorant
étaient parfaitement exactes, et il y ajouta lui-même des faits nouveaux.

Cet incident attira de nouveau mon attention sur un sujet que j'avais fini par abandonner à peu près entièrement, et comme je n'avais pas de doutes sur son importance industrielle, je fis à la Chambre royale du commerce maritime, dont j'administrais alors la fabrique de produits chimiques à Oranienbourg, la proposition de traiter le *goudron de houille* en vue d'obtenir toutes ces matières nouvelles que je spécifiai, et de les exploiter sur une grande échelle. Tous mes efforts échouèrent devant le rapport d'un employé ignorant. Il m'arriva ici ce qui m'est arrivé aussi avec mes *bougies de tourbe et de lignite (paraffine)*, dont j'adressai des échantillons par livres, mais sans succès aucun. Aujourd'hui elles sont un article de commerce.

Dans ces derniers temps, enfin, la découverte en question a fait aussi le chemin qu'elle devait faire, et elle a obtenu un succès immense. Différents chimistes ayant déjà montré la manière de préparer le *kyanol* par d'autres méthodes et lui ayant donné les noms d'*aniline* et de *benzidam* (?), l'Anglais **Perkins** réussit à le retirer lui-même et les matières colorantes qu'il fournit, de l'huile légère de goudron de houille au moyen de l'acide nitrique et de quelques autres réactifs, en quantités si considérables que ces matières sont devenues un article de commerce.

Aujourd'hui, M. **Perkins** offre aux regards du public de l'Exposition de Londres un bloc cylindrique de la matière colorante du kyanol (ou de l'aniline, comme on l'appelle à présent), haut de 50 centimètres et large de 23, provenant du traitement de 2,000 tonnes de houille. Ce bloc de matière colorante suffirait pour teindre 500 kilomètres d'étoffes de soie, d'après le rapport d'un journal; évaluation qui ne paraîtra pas exagérée, si on se rappelle la vertu tinctoriale du kyanol observée par moi sur du bois de pin.

Voilà où nous a conduits cette découverte, dont les débuts ont été si chétifs quand elle s'est produite entre mes mains il y a *vingt-huit ans!* (en 1834).

Les jurés de l'Exposition, qui viennent de quitter Londres, se sont rappelé mes découvertes antérieures, et m'ont accordé à l'unanimité la médaille de mérite.

Il est très-heureux que la nouvelle de mon succès m'ait encore trouvé vivant.

Runge.

S

SACC (Dʳ).
> **Fixage des sulfures métalliques sur le coton.** (*Monit. scientif.*, 1857, t. I, p. 770.)
> Jaune de cadmium. — Vert de cuivre. — Gris de nickel. — Gris de plomb. — Gris de mercure.

SACC (Dʳ).
> **Cachou.** Principe immédiat extrait du cachou. (*Monit. scientif.*, 1862, t. IV, p. 275.)

SAINTE-CLAIRE DEVILLE et TROST.
> **Densité des vapeurs à des températures très-élevées.** Académie des sciences, 11 mai 1863.

SALVETAT.
> **Matières minérales colorantes vertes et violettes.** (*Monit. scientif.*, 1859-1860, t. II, p. 186.)
> Verts de chrome. — Hydrate d'oxyde de chrome. — Rose et violet de cobalt. — Jaune de nickel.

SCHAEFFER et **GROSRENAUD**, Chimistes à Mulhouse.
Bleu d'azaléine. Bleu de Mulhouse. (*Monit. scientif.*, 1861, t. III, p. 296.)

SCHIFF (H.).
Rouge d'aniline. Théorie de sa formation. Acad. des sc., séance du 23 mars 1863.
(*Monit. scientif.*, 1863, t. V, p. 311.)
..... L'azaléine est le nitrate de rosaléine.
..... Le bleu d'aniline, obtenu d'après la méthode ordinaire de l'action de l'aniline
sur la fuchsine, abandonne, par l'addition de la potasse caustique, l'hydrate d'une
base qui, au contact de l'air, se colore rapidement en rouge et en violet. La solution
alcoolique, additionnée de différents acides, se colore en bleu foncé et donne lieu à
la formation d'une série de composés salins à beaux reflets cuivreux.

SCHIFF (H.).
Mercuraniles. (*Monit. scientif.*, 1863, t. V, p. 240.)

SCHUNCK (D^r), **SCHMITH** (Augus.) et **ROSCOE.**
Manufacturing Chemestry in the South-Lancashire district. Recent progress
and present conditions. London, 1862.

SCHUETZENBERGER (P.) et **PARAF** (A.).
Lutéoline. Acad. sc , 21 janvier 1861. (*Monit. scientif.*, 1861, t. III, p. 83.)

SCHUETZENBERGER et **SENGENWALD.**
Acide benzoïque. Mémoire sur un de ses dérivés nouveaux. (*Monit. scientif.*, 1862,
t. IV, p. 202.)

SCIENCE PITTORESQUE. Publication en 1863, 8e année, n° 23 à 26, in-4.
SCIENCE POUR TOUS. Journal illustré, paraissant tous les jeudis. 8e année. Paris,
1863.

SOCIÉTÉ DE SECOURS des amis des sciences, fondée le 5 mars 1857, par **L. J.
Thenard.** Comptes rendus annuels. Paris.

SOCIÉTÉ ACADÉMIQUE DES SCIENCES, Arts, Belles-Lettres, Agriculture et
Industrie de Saint-Quentin, 3e série, t. IV. Travaux de 1862 à 1863. In-8, 370 p.
Saint-Quentin, 1862.

SOCIÉTÉ CHIMIQUE DE PARIS. Leçons de chimie et de physique professées, en
1861, à la Société chimique de Paris. In-8, 265 p. Paris, 1862.

SOCIÉTÉ INDUSTRIELLE DE MULHOUSE (Haut-Rhin).

*Rapport annuel, présenté, à la séance générale du 30 décembre
1863, par Auguste Dollfus,* secrétaire [1].

Messieurs,

Depuis que votre Société a été fondée par quelques hommes amis du progrès, poussés
par ce besoin impérieux qu'éprouve l'homme actif de communiquer ses pensées et de
connaître celles des autres, et qui avaient compris, à une époque où l'esprit d'association
était loin d'être développé comme il l'est aujourd'hui, tous les avantages qu'on pouvait
en tirer, tous les secrétaires qui se sont succédé à cette place que vos suffrages m'ont
appelé à occuper, vous ont présenté, dans votre séance de décembre, un rapport qui doit
être un résumé rapide des travaux qui ont occupé vos séances dans le courant de l'année

[1] *Bulletin de la Société industrielle de Mulhouse*, t. XXXIV, janvier 1864.

qui vient de s'écouler. Vous avez toujours maintenu cet usage, autant pour tenir vos nombreux membres correspondants au courant des questions que vous avez eu à étudier, que pour pouvoir vous rendre compte à vous-même, rapidement et d'un seul coup d'œil, pour ainsi dire, des progrès qui ont été accomplis dans les branches nombreuses des sciences et des arts où s'exerce votre activité.

En entreprenant cette tâche pour la première fois, je ne m'en suis pas dissimulé les difficultés qui augmentent d'année en année, avec le nombre des travaux soumis à votre examen ; aussi je sens le besoin de réclamer votre indulgence pour l'imperfection de mon rapport. J'ose espérer qu'elle ne me fera pas défaut.

Dans le classement des matériaux que j'ai à passer en revue, j'ai suivi l'ordre qui m'a été indiqué par mes devanciers.

COMITÉ DE CHIMIE.

Votre Comité de chimie a étudié, à plusieurs reprises déjà, la question de l'établissement à Mulhouse d'un laboratoire, dans lequel pourrait se faire l'essai des drogues employées par l'industrie, et qui rendrait aux fabricants des services analogues à peu près à ceux rendus au commerce de Lyon par le conditionnement des soies, établi dans cette ville il y a un certain nombre d'années déjà. Votre Comité se trouvait en présence d'un problème difficile, car il désirait, tout en rendant à l'industrie le service qu'elle lui demandait, éviter de vous engager dans une responsabilité souvent périlleuse. Il est parvenu enfin à résoudre la question d'une manière tout à fait satisfaisante, et, sur sa demande, vous l'avez autorisé à ouvrir une souscription destinée à créer un laboratoire qui appartiendra à la Société, et dont le directeur, nommé par vous, pourra être autorisé, sans que votre responsabilité soit engagée, à faire des essais pour le commerce.

M. le Dr **Goppelsroeder,** à qui vous êtes redevables déjà de nombreuses communications, vous a envoyé deux nouvelles notices, sur lesquelles vous avez entendu le rapport de M. **Schneider.** L'une d'elles vous entretenait d'*un nouveau réactif* obtenu en faisant bouillir des fleurs de mauve dans l'eau distillée ; cette solution, d'une couleur violacée, est virée au cramoisi par les acides et ramenée au vert par les alcalis. Le papier rose, obtenu à l'aide de cette teinture virée par un acide, a enrichi la chimie d'un réactif excellent pour reconnaître les nitrites et les liquides faiblement alcalins, et d'une sensibilité bien supérieure à celles du tournesol et du curcuma. — La seconde notice traitait de la propriété que possèdent certaines substances inorganiques de *masquer la réaction de l'iode sur l'empois d'amidon*, et quelquefois seulement de retarder pendant quelque temps l'apparition de la couleur bleue qui caractérise cette réaction. L'auteur de ces travaux continue ses études, et vous a promis de vous envoyer prochainement de nouvelles communications sur ces deux sujets.

Vous avez reçu aussi de M. **Wagner,** de Russie, *une notice sur l'emploi du savon dans les eaux chargées de bicarbonate de chaux*. Les eaux de Mulhouse, contenant de notables quantités de ce sel en dissolution, vous avez pensé que cette notice serait lue avec intérêt, et vous en avez décidé l'impression.

Vous n'avez pas oublié, messieurs, le beau *travail sur la garance* que vous a présenté, l'année dernière, M. **Kopp,** de Saverne. Vous êtes redevables, cette année, au même chimiste, d'une intéressante étude sur le *chromate double de potasse et d'ammoniaque*. Un essai de laboratoire, qui n'avait pas réussi comme il l'espérait, a mis M. **Kopp** en présence de ce sel encore peu connu ; il l'a étudié avec soin et l'a reconnu susceptible de plusieurs applications utiles dans les arts et l'industrie, et entre autres dans la fabrication des toiles imprimées et dans la photographie. Il m'est impossible d'analyser ici le long et savant travail de M. **Kopp ;** je ne puis que renvoyer à votre Bulletin, dans lequel vous l'avez fait insérer en entier.

Je vous rappellerai, à cette occasion, les *épreuves photographiques de fleurs* obtenues sur calicot et teintes en différentes couleurs, que M. **Landmann** vous a envoyées récemment et que votre Comité examine en ce moment.

L'étude de *nouvelles matières colorantes*, au sujet desquelles des communications vous ont été adressées par plusieurs de vos membres, et entre autres par M. le Dr **Sace**, a occupé, à plusieurs reprises, les séances de votre Comité.

La *garance* aussi n'a pas manqué de vous apporter son contingent habituel, et plusieurs mémoires vous sont parvenus, traitant de cette matière colorante, mais plus particulièrement de nouveaux mordants pour la fabrication des articles garancés.

M. **Hauchecorne**, pharmacien à Yvetot, et M. **J. Roth**, de Mulhouse, vous ont fait connaître chacun un nouveau moyen à ajouter à ceux déjà si nombreux qui ont été proposés pour l'*essai qualitatif des huiles*.

Le réactif de M. **Hauchecorne**, d'après les recherches analytiques de M. **Schützenberger**, rapporteur de votre Comité, se compose exclusivement d'acide nitrique concentré et très-pur; grâce à cet agent, il est facile de reconnaître rapidement et sûrement certaines fraudes que les moyens antérieurs ne révélaient qu'incomplètement.

Quant au réactif proposé par M. **Roth**, qui se compose d'acide sulfurique à 46° Baumé, saturé de vapeurs nitreuses, il accuse aussi très-nettement, par des colorations diverses, la présence de 3 pour 100 seulement d'huiles de sésame ou d'arachide mélangées à l'huile d'olive; il permet aussi de reconnaître les falsifications de l'huile de colza, et constitue ainsi un excellent réactif qui souvent pourra remplacer avantageusement le précédent.

Un intéressant envoi d'*épreuves photolithographiques* vous a été adressé par M. **Th. Goldschmidt**, membre correspondant de votre Société à Berlin. Ces épreuves ont été obtenues par un procédé nouveau, de l'invention de M. **Burchard**, mais que votre correspondant ne vous a pas décrit. Vous avez été frappés des applications variées dont cette nouvelle découverte paraît être susceptible et du prix peu élevé auquel reviennent les épreuves qui vous ont été soumises. Par les soins de l'un de vos membres, des spécimens de ces produits ont été insérés dans l'un de vos précédents Bulletins. M. **Burchard** fixe l'image d'un positif photographique sur pierre lithographique, et reproduit des épreuves par impression, qui ne laissent rien à désirer.

Signalons aussi, les petits appareils dont l'envoi vous a été récemment annoncé par M. **Schäffer**, de Mayence, et à l'aide desquels on peut obtenir, instantanément, pour ainsi dire, et avec une grande précision, *les densités des différents liquides;* aussitôt qu'ils vous seront parvenus, votre Comité les examinera et s'empressera de vous communiquer le résultat de ses essais.

Tout dernièrement enfin, MM. **Schützenberger** et **Schneider** vous ont entretenus de leur projet de rédiger un *Traité complet, théorique et pratique des matières colorantes* et autres employées dans l'industrie des toiles imprimées et de la teinture, et vous ont demandé l'autorisation de faire suivre le titre de leur ouvrage des mots : *publié avec le concours du Comité de chimie de la Société industrielle.* Votre Comité, consulté, ayant adopté les idées sur lesquelles est conçu le plan de cet ouvrage et promis aux auteurs le concours qu'ils lui ont demandé, vous n'avez eu qu'à ratifier sa décision.

L'organisation du Musée industriel a été continuée, cette année encore, par les soins de votre Comité; vous avez vu figurer sur le bureau, dans une des séances de l'année, la collection d'échantillons d'étoffes imprimées en Alsace de 1755 à 1830, et représentant fidèlement tous les genres parus dans notre pays. Avant de continuer ce travail, qui formera l'histoire de l'impression en Alsace, vous avez tenu à demander à toutes les maisons d'impression de notre rayon industriel de vous adresser des spécimens de leur fabrication depuis 1830. La plupart d'entre elles ont répondu déjà, et le classement de la nouvelle série d'échantillons est commencé.

Concours des prix relatifs au Comité de chimie.

Un seul des concurrents, sur les mérites desquels votre Comité a eu à statuer, a été jugé digne d'une récompense. C'est la maison **Köchlin-Dollfus et C**[ie], de Mulhouse, qui concourait pour l'introduction dans le Haut-Rhin d'une nouvelle industrie : *la teinture des laines par séries, pour broderies et tapisseries*, entreprise par elle depuis trois ans environ. Dans le rapport qu'il vous a présenté sur ce sujet, M. le Dr **Penot** a fait ressortir l'importance de cette nouvelle fabrication, qui compte déjà 200 ouvriers, et les difficultés contre lesquelles MM. **Köchlin-Dollfus et C**[ie] ont eu à lutter et luttent encore journellement; il vous a dit aussi quelle ressource cette industrie nouvelle est devenue accessoirement pour un assez grand nombre de personnes de notre ville; ces messieurs, en effet, ont joint à la fabrication et à la teinture des laines la vente d'ouvrages de tapisserie qu'ils font confectionner à domicile par des femmes et des jeunes filles, qui parviennent ainsi, sans fatigue et par un travail attrayant, à augmenter leurs ressources. L'introduction de cette branche d'industrie a donc été un véritable bienfait pour les personnes en nombre assez considérable qui ont été appelées à en profiter.

Votre rapporteur a conclu en vous demandant de décerner à MM. **Köchlin-Dollfus et C**[ie] une médaille d'or. Vous avez ratifié ce vœu de votre Comité, et félicité MM. **Köchlin-Dollfus et C**[ie], dont les progrès dans cette branche d'industrie, toute nouvelle pour eux, leur ont déjà valu, l'année dernière, à l'Exposition de Londres, la seule médaille accordée à la France pour les laines à broder.

Le concours des prix a donné lieu à plusieurs autres rapports.

Vous n'avez entendu la lecture que de deux d'entre eux seulement; le premier vous a été présenté par M. **Scheurer-Kestner**, sur un procédé économique de *fabrication de la baryte*, le deuxième par M. le Dr **Penot**, sur un mémoire indiquant un moyen d'éviter, dans le blanchiment des tissus de coton, les inconvénients que causent à l'impression les sels de cuivre mélangés au parement de la chaîne, et les dissolutions savonneuses dans lesquelles on mouille les canettes de trame. Sur les propositions de vos rapporteurs, vous avez décidé qu'il n'y avait pas lieu de décerner de récompenses aux auteurs de ces deux mémoires.

COMITÉ DE MÉCANIQUE.

Votre Comité de mécanique vous a présenté cette année un grand nombre de rapports sur les communications et mémoires que vous aviez renvoyés à son examen; vous ne serez pas étonnés si, cette fois encore, le coton et la houille y jouent le rôle principal.

Vous avez reçu de Son Excellence le Ministre du commerce plusieurs *échantillons de coton de Porto-Rico et des Indes néerlandaises*, sur lesquels M. **C. Schön** vous a présenté un rapport. Quelques cotons d'autres provenances vous ont été soumis aussi, ainsi que des échantillons de diverses matières que l'on pensait, à tort malheureusement, pouvoir peut-être remplacer, pour certains emplois au moins, le précieux textile, dont la rareté a produit dans l'industrie la crise à laquelle nous assistons.

Pour compléter l'intéressant travail de M. **G. Burnat**, que vous avez fait imprimer l'année dernière dans vos Bulletins, M. **Émile Burnat** vous a présenté sur les machines à égrener un rapport détaillé. C'est une question toute d'actualité, car un grand nombre des cotons qui nous parviennent aujourd'hui, ceux de l'Inde particulièrement, sont si imparfaitement dépouillés de leurs graines, qu'ils sont pour le filateur d'un emploi désastreux. M. **Burnat** vous a donné les plans de plusieurs machines à égrener nouvellement perfectionnées, avec le résultat de nombreuses expériences qu'il a faites sur le rendement de ces machines et la force motrice qu'elles absorbent. Vous avez fait consigner dans vos Bulletins son travail, qui renferme toutes les indications nécessaires pour ceux qui auront besoin d'être renseignés sur l'emploi de ces machines et sur le choix à faire, parmi leurs divers systèmes, suivant la nature du coton à travailler.

L'ouvrage que M. **E. Stanton** vous a envoyé, à la fin de l'année dernière, sur les *métiers automates*, a été l'objet d'un rapport de MM. **G. Dollfus** et **Chéreau**, qui, tout en reconnaissant le mérite de ce travail et les difficultés vaincues par son auteur, ont regretté qu'il l'ait fait à un point de vue trop exclusivement théorique et ne l'ait pas mis davantage à la portée des gens du métier.

Un perfectionnement apporté par M. **Wickel** à l'organe qui, dans ces mêmes machines, détermine la vitesse de la broche pendant le renvidage, vous a été également soumis. M. **G. Ziegler** vous a dit que les essais faits sur ce petit appareil, qui réalise un progrès très-réel, avaient été très-satisfaisants et concluants. Vous avez entendu aussi une communication de M. **Th. Schlumberger** sur la manière dont le même problème a été résolu par les constructeurs anglais.

M. **E. Burnat**, dont les nombreux travaux, relatant les expériences qu'il poursuit depuis plusieurs années sur les générateurs à vapeur, ont déjà enrichi vos Bulletins de tant de faits nouveaux et intéressants, vous a rendu compte, cette année, des essais qu'il a entrepris sur l'*appareil fumivore* que vous a présenté M. **Palazot**. — Ces essais ont prouvé, une fois de plus, l'exactitude des conclusions du rapport auquel a donné lieu le concours des chaudières de 1859.

Vous vous souvenez sans doute que vos rapporteurs vous disaient alors qu'ils considéraient la fumivorité et l'économie comme deux choses parfaitement distinctes et même s'excluant en fait le plus souvent, et qu'ils pensaient qu'on pourrait réaliser une économie considérable en adoptant des réchauffeurs à grande surface, qui permettraient peut-être la combustion de fumée sans perte.

Nous ne pouvons pas suivre M. **Burnat** dans son long rapport, où il passe en revue et apprécie rapidement tous les appareils fumivores qui ont été proposés déjà, avant d'arriver à la description de celui de M. **Palazot** et au détail des expériences qu'il a faites sur cet appareil pendant plus de quarante jours consécutifs. Nous dirons seulement que l'appareil **Palazot**, confirmant entièrement les principes que nous venons de rappeler, a donné lieu à une perte sensible, appliqué à des chaudières sans réchauffeurs, par suite de l'introduction d'un excès d'air, tandis qu'installé sous des chaudières avec réchauffeurs, il a donné lieu à une légère amélioration de rendement. Votre rapporteur terminait en disant que cet appareil présente une fumivorité satisfaisante, mais qu'il n'y aura jamais convenance à l'adopter dans le but d'y trouver une amélioration de rendement.

Vous avez achevé cette année, messieurs, l'impression dans vos Bulletins d'un autre travail de M. **E. Burnat**, du remarquable mémoire sur les chaudières à vapeur qu'il vous a présenté il y a un peu plus d'un an. Sans revenir sur ce travail dont mon prédécesseur vous a entretenu dans son dernier rapport annuel, je signalerai à votre attention un supplément qui vient récemment d'y être ajouté et qui relate de nouvelles séries d'observations fort intéressantes faites par M. **Burnat** et qu'accompagne une note de M. **Marozeau**, de Wesserling.

Les essais de M. **Marozeau** ont porté sur l'influence qu'ont sur le rendement des générateurs à vapeur : 1° l'inclinaison de la grille relevée de l'avant vers l'arrière, et 2° l'emploi d'un mélange de certaines houilles maigre et grasse, dans la proportion de 2/3 de la première, contre 1/3 de la dernière. La note qu'il vous a envoyée se terminait par des recherches sur la détermination du volume d'air introduit dans le foyer, par l'observation des températures de la fumée, et sur l'évaluation de la quantité de chaleur que la fumée entraîne par la cheminée. La disposition inclinée de la grille a donné à M. **Marozeau** des résultats favorables ; quant au mélange de houilles maigre et grasse, le résultat en a été plus satisfaisant encore. Disons de suite que M. **Burnat** a répété ces essais, et que, si les résultats qu'il a trouvés sont entièrement d'accord avec ceux de M. **Marozeau** pour ce qui concerne les mélanges de houilles, il n'en a pas été de même pour l'inclinaison de la grille. De nouveaux essais, qu'il a l'intention d'entreprendre, expliqueront sans doute les conclusions différentes auxquelles sont arrivés ces deux expérimentateurs habiles, qui jusqu'à présent s'étaient toujours trouvés tout à fait d'accord.

La partie la plus saillante du travail de M. **Burnat** porte sur les essais multipliés qu'il a faits pour déterminer la meilleure distance à adopter entre le plan de la grille et les houilleurs; ses expériences ont été conduites avec un soin remarquable, et, chose bien digne d'être notée, il a trouvé que la distance la plus avantageuse est celle de 0^m,55, celle précisément adoptée depuis longtemps déjà par M. **Moroxeau** pour toutes ses chaudières.

Ses essais ont porté en outre :

1° Sur les résultats que donne l'emploi de deux chaudières accouplées servant l'une de générateur de vapeur, la seconde de réchauffeur. Ces essais ont été satisfaisants et ont démontré que ce système, qui n'est du reste applicable que dans des cas tout à fait particuliers, donne lieu à une économie sensible de combustible.

2° Sur l'influence de la fréquence des charges faites par le chauffeur sur la grille.

3° Enfin sur le rendement comparatif de la houille de Ronchamp extraite pendant les dernières années; ce rendement, resté presque exactement le même de 1859 à 1862, a décliné sensiblement en 1863, jusqu'à donner une différence de plus de 6 pour 100 en moins.

Les faits intéressants et nouveaux abondent dans ce travail, les expériences s'y pressent, et il signale un nouveau progrès dans l'étude si difficile des générateurs à vapeur. Nous avons à nous féliciter, messieurs, de trouver dans votre sein des membres qui mettent un zèle aussi louable et aussi soutenu à l'examen de ces questions, qui présentent pour l'industrie tout entière un si grand intérêt.

Vous savez, messieurs, que M. **Ad. Hirn**, auquel vous devez déjà la communication d'un grand nombre de travaux du plus haut intérêt, a publié, il y a quelques mois, *sur l'équivalent mécanique de la chaleur*, un volumineux travail, dont l'apparition a fait une grande sensation dans le monde savant. Sur votre demande, M. **Hirn** a bien voulu vous promettre un résumé de son bel ouvrage, et prochainement, nous l'espérons, vous pourrez en commencer la publication dans vos Bulletins; cette importante question sera rendue ainsi accessible aux personnes peu versées dans les sciences mathématiques.

Vous avez eu à examiner aussi un four à briques continu et chauffé exclusivement à la houille, de l'invention de M. **Schanté**, pharmacien à Strasbourg. Votre rapporteur, M. **H. Kœchlin**, a constaté que le progrès réalisé par M. **Schanté** est fort sérieux et qu'il donne lieu à une économie de 50 pour 100 sur l'emploi du bois. Votre Comité de mécanique, vous vous en souvenez, s'est occupé avec zèle, depuis plusieurs années, de répandre et vulgariser, autant que possible, l'emploi de la houille pour remplacer le bois, soit dans les ménages, soit dans l'industrie, et vous l'avez vivement encouragé dans cette voie; aussi a-t-il été heureux de vous signaler la tentative de M. **Schanté** et le succès dont elle a été suivie.

Vous avez entendu aussi le compte rendu que vous a présenté M. *l'ingénieur des mines* **Lebleu**, d'une explosion d'un tambour à sécher, de construction anglaise, arrivée au mois d'août dernier, dans un établissement des environs de Mulhouse; elle a été causée par l'imprudence de celui qui était chargé de la conduite de l'appareil, et qui a payé cette imprudence de sa vie après quinze jours de souffrance, par la forme vicieuse de la chaudière, et enfin par la mauvaise qualité de la tôle employée à sa construction. — Vous avez voulu répandre autant que possible la connaissance des causes qui peuvent produire ces terribles accidents, et vous avez décidé l'impression dans vos Bulletins de la note de M. **Lebleu**.

Au mois de mars dernier, M. **Chérest** vous a donné lecture d'un intéressant rapport sur le *planimètre polaire* de M. **Amsler**, de Schaffhouse. Le planimètre est, comme vous le savez, un instrument destiné à déterminer, plus rapidement que par le calcul et en évitant des erreurs auxquelles il peut donner lieu, l'aire des surfaces planes à contours quelconques. Votre rapporteur, après vous avoir rappelé quels sont ceux de ces appareils qui, jusqu'ici, ont le mieux résolu le problème posé, vous a décrit celui de M. **Amsler**, et vous en a donné une théorie géométrique simple et élémentaire ; il vous a s'gualé enfin les nombreux avantages qu'il présente sur les appareils précédemment connus et qui sont, en première ligne, la facilité avec laquelle une personne même inexpérimentée apprend à s'en servir, l'exactitude avec laquelle il donne le résultat cherché, puisque son approximation atteint près d'un millième, et enfin son prix peu élevé. — Vous avez, sur la proposition de votre Comité, décerné à M. **Amsler** une médaille d'argent hors concours, comme témoignage de la valeur que vous attachez à son utile invention.

Dans la même séance, vous avez entendu le rapport de M. **J. Kœchlin** sur la *pompe aspirante et foulante à double eff. t*, que vous a présentée M. **Nohlettinger,** constructeur à Mulhouse ; cette pompe, quoique construite en vue d'un usage particulier, est cependant d'une application tout à fait générale, et vous avez jugé qu'elle présentait assez d'intérêt pour que sa description pût trouver place dans vos Bulletins.

Dernièrement aussi vous avez autorisé M. **Gobin,** directeur de l'usine à gaz de Mulhouse, à établir provisoirement, dans la cour de votre hôtel, une petite *machine à gaz, système Lenoir.* Aussitôt son installation, votre Comité la soumettra à des essais suivis.

J'ai à vous parler enfin, messieurs, de l'état actuel de l'*École de tissage* qui a été fondée à Mulhouse, sous votre patronage, il y a un peu plus d'une année. Les résultats donnés par cette école ont été des plus satisfaisants, et, comme vous l'a dit M. **H. Thierry,** dans le rapport qu'il vous a présenté au nom du Comité de surveillance de l'École, elle marche de manière à donner les meilleures espérances pour l'avenir. Installée dans un local convenable, pourvue d'un outillage largement suffisant, elle est parfaitement dirigée par M. **E. Fries,** que vous vous êtes félicités d'avoir mis à sa tête, et à qui vous avez voté des remercîments pour le zèle intelligent qu'il a mis à l'organisation de la nouvelle école.

Le Comité de surveillance a décidé, et vous avez accordé à cette mesure toute votre approbation, que, pour donner aux examens de fin d'année le caractère qu'ils comportent, et pour entourer les certificats de capacité remis aux élèves de toutes les garanties possibles, ces examens seraient subis en présence d'une Commission choisie parmi les industriels de notre circonscription ; à la suite des examens, il a été délivré aux élèves reconnus capables des diplômes de première et de deuxième classe ; sept de ces diplômes ont été délivrés cette année.

La marche de votre nouvelle école a été prospère, vous le voyez, messieurs, grâce certainement à la générosité d'un certain nombre d'industriels, et à la science et au dévouement de son directeur, mais grâce aussi à ce qu'elle répondait à un besoin, à ce qu'elle comblait une lacune qui se faisait sentir depuis longtemps. Aussi avons-nous l'espoir que cette prospérité ne se démentira point, et plus tard peut-être, quand l'industrie, retrouvant des temps meilleurs, sera sortie de la crise qui la désole en ce moment, un premier succès obtenu donnera-t-il le courage de tenter un nouvel effort et de compléter, par la création d'une école de filature, l'œuvre que votre initiative vient de fonder. L'avenir nous dira ce qui sera possible dans cette voie.

Concours des prix relatifs au Comité de mécanique.

Parmi les concurrents qui se sont présentés au concours des prix relatifs aux arts mécaniques, vous avez été obligés d'en écarter plusieurs, soient qu'ils aient demandé trop tard leur inscription, soit qu'ils n'aient pas rempli toutes les conditions de votre programme. Plusieurs rapports, ceux entre autres sur les compteurs à eau, sont encore en retard, à cause des expériences nombreuses et délicates qu'exigent les appareils soumis au concours, et vous n'avez eu, en somme, à s'atuer que sur les titres de cinq concurrents ; trois d'entre eux n'ont pas été jugés dignes de recevoir de récompenses ; vous avez, par contre, décerné à chacun des deux autres une médaille d'or.

la première a été accordée à MM. **Witz et Brown**, pour leur *machine à laver*, qui donne des résultats excellents et nettoie bien les pièces soumises à son action, sans les fatiguer aucunement; vous avez seulement manifesté le désir que les inventeurs, qui vendent cette machine à un prix très-bas, en Suisse, où leur invention ne peut pas être protégée par un brevet, fissent aux industriels français une réduction sur le prix excessif qu'ils en demandent ici.

Vous avez décerné une deuxième médaille à MM. **Dietsch frères**, de Sainte-Marie-aux-Mines, pour l'introduction d'une nouvelle industrie dans le département, et pour des perfectionnements considérables apportés à une industrie déjà existante. Ces messieurs ont fait faire un grand pas à la fabrication des articles de Sainte-Marie-aux-Mines, et ont introduit dans cette ville, sur une grande échelle, le *tissage mécanique d'étoffes à plusieurs couleurs*. Votre rapporteur, M. **G. Dollfus**, vous a longuement entretenus de toutes les difficultés qu'ont eu à vaincre MM. **Dietsch frères**, et des rares capacités industrielles dont ils ont fait preuve dans leur lutte pour le progrès, et vous n'avez pas cru trop faire en leur décernant votre plus haute récompense.

Concours des chauffeurs.

Dix-sept concurrents se sont présentés au concours des chauffeurs que vous avez ouvert cette année pour la troisième fois. Votre programme des prix fixait à dix le nombre maximum des concurrents; sept d'entre eux ont donc été éliminés par la voie du sort; la marche suivie pour l'examen des concurrents a été celle adoptée les années précédentes.

Votre Comité a pu constater que la bonne méthode de chauffage se répandait de jour en jour davantage; chacun des dix concurrents est arrivé en effet à une production satisfaisante de vapeur, et les différences de rendement qu'ils ont obtenues en eau évaporée par kilogramme de houille n'ont pas dépassé 6,8 pour 100. Les notes prises pendant les essais, et qui permettent d'apprécier le mérite des chauffeurs, mieux encore qu'à l'aide du seul chiffre représentant l'eau évaporée, ont donc été insuffisantes pour répartir équitablement les récompenses proposées; les essais ont dû être recommencés pour trois des concurrents, et ce n'est qu'après 54 jours d'essai que le concours a pu être clos.

Telle est la cause du retard qu'a mis le secrétaire de votre Comité de mécanique à vous présenter son rapport; il vous le soumettra prochainement, et vous ratifierez sans doute les conclusions qu'il vous proposera, de décerner des primes et des médailles aux six chauffeurs les plus habiles.

COMITÉ D'HISTOIRE NATURELLE.

L'une des principales occupations de votre Comité d'histoire naturelle a été, cette année, le classement dans votre Musée de vos différentes collections. Ses soins ont porté surtout sur celles de minéralogie et de géologie, qui ont été considérablement enrichies par des dons nombreux que vous avez reçus de différents de vos membres, ainsi que de personnes étrangères à la Société. La souscription mensuelle et volontaire d'un grand nombre d'entre vous a permis aussi à votre Comité de faire des acquisitions importantes, et M. le Dr **Weber** vous a présenté, au commencement de l'année, un rapport sur quelques-uns de ces achats. Grâce aux soins, au talent, et vous pouvez dire au dévouement de deux surtout des membres de votre Comité, MM. **Henri Weber** et **Delbos**, votre Musée d'histoire naturelle est aujourd'hui digne de votre Société.

Vous avez déjà remercié M. **Henri Weber**, qui a achevé le classement des minéraux, en lui décernant une médaille d'argent et en lui votant par acclamations des remerciments. M. **Delbos** a bien voulu se charger des collections de géologie, et vous avez pu admirer déjà l'ordre parfait et la clarté lumineuse avec lesquels il a commencé à classer dans vos vitrines toutes vos richesses géologiques. Il espère terminer son travail dans le courant de l'année qui va commencer, avec l'aide et le concours de M. **Guillemin**, conservateur de votre Musée.

A côté de ce grand travail, votre Comité n'est pas resté inactif, et vous avez entendu plusieurs communications de son secrétaire, M. le D' **Weber**.

Concours des prix relatifs au Comité d'histoire naturelle.

Le concours des prix proposés par votre Comité d'histoire naturelle n'a donné lieu qu'à un rapport, qui vous a été présenté par M. le D' **Weber**, sur un mémoire traitant de la *culture du lin et de l'industrie linière*. Quoique ce mémoire n'ait pas satisfait exactement aux conditions de votre programme, puisque son auteur n'a pas introduit une nouvelle industrie dans notre département, vous l'avez trouvé si complet, donnant des renseignements si utiles, et écrit à un point de vue tellement pratique, que vous n'avez pas hésité à en voter l'impression, et à décerner à son auteur, M. **A. Rogé père**, de Pont-à-Mousson, une médaille de bronze.

COMITÉ DE COMMERCE.

Votre Comité de commerce a été saisi de l'examen de plusieurs mémoires relatifs à la *culture du coton*, et vous avez remercié leurs auteurs de ces communications qui offrent aujourd'hui tant d'intérêt. Vous avez entendu sur le plus complet de ces travaux, qui vous avait été envoyé par M. le capitaine du génie **Poulain**, ancien chef du génie au Sénégal, un rapport de M. **G. Steinbach**, qui vous a entretenu des espérances, un peu lointaines encore, il est vrai, que donne la culture du coton dans ce pays. De nouveaux renseignements, qui vous sont parvenus depuis, n'ont fait que confirmer les assertions de ce rapport.

M. **J. Dollfus** vous a communiqué aussi, dans un rapport verbal, les impressions qu'il a rapportées d'un voyage en Algérie, et vous a entretenu des moyens qu'il a mis en œuvre lui-même, dans notre colonie africaine, pour propager la culture du coton. Vous avez constaté avec satisfaction que M. **Dollfus** a rapporté de ce pays la conviction que cette culture pourrait y réussir, et vous avez reconnu avec lui que le manque de communications faciles était un des grands obstacles à sa propagation[1].

COMITÉ DES BEAUX-ARTS.

La position financière de votre École de dessin était devenue, vous vous en souvenez, un peu difficile depuis quelques années, par suite de la grande diminution du nombre des élèves payants.

Vous avez demandé aux souscripteurs de l'École de renoncer à leur droit d'y envoyer des élèves gratuits; la plupart d'entre eux y ont consenti généreusement, et dans votre séance de mai, le rapporteur de votre Comité des beaux-arts a pu constater avec satisfaction que cette mesure a produit les résultats que vous en espériez, et que les recettes de l'École suffiront à l'avenir à couvrir ses dépenses. Lorsque la crise cotonnière, qui pèse si désastreusement sur l'industrie, sera terminée, on peut espérer de voir les ateliers de dessin et de gravure reprendre plus d'activité, et le nombre des élèves de l'École augmenter encore sensiblement.

La générosité de Son Excellence le Ministre de la maison de l'Empereur et des beaux-arts, qui vous a envoyé tout·récemment un grand nombre de plâtres, vous a permis aussi de renouveler et de compléter sans trop de frais votre collection de modèles.

Lors de l'exposition des dessins des élèves qui a eu lieu, comme d'habitude, au mois de

---

DA [1] J'ajouterai : et un grand nombre d'entraves qui retardent cette culture; — on a assez écrit et imprimé : « Il est temps d'ensemencer. »

mai, vous avez pu constater, du reste, les progrès qu'ils ont faits sous l'intelligente direction de vos deux professeurs MM. **Eck** et **Jülg.**

Votre Comité a aussi été saisi récemment, conjointement avec celui d'utilité publique, de l'examen d'une proposition de M. **Ch. Thierry-Mieg,** relativement à l'établissement d'un *cours de dessin spécialement destiné aux filles.* Dans la note qu'il vous a lue sur ce sujet, M. **Thierry** a fait ressortir vivement l'importance de trouver pour les femmes de nouvelles branches lucratives de travail et en rapport avec leurs capacités, pour remplacer celles que le développement des arts mécaniques leur enlève journellement. Il était digne de la Société Industrielle de mettre à l'étude cette grave question, l'une des plus importantes peut-être de notre temps, et vos Comités, dans la séance de ce jour, vous soumettront une proposition dans le sens de la demande de M. **Charles Thierry-Mieg.**

Permettez-moi de vous signaler enfin les nombreux objets d'art dont s'est enrichi votre Musée, et parmi eux les beaux *ouvrages cartonnés* de M. **Siegfried-Bleech,** reproduisant, avec une exactitude merveilleuse, les belles cathédrales gothiques de Cologne et de Rouen, et que leur auteur vous a autorisés à y exposer, temporairement seulement, il est vrai.

COMITÉ D'HISTOIRE ET DE STATISTIQUE.

Dans le courant de l'année qui vient de s'écouler, M. **Rottmann,** instituteur à Habsheim, vous a adressé un mémoire sur la découverte qu'il a faite, dans les environs de Battenheim, de fossés et de retranchements dans lesquels il a cru reconnaître les vestiges d'un camp romain. Tout, ajoutait M. **Rottmann,** le portait à croire que ce camp était celui occupé par *César* dans la lutte qu'il a soutenue contre *Arioviste* et qui s'est terminée par la défaite du conquérant germain.

Dans une de vos dernières séances, vous avez entendu, sur ce sujet, la lecture du rapport de M. **A. Klenck,** qui vous a décrit en détail les différents ouvrages découverts par M. **Rottmann,** et qu'il a visités avec lui. Il a conclu de leur inspection qu'ils ne peuvent provenir que d'un camp romain. Quant à la question de savoir si ce camp est bien celui qu'a occupé César, votre rapporteur vous a dit qu'il faudrait, pour la résoudre, exécuter quelques fouilles sur le terrain, et vous avez immédiatement voté le crédit nécessaire. Vous avez en même temps décidé l'impression du beau travail de M. **Klenck.**

Vous avez aussi, sur la proposition du Comité, accepté les offres de M. **Bürgl,** instituteur en Suisse, qui se charge de la construction d'une carte-relief des Vosges, sur une grande échelle. Une souscription faite parmi vous, et dont les signatures sont déjà en nombre suffisant, couvrira les frais de ce travail.

Je vous rappellerai enfin la récompense dont vous avez été honorés par Son Excellence le Ministre de l'instruction publique, qui a bien voulu vous accorder une médaille d'argent en même temps qu'il en décernait une à M. **Stoffel,** l'un de vos membres, pour son *Dictionnaire topographique du Haut-Rhin.*

Concours des prix relatifs au Comité d'histoire et de statistique.

Vous avez décerné l'année dernière une médaille d'argent à M. **Coste,** de Schlestadt, pour sa Carte des circonscriptions féodales de l'Alsace avant la Révolution. Deux nouvelles cartes, du même auteur, ont été soumises cette année à votre appréciation, savoir : celle des circonscriptions ecclésiastiques et celle des circonscriptions administratives de l'Alsace avant 1789. M. **Stoffel** vous a présenté le rapport de votre Comité sur ces deux travaux ; vous avez reconnu avec lui que c'étaient des œuvres consciencieuses, dignes d'une récompense élevée, et, sur sa proposition, vous avez décerné à M. **Coste** une médaille d'argent pour chacun de ces deux travaux.

COMITÉ D'UTILITÉ PUBLIQUE.

Une des questions qui a toujours préoccupé le plus vivement la Société industrielle, a été l'amélioration du sort des classes ouvrières; et depuis la fondation de votre Société, il n'est pas d'année, pour ainsi dire, où vos rapporteurs n'aient eu l'occasion de vous signaler, soit des résultats obtenus dans ce sens, soit tout au moins des tentatives faites pour atteindre ce but si important. Cette année, vous avez encore reçu plusieurs communications sur ce sujet.

M. J. Dollfus, dont le nom est déjà attaché à Mulhouse à bien des œuvres utiles, vous a entretenu, à plusieurs reprises, de la proportion fâcheuse qu'atteint, à Mulhouse, dans la classe ouvrière, la *mortalité des enfants*. Il vous a signalé les causes auxquelles il attribue cette mortalité, et les moyens qu'il a mis en œuvre pour arriver à la diminuer. Ces moyens consistent surtout en secours donnés à domicile aux accouchées, qui, sans paraître à l'atelier, reçoivent leur salaire intégral pendant les deux premiers mois qui suivent leur délivrance. Grâce à ces secours, la mortalité, qui l'année précédente avait été de 36 à 37 pour 100, a été réduite cette année à 23 pour 100 environ, pour les enfants nés de femmes travaillant dans ses ateliers. C'est là, vous le voyez, messieurs, un beau résultat, et il est grandement à souhaiter qu'il soit confirmé par les efforts que M. **Dollfus** continuera à faire dans la même voie.

Vous avez remercié M. **Dollfus** des détails qu'il vous a donnés sur l'œuvre qu'il a entreprise, et pour vous associer pleinement à sa pensée, vous avez cherché à répandre, autant que possible, la connaissance des résultats qu'il a obtenus, par des publications faites dans les journaux de la localité.

MM. Siegfried frères et Cie vous ont envoyé, dans le courant de l'année, une certaine quantité de *viandes séchées, de la Plata*, qui reviennent, vendues à Mulhouse, à un prix bien inférieur à celui de la viande fraîche. Peu de temps après, M. **J. Dollfus** vous annonçait avoir reçu de M. le Dr **Schnepp** des viandes de la même provenance, mais préparées par un autre procédé, et revenant à un prix inférieur encore. Par les soins de votre Comité, ces deux espèces de viandes ont été apprêtées de différentes manières; l'essai qui en a été fait par plusieurs personnes a été satisfaisant; votre Comité est occupé en ce moment à rechercher le meilleur moyen à employer pour faire entrer ces viandes rapidement et en grande quantité dans la consommation.

CONCOURS DES PRIX.

Je vous ai dit, messieurs, en vous parlant de chaque Comité en particulier, les résultats qu'a donnés, cette année, pour chacun d'eux, le concours des prix; il ne me reste donc ici que peu de mots à ajouter sur l'ensemble de ce concours. Le nombre des sujets de prix proposés cette année a été de 122, et les sommes offertes se sont élevées à 71,000 francs; vingt concurrents se sont présentés : sur ce nombre vous en avez jugé six seulement dignes des récompenses offertes, et vous leur avez décerné trois médailles d'or, deux médailles d'argent et une de bronze, réparties, comme suit, entre les diverses catégories de votre programme : une pour les arts mécaniques, deux pour les prix divers, une pour l'histoire naturelle, et deux pour des travaux d'histoire et de statistique.

Vous avez, de plus, décerné à M. **Amsler** une médaille d'argent hors concours pour le planimètre polaire qu'il vous a présenté.

Quant au prix des chauffeurs, dix-sept concurrents se sont présentés cette année; je vous ai dit plus haut quel a été le résultat de ce concours.

Vous avez aussi arrêté, dans votre séance de mai, le nouveau programme des prix pour 1861; les prix mis au concours sont au nombre de 123, et les sommes offertes s'élèvent à 63,000 fr.

CONSEIL D'ADMINISTRATION.

Votre Conseil d'administration a veillé, avec le zèle que vous lui connaissez, aux intérêts que vous lui avez confiés. Le rapport que M. **Mathieu Mieg,** votre trésorier, vous a présenté dans votre dernière séance, vous a montré l'état prospère dans lequel vos finances se trouvent aujourd'hui, quoique vous ayez consacré à l'arrangement de votre Musée une somme sensiblement plus forte que celle qui avait été prévue au budget, et que vous ayez eu en outre un certain nombre de dépenses sur lesquelles vous ne pouviez compter, et parmi elles des réparations urgentes et assez importantes à diverses parties de vos bâtiments.

Citons parmi les améliorations de détail, effectuées par l'initiative de votre Conseil, la décision que vous avez prise de faire imprimer à l'avenir dans vos Bulletins les parties les plus saillantes des délibérations de vos Comités qui, ne pouvant pas toujours vous être soumises à cause des nombreux travaux qui remplissent l'ordre du jour de vos séances, présentent souvent assez d'intérêt pour être portées, de cette façon, à la connaissance de la Société entière et du nombreux public qui lit aujourd'hui vos Bulletins.

Le nombre des paquets cachetés s'est aussi augmenté d'une façon notable, et vous avez reçu cette année douze nouveaux dépôts; l'utilité de cette innovation, qui ne remonte qu'à un petit nombre d'années seulement, vous est ainsi toujours démontrée davantage.

Vous avez eu cette année, messieurs, à renouveler une partie de votre bureau. La démission de M. **Ch. Thierry-Mieg,** dont les occupations l'éloignent aujourd'hui de Mulhouse une grande partie de l'année, vous a obligés de nommer un nouveau secrétaire, et par suite un nouveau secrétaire adjoint. Vous avez reçu aussi la démission de M. **G. Mieg,** qui remplissait, depuis l'origine de la Société, les fonctions d'économe. Vous lui avez exprimé vos regrets de le voir obligé, par des motifs de santé, de résilier ses fonctions, et vous lui avez voté, par acclamations, des remerciments pour le zèle dévoué qu'il a mis à les remplir pendant de si longues années.

La Société industrielle a admis dans son sein, en 1863, vingt-trois membres ordinaires, deux membres honoraires et trois membres correspondants; un membre ordinaire a, par contre, donné sa démission, et vous avez eu à déplorer la mort de trois de vos membres : de M. **Ch. Bernoulli,** de Bâle, membre correspondant de la Société depuis son origine; de M. **J. Gros père,** l'un des chefs de la puissante maison de Wesserling, et tout récemment enfin, de M. **Joseph Koechlin-Schlumberger,** membre fondateur de la Société, à la veuve duquel vous avez prié votre président d'écrire en votre nom pour lui dire quelle part vous avez prise à sa grande et légitime douleur.

M. le Dr **Weber** vous a retracé, dans la notice nécrologique dont il vous a donné lecture dernièrement, tous les mérites de M. **Joseph Koechlin-Schlumberger,** l'un de vos membres les plus actifs pendant de longues années. Il a passé en revue toute la carrière industrielle, scientifique et administrative de ce collègue regretté, dont tous les efforts ont eu constamment pour but les progrès de l'industrie et de la science, et le bien de son pays.

La Société-industrielle se compose aujourd'hui de :

   264 membres ordinaires;
   26 membres honoraires;
   121 membres correspondants.
   ────────
Ensemble 411 membres.

Ici se termine ma tâche, messieurs. Le résumé que je viens de vous soumettre vous a fait voir que l'année qui vient de s'écouler n'a pas été moins que les précédentes féconde en résultats utiles obtenus par la Société, et en progrès réalisés par elle; et vous vous êtes ainsi assurés encore pour l'avenir l'influence que vous vous êtes acquise déjà par trente-huit ans d'efforts, de travaux et de recherches.

Les progrès, certes, sont aujourd'hui, dans les différentes branches d'industrie, moins rapides qu'autrefois, mais cela ne tient-il pas à l'état d'avancement même auquel elles sont parvenues? Ne voit-on pas surgir journellement encore cependant des questions nouvelles, et l'homme actif ne trouvera-t-il pas toujours un vaste champ ouvert à ses recherches? C'est ce champ que vous cultivez, messieurs; vous y trouvez à perfectionner encore là où d'autres croyaient le dernier degré de perfection atteint déjà, et une ample moisson restera toujours à recueillir par ceux qui n'auront pas craint d'y semer.

Auguste Dollfus, secrétaire.

LISTE DES MEMBRES DE LA SOCIÉTÉ INDUSTRIELLE EN JANVIER 1864.

Membres ordinaires.

Alioth (Achille), manufacturier à Arlesheim (Suisse).

Barbé (Victor), chimiste à Annecy.

Barraut (Émile), ingénieur civil à Paris.

Baudry (Charles), manufacturier à Cernay.

Baumgartner (André), ingénieur mécanicien à Mulhouse.

Baumgartner (Léon), blanchisseur à Sainte-Marie-aux-Mines.

Berger (Louis), constructeur à Vieux-Thann.

Bougulot, ingénieur mécanicien à Mulhouse.

Blon (Louis), manufacturier à Sentheim.

Bichelberger, fabricant de papier à Clairefontaine.

Bindschädler, filateur à Thann.

Bleeh (Charles), manufacturier à Sainte-Marie aux-Mines.

Bleeh (François-Joseph), manufacturier à Mulhouse.

Blonay (Henri de), directeur des mines de Reichshoffen.

Boigeol-Japy, manufacturier à Giromagny.

Böringer (Alfred), fabricant de drap à Mulhouse.

Böringer (Camille), chimiste à Mulhouse.

Böringer (Eugène), manufacturier à Mulhouse.

Bornèque (Albert), directeur de filature à Mulhouse.

Boureart (Charles), manufacturier à Guebwiller.

Boureart (Henri), manufacturier à Guebwiller.

Boureart (Jean-Jacques), ingénieur civil à Guebwiller.

Bourges (Gaston de), fabricant de papier à Villé-sur-Saulx.

Bourry, directeur de filature à Dornach.

Braun (Mathias), fabricant de papier à Munster.

Breuer (Otokar), chimiste à Kuttenberg, près Prague.

Burnat (Émile), manufacturier à Mulhouse.

Castellaz, fabricant de produits chimiques à Paris.

Cordillot (Henri), chimiste à Mulhouse.

Degermann (Jules), manufacturier à Sainte-Marie-aux-Mines.

Doll (Charles), directeur d'assurances à Mulhouse.

Dollfus (Armand), chimiste à Mulhouse.

Dollfus (A.), chimiste à Puteaux, près Paris.

Dollfus (Auguste), manufacturier à Mulhouse.

Dollfus-Ausset (Daniel), manufacturier à Mulhouse.

Dollfus (Édouard), négociant à Mulhouse.

Dollfus (Eugène), chimiste à Mulhouse.

Dollfus-Galline (Charles), chimiste à Mulhouse.

Dollfus (Gustave), ingénieur civil à Mulhouse.

Dollfus (Jean) père, manufacturier à Mulhouse.

Ducommun (fils), ingénieur mécanicien à Mulhouse.

Mumérll (Léon), mécanicien à Morsch-willer.

Ehrmann (Eugène), chimiste à Rixheim.

Engel-Dollfus, manufacturier à Mulhouse.

Engel (Eugène), mécanicien à Mulhouse.

Fauquet (Octave), filateur à Oissel, près Rouen.

Favre (Gustave), négociant à Mulhouse.

Favre (Jules), négociant à Mulhouse.

Fayolle (Petrus), négociant à Mulhouse.

Flühr (Xavier), constructeur à Mulhouse.

Franger (Édouard), manufacturier à Guebwiller.

Fries (Jean), chimiste à Mulhouse.

Gerber-Keller (Jean), chimiste à Bâle.

Goppelsröder, professeur à Bâle.

Gros (Albin), manufacturier à Wesserling.

Gros (Jules-Gabriel), négociant à Mulhouse.

Grosheintz, chimiste au Logelbach.

Grosheintz, directeur de filature à Thann.

Grosjean (Émile), manufacturier à Mulhouse.

Gros-Renaud (Charles), chimiste à Mulhouse.

Guth (Jean-Jacques), manufacturier à Mulhouse.

Häffely (Édouard), chimiste à Pfastadt.

Häffely (Henri), blanchisseur au château de Pfastadt.

Haffner (Jean) fils, manufacturier à Sainte-Marie-aux-Mines.

Hartmann (Henri) fils, manufacturier à Munster.

Hartmann (Jules-Albert), chimiste à Mulhouse.

Hartmann-Liebach (Jacques), manufacturier.

Heffther (Lothaire), chimiste à Berlin.

Hellmann (Édouard), mécanicien à Mulhouse.

Hellmann (Jean), chimiste à Mulhouse.

Hellmann (Paul), mécanicien à Mulhouse.

Hergott (Camille), ingénieur à Audincourt.

Hickel, notaire à Mulhouse.

Hofer (Henri), manufacturier à Kaysersberg.

Horstmann, directeur de la manufacture à Gisors.

Hübner (Albert), fabricant à Moscou.

Huguenin-Cornotz, ancien constructeur à Mulhouse.

Huguenin (Louis), manufacturier à Mulhouse.

Imbach, chimiste à Lörrach (Bade).

Imbach (Émile), chimiste à Mulhouse.

Imbert-Köchlin, négociant à Mulhouse.

Imbs (Jules), manufacturier à Brumath.

Japy (Adolphe), manufacturier à Beaucourt.

Journet, fabricant de papier aux Souches.

Juneadella (Émile), chimiste à Barcelone.

Kanneguiser (Ernest), chimiste à Puteaux, près Paris.

Kargès (Albert), fabricant d'amidon à Duttenheim.

Kestner (Charles), fabricant de produits chimiques à Thann.

Köchlin (Alfred), manufacturier à Mulhouse.

Köchlin (André), manufacturier à Mulhouse.

Köchlin (Camille), chimiste à Mulhouse.

Köchlin (Carlos), chimiste à Mulhouse.

Köchlin (Charles), négociant à Mulhouse.

Köchlin-Dollfus (Jean), manufacturier à Mulhouse.

Köchlin (Émile), manufacturier à Mulhouse.

Köchlin (Eugène), manufacturier à Mulhouse.

Köchlin (Eugène), Dr en médecine à Mulhouse.

Köchlin (Gustave), manufacturier à Willer.

Köchlin (Henri), ingénieur civil à Mulhouse.

Köchlin-Kurlmann (Jacques), manufacturier à Mulhouse.

Köchlin (Jacques), manufacturier à Munster.

Köchlin (Jules), manufacturier à Paris.

Köchlin (Léon), négociant à Mulhouse.

Köchlin (Napoléon), manufacturier à Massevaux.

Köchlin (Nicolas) père, manufacturier à Mulhouse.

Köchlin (Nicolas) fils, ingénieur civil à Mulhouse.

Köchlin (Nicolas, fils de Pierre), manufacturier à Lörrach (Bade).

Kœhlin (Oscar), chimiste à Morschwiller.

Kœhlin-Schouch (Daniel), manufacturier à Mulhouse.

Kœhlin-Schwartz, manufacturier à à Mulhouse.

Köhler (Charles), chimiste à Sainte-Marie-aux-Mines.

Krantz (Auguste), fabricant de papier à Ranfaing.

Krantz (Léon), fabricant de papier à Docelles.

Kuhff (Charles), ingénieur civil à Reichshoffen.

Kullmann (Alfred), négociant à Mulhouse.

Läderich (Gustave), fabricant à Mulhouse.

Lamy (Louis), fabricant de papier à Ars-sur-Moselle.

Landmann (Alfred), manufacturier à Sainte-Marie-aux-Mines.

Landmann (Léon), manufacturier à Sainte-Marie-aux-Mines.

Lauffer, directeur de manufacture à Annecy.

Manshendel (Jean-Jacques), négociant à Mulhouse.

Mantz-Blech (Jean), fabricant à Mulhouse.

Mantz (Jean) fils, fabricant à Mulhouse.

Maupeou (René de), propriétaire à Mulhouse.

Mène (Charles), chimiste à Lyon.

Mertzdorff (Charles) fils; blanchisseur à Vieux-Thann.

Messmer, directeur de manufacture à Graffenstaden.

Meyer (Émile), chimiste à Mulhouse.

Meyer (Jean) fils, chimiste à Mulhouse.

Meyer (Jules), chimiste à Mulhouse.

Meyer (Robert), négociant à Mulhouse.

Mieg (Jean-Georges), manufacturier à Mulhouse.

Mieg (Mathieu), manufacturier à Mulhouse.

Monnet, chimiste à Lyon.

Muller (Édouard), mécanicien à Thann.

Munch, chimiste à Wesserling.

Nägely (Alfred), manufacturier à Mulhouse.

Nägely (Arthur), manufacturier à Mulhouse

Nägely (Charles), manufacturier à Mulhouse.

Ochs (Jean), chimiste à Frauenfeld.

Outhenin-Chalandre, fabricant de papier à Besançon.

Paraf (Mathias), manufacturier à Thann.

Poirier, fabricant de produits chimiques à Paris.

Rach (Iwan), négociant à Mulhouse.

Reber (Jules), manufacturier à Guebwiller.

Reicheneeker (Georges), fabricant à Ollwiller.

Richard (Paul), chimiste à Mulhouse.

Rieder (Amédée), manufacturier à l'Ile-Napoléon.

Rieder (Jacques), négociant à l'Ile-Napoléon.

Riondel, négociant à Mulhouse.

Risler-Beunat, chimiste à Bolbec.

Risler (Camille), fabricant de produits chimiques à Thann.

Risler (G. A.), manufacturier à Cernay.

Risler (Jean) père, pharmacien à Mulhouse.

Risler (Jean), fils, pharmacien à Mulhouse.

Roman père, manufacturier à Wesserling.

Roman (Gaspard) fils, manufacturier à Wesserling.

Roman (Philippe), manufacturier à Wesserling.

Roth (Jules), chimiste à Mulhouse.

Royet (Claude), chimiste à Mulhouse.

Royet (Émile), chimiste à Mulhouse.

Saal (Louis), chimiste à Mulhouse.

Saglio (Florent), ingénieur à Audincourt.

Schäffer (Gustave), chimiste à Mulhouse.

Scheurer-Kestner, fabricant de produits chimiques à Thann.

Scheurer (Oscar), chimiste à Thann.

Scheurer-Rott (Auguste), manufacturier à Thann.

Schirmer, directeur de filature à Hüttenheim (Bas-Rhin).

Schlieper (Gustave), manufacturier à Elberfeld.

Schlumberger (Adolphe), ingénieur civil à Guebwiller.

Schlumberger (Albert), chimiste à Bâle.

Schlumberger (Donald), chimiste à Mulhouse.

Schlumberger-Ehinger, négociant à Mulhouse.

Schlumberger (Georges), manufacturier à Mulhouse.

Schlumberger (Henri), manufacturier à Guebwiller.

Schlumberger (Isaac), manufacturier à Mulhouse.

Schlumberger (Iwan), manufacturier à Mulhouse.

Schlumberger (Jean), fils, manufacturier à Guebwiller.

Schlumberger (Jules-Albert), manufacturier à Guebwiller.

Schlumberger (Nicolas), père, manufacturier à Mulhouse.

Schlumberger (Nicolas) fils, manufacturier à Guebwiller.

Schlumberger (Théodore), ingénieur civil à Mulhouse

Schmerber (Camille), négociant à Guebwiller.

Schön (Camille), mécanicien à Mulhouse.

Schwarberg, chimiste à Kingersheim.

Schwartz (Édouard), négociant à Mulhouse.

Schwartz (Gustave), manufacturier à Mulhouse.

Schwartz (Henri), manufacturier à Mulhouse.

Schwartz (Léonard), propriétaire à Mulhouse.

Schweisguth (Ernest), ingénieur civil à Mulhouse.

Seillière (Ernest), ingénieur civil à Mulhouse.

Siegfried (Jacques), négociant au Havre.

Sifferlin (Louis), chimiste à Moscou.

Spörry (Henri), négociant à Mulhouse.

Stehelin (Édouard), constructeur à Bischwiller.

Stehelin (Édouard) fils, constructeur à Bischwiller.

Stehelin (Émile), fabricant de feutre à Bischwiller.

Stein (Martin), fabricant de câbles en fer à Mulhouse.

Steinbach (Alphonse), chimiste à Mulhouse.

Steinbach (Georges), manufacturier à Mulhouse.

Steinbach (Jean), propriétaire à Mulhouse.

Steinbach (Jean), chimiste à Mulhouse.

Steiner (Charles), manufacturier à Ribeauvillé.

Steiner (Frédéric), manufacturier à Church (Angleterre).

Steinlen (Vincent), ingénieur mécanicien à Mulhouse.

Strohl (Frédéric), directeur des forges d'Audincourt.

Tachard (Albert), propriétaire à Morschwiller.

Thierry-Kœchlin (Henri), manufacturier à Mulhouse.

Thierry-Mieg (Auguste), manufacturier à Mulhouse.

Thierry-Mieg (Charles), manufacturier à Mulhouse.

Thierry-Mieg (Édouard), manufacturier à Mulhouse.

Thierry-Mieg (Émile), manufacturier à Mulhouse.

Thierry-Mieg (Mathieu), manufacturier à Mulhouse.

Tournier (Vladimir), directeur de filature à Mulhouse.

Trapp (Édouard), manufacturier à Mulhouse.

Tulpin, aîné, constructeur à Rouen.

Vaucher (Édouard), manufacturier à Mulhouse.

Viellard (Léon), ingénieur civil à Morvillars.

Wagner (Jean), chimiste à Serpukoff (Russie).

Wapler (Alphonse), négociant à Mulhouse.

Weber (Jacques), manufacturier à Sainte-Marie-aux-Mines.

Wedlés (Henri), chimiste à Clichy.

Wehrlin (Édouard), manufacturier à Mulhouse.

Weiss-Favre (Georges), chimiste à Mulhouse.

Weiss (Gaspard), chimiste à Mulhouse.

Weiss (Jacques), manufacturier à Barr.

Weiss-Schlumberger, propriétaire à Mulhouse.

Weissgerber (Édouard), ingénieur à Audincourt.

Weyer (Charles), ingénieur civil à Paris

Witz-Biemer (Émile), manufacturier Sainte-Marie-aux-Mines.

Witz (Frédéric), chimiste à Eilenberg (Prusse).
Witz-Greuter (Jean), à Guebwiller.
Witz (Henri), filateur à Cernay.
Wolf (Frédéric), chimiste à Mulhouse.
Zeller (Édouard), manufacturier à Oberbruck.
Zeller (Gaspard), manufacturier à Oberbruck.
Ziegler (Gaspard), ingénieur civil à Mulhouse.
Ziegler (Henri), ingénieur civil à Mulhouse.
Ziegler (Jean-Jacques), ingénieur civil à Guebwiller.
Zindel (Octave), ingénieur mécanicien à Mulhouse.
Zuber (Ernest), manufacturier à Rixheim.
Zuber-Frauger, manufacturier à l'Ile-Napoléon,
Zuber (Victor), ingénieur civil à l'Ile-Napoléon.
Zuber (Iwan), manufacturier à Rixheim.
Zurcher (Alphonse), manufacturier à Cernay.

Membres honoraires.

Bader (Léon), directeur de l'École professionnelle de Mulhouse.
Becker (Philippe), instituteur à Mulhouse.
Braun (Adolphe), photographe à Dornach.
Cherest, professeur de mathématiques à Mulhouse.
Clément de Grandpré, secrétaire en chef à la mairie de Mulhouse.
Delbos, professeur d'histoire naturelle à Mulhouse.
Ehrsam (Nicolas), archiviste à Mulhouse.
Falconet, professeur de mathématiques à Mulhouse.
Fries, directeur de l'École de tissage de Mulhouse.
Hoppé, professeur de mathématiques à Mulhouse.
Janeigny (Alfred de), sous-préfet de Mulhouse.
Jälg (Victor), professeur de dessin à Mulhouse.
Jundt, ingénieur des ponts et chaussées à Mulhouse.

Klenck, professeur au collège de Mulhouse.
La Sablière (de), principal du collège de Mulhouse.
Leblou, ingénieur des mines à Mulhouse.
Leloutre, professeur de mécanique à Mulhouse.
Michel (Auguste), instituteur à Mulhouse.
Penot (Achille), directeur de l'École supérieure des sciences appliquées de Mulhouse.
Schnere, architecte à Mulhouse.
Schneider, professeur de chimie à Mulhouse.
Schützenberger, professeur de chimie à Mulhouse.
Stöber (Auguste), professeur au collège de Mulhouse.
Vitoux, garde-mines à Mulhouse.
Weber, docteur en médecine à Mulhouse.
Weber (Henri), ancien manufacturier à Mulhouse.
Zickel-Kœchlin, ancien secrétaire-adjoint à Mulhouse.
Zündel (Auguste), vétérinaire à Mulhouse.

Membres correspondants.

Alcan, professeur à l'École centrale, à Paris.
Armengaud ainé, ingénieur civil à Paris.
Audiganne, chef de bureau au Ministère du commerce à Paris.
Barreswyl, professeur de chimie à Paris.
Bazaine, ingénieur des ponts et chaussées à Paris.
Bolley, professeur de chimie à Zurich.
Bourcier (Jules), négociant à Lyon.
Bresson, ingénieur civil à Paris.
Brévillier, manufacturier à Vienne (Autriche).
Brunner, professeur de chimie à Berne.
Cailletet (Cyrille), pharmacien à Charleville.
Cazalès (Albert), président de la Société d'agriculture de Montpellier.
Cézar (Nicolas), négociant à Nancy.
Chaperon, ingénieur en chef du chemin de fer de Paris à Lyon, à Paris.
Chevallier (Auguste), professeur à l'École de pharmacie, à Paris.
Chevallier (Michel), sénateur à Paris.

Chevreul, directeur des Gobelins et du Jardin des Plantes, à Paris.

Clarinval, capitaine d'artillerie à Metz.

Colladon, ingénieur civil à Genève.

Collomb (Édouard), géologue à Paris.

Coste, juge à Schlestadt.

Crace-Calvert, professeur de chimie à Manchester.

Dingler, professeur de chimie à Augsbourg.

Engelhart, directeur des forges de Niederbronn.

Fallot, manufacturier à Fouday.

Favre, membre de la Chambre de commerce de Besançon.

Figuier (Louis), docteur ès sciences à Paris.

Fischer, colonel à Schaffhouse.

Finehat (Étienne), ingénieur civil à Paris.

Folzer (Léger), fils, propriétaire à Tagolsheim.

Forster (Charles), manufacturier à Augsbourg.

Fraye, manufacturier à Aarau.

Frécot, ingénieur des ponts et chaussées à Metz.

Gahold (Hippolyte), secrétaire de la Société d'agriculture de Toulouse.

Gand (Henri), fabricant à Reims.

Girard (Charles), manufacturier à Angers.

Girardin, doyen de la Faculté des sciences de Lille.

Goldschmidt, chimiste à Berlin.

Guerre, ingénieur du canal de la Marne au Rhin, à Strasbourg.

Guillory, aîné, manufacturier à Angers.

Gundlach, chimiste à Mannheim.

Hédet (Isidore), manufacturier à Saint-Étienne.

Himer (Auguste), chimiste à Avignon.

Hirn (A. G.), ingénieur civil au Logelbach.

Hofmann, professeur de chimie à Londres.

Hogard (Henri), géologue à Épinal.

Hülze, professeur de chimie à Chemnitz (Saxe).

Jünger, docteur en médecine à Colmar.

Jutier, ingénieur des mines à Paris.

Kampmann, pharmacien à Colmar.

Käppelin, directeur de l'usine à gaz, à Colmar.

Kirschleger, professeur de botanique à Strasbourg.

Kœchlin (Horace), chimiste à Déville-lès-Rouen.

Kopp, chimiste à Saverne.

Kuhlmann, président de la Chambre de commerce de Lille.

Kuhn, docteur en médecine à Niederbronn.

Kurrer, docteur en médecine à Zwickau (Saxe).

Lafarelle, ancien magistrat à Nîmes.

Lehr (Paul), homme de lettres à Strasbourg.

Liebig (Justus), professeur à Giessen.

Malmbourg, ancien professeur à Colmar.

Mallet (A. F.), président de la Société industrielle de Saint-Quentin.

Mathieu (Plessy), fabricant de produits chimiques à Paris.

Mérian (Pierre), professeur à Bâle.

Michel (A. F.), membre de la Chambre de commerce de Lyon.

Moigno (l'abbé), rédacteur des *Mondes* à Paris.

Morin (Arthur), directeur du Conservatoire des arts et métiers, à Paris.

Mougeot, fils, docteur en médecine à Bruyères.

Muntz, ingénieur en chef des ponts et chaussées à Colmar.

Nicklès, professeur de chimie à Nancy.

Nourry, ingénieur civil à Bischwiller.

Odent (Paul), préfet du Haut-Rhin, à Colmar.

O'Neill, chimiste à Manchester.

Ordinaire de la Collonge, capitaine d'artillerie à Bordeaux.

Parandier, ingénieur en chef des ponts et chaussées, à Besançon.

Persoz, professeur de chimie à Paris.

Pimont (Prosper), manufacturier à Darnethal.

Quesneville, rédacteur du *Moniteur scientifique*, à Paris.

Reichenbach, docteur à Vienne (Autriche).

Résal (Henri), ingénieur des mines à Besançon.

Reybaud (Louis), membre de l'Institut à Paris.

Rondot (Nathalis), délégué de la Chambre de commerce de Lyon.

Rottmann, instituteur à Habsheim.

Rozet, commandant d'état-major à Paris.
Sace, chimiste à Barcelone.
Saladin (Eugène), ingénieur mécanicien à Hüttenheim.
Sarrazin, professeur à Dâle.
Schimper, professeur d'histoire naturelle à Strasbourg.
Schlumberger (Charles), à Paris.
Schlumberger (Ch.), ingénieur de marine à Nancy.
Schönbein, professeur de chimie à Dâle.
Seguin, manufacturier à Annonay.
Séringen, professeur de botanique à Lyon.
Simon (Jules), membre de l'Institut à Paris.
Stoffel, percepteur à Habsheim.

Studer (Bernard), professeur de géologie à Berne.
Summer, ingénieur à Manchester.
Thirion, ingénieur civil à Bar-le-Duc.
Tresen, sous-directeur du Conservatoire des arts et métiers, à Paris.
Turok, docteur en médecine à Plombières.
Viollet, ingénieur civil à Paris.
Walter (Crum), manufacturier à Glascow.
Willm, préparateur de chimie de la Faculté de médecine de Paris.
Woodcrofft, superintendant of the Patent, à Londres.
Zetter-Tessier, agronome à Saint-Dié.
Ziekel (fils), capitaine d'artillerie à Biskra
Zurcher, officier en retraite à Toulon.

Conseil d'administration.

Köchlin (N.), président.
Köchlin-Schouch (Daniel), président honoraire.
D' Penot, vice-président.
Nägely (Ch.), fils, id.
Dollfus (Aug.), secrétaire.
Zuber Ernest), secrétaire adjoint.
Mieg (Mathieu) fils, trésorier.
Schwartz (Henri), économe.
Thierry-Mieg (Édouard), bibliothécaire.
Köchlin (Carlos), bibliothécaire adjoint.
Les secrétaires des divers Comités font également partie du Conseil d'administration.

Comité de chimie.

Dollfus-Galline (Charles), secrétaire.
Schneider, secrétaire adjoint.
Cordillot.

Dollfus (Armand).
Dollfus-Ausset (Daniel).
Dollfus (Eugène).
Ehrmann (Eugène).
Gerber-Keller (Jean).
Goppelsröder.
Gros-Renaud (Charles).
Hartmann (Jules-Alb.).
Häffely (Henri).
Hellmann (Jean).
Imbach.
Köchlin (Camille).
Köchlin (Carlos).
Köchlin-Schouch (Daniel).
Köchlin (Eugène).
Köchlin (Oscar).
Meyer (Jules).
Paraf (Mathias) fils.
Penot.
Richard (Paul).
Risler (Jean), fils.
Roman (Philippe).
Royet (Claude).
Saal.
Schäffer (Gustave).
Schourer-Kestner.
Scheurer (Oscar).
Schlumberger (Albert).
Schlumberger (Donald).

Schlumberger (Isaac) père.
Schlumberger (Iwan).
Schützenberger.
Schwartz (Gustave).
Steinbach (Alphonse).
Steinbach (Georges).
Steinbach (Iwan).
Thierry-Mieg (Charles) fils.
Thierry-Mieg (Édouard).
Weiss-Favre (G.).
Wolff (Frédéric).
Zuber (Iwan).
Zündel (Auguste).

Comité de mécanique.

Burnat (Ém.), secrétaire.
Baumgartner (André).
Bougniot (E.).
Bleeh (J. J.).
Bornèque (Albert).
Bourry.
Cherest.
Dollfus (Auguste).
Dollfus (Gustave).
Engel (Eugène).
Falconet.
Flähr (Xavier).

Guth (Jean-Jacques).
Hoppé.
Huguenin-Corneta
  (Auguste).
Jundt.
Köchlin (Émile).
Köchlin (Henri).
Köchlin - Hurlimann
  (Jacques).
Oechlin (Napoléon).
Leblen.
Lecoutre.
Nägely (Charles) fils.
Rieder (Amédée).
Schlumberger (Théod.).
Schön (Camille).
Schwartz (Henri).
Schweisguth (Ernest).
Seillère.
Thierry-Köchlin (H.).
Thierry-Mieg (Ch.) fils.
Ziegler (Gaspard).
Ziegler (Henri).
Zündel (Octave).
Zuber (Ernest).
Zuber (Victor).

Comité de commerce.

Steinbach (Georges), se-
  crétaire.
Dollfus (Jean), père.
Engel-Dollfus (Fréd.).
Imbert-Köchlin.
Kestner-Rigaud (Ch.).
Köchlin-Schwartz (Al-
  fred).
Köchlin - Steinbach
  (Alfred).
Köchlin (Émile).
Mantz-Bloch (Jean).
Mieg (Mathieu).
Nägely (Alfred).
Rack (Iwan).
Schlumberger (Améd.).
Schlumberger (J. Alb.).
Siegfried (Jacques).
Spörry (Henri).

Thierry-Mieg (Émile).
Weiss-Schlumberger.
Zuber (Iwan).

Comité d'histoire naturelle.

Dr Weber, secrétaire.
Becker (P.).
Delbos.
Dollfus-Ausset (Daniel).
Gerber-Keller (J.).
Köchlin (Oscar).
Köchlin (Eugène).
Köchlin-Schouch (Da-
  niel).
Michel (Auguste).
Risler (Jean), père.
Voucher (Édouard).
Weber (Henri), père.
Weiss-Schlumberger.
Zündel (Auguste).

*Comité d'hist ire et de sta-
tistique.*

Thierry-Mieg (Ch.) fils,
  secrétaire.
Ehrsam, secrétaire ad-
  joint.
Kienck, H.
Bader.
Clément de Grandpré.
De la Sablière.
Engel-Dollfus (F.).
Köchlin-Schouch (Da-
  niel).
Köchlin (Émile).
Mieg (Georges).
Mieg (Mathieu).
Penot.
Stöber.
Stoffel.

Comité des beaux-arts.

Köchlin-Dollfus (Jean),
  secrétaire.
Baumgartner (André).
Dollfus-Ausset (Daniel).

Engel-Dollfus (F.)
Köchlin (Eugène).
Köchlin (Nicolas) père.
Mieg (Mathieu).
Schwartz (Gustave).
Ziegler (Henri).
Zuber-Frauger (Fréd.).

Comité d'utilité publique.

Dollfus (Jean) père, se-
  crétaire.
Bader.
Mantz-Bloch (J.).
Durnat (Émile).
Dollfus-Ausset (Daniel).
Engel-Dollfus.
Huguenin (Louis).
Jundt.
Kestner-Rigaud (Ch.).
Köchlin-Schouch (D.).
Köchlin-Dollfus (Jean).
Köchlin (Nicolas) père.
Nägely (Charles) fils.
Penot.
Schlumberger (N.) fils.
Steinbach (G.).
Thierry (Auguste).
Thierry-Mieg (Ch.) fils.
Thierry-Köchlin (H.).
Weber, docteur.
Zuber (Iwan).

*Comité de l'industrie du
papier.*

Rieder (Amédée), secré-
  taire.
Zuber (Iwan), secrétaire
  adjoint.
Braun (Mathias), id.
Bichelberger.
Bourges (Gaston de).
Journet.
Krantz (Auguste).
Krantz (Léon).
Lamy (L.).
Outhenin-Chalandre.
Zuber-Frauger (Fréd.).

SOCIÉTÉ INDUSTRIELLE DE MULHOUSE (Haut-Rhin).

Programme des prix proposés par la Société industrielle de Mulhouse dans son assemblée générale du 27 mai 1863, pour être décernés en mai 1864[2].

PRIX ÉMILE DOLLFUS.

Sur la généreuse proposition de la famille de M. Émile Dollfus, qui a offert d'en faire les frais pour honorer la mémoire de son chef, la Société industrielle décernera tous les dix ans, à partir de 1869 :

Une Médaille d'or et une somme de 6,000 francs

l'auteur de la découverte, invention ou application faite dans les dix années précédentes, et qui, au jugement de la Société, sera considérée comme ayant été la plus utile à une des grandes industries exploitées dans le département du Haut-Rhin.

Si, parmi les découvertes, inventions ou applications présentées au concours, il ne s'en trouvait aucune que la Société regardât comme assez importante, le prix ne serait point décerné ; mais il pourrait être accordé des primes d'encouragement dont la valeur serait proportionnée au mérite desdites découvertes, inventions ou applications.

PRIX DANIEL DOLLFUS.

Afin de perpétuer la mémoire de M. Daniel Dollfus fils, sa veuve a fait don d'une somme de 10,000 fr. à la Société industrielle, pour fonder un prix décennal dans les mêmes conditions que le précédent, avec lequel il alternera ; de manière qu'une médaille d'or et une somme de 6,000 fr. puissent être décernées tous les cinq ans, à partir de 1864.

Toutefois, pour cette année 1864, le prix se composera seulement d'une médaille d'or et d'une somme de 600 fr. provenant des intérêts cumulés des 10,000 fr. donnés par madame Daniel Dollfus.

Toute découverte, invention ou application qui aura obtenu l'un des prix précédents sera par là exclue des deux concours à l'avenir.

ARTS CHIMIQUES.

I. Médaille d'argent, *pour l'explication théorique de la fabrication du rouge d'Andrinople.*

II. Médaille de 2,500 francs, ou Médaille d'or, d'argent ou de bronze, *pour la découverte ou l'introduction d'un procédé utile à la fabrication des toiles peintes ou des produits chimiques.*

III. Médaille d'or, *pour un alliage métallique propre à servir pour racles de rouleaux, et qui réunisse à l'élasticité et à la dureté de l'acier la propriété de ne pas être attaqué par les couleurs contenant des dissolutions de cuivre et de fer en fortes doses, ou pour un moyen galvanique ou autre d'empêcher l'action chimique des couleurs sur racles d'acier.*

IV. Médaille d'or, *à celui qui aura livré aux fabriques du Haut-Rhin 2,000 kilog. au moins, ou la quantité équivalente en poudre de racines de garance, récoltées la même année dans une seule propriété, en Algérie.*

Médaille d'argent, *à celui qui aura livré la moitié de cette quantité dans les mêmes conditions.*

DA [1] Extrait du *Bulletin de la Société industrielle de Mulhouse*, novembre 1863, p. 498.

[2] La plupart des questions portées dans ce programme ont déjà figuré dans celui de l'année dernière. Si la Société industrielle les maintient au concours, c'est qu'elles n'ont pas encore eu de solutions satisfaisantes.

Les envois devront être accompagnés de pièces justificatives signées des autorités locales, constatant la provenance de la garance envoyée.

V. Médaille d'argent, *pour un moyen plus certain et plus pratique que ceux qui ont été proposés jusqu'à présent, de constater :*

     1° *La sophistication d'une huile ;*

     2° *La nature des huiles mélangées ;*

     3° *La proportion dans laquelle le mélange a été fait, avec une approximation certaine d'au moins trois centièmes, en remplaçant autant que possible les pesées par l'usage de liqueurs titrées.*

VI. Médaille d'or, *pour une amélioration importante dans le blanchiment de la laine.*

VII. Médaille d'argent, *pour un mémoire sur le blanchiment des toiles de coton écru.*

VIII. Médaille d'argent, *pour un mémoire relatif aux mordants organiques naturels de la laine, de la soie, du coton, etc.*

IX. Médaille de bronze, *pour un mémoire sur la fabrication des extraits des bois colorants.*

X. Médaille d'or ou d'argent, *pour une amélioration notable faite dans la gravure des rouleaux.*

XI. Médaille d'argent, *pour le meilleur système de cuves de teinture et de savonnage.*

XII. Médaille d'or, *pour la fabrication d'un outremer qui, épaissi à l'albumine et fixé à la vapeur de la manière ordinaire, n'éprouve aucune altération et conserve une nuance claire et vive.*

XIII. Médaille d'argent, *pour la théorie du coton impropre aux couleurs, désigné sous le nom de coton-mort.*

XIV. Médaille d'or, *pour un procédé de teint.   ou de fabrication de toiles peintes par les alcaloïdes.*

XV. Médaille d'or, *pour l'une ou l'autre des couleurs suivantes : rouge métallique, vert métallique foncé, violet métallique, grenat plastique, susceptibles d'être imprimées au rouleau, avec l'albumine pour épaississant.*

XVI. Médaille d'argent, *pour l'introduction dans le commerce de l'acide ferro-cyanhydrique ou des ferro-cyanures d'ammonium.*

XVII. Médaille d'or, *pour la préparation de laques de garance foncées au fer et à l'alumine.*

XVIII. Médaille d'or, d'argent ou de bronze (*selon le mérite respectif des ouvrages*), *pour les meilleurs manuels pratiques sur l'un ou l'autre des sujets suivants :* 1° *Gravure des rouleaux servant à l'impression ;* 2° *Gravure des planches servant à l'impression ;* 3° *Blanchiment des tissus de coton, laine, laine et coton, soie, chanvre et lin.*

XIX. Médaille d'argent, *pour un mémoire sur le cachou.*

XX. Médaille d'argent, *pour l'emploi en grand de l'ozone dans la fabrication des toiles peintes.*

XXI. Prix de 500 francs, *pour une substance qui puisse servir d'épaississant pour couleurs, apprêts et parements, et qui remplace avec une économie d'au moins 25 p. 100 toutes les substances employées jusqu'ici à ces divers usages.*

XXII. Médaille d'argent, *pour un mémoire indiquant l'action de l'ammoniaque sur les matières colorantes.*

XXIII. Médaille d'argent, *pour un mémoire indiquant quelles sont les conditions les plus favorables à la production de la benzine dans la distillation des combustibles.*

XXIV. Médaille d'argent, *pour un moyen de fixer le gris de charbon autrement et plus solidement que par l'albumine.*

XXV. Médaille d'argent, *pour un mémoire sur cette question : Comment les substitutions moléculaires affectent-elles les composés colorés organiques ?*

XXVI. Médaille d'argent, *pour l'analyse du Lokao ou vert de Chine.*

XXVII. Médaille d'or, *pour l'application à la fabrication des toiles peintes de l'action de la lumière ou de l'électricité sur des matières colorantes ou sur des matières qui se colorent sous l'action de ces agents.*

XXVIII. Médaille d'or, *pour une application nouvelle et pratique de la lumière ou de l'électricité à l'industrie des toiles peintes.*

XXIX. Prix de 17,500 fr. et Médaille d'or, *pour une substance pouvant remplacer, sous tous les rapports, l'albumine sèche des œufs, dans l'impression des couleurs sur les tissus, et présentant une économie notable sur le prix de l'albumine.*

XXX. Médaille d'argent, *pour l'introduction de l'alizarine dans le commerce.*

XXXI. Médaille de bronze, *pour un travail sur cette question : L'indigotine peut-elle être régénérée de ses composés sulfuriques ?*

XXXII. Médaille d'or, *pour la séparation du blanc d'œuf du jaune, lorsque ces deux substances se trouvent mélangées à une manière homogène.*

XXXIII. Médaille d'argent, *pour un mémoire sur cette question : Quels sont les degrés d'humidité et de chaleur auxquels la décomposition des mordants acétatés s'opère le plus rapidement et le plus avantageusement ?*

XXXIV. Médaille d'or, *pour une nouvelle source d'aniline autre que la nitro-benzine.*

XXXV. Médaille d'argent, *pour un mémoire sur l'emploi des résines dans le blanchiment des tissus de coton.*

XXXVI. Médaille d'or, *pour un nouvel emploi du jaune d'œuf.*

XXXVII. Médaille d'argent, *pour un empois pouvant servir à coller les chefs de pièces de tissus de coton divers, de manière qu'elles puissent, sans se décoller, supporter toutes les opérations préparatoires pour l'impression.*

XXXVIII. Médaille d'argent, *pour une encre indélébile à marquer les étoffes, pouvant supporter toutes les opérations du blanchiment, de la teinture et de l'avivage, et n'offrant aucun inconvénient pendant les différentes phases de ces opérations.*

XXXIX. Médaille d'or, *pour un procédé pratique de dosage de la benzine, de la nitro-benzine et de l'aniline du commerce.*

XL. Médaille d'or et une somme de 5,000 francs, *pour une nouvelle machine à rouleaux permettant d'imprimer au moins huit couleurs à la fois et offrant des avantages sur celles employées jusqu'à ce jour.*

XLI. Médaille d'argent, *pour un moyen pratique de doser l'albumine.*

XLII. Médaille d'argent, *pour un nouveau dissolvant des couleurs d'aniline, meilleur marché que les alcools, rendant les mêmes services dans la teinture et l'impression, et ajoutant aux avantages de l'alcool celui de ne pas coaguler les épaississants.*

XLIII. Médaille d'argent, *pour un nouveau procédé de fixer par l'impression les couleurs d'aniline d'une manière plus complète que par l'albumine.*

XLIV. Médaille d'or, *pour l'introduction en Alsace de cylindres en fer fondu, recouverts de cuivre par la galvanoplastie et servant à l'impression des indiennes.*

XLV. Médaille d'or, *pour l'introduction dans le commerce de la baryte caustique au prix maximum de 15 fr. les cent kilogrammes.*

XLVI. Médaille d'argent, *pour un nouvel alliage sans bismuth servant à la fabrication des clichés.*

XLVII. Médaille d'or de 500 francs, *pour un mode nouveau de traitement des différentes espèces d'huiles propres au graissage des machines.*

XLVIII. Médaille d'or, *pour un mémoire sur le rôle que jouent les diverses espèces de coton dans le blanchiment et la coloration des tissus.*

La crise cotonnière amène sur les marchés d'Europe une grande variété de cotons. De certaines sortes qui n'avaient jamais été employées qu'à titre d'essai le sont maintenant d'une manière presque générale.

Les tissus pour impression étaient, il y a quelques années, formés uniquement de filés en Louisiane et Jumel, ou en Géorgie longue soie. Aujourd'hui, une grande partie des calicots se font en coton des Indes ou du Levant pur ou mélangé de Louisiane : des cotons du Brésil remplacent des Jumels, etc., etc.; en un mot, la nature des filés destinés à la fabrication des tissus a subi de grandes modifications, et l'impression est obligée d'employer des tissus faits avec des cotons de toute provenance.

Le mémoire devra indiquer la solidité relative des divers cotons, l'action qu'a sur eux le blanchiment, leur affinité pour les mordants organiques et inorganiques, ainsi que leur affinité pour les matières colorantes.

XLIX. MÉDAILLE D'OR, *pour un travail théorique et pratique sur le carmin de cochenille.*

On devra indiquer d'où provient l'infériorité des produits obtenus par les procédés décrits dans les traités de chimie, relativement à ceux que livre le commerce, et dira pour quelle cause la totalité de la matière colorante n'est pas transformée ou ne serait pas transformable en carmin.

Il s'agit donc de donner un procédé de préparation dont les produits puissent rivaliser, quant au prix et à la vivacité de la nuance, avec les meilleures marques du commerce, puis d'expliquer théoriquement l'extraction partielle du colorant, ainsi que l'action réciproque des agents employés.

L. MÉDAILLE D'OR, *pour un procédé de fabrication du rouge d'aniline au moyen d'un autre agent que l'acide arsénique.*

Le nouveau procédé devra être au moins aussi économique que celui à l'acide arsénique, reconnu aujourd'hui pour le plus avantageux. Il devra fournir des produits aussi beaux et être exempt des dangers qui, au point de vue hygiénique, accompagnent la production du rouge d'aniline à l'aide de l'acide arsénique.

ARTS MÉCANIQUES.

I. MÉDAILLE D'OR, *pour un mémoire sur la filature de coton, Nᵒˢ 80 à 200 métriques* [1].

II. MÉDAILLE D'ARGENT, *pour la fabrication et la vente de nouveaux tissus dans le département.*

III. MÉDAILLE D'ARGENT, *pour de nouvelles recherches théoriques et pratiques sur le mouvement et le refroidissement de la vapeur d'eau dans les grandes conduites.*

IV. MÉDAILLE D'OR, *pour un mémoire complet sur les transmissions de mouvement.*

V. MÉDAILLE D'ARGENT, *pour les plans détaillés et la description complète de toutes les machines composant l'assortiment d'une filature de laine peignée, d'après les meilleurs systèmes connus aujourd'hui.*

VI. MÉDAILLE D'OR, *de la valeur de 1,000 francs, pour celui qui, le premier, aura fait fonctionner en France une machine à vapeur rotative présentant sous tous les rapports les mêmes avantages que les meilleures machines à vapeur connues.*

VII. MÉDAILLE D'OR, *de la valeur de 2,000 francs, pour l'invention et l'application avec avantage sur les procédés connus d'une machine ou d'une série de machines disposant toute espèce de coton longue-soie, d'une manière plus convenable qu'avec les procédés actuels pour être soumis à l'action du peignage.*

VIII. MÉDAILLE D'OR, *de la valeur de 1,000 francs, pour l'invention et l'application avec avantage sur les procédés connus d'une machine ou d'une série de machines propres à ouvrir et nettoyer toute espèce de coton courte-soie, de manière à le disposer convenablement pour être soumis à l'action des cardes, des épurateurs, des peigneuses, s'il*

[1] Voir le prix nº XLIV.

en existe pour les courte-soie à l'époque de l'invention, ou de toutes autres machines préparatoires analogues.

IX. Médaille d'or de 500 francs, pour un mode nouveau de traitement des différentes espèces d'huiles propres au graissage des machines. (Voir le prix N° XLVII des arts chimiques.)

X. Médaille d'or de la valeur de 1,000 francs, pour l'invention et l'application avec avantage sur les procédés connus d'une peigneuse ou d'une série de machines peigneuses, pour le coton courte-soie employé à la filature des N° ordinaires, et remplaçant avec avantage également le cardage ou l'un des deux cardages, et même; s'il est possible, en grande partie, le battage et épluchage, ou nettoyage du coton, comme le fait aujourd'hui la peigneuse Heilmann, pour les cotons longue-soie et les filés fins.

XI. Médaille d'or, pour le meilleur mémoire sur les dispositions les plus convenables à adopter, pour la construction des bâtiments et l'arrangement des machines d'une filature de coton ou d'un tissage mécanique.

XII. Médaille d'or, à l'établissement industriel du Haut-Rhin qui, à conditions égales, aura le plus complétement appliqué à l'ensemble de ses machines les dispositions nécessaires pour éviter les accidents.

XIII. Médaille d'argent, pour un mémoire sur le chauffage à la vapeur des ateliers, et en particulier des ateliers de filature.

XIV. Médaille d'argent, pour un mode d'emballage des filés en bobines ou canettes plus économique que celui actuellement employé.

XV. Médaille d'or, de la valeur de 1,000 francs, pour l'exécution d'un projet complet de retenue d'eau, au moyen de digues ou barrages, appliqué à l'un des cours d'eau du département du Haut-Rhin, et susceptible d'atteindre le double but de contribuer à prévenir les débordements et de former, pour les temps de sécheresse, une réserve d'eau dont pourraient profiter l'agriculture et l'industrie.

XVI. Médaille d'or, pour l'invention et l'application d'un compteur de vapeur.

XVII. Médaille d'or, de la valeur de 500 francs, pour l'invention et l'application d'un nouvel appareil compteur à eau applicable aux générateurs à vapeur.

XVIII. Médaille d'or, pour un moyen de déterminer la quantité d'eau entraînée par la vapeur hors des chaudières à vapeur.

XIX. Médaille d'or, pour un mémoire sur la force motrice nécessaire pour mettre en mouvement les diverses machines d'une filature ou d'un tissage mécanique. Ce travail devra être basé sur des expériences dynamométriques directes.

XX. Deux médailles d'or, deux médailles d'argent et deux médailles de bronze (selon le mérite respectif des ouvrages), pour les meilleurs mémoires, sous forme de traités pratiques, résumés ou manuels, s'appliquant à l'une ou l'autre des industries ci-après et destinés principalement à pouvoir être mis entre les mains des chefs d'atelier, contre-maîtres ou ouvriers :

Filature de coton; filature de laine peignée; filature de la bourre de soie; tissage du coton; retordage du coton, de la laine ou de la soie; fabrication du papier; construction des machines.

XXI. Médaille d'or, pour un mémoire sur les constructions à rez-de-chaussée à l'usage des filatures et tissages mécaniques.

XXII. Médaille d'argent, pour l'invention et l'application dans un établissement du Haut-Rhin d'un appareil ou d'une disposition non encore employée dans le département, et propre à éviter pour les ouvriers les accidents causés par les machines ou transmissions de mouvement.

XXIII. Prix de 6,000 francs, pour plans et devis de maisons à construire à Mulhouse, analogues à celles des cités ouvrières qui y ont été érigées en 1858, 1859 et 1860, et donnant un rabais de 20 p. 100 au moins sur les prix de revient de ces maisons.

XXIV. Médaille d'or, *pour une amélioration nouvelle dans la construction ou la disposition des chaudières à vapeur du type à bouilleurs ou de leurs foyers.*

XXV. Médaille d'or, *pour des analyses de gaz sortant des cheminées de chaudières à vapeur.*

XXVI. Médaille d'or, *pour la fabrication et la vente, dans le département du Haut-Rhin, de briques moins chères que celles en usage aujourd'hui.*

XXVII. Médaille d'or, a laquelle sera jointe une somme de 1,000 fr., *pour la découverte et l'application d'un procédé de séparation, dans des réservoirs hors de la chaudière, des sels calcaires et autres contenus dans les eaux de puits de Mulhouse.*

XXVIII. Cinq médailles d'argent et cinq sommes de 100, 50, 25, 25 et 25 fr., *à décerner aux plus habiles chauffeurs de chaudières à vapeur de machines fixes.*

XXIX. Médaille d'or et une somme de 5,000 fr., *pour une nouvelle machine à rouleaux permettant d'imprimer au moins huit couleurs à la fois et offrant des avantages sur celles employées jusqu'à ce jour. (Voir le N° XL des Arts chimiques.)*

XXX. Médaille d'argent, *pour un alliage métallique pouvant remplacer avantageusement, dans toutes les circonstances, le bronze employé dans la construction des machines, pour coussinets d'arbres de transmission ou pièces de machines, collets de broches de machines de filature, etc., etc.*

XXXI. Médaille d'or, *pour un mémoire basé sur un nombre suffisant d'expériences sur le rapport qui existe pour les divers types de machines à vapeur entre la force motrice disponible sur le piston, constatée au moyen de l'indicateur de Watt, et celle utilisable sur l'arbre du volant.*

XXXII. Médaille d'or, a laquelle sera jointe une somme de 1,000 fr., *pour le meilleur projet de maisons d'ouvriers.*

XXXIII. Médaille d'or, a laquelle sera jointe une somme de 500 fr. (cette dernière à prendre sur les fonds de la commission pour la propagation de l'emploi de la houille), *pour le premier boulanger qui aura, dans le département du Haut-Rhin, livré à la consommation une quantité de 40,000 kilos de pain cuit à la houille.*

XXXIV. Médaille d'argent, *pour un procédé ou appareil nouveau destiné à donner à l'air des salles de filature et de tissage, le degré d'humidité nécessaire pour rendre le travail facile.*

XXXV. Médaille d'argent, *pour un appareil indicateur-totalisateur de Watt.*

XXXVI. Médaille d'or, *pour un mémoire accompagné d'un nombre suffisant d'expériences sur les dimensions à adopter pour les cheminées de chaudières à vapeur.*

XXXVII. Médaille d'argent, *pour un moyen simple et pratique de dégager le coton des peignes cylindriques des peigneuses Heilmann et Hübner.*

XXXVIII. Médaille d'or de 500 fr., *pour une théorie complète et raisonnée de la carde, et pour une description des différents genres de cardes.*

XXXIX. Médaille d'or, *pour l'encollage des filés fins et mi-fins sur la Sizing-machine.*

XL. Médaille d'or, *pour un casse-chaîne.*

XLI. Médaille d'argent, *pour un mémoire sur les divers systèmes de séchage pour machines à parer.*

XLII. Médaille d'or, *pour une nouvelle machine à égrener le coton.*

Les machines à égrener connues jusqu'à ce jour offrent divers inconvénients.

Les machines dites *Sawgins*, dont la production est considérable, puisqu'elle peut atteindre 2 à 300 kilog. de coton net de graines par jour de 12 heures, déchirent la soie et altèrent très-notablement les fibres.

Les machines dites *Mac Carthys*, qui ménagent les cotons, ont une production qui atteint à peine 100 kilog. par jour, elles absorbent une force motrice considérable (jusqu'à un cheval par machine).

Enfin les *Roller gins*, ou *Churkas*, ont une production encore plus faible que celle des Mac Carthys.

On demande une machine dont la production équivaudrait à celle des Sawgins, qui n'absorberait pas une force motrice sensiblement plus considérable que ces derniers appareils, et qui pourrait être utilisée pour les cotons longue-soie et pour les courte-soie sans déchirer les fibres.

Le prix ne pourra être décerné qu'après l'envoi d'une machine complète à la Société industrielle de Mulhouse.

XLIII. MÉDAILLE D'OR OU D'ARGENT, *pour un mémoire complet sur la filature des cotons de l'Inde N° 25 à 50 métrique[1].*

Ce mémoire devra traiter :

1° *Du battage et nettoyage de ces cotons.* Décrire les différentes machines utilisées dans ce but et indiquer leur rendement comparatif; étudier l'action préalable de la vapeur d'eau sur les cotons au sortir des balles et son influence sur les manipulations ultérieures.

2° *Du cardage.* Décrire les différents genres de cardes employées et indiquer leur rendement, puis en conclure le système le plus avantageux au point de vue de la production et de la qualité du cardage.

3° *Du laminage et des bancs-à-broches.* L'auteur du mémoire demandé devra présenter une étude raisonnée et approfondie des différents éléments constituant un bon laminage pour le coton Surate; indiquer quels sont les écartements, les diamètres et nombre de cylindres, les doublages et les épaisseurs de nappes les plus convenables à adapter aux laminoirs et aux bancs-à-broches; pour ces derniers, indiquer les numéros et torsions de mèche à adopter pour la filature des numéros 28 chaîne et 36 trame.

4° *Du métier à filer.* Étudier le rendement comparatif des différents systèmes employés en Alsace, et indiquer leur production par broche pour les numéros ordinaires en coton Louisiane et en coton Surate; pour ces derniers, indiquer les étirages des cylindres, les pressions et la torsion la plus convenable à adopter.

Le mémoire, pour être complet, devra traiter des cotons de l'Inde de provenances diverses, indiquer leur rendement comparatif au point de vue du déchet et des numéros qu'ils sont susceptibles de produire, le tout comparé au rendement du coton Louisiane bas.

Enfin il devra traiter de l'influence et de l'emploi du coton de l'Inde au point de vue du tissage et de l'impression.

(La Société industrielle décernera une médaille d'argent ou de bronze à l'auteur d'une notice qui traitera de l'un ou de l'autre des points principaux exposés ci-dessus.)

HISTOIRE NATURELLE ET AGRICULTURE.

I. MÉDAILLE D'ARGENT OU DE BRONZE, *pour une description géognostique ou minéralogique d'une partie du département.*

II. MÉDAILLE D'ARGENT OU DE BRONZE, *pour le catalogue raisonné des plantes d'un des arrondissements de Mulhouse ou de Belfort, ou seulement d'un ou plusieurs cantons de ces arrondissements.*

II. MÉDAILLE D'ARGENT, *pour un travail sur la Faune de l'Alsace.*

IV. MÉDAILLE D'ARGENT OU DE BRONZE, *pour un travail sur les cryptogames cellulaires du Haut-Rhin.*

---

[1] Voir le prix n° 1.

PRIX DU COMITÉ DE COMMERCE.

I. *Médaille d'or, à décerner à l'auteur du meilleur mémoire traitant des différents emplois de l'alcool dans les arts industriels et indiquant un moyen nouveau et pratique de dénaturer ce liquide. Le procédé indiqué devra concilier les intérêts de l'industrie avec les exigences du fisc.*

II. *Médaille d'or, à décerner à une maison française établie en Chine, au Japon, en Australie ou dans les Indes anglaises, qui, la première, pourra prouver qu'elle a vendu en une année pour au moins cent mille francs de produits provenant de l'industrie du Haut-Rhin, et cela à un prix rémunérateur qui permette de continuer le même genre d'affaires.*

III. *Médaille d'or et 500 fr., pour un mémoire traitant de la substitution, aux États-Unis, du travail libre au travail esclave, et des effets de cette substitution sur la culture et la valeur du coton.*

IV. *Médaille d'or, pour le meilleur mémoire indiquant d'une manière précise et complète les progrès qui ont été faits depuis deux ans, notamment en Angleterre, dans la préparation et la filature des cotons de l'Inde.*

PRIX DU COMITÉ D'HISTOIRE ET DE STATISTIQUE.

Médailles d'or, d'argent ou de bronze selon le mérite du travail présenté pour :

I. L'histoire complète d'une des branches principales de l'industrie du Haut-Rhin, telles que la filature et le tissage du coton ou de la laine, l'impression des étoffes de coton ou de laine, la construction des machines, etc.

II. La biographie complète d'un ou de plusieurs des principaux inventeurs ou promoteurs des grandes industries du Haut-Rhin.

III. Des recherches statistiques sur la population ouvrière de Mulhouse, son histoire, sa condition et les moyens de l'améliorer.

IV. Une carte du département du Haut-Rhin à l'époque gallo-romaine.

Indiquer les routes ainsi que les fragments de routes romaines ; les villes, les stations les *castra;* les murailles sur les crêtes des Vosges ; les colonnes itinéraires ; les tumuli celtiques ou gallo-romains ; les emplacements où l'on a trouvé des armes, des monnaies, des briques ou tuiles, ou autres objets importants à l'époque gallo-romaine.

V. Une carte des seigneuries féodales existant dans le département du Haut-Rhin avant la réunion de l'Alsace à la France.

VI. Une carte des établissements industriels du département du Haut-Rhin en 1789 et en 1863.

Distinguer par des marques et des couleurs particulières les différentes branches d'industrie établies dans le département du Haut-Rhin et son rayon.

Les cartes ci-dessus spécifiées devront être exécutées sur l'échelle de la « Carte du département du Bas-Rhin, indiquant le tracé des voies romaines, etc., par M. le colonel de Morlot. » (Voir la 1re livraison du tome IV du Bulletin de la Société pour la Conservation des monuments historiques d'Alsace.)

Ces différentes cartes devront être accompagnées de notes historiques et justificatives.

VII. Histoire des voies de communication dans le Haut-Rhin (routes, canaux, chemins de fer). Examen de leur influence sur la prospérité commerciale, industrielle et agricole du département, au point de vue, soit de l'entrée, soit de la sortie des matières premières, des marchandises manufacturées, ou des produits agricoles, etc.

VIII. Une histoire des voies de communication en Alsace et de leur influence sur e commerce et l'industrie.

— Grandes routes, rivières, canaux, chemins de fer.

Indication sommaire de quelques-uns des chapitres à traiter :

Nomenclature, dates, descriptions, coût, parcours, mouvement, tonnage.

Prix de transport à différentes époques; influence sur les prix des produits, et notamment sur ceux du combustible.

Avenir, améliorations à réaliser.

IX. Étude critique énumérant et appréciant les travaux archéologiques, historiques et statistiques faits en Alsace depuis le commencement de ce siècle.

COMITÉ D'UTILITÉ PUBLIQUE.

Deux primes de 100 francs et trois primes de 50 francs sont offertes aux Sociétés de secours mutuels entre ouvriers, existant à Mulhouse, qui auront rempli avec le plus d'exactitude et de netteté pendant les six années 1863, 1864, 1865, 1866, 1867 et 1868, les tableaux récapitulatifs de leur mouvement, dont la Société industrielle mettra les cadres à leur disposition sur leur demande.

En cas d'égalité de mérite dans la confection des tableaux, la Société industrielle se réserve de décider du droit aux récompenses, en tenant compte de l'âge ou de la bonne marche des Sociétés.

INDUSTRIE DU PAPIER.

I. Médaille d'or, *à laquelle sera ajoutée une somme de 4,000 fr., pour la production ou l'application en France d'une matière filamenteuse à l'état de mi-pâte, pouvant servir à la fabrication du papier, soit en remplaçant les chiffons, soit en servant par mélange du tiers avec deux tiers de chiffons, et produisant un papier aussi bon que le papier fait avec du chiffon pur et revenant moins cher.*

II. Médaille d'or de 500 fr., *pour un mémoire traitant de la décoloration du chiffon et de son blanchiment.*

III. Une Médaille d'or, *pour un mémoire sur le collage des papiers.*

PRIX DIVERS.

I. Médailles d'or, d'argent ou de bronze, *pour une amélioration importante introduite dans quelque branche que ce soit, de l'industrie manufacturière ou agricole du département du Haut-Rhin.*

II. Médailles d'or, d'argent ou de bronze, *pour l'introduction de quelque nouvelle industrie dans le Haut-Rhin, et pour les meilleurs mémoires sur les industries à améliorer ou à introduire dans le département. S'il s'agit d'une industrie introduite dans le département, elle devra être en activité depuis deux ans au moins.*

III. Médaille de 1,000 fr., *à celui qui, jusqu'au 30 avril 1864, aura fait cesser complétement dans au moins 150 ménages d'ouvriers l'emploi du bois, pour y substituer celui de la houille, et leur aura procuré ainsi une économie très-considérable.*

SOUDE ARTIFICIELLE. Rapport officieux de M. Dumas sur les travaux de **Leblanc** (Nicolas), chirurgien de la maison d'Orléans.

..... **Leblanc** a proposé au duc d'Orléans, en 1789, l'exploitation en grand de ses découvertes de séparer la soude du sel marin.

..... Procédés pour la conversion du sel marin en soude.

SOULANGES.

Inventions et découvertes, ou les curieuses origines. In-12, 239 p. Paris, 1862.

STAS (S.).

Recherches sur les rapports réciproques des poids atomiques. (*Monit. scientif.*, 1861, t. III, pages 273, — 305, — 340, — 366, — 392, — 705, — 367, — 303.)

—————

STATISTIQUE SUR L'INDUSTRIE TEXTILE DU HAUT-RHIN ET DES VOSGES

AU 1er JANVIER 1863

PRÉSENTÉ A LA SOCIÉTÉ INDUSTRIELLE DE MULHOUSE LE 15 MARS 1864 [1]

Messieurs,

Depuis que vous avez entendu, dans la séance du 30 avril 1862, l'intéressant rapport de M. **Charles Thierry-Mieg** sur les *forces matérielles et morales* de l'industrie du Haut-Rhin, aucun renseignement statistique ne vous a été communiqué. J'ai pensé répondre au désir de quelques membres de la Société en vous soumettant les documents que la nature de mes fonctions m'a permis de recueillir sur l'industrie textile du département au 1er janvier 1864. — J'y ai joint quelques notes sur la même industrie dans le département des Vosges. J'aurais désiré compléter ce travail par une statistique exacte des moteurs hydrauliques et à vapeur; mais c'est dans quelque temps seulement que je serai à même d'en résumer le tableau, et je n'ai pas voulu attendre ce moment pour vous présenter une communication qui intéresse surtout par son actualité. Néanmoins j'ai détaché de la statistique des appareils à vapeur les documents relatifs aux *sizings* (ou *encolleuses*) qui se répandent de plus en plus dans les tissages mécaniques et tendent à transformer complètement les anciens modes de parage des filés.

DÉPARTEMENT DU HAUT-RHIN.

Industrie du coton.

Filature. — Le nombre total des broches, qui en 1862 était de 1,237,314, était, au 1er janvier 1864, de 1,234,626. Il y a donc une diminution, d'ailleurs insignifiante, de 2,688 broches. — Il faut ajouter que cette diminution passagère n'est due qu'à la transformation des métiers à bras en *métiers automates*. — Des filatures considérables se montent en ce moment et rétabliront, au 1er janvier 1865, la progression continue observée depuis quelque temps. On peut remarquer d'ailleurs que la puissance de production a toujours été en augmentant : car une diminution de 2,688 broches est loin de correspondre à l'augmentation de puissance résultant de la transformation en *self-acting* des anciens métiers.

Le nombre des broches se décompose ainsi qu'il suit :

[1] Par M. **Leblew**, ingénieur des mines, à Mulhouse. — Mémoire présenté au comité de mécanique de la Société industrielle de Mulhouse.

	MULL-JENNYS.	AUTOMATES.	TOTAL.
Filatures.	504,142	706,368	1,210,510
Retordage.	8,396	15,720	24,116
Total.	512,538	722,088	1,234,626

En comparant ce tableau à celui de 1862, on reconnaît que le nombre des broches mull-jenny a diminué de 30,516 broches, soit 5,9 pour 100, tandis que le nombre des broches self-acting a augmenté de 27,828 broches, soit 3,7 pour 100.

Tissage. — Le nombre total des métiers à tisser mécaniques présente sur 1862 une légère augmentation, qu'il est difficile de faire ressortir, parce que M. **Charles Thierry-Mieg**, dans son rapport de 1862, a groupé les métiers à tisser la laine et la soie, et ceux qui tissent le coton. Il est utile aujourd'hui d'en faire la séparation. — Au 1er janvier 1864, il existait dans le département 24,133 métiers pour le tissage du coton.

Le parage des filés s'opère aujourd'hui dans un grand nombre de tissages au moyen de machines *sizing* (ou encolleuses); 25 de ces machines existent dans le département, 12 proviennent d'Angleterre et ont été construites en tôle très-mince, qui ne permet de faire supporter aucune pression intérieure aux tambours; 13 autres ont été construites en Alsace et éprouvées par une pression de 2 1/2 et 3 atmosphères. Ces appareils, placés ordinairement au milieu des salles où travaillent les ouvriers, présentent des dangers tels qu'il serait indispensable de n'en faire usage qu'après s'être assuré par l'épreuve que leur solidité est suffisante pour résister à la pression à laquelle ils sont soumis.

Industrie de la laine.

Filature. — L'industrie de la laine prend, dans le département, un développement de plus en plus notable. Le nombre de broches a augmenté, depuis 1862, de 71,500 à 78,820, soit 10 pour 100 environ. Les 56,500 broches mull-jenny sont réduites à 54,520, soit une diminution de 3,7 pour 100, et les 15,000 broches self-acting sont maintenant au nombre de 24,300, soit une augmentation de 62 pour 100.

Tissage. — Les métiers à tisser sont au nombre de 520, non compris les métiers de Sainte-Marie-aux-Mines tissant les articles de coton et de laine mélangés.

Industrie de la soie.

L'industrie de la soie tend à se développer dans le département du Haut-Rhin; il est donc utile d'en constater l'importance au moment où elle commence à prendre son essor. La filature emploie déjà 7,420 broches, dont 3,120 mull-jenny et 4,300 self-acting.

Les métiers à tisser se divisent en deux catégories :

La première comprend 180 métiers, la plupart à bras, pour le tissage des étoffes de soie; et la seconde, 456 métiers, la plupart mécaniques, pour le tissage des rubans.

En tenant compte de la valeur considérable de la matière première, beaucoup plus chère que le coton, on voit que les chiffres ci-dessus indiquent déjà une industrie qui n'est pas sans importance.

Filature de lin.

Un seul établissement met en œuvre le lin au moyen de 1,300 broches mull-jenny.

Articles de Sainte-Marie-aux-Mines. — Le tissage des étoffes de laine et de coton, ou articles de Sainte-Marie, représente une industrie considérable dans le nord du département. — La presque totalité des métiers à tisser sont à bras, de sorte qu'il est très-difficile d'en constater le nombre. Il existe seulement 685 métiers mécaniques, tissant ces articles.

RÉSUMÉ.

En récapitulant les chiffres ci-dessus, on forme le tableau suivant :

INDUSTRIES.	FILATURES.		TISSAGES.	
	NOMBRE DE BROCHES MULL-JENNY.	NOMBRE DE BROCHES SELF-ACTING.	NOMBRE DE MÉTIERS A BRAS.	NOMBRE DE MÉTIERS MÉCANIQUES.
Du coton.	512,538	722,088	»	24,133
De la laine.	24,300	54,720	»	520
De la soie.	3,120	4,300	130	500
Du lin.	1,500	»	»	»
Articles de Ste-Marie.	»	»	inconnu.	885
	541,558	781,108	130	25,844
	1,322,300		25,974	

Industrie du coton.

Filature. — La progression observée depuis plusieurs années dans la marche des métiers à filer s'est continuée depuis 1859. A cette époque, le département des Vosges comptait 350,295 broches, dont 1/3 de *self-acting.* Le nombre total est aujourd'hui de 440,658 broches, dont 313,662 self-acting, c'est-à-dire 71,2 pour 100, et 126,996 mull-jenny, c'est-à-dire 28,8 pour 100. Dans ce nombre ne sont pas comprises 13,940 broches de retordage.

Tissage. — Le nombre des métiers mécaniques à tisser le coton est aujourd'hui de 14,459.

Dans les environs de Saint-Dié, il existe un grand nombre de métiers à bras pour la fabrication des articles de Sainte-Marie, mais il est très-difficile d'en connaître le nombre exact.

Industrie de la laine.

L'industrie de la laine n'a qu'une très-minime importance dans le département des Vosges. On ne compte que 2,800 broches mull-jenny pour la filature, et 30 métiers à bras.

ÉTABLISSEMENTS D'IMPRESSIONS SUR ÉTOFFES DANS LE HAUT-RHIN [1]
au 1er janvier 1854.

	MACHINES À IMPRIMER AU ROULEAU.	TABLES A IMPRIMER	
		TABLES LONGUES.	TABLES ORDINAIRES.
Mulhouse.			
Dollfus-Mieg et Cᵉ.	18	100	80
Frank et Böringer.	8	10	30
Fries-Reber.	4	117	
Haffely (Henri), fils.	2		
Heilmann frères.	3	69	
Hofer-Grosjean.	8	192	
Huguenin-Schwartz et Colineau.	6	03	113
Köchlin frères.	8		
Larsonier frères, Bernonville et Chenet.		111	
Noyer jeune.	1		
Steinbach, Köchlin.	12	116	103
Thierry-Mieg et Cᵉ.	3	274	120
Wesserling.			
Gros, Odier, Roman et Cᵉ.	13	190	267
Thann.			
Paraf-Javal frères.	7		
Scheurer-Roth.	6		
Cernay.			
Eck (Daniel).	4		
Zürcher frères.	3		
TOTAL.	105	1271	713

STEINER (Charles), Teinturier et imprimeur de tissus de coton à Ribeauvillé (Haut-Rhin).

Système douanier. Réponse au rapport fait à la Société industrielle de Mulhouse, par M. **Weiss-Schlumberger**, au nom de la Commission chargée d'examiner la proposition de M. **Jean Dollfus**, sur des réformes à introduire dans le système douanier.

..... En matière commerciale, il est un axiome contre lequel viennent échouer tous les raisonnements qui lui sont contraires, à plus forte raison les grands mots du genre de ceux-ci : *Protection du travail national*, comme si ce dernier ne puisait pas ses éléments d'existence uniquement dans l'étendue plus ou moins développée et le nombre plus ou moins grand de relations commerciales. Cet axiome, monsieur c'est d'acheter bon marché et de vendre cher; de là découle forcément, comme corollaire, le libre échange ; l'application rigoureuse et immédiate de ce principe est-elle praticable dès aujourd'hui? Le principe se trouve-t-il en harmonie avec l'organisation industrielle et politique, les mœurs et les habitudes de notre pays? Là n'est pas la question, mais elle est de savoir,

[1] Dans le nombre des machines à imprimer sont comprises les machines à imprimer 1, 2, 6, 8 couleurs. Aux tables longues à imprimer, plusieurs imprimeurs sont occupés à la même table.

si la liberté commerciale étant reconnue comme une vérité fondamentale et par conséquent la prohibition condamnée comme une *anomalie*, il faut marcher progressivement à
la réalisation de la première, ou persister indéfiniment dans la seconde.

Or, M. **J. Dollfus**, dans son rapport, vous démontre jusqu'à l'évidence l'urgence de
sa proposition ; il vous explique avec une lucidité et une logique admirables comment il
se fait que l'imprimeur et le teinturier, avec le système actuel, se trouvent dans l'impossibilité presque absolue de travailler pour l'exportation ; quelles sont les fluctuations
aussi subites que démesurées auxquelles sont incessamment exposés les prix des calicots,
par l'effet de la spéculation ; comment ces mouvements désordonnés de hausse et de
baisse pouvant se produire en l'absence de tout principe régulateur, paralysent et souvent
causent la ruine d'industries qui se servent de calicots comme matière première ; tout
cela, M. J. Dollfus vous le démontre mathématiquement ; mais vous passez ces considérations sous silence ; à peine si vous poussez votre condescendance jusqu'à demander pour
nous l'entrée libre des tissus de cotons, à charge de réexportation. C'est quelque chose,
monsieur, je l'avoue ; mais ce n'est pas tout : ce qui nous importe bien davantage, c'est
l'application de la proposition de M. J. Dollfus, car c'est d'elle que dépendent l'existence
et la prospérité future de nos industries (nous autres imprimeurs et teinturiers) ; elle
seule, tout en conciliant les intérêts, peut poser des limites à la spéculation et nous mettre
par là à l'abri de ces coups funestes dont elle ne cesse de nous menacer toujours et de
nous frapper par intervalles.

Au lieu de traiter cette question, qui cependant est vitale pour nous, vous vous con-
tentez d'opposer des négations aux affirmations de M. Dollfus, d'aligner des chiffres qu¹
sont en contradiction avec ceux que l'honorable fabricant a posés, et de là vous con-
cluez directement au *maintien absolu de la prohibition*. Eh bien ! monsieur, quant à moi,
je ne crois pas à vos chiffres, et je dis que vous avez tort et que M. Dollfus a raison ; ayez
l'obligeance de me prouver le contraire.

Expliquez-vous aussi un peu plus clairement, s'il vous plaît, sur ce que vous entendez
par *travail national*, car ce mot me fait encore l'effet d'être un de ceux avec lesquels
de mauvaises causes font quelquefois fortune dans notre pays. Est-ce à la filature de
coton et au tissage du calicot exclusivement que vous prétendez attacher le titre pompeux de *travail national ?* ou bien entendez-vous par là l'ensemble des mille et une industries qui s'exercent en France ?

Dans le premier cas, vous n'auriez pas raison de dire que l'application de la proposition de M. J. Dollfus, qui est lui-même filateur et tisseur, serait la ruine de ces industries ; dans le second, vous auriez trois fois tort, car vous ne seriez que deux contre tout
le reste.

Vous dites, monsieur, dans votre rapport, que la France compte 524,000 ouvriers employés à la filature et au tissage, mais vous avez omis d'ajouter qu'elle compte à côté de
cela 35 millions de consommateurs plus ou moins forts de calicots ; demandez à ceux-ci
ce qu'ils pensent de la prohibition, demandez-le surtout à l'agriculture, qui a de plus
anciens droits que vous au titre de *travail national*.

Vous prétendez, monsieur, qu'il y a inopportunité à toucher à la prohibition, par la
raison que l'industrie qu'elle protége depuis si longtemps n'est pas encore parvenue au
degré de perfectionnement nécessaire pour pouvoir entrer en concurrence avec les productions similaires étrangères, même en tenant compte du droit protecteur de 15 pour
100 proposé par M. Dollfus ; mais alors, de grâce, dites-nous quels sont les genres de
progrès que vous attendez encore, quand l'une des plus belles inventions dont la filature
peut se vanter à juste titre¹ vient d'être importée en Angleterre par une maison française, fait qui établit irréfragablement que, sous le rapport de la science, vous êtes au
moins aussi, sinon plus habiles filateurs que nos voisins ; quand, d'un autre côté (vous le

¹ La peigneuse de **Josué Hellmann**.

savez aussi bien que moi), les conditions matérielles et financières de nos principaux établissements, presque tous amortis, les uns en forte partie, les autres en totalité, jointes à la protection du droit de 15 pour 100, les mettent à même d'entrer en lutte et de faire face avec avantage à n'importe quel adversaire?

Voudriez-vous donc qu'à l'ombre de cette prohibition, que vous défendez malgré votre croyance avouée qu'elle devra tomber tôt ou tard, de nouveaux capitaux, alléchés par les bénéfices fabuleux que la filature réalise, allassent s'engager dans la création de nouveaux établissements, qui, selon vous, ne peuvent exister qu'avec le maintien de la prohibition? Vous ne voudriez pas cela, n'est-ce pas? Vous ne voudriez pas non plus que 35 millions d'habitants continuassent indéfiniment à vous payer une prime de 40 pour 100; prenez garde ici, monsieur, c'est vous-même qui avancez ce chiffre, où vous dites : On s'est beaucoup récrié lorsqu'il a été question d'*une taxe de 40 pour* 100 pour protéger suffisamment nos filés; cependant, à moins de prouver que les appréciations que nous venons de vous soumettre soient inexactes, il faudra bien convenir que ce chiffre *serait à peine suffisant.*

De deux choses l'une, ou bien vos appréciations sont inexactes, ou bien M. J. Dollfus s'est trompé d'au moins 30 pour 100 dans ses calculs; car, en effet, selon vous, 40 pour 100 suffiraient à peine à la protection efficace de nos filés, tandis que, d'après M. J. Dollfus, lui-même filateur, un droit protecteur de 15 pour 100 laisserait encore une belle marge au producteur indigène.

En vérité, monsieur, en présence de l'énormité d'une semblable contradiction émanant de négociants faisant autorité dans la matière, on est obligé de se demander : qui se trompe, ou qui cherche-t-on à tromper ici?

Vous êtes prohibitionniste, monsieur, parce que (vous le dites, du reste, fort bien) votre système vous a donné jusqu'ici et continuera de vous donner, s'il est maintenu, des résultats aussi faciles que brillants; parce que la prohibition est surtout fort commode pour vous, par la raison que, vous mettant à l'abri de toute concurrence étrangère, elle permet à votre industrie de réaliser ses progrès à loisir, sans qu'elle y soit poussée par aucune autre nécessité; arguments qui tous sont péremptoires, sans doute, du point de vue *d'un prohibitionniste qui prêche pour sa paroisse.*

Mais nous autres, dont vous faites si peu de cas, monsieur, nous qui voyons depuis trop longtemps nos industries végéter et gémir sous le poids de votre excessive prépondérance, nous sommes, avec la part qu'on nous a faite, beaucoup plus généreux que vous; car, pour agir à votre instar, au lieu de nous contenter de l'application d'un droit protecteur de 15 pour 100, nous demanderions le libre échange radical, et dans notre demande nous serions tout aussi fondés que vous l'êtes dans votre absolutisme pour la prohibition. *Est-ce clair?*

Enfin, vous avez cru devoir glisser un brin de politique dans votre rapport; je passerai le paragraphe sous silence, afin de ne pas m'écarter de l'objet de notre correspondance, me contentant toutefois de vous faire observer qu'à votre place, au lieu de dire : « Craignons que, comme en 1848, on ne nous donne dans cette matière la république, en demandant la réforme, » j'aurais simplement dit : Donnons des réformes pour éviter notre cauchemar, la république.

Tout en étant plus logique, ce me semble, cela nous eût en même temps prouvé que le parti auquel vous semblez appartenir a su profiter des leçons de l'expérience.

En vous écrivant, monsieur, je me suis proposé un double but : d'abord celui de réduire votre rapport à sa juste valeur, ensuite celui de faire arriver le cri de notre détresse aux oreilles du pouvoir éminent à qui il est exclusivement réservé de trancher les questions de cette nature, et aux décisions duquel vous et moi ferons bien de nous en rapporter avec toute la sécurité et la confiance qu'inspirent d'ordinaire la justice et la bonté d'une cause qu'on défend.

Ch. STEINER,
Teinturier et imprimeur de tissus de coton.

STEVENSON (David).
  Conservation des bois. (*Monit. scientif.*, 1863, t. V, p. 704.)

T

TARDIEU (D').
  Dictionnaire d'hygiène publique et de salubrité. 2ᵉ édit. ; 4 vol. in-8,
  2541 p. Paris, 1862.

TECHNOLOGISTE. Publications, 21ᵉ année. Paris, 1863.

TEINTURERIE PARISIENNE. A l'usage des teinturiers-dégraisseurs et des tein-
  turiers-manufacturiers. Suivi des agents chimiques employés en teinture. Par un
  teinturier de Paris. — 1 vol. in-8. Paris, 1864. — En vente dans les bureaux du
  Coloriste industriel, rue des Halles, n° 5.

TISSIER (Ch.).
  Acétate d'alumine. (*Moniteur scientif.*, 1860, t. II, p. 621.)
  Si l'on dissout de l'alumine gélatineuse dans de l'acide acétique, de manière à obtenir
  une liqueur qui marque de 8 à 9° B., et que l'on conserve cette dissolution dans des
  flacons bien bouchés, on s'aperçoit, au bout d'un certain temps, qu'il s'est déposé
  au fond des flacons un précipité blanc plus ou moins cristallisé renfermant toute
  l'alumine, tandis que la liqueur est devenue fortement acide et ne renferme plus
  que des traces de cette base. Ce précipité est insoluble dans l'eau, se dissout assez
  difficilement dans les acides étendus et avec une grande facilité dans les alcalis
  caustiques.

THENARD.
  Eau oxygénée. (*Monit. scientif.*, 1861, t. III, p. 435.)
  ..... En 1818, **Thenard,** en dissolvant le bioxyde de baryum dans les acides nitrique, acétique, hydrochlorique, étendus d'eau, reconnut que l'oxygène ne se
  dégageait pas, et il fut conduit à reconnaître la formation de l'eau oxygénée, et à
  isoler ce corps extraordinaire.

THIERRY.
  Découvertes et inventions, sciences, arts, industrie. In-16, 64 p. Paris, 1863.

THIERS.
  Régime commercial de la France. Discours prononcé à l'Assemblée nationale,
  le 27 et 28 juin 1851. In-8, 144 p. Paris, 1851.
  ..... Pour ma part, il y a trente ans que je m'occupe des affaires publiques de mon
  pays, je n'ai jamais varié sur la question douanière. L'expérience, le passage à travers
  les affaires, l'observation la plus scrupuleuse des faits, m'ont convaincu que la prospérité de la France tenait au système industriel et commercial qu'elle a constamment suivi.
  M. **Saint-Beuve,** dont j'honore l'esprit studieux et le caractère indépendant, a traité,
  qu'il me permette de le dire, très-rudement l'opinion contraire à la sienne. — J'aurai
  pour sa personne tous les égards qu'elle mérite; mais je traiterai rudement, à mon
  tour, l'opinion (de la levée de la prohibition) qu'il soutient. Il a dit que la nôtre
  arrêtait la prospérité du pays; eh bien, je vais prouver que la sienne briserait cette
  prospérité comme un verre. Vous avez vu, il y a trois ans, un gouvernement tomber

en quelques heures; vous verriez tomber en un instant la fortune du pays, si aucune des doctrines nouvelles venait jamais à prévaloir...

..... Je proteste contre la levée de la prohibition...

..... Je sais bien que rien n'est parfait, que, par conséquent, il peut y avoir çà et là
quelque changement à apporter à nos tarifs de douane, ce qui explique pourquoi,
depuis trente ans, nous nous en occupons sans cesse; je ne dis donc pas qu'ils doivent
rester immobiles, mais je dis que le *système protecteur en lui-même est excellent*.....

THOMPSON (Lewis).

Nickel et cobalt. Séparation et préparation de ces deux métaux à l'état de pureté.
(*Monit. scientif.*, 1863, t. V, p. 627.)

U

USINES DE FRANCE.

Les grandes Usines de France paraissent en livraisons de 16 pages grand in-8, ornées
de belles gravures et de dessins explicatifs, contenant, imprimées avec luxe sur beau
papier satiné, l'histoire et la description d'une des grandes usines de France, ainsi
que l'explication détaillée de l'industrie qu'elle représente.

Trois volumes sont en vente. — Prix de chaque volume : 12 francs.

Le premier volume, renfermant quatre-ringt-deux belles gravures, comprend :

Les Gobelins (3 livraisons). — 1re partie :
Histoire. — 2e partie : Teinture. — 3e partie :
Tapisserie et tapis.

Les Moulins de Saint-Maur (1 livraison).

L'imprimerie Impériale (4 livraisons).—
Fabrication des caractères, gravure, fonderie,
presses, etc.

L'usine des bougies de Clichy (1 livraison). — Fonderie de suif, stéarinerie, savonnerie, bougie décorée.

La papeterie d'Essonne (4 livraisons). —
Historique; commerce des chiffons, triage,
lessivage, blanchiment, défilage, raffinage, collage, machines.

Sèvres (4 livraisons). — Historique; poteries
anciennes, faïences, origines de la porcelaine
en Chine et en France, matières premières,
fabrication, encastage, fours, décoration.

L'orfèvrerie Christofle (3 livraisons). —
Historique; argenture, dorure, galvanoplastie,
orfèvrerie, bronze d'aluminium.

Les établissements Derosne et Cail
(4 livraisons). — Machines, outils, marteau-
pilon, etc. — Description détaillée des locomotives, appareils à sucre, etc.

La savonnerie Arnavon (4 livraisons).—
Historique des savons de Marseille. — Détails
de fabrication.

La Monnaie (4 livraisons). — Historique et
fabrication des monnaies; balanciers, presses, etc.

Manufacture Impériale des tabacs (4
livraisons). — Culture du tabac en France et à
l'étranger. — Préparation, usages divers de ce
narcotique.

Literie Tucker (1 livraison). — Historique de
la literie, sommiers, matelas.

**Fabrique de pianos de MM. Pleyel,
Wolf et C** (2 livraisons). — Historique et
fabrication des pianos.

Filature de laine de M. Davin (1 livraison). — La laine, sa production, ses usages;
la filature.

**La manufacture de glaces de Saint-
Gobain** (5 livraisons). — Historique de la
fabrication des glaces; nouveaux progrès dans
le coulage, le polissage, l'étamage; commerce
de l'étain, commerce des glaces.

Les omnibus de Paris (1 livraison). —
Carroserie, exploitation.

**Les charbonnages des Bouches-du-
Rhône** (1 livraison). — Mines de lignite,
nouveaux moyens d'épuisement des eaux dans
les mines.

**Usine électro-métallurgique d'Au-
teuil** (1 livraison). — Application en grand de
la galvanoplastie.

Boulangerie centrale des hôpitaux de Paris (2 livraisons). — Système Mèges-Mouriès, système Danglish.

Filature de coton de M. Pouyer-Quertier, à Rouen (3 livraisons). — Commerce du coton, préparation des cotons indiens, cardage, préparation à la filature, filature.

Les pépinières d'André Leroy, à Angers (1 livraison). — Commerce et fabrication des plantes d'utilité et d'agrément.

Usines à gaz de la Compagnie parisienne (2 livraisons). — Usine de la Villette, procédés nouveaux de fabrication, d'épuration et de distribution du gaz.

Usine à gaz portatif de Paris (1 livraison). — Usine de Charenne, production du gaz de Boghead, transport du gaz dans Paris, utilisation des sous-produits.

Manufacture d'impression sur étoffes de M. Thierry-Mieg et C°, de Mulhouse (2 livraisons). — Gravure sur bois, gravure au gaz, emploi des nouvelles couleurs, vaporisation, étoffes récemment créées.

Aciéries Jackson et C° (1 livraison). — Appareil Bessemer, fabrication des ressorts de voitures, de crinolines, etc.

Cristallerie de Baccarat (3 livraisons). — Historique de la fabrication du cristal en France, appareil Stemens, fabrication du minium, taille des cristaux, gravures à la molette, à l'acide fluorhydrique; commerce du cristal.

Le second volume, renfermant soixante belles gravures, comprend :

Le troisième volume, renfermant quatre-vingt-quatre belles gravures, comprend :

V

VACHEROT.

La Métaphysique et la Science. 2ᵉ édit.; 3 vol. in-18, 1257 p. Paris, 1863.

VALLIER.

Petit Manuel du planteur de coton. In-8, 10 p. et pl. Paris, 1862.

VERDEIL (Dʳ).

Teinture des étoffes. Nouvelles observations chimiques sur les phénomènes qui se passent dans la teinture des étoffes.

VERDEIL (Dʳ).

Matières tinctoriales organiques. Compte rendu de l'Exposition universelle de 1855. (*Monit. scientif.*, 1859-1860, t. II, p. 98.)

Indes.

Différentes espèces de *marinda* pour teindre le calicot en rouge foncé, appelé *khurva*. La couleur produite par le *marinda tinctoria* ou *ach* est permanente et paraîtrait pouvoir rivaliser avec la garance.

Matière verte appelée *room*, connue sous le nom de vert de Chine; il en existe trois espèces, une de Chine, de Birman et d'Assam.

Lichens de l'Himalaya, racines, herbes, fleurs et fruits colorants, préparations sèches et liquides, laques, extraits, etc.

Australie.

Bois et écorces teignant en jaune la laine et la soie. — Cochenille, insecte qui se développe sur le *gum tree*. — Bois jaune du *machera nioracea*. — Poudre noire provenant d'une maladie du blé pouvant remplacer la sépia.

Canada. Carthame.

Possessions françaises dans l'Inde, de Pondichéry.

Indigo, employé dans le pays à teindre les *toiles guinées*. — Extrait de *camarina* pour teindre les étoffes en jaune nankin.

Guyane française.

Indigo. — Graines et pâtes de *rocou.*

Mexique.

Rubiacées. — Racine de curcuma. — Graines du *bixa orellana.* — Carthame. — Cochenilles. — Bois de campêche. — Bois du Brésil, etc.

Garance.

Garancine. — En 1828, **Lagier, Robiquet** et **Colin** prirent un brevet pour la fabrication de la garancine. Ce brevet fut exploité par **Lagier** et **Thomas,** d'Avignon. Elle fut essayée pour la première fois par **E. Barbet,** de Rouen.

Fleur de garance. — **Alizarine** du commerce, de **Pincoff et C°**; leur procédé est exploité en France.

Orseille. Nouveau procédé de **Frezon. Meissonier** exploite ce procédé.

Extraits concentrés de bois.

VERDEIL. (D').
  Principe colorant vert complétement distinct de la chlorophylle ou vert des feuilles. (*Monit. scientif.*, 1859-1860, t. II, p. 102. — Comptes rendus, 13 septembre 1858, p. 442.)

VERDET et **BERTHELOT.**
  Leçons de chimie et de   hysique, professées en 1862 à la Société chimique. In-8, 336 p. Paris, 1863.

VERHANDLUNGEN UND MITTHEILUNGEN des Nieder-österreichischen Gewerbe-Vereins. Herausgegeben unter Mitwirkung der Abtheilung für technische Mittheilungen. Wien, 1863.

VERRE SOLUBLE ou Silicates de potasse et de soude. Analyse de tous les travaux publiés jusqu'à ce jour sur ce sujet par **E. Kopp.** (*Monit. scientif.*, 1857, t. I°° p. 337 à 349 et p. 360 à 391.)

Aperçu historique. — Le professeur **Fuchs,** de Munich, fut le premier qui, en 1825, fit connaître la préparation et les propriétés du verre soluble.....

Elkentscher, de Redwitz, fabrique, en 1855, du verre soluble, soit solide, soit gélatineux. Il fixe le prix du verre soluble sec et pulvérisé à 40 fr. les 100 kilogr.....

En 1840, **Leykauf** conseille l'emploi du verre soluble pour la fixation de l'outremer.....

A **Fuchs** revient l'honneur de la découverte, à **Kuhlmann** appartient le mérite des applications industrielles.

Préparation du verre soluble.

Applications spéciales.

Silicatisation des pierres. — Silicatisation des murs recouverts de mortier; — des murs crépis, blanchis ou mis en couleur; — des murailles humides. — Pour la préparation des pierres artificielles. — Pour la conservation et la peinture du bois. — Sur métaux. — Silicatisation des papiers peints, cartons, etc.

Emploi du verre soluble dans la teinture et la toile imprimée.

..... Le bousage présentant l'inconvénient de colorer les mordants, par suite de la présence d'une matière colorante fauve dans la bouse, ce qui nuisait à l'éclat et à la pureté des couleurs très-claires et très-délicates, on avait substitué dans beaucoup de cas le sel à bouser, c'est-à-dire un mélange de *phosphates de soude et de chaux,* à la bouse proprement dite.....

Dès 1851 on essaya en Angleterre, avec plus ou moins de succès, de substituer le *silicate soluble* au sel à bouser. Dès 1852 l'emploi en devint assez fréquent.

..... D'après **Bolley** (*Schweizer. Gewerbeblatt*, 1854, p. 130), c'est la solution de silicate de soude la plus neutre possible qui donne les résultats les plus avantageux. Quatre parties de sel de verre soluble sur mille parties d'eau.

..... 1854. **Grüne** (*Deutsche Musterzeitung*, n° 6, et Dingler, *Polyt. Journ.*, c. XL, p. 287) publia un travail important sur l'emploi du verre soluble dans la teinture de toiles colorées. — Il trouva que les silicates de potasse et de soude offraient un moyen simple et avantageux pour précipiter et fixer les mordants sur la toile, et pour donner aux couleurs, par suite de la précipitation simultanée d'une certaine quantité de silice, plus de solidité et d'inaltérabilité.

L'effet repose sur la facile décomposition des silicates alcalins, et consiste dans une double décomposition, par suite de laquelle le mordant se fixe à l'état de silicate de la base faisant fonction de mordant. — On commence par plaquer en silicate de soude et on fait passer la pièce dans la solution du mordant, solution qui doit toujours présenter une réaction légèrement d'acide. L'acide du mordant se combine avec la soude du silicate de soude, tandis que la base du mordant se précipite en combinaison avec la silice. Par le lavage à l'eau, on enlève le sel de soude soluble et l'on procède à la teinture.

Après avoir plaqué la toile en silicate de soude, on produit les différentes couleurs par les opérations suivantes :

Noir et gris. Passage en solution de sulfate ferreux ou de nitrate ferrique. Lavage. Teinture en campêche, en noix de galle, sumac, etc.

..... Servent comme mordants : Passage en solution d'alun ; — en solution de chlorure stanneux. — Chlorure stannique. — Alun et sulfate de cuivre, etc., et teintures en campêche, en bois de fernambouc, quercitron, gaude, etc.

..... La facile décomposition du verre soluble permet son emploi comme moyen d'avivage et de fixation pour des couleurs déjà teintes. Mais, dans ce cas, il ne faut faire usage que de solutions extrêmement étendues. Les couleurs, en se couvrant d'une légère couche de silice, deviennent moins impressionnables à l'action des acides et surtout des bains de savon......

Dans l'impression des tissus le silicate de soude a rendu de bons services comme réserve pour cachou ; — pour l'impression d'outremer et d'autres couleurs substantives. On broie la matière avec une solution sirupeuse de verre soluble, on imprime, on expose à l'air pour faire sécher et se fixer, et l'on passe ensuite à travers de l'eau légèrement acidulée......

Enfin, **Grüne** fait servir le verre soluble à la préparation et à l'impression de laques colorées. Il dissout les laques dans la soude caustique, ajoute à la solution du verre soluble, imprime, et passe les pièces dans un bain d'acide.

Kuhlmann, dans un mémoire publié dans les *Comptes rendus de l'Académie des sciences*, t. XLIV, 16 mars 1857, p. 541, conseille d'imprimer les couleurs broyées avec l'empois de fécule récemment préparé et encore tiède, puis, après dessiccation, on passe les étoffes imprimées dans un léger lait de chaux, ou mieux dans de l'eau de baryte. — Dans le même mémoire, **Kuhlmann** signale ensuite les applications diverses des silicates solubles dans l'impression sur étoffes. Son procédé est à peu près identique avec celui de **Grüne**, il n'en diffère qu'en ce que Kuhlmann, mettant à profit le fait connu de la décomposition des silicates alcalins par le chlorure d'ammoniaque, conseille d'achever la fixation des couleurs au moyen d'un bain faible de sel ammoniac, tandis que Grüne employait à cet effet un bain d'eau légèrement acidulée. Kuhlmann annonce ensuite avoir expérimenté avec succès une méthode mixte, qui consiste à imprimer les couleurs délayées dans le liquide siliceux, dans lequel on a fait dissoudre à chaud de la fécule et du savon, et de fixer ensuite les couleurs par le passage des tissus dans de l'eau de chaux ou de l'eau de baryte.

Application du verre soluble pour l'apprêt des tissus blancs et pour l'encollage des fils de coton dans le tissage.

Les calicots communs à tissus peu serrés reçoivent généralement un apprêt particulier, qui leur donne une apparence plus compacte, et fait paraître le tissu plus fort.

Cet apprêt consiste en empois d'amidon ou de fécule, dans lequel on incorpore des poudres blanches volumineuses, telles que le sulfate de plomb, le sulfate de baryte, la terre de Chine, la terre de pipe, la craie préparée, etc. Ces substances remplissent les pores du tissu, dissimulent les espaces vides que présentent les mailles lâches et écartées du calicot. Mais cet apprêt a l'inconvénient de disparaître à la première lessive, parce que, l'empois féculacé s'y dissolvant, les corps faisant fonction de remplissage ne se trouvent plus retenus par aucune matière agglutinative. Il n'en est plus de même lorsqu'on fait usage pour l'apprêt du verre soluble, comme l'a conseillé **Grûne**, et comme cela se pratique depuis quelques années en Angleterre. On plaque le tissu avec une solution plus ou moins concentrée de verre soluble, à laquelle on peut ajouter du sulfate de baryte et de l'empois de fécule. En passant ensuite le tissu dans une eau acidulée ou dans une solution capable de décomposer le verre soluble, la silice se précipite sur la toile, et y reste assez adhérente pour résister même à plusieurs lavages consécutifs. Souvent il est nécessaire, pour finir la marchandise, de lui donner encore un apprêt ordinaire.

En 1856, **John Leigh** s'est fait patenter, en Angleterre, pour l'emploi du verre soluble dans l'encollage de la chaîne. — On ajoute à la solution de verre soluble, dans le cas où elle contiendrait des sulfures alcalins, assez de chlorure de soude ou d'eau de chlore pour oxyder ces sulfures et les faire passer à l'état de sulfate. Si la liqueur était trop alcaline, on la neutralise par l'addition d'un peu d'acide, et l'on concentre ensuite jusqu'à 40° Baumé environ. C'est dans cet état que la solution est conservée pour l'usage. — Pour encoller la chaîne, on étend le silicate d'eau distillée, en y ajoutant en même temps une certaine quantité de suif fondu et de savon. C'est de ce mélange qu'on enduit les fils.

Emploi du verre soluble pour la fabrication du savon, pour le blanchissage et le lavage des tissus, le dégraissage de la laine, etc.

On ne peut nier qu'il n'existe une certaine analogie entre les propriétés du savon et celles du silicate de soude. Ils sont tous les deux des combinaisons d'acides faibles, insolubles dans l'eau avec la soude : ils possèdent une légère réaction alcaline, leurs solutions sont plus ou moins visqueuses et gélatineuses, et capables de fournir des émulsions avec les substances grasses ; enfin l'alcali, sans y être masqué, y a cependant perdu son caractère de causticité. Il était donc naturel que des essais fussent tentés d'employer le silicate de soude soit pur, soit mélangé avec du savon, ou conjointement avec celui-ci, à tous les usages pour lesquels le savon seul a été utilisé jusqu'ici. — Plusieurs de ces essais furent couronnés de succès, et, comme conséquence, apparut bientôt la fabrication de *savons composés*, dans lesquels entrait une proportion considérable de verre soluble, fabrication qui, déjà actuellement (1856), a pris une certaine extension, surtout en Angleterre. — Les procédés sont très-simples : on ajoute à du savon gras ou résineux déjà achevé une solution concentrée de verre soluble, qu'on incorpore par l'agitation et avec l'aide de la chaleur, laissant ensuite se refroidir et se solidifier le mélange qu'on moule à la manière ordinaire.

On peut opérer la saponification des corps gras et des résines par les alcalis, en présence du silicate de soude, et achever l'opération comme s'il s'agissait de la préparation de savons dits à la petite chaudière ou par empâtage.

Patente anglaise. (*Repertory of Patent Invention*, 1856, t. XXVII, p. 326.)

Glossage. Préparation du savon composé.

Sänger a publié une brochure sur l'emploi du verre soluble seul pour le lessivage du linge. Sur 100 litres d'eau de pluie, 1 kilogr. de silicate de soude sec. — Les laines et les draps huilés sont parfaitement dégraissés dans une solution de verre soluble renfermant 4 pour 100 de silicate de soude et chauffé à 50° C.

Emploi du verre soluble pour émailler des poteries et des vases en fonte. — Emploi de verre soluble pour peinture sur verre et sur porcelaine. — Peinture au verre soluble ou *stéréochromie*.....

VERRE SOLUBLE. (*Monit. scientif.*, 1857, t. Ier, p. 516.)

..... Quant aux bois et aux constructions que l'on veut mettre à l'abri de l'action du feu, on les enduit de silicate de soude. Voici comme on opère en Angleterre :

On amène le silicate à l'état de sirop épais ; on en fait deux dilutions, l'une dans trois parties, l'autre dans deux parties d'eau. On prépare, en outre, un lait de chaux, en crème épaisse. La surface du bois doit être modérément polie. On applique d'abord au pinceau deux ou trois couches de la dilution de silicate la plus faible ; on laisse presque sécher, on peint ensuite au lait de chaux comme on le fait communément, et quand cette seconde peinture est à peu près sèche, on étend au pinceau la seconde dilution de silicate.

VERSMANN et **OPPENHEIM.**

Sels pour rendre inflammable la fibre végétale, communiqué, le 15 septembre 1859, à l'Association britannique.

..... Tous les sels qui ont semblé applicables dans l'industrie ont été examinés industriellement dans les fabriques de MM. **Walter Crum** et de **Cochran et Dewar,** à Glascow, et dans divers établissements de blanchissage à Londres. — Trois sels seulement, après cet examen pratique, ont été admis comme applicables dans l'industrie. Ce sont : Le *sulfate* et le *phosphate ordinaire d'ammoniaque* et le *tungstate neutre de soude.* 7 pour 100 de sulfate d'ammoniaque suffisent, et c'est le sel le plus économique que l'on puisse proposer à l'industrie.

VERT DE CHINE.

Répertoire de chimie appliqué. T. Ier, p. 75. (*Monit. scientif.*, 1859-1860, t. II, p. 275.)

VIAL.

Nouveaux procédés de gravure et de reproduction des **anciennes gravures.** Académie des sciences, séance du 4 janvier 1863. (*Monit. scientif.*, 1863, p. V, p. 247.)

Ce mémoire se divise en trois parties. La première repose : 1° sur les précipitations métalliques ; 2° sur l'affinité des acides pour les différents métaux. Elle consiste à faire sur papier un dessin qu'on décalque ensuite sur métal par application humide, ou, mieux encore, à dessiner directement sur le métal avec une encre métallique formée, par exemple, d'un sel de cuivre en dissolution pour l'acier et pour le zinc, d'un sel de mercure pour le cuivre, d'un sel d'or pour l'argent, etc., etc., à graver ensuite par un acide approprié.

C'est ainsi qu'un dessin fait avec une encre de sulfate de cuivre et décalqué sur acier peut donner instantanément une gravure en taille douce sans morsure ultérieure à l'acide.

C'est encore ainsi qu'un dessin fait sur zinc avec une encre formée d'un sel de cuivre permet une morsure en relief à l'acide ; le cuivre jouant dans ce cas sur le zinc le rôle d'un vernis protecteur, par suite des affinités que l'acide azotique possède pour le zinc, relativement au cuivre.

La deuxième partie comprend la reproduction des anciennes gravures, sans altération de l'original, et elle s'applique aux gravures qui n'ont pas été recouvertes d'un enduit spécial pour les besoins publics ; elle renferme deux procédés.

A. Le premier procédé repose : 1° sur l'antipathie de l'eau pour les corps gras ; 2° et, comme le précédent, sur les précipitations métalliques et l'affinité des acides pour les métaux.

En effet, une gravure est imprégnée par son verso d'une dissolution cuprique, et le liquide aqueux ne pénètre qu'autour des traits formés d'encre grasse. Tout autre sel métallique approprié, sel de plomb, de bismuth, d'argent, etc., produirait le même effet. L'épreuve est alors retournée par son recto sur une planche de zinc, par exemple, et soumise à une pression uniforme. Le sel est aussitôt décomposé, réduit et précipité sur la planche qu'il recouvre en entier, sauf à l'endroit des traits, de manière à donner une image négative en relief, représentant avec la plus grande exactitude le dessin qui a servi à la produire. Il suffit de quelques secondes pour obtenir cet effet. La photographie n'opère pas avec plus de promptitude ni plus de fidélité. On peut déjà en tirer des épreuves négatives.

Pour avoir une gravure en taille douce, il suffit de plonger la planche dans un bain d'acide azotique, qui creuse le zinc et respecte le cuivre.

B. Le deuxième procédé repose : 1° sur les transports ; 2° comme les précédents, sur les précipitations métalliques et l'affinité des acides ; 3° enfin, sur les phénomènes de l'électrochimie.

On fait sur acier un transport, ou décalque d'une ancienne gravure, au moyen d'un savon de térébenthine et de pétrole appliqué sur l'épreuve, et on plonge la planche dans un bain acide de sulfate de cuivre qui se précipite sur l'acier avec son brillant métallique, tout en respectant les traits, de telle sorte que le cuivre sert alors de vernis, tandis que l'acier, ayant pour l'acide plus d'affinité que le cuivre, est mordu sous le dessin avec autant d'instantanéité que le dépôt a eu lieu. Le problème se résume alors en ces deux mots : couvrir et mordre en même temps.

Enfin, la troisième partie n'est que l'extension du dernier procédé, qui constitue un nouveau genre de gravure. Elle consiste à faire sur acier un transport autographique, lithographique ou autre, non plus avec un savon de térébenthine, mais à l'encre grasse ; à faire un dessin héliographique au bitume de Judée, ou photographique au perchlorure de fer ; à dessiner sur acier à l'encre de Chine, au crayon noir, à la mine de plomb ; à peindre à l'huile ou au pastel ; à dessiner au perchlorure de fer ou à l'acide, en un mot, avec tout corps susceptible de dépolir l'acier par parties qui se graveront ensuite, lorsqu'on mettra la planche dans un bain d'acide de sulfate de cuivre.

VIALA.

Cadran solaire portatif, dit analemmatique. In-4, 12 pages et planches. Montpellier, 1862.

VILLERMÉ, Docteur.

Tableau de l'état physique et moral des ouvriers employés dans les manufactures de coton, de laine et de soie. 2 vol. in-8. Paris, 1835.

PREMIER VOLUME.

Introduction.

SECTION PREMIÈRE.

Des ouvriers de l'industrie cotonnière.

I. — Travaux auxquels se livrent les ouvriers de l'industrie cotonnière.

II. — Des ouvriers de l'industrie cotonnière dans le département du Haut-Rhin.

D. Tables des décès par sexe, par âge et par profession dans la ville de
Mulhouse.

Supplément n° II.

Suite de la note sur les salaires et les dépenses des ouvriers à différentes
époques.

Supplément n° III.

Note sur la proportion comparée des accusés appartenant aux populations
urbaines et aux populations rurales.

Supplément n° IV.

Appendice des chapitres III et IV de ce volume, relatifs à la durée journa-
lière du travail et aux enfants employés dans les manufactures [1].
Séance du 31 mai 1830 de la Chambre des Pairs.
Séance du 13 juin 1839 de la Chambre des Députés.
Observations sur les discours prononcés à la Chambre des Députés.

VILMORIN (Louis).
  Alizarine. Sa préparation à l'aide du sulfure de carbone. (*Monit. scientif.*, 1857,
  t. 1er, p. 890.)

VIOLETTE (Henri).
  Nouvelles manipulations chimiques simplifiées, ou Laboratoire économique de l'étudiant. 3e édit., 221 figures et 30 tableaux. Paris, 1860.

VOGEL (Aug.).
  Paraffine. Sur quelques applications en chimie.

W

WAGNER (Johannes Rudolf), Professor.
  Jahresbericht über die Fortschritte und Leistungen der chemischen Technologie
  und technischen Chemie. 7 vol. 1855 à 1861.

WAGNER (J. R.).
  Theorie und Praxis der Gewerbe. Hand- und Lehrbuch der Technologie.
  4 vol. gr. in-8, clichés nombreux. Leipzig, 1857-1863.

WICHMANN, Chimiste à Dresde (Saxe).
  Sulfate de plomb produit dans les fabriques d'impressions. Son emploi dans les
  verreries. (*Monit. scientif.*, 1862, t. IV, p. 20.)

WIEDERHOLD, de Cassel.
  Huiles minérales d'Amérique. (*Monit. scientif.*, t. V, p. 132.)
  Naphte. — Pétrole rectifié.

<hr>

DA [1] 27 juillet 1864. Séance mensuelle de la Société industrielle de Mulhouse. — « *La loi sur la
durée journalière du travail des enfants employés dans les manufactures, et la fréquentation des
écoles, est-elle exécutée à Mulhouse?*........ *Réponse :* Non ! »

WILM.

Aniline. Ses dérivés colorés. (*Monit. scientif.*, 1863, t. III, p. 61.)

WOEHLER.

Chrome. Chrome métallique. (*Monit. scientif.*, 1860, t. II, p. 501. — *Ann. de chim. et de phys.*, août 1859, p. 501.)

WOOD (D'), de Nashville, Tennessee (États-Unis).
Alliage fusible.

Fondre ensemble 1 à 2 parties de cadmium, 7 à 8 de bismuth, 2 d'étain, 4 de plomb. Cet alliage fond de 65 à 70° C. Sa fusibilité peut être augmentée en ajoutant une faible quantité de mercure, et cela sans affecter la ténacité. Le cadmium augmente la dureté et la force des alliages.

WURTZ.

Chimie médicale. Cours public à la Faculté de médecine, à Paris, en 1863.

MATÉRIAUX

POUR LA

COLORATION DES ÉTOFFES

Liste supplémentaire des auteurs qui ont traité de la coloration des
étoffes et de quelques questions qui s'y rattachent, avec indication
des recueils où se trouvent ces travaux.

B   **BULLETIN DE LA SOCIÉTÉ CHIMIQUE DE PARIS.** Comprenant le compte
rendu des travaux de la Société et de l'analyse des mémoires de chimie pure et
appliquée, publiés en France et à l'étranger, par MM. **Ch. Barreswil, —
J. Bouis, — Ch. Friedel, — E. Kopp, — F. Le Blanc, — A. Scheurer-
Kestner et Ad. Wurtz,** avec la collaboration de MM. **C. G. Foster. — A. Girard, — A. Lieben, — A. Riche, — A. Rosing, — Trayot, — A. Vée, —
E. Willm.**
Le Bulletin paraît une fois chaque mois, par numéros de quatre à six feuilles, format
in-8, publiés sous une couverture distincte, et formant, au bout de l'année, deux
volumes de 500 à 600 pages. Paris, *L. Hachette et C*, boulevard Saint-Germain, 77.
— Prix de l'abonnement par an : 15 fr.
..... Le Bulletin de la Société chimique de Paris est la réunion en un seul faisceau
de trois recueils d'abord séparés, savoir : l'*Ancien Bulletin de la Société chimique,*
le *Répertoire de chimie pure* et le *Répertoire de chimie appliquée.*

BUFF (H.), — KOPP (H.), — ZAMMINER (F.).
Physikalische und theoretische Chemie. Zweite Auflage in-8, Braunschweig,
1863. (*Arch. sc. nat.* Genève, octobre 1863, t. XVIII, p. 171.)
..... Ce volume sert en même temps d'introduction à la 4ᵉ édition du *Traité complet
de chimie* de **Graham,** traduit en allemand et développé par le professeur **Otto,**
traité qui, en Allemagne, a acquis une juste célébrité.

BOLLEY (P. A.), Professeur de chimie à Zurich.
Théorie de la teinture. Recherches critiques et expérimentales. In-4. Zurich.
1859. (*Arch sc. nat.* Genève, septembre 1859, t. VI, p. 67.)

MACHINES A COUDRE EN AMÉRIQUE.

(Presse scientifique des Deux Mondes, avril 1864, t. 1er, p. 580.)

M. **Edwin Alexander** a lu récemment, devant la Société des arts de Londres, un long mémoire sur les différents systèmes de machines à coudre, à la suite duquel nous trouvons, sur cette importante industrie, les renseignements curieux qu'on va lire :

Ce n'est qu'à partir de 1859 que les machines à coudre ont commencé réellement à donner lieu à quelques chiffres d'affaires, et tandis qu'en Angleterre et sur le continent cette industrie n'a fait que progresser lentement, après avoir eu beaucoup de peine à s'y établir, au contraire elle s'est développée rapidement en Amérique et a atteint un degré d'activité extraordinaire. Ainsi, on estime qu'aujourd'hui, dans ce pays, il n'y a pas moins de 300,000 machines en activité, pendant que la Grande-Bretagne et l'Irlande, malgré leur population bien plus considérable, n'en ont pas plus de 50 à 60,000. La construction de ces machines se fait sur une très-grande échelle, grâce à l'organisation de puissantes Compagnies qui, disposant d'un capital de plus de 12 millions de francs, ont établi des usines dont quelques-unes sont capables de fournir de 300 à 500 machines par semaine. La seule Compagnie **Wheeler et Wilson**, par exemple, en a fabriqué, en 1800, près de 20,000, c'est-à-dire près du double de celles qui ont été produites en deux ans dans toute l'Angleterre. La statistique commerciale témoigne, du reste, de l'activité progressive de la fabrication, car la vente, qui n'était, en 1853, que de 2,300 machines, s'est élevée successivement jusqu'au chiffre de 48,245 pour 1859.

Dans son rapport au Secrétaire de l'intérieur (États-Unis), le directeur de la statistique constate que « la machine à coudre est arrivée, dans ces dix dernières années, à un degré de perfection tel qu'elle a opéré une véritable révolution dans un grand nombre d'industries. Elle a ouvert un avenir inespéré à des milliers de femmes, pour lesquelles le travail de l'aiguille n'était plus suffisamment rémunérateur ; elle a permis d'augmenter le bien-être général, en abaissant le prix de revient de beaucoup d'objets de première nécessité ; enfin elle a, dans une certaine proportion, augmenté la richesse du pays en favorisant le développement de certaines branches d'industrie, et, par conséquent, la création de nouveaux capitaux.

« Les relevés officiels indiquent qu'en 1800 neuf États de l'Union ont établi ensemble 116,530 machines, représentant une valeur de 30,325,000 fr. ; sur ce nombre, un seul établissement dans le Connecticut en a fourni près de la moitié. Pendant l'année 1861, on en a exporté pour une somme de plus de 300,000 fr.

« Aujourd'hui, non-seulement la machine à coudre est employée dans un grand nombre d'industries, mais elle est devenue le compagnon indispensable du ménage. La fabrication des vêtements et lingeries confectionnés pour hommes et pour femmes a trouvé en elle un puissant auxiliaire. Elle est développée, en général, dans toute l'Union, au point que dans les quatre villes de New-York, Philadelphie, Cincinnati et Boston, elle a été d'une valeur de 258 millions de francs, soit plus de 85 pour 100 du produit total de l'Union en 1850. »

M. **Alexander** examine ensuite l'économie de main-d'œuvre qu'a permis de réaliser en Amérique la couture mécanique, et, malgré la part d'exagération qu'il faut accorder à de semblables calculs, on doit cependant reconnaître qu'il y a là des faits bien dignes de l'attention de nos économistes modernes. Partant de ce fait qu'une seule machine fait au moins le travail de cinq ouvrières, payées à raison de 2 fr. 50 c. par jour, l'auteur en conclut qu'elle économise le salaire de quatre, soit 10 fr., puisqu'une seule suffit pour conduire la machine.

Comme exemple, il cite un seul établissement de New-Haven qui, en employant 400 machines et produisant 800 douzaines de chemises par semaine, est parvenu à réaliser par année, sur la main-d'œuvre, une économie de près de 1,500,000 francs. Cette économie est plus considérable encore dans la confection des devants de chemises, qui est une industrie spéciale, car une machine en fait 100 par jour, pendant qu'une ouvrière ne peut en piquer que 0 dans le même temps; on estime qu'à New-York elle n'est pas moins de 4,500,000 fr. par an.

Après avoir passé en revue les principales industries dans lesquelles la machine à coudre joue un si grand rôle, M. **Alexandre** en arrive à conclure, d'après les documents qui sont entre ses mains, et qu'il dit être de la plus grande authenticité, que les 300,000 machines qui travaillent aux États-Unis économisent plus de 725 millions de francs, c'est-à-dire que, si tout le travail qu'elles accomplissent devait se faire à la main, il coûterait cette somme énorme augmentée au moins de 1/5, soit 870 millions de francs.

C **COLORISTE INDUSTRIEL.**, Journal spécial de la teinture et de l'apprêt des étoffes de la production et de la préparation des matières tinctoriales, de l'impression et de la fabrication des tissus, et des papiers peints. En général, de toutes les substances colorantes appliquées à l'industrie et aux arts.

Publié le 1er et le 15 de chaque mois, par **J. Huart**, gérant. — Paris, rue des Halles, n° 5. — Abonnement, 15 fr. par an.

SOMMAIRE DU N° 5 DU 15 MARS 1864.

Teinture parisienne.

Physique rouge pour soie. — Groseille soie. — Hortensia soie.

La teinture considérée dans ses rapports avec l'impression.

Système de blanchiment pratiqué dans les grandes fabriques du Haut-Rhin.

Blanchiment des fils de lin dans le vide, par M. **C. Springel.**

Mémoire sur les vitraux peints, par M. **E. Chevreul.**

Nouveau procédé d'extraction du tartre, par M. **J. B. Trouillot.**

Industrie des laines teintes par série pour broderie et tapisserie. Fondée à Mulhouse par MM. **Koechlin-Dollfus et C**[ie].

Mode de production du verdet ou acétate neutre de cuivre cristallisé, par M. **L. C. Jonas.**

Place de Paris. Prix de droguerie, teintures et produits chimiques, le 12 mars 1864

	les 100 kilogr.
..... Azuline (Guinon, Marnas et Bonnet), qualité extra bleue. . .	350 fr.
— — — qualité bleu violet. . .	300
Bleu d'aniline, le litre. . . . . 16 fr. 50 à	25 fr.
Bleu de Lyon, teinte lumière, le kilogramme. . . .	500
— — marine, *id*.	230
— — — —	350
Fuchsine en cristaux R. F., le kilogr.	250
— liquide — le litre.	15
. Violet impérial, teinte bleue R. F.	230
— — teinte rouge.	250
— n° 4 — —	150
— d'aniline en pâte.	40 à 60
Rouge d'aniline en pâte.	60

V **VERT D'ANILINE.**

(*Moniteur scientifique*, avril 1864, t. VI, p. 361.)

Lettre d'un abonné à M. le docteur **Quesneville.**

La première notion sur la réaction qui produit le vert d'aniline est due à M. **Eusèbe.**

chimiste à Paris. M. Eusèbe proposait, à ce que l'on dit, de dissoudre le rouge d'aniline
cristallisé dans un mélange d'alcool, d'acide sulfurique, chlorhydrique ou autre; d'ajouter
une certaine quantité d'aldéhyde ou d'esprit-de-bois. La dissolution devient d'abord violette, puis passe peu à peu au bleu vif [1]. A ce moment, on ajoute une certaine quantité
d'hyposulfite de soude, et, à l'aide de la chaleur, la dissolution prend une belle couleur
verte. Beaucoup d'inconvénients sont attachés à ce procédé, et comme on l'a abandonné
aujourd'hui il est inutile de les signaler.

Aujourd'hui, on procède d'une manière bien plus simple et plus rapide, et comme suit.
L'on prend :

150 grammes de rouge d'aniline cristallisé (sulfate de rosaniline).

450 — d'un mélange de { 3 kilogr. d'acide sulfurique } préparé d'avance et
                         { 1 kilogr. d'eau. . . . . . } froid.

Quand le rouge est parfaitement dissous, on y ajoute en remuant :

225 — d'aldéhyde, préparée au bichromate de potasse.

On chauffe le tout au bain-marie. On retire de temps en temps avec
une baguette en verre une goutte du mélange, que l'on jette dans de
l'eau légèrement acidulée. Dès que l'on obtient une belle dissolution vert
foncé, on arrête la réaction.

D'autre part, on prépare d'avance 50 litres d'eau bouillante; on y
verse peu à peu le mélange ci-dessus, et on y ajoute de suite :

450 — d'hyposulfite de soude dissous dans le moins possible d'eau chaude.

On fait bouillir à la vapeur pendant quelques minutes.
Tout le vert reste en dissolution, et celle-ci sert à teindre la soie.

Il va sans dire que, si l'on opère en grand, il faut des vases en grès, fer émaillé ou
plomb, enfin des vases inattaquables.

Ce vert est très-beau, surtout à la lumière artificielle, ce qui le distingue de tous les
autres.

J'ignore si, jusqu'à ce jour, l'on a réussi à le précipiter ou au moins à le réduire sous
un moindre volume, pour l'expédier au loin plus facilement et à moins de frais.

Watts (Henry), BA. F. C. S. Editor of the *Journal of the Chemical Society*.   W
   **Dictionnary of Chemistry and the allied branches of the other
      sciences.** 4 vol. gr. in-8, de 1000 à 1200 pages chaque volume. Vol. I et II ont
      paru en 1863–1864, les autres à paraître. Londres, 1864.

[1] Cette réaction est très-inconstante et capricieuse.

MATÉRIAUX

POUR LA

COLORATION DES ÉTOFFES

Couleurs de matières tinctoriales [1].

ROUGES

Bois rouge ou du Brésil, — 13.
Santal rouge, — 13.
Carthame ou safranum, — 13, 88, 373.
Cochenille, — 14, 88, 103.
Muroxide ou pourpre romaine, — 14, 330, 361, 377.
Garance (Racines de), — 88, 90.
Choyavert (Racines de), — 88, 236.
Racines de nona, — 88.
Racines de mungi, — 88, 236.
Racines d'onoghoudon, — 88.
Racines d'hachrout, — 88.
Laque dye, — 88.
Semence de peganum, — 88.
Mûrier d'Inde, — 88.
Fécule du chica, — 88.
Paraguatan (écorce), — 88.
Caille-lait, — 88.
Camwood, — 88.
Aunée, — 88.
Vulnéraire, — 88.
Bois de Brésil, — 88.
Bois de Sapan, — 88.

Bois de Sainte-Marthe, — 88.
Bois de Lima, — 88.
Bois de Santal.
Mille-pertuis.
Garance d'Alsace.
Garance d'Avignon.
Garance de Chypre.
Garance de Hollande.
Garanceux, — 103.
Garancine, — 103.
Brésiline ou Bois rouge, — 103.
Aniline rouge, — 15, 128, 174, 217, 255, 339, 348, 361, 377, 382, 392, 400, 427.
Vermillon, — 174.
Azaléine. — 174, 361.
Fa-ko ou *hong-fa*, espèce de safranum employé par les Chinois, — 180.
Vermillon d'antimoine, — 204, 223.
Pourpre française, — 216, 361.
Pourpre, — 230.
Guilantina, espèce de garance, — 236.
Onenghoudon, espèce de garance, — 236.
Hachrout, rubiacée, — 236.

[1] Cette liste renferme les couleurs de matières tinctoriales citées.

BLEUS

JAUNES

VIOLETS

VERTS

Matière colorante verte des plantes, — 170.

Thia-tcuk, employé par les Chinois pour teindre en vert clair, — 180.

Dalléochina ou vert de quinine, — 193.

Combinaison de fer et de plomb aux étoffes garancées comme moyen d'y établir du vert, — 105

Matière organique verte, employée en Chine, — 222.

Vert turquoise, — 231.

Vert par l'acide picrique et le sulfate d'indigo, — 304.

Vert en calcinant du bichromate avec du phosphate d'ammoniaque, — 304.

Émeraldine. Couleur verte d'aniline, — 343.

Vert d'oxyde chrome, — 111, 367, 420.

Vert faïencé, — 368.

Vert solide imprimé à la planche, — 370.

Fonds verts enlevages blancs, — 370.

Vert **Guignet** (vert de chrome), — 178, 377, 381.

Dalléochina ou vert de quinine, — 400.

Vert de cuivre, — 420.

Vert préparé en calcinant du bichromate avec du phosphate d'ammoniaque, — 304.

Nerprun indigène. Matière colorante verte de même nature que le *lo-kao* des Chinois, — 22.

NOIRS ET BRUNS

Noix de galle, — 22, 108.

Cachou, — 22, 99, 137, 234, 313.

Kino, — 22.

Sumac, — 22, 100.

Garance et ses dérivés. Vesse-de-loup.— 84.

Platane (écorce), — 80.

Cachou, — 99. 1815.

Cachou, — 99. 1829. — 183, 193.

Oxyde ferrique, — 99.

Campêche, — 103.

Puces vapeur fixés ou chromate, — 109.

Bois vapeur, — 109

Noirs et gris, — 109, 367.

Gris de chrome, — 112.

Somu ou *saben*, *mok-ko*, *cachou*, *cambier*, *tche-tcang* et le *tching-fan*, employés par

les Chinois pour teindre en brun, — 180.

Eum-pod, fruit de l'arbre eum-pod-tcln pour teindre en gris. Noir. Première teinture à l'indigo, puis au cachou, — 180.

Noir sur soie par le *henné* des Arabes, — 304.

Sulfate ou chlorure de manganèse fixé sur étoffe, connu sous le nom de bistre, — 99, 367.

Extraits de matières colorantes pour noir, gris, brun, etc., — 374.

Noir d'aniline, — 400.

Gris de nickel, — 420.

Gris de plomb, — 420.

Gris de mercure, — 420.

Aloès, — 10. Boutin

GARANCE [1]

Bastet, — 4, 170.

Decaisne, — 6, 10.

Schwartz (Gustave), — 10, 257.

Girardin (J.), — 10, 11.

Grelley, — 10, 11.

Gerber-Keller, — 10, 11.

Dollfus (Edmond), — 10, 11.

Kuhlmann, — 10, 204.

Runge, — 10.

Robiquet, — 11, 220.

Colin, — 10, 11, 187, 345, 371.

Schwartz (Léonard), — 11.

Steiner, — 11.

Jullien. — 11. — **Jullien et Roquer**. — 366.

Roquer, — 11.

Pincoff, — 11.

Schunk, — 11.

[1] Auteurs qui ont traité de la garance

LISTE

PAR ORDRE ALPHABÉTIQUE

Des auteurs et industriels cités, dont les noms ne sont pas en regard des paragraphes [1].

A

Abbadie (d'). Théodolite horizontal, — 277.

Action, — 145.

Agudio. Nouveau système de traction pour surmonter les fortes pentes, — 277.

Aira, — 158.

Alho. Teinturier parfait (1672-1708), — 125.

Althen (Jean), Arménien. Culture de la garance à Avignon. 1750, — 172.

Alexandre le Grand, — 150.

Ambacher frères, coloristes d'Augsbourg

Ambournay (d'). Mémoire sur la garance. 1771 à 1788.

Amouroux, — 130.

André, d'Offenbach. Lithographie. 1802, — 163.

Anse (d'), de Villoisin. *Anecdota græca,* — 148.

Appert. Conservation des viandes, — 142.

Applegearth, à Crayfort (Kent). Invention de machines utiles pour l'impression, — 215.

Arago, — 153, 155.

Arago et Gay-Lussac. *Annales de Chimie.* 1816 à 1840, — 2.

Archiac (d'), — 347.

Arkwright (Richard), — 270 à 317.

Armengaud (aîné). Génie industriel, — 9.

Armandon. Vert préparé en calcinant du bichromate avec du phosphate d'ammoniaque, — 364.

Arthur et Robert, fabricants de papiers peints en France. 1780, — 166.

Ashworth (Joseph), — 188.

Aspell (J.) et Cie. Machine à enrouler les tissus. Nouveau système, — 358.

Aubergier, — 325.

Audouin. *Annales des sciences naturelles.* 1824 à 1833, — 1834 à 1843, — 150.

---

[1] Cette liste supplémentaire facilitera les recherches.

B

C

Calvert, Clift et Lowe. Émeraldine sur coton. — Vert par l'aniline sous l'influence de certains agents oxydants, — 883.

Calvert et Lowe. Tannin servant de mordant pour les couleurs dérivées du goudron, 1854-1859. — 304.

Candolle (A. P. de). Tableau de l'état physique et moral des ouvriers dans les manufactures de coton, de laine et de soie. Br. in-8, 50 p. Paris, 1841.

Carré, Production artificielle du froid et de la glace, — 310.

Carrey (Émile). Industrie du caoutchouc, — 338.

Castellan, à Avignon. Rubérine (garance), —

Cauchy, — 153.

Caumont (de). Garance, — 173.

Cavarret, — 317.

Cavé. Méthode de dessin, — 278.

Celfes (de). — 120.

Chancel (C.). Précis d'analyse chimique quantitative, — 0.

Channing, moraliste américain. Œuvres sociales publiées par **Laboulaye** (E.). — 328, 329.

Chaperon, ingénieur du chemin de fer de Bâle à Strasbourg, 1838 à 1841, — 213.

Chaptal (comte), — 184.

Charles-Quint, — 122.

Chartin. Nerprun indigène. Matière colorante verte de même nature que le *lokao* des Chinois, — 22.

Chenot, fils, — 120.

Chevallier, — 317.

Chevallier (Michel). Rapport sur l'exposition univ. de Londres, 1862, — 304.

Chevreul. *Annales de chimie et de physique,* — 2. — Corps gras, — 87. — Contraste de tons de couleurs, — 91. — Contraste. Couleurs supplémentaires, — 89, 187, 272. — Constitution des corps gras. 1810, — 319. — Tableaux chromatiques des couleurs, — 322.

Chevrolot, — 155.

Ciccone, — 325.

Clanbry (H.), — 380.

Clausemette (de), — 122.

Clay, Système de douane.

Clayton, à Bamber-Bridge, près Bolton¹ (Lancashire). Premier établissement d'impression dans le Lancashire, 1701. — 224.

Cobden. Système de douane, — 140, 175, 180.

Cochran et Dewar, à Glascow. Sels pour rendre inflammable la fibre végétale, — 403.

Colin. Garancine, — 10. — Extrait alcoolique de charbon sulfurique de garance, — 11, 187, 393, 571.

Collogne (J.). *Science pour tous.* Publication hebdomadaire, — 424.

Comb et Cⁱᵉ, à Belfort (Angleterre). Bancs à broches de filature, — 337.

Compoint, — 120.

Cooper (Thomas), **Backer et Taylor.** Introduction du blanchiment artificiel d'après les découvertes de **Berthollet,** 1788, — 223.

Cordier, — 155.

Coulier. Vapeurs d'iode employées comme moyen de reconnaître l'altération des écritures, — 277.

Courez. Vert d'oxyde de chrome, — 367.

Cruce-Calvert. Rapport sur la teinture et l'impression des tissus exposés dans la classe XXIII de l'Exposition de Londres, 1862, — 304.

Crookes (F. C. S.). *Journal of physical sciences,* — 0.

Crookes (William). *Chemical News.* Paraît à Londres chaque semaine, — 339.

Crompton (Samuel), — 364.

Crum (Walter), à Glascow. Enlevage jaune de chrome, — 100, 112. — Réserve jaune de chrome dans la cuve bleue, — 177. — Orange de chrome, — 101. — Gluten des céréales pour remplacer l'albumine, — 364. — Fixation des mordants en passant les pièces imprimées par un local chaud et humide, 1856, — 363, 466. — Sels pour rendre inflammable la fibre végétale.

Cuyper (Ch. de), professeur à Liége. *Revue universelle* appliquée à l'industrie.

¹ À la page 224, 5ᵉ ligne, faute d'impression à corriger : Bolton au lieu de Boston.

D

Dagobert, — 199.

Dale (R. G.), — 301.

Dally (E.), — 120.

Daly (César), — 120.

Darcet, — 138.

Davanne, — 325.

Davy, — 320.

Debray, — 320. Platine.

Desaignes, — 9, 10. Matière colorante de la garance, — 155.

Deceaux, — 323.

Degrand, — 120.

Delaire et Girard. — 18. Bleuine, 1800.

Delaire, — 270.

Delafosse, — 155, 317.

Delamorinière. — 374. Imprimeur.

Delormois, — 07. L'art de faire de l'indienne.

Delbos, — 191.

Demarest, — 155.

Demaux, — 310.

Deshayes, — 155.

Deanos, — 120.

Desnot-Gardissal, — 336.

Desnoyers, — 155, 277.

Detsem, — 247.

Deville, — 320. Platine. — Aluminium.

Dickisson fils, à Bradfort, — 338. Métiers à tisser ouvrés.

Diesbach, à Berlin, — 10. Bleu de Prusse.

Dingler, — 120. *Polytechnisches Journal.*

Dippel, — 10. Bleu de Prusse.

Dioscoride, — 122.

Dollfus (Edmond), — 10, 11. Matière colorante de la garance.

Dollfus (Georges), — 108, 213. Couleurs sur étoffes de laine, fixées par la vapeur d'eau, 1815.

Dollfus (Nicolas), — 108, 246. Fondation du premier établissement de papiers peints (imprimés) dans le Haut-Rhin, 1790.

Dollfus (Charles), fils de Dollfus-Haussmann, — 116. Calendre perfectionnée.

Dollfus (Gaspard), père, — 240. Fondation d'une caisse d'épargne à Mulhouse, 1827.

Dollfus père et fils, à Mulhouse, — 242. Impressions sur calicots. Perfectionnements des couleurs et du dessin auquel a beaucoup contribué par son talent Malaine père, artiste dessinateur, 1780, — 247. Introduction de la gravure en taille douce pour l'impression des calicots à la planche plate, 1780.

Dollfus (Pierre), — 207. Imprimeur à Thann, 1784.

Dollfus (Nicolas) et Risch-Dollfus, — 239. Création de la première filature dans le Haut-Rhin, 1803-1806.

Dollfus (Jean), père, — 111, 221, 265. Cités ouvrières à Mulhouse, — 266, 302. Plus de prohibition sur les filés, 1834.

Dollfus-Mieg et Cie, — 144, 210. Application des engrenages au lieu de cordes pour mettre en mouvement les tambours des métiers Mull-Jenny, — 310. Création d'un atelier de 20 métiers à parer, système anglais, — 243. Introduction successive des roues de lavage, du chauffage à la vapeur des cuves de teinture, machines à imprimer deux couleurs, machines à vapeur pour la filature et pour l'établissement d'impression, et d'autres appareils anglais. 1821, — 243. Premières impressions à la planche des couleurs fondues. Procédé inventé par Dollfus-Ausset et le contre-maître imprimeur Zäslin, en changeant le procédé inventé par Michel Spörlin, qui faisait les fondus à la brosse sur papiers de tentures, 1824, — 211. Article bandes satinées, dessins de Grosrenaud, — 211. Impression des fondus au rouleau, 1848, — 360. Impression au rouleau de l'outremer, — 374. Couleurs vapeur sur laine, procédé introduit dans leur établissement par Georges Dollfus, 1815.

Donn, à Boston (Amérique), — 376. Em-

E

F

ploi en Angleterre de la soude dans le blanchiment.

Forthomme, — 120.

Foster (C. G.), — 174.

Foucault (Léon), — 277. Héliostats.

Foucault, — 319.

Franc et Renard, — 273.

Franck (Alexandre), à Mulhouse, — 240. Première importation en France de l'article *damas de coton meubles*. — 241. Damass coton et laine, dessins ornements dus aux talents de **Zipélius**, artiste dessinateur, 1838. — 241. Damas laine et soie.

Frantzen, à Haguenau (Haut-Rhin). Culture de la garance. 1789.

Frauger et Bernard, — 218.

Fraunhofer, — 145.

Fremy, — 21. Chlorophyle, — 119.

Frezon, — 405. Orseille.

Friedel (Ch.), — 474.

Fries (J.), imprimeur à Guebwiller, — 373. Premier blanchiment continu en France.

Fritzche, — 17. Bleu d'aniline.

Fuchs, prof. à Munich, — 465. Verre soluble, 1825.

G

Garnier, — 171. Richesse des nations.

Garnier (fils), — 120.

Gastard, — 109. Rose d'application solide. 1857.

Gaugain. — 120.

Gaumont (Charles), — 363. Enseignement professionnel. Publication.

Gay-Lussac, — 320. Sels qui préservent de la combustion.

Gay-Lussac et Arago, — 2, 20. Cyanogène. 1815.

Gélis, — 378, 379, 381. Transformation des gommes solubles en gommes insolubles.

Geoffroy de Saint-Hilaire, — 155.

Gerbe, — 155.

Gerber-Keller, — 10. Matière colorante de la garance, — 274, 275, 276.

Gergogne, dessinateur, — 207. Fournit des dessins à **André Hartmann**, à Münster. Siècle passé.

Gerhardt, — 3. Annuaire des travaux de chimie chaque année depuis 1845. — 15. Principe colorant rouge. Nitrosonaphtaline.

Gerhardt (Charles), — 81. Traité de chimie organique de **Liebig**. Édition française.

Gervais, — 155.

Girard, imprimeur, — 323, 372.

Girard (A.), — 474.

Girard et Delaire, — 276

Girardin et Grelley, — 11. Colorine de garance. — 109. Rouge d'application sur fond noir campêche.

Gillardoni frères, à Altkirch (Haut-Rhin). — 174. Fabrication perfectionnée des tuiles en terre cuite à recouvrement. 1844.

Glaisher, — 277. Ascensions scientifiques en ballon.

Glück (André), à Mulhouse, — 240. Emploi des marrons (grenades) pour casser la glace des rivières et favoriser la débâcle.

Gmelin, à Tübingen, — 21. Outremer artificiel.

Godefroy (Paul-Léon), — 374.

Godefroy (Paul), — 85. Châssis d'impression mobiles.

Godron, doyen de la Faculté des sciences à Nancy, — 123. Énumération de 52 espèces de garances.

Gossage. — 408. Savon.

Göttling, — 4. Traduction en allemand des éléments de teinture de **Claude-Louis Berthollet**. 1791.

Graham (John), à Manchester, — 135. Appareils d'évaporation, — 175, 177. Prussiate de potasse rouge. 1835, — 213. Quelques faits relatifs à l'impression des calicots.

Gratrix, — 364. Emploi du tannin pour fixer les couleurs d'aniline, — 377. Brevet, 1860

Gray (lord), — 224. Abolition des droits sur les étoffes importées en Angleterre.

Grays, à Manchester, — 184.

Green, — 155. Appareils réchauffeurs.

Gregor, — 173. Blanchiment.

Grelley, — 10. Matière colorante de la garance.

Grexely (J.), — 363. Encre à écrire.

Gros, Davillier, Roman et C°, — 212. Première machine à imprimer au rouleau dans le Haut-Rhin, 1805, — 247. Emploi des tours à guillocher les rouleaux d'impression. 1814, — 330. Filature de coton. 1805.

Gros, Odier, Roman et C°, à Wesserling (Haut-Rhin), — 144, 210. Production de jaconats 100 portées à la mécanique, — 242. Découverte du rouge et rose garancé d'une grande beauté, longtemps dénommé rose de Wesserling. 1810. — 244. Perfectionnements des apprêts pour la vente en blanc.

Grosjean (J. François), — 207. Dessinateur et fabricant d'étoffes imprimées à Mulhouse, sous la raison de commerce

Grosjean-Kœchlin, élève de Gergogne, — 211, 244. Mousselines imprimées à la planche d'une grande perfection.

Grosjean, Schlumberger et C°, — 195. Machine à apprêter les étoffes légères.

Grüne, — 400. Verre soluble, son emploi en teinture.

Guérin, — 198.

Gueut, — 244. Mélange du son à la garance pour rose, lilas, etc.

Guillaume, imprimeur, — 374.

Guillard, — 120.

Guillemin, — 9, 120.

Guimet, à Lyon, — 91, 308. Outremer factice. 1822.

Guinon, à Lyon, — 10. Acide picrique, matière colorante sur soie, — 22. Lo-kao des Chinois pour teindre la soie en vert.

Guinon, Marnas et Bonnet, à Lyon, — 18. Fabrication de l'aniline.

Guyot, — 120.

Guyton de Morveau, — 19. Acide prussique. Prussiate de potasse. 1780.

H

Hargreaves, charpentier du village de Blackwell (Lancashire), — 280. Inventeur d'une machine à filer qu'il a appelée *Jenny-la-Fileuse*. 1767.

Hargreaves et Dugdale, — 109. Bleu vapeur au prussiate jaune, en ajoutant de l'acide tartrique. Avant 1820.

Harrison, — 251. Métiers à tisser qui battent 150 à 200 coups par minute.

Hartmann (Frédéric), à Münster (Haut-Rhin), — 206.

Hartmann et fils, à Münster, — 99. Première application sur étoffes du suroxyde manganique (bistre, solitaire, tête de Maure), — 111. Vert solide au chrome. — 113. Impression mordant réserve pour cuve bleue. Article lapis. 1808, — 144, 188, 243. Premiers enlevages par le chlore sur teinture en safranum. 1817. — 367. 369. Lapis.

Hartmann (Jacques), filature à Münster, 240. Première filature en fin dans le Haut-Rhin.

Hartmann (André), imprimeur à Münster. 1709.

Hartmann et Cordillot, — 21. Chlorophile. Nuance verte sur soie, laine et coton.

Hartwieb, — 124.

Haussmann (Jean-Michel)[1], au Logelbach, près Colmar (Haut-Rhin), — 10. Découvre l'acide picrique en 1788, — 96, 97. Addition de craie à l'eau pure pour teindre en garance d'Alsace des couleurs persistantes (solides). 1791, — 100. Cyanures, Bleu de Prusse formé et fixé de toutes pièces sur les tissus, à la

DA [1] Un grand nombre de découvertes du siècle passé, faites par Jean-Michel Haussmann, ont été *réinstallées et bien citées.*

fin du siècle passé, — 100. Sulfate et acétate d'indigo. Bleu de Saxe, — 102. Blanc enlevage sur mordants, —105. Orcanette, Son application sur étoffes. Fin du siècle passé, — 106. Vert pistache, vert de pomme par sulfate d'indigo et jaune végétal, — 110. Mémoire sur les couleurs d'application (*Journal de physique*, t. XLVIII, p. 112), — 187, 331. *Journal de chimie, d'histoire naturelle et des arts.* 1789, — 366. Historique de ses découvertes de 1777 à 1800, — 339, 374. Laques pour impressions. 1789.

Hausmann frères, au Logelbach, près Colmar (Haut-Rhin), — 215. Application avec succès de la gravure lithographique à l'impression des étoffes de soie et de laine. 1810, — 217. Introduction et réussite en grand de la gravure à la molette. 1822.

Hellmann (Josué), — 157. Métier à tisser, — 187. Invention de la peigneuse de coton. 1810, — 216. Construction d'un métier à tisser perfectionné par la simplification des mouvements. 1825, — 216. Invention du métier à broder.

Helmts, à Thann, — 206.

Henry, — 175. Chlorure de chaux.

Hepner (Auguste) et C°, — 241.

Hercule, Tyrien, — 148. Pourpre.

Herland, — 205. Appareil monte-courroie.

Hervé-Mangon, — 278. Tremblements de terre par les troubles des puits artésiens.

Herzog (Antoine), — 239. Filature du Haut-Rhin.

Hessler (L.), — 195. Sulfate plombique.

Hiffelstein, — 317.

Higgins, — 366. Alizarine commerciale.

Higgins et Son, — 255. Carde américaine. 1861.

Hindle (James), à Sabden, — 177. Avivage du bleu de Prusse par le prussiate d'étain.

Hirn, coloriste, — 101. Procédé pour teindre les étoffes de coton rouge turc. 1816.

Hirn (G. A.), au Logelbach, près Colmar (Haut-Rhin),—133. Quantité d'eau qu'entraîne la vapeur des chaudières à vapeur, — 212. Appareils à vapeur.

Hirn, — 203. Dessinateur et peintre de fleurs.

Hadson, à Bradfort (Angleterre), — Métiers à tisser ouvrés.

Hofer (Josué), imprimeur à Mulhouse, — 214. Impressions sur tissus mousseline laine (coton et laine).

Hofer (Henri), — 207. Dessinateur dans l'établissement de Pierre Dollfus et C°, à Thann. 1789.

Hoffmann (A. W.), — 15. Rouge d'aniline, — 17. Bleu d'aniline, — 128, 174. Rouge d'aniline, — 321, 330. Fuchsine (Hofmanine). Rouge d'aniline découverte, — 377. Rapport sur les produits chimiques industriels de l'Exposition de Londres, 1862.

Hofmann, — 122. Premier moulin à broyer la garance dans le Bas-Rhin. 1760.

Hollard, — 155.

Homère, — 149.

Hommosset, — 97. An VIII.

Hoollbrenck, — 278.

Hornung (Daniel), à Mulhouse, — 241. Première fabrication en France des draps croisés en laine pour machines à imprimer au rouleau.

Houten-Devrile, — 228. Première application du pantographe à la gravure des rouleaux d'impression en Angleterre. 1834.

Houton-Labillardière, — 188.

Hoyle (Thomas), à Manchester, — 371. Violets garancés.

Hunre, — 476. Publication du *Coloriste industriel.*

Hübner, — 253. Peigneuse pour coton.

Hugon, — 278. Machine motrice, mue par le vide.

Huguenin (Daniel), à Cernay, — 240. Premier tissage de calicots en grand dans le Haut-Rhin. 1780.

Huguenin-Cornetz, — 95. Renseignements sur les clichés pour planches d'impressions. On clichait déjà vers le milieu du dix-huitième siècle à la fabrique du Bied, près Neuchâtel (Suisse), — 215. Construction de tours à graver perfectionnés. 1822.

Huguenin et Dubied, constructeurs de machines à Mulhouse, — 85. Machines à imprimer au rouleau. — Machines à imprimer 4 couleurs avec des cylindres gravés en creux.

Huguenin, Dacommun et Dublod, — 245. Fabrication en grand et perfectionnements des cylindres (rouleaux) servant à imprimer les étoffes.

industrielle à Mulhouse, — 248. Fondation d'une caisse d'épargne, 1827.
Kœchlin (madame Nicolas), fils, — 240,
Salles d'asile à Mulhouse.
Kœchlin (Nicolas) **et frères**, — 101.
Fonds unis rouge turc sur étoffes de coton. — 111. Vert solide au chrome, —
114. Impression de palmettes noires sur
fonds rouge turc, — 191, 193, 239. Introduction des canettes (bobines) pour
trame, 1810, — 240. Premier emploi de
machines à parer d'un système nouveau.
1811, — 240. Premières productions de
tissus mousselines à bandes satinées. 1820,
— 242. Application du rouge turc sur
étoffes avec impressions noires, 1811, —
243. Enlevage jaune de chrome sur fonds
garancés. 1820, — 244. Article cachemire
riche sur pure laine, d'une grande perfection à laquelle a contribué **Louis
Mainine**, dessinateur, — 244. Première
application de l'éclairage au gaz dans le
Haut-Rhin. 1820, — 248. Construction
du chemin de fer de Mulhouse à Thann.
1837-1839, — 248. Construction du chemin de fer de Strasbourg à Bâle.
Kœchlin-Schouch (Daniel), — 22. Vert
de Chine, — 96. Épaississement des couleurs destinées à l'impression, — 97. Bain
de savon et de son au sortir des garan-
çages. 1801, — 102. Enlevage à la cuve
décolorante au chlorure de chaux. 1818,
— 103. Fonds blancs imprimés sur toiles
huilées, — 177. Jaune de chrome et enlevages sur rouge turc. 1823, — 191,
309. Perfectionnement du genre lapis
par l'invention de réserve sous rouge.
1809, — 371. Garance.
Kœchlin (André) **et Cⁱᵉ**, — 157. Métier à
tisser, — 240. Création d'un établissement de construction, embrassant presque toutes les machines employées dans
l'industrie. 1826, — 245. Introduction des
roues hélicoïdes aux bancs à broches.
1833, — 245. Construction perfectionnée
de la première filature de laine peignée

du Haut-Rhin. 1838, — 245. Construction de locomotives pour le chemin de
fer de Mulhouse à Thann. 1839. — 248.
Turbine à double effet, — 2.
Kœchlin (Isaac), à Wiler (Haut-Rhin).
Création d'un atelier de 240 métiers à
tisser. 1828.
Kœchlin, Favre et Waldner, à Massevaux (Haut-Rhin), — 241. Invention du
métier mécanique propre à produire les
brillantés.
Kœchlin (Jérémie), — 248. Premier roulage accéléré allant directement à Paris
en 6 jours. 1820.
Kœchlin (Édouard), — 101. Lithographie.
Kœchlin-Schlumberger (Joseph), —
171. Géologie, — 239.
**Kœchlin-Schlumberger, Kœchlin-
Ziegler, Penot** (Achille), Dʳ ès sciences, — 239. Notice chronologique sur des
inventions industrielles.
Kœchlin (André), — 230.
Kœchlin-Ziegler, — 230, 247. Gravure
au rouleau de dessins meubles, — Perfectionnements dans la gravure à la molette. 1827.
Kœchlin (Jacques), — 240. Création de
l'asile des orphelins à Mulhouse.
Komaroff, — 120.
Kopp (L., — bⁱ. Garanceine. 1859, — 274,
361. Considérations générales sur l'Exposition de Londres de 1862, — 377. Mémoire sur la purpurine et l'alizarine verte.
— 405. Verre soluble, — 474.
Kopp (Hermann), — 2, 133.
Kuborn (Dʳ), — 278.
Kuenemann frères, au Pont-d'Aspach
(Haut-Rhin), — 246. Première fabrique
de papier de paille dans le Haut-Rhin.
1812.
Kuhlmann, — 10. Moyen de distinguer
les fils de lin de ceux de coton dans les
étoffes, — 465. Applications industrielles
du verre soluble.

L

Laboulaye (Ch.), — 3. Annales du Conservatoire des arts et métiers, — 7. Dictionnaire des arts et métiers, — 378. Bibliothèque des amis de l'industrie établie à Paris.

Lacrillard, — 155.

Lafreanay, — 155.

Lagier, — 371, 372. Garance.

Lamotte, — 47.

Lampadius, — 310. Sulfure de carbone.

Landur, — 120.

Langlois, — 270.

Lassaigne, — 100. Application sur tissus de la matière colorante de l'acide chromique. 1810, — 157. Moyens de distinguer les fils de laine de ceux de coton. 1843, — 117. Fils de soie et de laine, moyen de les distinguer, — 187, 191. Chromo.

Lasteyrie (Cte de), — 164. Lithographie.

Laurent, — 16. Acide picrique, — 30.

Laurens, — 120.

Lauth, — 300.

Lavoisier, — 71.

Lawrence, — 77.

Lebert (père), — 207. Artiste dessinateur dans la fabrique d'impressions de **Pierre Dollfus**, à Thann. 1784.

Leblanc (F.), — 77, 121, 127, 474.

Leblanc (Nicolas), — 455. Soude artificielle. 1780.

Lebleu, ingénieur des mines, — 167. Rapport sur l'Exposition de Besançon. 1860, — 190, 430. Statistique sur l'industrie textile du Haut-Rhin et des Vosges, 1er janvier 1863.

Lebon, — 50.

Leduc. Voyez S, **Saint-Germain-Leduc**, — 270. Naissance de l'industrie dans la Grande-Bretagne.

Lefèvre, imprimeur, — 366. Genre aventurine.

Lefèvre, — 85. Premières constructions en France de machines à imprimer au rouleau et de tours à graver.

Lefèvre, — 71. (17e siècle.)

Le Goux de Plain. Annales d'Orelly, t. XVII, — 101. Industrie des Indiens.

Legrand, — 163. Fabricant de papiers peints. 1780.

Leigh (John), — 487. Verre soluble pour l'encollage de la chaîne.

Lelong-Burnet, — 135. Purification de l'eau d'alimentation des chaudières.

Leloutre, — 193. Professeur de dessins de machines à Mulhouse.

Lemaire, — 155.

Lemery, — 72. (17e siècle.)

Leuala, — 145. Peintre de l'époque grecque.

Réveillé, — 135.

Lewis (Richard), — 282. Trésor du commerce publié en 1631.

Leykauf, — 403. Fixation de l'outremer par le verre soluble.

Lieben (A.), — 474.

Liebig (Justus Freiherr von), — 2. *Annalen der Chemie und Pharmacie*, — 37, 63, 74, 75. — 311. Découvre l'aldéhyde — 320. Murexide. Matière rouge que produit l'oxydation de l'acide urique.

Lightfoot (John), à Brodak, — 177. Jaune de chrome. 1823 (?). — 177. Enlevage blanc, jaune et vert sur manganèse (?). — 377. Procédé breveté pour la fixation de l'aniline. Février 1860.

Littler, imprimeur à Londres, — 215. Impression sur soie.

Littrow, — 277. Héliostats.

Livesay, Hargreaves et Ce, imprimeurs à Mossney, près Preston. Impressions avec rouleaux gravés en creux 1785. A l'Écossais **Bell** est attribuée cette découverte.

Lloyd (Nathaniel) et **Dale** (E. G.), — 364. Tartre émétique pour fixation des violets d'aniline. 1861, — 377. Acide tannique pour fixation des couleurs.

Loffet, de Colmar, — 108, 109, 188.

Lomet, — 163. Lithographie.

Luen (de), — 274. Composition chimique des pains trouvés à Pompéi, — 325.

Lucas, — 135.
Luynes (de), — 10, 274.

M

Masé (Jean), — 531.

Macquer, — 10. Bleu de Prusse. 1752, — 537. Dictionnaire de chimie et de teinture. 1778.

Maistre (comte de), — 153.

Makepeace (Samuel), — 214. Vert et bleu solide.

Malaine, père, — 207. Peintre de fleurs aux Gobelins à Paris. — Réfugié pendant la terreur de la République, il se rend à Mulhouse, et dessine pour la fabrique de papiers peints de Jean Zuber, à Rixheim.

Malaine (Louis), fils, — 211. Dessinateur dans la maison Nicolas Koechlin et frères. Dessins cachemires d'une grande perfection.

Malte-Brun (V. A.), — 120.

Mannlich, — 164. Lithographie. 1810.

Maréchal (neveu), — 520.

Margollé, — 120.

Morozeau, — 135, 530. Dimensions des cheminées, — 212. Appareils à vapeur.

Martin Saint-Ange, — 155.

Mather (Henri), à Manchester, — 225. Méthode pour presser les velours. — Étoffes de coton. — Impressions dont les couleurs sont rehaussées d'or.

Mathiessen, d'Altona, — 153.

Mathieu, — 153.

Mayer, — 153.

Maumené, — 117. Moyens de distinguer les fils de laine de ceux de lin.

Maunier, à Wesserling, — 216. Invention d'un rectomètre pour mesurer les tissus. 1843.

Maurice (Gustave), — 120.

Maury, — 277. Système des vents.

Meissonier, — 574. Extraits de bois de teintures. 1830, — 465. Orseille.

Mercer, à Manchester, — 21. Cyanure ferrico-potassique. Son emploi pour rouger blanc sur fonds bleus d'indigo, — 100. Fond vert de chrome avec impressions blanc enlevage, — 176. Stannate de soude concret. — Phosphates, — 177. Orange d'antimoine. — Réserve orange de chrome pour bleu foncé, — 177. Brun de manganèse.

Mercer et Blyt, — 100. Imprimeurs.

Meunier (Victor), — 120, 346. Courrier des sciences et de l'industrie. Revue hebdomadaire.

Meyer (J. J.) et Cie, constructeurs de machines à Mulhouse, — 215. Grands perfectionnements dans la construction des grosses machines, et surtout de celles à vapeur à détente variable. — Invention des garnitures métalliques à détente variable commandée par le régulateur. — Perfectionnements dans la construction des appareils de chauffage et des tubes indiquant la hauteur de l'eau dans les chaudières. 1634-1836, — 215. Fabrication en grand de machines outils. 1836-1848, — 240. Première application de la détente de la vapeur aux locomotives. 1842.

N

Napper (M.), imprimeur dans Old-Street London, — 214. Bleus marines (navy blues).

Newton, — 153, 155.

Nicholson, — 276.

Niedermeyer, de Strasbourg, — 163. Premiers essais d'introduction de la photographie en France. 1800.

O

Oberkampf, imprimeur à Jouy, près Paris, — 21. Impression au rouleau. 1801. Sa notice nécrologique.

Oerstedt, — 153, 310. Déviation imprimée à l'aiguille aimantée par un courant électrique.

Oeslager, — 371. Extraits de bois de teinture.

Onfroy, à Paris. — 363. Nouveau moyen d'application et de fixation des couleurs d'aniline sur étoffes, — 376. Brosse à couleur mécanique pour châssis d'impression. Inventée et brevetée par **Walch**.

Orbigny (Charles d'), — 153. Directeur du Dictionnaire universel d'histoire naturelle.

Oswald frères, — 218. Amélioration dans l'industrie du transport par eau.

Ozanam, — 277. Ammoniure de cuivre et chlorure de zinc dissolvants de la soie.

P

Pany, — 371. Extraits de bois de teinture. 1836.

Paraf, — 236.

Parkes, — 85.

Parr-Curtis, — 252. Métiers à filer le coton de 600 à 800 broches.

Payen, — 337, 347.

Peel (l'aîné), — 170. Emploi de la bouse de vache.

Peel (Robert), grand'père de feu **Robert Peel**, premier ministre, — 224. Fabrique d'impressions à Brockside (près Blakburn), suite de la maison Clayton.

Peel (Robert), premier ministre, — 140. Réforme dans le système des douanes.

Peligot, — 317.

Pelouze, — 2. Annales de chimie et de physique, — 155.

Penot (Achille), Dr ès sciences. — 153, 167. Rapport sur l'Exposition de Dijon, — 185. Rapport sur l'institution de prévoyance fondée par les industriels du Haut-Rhin en faveur de leurs ouvriers. 1855.

Pernod, à Avignon, — 12.

Pernot, — 240. Directeur de filature. 1812 à 1820.

Perrey, à Dijon, — 277.

Perrot, à Rouen, — 24. Perrotines. Machines à imprimer mécaniquement plusieurs couleurs avec des planches gravées en relief. 1834, — 120.

Perkins, — 15. Fabrication industrielle de l'aniline. 1850. Brevet en Angleterre, 2 février 1857, — 15. Principe rouge dérivé de la naphtaline, — 323. Quinine, production artificielle.

Persoz, — 1. Causes qui peuvent influencer la ténacité et la qualité des tissus, — 10, 187, 274, 336, 345, 347. Rapport sur l'Exposition de Londres, 1851. Teinture et impression, — 300, 371. Matières colorantes de la garance. 1826.

Persoz, fils, — 277. Ammoniure de cuivre et chlorure de zinc dissolvants de la soie.

Persoz, de Luynes et **Salvetat**, — 19. Bleu de Prusse. 1826.

Petit (Stanislas), — 153. Études de dessins au lavis.

Petit, contre-maître dans la fabrique de **Paul Godefroy**, à Saint-Denis, — 368. Perfectionnement du bleu de France.

Piedbœuf, — 212. Constructeur de chaudières à vapeur à Aix-la-Chapelle.

Pillement, — 207. Dessinateur de chinoiseries avant 1780.

Q

R

S

Simpson, Langton et C°, à Manchester. — 111. Machines à imprimer avec des rouleaux en relief.

Sobrero (A.), — 4, 110.

Sochné l'aîné et C°, à Münster (Haut-Rhin), — 212. Introduction d'un genre anglais nouveau, connu sous le nom de lapis.

Sochné, Hartmann, — 207. Imprimeurs à Münster. 1797.

Spörlin (Michel), fabricant de papiers peints à Vienne (Autriche), — 93, 160, 210. Invention et application à la brosse des couleurs fondues (irisées) sur papier de tenture. 1819.

Schelin (Ed. et Ch.), à Dirschwiller (Haut-Rhin), — 215. Premières locomotives construites dans le Haut-Rhin et livrées au chemin de fer de Saint-Germain. 1858.

Steinbach (Georges), — 102, 230.

Steiner, à Accrington (Lancashire), — 11. Garanceux. — 114. Fonds rouges turcs, avec impression au rouleau de blanc, bleu, noir. — 170. Stanate de soude liquide, — 187, 370. Importation en Angleterre du rouge turc sur calicots.

Strahen, — 122.

T

Tate (Thomas), — 167.

Taylor (Dᵉ Adolphi), — 170. Blanchiment des pièces sortant du garançage. 1788.

Taylor (Charles) et Walker (Thomas), à Manchester, — 225. Nouvelle manière d'imprimer les étoffes avec des cylindres en bois gravés. 1770. Patente pour dix années.

Taylor, — 255. Métier à tisser.

Taylor (Isaac), à Nottingham, — 228. Invention d'un pantographe pour la gravure des rouleaux d'impression sur étoffes.

Ternaux, — 115.

Thénard, — 8. Recherches physico-chimiques, — 10. Acide picrique, — 155.

Thierry (Matthieu), — 167. Rapport sur l'Exposition de Dijon. 1858.

Thierry-Mieg, — 215. Perfectionnements de la couleur rouge d'Andrinople (rouge turc) sur toiles de coton.

Thierry-Mieg (Charles), — 210. Forces matérielles et morales de l'industrie du Haut-Rhin pendant les dix dernières années 1851 à 1861, — 358.

Thom (John), — 176, 177. Nouveau procédé pour soufrer les laines. 1818.

Thomas (Alfred), — 101. Machines pour l'impression de plusieurs couleurs formant des rayures.

Tondeur, — 120.

Trayot, — 471.

Troost, — 10. Bleu de naphthaline.

Turgot, — 110.

U

Unverdorben. — 14. Aniline et ses dérivés colorants.

Ure (Dᵉ), — 85. Tableau des densités de l'acide nitrique (azotique).

V

Valenciennes, — 135, 317.

Valmont de Bomare, —172. Garance.

Varkinson (Adam), à Manchester, —93. Première machine à imprimer deux couleurs avec des cylindres creux.

Vauquelin, — 188, 191. — Chrome, — 307.

Vée (A.), — 174.

Verdell, —11. extrait de Garance, —22. Matière colorante verte du chardon et de l'artichaut, —120.

Verguin, à Lyon, —15. Aniline rouge.

Verguin et Renard, à Lyon, — 174. Fuchsine.

Vérité et Moisset, à Beauvais, — 115. Couleurs conversion opérée mécanique-ment (genre frappé). Brevet du 27 avril 1820.

Vetter (J. J.), — 163. Machines à filer le lin, introduites dans l'établissement de J. B. Leclaire, à Kaysersberg (Haut-Rhin).

Vetter, Thierry et Grossmann, imprimeurs, — 23. Première chaudière à vapeur dans le Haut-Rhin pour le chauffage des cuves de teinture.

Vial, — 278. Nouveaux procédés de gravure électro-chimique.

Vilmorin, —11. Extrait de garance.

Volta, ingénieur en chef des mines. — 191.

W

Walker (Thomas), —225 (1770).

Warwick (D'), — 170. Aluminate de potasse. Sel ammoniac, — 177. Vert.

Waterson (Charles), —170.

Watt, — 175. Blanchiment.

Watteau, —207. Artiste dessinateur du siècle passé.

Way, professeur, — 175. Lumières électriques.

Weber (Veuve Laurent) et C°, —211. Violet vif et solide obtenu par le procédé du rouge huilé. 1822.—241. Création des tissus en coton mélangés de soie ou de laine. 1833.

Weisgerber frères et Kayser, à Ribeauvillé (Haut-Rhin), — 241. Création d'un genre de mouchoirs appelés madras. 1818-1810.

Wheeler et Wilson,—475. Fabricants de machines à coudre, en Amérique.

Whitaker Dilley, — 188. Chlorate de potasse dans le tirage des couleurs puce.

Widmer (Samuel), associé d'Oberkampf, à Jouy (près Paris), —98. Blanchiment des pièces garancées par un passage en chlore, — 309. Découverte d'un vert solide (vert dit faïence) ayant pour base l'oxyde stanneux.

Wieck, — 270. Waarenlexikon für Kaufleute und Fabrikanten, unter Mitwirkung von Reichenbach (D' A. B.) und Wagner (D' Rudolf). Leipzig, 1863.

William et Risler (Matthieu), — 211. Création de la première fabrique de produits chimiques dans le Haut-Rhin, à Thann.

Williams (G.), —18. Bleu de quinoléine ou cyanine. 1860.

Williams (Henry), — 317. Trouve le moyen d'appliquer un moteur mécanique au mull-jenny qui avait été manœuvré à la main. Siècle passé.

Willm, — 17. Bleu d'aniline, — 474.

Wilson (John), — 93, 225. Introduction de la teinture en bleu, en rouge, en noir.

Z

DEUXIÈME LISTE

PAR ORDRE ALPHABÉTIQUE

Des auteurs, industriels et autres personnes dont les noms
ne figurent pas en tête des paragraphes.

A

B

C

Dubrunfault, — 20.
Dubrunfault, —50.
Ducharire, — 155.
Du Caraudan (de), — 20.
Dufay, — 40.
Dufour, —100.
Duhamel, — 118.
Dumas, — 2, 72, 73, 70, 100, 155, 231.
Duméry, — 133.

Dumont, — 15.
Dupasquier, — 40, 50.
Duperdin, — 155.
Dupin (Charles, baron), — 131.
Duponchel, — 155.
Duport, — 107.
Dury, — 217.
Dussart, — 110.
Duvernoy, — 155.

E.

Ebelmann, — 41.
Ebinger, — 90.
Eck (professeur de dessin), — 103, 430.
Eck (Daniel), — 372.
Eck, Schwartz et Cie, — 242.
Edel, — 241.
Edwin (Alexandre), — 277.
Eginton (Francis), — 411.
Ehrmann (archiviste), — 101
Elkington, — 75.

Elliot, — 153.
Engel-Dollfus, — 152.
Engelmann (Godefroy), — 247
Eranke, — 150.
Esslinger, — 193.
Euclide, — 341.
Euler, — 95, 153.
Euphranor, — 143.
Eusèbe (477).
Evans (M.), — 215.

F

Fairbairn et Cie, — 337.
Faraday, — 51, 75, 310, 423.
Farcot, — 155.
Fastier, — 53.
Faure, — 183.
Favre-Köchlin (Madame), — 249.
Fernet, — 303.
Fesquet, Goudard et d'Haristoy, — 101.
Figuier (Louis), — 276.
Flachat, — 101.
Flourens, — 155.
Flöhr (X.), — 135.
Foley, — 278.
Folzer, — 203.
Folzer (Léger), 247.
Fonvielle (W. de), — 120.
Foret (Carlos), — 201, 202.
Fernier-Duplan (capitaine), — 181.
Fort, à Cakenow, — 176, 224.
Forthammer, — 82.

Forthomme, — 120.
Forster et Cie, — 214
Foster (C. G.), — 474.
Foucault (Léon), — 277, 319.
Foucou (Félix), — 120.
Fourcroy, — 20.
Fownes, — 20.
Franc, — 275.
Franc et Renard, — 401.
Frank (Alexandre), — 240, 241
Frantzen, — 122.
Franzen (John F.), — 70.
Frauenhofer, — 153.
Frauger et Bernard. — 218.
Freeman, — 50.
Fremy, — 21, 70, 119.
Fritzsche, — 17.
Fremy, — 411.
Fresnel, — 153.
Frezon, — 465
Friedel (Ch.), — 474.

Fries (J.), — 105, 110, 375.
Fries (E.), — 433.

Fuchs, prof., — 405.

G

Galilée, — 81.
Gardissal, — 596.
Garnier fils, — 120.
Garnier, — 171, 278.
Garoni, — 203.
Gastard, — 100.
Gaudry, — 20, 50.
Gaugain, — 120.
Gaumont (Charles), — 303.
Gautier de Claubry, — 153, 187, 171.
Gay-Lussac, — 2, 10, 20, 28, 40, 75, 320.
Gehlen, — 4, 40.
Geoffroy de Saint-Hilaire, — 155.
Gerbe, — 155.
Gerber, — 72.
Gerber-Keller, —10, 274, 275, 276, 401.
Gergogne, — 207
Gerhardt (Charles), — 81.
Gerhardt, — 3, 13, 40, 300.
Geillbrand, — 214.
Gervais, — 155.
Gélis, — 378, 379, 381.
Gillardoni frères, — 240.
Girard, — 18, 324, 325, 372, 471.
Girard et Delaire, — 270, 401.
Girardin, table des matières des *leçons de chimie élémentaire appliquée aux arts industriels*, — 26 à 67.
Girardin et Grelley, —109.
Glaser, — 61.
Glaisher, — 277.
Glazer, — 16.
Glauber, — 61.
Glück (André), — 240.
Gmelin, — 21, 410.
Gobin, — 433.
Gobley, — 70.
Godefroy (Paul), — 85, 368, 374.
Godefroy (Léon), — 374.
Godron, — 123.
Goldschmidt (Th.), — 120.

Goppelsroeder (Dr), — 428
Gossage, — 408.
Gottling, — 4.
Gouband, — 37.
Godlard, — 43, 68.
Graham, — 135, 213.
Graham, — 175 à 178, 185, 186.
Grahe, — 401.
Gratrix, — 364.
Grays, — 184.
Green, — 135.
Gregor, — 175.
Grelley, — 10, 11.
Grey (Lord), — 224.
Grezely (J.), —363.
Gros père, — 438.
Gros, Davillier, Roman et C°, — 207, 239, 242, 247.
Gros, Odier, Roman et C°, — 135, 111, 240, 244.
Grosjean, Kœchlin, — 111, 207, 244.
Grosjean, Schlumberger et C°, — 103.
Grosrenaud (dessinateur), 244.
Grosrenaud (chimiste), — 427.
Grossmann (coloriste), — 100.
Grüne, — 466, 467.
Guonith, — 43.
Guest, — 214.
Guérin, — 122.
Guibourt, — 70.
Guignet, — 41, 48, 66.
Guillard, — 120.
Guillaume, —374.
Guillemin, — 435.
Guillemin, — 2.
Guillemin (Amédée), — 120
Guimet, —21, 32, 368, 410.
Guinon, — 16, 18, 22.
Guyot (Jules), — 120.
Guyton de Morveau, —19, 47

H

I J

K

Kœhlin (Isaac), à Willer. — 210.
Kœhlin, Favre et Waldner, — 211.
Kœhlin-Schmaltzer et C°, — 242.
Kœhlin (Jérémie), — 218.
Kœhlin (Jacques), — 249.
Kœhlin (Madame Nicolas), — 249.
Kœhlin-Dollfus et C° (Madame), — 430, 470.
Kœttinger, — 370.

Komaroff, — 120.
Kopp (Hermann), — 2, 11, 133, 276, 471.
Kopp (É.), — 274, 275, 304, 377, 383, 397, 428, 465, 474.
Kopp (E.), — 410
Kuhorn, — 277.
Künemann frères, — 240.
Kuhlmann, — 10, 117, 410, 465, 466.
Kurrer (D'), — 120.

L

Labarraque, — 50.
Laboulaye (Ch.), — 3, 7, 328.
Lacrillard, — 155.
Lafresnaye, — 155.
Lagier, — 187, 371, 372, 405.
Lamotte, — 47.
Lampadius, — 319.
Landmann, — 429.
Landur, — 120.
Landur (N.), — 120.
Lassaigne, — 50, 117, 243.
Lassaigne, — 100, 188, 191.
Lasteyrie (Comte de), — 161.
Laucher (Joseph), — 205.
Laurens, — 120, 138.
Laurent, — 50, 396.
Laurent et Dumas, — 16.
Lauth, — 366, 400, 401, 417.
Lavoisier, — 50, 70, 71.
Lawrence, — 77.
Lebert (dessinateur), — 243.
Leblanc, — 50, 397.
Le Blanc, — 127, 474.
Lebleu (A.), ingénieur, — 107, 190, 432.
Lebon, — 50.
Leclaire (J. B.), — 165, 168.
Lefévre, — 50, 54, 72, 85.
Lefebvre (maréchal), — 200.
Legray (G.), — 413.
Legé, — 30.
Le Geux de Flaix, — 100.
Legrand, — 166.
Leigh (John), — 467.
Leitenschneider, — 240.
Leloutre, professeur de dessin de machines, — 193.

Lelong-Burnet, — 135.
Lemaire, — 155.
Lemaître, — 414.
Lemercier, — 413.
Lemery, — 50, 72.
Leonhard, — 415.
Lepileur d'Apligny, — 50.
Lerebours, — 413.
Leuxis, — 145.
Leveillé, — 155.
Levis (Richard), — 1011. 281.
Leykauf, — 405.
Libavius, — 50.
Liddiard (J. W.), — 214, 215.
Lieben (A.), — 474
Liebig (Justus-Freiherr von), — 2. 57. 65, 74, 75, 276, 319, 320.
Lightfoot (John), — 177, 377.
Lignac (de), — 58.
Lischy-Dollfus, — 230
Littler, — 215.
Littrow (C. de), — 277.
Livesey, Hargraves et C°, — 224.
Livesey, Hargraves, Hall et C° (imprimeurs à Manchester. 1785), — 96.
Lloyd (Nathaniel), — 364.
Lloyd et Dale, — 377.
Loffet, — 108, 188, 374.
Löffs, — 422.
Lomet, — 165.
Louis XVI, — 192.
Lowe (Williams), — 301.
Lowe, — 364, 365.
Luca (de), — 277.
Lucas, — 155.
Luynes (de), — 19. 274.

M

Mac-Dougall, — 415.
Macé (Jean), — 331, 332, 333.
Macquer, — 19, 51, 357.
Macrembolitissa (Eudocia), fille de Constantin VIII, — 148.
Magnus, — 38.
Mair et C°, — 215.
Maistre (comte de), — 153
Makepeare, — 185.
Malaine (père), — 207, 242.
Malaine (Louis), — 207, 244.
Mallet, — 20.
Malouin, — 51.
Malte-Brun (V. A.), — 120.
Manlieb, — 104.
Marbach (Dr Oswald), — 114.
Marchand, — 49.
Mareschal (neveu), — 120.
Margraf, — 51, 71.
Margollé, — 120.
Marnas, — 18.
Marozeau, — 135, 136, 165, 212, 431, 432.
Marsh, — 20.
Martin, — 29.
Martin du Gard, — 275.
Martin de Brettes, — 120.
Martin Saint-Ange, — 155.
Mason, — 215.
Mather (Henry), — 225.
Mathiessen, — 153.
Mathieu, — 153.
Maule, — 302.
Maumené, — 52, 117.
Maunier, — 246.
Maurice (Gustave), — 120
Maury, — 277.
Mayer, — 153.
Maxa, — 275.
Medlock, — 276.
Mège-Mouriès, — 55.
Meissonier, — 374, 465.
Meller (Dr), — 277.

Melville, — 133.
Mercer, — 21, 100, 176, 177, 188, 190, 192.
Merian frères, — 108.
Merian cousins, — 108.
Merian (Christophe), — 190
Merton, — 215.
Meunier, — 52, 347.
Meunier (Victor), — 120, 310, 317
Meyer (J. J.) et C°, — 245, 246.
Michel, — 153, 374.
Mieg (Matthieu), — 438.
Mieg (Georges), — 438.
Miller (John), — 377.
Miller (Thomas), — 377
Milne-Edwards, — 2, 155.
Mitscherlich, — 73, 74, 323, 301, 300.
Moigno (abbé), — 408.
Moïse, — 147.
Mökel, — 451.
Moll (C. A. M.).
Mollerat, — 66.
Molinos et Pronnier, — 135.
Monnet et Dury, — 275.
Montagne, — 155.
Montaigu (marquis de), — 120.
Monteith, — 85, 102.
Monteith (Henri) et C°, — 177, 360.
Moore, — 215.
Moquin-Tandon, — 277.
Morin (P.), — 194.
Motte, — 43.
Mongeot, — 232.
Mühlenberck (Dr méd.), — 131
Muir, Brown et C°, — 143.
Müller, — 5.
Müller (Jean), — 120.
Müller (architecte), — 231.
Müller et C° (à Bâle), — 377.
Murillo, — 411.
Musprat (James), — 307.
Musprath, — 170.

N

Napoléon Iᵉʳ (empereur), — 20, 25, 200.
Napper (M'), — 215.
Napier (J.), — 420.
Naylor (M'), — 214.
Nehmich, — 225.
Newton, — 153.
Nicholson, — 276.
Nicholson (E. C.), — 304, 305.

Niepce, — 275.
Niepce de Saint-Victor, — 412, 413, 414.
Niepce (Joseph-Nicéphore), — 413, 414.
Nifenecker (Jean-Ulric), dessinateur, — 242.
Noirot, — 122.

O

Oberkampf, — 24, 54, 96, 98, 242, 354.
Ochs (Jean), — 190.
Odent (Paul), — 333.
Oerstedt, — 153, 319.
Oesinger, — 374.

Onfroy, — 365, 376.
Oppenheim, — 468.
O'Relly, — 96.
Oswald frères, — 248.
Otto (prof.), — 174
Ozanam, — 277.

P

Palnzot, — 431.
Panoy, — 374.
Paracelse, — 55.
Paraf, — 236, 427.
Parmentier, — 55, 66.
Parr (Dʳ), — 411.
Parr-Curtis, — 252, 253.
Parkes, — 85.
Paterson, — 74.
Poulin, — 29.
Payen, — 100, 357
Peel, — 96, 215.
Peel (R. et Th.), — 106.
Peel (Robert), — 140, 141, 224.
Pelïgot (É.), — 347.
Pelouze, — 155, 381.
Peltier, — 155.
Pemot (Dʳ Achille), — 155, 157, 158, 167, 185, 196, 237, 239, 241.
Perkins, — 15, 74, 525, 426.

Perkin (W.), — 302.
Perkin, — 401.
Pernod, — 12.
Perrenod, — 240.
Perrey, — 278.
Perrot, — 24.
Persoz, — 19, 188, 274, 336, 345, 347, 366, 371.
Persoz (Jules), 277, 401.
Petit (Stanislas), — 155.
Petit, — 368.
Piedbœuf, — 212.
Pieraggi, — 120.
Piette, — 390.
Pilâtre des Rosiers, — 56.
Pillement, — 207.
Pincoff et Cᵉ, — 465.
Pincoffs, — 416.
Pincoff et Schunkel, — 11, 366.
Platt, — 232.

Pline, — 139, 140, 150.
Plot (Dr), — 147.
Plutarque, — 149
Pochin et Wooley, — 308.
Poggiale, — 70.
Pohl, — 421.
Polygnotus, — 145.
Pommier, — 374.
Ponssier, — 310.
Porta (J. D.), — 412.
Possoz, — 20.
Potter (Edmond), — 175, 178, 185, 186, 213, 218, 271.

Potter frères, — 166.
Pouillet, — 153.
Poulain, — 435.
Poulet, — 59.
Prévinaire, — 51.
Provost (Benedict), — 153
Provost (Constant), — 123
Price, — 401.
Priestly (Josoph), — 411
Proni (do), — 168, 218.
Proust, — 71, 308
Prouvost, — 135.
Pulseux, — 347.

Q

Quatrefages (de), — 155.
Quevenne, — 40.

Quesneville (Dr), — 82, 85, 153, 217, 408, 421.

R

Badau, — 421.
Raspail, — 30.
Raymond (père), — 20, 32, 79, 100.
Raymond Lulle, — 59.
Rawsthorne, — 176.
Réaumur, — 57, 147, 148.
Regnault, — 2.
Reichenbach, — 72.
Reichenbach (Dr, A. B), — 270.
Reichenbach (chimiste en Moravie), — 425.
Reichenecker, — 216.
Remilly, — 125.
Renard frères, — 15, 18.
Renard, — 174, 275, 339, 401.
Renard frères et Franc, — 275, 276, 392.
Renault (Eugène), — 279.
Reuss (W. F.), — 131, 175, 176, 186, 213, 223, 271.
Réveillon, — 166.
Rhazis, — 72
Richard-Lenoir, — 350.
Richardson, — 43.

Richard (A), — 155.
Riche (A.), — 474.
Richter, — 71.
Rickly, — 50.
Rieder (Amédée), — 167, 189, 216.
Rigby, — 223.
Riemann, — 66.
Risler frères et Dixon, — 157, 245.
Risler, — 167, 253.
Risler-Dollfus (Jérémie), — 85, 240, 245.
Rivière, — 155.
Robertson, — 277.
Roberts, Dale et Cⁱ, — 417.
Robert, — 52, 60.
Robert, Dale et Cⁱ, — 416.
Robert Roulet, — 104.
Robert (Henri), — 120, 166.
Robiquet et Lagier, — 371.
Robiquet et Colin, — 11, 371
Robiquet (fils), — 16.
Robiquet (Edmond), — 16.
Robiquet, — 60, 187, 465.
Roebuck, — 72, 176.

S

T

U

Ouverdorben, — 44, 71.

Ure (D'). — 6.

V

Valenciennes, — 155, 517.
Valentin (Basile), — 72.
Van Dyck, — 33.
Van Swieten, — 50.
Varklnson (Adam), — 06.
Vauquelin, — 63, 70, 184, 101, 507, 410.
Vée (A.), — 474.
Velpeau, — 410.
Verdet, — 2, 127.
Verdell, — 11, 22, 120.
Verguin, — 15, 174, 302.

Vergnaud, — 422.
Vérité et Molanet, — 115
Véronèse (Paul), — 00.
Vetter, Thierry et Grosmann, — 21
Vial, — 277.
Villermé (D'), — 369.
Vilmorin, — 11.
Vinet (Léonard de), — 412.
Vitalis, — 101.
Volta (ingénieur), — 104
Vogel, — 421.

W

Wagner, — 428.
Wagner (D' Rudolf), — 270.
Walch, — 376.
Walker, — 214.
Walker (Thomas), — 223.
Warren de la Rue, — 75.
Warnod (Auguste), — 246.
Warnod (Frédéric-Guillaume), — 246.
Warwick (D'), — 175
Watt, — 175, 187.
Watt (James), — 411, 412.
Watteau, 207.
Waterbon (Charles), — 176.
Way (professeur), — 175.
Weber, (Laurent) et C', — 7, 101, 241
Weber (D' méd.), — 272, 434, 438.
Weber (Henri), — 434, 435.
Wedgwood (Josiah), — 411, 412
Wheeler et Wilson, — 475.
Weisgerber frères et Keyser, — 441.
Wenzel, — 75.

West, — 411.
Whitaker Biley, — 188
Wick (George), — 270
Widmer (Samuel), — 25, 08, 102, 106, 369.
Wildea (Ch. du), — 401.
Wilkinson (Hist.), — 412.
Williams, — 401
Williams (G.), — 18
Williams et Bisler (Matthieu), 214
Willis, — 3, 84.
Willm, — 17, 474.
Wilson, — 93
Wilson (John), — 223.
Winckler, — 403.
Witz, Stephan, Oswald frères, — 246
Witz et Brown, — 131.
Wöhler (Friedrich), — 2, 276, 320
Woodward, — 19.
Woodcroft, — 271

Y

Z

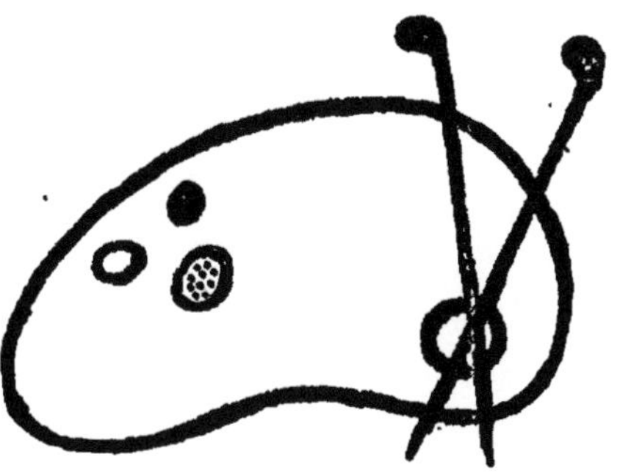